高等学校通用教材

飞行器制导与控制原理

(第2版)

李元凯　李滚　编著

北京航空航天大学出版社

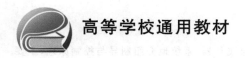

内 容 简 介

本书以导弹和航天器作为主要研究对象，面向未来跨大气层飞行器，系统地介绍制导与控制原理，主要涉及动力学分析、飞行控制与制导方法等。全书共四部分，分11章。第一部分为系统概述，包括制导控制系统、常用坐标系；第二部分为气动飞行控制与制导基本原理，包括导弹飞行力学模型、导弹飞行控制方法、导弹制导方法；第三部分为轨道飞行控制与制导基本原理，包括航天器姿轨运动模型、航天器姿轨控制、航天器相对运动控制；第四部分为跨大气层飞行器制导控制综合设计，包括再入飞行器制导与控制、远程导弹制导与控制、高超声速飞行器制导与控制。全书空天兼顾，深入浅出，既重视空天控制领域的基本概念和原理，又力求反映技术发展的新趋势。

本书可作为高等学校探测制导与控制技术、飞行器控制与信息工程、无人驾驶航空器系统工程、航空航天工程等专业高年级本科生、研究生教材，也可供相关专业技术人员参考。

图书在版编目(CIP)数据

飞行器制导与控制原理 / 李元凯，李滚编著. --2版. --北京 ：北京航空航天大学出版社，2023.5

ISBN 978-7-5124-4003-6

Ⅰ. ①飞… Ⅱ. ①李… ②李… Ⅲ. ①飞行器—制导系统—高等学校—教材②飞行器—飞行控制系统—高等学校—教材 Ⅳ. ①V47

中国国家版本馆CIP数据核字(2023)第014007号

飞行器制导与控制原理(第2版)

李元凯　李滚　编著

策划编辑　冯颖　　责任编辑　冯颖

*

北京航空航天大学出版社出版发行

北京市海淀区学院路37号(邮编100191)　http://www.buaapress.com.cn

发行部电话：(010)82317024　传真：(010)82328026

读者信箱：goodtextbook@126.com　邮购电话：(010)82316936

北京建宏印刷有限公司印装　各地书店经销

*

开本：787×1 092　1/16　印张：24.25　字数：621千字

2023年8月第1版　2023年8月第1次印刷　印数：1 000册

ISBN 978-7-5124-4003-6　定价：79.00元

若本书有倒页、脱页、缺页等印装质量问题，请与本社发行部联系调换。联系电话：(010)82317024

第 2 版前言

面对当前严峻复杂的国际形势,"二十大"报告指出,要"增加新域新质作战力量比重,加快无人智能作战力量发展",这对建设机械化、信息化、智能化融合的现代化跨域无人系统装备提出了新要求,也是打赢现代战争的必要条件。

精确制导飞行器是现代战争中空天战场的主要作战力量,始终保持高速发展。近年来出现了能够跨大气层执行任务的宽域飞行器。该类飞行器很快将会用于未来战场,其制导控制问题更加复杂,但现有制导控制方面的本科教材尚未反映出这个趋势,相关前沿专著又较为艰深。本书立足传统理论,适度展望新发展,旨在更好地满足本科专业课程需求。

面向未来战场中具有跨大气层飞行能力的飞行器,本书讨论了制导控制的原理性问题和方法。该类飞行器涉及气动飞行和轨道飞行两种基本方式,并伴有助推上升、再入滑翔等复合过程。这种新飞行方式促使传统的制导控制理论方法进行有机组合和升级,以适应精确制导飞行器的发展趋势。为此,本书空天兼顾,并且对跨大气层制导控制问题进行了专门介绍,扩大了传统理论的研究范围。

本书主体内容分为四个部分:第一部分是系统概述,简要介绍制导控制系统以及相应的坐标体系;第二部分和第三部分分别以导弹和航天器的制导和控制为主题,对气动飞行和轨道飞行两种方式所涉及的动力学模型、控制方法、制导方法依次进行介绍,且作为基础性内容,这两部分为第四部分的论述提供了便利;第四部分从高度、航程、速度三个视角分别以再入飞行器、远程导弹、高超声速飞行器为对象,讨论了跨大气层飞行器的制导控制问题。

本书是对作者同名教材的改版。和第 1 版相比,吸纳了新形态教材的概念,补充了各章的辅学内容和数字资源,让专业知识更易于初学者接受。其中,数字资源包括图片、视频、动画等多种形式,阅读体验更友好;辅学内容上补充了思维导图、导语、学习目标、课后思考、扩展阅读等环节,教学使用更为方便;对部分章节进行了增补,增加了第 9 章"再入飞行器制导与控制",用以衔接气动和轨道飞行,提高了内容的完整性,同时修正了其他章节的部分错误;结构上和第 1 版保持同步,可以根据不同专业的教学要求有所侧重或取舍,以满足不同知识程度和兴趣类型的读者需求。

本次改版由李元凯副教授执笔并统稿,李滚教授进行了全稿审定。电子科技大学研究生高阳、冯欣乐在本次改版中做了重要贡献,郭子琦、谭小苏、王连兴等参与了部分章节的材料整理工作,在此表示感谢。

本书再版得到了电子科技大学新编特色教材建设基金的资助,电子科技大学航空航天学院和北京航空航天大学出版社科技出版中心给予了大力支持和帮助,在此一并表示感谢。

由于作者水平有限,疏漏在所难免,恳请读者批评指正。

作　者

2023 年 8 月

配套数字素材清单

（请发邮件至 goodtextbook@126.com 申请索取）

第 1 章

红外诱饵弹	V1.1
标准大气表	F1.1
阵风	V1.2
弹道导弹的飞行弹道	V1.3
弹道导弹武器系统	F1.2
综合电子信息系统	F1.3
空天一体化信息战	V1.4
火箭军	F1.4
直接碰撞摧毁目标	V1.5
地基中段防御拦截	V1.6
海基中段防御拦截	V1.7
末端防御拦截	V1.8
弹道滑翔式导弹	V1.9
超燃冲压发动机	V1.10
X-51A 飞行器	F1.5
制导控制系统	F1.6
脱靶量	F1.7
三自由度陀螺仪	V1.11
二自由度陀螺仪	V1.12
加速度计	F1.8
高度表	F1.9
舵机	V1.13
电推进器	V1.14
太阳敏感器	F1.10
星敏感器	F1.11
磁强计	F1.12
动量交换	V1.15
控制力矩陀螺	F1.13
磁力矩器	F1.14
执行机构组合运用	F1.15

第 2 章

地面坐标系与弹体坐标系第一次旋转	A2.1
地面坐标系与弹体坐标系第二次旋转	A2.2
地面坐标系与弹体坐标系第三次旋转	A2.3
地面坐标系与弹道坐标系第一次旋转	A2.4
地面坐标系与弹道坐标系第二次旋转	A2.5
速度坐标系与弹体坐标系第一次旋转	A2.6
速度坐标系与弹体坐标系第二次旋转	A2.7
速度坐标系与弹道坐标系旋转	A2.8
地心第二赤道坐标系	F2.1
地心第三赤道坐标系	F2.2
地心第四赤道坐标系	F2.3

第 3 章

鸭式布局	F3.1	固化原理	M3.1
升力	V3.1	动量矩	M3.2
速度坐标系分解成三个分量	A3.1	转动惯量	M3.3
压差阻力	V3.2	控制系统	M3.4
静稳定性	V3.3	运动的对称性	M3.5
阻尼	V3.4	曲率	M3.6
直升机的下洗气流	A3.2	曲率半径	M3.7
侧滑飞行	A3.3	弹体结构	F3.2
发动机内的燃气流以高速喷出	A3.4		

第 4 章

基准弹道	M4.1	荷兰滚	M4.8
纵向运动和侧向运动	M4.2	舵机	F4.1
舵面控制	M4.3	陀螺地平仪	A4.1
动力系数	M4.4	响尾蛇导弹	F4.2
下洗气流	M4.5	无静差	M4.9
角频率	M4.6	爬高或下滑飞行	A4.2
克莱姆定理	M4.7	拦截目标	A4.3

第 5 章

遥控制导	M5.1	平行接近法	M5.3
空基导弹	F5.1	常值前置角法	M5.4
地基导弹	F5.2	制导站	M5.5
追踪法	A5.1	三点法导引	A5.3
尾追攻击	A5.2	三点法波束制导	F5.3
允许攻击区	M5.2	半前置量法	M5.6

第 6 章

第谷・布拉赫	V6.1	航天器	V6.3
约翰・开普勒	V6.2	推进剂	M6.1

摄动影响	M6.2	动量矩定律	M6.5
机械能守恒	M6.3	自旋卫星	M6.6
角动量守恒	M6.4	欧拉转动	M6.7
近日点和远日点	F6.1	地球扁率	M6.8
矢径扫过整个圆周	A6.1	陀螺进动原理	V6.4
航天器轨道特征	F6.2	地球同步卫星	V6.5
地球自转	A6.2	磁滞效应	V6.6

第7章

太阳同步轨道	A7.1	绕最大主惯量轴旋转	A7.5
液体火箭发动机	A7.2	绕最小主惯量轴旋转	A7.6
航天器平面外圆轨道转移	A7.3	自旋轴翻滚	A7.7
切线转移轨道	A7.4	探险者1号	F7.2
制动火箭	V7.1	章动	A7.8
高超声速空天飞行器	V7.2	绕动量矩的圆锥运动	A7.9
热流密度	M7.1	磁涡流	V7.3
自旋航天器	F7.1	相轨迹	M7.3
李雅普诺夫稳定	M7.2	姿态捕获	M7.4

第8章

交会对接	V8.1	极大值原理	M8.4
空间平台	M8.1	预测控制	V8.4
空间编队	V8.2	非开普勒轨道	M8.5
维护和营救	V8.3	鲁棒性	M8.6
地球扁率	M8.2	深空探测	M8.7
最优控制理论	M8.3	引力场	A8.1

第9章

动压	V9.1	伪谱法	M9.3
矢量场	M9.1	伪线性系统	M9.4
非线性规划问题	M9.2	干扰观测器	M9.5

第10章

第11章

目　　录

第一部分　系统概述

第二部分　气动飞行控制与制导基本原理

第三部分　轨道飞行控制与制导基本原理

第四部分　跨大气层飞行器制导控制综合设计

第一部分　系统概述

第 1 章

飞行器制导控制系统概述

思维导图

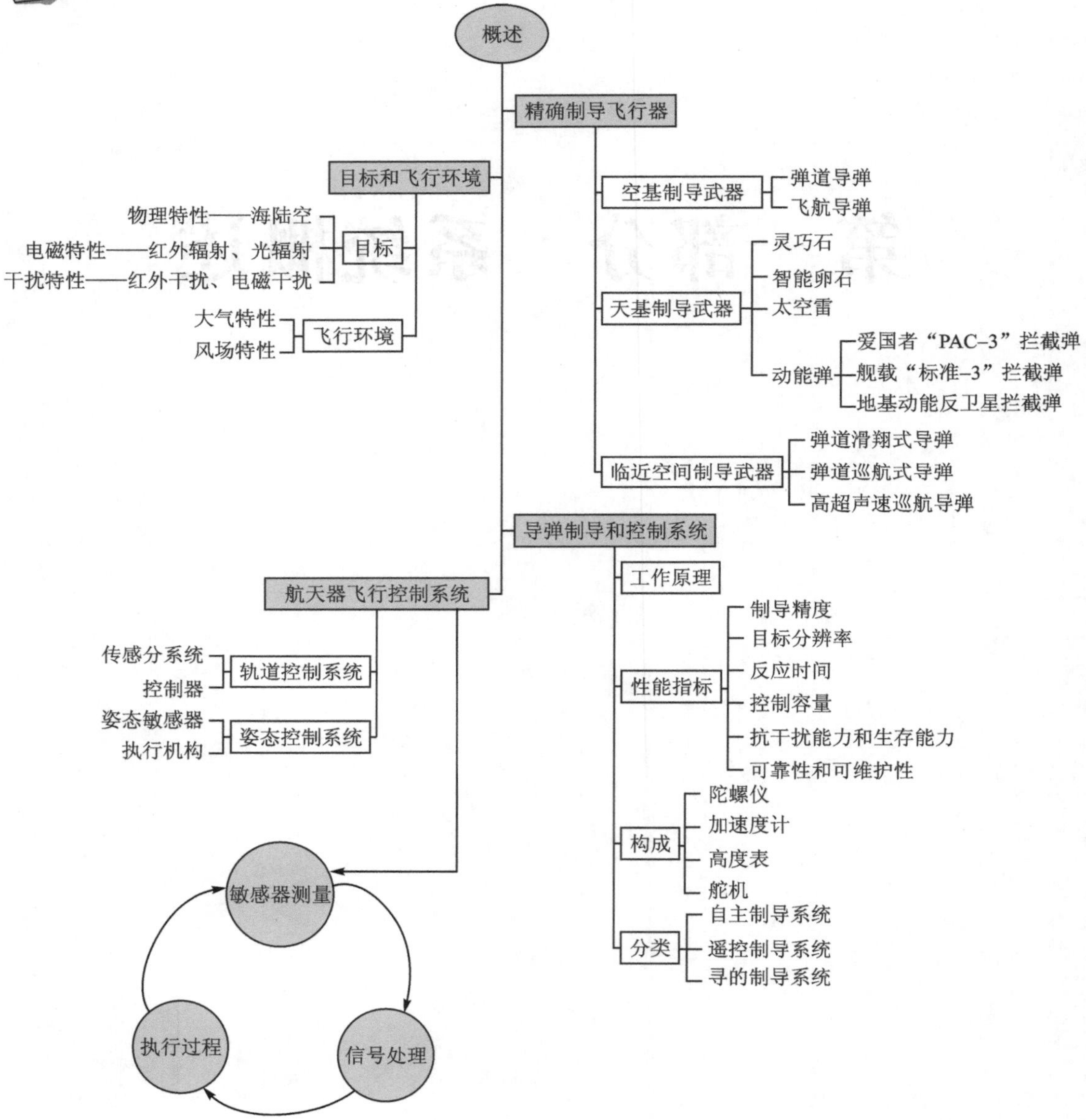

概述
精确制导飞行器
目标和飞行环境
空基制导武器
弹道导弹
飞航导弹
物理特性——海陆空
电磁特性——红外辐射、光辐射
干扰特性——红外干扰、电磁干扰
目标
灵巧石
智能卵石
天基制导武器
太空雷
大气特性
风场特性
飞行环境
爱国者“PAC-3”拦截弹
动能弹
舰载“标准-3”拦截弹
地基动能反卫星拦截弹
弹道滑翔式导弹
临近空间制导武器
弹道巡航式导弹
高超声速巡航导弹
导弹制导和控制系统
工作原理
航天器飞行控制系统
制导精度
目标分辨率
传感分系统
轨道控制系统
控制器
反应时间
性能指标
控制容量
姿态敏感器
姿态控制系统
执行机构
抗干扰能力和生存能力
可靠性和可维护性
陀螺仪
加速度计
构成
高度表
舵机
敏感器测量
自主制导系统
分类
遥控制导系统
寻的制导系统
执行过程
信号处理

☞ 章导语

精确制导飞行器是飞行器中最为重要的一种，在军用、民用、航空、航天的多数任务中被广泛运用。传统的精确制导飞行器往往专指大气层内飞行的导弹，原因是早期飞行器只有中近程导弹才有足够精确的制导性能，然而随着空间和临近空间技术的发展，大气层外飞行与跨大气层飞行逐渐与传统的气动飞行平滑接轨，精确制导飞行器的范围也已经从传统的导弹向临近空间飞行器、天基制导飞行器的发展方向扩展。

☞ 学习目标

- 理解飞行器执行制导任务过程中涉及的目标和飞行环境特性。
- 理解精确制导飞行器的典型类别、特点和发展现状。
- 针对气动飞行、轨道飞行两种基本飞行方式，理解导弹制导控制系统和航天器制导控制系统的基本概念、结构组成及系统设备。

1.1 目标和飞行环境

精确制导飞行器执行任务的过程中离不开目标和飞行环境的制约，本节对常见的目标特性和环境特性进行简要介绍。目标特性主要包括物理特性、电磁特性、干扰特性这几个方面，而环境特性则主要指制导飞行器的飞行介质特征。

1.1.1 目标的物理特性

精确制导飞行器常见的攻击目标有三类，即空中目标、地面目标和海上目标。严格地说，空间目标也已被列入攻击目标，如反卫星武器，不过目前该类武器还停留在试验阶段，尚未在任何实战中出现。考虑到空间目标以航天器为主，在空间背景下其特性与航天器相同，表现比较单一，因此这里仍然只介绍传统的目标，这三类目标种类更为丰富，特征也灵活多变。

1. 空中目标

空中目标可分为飞机和导弹两大类。飞机主要包括战略轰炸机、歼击机、侦察机、电子战飞机、预警机等；导弹主要指战术导弹，包括地地导弹、空地导弹、反舰导弹、巡航导弹等。

对制导飞行器作战性能有重大影响的是空中目标的飞行速度特性、高度特性和机动特性。飞行速度随飞行高度的不同而变化，飞行速度又反映机动能力，它们之间的关系可用飞行包络表示。飞行包络由最小速度、升限和动压限制线组成。

空中目标的最大飞行速度受发动机的推力限制，最小飞行速度和升限由升力等于重力，同时推力等于阻力的基本关系所决定。动压大小由飞行速度和高度决定，受结构强度限制。低空大气密度大，阻力大，相同的推力获得的最小飞行速度就小。最小飞行速度随飞行高度的增加而增加，因为只有这样才能维持升力等于重力的关系。升限随着飞行速度的增加而增加，达到最大速度后，由于阻力的增加，升限开始降低。

一般来说，战略轰炸机最大飞行马赫数为 0.75～2.0，升限为 13～18 km，而歼击轰炸机最大飞行马赫数为 0.95～2.5，升限为 12.5～20 km。侦察机的活动空域更广，高空侦察机飞机升限可达 24～25 km，最大飞行马赫数可达 3.2，而低空侦察机为了低空突防，利用地形跟踪可在 100 m 以下高度飞行。

2. 地面目标

地面目标分为机动目标和固定目标两类。最典型的机动目标就是坦克。坦克按尺寸和质量可以分为轻型、中型和重型三种，轻型坦克的质量为 20～30 t，长度为 4～5 m；中型坦克的质量为 30～50 t，长度为 5～7 m；重型坦克的质量往往超过 55 t，长度超过 7 m。坦克的运动速度一般有 40～100 km/h，目前坦克的加速性能都很好，在几秒内就能加速到 30 km/h 以上，具有制动和转向机动性能。固定目标包括交通枢纽、导弹基地、大中型桥梁、指挥通信中心、军事装备仓库、发电设备等。重要的战略目标往往都是固定的，打击地面固定目标通常具有战略意义。

3. 海上目标

海上目标主要指各类舰船。海面舰船种类很多，小的如各种快艇，中等的如驱逐舰、巡洋舰，大的如航空母舰，尺寸一般相差一个数量级。快艇一般长几十米，宽和高有几米；中型舰船长一百多米，宽和高有十几米；而大型舰船长有几百米，宽和高有几十米。它们的运动特性常与几何尺寸成反比，这主要受推进系统的影响。大中型舰船速度为 30～80 km/h，而快艇速度可达 60～120 km/h，气垫船速度更快，可超过 150 km/h。

1.1.2 目标的电磁特性

任何物体温度高于绝对零度时都能辐射电磁波。其中，红外辐射能量与物体温度有关，温度越高，辐射能量越强，故称为热辐射；而且温度不同其辐射波长也不同，物体温度较低时辐射红外线，当温度较高时除红外辐射外，还会出现可见光辐射，它们都属于电磁辐射。

对于空中目标飞机来说，红外辐射源种类较多，引起红外辐射的因素也多，如喷气式战机的辐射源就包括发动机燃烧室的空腔金属体、尾喷管排出的热燃气流、机体表面的辐射、蒙皮表面反射的辐射能等。对于地面坦克来说，热源包括发动机的排气管以及减震器、主动轮、诱导轮、轴承等长时间运动的高温部件等。对于海面舰船来说则主要是烟囱、船体等热源。

除了红外等电磁辐射外，物体还对电磁波有散射特性。物体的散射特性主要由雷达散射截面(RCS)来表征，不同的尺寸和结构会造成不同的雷达散射特性。雷达散射截面的定义是对平面电磁波入射而言的，与目标自身特性、目标方向随发射机和接收机的位置变化以及入射雷达频率有关，与目标距离无关，它可在给定方向上定量地观测入射电磁波能被目标散射或反射的情况。

1.1.3 目标的干扰特性

由于目标具有红外辐射等电磁特性，故目标自身也会采取一些相应的干扰措施以防止基于电磁特性的制导武器(如反辐射导弹)的攻击。红外干扰技术就是伴随着红外反辐射技术的发展而发展起来的。红外反辐射制导导弹对载机威胁日趋严重，迫使人们开发出先进的机载红外对抗技术，包括有源干扰和无源干扰两种手段。其中，有源干扰包括红外诱饵弹、红外干扰机、定向红外对抗等，可以有效对抗红外导弹，确保载机自身的安全。红外诱饵弹的干扰效果与投放的时间间隔、投放时机和投放数量有关，而红外干扰机和定向红外对抗的干扰效果与开机的时机有关。

除红外干扰技术外，目标经常采用的还有针对雷达波的电磁干扰技术。电磁干扰技术会让制导武器的雷达导引头在完成任务的过程中遭遇复杂的电磁环境，降低攻击效能。电磁干扰不仅有人为干扰，如采用有源连续波噪声的功率型压制干扰、采用箔条的欺骗型干扰等，还存在自然干扰，如地面、海面等杂波干扰。

1.1.4 飞行环境特性

精确制导武器的飞行质量离不开所处的环境，即飞行介质的特性，包括介质的压强、温度及其他物理属性。对于大气层外的飞行，其介质是真空，特性较为单一；而对于大气内飞行来说则特性较为复杂，大气的状况（如压强、密度、温度等参数）在不同的地面高度、纬度、季节、时间上都是不同的。

1. 大气特性

标准大气表中规定的大气参数不随地理纬度和时间而变化，它只是几何高度的函数。表中以海平面作为几何高度计算的起点，按高度不同可以把大气分成若干层。11 km 以下的为对流层，对流层内的气温随高度升高而降低，高度每升高 1 km，温度下降 6.5 ℃。11～32 km 为同温层或平流层（一般飞机和有翼导弹就是在对流层和同温层内飞行），同温层内的大气温度在 11～20 km 这一范围内保持为 216.7 K 不变，随高度增加，温度略有升高。20～100 km 即进入临近空间，空气迅速稀薄；100～200 km 被定义为亚轨道空间，大气变为近真空状态；而超过200 km 则认为已经进入空间，飞行介质作真空处理。

2. 风场特性

制导飞行器在飞行过程中所处风场特性对飞行质量也会产生较大影响。不同的发射条件下对应的风场特性也是不同的。风的影响按照来流方向分为顺风、逆风和侧风三种，而风场特性可以用定常风和阵风来刻画。

阵风的特点是风速和风向均会发生剧烈的变化。阵风的量级和方向又是完全不同的，它们是时间和空间的随机函数，在工程设计中，只能根据实测数据统计确定，并以此对阵风进行估值。阵风可以分为垂直阵风和水平阵风。实测证明，一般情况下，水平阵风的风速是垂直阵风的两倍。在对流层和平流层的下层，阵风速度随着高度增加是逐渐增大的。

1.2 精确制导飞行器

以目标特性和环境特性为前提，即可明确精确制导飞行器的定义。精确制导飞行器指的是通过制导控制技术的运用，能够按照符合环境特征的既定准则确定飞行路径，并对指定目标进行精确打击的制导武器。考虑到现有的制导武器多以无人飞行器为主，所以精确制导飞行器也可以简单称为制导武器。与一般武器相比，制导武器有两个基本特征，一是具有能够毁伤目标的战斗部，二是这个战斗部的载体具有制导功能，能够自动捕获、识别和跟踪目标。

制导武器的灵魂是制导控制技术。自 20 世纪 70 年代以来，制导控制技术迅速发展，制导武器的作战能力得到了显著提升，严格地说，这个时候才真正进入了精确制导飞行器时代。为了满足局部战争中的信息化作战需要，先后出现了激光制导炸弹、电视制导炸弹、飞航导弹等高精度制导武器，并在数次局部战争中大量使用：早期越南战争中使用率不到 1%，海湾战争中使用率为 8%，科索沃战争中使用率为 40%，阿富汗战争中使用率为 70%，伊拉克战争中使用率则在 90%以上。目前，制导武器从局部战争走向全局战争，从战术需要走向战略需要，出现了距离更远、高度更高、速度更快的远程弹道导弹、动能弹、高超声速导弹等更先进的制导武器。可以看出，制导武器已成为现代战争中的攻防主力，大规模使用多种类型的制导武器是现代战争的重要特征。

制导武器类别众多，目前并无统一的分类标准。就飞行器来说，可以将制导武器大致分为飞航导弹、弹道导弹、天基制导武器、临近空间制导武器 4 类。前两类是导弹的两大基本类型，属于空基制导武器，它们出现得最早，开发的门类最为齐全，技术也最为成熟；后面两类则是近年来提出的，尚处于验证阶段还未投入实战的新型制导武器，有别于传统的导弹，它们普遍能够进入空间或空天往返飞行，具有跨大气层执行任务的能力，兼备航空器和航天器的飞行特性。本节分别对这几类制导飞行器进行简要介绍。

1.2.1　空基制导武器

空基制导武器主要指大气层内飞行的导弹。导弹是依靠自身动力装置推进，由制导控制系统引导、控制其飞行路线，并导向目标的现代武器，在制导武器中最具代表性，其历史悠久，门类齐全，功能强大，使用广泛。导弹问世至今已将近一个世纪，目前已有几十种类型和数百种型号。它集攻防和威慑于一身，不仅可作为战术性武器，还是重要的战略性武器，既可作为单兵种武器，又可在多兵种联合作战中综合运用。导弹武器以飞航导弹和弹道导弹最为典型，下面分别讨论。

1. 飞航导弹

1) 飞航导弹特点

飞航导弹是一种以火箭发动机或喷气式发动机为动力，装有战斗部的战略与战术兼容的进攻性武器。它主要依靠翼面所产生的气动力与制导控制系统来支持自身质量和控制其飞行轨迹。飞航是指导弹的升力与重力、推力与阻力在大部分时间处于平衡状态，且以某一最经济或特定高度和速度持续平飞。根据发射平台和攻击目标的不同，飞航导弹的分类如图 1.1 所示。

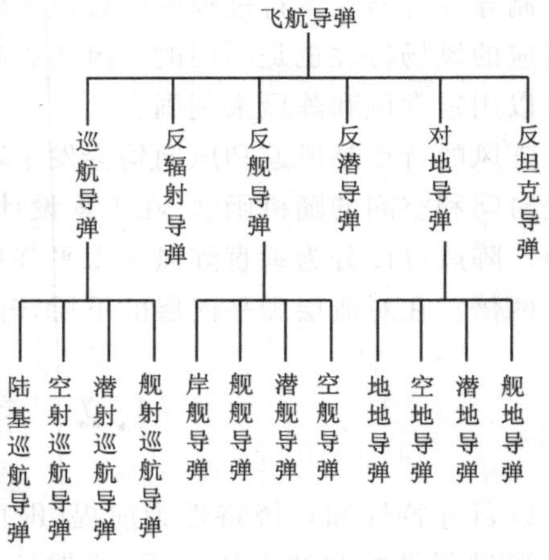

图 1.1　飞航导弹分类

飞航导弹主要用于攻击各类地面目标和水面目标，完成各种战术任务。其中，巡航导弹和反辐射导弹最为常见。巡航导弹作用距离较大，主要用于攻击敌方纵深高价值的目标；反辐射导弹则是对目标雷达电磁辐射进行跟踪，用于攻击敌方地面、舰载和机载雷达系统。

飞航导弹具有如下显著特点：

➢ 通用性强，战术与战略兼容。它不仅能从地面车辆和水面舰艇上发射，还可用飞机空射，用潜艇潜射，而且更换战斗部和导引头类型就可以对陆海各种点目标、面目标、固定目标、活动目标进行打击，既可进攻又可防守，既可战术攻防又可战略威慑。

➢ 体积小、质量小、机动灵活、部署隐蔽、生存力强，且采用隐身技术后可显著提高突防能力。

➢ 命中精度高、抗干扰能力强、威力大，采用先进的制导控制技术后还能够进一步提高命中精度，是一种性能理想的精确制导武器。

➢ 超低空突防能力强。这是由于飞航导弹普遍采用了一系列突防技术措施，如程控机动弹道、超低空地形跟踪与地形规避技术、超低空高速飞行技术和隐身技术等。

➢ 价格低廉，效费比高。防御飞航导弹所部署的防空设施花费通常为导弹自身成本的 10 倍以上。

应该指出，飞航导弹不能单独完成作战任务，它必须与支持系统（包括指控系统、任务规划系统和技术支援系统等）相配合构成一个完整的武器系统，才能完成作战任务，这一整套系统被称为飞航导弹武器系统。

2）飞航导弹武器系统

飞航导弹武器系统通常由飞航导弹、指挥控制系统、任务规划系统、技术支援系统 4 部分组成，如图 1.2 所示。

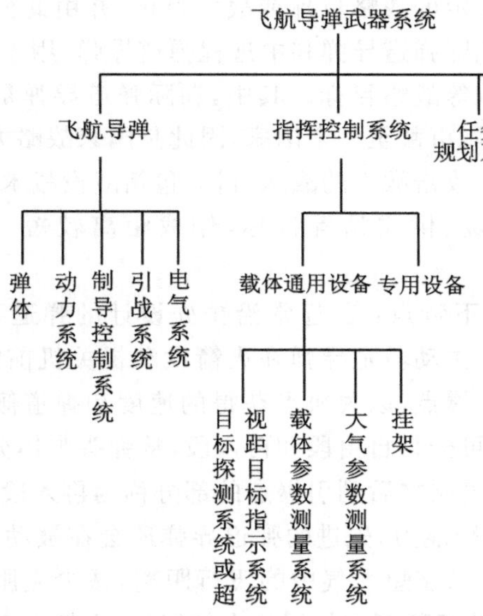

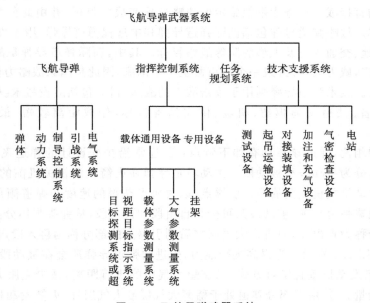

图 1.2 飞航导弹武器系统

飞航导弹是飞航导弹武器系统的核心，用于对敌方战术或战略目标实施软、硬杀伤，完成各种作战任务。飞航导弹具有导弹的通用结构，由弹体、推进系统、制导系统、引战系统及弹载电子系统组成。其中，制导系统包括导引系统和控制系统，是飞航导弹的中枢，用以稳定飞行并将导弹导向目标；引战系统主要由引信和战斗部组成，引信用于引爆战斗部从而摧毁目标；弹载电子系统负责电源与信息传递，使各设备间能够协同工作。

指挥控制系统在弹上又称为火控系统，用于完成对目标信号系统的探测与通信，对载体参数的测量与处理，对大气参数的测量与处理，对导弹的射前检查，进行作战态势显示与决策，导弹射击参数计算与装载，并执行导弹的发射控制指令。指挥控制系统包括目标探测设备、载体参数测量设备、大气测量设备、导弹武器控制设备、导弹发射装置或导弹挂架、电站等。其中，目标探测设备主要有雷达、声呐、光电测量仪等类型;载体参数测量设备包括载体惯导平台或陀螺稳定平台、高度表、计程仪、多普勒雷达等;大气参数测量设备有数据计算机、测风仪等。随着导弹射程的不断增大,目标探测设备还出现了超视距目标指示系统,用于探测跟踪并指示载体视距之外的目标。当然,超视距目标指示也可以由外部的舰载超视距雷达和预警机完成。

技术支援系统通常可分为机械和电气两类,包括导弹测试设备、起吊运输设备、对接装填设备、加注和充气设备、气密检查设备、电站等。对于机载导弹,还有机场运输设备、挂弹装填设备、检测设备等。技术支援系统主要用于完成导弹的起吊、运输转载、储存、维护、检测、供电、加注和充气、组装、装箱等技术准备,以保障导弹处于良好的技术状态和战备待发状态。

对远程作战的巡航导弹来说,还备有额外的任务规划系统。该系统由软件、硬件两部分构成。前者包括支撑软件、规划软件和数据库等;后者包括服务器、工作站、网络设备,以及其他外部设备。任务规划系统专门用于辅助巡航导弹执行作战任务,进行预先规划,通常情况下包括攻击规划和航迹规划。

2. 弹道导弹

1）弹道导弹特点

弹道导弹的直接战斗任务为摧毁给定的战略目标或战术目标,并由此分为战略弹道导弹和战术弹道导弹。战略弹道导弹包括洲际弹道导弹和中远程弹道导弹,用于攻击敌方城市、工业基地、军事基地、交通中心及大型舰队等战略目标。其中,洲际弹道导弹是战略弹道导弹的主体,作战区域广,威力大,可摧毁一个城市甚至一个国家,因此是国家战略力量的象征和战略威慑的主要标志。战术弹道导弹则用于攻击敌方的战术目标,包括战役战术纵深的指挥所、军队、军事技术装备、铁道交通枢纽、机场、供应站等目标,作战距离较短,最大射程一般在1 000 km以内。

与飞航导弹相比,弹道导弹具有如下特点:① 通常沿预先设计的弹道飞行,攻击固定目标。整个弹道可分为主动段和被动段。主动段是导弹在火箭发动机关机前的飞行轨迹,而被动段是从火箭发动机关机点到战斗部引爆点,以关机点获得的速度和弹道倾角所做的惯性飞行轨迹。对于战略弹道导弹,被动段又可分为自由段和再入段,从弹头弹体分离到弹头再入大气层之前的部分称为自由段,而再入大气层之后到引爆点的部分称为再入段,起始高度通常为70～100 km,如图1.3所示。为提高突防能力,先进的弹道导弹还会在被动段采取变轨技术。② 通常采用火箭发动机垂直发射方式,以缩短大气中的飞行距离,减少克服大气阻力和地心引力所需要的能量。③ 由于部分弹道处于稀薄大气层或大气层外,火箭发动机自身携带氧化剂和燃烧剂,不依赖大气层的氧气助燃。④ 战略弹道导弹一般采用多级火箭发动机,以减小发动机结构质量,从而可将更多的有效载荷送至目标区域。⑤ 导弹飞行控制通常采用直接改变推力矢量的方法来实现。

2）弹道导弹武器系统

弹道导弹武器系统是弹道导弹在从发射到完成任务的整个过程中所需要的设施设备和系统的总称。在通常情况下,弹道导弹武器系统主要由弹道导弹、地面设施设备、综合电子信息系统三部分组成。

弹道导弹是毁伤目标的综合战斗体,也是弹道导弹武器系统的核心。它由弹头、弹体、动力系统、制导控制系统和初始对准系统等基本部件构成。有的弹道导弹还装有遥测系统、安全系统等。

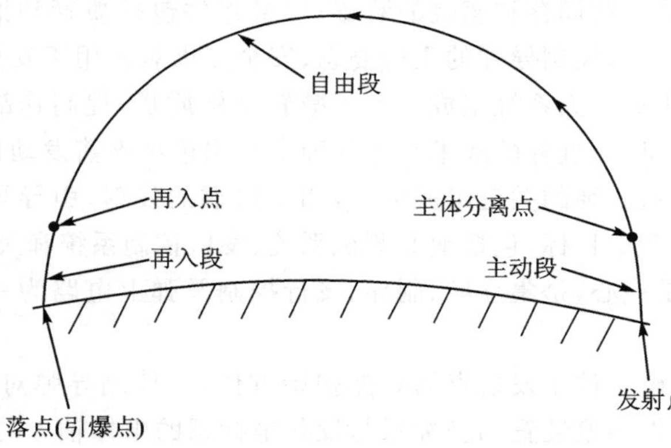

图 1.3　弹道导弹的飞行弹道

弹头是弹道导弹用于毁伤目标的专用装置和主要分系统，在整个弹道导弹武器系统中占有特别重要的地位。按照作战使命、装药、数量以及弹道的不同，弹道导弹具有多种类型。常见的弹头类型如图 1.4 所示。

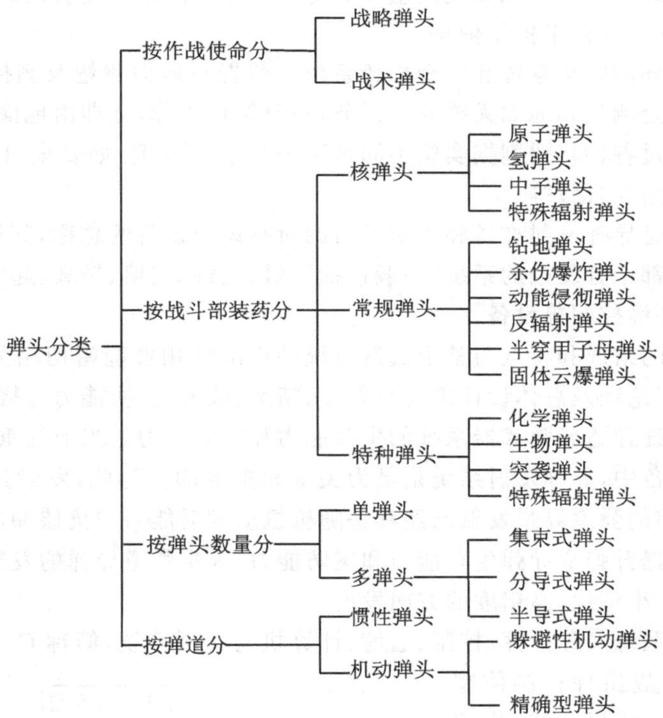

图 1.4　常见的弹头类型

弹体是弹道导弹的承力和支撑构件，担负着安装和连接弹头、仪器设备、火箭发动机、承受地面运输、操作、发射和飞行中的载荷的任务。弹体的主要结构包括仪器舱、级间舱、尾舱、头罩及尾罩等。质量小、强度高、刚度大和良好的气动外形是对弹体结构的主要要求。

动力系统是导弹飞行的动力源，通常为液体或固体火箭发动机。当前弹道导弹大都采用固体火箭发动机，并使用复合推进剂。火箭发动机一般由燃烧室、喷管组件和安全点火装置等组成。其中,燃烧室是推进剂储存和燃烧的装置;喷管组件包括喷管和推力矢量控制组件,用于产生推力,改变推力方向,控制导弹的飞行姿态;安全点火装置用于安全点燃药柱,通常由点火装置、安全机构和远距离点火系统组成。为了减轻结构质量,提高作战性能,战略弹道导弹一般使用多级火箭发动机,而近程的战术弹道导弹常采用单级火箭发动机。

制导控制系统是弹道导弹的关键组成部分,用于可靠的发射,引导导弹克服各种干扰,按照既定规律自动飞向并命中目标,包括地面测试系统、发射控制系统和飞行制导控制系统。其中,飞行制导控制系统是核心,是集导航、制导、飞行控制及弹上电路为一体的综合技术系统,也是本书的研究对象。

初始对准系统用来确定位于发射点的导弹初始方位,并控制导弹对准目标。初始对准的目的在于使制导系统惯性测量装置的坐标系与发射坐标系的坐标轴方向保持一致或保持特定角度,为导航定位所用。目前,初始对准系统正朝着快速定位的自对准方向发展。

遥测系统由弹载测量系统、地面测量系统、航天测控站组成,一般用来测量弹道导弹在飞行过程中的各系统工作参数和环境参数(如振动、冲击、噪声、压力、温度、脉冲、频率和时间等),完成采集、编码、传输;实施弹上系统的配供电控制和起始电平检查;进行导弹无线电信号接收、解调、实时处理飞行时序和其他测量参数等。战斗遥测系统还会判断导弹停火点各种参数是否正常,为分析打击效果提供依据。

安全系统包括外测安全系统和安全自毁系统。前者与地面测量及测控设备配合,完成导弹飞行的外弹道安全测量和地面无线安检任务,一旦发现故障,立即由地面终止导弹飞行。安全自毁系统采取通过各种自毁判据实施不同情况下的安全自毁,如安全自毁、超程自毁、程序自毁、核装置自毁、指令自毁等。

地面设施设备是导弹发射准备和实施发射的所有设施设备的总称,其规模相当庞大,是一个任务、功能、组成都十分复杂的系统,一般包括发射、运输、装填、转载、起竖、吊装、加注、配气配电、瞄准、定位、环境控制等设备。

地面设施设备的组成和特点与整个武器系统的作战使用性能密切相关,但主要取决于导弹发射方式,其方案论证及总体设计需要与射程、精度、威力、突防能力等战技指标进行并行设计和综合规划。保证弹道导弹武器系统的生存能力和突防能力是当前的重点。

在地面设施设备中,导弹发射系统是最为关键和重要的。为此,发射技术在20世纪末得到了快速发展,目前的弹道导弹发射已经具备随机机动发射能力和抗核冲击波能力,以及发射的高可靠性。为了提升弹道导弹生存能力和突防能力,未来弹道导弹的发射系统正朝着机动、快速、隐蔽、抗干扰、小型化、高精度的方向发展。

综合电子信息系统又称指挥、控制、通信、计算机与情报系统,简称C4I系统,是目前各类武器平台系统及作战指挥控制体制的标准模式,通常由情报系统、指控系统、通信系统、计算机系统组成。计算机系统软/硬件设备是系统的基础设施,而通信系统是中枢,联结着系统各单元,贯穿了作为核心的指控系统运转的全过程。各单元逻辑结构如图1.5所示。

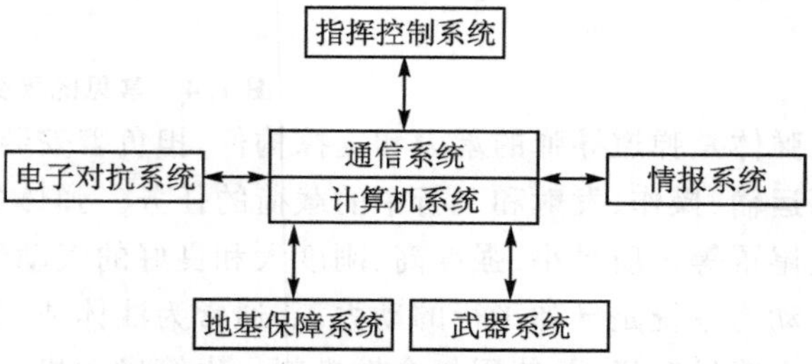

图1.5 综合电子信息系统的逻辑结构

需要强调的是，战略弹道导弹武器系统作为一种政治和军事威慑手段，能够与其他军事力量配合以防止和遏制国际性战争的发生。在保持战略力量所需要的作战效能方面，战略火箭军的战略弹道导弹武器系统有着极关键的作用，它特别拥有一套包括各级指挥机构和核按钮在内的专用指挥系统，这一系统可保证在任何条件下能够将上级机构使用战略弹道导弹的命令通过下级机构传给发射装置，直接进行发射准备、装载武器、攻击初始化，并对战略弹道导弹和运行状态实施全面的远程监控。

1.2.2 天基制导武器

随着空间科学和空间技术的发展，现代战场已经由空中延伸至空间，航空力量、航天力量与信息资源紧密融合的空天一体化信息战已经成为未来战争的主要作战形态。近几次的高技术局部战争一再向人们昭示，数百万兵力的军队对决已走向终点，航空航天战争已经成为军事行动成败的决定因素。当前形势是：谁控制了空间，谁就控制了战争的主动权，谁就控制了地球。制天权无疑成为未来战争优势争夺的关键所在。为此，许多发达国家的战略火箭军对空间力量的发展十分重视，其中起最关键作用的就是天基制导武器。美国研发的天基制导武器主要有灵巧石拦截器、智能卵石杀伤器、天基动能拦截系统、天基反卫星系统等，它们的威慑作用都不亚于核武器。下面分别进行简要介绍。

1. 天基武器系统

1）灵巧石拦截器

具有制导能力的弹药通常被称为“灵巧”弹药。这种弹药利用专门的火控系统投射，一般不具备自主工作能力。美国“星球大战”计划中的天基拦截器、大气层外弹头拦截器、大气层内高空防御拦截器等都属于“灵巧”弹药。它们从空间监视系统获取目标信息，依靠拦截卫星平台上的探测器捕获和跟踪目标，控制拦截器发射，并引导动能拦截弹以高超声速直接碰撞摧毁目标。美军把这种动能拦截弹称为灵巧石。然而由于各种原因，如缺乏自主性、生存性不高、结构复杂、造价高昂等，这种灵巧石无法有效实现反导防御，而被后来的“智能卵石”所替代。

2）智能卵石杀伤器

智能卵石杀伤器是美国“星球大战”计划的重要组成部分，如图 1.6 和图 1.7 所示。这是一种将目标探测、跟踪、导引、拦截等各种功能完全集中于一体的智能化动能武器，因此称为 SMART 精确制导武器。其中，探测系统是由多波段传感器组合而成，采用微波雷达和激光雷达进行跟踪，并由可见光探测器和紫外探测器辅助激光成像雷达精密跟踪；推进系统为小型高控制性能发动机，包括方向控制推力器和姿态控制推力器。

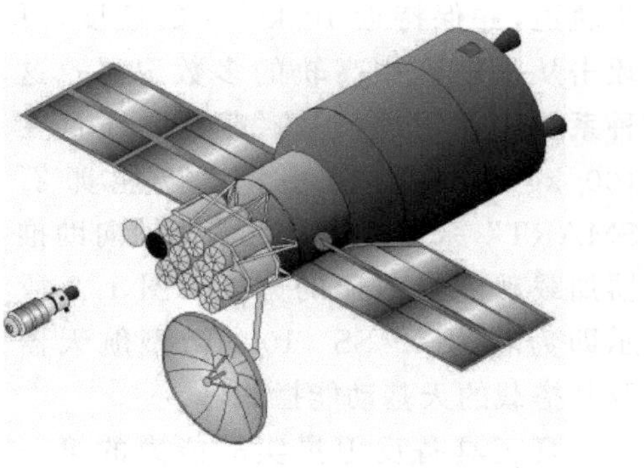

图 1.6 “智能卵石”杀伤器

3）天基动能拦截系统

天基动能拦截系统是以空间飞行器为作战平台，利用其搭载的动能拦截器重点对洲际弹道导弹进行助推段拦截的天基制导武器系统。该系统可以有多种结构方案，但均包括空间飞行器、运载发射器、地面测控系统这三部分。空间飞行器是携带大气层外动能杀伤器(EKV)

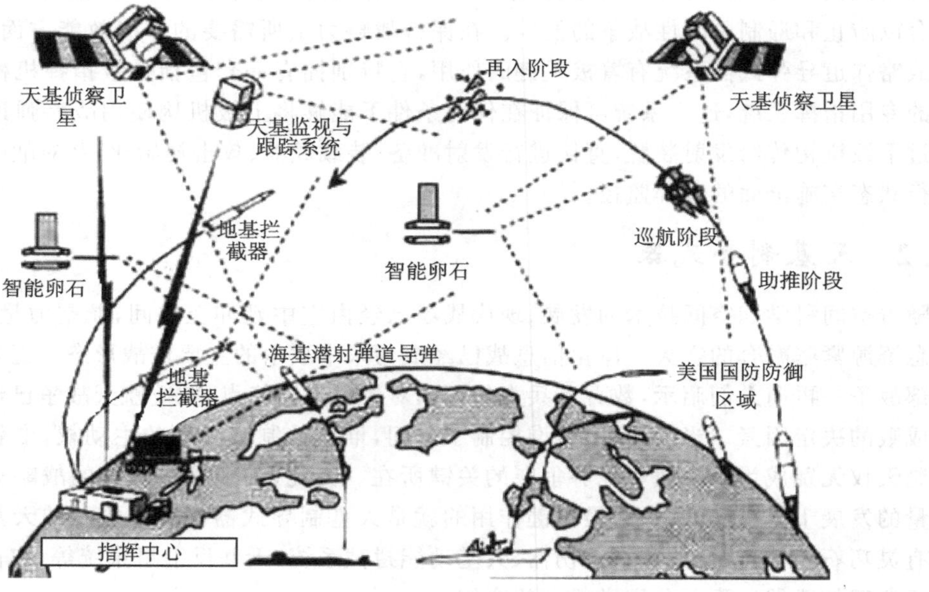

图 1.7 “星球大战”计划示意图

的若干颗微型航天器组成的空间作战平台，其上有零惯量矩控制器、星光姿态定向装置、太阳能电池板、跟踪传感器及数据传输通信系统等。运载发射器主要包括运载火箭及其分离装置。地面测控系统主要由靶场雷达、遥测系统、航天器指挥控制网、可视化与综合数据处理中心组成。为覆盖全球，该系统中的动能拦截弹部署数量需要达到数百颗。

4）天基反卫星系统

美国自 2004 年开始发展和试验一种“轻型化天基拦截系统（KEI）”，这是一个由 3～6 颗携带动能拦截器的航天器组成的轻型天基动能拦截系统，作战飞行速度可达 14 km/s，能在 1 h 内从低地球轨道机动变轨到地球同步轨道，并保持近 10 km/s 的速度，可攻击从低轨到中高轨的多数卫星。这种系统所使用的天基拦截器是质量在 100 kg 以下的轻小型“智能卵石 SMART”，采用的是单级液体轴向助推器加载动能拦截器的方案。图 1.8 所示即为名为 X－SS－10 的微型航天器及其搭载的天基动能拦截器。

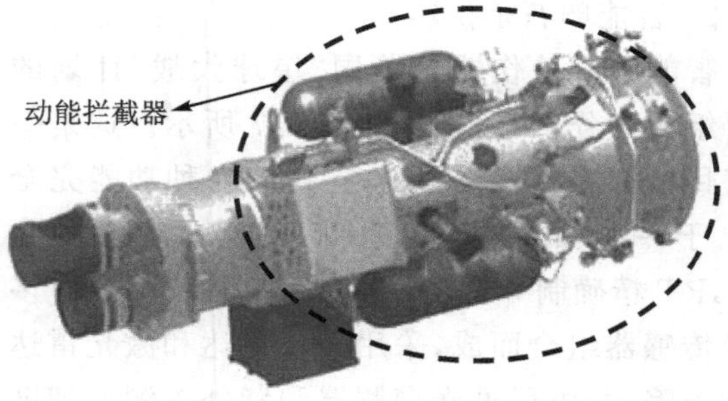

图 1.8 X－SS－10 微型航天器及其动能拦截器

真正具备反卫星实战能力的第一种太空反卫星武器是太空雷，又称天雷或拦截卫星，是装有威力巨大的战斗部的反卫星卫星。苏联一直致力于该武器的研究，用于破坏美国太空武器系统。它主要由跟踪引导系统、飞行控制系统、动力系统、战斗部、星体等部分组成。这种武器具有结构简单、体积小、质量轻、价格低廉，可大量同时布设的特点。若把它送到接近敌方天基平台的轨道，便可根据地面指令引爆，从而摧毁敌方空间作战平台，因此这种反卫星系统也被称为“杀手卫星”。

可以看出，以上天基武器系统中最常采用的攻击方式是动能直接碰撞方式，这是对战斗部杀伤方式的创新，采用这种碰撞杀伤方式的制导武器通常称为动能武器，相对于采用高爆战斗部的常规导弹而言，也可称其为动能弹，下面详细介绍。

2. 动能弹

动能弹主要用于防空，也称动能拦截弹，通常由高速、高加速运载器及作为战斗部的动能拦截器组成。动能弹与常规导弹相比，最显著的区别在于无须引爆战斗部，而是以高速或者高超声速让弹体与目标直接碰撞产生巨大动能来摧毁任何类型的目标。根据作战用途的不同，运载器可能是单级助推火箭，也可能是多级助推火箭。作战时，在各种探测器(陆基、海基、空基和天基)和火控雷达的支援下，将动能拦截器运送至特定区域，然后动能拦截器与运载器分离并捕获目标，通过自主导引实施对目标的精确拦截。有的情况下，动能拦截器与运载器之间没有明显划分，而是作为一个整体共同撞击目标。

动能拦截器是动能拦截弹的核心，是一种光电、信息高度密集成的信息化飞行器，主要由导引头、惯性测量装置、弹载计算机、电子设备、姿轨控系统、推进系统、电源系统等组成，依靠高速运载器提供每秒千米级的飞行速度，且本身具有自主寻的能力。当拦截器制导精度未能实现本体与目标碰撞时，还可通过杀伤增强装置来增大拦截器与目标的碰撞面积。

动能拦截弹具有许多突出优点，如命中精度高(脱靶率几乎为零)，杀伤力强，可有效对付核、生、化等大规模杀伤性武器，且无污染、质量小、体积小，一般采用直接侧力控制，机动性好，不需要引战配合，可在陆、海、空、天全方位部署，特别是在未来空间攻防作战中，还可以作为反卫星武器或卫星防御武器。

美国是发展动能拦截弹最积极的国家，主要将其用于弹道导弹防御系统和动能反卫计划，动能拦截弹还是美国空间武器家族里的重要成员。迄今为止，美国已拥有或正在研制的动能拦截弹有陆基“爱国者 PAC-3”拦截弹、舰载“标准-3”拦截弹、地基动能反卫星拦截弹、天基智能卵石拦截弹等。用于海军区域导弹防御的“战区高空区域防御 THAAD”拦截弹，其动能杀伤拦截器(KKV)的速度可达 4.8 km/s，作战高度 500 km，拦截距离 1 200 km。总之，美国在动能拦截方面已经形成了较为完整的体系：大气层外拦截器用于地基中段防御拦截，THAAD 拦截弹用于海基中段防御拦截，PAC-3 用于末端防御拦截，而智能卵石拦截弹等则用于反卫星拦截。

近年来，动能拦截弹发展十分迅速，许多关键技术如 KKV、轨道拦截等均获得了重大突破，并且初步论证了它对未来空天一体化作战的巨大作用。当前，动能拦截弹正朝着小型化、智能化及通用化的方向发展。

1.2.3 临近空间制导武器

临近空间是指距地球表面 20～100 km 高度范围内的稀薄大气空间，是传统概念上航空和航天的过渡部分。临近空间在对地观测分辨率、电子对抗效果、航天发射、作战等方面优于卫星，而在通信服务覆盖范围、侦查视场等方面又优于航空，因此是未来空天一体化作战的必争之地，目前已经成为各国关注的热点领域。

近几年来，各种临近空间新概念飞行器不断出现。临近空间飞行器可以是具有制导能力的高超声速飞行器，也可以是慢速的浮空器。前者的特点介于亚轨道飞行器与飞机之间，是高动态的，具有超高速的优势，能够在全球范围内快速部署，可根据作战需要随时起飞，以不同航迹飞临战区上空，实现全球到达和全球精确打击；而后者是低动态的，可长期留空并可用作区域探测或通信平台。这些临近空间飞行器作为空天一体作战系统的重要组成部分，是争夺军事优势和战争主动权、提高战略威慑力和实战能力的重要手段，具有极其重要的军事价值。

这里只介绍具有制导能力的高动态临近空间飞行器，即临近空间制导武器。临近空间制导武器主要包括弹道滑翔式导弹、弹道巡航式导弹、高超声速巡航导弹等。这些武器及其作战平台将会成为现代攻击体系的核心支撑力量。

1）弹道滑翔式导弹

弹道滑翔式导弹是一种可由多种运载和发射平台携带，进入临近空间或亚轨道并再入，在临近空间进行无动力滑翔飞行的一种远程精确制导武器。最为典型的例子就是美国在2003年启动研制的名为“通用航空飞行器CAV”的超声速滑翔弹药投射系统。该系统的主要任务是对时敏目标实施全球打击，既可以攻击加固目标、地下深埋目标，也可猎击地面机动战略核导弹。该武器具有飞行过程中重新规划航迹的能力，能从美国本土由陆基运载器发射，进入临近空间但不进入空间轨道，这样的飞行路线可以避开其他国家领空，并且打击精度可达3 m。该计划在2005年转向速度更大的猎鹰HTV和“一体化高超声速IH”等临近空间飞行器计划。

2）弹道巡航式导弹

弹道巡航式导弹是俄罗斯提出并研发的新概念导弹。它采用弹道飞行融合超声速巡航技术，以避开导弹防御系统的拦截区域。这种飞行器可在助推上升段结束后，快速压低飞行高度，在低空进行超声速巡航，而这个高度一般低于美国中段防御系统GMD、SMD和末段防御系统THAAD拦截高度的下限，所以基本上可以避开现有导弹防御系统的拦截区域，具有很强的机动突防能力。

弹道巡航导弹的高速巡航和机动能力主要由矢量推进的超燃冲压发动机和气动力复合产生，加之弹体的高升阻比，可使最大过载超过10g，这是未来弹道导弹发展的重要趋势，并且随着发动机性能的提升，弹道巡航又开始向高超声速巡航的方向发展。

3）高超声速巡航导弹

超燃冲压发动机推进技术的进步为高超声速巡航导弹的发展以及高超声速打击的实施提供了强有力的支持。在此基础上，美、英、法、日等国都开始积极研制新一代高超声速巡航导弹。如美国的X-51A飞行器采用B-52挂载发射，然后助推上升并再入滑翔，如图1.9所示，巡航马赫数可达6.5，旨在1 h内打击全球任意目标。俄罗斯一直热衷于研究超燃发动机飞行器，其“锆石”高超声速巡航导弹目前正在进行研发测试，列装于“彼得大帝”号和“纳克西莫夫海军上将”号核动力导弹巡洋舰。

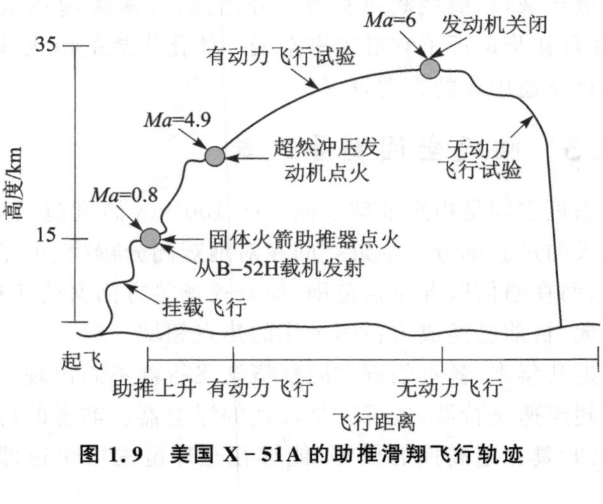

图1.9 美国X-51A的助推滑翔飞行轨迹

1.3 导弹制导和控制系统

对于1.2节所介绍的精确制导飞行器，它们有两种最基本的飞行方式，即航空器所遵循的气动飞行和航天器所遵循的轨道飞行。其中，气动飞行方式是传统制导武器(如导弹)普遍采用的飞行方式，轨道飞行是随着制导武器向空间延伸发展，在近些年来研制出的先进制导武器(如高超声速导弹等)可以采用的方式。对于这两种飞行方式，引导飞行器飞行的制导和控制系统有很大的不同，本节介绍气动飞行的导弹制导控制系统(包括其组成、种类以及硬件设备)，1.4节将介绍轨道飞行的航天器制导控制系统，从系统整体上对飞行器的制导与控制进行把握。

1.3.1 制导控制系统工作原理

导弹之所以能够按照合适的弹道飞向目标，准确地执行打击任务，其核心在于其随身携带的制导控制系统。制导控制系统的基本功能是探测或测定导弹相对于目标的飞行情况，计算导弹实际位置与预定位置的飞行偏差，形成导引指令，并操纵导弹改变飞行方向，使其沿预定的弹道飞向目标。

制导控制系统由导引和控制两个子系统组成，如图1.10所示。

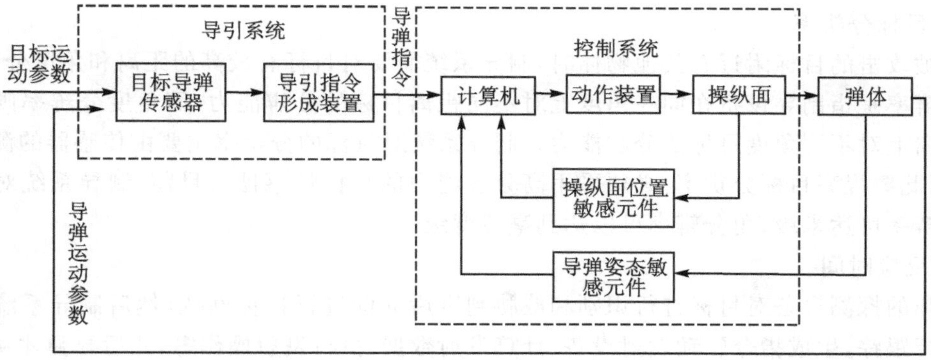

图1.10 制导控制系统组成

导引子系统用来探测或测定导弹相对于目标或者发射点的位置，按照要求规划弹道，形成导引指令并传送给控制子系统。导引系统通常由弹体、目标运动敏感器以及导引指令形成装置组成。

控制子系统响应导引子系统传来的指令信号，产生作用力迫使导弹改变航向，使导弹能够沿着所要求的弹道飞行。除了调整飞行轨迹外，控制系统的另一项重要任务是稳定导弹飞行。由于导弹的弹体一般是细长的圆柱体，当它受到扰动(如气流扰动)时，飞行状态可能会变得不平稳，如没有控制系统保持飞行稳定，尤其是不具备飞航能力的弹道导弹，很容易失控翻滚以致自毁。通常，控制系统由导弹姿态敏感元件、操纵面位置敏感元件、计算机、操纵装置及操纵面组成。

整个制导控制系统的工作过程可描述为：导弹发射后，目标敏感器不断测量与目标间的相对运动状态，并传送给导引指令形成装置；导引指令形成装置根据该传送信息，结合既定导引规律形成导引指令，该指令要求导弹修正当前飞行方向；导引指令信号送往控制子系统后，经计算机处理，通过操纵装置驱动操纵面偏转，改变导弹的飞行方向，使导弹能够沿规划弹道飞行；为实现导弹的航向调节和飞行稳定，姿态敏感元件检测出导弹的姿态偏差，并以电信号的形式送回计算机，从而操纵导弹恢复到预定姿态，确保导弹能够按预定弹道稳定飞行；同时，操纵面敏感元件时刻检测操纵面位置，并将位置偏差送回计算机，计算机根据操纵面动态信息控制操纵装置，为飞行控制提供理想的执行性能。

1.3.2　制导性能指标

制导系统的性能主要体现在制导精度、目标分辨率、反应时间、控制容量、抗干扰能力、可靠性和可维护性等。

1）制导精度

制导精度是制导系统最重要的指标，直接决定摧毁目标的任务能否最终完成。制导精度通常用脱靶量来衡量。脱靶量是指导弹在制导整个过程中与目标间的最短距离。导弹的脱靶量不能超过其战斗部的杀伤半径，否则战斗部便不能以预定概率杀伤目标。目前，战术导弹的脱靶量可达几米，甚至可与目标直接碰撞。战略导弹的战斗部威力巨大，脱靶量可达几十米。

2）目标分辨率

在被攻击的目标附近有其他物体时，制导系统需要对目标有较高的距离和角度分辨能力。距离分辨率是指制导设备在同一角度上对不同距离目标的分辨能力，而角度分辨率则是指在同一距离上对不同角度目标的分辨能力。制导系统对目标的分辨率主要由传感器的测量精度决定，因此要提高目标分辨率，必须采用高分辨能力的目标传感器。目前，制导系统对目标的距离分辨率可达米级，角分辨率可以达到毫弧度级。

3）反应时间

导弹的探测设备对目标进行识别和威胁判定后立即进行目标确认，然后制导系统对指定目标进行跟踪，生成指令驱动发射设备、计算发射数据、执行发射操作等，此后导弹才从发射设备射出。制导系统执行上述一系列操作所需要的时间就是反应时间。对于战略导弹，反应时间一般由指挥、控制、通信和情报系统以及制导系统的性能共同决定；对于攻击活动目标的战术导弹，反应时间则主要由制导系统决定。

随着科技的发展，目标速度越来越快，对目标的远距离搜索和探测变得越来越困难，因此制导系统的反应时间必须尽量短。提高反应时间的主要途径是提高制导系统准备工作的自动化程度，比如让目标跟踪与瞄准自动化，发射前测试自动化等。目前的弹道导弹反应时间一般在几分钟，近程防空导弹的反应时间可达几秒钟。

4）控制容量

控制容量是防空导弹系统的重要指标，是指制导系统能同时观测目标和导弹的数量。在同一时间内，一枚或几枚导弹只能攻击同一目标的制导系统称为单目标信道系统，而能够制导多枚导弹攻击多个目标的系统则称为多目标多导弹信道系统。单目标信道系统只能在一批次导弹的制导过程结束后，才能发射第二批次导弹攻击另一目标。因此，防空导弹多采用多目标多导弹信道系统，以增强导弹对多目标的防御能力。目前，技术先进的地空导弹系统能够同时处理上百个目标数据，可跟踪几十个目标，引导多批次导弹分别攻击不同目标。

5）抗干扰能力和生存能力

抗干扰能力和生存能力是指遭到敌方袭击、电子对抗、反导对抗和受到内部、外部干扰时，制导系统保持其正常工作的能力。对于多数战术导弹，只要求抗干扰能力。提高制导系统的抗干扰能力有几种途径：一是降低制导系统对干扰的敏感度；二是使制导系统的动作具有突发性、欺骗型和隐蔽性，使敌方不易察觉；三是让制导系统采用几种工作模式，在被干扰时进行模式切换。对于战略导弹来说，要求的更多是生存能力。为提高生存能力，导弹可以在井下、水下或者机动发射等，还可采用多弹头和多弹头分导等技术以提高突防能力。

6）可靠性和可维护性

制导系统在给定的时间和条件下发生故障的概率可用来衡量制导系统的可靠性。显然，整个系统的可靠性取决于系统内各组件、元件的可靠性。目前，技术先进的战术导弹制导系统的可靠度可达95%以上，弹道导弹制导系统的平均可靠度大概为80%～90%。

制导系统发生故障后，在特定的停机时间内系统被修复到正常的概率称为制导系统的可维护性。可维护性主要取决于系统内设备、组件、元件的安装，人机接口，检测设备，维修程序，维修环境等。目前，技术先进的制导系统均采用计算机进行故障诊断，内部多用接插件，而且维修场地配置合理，并设定最佳维护程序，这些措施都大大提高了制导系统的可维护性。

1.3.3 制导控制系统分类

严格来说，制导控制系统的制导和控制两个子系统相互独立，可以拆分开来；从图1.10中可以看出，它们分别对应外环的制导大回路和内环的飞行控制与操纵面回路。控制系统主要实现飞行稳定和航迹调节的功能，类型比较单一，因此整个制导控制系统的分类主要取决于制导子系统所采用的制导方式。

根据制导子系统工作方式的不同，可以将制导控制系统大致分为三个基本类型：自主制导系统、遥控制导系统、寻的制导系统。下面分别介绍它们各自的优缺点。

1. 自主制导系统

如果导引指令信号是只靠弹上制导设备来感知地球或宇宙空间物质的物理特性而产生，制导系统和目标、指挥站均不发生联系，这样的制导方式称为自主制导，如图1.11所示。

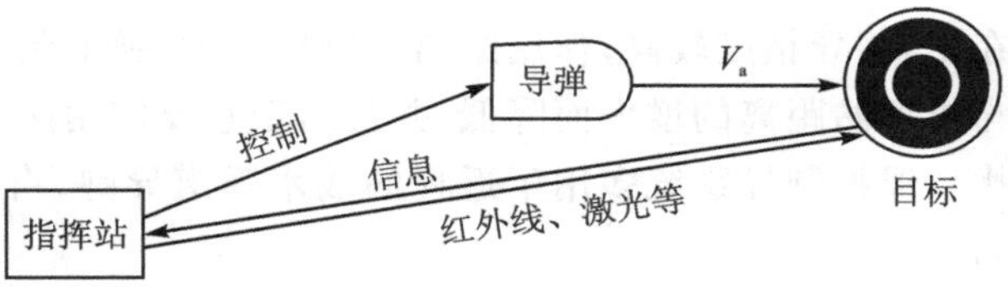

图1.11 自主制导原理图

采用自主制导的导弹在发射前，一般要预先设定导弹的弹道。导弹在发射后，弹上制导系统的敏感元件会不断测量预定的参数，如导弹的加速度、导弹的姿态、天体位置、地貌特征等。这些参数在弹上经过处理，与沿预定弹道运动该有的相应参数进行比较，一旦出现偏差，便产生导引指令修正航线,确保导弹准确飞向目标。同时,为了确定导弹自身的位置,弹上还要安装位置检测系统或导航系统。常用检测系统有电磁测量系统、惯性导航系统、天文导航系统等。因此,完整的自主制导系统是由多种不同工作原理的仪器仪表组成的一个非常复杂的动力学系统。

自主制导的优势在于,采用这种制导方式的导弹由于导弹和目标以及指挥站不发生任何联系,因此隐蔽性好,不易被干扰,而且导弹射程远,制导精度也高。但缺点在于,自主制导导弹一经发射出去,其飞行弹道就不能再改变了,所以只能攻击固定目标或飞向既定区域。基于这些特点,自主制导系统一般用于飞航导弹和战术弹道导弹的初始飞行段。

2. 遥控制导系统

如果导引信息是由导弹以外的指挥站向导弹发出的,那么这样的制导系统称为遥控制导系统。这里所说的导引信息指的是导引指令或导弹的位置信息。根据导引指令在制导系统中形成部位的不同,遥控制导又分为驾束制导和遥控指令制导。

在驾束制导系统中,指挥站发出波束(如无线电波束、激光波束等)跟踪目标,同时照射导弹,指示导弹应在的位置,导弹在波束内飞行,弹上的制导设备能感知它偏离波束中心的方向和距离,并产生相应的导引指令,操纵导弹飞向目标,工作原理如图 1.12 所示。

而在遥控指令制导系统中,指挥站的导引设备在测量目标和导弹的运动参数的同时,在指挥站形成导引指令,并将其传送至导弹上,弹上控制系统根据指令直接操纵导弹飞向目标,如图 1.13 所示。

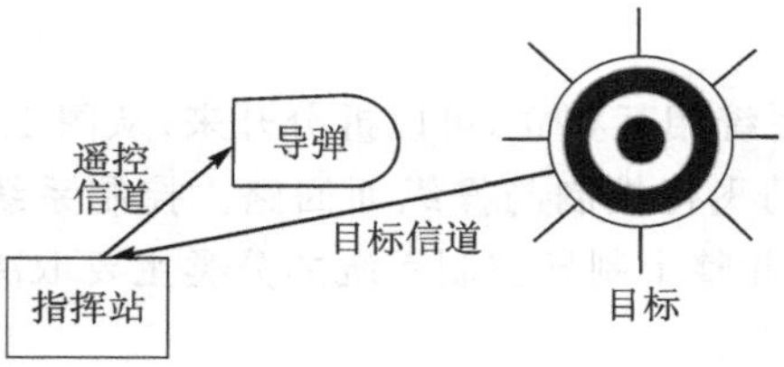

图 1.12　驾束制导

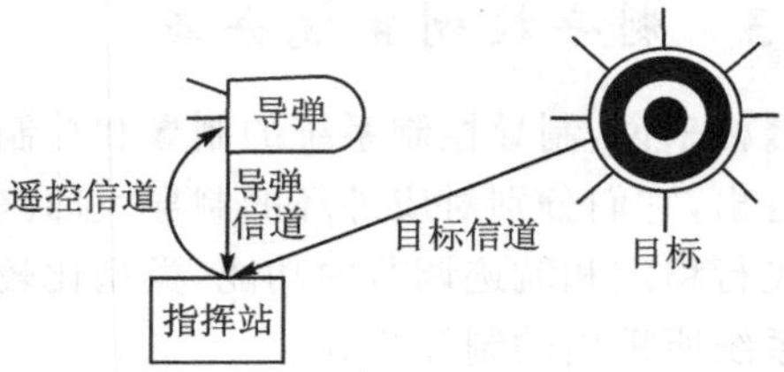

图 1.13　遥控指令制导

可以看出,驾束制导和遥控指令制导虽然都由导弹以外的指挥站导引导弹,但前者指挥站的波束指向只给出导弹的位置信息,导引指令由飞行在波束中的导弹检测其在波束中的偏差来形成;而后者的导引指令则由指挥站获得的导弹和目标信息直接处理,根据导弹与预定弹道的位置偏差形成导引指令,送往导弹,导弹按照指令飞向目标。

遥控制导的优点在于,制导精度较高,作用距离可以比较大,弹上制导设备也比较简单,但制导精度会随着导弹与指挥站距离的增大而降低,并且由于它要使用两个飞行器的运动信息,因此容易受到外界干扰。遥控制导系统多用于近程的战术弹道导弹,有些战术巡航导弹也用遥控指令来修正其航向。

3. 寻的制导系统

第三种常见的制导方式就是自动寻的制导。寻的制导系统是直接利用目标辐射或反射的能量(如电磁波、红外线、激光、可见光等),靠弹上制导设备测量目标和导弹的相对运动状态,按照导引规律自动形成导引指令,引导导弹飞向目标的一种自动制导系统,如图 1.14 所示。

自动寻的制导可以让导弹攻击高速目标，制导精度较高，而且导弹与指挥站间没有直接联系，能够发射后不管，但是由于它依赖目标辐射的能量来检测导弹飞行偏差，因此作用距离较短，而且容易受到外界干扰。自动寻的制导一般用于空空导弹、地空导弹、空地导弹等弹道导弹和飞航导弹飞行末段，用来提高末段制导精度。

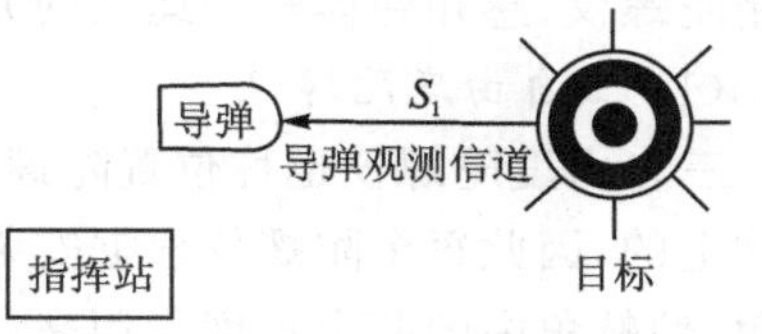

图 1.14 自动寻的制导原理图

1.3.4 制导方式比较

在这几种基本制导方式中，寻的制导与自主制导相似，均不依赖地面站，它们的区别在于寻的制导建立了弹目联系，而自主制导并不直接观测目标。与它们相比，遥感制导的特点则比较明显。遥感制导在导弹发射后，指挥站必须对目标（遥控指令制导中还包括导弹）进行观测，并通过其遥控信道向导弹不断发出导引指令，而寻的制导在导弹发射后，只由弹上制导设备对目标进行观测，并形成导引指令，指挥站不参与导弹的制导过程。因此，遥控制导设备是分装在指挥站和导弹上的，而寻的制导设备和自主制导设备则基本都装在导弹上。

由上述可知，三种制导系统各有优缺点，表 1.1 对其基本性能进行了比较。不难想到，当制导性能要求较高时，可以根据目标特性和任务需求把三种制导系统相互组合，取长补短，以提高制导系统的整体性能。例如，在导弹飞行初段，可以用自主制导将其导引到所需的区域，在飞行中段用遥控指令制导，利用指挥站较长的作用距离，较精确地把导弹导引到目标附近区域，最后在飞行末段采用寻的制导，直到与目标接战。这样的组合不仅增大了整个制导系统的作用距离，更重要的是可有效提升制导精度。当然，还可以采用其他组合方式构成复合制导系统，如自主加寻的制导、遥控加寻的制导等。值得注意的是，复合制导在制导方式切换的过程中，制导设备必须协调过渡，使导弹的飞行阶段能够平滑地衔接起来。目前，复合制导在各类导弹中已经获得了广泛的应用。

表 1.1 制导方式的性能比较

类　型	作用距离	制导精度	制导设备	抗干扰能力
自主制导	很远	较高	弹载	强
遥控制导	较远	随作用距离降低	制导站和弹载	弱
寻的制导	小于遥控距离	高	弹载	弱

1.3.5 制导控制系统构成

制导控制系统在构成上除了用于数据与信息处理的计算机外，主要由感知导弹自身运动状态的传感系统、执行机构舵机这两部分所组成。

1. 传感系统

导弹的传感器系统用来感受导弹飞行过程中弹体姿态和重心横向加速度的瞬时变化，反映这些参数及其变化趋势，并将产生的电信号供给控制系统。在自主制导的导弹中，由于飞行轨迹不依赖于地面站指令，故传感系统还有敏感运动轨迹偏差。感知弹体姿态转动的元件一般用陀螺仪，感知弹体轨迹运动的元件主要用加速度计和高度表。

(1) 三自由度陀螺仪

三自由度陀螺仪也称位置陀螺仪，其结构如图 1.15 所示。由于陀螺仪底座是固定安装在弹体上的，因此每个陀螺仪根据安装方式的不同，可以测出弹体在三个自由度上的俯仰角、滚动角、偏航角中的两个角度。用来测量弹体滚动角和俯仰角的陀螺仪称为垂直陀螺仪，其安装方式如图 1.16 所示。用来测量偏航角和俯仰角的陀螺仪称方位陀螺仪，其安装方式如图 1.17 所示。

垂直陀螺仪主要用于地空、空空、空地等需要垂直作战的导弹，而方向陀螺仪则一般用于地地等平面作战的导弹。位置陀螺仪的安装位置要尽量靠近导弹重心，用作测角元件，可将其视为一个理想的比例放大环节。

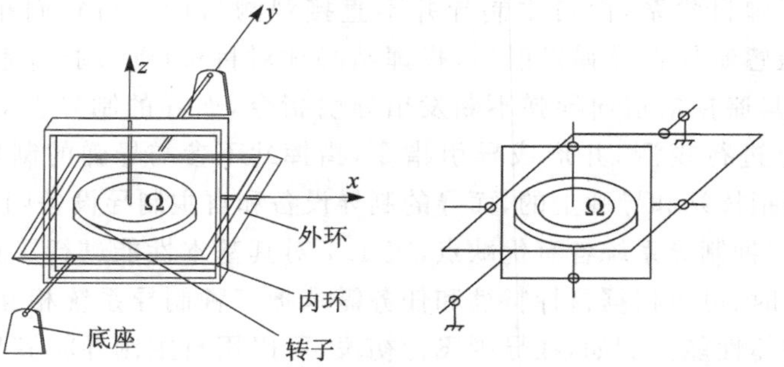

图 1.15　三自由度陀螺仪

(2) 二自由度陀螺仪

将位置陀螺仪的一个自由度用框架固定就形成了二自由度陀螺仪。由于陀螺在受到外力作用时会产生进动，也就是说起到了积分的作用，因此二自由度陀螺仪可以用来测量被固定自由度的转动变化，即转动速率，故也称之为积分陀螺、速率陀螺或角速度陀螺。每只陀螺可测一个角速度和一个角位置信息。

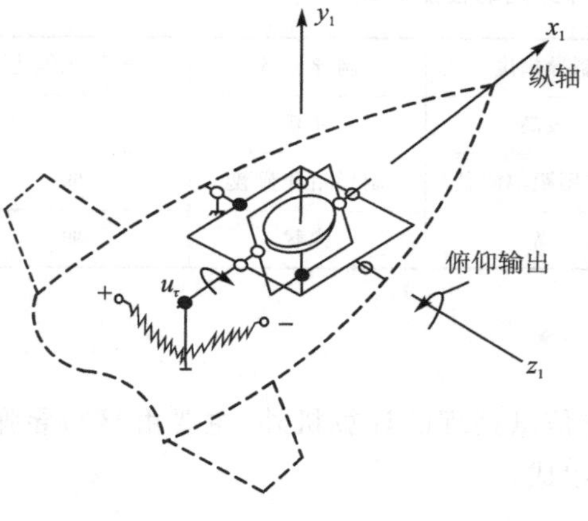

图 1.16　垂直陀螺仪

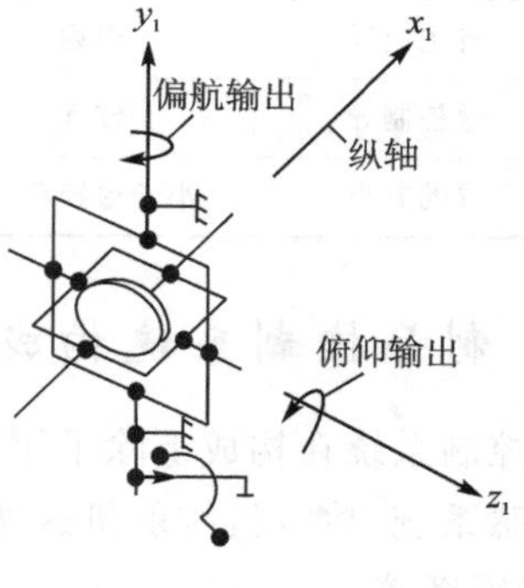

图 1.17　方位陀螺仪

角速度陀螺仪的工作原理如图 1.18 所示，可用来测量弹体绕 Oy_1 轴的角速度 ω_y。陀螺仪只有一个框架，环架轴与 Ox_1 轴平行，能绕 Ox_1 轴转动。框架转动时拉伸弹簧和牵动空气阻尼器的活塞,同时带动输出电位器的滑壁。电位器的绕组和弹体相连,当导弹以角速度绕 Oy_1 轴转动时,迫使转子进动,因此产生陀螺力矩 M',M'的方向由右手定则确定。框架在力矩 M'的作用下,绕 Ox_1 轴转动,当框架转过的角度 β 增大到使弹簧的反抗力矩和陀螺力矩相平衡时,框架停止转动。ω_y 越大,则 M'越大,在力矩平衡条件下框架转过的角度 β 就越大。因此,电位器滑壁位置和绕组中点的电位差 u_β 与 M'成正比,这就是陀螺仪输出弹体转动角速度信号的原因。空气阻尼器的作用是给框架的起始转动引入阻尼力矩,以消除框架转动过程的振荡现象。

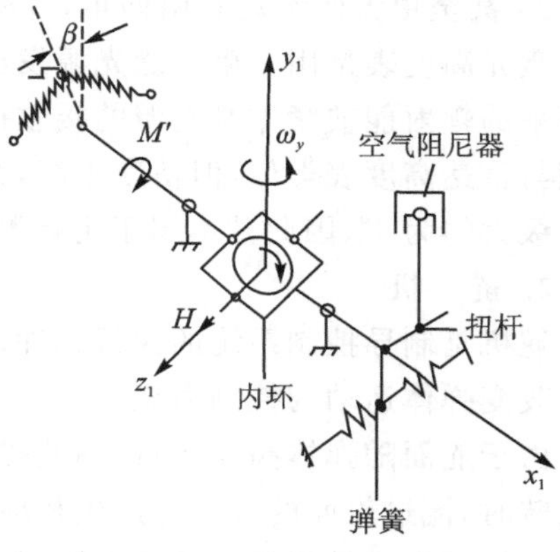

图 1.18 角速度陀螺仪

(3) 加速度计

加速度计是导弹控制系统中一个重要的惯性敏感元件,用来测量导弹的横向加速度。在惯性制导系统中,加速度计还用来测量导弹切向加速度,经两次积分,可确定导弹相对起飞点的飞行路程。

常用的加速度计有重锤式加速度计和摆式加速度计两类。

重锤式加速度计的工作原理如图 1.19 所示。基座以加速度 a 运动时,惯性质量块 m 相对于基座后移,质量块的惯性力拉伸前弹簧,压缩后弹簧,直到弹簧的回复力等于惯性力时,质量块相对于基座的位移量 ΔS 才不会增大。根据弹簧形变与受力关系,就可以通过质量块位移量得到基座即弹体在该方向上的加速度。

摆式加速度计原理如图 1.20 所示。摆式加速度计有一个悬置的检测质量块。相当于单摆,可绕垂直于敏感方向的另一个轴转动。当检测质量块 m 受到加速度作用偏离零位时,由传感器检测出信号,该信号经高增益放大器放大后激励力矩器,产生恢复力矩。力矩器线圈中的电流与加速度成正比。摆式加速度计的检测质量块的支撑结构简单、可靠、灵敏,因而得到广泛应用。

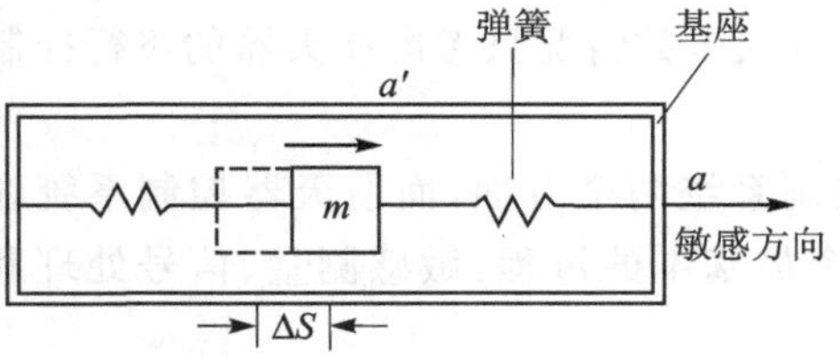

图 1.19 重锤式加速度计

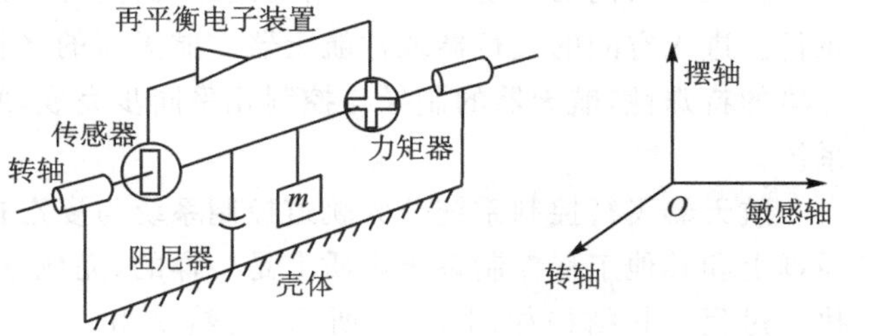

图 1.20 摆式加速度计

(4) 高度表

高度表是用来测量飞行高度的专用设备,根据探测方式的不同,主要分为气压高度表、雷达高度表、激光高度表三种,在适用范围内可视为理想的比例放大器。

气压高度表可用于指示海平面或另外某个被选定高度以上的高度,适用范围广,对 100 m 以上的飞行高度均适用,但精度不高,而且当高度低于100 m 时,大气压力局部变化大,此时气压高度表的鉴别能力和精度就难以正常工作了。

雷达高度表可用于指示导弹相对于地面或者海平面的高度，能够在 10 m 以下的高度工作，但需要进行精心的设计以有效接收回波。雷达高度表对导弹姿态的容忍度较大，可容许导弹±25°甚至更大的滚动和俯仰角，且精度较高，可达 0.5 m。

激光高度表是用一束由激光源发出的持续时间很短的辐射能照射目标，从目标反射或散射回来的辐射能被紧靠激光源的接收机检测，再采用普通雷达的定时技术给出高度信息，工作原理与雷达高度表类似，但精度更高，在 10 m 以内可达 0.1 m。激光高度表的波束宽度很窄，数量级大约为 1°，因此基本属于定点测高。

2. 舵　机

舵机是制导控制系统的执行元件，其作用是根据制导和控制信号的要求，操纵舵面偏转以产生改变弹体运动的控制力矩。

由于舵面随弹体高速飞行，因此舵面的控制力矩与静态情况并不相同。当飞行的舵面发生偏转时，流过舵面的气流将产生相应的空气动力，并对舵面轴形成气动力矩，通常称为铰链力矩。铰链力矩是舵机的负载力矩，与舵偏角大小、舵面形状以及飞行状态有关。为了使舵面偏转到所需的位置，舵机产生的主动控制力矩必须能够克服作用在舵轴上的铰链力矩，以及舵面转动所引起的惯性力矩和阻尼力矩。铰链力矩的极性与舵面气动压力中心的位置有关：如果舵面压心位于舵轴后方，则铰链力矩的方向与主动力矩的方向相反；若舵面压心位于舵轴前方则相同，并引起反操纵现象。

根据所用能源的形式，舵机有液压舵机、气压舵机、燃气舵机及电动舵机等不同类型。对舵机的性能要求，主要有舵面的最大偏角、舵偏的最大角速度、舵机的最大输出力矩以及动态过程的时间响应特性等。在结构上，要求舵机具有质量轻、尺寸小、结构紧凑、容易加工和工作可靠等特点。

1.4　航天器飞行控制系统

除大气层内的气动飞行外，精确制导飞行器的另一种基本飞行方式是进入空间后的轨道飞行。进入空间的飞行器统称航天器。航天器的飞行同样需要制导控制系统，不过由于空间环境的特殊性，航天器的制导与控制几乎同步完成，所以大多数情况只考虑航天器的飞行控制系统。

航天器飞行控制系统分为轨道控制系统与姿态控制系统两个方面，而航天器控制系统在原理上和其他工程控制系统本质上是一样的，完成三个最基本的过程：敏感测量、信号处理和执行过程。其结构如图 1.21 所示，仍然是由敏感器、控制器和执行机构三大部分组成。敏感器用以测量某些绝对的或相对的物理量，执行机构起控制作用，驱动动力装置产生控制信号所要求的运动，控制器则担负起信号处理的任务。

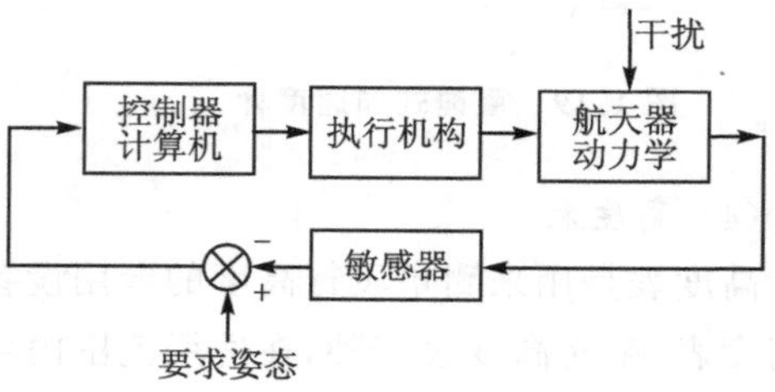

图 1.21　航天器控制系统结构图

敏感器分为轨道敏感器和姿态敏感器两种。有些敏感器既可以作为轨道敏感器，也可以作为姿态敏感器。轨道敏感器通常也称为导航设备,由于轨道测量比较复杂,故一般不简单通过某个仪器来实现,而是要组成一个轨道传感测量分系统。

执行机构根据产生控制力和控制力矩的不同,也可以把它分为轨道控制执行机构和姿态控制执行机构两类。有些执行机构既可作为轨道控制执行机构,也可以作为姿态控制执行机构,这完全取决于推力器的安装方式,即推力是否通过航天器质心。推力通过质心将产生控制力,不通过质心则产生控制力矩。

下面分别对轨道和姿态控制系统所涉及的设备进行简单介绍。

1.4.1 轨道控制系统构成

轨道控制系统的主要目的是控制航天器沿既定轨道运动,主要由传感分系统、控制器、推进分系统三部分组成。传感分系统用于航天器轨道参数的测量和确定,控制器则对测量数据进行处理,为航天器设计必要的轨道控制律,推进分系统根据控制器生成的控制律驱动推进器工作,以改变航天器运动趋势。

1. 传感分系统

传感分系统的作用就是利用测量仪器对航天器运行轨道进行跟踪观测,获得大量用于航天器轨道计算的各种数据,经剔除野值、修正偏差等预先数据处理进行粗略定轨,然后再用状态估计方法改进定轨精度,最后定出精确的轨道。因此,传感测量的根本问题就是轨道运动状态的实时测量和估计问题。

传感分系统一般由多种轨道测量设备组合而成。典型的测轨设备主要有以下几种:

1) 单脉冲雷达

脉冲信号从雷达发出,经航天器或应答机反射,测量脉冲回波所经过的时间及用单脉冲方式测角度,就可定出航天器的斜距、方位角和仰角。

2) 多普勒测速仪

航天器向地面站发射固定频率的无线电波,由于航天器的运动,地面站接收的无线电波频率会发生变化,即多普勒频移,可以通过测定频移的幅度来判断航天器的运动速度。当然,可以在航天器上发射电波由地面站接收,也可以在地面站发射电波,经航天器转发后再由地面站接收。两种方式均能测出多普勒频移,前者称为单向多普勒系统,后者称为双向多普勒系统。

3) 干涉仪

当航天器离测控站很远时,对距离不远的两根探测天线来说可认为电波是平行的,于是通过测量到达两根天线的电波相位差即可得到航天器的电波到达角。如果有两对以上天线,则可确定航天器在三维空间中的方位。

4) 光学相机

以星空为背景拍摄航天器,可根据天空中恒星的位置推算出航天器的位置。由于天体力学计算的恒星位置精度在角秒级以下,因此用这类方法确定航天器位置的精度非常高。一般情况下,确定航天器的位置需要三颗以上的恒星作为定标星,输出结果为航天器在天球中的赤经和赤纬。

2. 控制器

根据地面站遥控指令或星上敏感器的测量数据,控制器进行轨道计算、姿态几何计算与估计、扰动估计、控制律的计算等,然后输出控制指令,控制执行机构工作。

早期的控制器多用模拟线路实现，但它的局限性很大，只能根据预先规定好的轨道控制要求设计出控制线路，在出现故障时，地面干预能力差，甚至无法干预。现代的轨道控制器多与姿态控制器共用星载计算机来实现。实际上，轨道控制与姿态控制也是密切相关的，航天器多根据轨道的要求来进行姿态控制，当然在对姿态没有特殊要求时也单独来实现轨道控制的要求。

3. 推进分系统

推进分系统是航天器轨道控制和姿态控制的执行装置，研制高可靠、长寿命、低推力的推进分系统是空间技术发展的重要方向。在推进分系统发展过程中，先后出现了冷气推进系统、肼推进系统、电推进系统等。

1）冷气推进系统

冷气推进系统采用在室温高压下的惰性气体氮气作推进剂，该推进剂在早期航天器上使用较广泛。其优点是系统简单，没有推进剂燃烧问题，而且惰性气体不会使系统部件和材料因腐蚀而造成性能退化，工作可靠且性能稳定，但由于推进剂比冲低，一般适用于储存总冲量较低的情况，因此在质量轻、寿命短的卫星上使用较多。

2）肼推进系统

自 20 世纪 70 年代开始，肼推进系统在航天器的姿控和轨控中几乎占据了统治地位。不论从系统的可靠性、寿命、比冲、安全性来考虑还是成本等指标来考虑，肼推进系统比冷气推进系统都有明显优点。

对于中等质量航天器，单组元肼推进系统有很强的竞争力，在大型航天器上则会考虑采用双组元肼推进系统。双组元推进系统性能高，稳态比冲高于单组元肼推进系统，因此应用更为广泛。但是双组元推进系统结构较为复杂，氧化剂的强腐蚀性使得材料相容性更为突出，推力室的设计、材料和工艺问题、推进剂量混合比等技术问题也使得系统工作可靠性有所降低。不过随着这些问题的解决，双组元推进系统在航天器总冲要求较大时，仍然会在系统质量方面带来很明显的好处。

3）电推进系统

电推进器可分为静电式和电磁式两大类，其中静电式的电子轰击离子推力器和电磁式的脉冲等离子体推力器发展最快，技术上也比较成熟，已接近工程实用阶段。

当前，决定航天器寿命的一个重要因素是航天器轨道保持所用推进剂的携带量，采用电子轰击离子推力器不仅可以提高卫星寿命，而且还可大幅减轻航天器质量。离子推力器的主要优点是比冲高，大约是肼推进系统比冲的 10 倍以上，在节省燃料方面具有明显优势。

此外，电推力器可连续产生微推力，比产生脉冲式大推力的肼推进系统具有更高的控制精度，对轨道保持控制尤为有利。轨道保持精度主要取决于测轨精度、控制精度、作用时长三个因素。在前两者既定的情况下，一般希望缩短作用时长来提高保持精度，作用时长缩短，控制次数就要增加，对肼推进系统来说就会造成燃耗增加，这是极为不利的，而离子推力器推进系统并不存在这类问题。目前，电推力器已被用于高精度、长寿命的地球同步卫星的轨道保持控制方面。

1.4.2　姿态控制系统构成

与轨道控制系统结构类似，姿态控制系统也包括姿态敏感器（传感系统）、控制器、推进系统(姿态控制执行机构)三部分。其中,以姿态敏感器和推进系统设备的种类较多,下面对这两类设备进行介绍。

1. 姿态敏感器

姿态指的是航天器在空间中的方位,姿态敏感器通过测量航天器本体坐标系相对于某个基准坐标系的相对角位置和角速度,从而确定航天器的姿态。完全确定航天器的姿态需要三个转轴的角度信息,然而由于每一个方位基准最多只能得到两个轴的角度信息,因此要确定航天器的三轴姿态至少要有两个方位基准。

按照基准方位的不同,姿态敏感器可分为以下五类:

① 以地球为基准方位:红外地平仪、地球反照敏感器;

② 以天体为基准方位:太阳敏感器、星敏感器;

③ 以惯性空间为基准方位:陀螺、加速度计;

④ 以地面站为基准方位:射频敏感器;

⑤ 其他:磁强计(以地磁场为基准方位)。

敏感器由量测变换器和信号处理线路两部分组成。按照量测变换器的不同,姿态敏感器可分为以下四种:

① 光学敏感器:太阳敏感器、红外地平仪、星敏感器、地球反照敏感器;

② 惯性敏感器:陀螺、加速度计;

③ 无线电敏感器:射频敏感器;

④ 其他:磁强计。

最常用的姿态敏感器有以下几种:太阳敏感器、红外地平仪、星敏感器、陀螺、加速度计、磁强计及射频敏感器。

1) 太阳敏感器

太阳敏感器是通过对太阳辐射的敏感来测量太阳视线与航天器某一体轴之间夹角的敏感器。太阳敏感器是用来定姿的最常见的敏感器,几乎每个航天器都备有太阳敏感器。它之所以有这样广泛的通用性是因为在大多数应用场合,可以把太阳近似看作是点光源,因此就可简化敏感器的设计和姿态确定的算法;另外太阳光源很强,从而使敏感器结构简单,其功率要求也很低;太阳敏感器的视场很大,可达 $128° \times 128°$,而分辨率可以从几度到几角秒。太阳敏感器可分为模拟式、数字式、太阳指示器三种类型,经常使用的是前两种。

2) 红外地平仪

地球是近地航天器所能观察到的除太阳外最明亮的天体,因此地球也就成为航天器最重要的基准物之一,然而由于地球对近地航天器而言是一个广大的观察目标,不是一个确定的基准方向,因此实际工程中通常以航天器所处的当地垂线或当地地平作为基准方向。

红外地平仪就是利用地球自身的红外辐射来测量航天器相对于当地垂线或者当地地平方位的姿态敏感器,简称地平仪。红外地平仪的工作波段一般选择在 14～16 μm 的二氧化碳红外窄波段上。原因是地球表面上空 20～25 km 的大气中的二氧化碳在 14～16 μm 波段内的红外辐射强度随着高度的增加而迅速地减小,所以工作在这一窄波段上的红外地平仪可获得极为清晰的地球轮廓,有利于提高测量精度。同时,红外地平仪对航天器本身反射的太阳光不敏感,无论白天或夜晚均能正常工作,因此在工程中应用十分广泛。

目前红外地平仪主要有地平穿越式、边界跟踪式、辐射热平衡式三种。其中,地平穿越式地平仪工作视场大，可用于大范围姿态测量，但精度略低，约为 1°～2°，其余两种地平仪的工作视场较小，只适用于小范围的姿态测量，但精度较高，可达到 0.03°。

3）星敏感器

星敏感器是以亮度高于＋2 可见星等的某恒星为基准，测量其相对于航天器的角位置，并同星历表中该星的角位置参数进行比较来确定航天器姿态的，也就是通过对恒星星光的敏感来测量航天器某基准轴与该恒星视线之间的夹角。

由于恒星张角很小，因此星敏感器的测量精度非常高。一般说来，星敏感器是航天器姿态敏感器中最精确的敏感器，其精度比太阳敏感器高一个数量级，比红外地平仪高两个数量级，可达到角秒量级。但是，由于星光非常微弱，其成像装置需要使用高灵敏度的析像管或光电倍增管，同时测量数据较多，数据的处理和识别只有计算机才能完成，因此星敏感器结构复杂、功耗高、质量体积大、价格高昂，而且每给出一次测量结果往往需要几秒钟的时间。

星敏感器分星图仪和星跟踪器两种类型。星图仪又称星扫描器，一般都是狭缝式，用在自旋卫星上，利用星体的旋转来搜索和捕获目标恒星。星跟踪器又可分为框架式和固定式两种形式。框架式星跟踪器是把敏感头装在可转动的框架上，且通过旋转框架来搜索和捕获目标，而固定式星跟踪器则是把敏感头相对航天器固定，只在一定的视场内具有搜索和跟踪能力，例如析像管电子扫描和 CCD 成像均属于该类星跟踪器。

4）陀　螺

陀螺是利用一个高速旋转的质量块来感知其自旋轴在惯性空间的定向变化。具体来说，陀螺具有两大特性，即定轴性和进动性。定轴性就是当陀螺不受外力矩作用时，陀螺旋转轴相对于惯性空间保持方向不变；进动性就是当陀螺受到外力矩作用时，陀螺旋转轴将沿最短的途径趋向于外力矩矢量，进动角速度正比于外力矩大小。当输入量和输出量对换时，这种进动特性也是成立的，即当陀螺存在一个进动角速度输入时，陀螺将产生一个力矩输出。目前，利用陀螺的进动性和定轴性设计的敏感器主要有二自由度陀螺和三自由度陀螺。二自由度陀螺和三自由度陀螺与导弹中所使用的陀螺原理相同，这里不再赘述。

5）加速度计

加速度计是用于测量航天器上加速度计安装点的绝对加速度沿加速度计输入轴分量的惯性敏感器。目前，加速度计更多用在导弹的飞行控制上，在航天器控制上并没有广泛使用，不过它是航天器导航系统中的重要器件。加速度计的种类很多，有陀螺加速度计、摆式加速度计、振动加速度计、石英加速度计等。虽然这些加速度计在结构上各不相同，但它们的工作原理和导弹上所使用的加速度计是相同的。

6）磁强计

磁强计是以地球磁场为基准，测量航天器姿态的敏感器。磁强计原本是用来测量空间环境中的磁场强度的，然而由于地球周围每一点的磁场强度都可以由地球磁场模型事先确定，因此通过对比地球磁场模型与航天器当前所受的磁场强度的关系即可确定航天器当前的姿态。

由于具有质量轻、性能可靠、消耗功率低、工作温度范围宽以及没有活动部件等特点，磁强计得到了广泛应用。但是地球磁场模型仅是对地球磁场的近似描述，以此模型作为磁强计测量星体姿态的基准必然会带来较大的误差，所以磁强计的姿态测量精度并不高。此外，任意点的地球磁场强度与该点距地心的距离的三次方成反比，这使得中高轨道上的地球磁场强度很弱，致使航天器内部的剩余磁矩会超过地球磁场影响，这时地球磁场便不能作为测量基准，所以磁强计的应用受到轨道高度限制。

7）射频敏感器

射频敏感器确定航天器姿态的原理是基于对航天器天线轴与无线电波瞄准线之间夹角的测量，具有较高的精度。

射频敏感器主要有单脉冲比相式和比辐式两种形式，通常用在通信卫星上，这是因为通信卫星的地面发射站可作为敏感器的无线电信标源，而且射频敏感器与通信天线都要求指向控制，因此两者可以做成一体化结构，这样可以避免结构变形所造成的指向误差。

8）姿态传感分系统

在实际的航天器姿态控制系统中，上述各种敏感器单独使用一般是不能满足要求的，而需要多种敏感器组合使用，形成一个姿态传感测量系统。原因主要有以下三方面：① 由于相对于同一基准最多只能获得两个姿态角，所以如太阳敏感器、星敏感器、红外地平仪等单独使用则不能获得完整的姿态信息；② 由于各种敏感器均存在条件限制，如太阳敏感器在地球阴影中不能工作，陀螺等惯性敏感器存在漂移，星敏感器视场很小以致初始难以捕获目标恒星等；③ 由于航天器寿命长的特点，要求敏感器长期可靠地提供高精度姿态信息，所以姿态敏感器的冗余度便成为必须考虑的重要问题。因此，航天器上往往装有多种敏感器，以便相互校正，相互备份，取长补短，充分发挥各自的优势。

2. 执行机构

常用的可供航天器携带的执行机构主要有推力器、飞轮、地磁力矩器三种，分别对应推力器控制系统、飞轮控制系统、地磁力矩器控制系统。

1）推力器

推力器是航天器控制使用最广泛的执行机构之一。它利用质量喷射排出产生反作用推力，这也正是这种装置被称为推力器或喷气执行机构的原因。当推力器安装方向使得推力方向不过质心时，产生相对航天器质心的力矩就成为姿态控制执行机构；而当推力通过航天器质心时，则成为轨道控制执行机构。

根据产生推力所需能源的形式不同，质量排出型推力器与轨道推进系统一样可分为冷气推力器、肼推力器、电推力器三类。其中冷气推力器和肼推力器消耗的工质需由航天器从地面携带，容量有限且无法在轨补充，而电推力器消耗电能可通过太阳能电池在轨补充，工质消耗大大减少，因此电推力器是未来长寿命、高精度推力器的一个重要发展方向。

2）飞　轮

根据动量矩守恒原理，改变安装在航天器上的高速旋转刚体的动量矩，从而产生与刚体动量矩变化率成正比的控制力矩，作用于航天器上使动量矩发生相应变化，这种过程称为动量交换。实现这种动量交换的装置称为飞轮或飞轮执行机构，飞轮只能用于航天器的姿态控制。根据飞轮的结构和产生控制方式的不同，可以分为惯性轮、控制力矩陀螺、框架动量轮三种。

惯性轮又可分为反作用轮和动量轮两种。当飞轮的支承与航天器固连时，飞轮动量矩方向相对于航天器本体坐标系不变，但飞轮的转速可以变化，这种工作方式的飞轮通常称为惯性轮。如果飞轮转速可以正负改变，且平均动量矩为零，则称为零动量轮或反作用轮。如果飞轮的平均动量矩是一个不为零的常值，也就是说飞轮储存了一个动量矩，那么飞轮的转速可以相对于这个常值有一定的变化，从而产生控制力矩，这样的飞轮称为偏置动量轮或动量轮。

如果把恒速旋转的轮子装在框架上，而框架又可以相对于航天器本体转动，即框架角变化，那么就得到了动量矩的大小恒定不变而方向可变的飞轮，这种飞轮称为控制力矩陀螺。根据支承轮子的框架数量的不同，控制力矩陀螺分为单框架控制力矩陀螺和双框架控制力矩陀螺两种。前者的动量矩方向在一个平面内变化，而后者可在三维空间任意改变。

如果在控制力矩陀螺的基础上，轮子旋转的速度也可变化，即动量矩的大小和方向均可变，那么这种飞轮称为框架动量轮，也有单框架和双框架之分。

3）磁力矩器

航天器的执行机构除了推力器和飞轮两类主要执行机构以外，还有其他形式的执行机构。它们利用磁场、引力场等环境场与航天器相互作用产生力矩，实现对姿态的控制，例如磁力矩、重力梯度力矩、太阳辐射力矩、气动力矩等。这些力矩一般都比较小，而且与运行轨道高度、航天器结构、航天器姿态等因素有关。其中，磁力矩器是最常见的一种。

航天器的磁特性和环境磁场相互作用可产生磁力矩，二者互相垂直时磁力矩最大，相互平行时磁力矩为零。对地球轨道航天器来说，只要航天器存在磁矩，则磁力矩总是存在的。若不把它作为控制力矩使用，就是扰动力矩。航天器上安装的通电线圈就是最简单的磁力矩器，通电线圈产生的磁矩与地球磁场相互作用就可产生控制力矩，实现姿态控制。

实际上，利用环境场产生控制力矩最常用的除了磁力矩以外，还有重力梯度力矩、太阳辐射力矩、气动力矩等。磁力矩与轨道高度的三次方成反比，轨道高度越低，磁力矩越大，所以磁力矩作为控制力矩更适用于低轨航天器，而重力梯度力矩则适用于中高轨道航天器，太阳辐射力矩也适用于同步轨道卫星等高轨道航天器，气动力矩只适用于低轨道，但是后两种力矩很少用来作为控制力矩。利用这些环境力矩产生控制力矩的装置可称为环境型执行机构。

4）姿态推进分系统

航天器姿态控制所采用的执行机构要求高可靠性、长寿命、高精度，这直接关系到控制系统的寿命和精度。上述执行机构是最常用的，其中飞轮和推力器控制精度较高，而地磁力矩器等环境型执行机构的控制精度较低，所以飞轮和推力器是航天器姿态控制的主要执行机构。考虑到推力器的输出力矩较惯性飞轮大一个数量级，所以推力器适用于较大型的航天器，而惯性飞轮则更适用于中小型航天器。控制力矩陀螺的控制力矩范围最宽，因此它既可用来控制小型航天器，也可用来控制大型航天器。目前，控制力矩陀螺主要用于空间站的姿态控制。另外，航天器往往配置若干种执行机构组合运用，目的也是相互补充和备份，以提高航天器姿态控制的精度和可靠性。

1.5 本章小结

精确制导飞行器执行任务受目标和环境的制约。目标特性主要包括物理特性、电磁特性、干扰特性等，而环境特性主要指飞行介质特征，例如大气、风场等特征。目标种类主要分为空中目标、地面目标、海上目标、空间目标四类，会产生红外、可见光等电磁辐射和电磁散射，会采取红外干扰、雷达干扰等电磁防御措施。

精确制导飞行器是指通过制导控制技术的运用，能够按照符合环境特征的既定准则确定飞行路径，并对指定目标进行精确打击的一种制导武器，可分为飞航导弹、弹道导弹、天基制导武器、临近空间制导武器这几类。

精确制导飞行器执行任务的核心在于制导控制系统。导弹制导控制系统基本功能在于探测或测定导弹相对于目标的飞行情况,计算导弹实际位置与预定位置的飞行偏差,形成导引指令并操纵导弹改变飞行方向,使其沿预定的弹道飞向目标。由于空间环境特殊性,航天器的制导与控制几乎同步完成,因此大多数情况只考虑航天器的飞行控制系统。航天器飞行控制系统分为轨道控制与姿态控制两个方面,完成敏感测量、信号处理、执行过程三个基本过程。

思考题

1. 目标物体电磁辐射的种类主要有哪些?举例说明典型空中目标和地面目标的红外电磁辐射因素通常体现在哪些方面?

2. 电磁散射特性如何表征?受到哪些方面的制约?典型目标的电磁散射特性具有什么样的特点?

3. 简述电磁干扰技术的基本原理。

4. 制导武器的基本特征是什么?主要可分为几大类?各自在飞行轨迹、飞行原理、使用方式上有什么特点?

5. 弹道导弹的飞行弹道具有哪几个阶段?在能量消耗上具有什么样的优势?

6. 临近空间制导飞行器有哪些典型样式?各自在飞行弹道、动力推进、应用场景上有哪些特点和优势?

7. 简述导弹制导控制系统的基本结构组成和工作原理。

8. 制导系统有哪些基本类型?它们各自的制导方式和优缺点是什么?

9. 实际过程中往往根据目标特性和任务需求把多种制导系统相互组合,取长补短,以提高制导系统的整体性能,试举例说明一种复合制导方式,并讨论制导方式的切换需要满足哪些条件?

10. 如何用陀螺仪获取导弹姿态信息?简述二自由度陀螺仪获取角速率信息的工作原理。

11. 航天器的推进方式有哪些?各自的优缺点和应用场景是什么?

12. 讨论如何利用太阳敏感器和红外地平仪完成航天器初始入轨后的姿态确定。

13. 飞轮是如何通过动量交换实现控制执行的?惯性轮和控制力矩陀螺在工作原理和执行功效上有什么不同?

参考阅读

- Wendong Geng, Yuanqin Wang, Zhenghong Dong. Group-Target Tracking[M]. Singapore: Springer, 2016.

阅读指导

重点阅读 1.2 节《Target Tracking Overview》和 1.3 节《Group-Target Tracking Theory》,第 2~25 页。制导与控制的前提是目标的探测和跟踪,现有大部分精确制导飞行器均以单目标为对象实施探测、识别、跟踪和制导打击,单目标跟踪制导技术发展较为成熟,随着作战环境和任务复杂度的提升,后又发展出了适用于多目标、群目标的跟踪制导技术,目前已经成为制导控制系统的重要发展方向。

第2章

飞行器常用坐标系统

思维导图

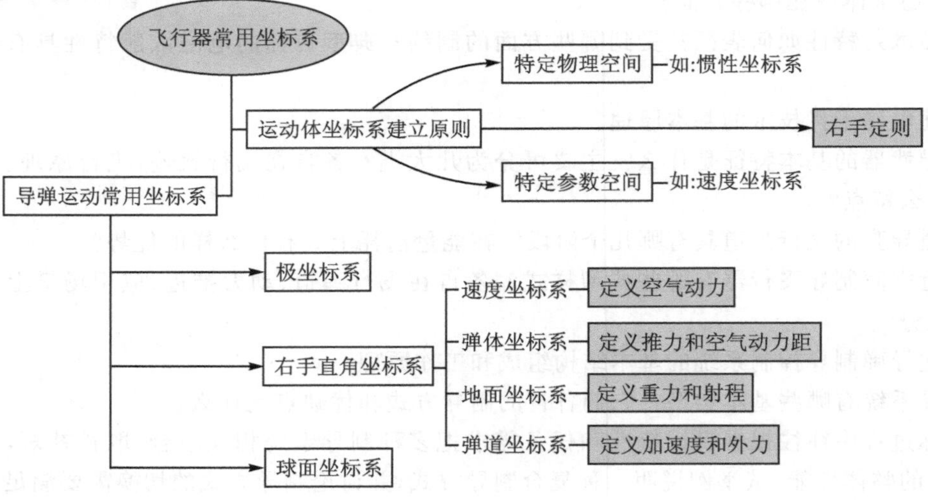

飞行器常用坐标系
导弹运动常用坐标系
运动体坐标系建立原则
特定物理空间
如:惯性坐标系
右手定则
特定参数空间
如:速度坐标系
极坐标系
右手直角坐标系
速度坐标系
定义空气动力
弹体坐标系
定义推力和空气动力距
地面坐标系
定义重力和射程
弹道坐标系
定义加速度和外力
球面坐标系

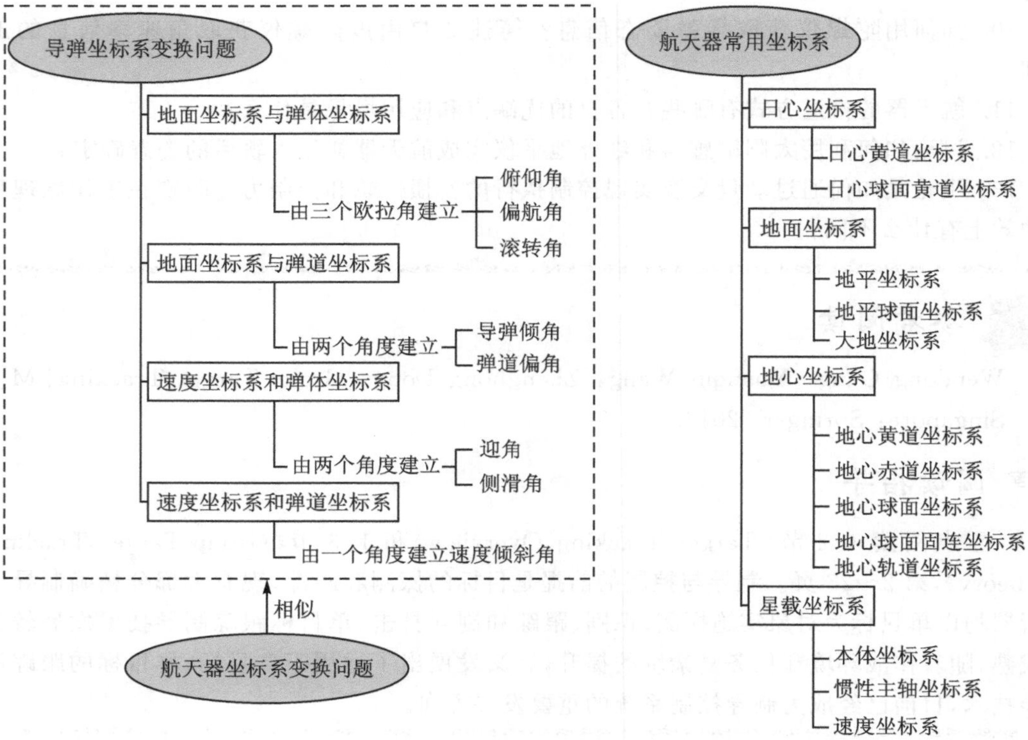

导弹坐标系变换问题
地面坐标系与弹体坐标系
由三个欧拉角建立
俯仰角
偏航角
滚转角
地面坐标系与弹道坐标系
由两个角度建立
导弹倾角
弹道偏角
速度坐标系和弹体坐标系
由两个角度建立
迎角
侧滑角
速度坐标系和弹道坐标系
由一个角度建立速度倾斜角
相似
航天器坐标系变换问题
航天器常用坐标系
日心坐标系
日心黄道坐标系
日心球面黄道坐标系
地面坐标系
地平坐标系
地平球面坐标系
大地坐标系
地心坐标系
地心黄道坐标系
地心赤道坐标系
地心球面坐标系
地心球面固连坐标系
地心轨道坐标系
星载坐标系
本体坐标系
惯性主轴坐标系
速度坐标系

☞ 章导语

运动体运动规律的呈现通常以数学模型为基础，并且在不同的研究阶段伴随着不同的设计要求，所需建立的数学模型也不同。为了能够建立起较为完整的运动体数学模型，往往首先建立一个或一组参考基准，这个基准就是通常所说的三维空间正交坐标系。坐标系可以根据习惯和研究问题的方便来选取，然而不同的坐标系所建立数学模型的形式也不同，会直接影响求解该方程组的难易程度和运动参数变化的直观程度，所以选取合适的坐标系是十分重要的。坐标系的选择原则应该是既能正确描述运动体的运动特征，又要使描述形式简单清晰。

☞ 学习目标

- 理解运动体建立坐标系的一般原则。
- 理解导弹的速度、弹体、地面、弹道四个常用坐标系及其角度关系。
- 理解航天器的日心、地心、地面、星载四类常用坐标系及其角度关系。
- 掌握导弹坐标系的变换方法和航天器坐标系的变换方法。

2.1 坐标系建立的一般原则

在牛顿力学体系下，坐标系在理论上是可以任意建立的，并不需要遵循特别的约束。然而在实际过程中，人们总希望坐标系作为数学描述物理运动的参考基准，在这个基准上所建立的数学模型越简单明确越好，因为这能够使理解更加方便，也有利于后续理论分析的开展。因此，建立运动体坐标系需要遵循一条总的原则，即所建坐标系能够为运动体数学模型的建立提供某些便利，从而有利于实现对运动体各运动参数的简洁描述和直观理解。

具体地说，建立运动体坐标系一般遵循以下几条原则：

① 坐标系按照基准轴、基准平面、基准空间的顺序在三维空间中建立，同时三个轴向符合右手螺旋定则；

② 用于描述特定物理空间的坐标系，如惯性坐标系等，一般先确立基准平面，如地心赤道面，然后在平面内选择特定指向作为基准轴，如春分点指向，最后通过右手定则找到基准平面法向，完成坐标系建立；

③ 用于描述特定参数空间的坐标系，如速度坐标系等，一般先确立基准轴，如运动体运动方向，然后再选择特定的基准平面确定垂直方向，最后利用右手定则找到基准平面法向，完成坐标系建立；

④ 基准轴应选择特殊指向或重要运动参数矢量方向，以简化关键参数相对于基准方向的描述，从而能够简化数学模型。

2.2 导弹坐标系及变换

导弹运动遵循飞行力学，常用的坐标系主要有右手直角坐标系、极坐标系、球面坐标系这几类。其中，右手直角坐标系最为常见，它是由原点和从原点延伸的三个相互垂直、按右手定则顺序排列的坐标轴所构成的。建立右手直角坐标系需要确定原点位置和三个坐标轴的方向，描述导弹飞行运动常用的右手直角坐标系有四个：以来流为基准的速度坐标系、以弹体主轴为基准的弹体坐标系、地面坐标系、弹道坐标系。

2.2.1　导弹坐标系

我们研究导弹的气动飞行，通常把导弹所受的空气动力分解到以来流为基准的速度坐标系上，而将气动力距分解到以主轴为基准的弹体坐标系上。同时，总的气动力大小与运动速度相对于弹体的方位有关，这个方位可以用速度坐标系和弹体坐标系之间的夹角来确定。所以我们先建立这两个坐标系，在此基础上再建立地面坐标系和弹道坐标系。

(1) 速度坐标系

速度坐标系记为 $Ox_3y_3z_3$。坐标系的原点 O 取在导弹的质心上，Ox_3 轴与导弹质心的速度矢量 **V** 重合，Oy_3 轴位于弹体纵向对称面内与 Ox_3 轴垂直，指向上为正，Oz_3 轴垂直于 Ox_3y_3 平面，其方向按右手垂直坐标系确定，如图 2.1 所示。此坐标系与导弹速度矢量固连，是一个动坐标系。

(2) 弹体坐标系

弹体坐标系记为 $Ox_1y_1z_1$。坐标系的原点 O 取在导弹质心上，同时把质心当作惯性中心，Ox_1 轴与弹体纵轴重合，指向头部为正，Oy_1 轴位于弹体纵向对称面内与 Ox_1 轴垂直，指向上为正，Oz_1 垂直于 Ox_1y_1 平面，方向按右手直角坐标系确定，如图 2.1 所示。弹体坐标系与弹体固连，也是动坐标系。

(3) 地面坐标系

地面坐标系记为 $Axyz$，是与地球表面固连的坐标系。坐标系原点 A 通常取在导弹发射瞬时的质心上；Ax 轴指向可以是任意的，对于地面目标而言，Ax 轴通常指向弹道面与水平面交线，指向目标为正；Ay 轴沿垂线向上，Az 轴与其他两轴垂直并构成右手坐标系，如图 2.2 所示。地面坐标系相对地球是静止的，它随地球自转而旋转，研究中近程导弹运动时，往往将地球视为静止不动，即地面坐标系可视为惯性坐标系。而且，对于中近程导弹来说，可将射程内地球表面看作平面，重力场则为平行力场，与 Ay 轴平行，沿 Ay 轴负向。

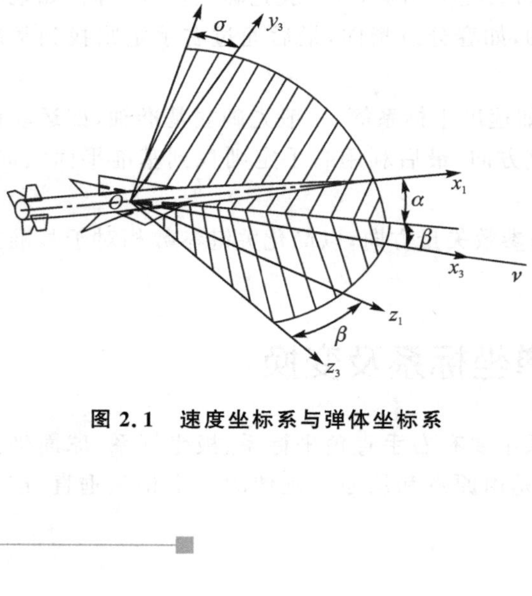

图 2.1　速度坐标系与弹体坐标系

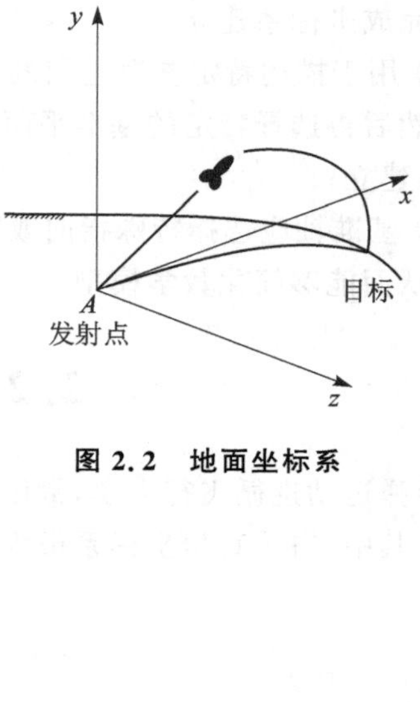

图 2.2　地面坐标系

地面坐标系作为惯性参考系，主要用来确定导弹质心的坐标位置，即确定导弹飞行轨迹，以及作为导弹飞行姿态的参考基准。

(4) 弹道坐标系

弹道坐标系记为 $Ox_2y_2z_2$，其原点 O 取在导弹的瞬时质心上；Ox_2 轴与导弹速度矢量 $\mathbf{V}$ 重合；Oy_2 轴位于包含速度矢量 $\mathbf{V}$ 的铅垂面内垂直于 Ox_2 轴，指向上为正；Oz_2 轴垂直于其他两轴并构成右手坐标系，如图 2.3 所示。弹道坐标系与导弹速度矢量 $\mathbf{V}$ 固连，它是动坐标系。弹道坐标系和速度坐标系的不同之处在于，Oy_2 轴位于包含速度矢量的铅垂面内，而 Oy_3 轴在导弹的纵向对称面内。若导弹在运动中，则当导弹的纵向对称面不在沿铅垂平面内时，这两个坐标系就不重合。

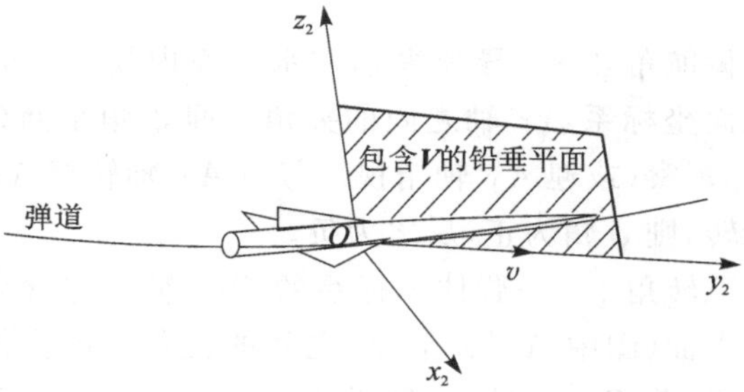

图 2.3　弹道坐标系

弹道坐标系通常用来建立导弹质心运动的力学模型，用这样的模型来研究弹道特性会比较简单清晰。

由前面各右手直角坐标系的定义可以看出，弹体坐标系、速度坐标系和弹道坐标系具有一个共同的特点，即原点都在导弹的瞬时质心上，它随导弹的运动而不断改变其位置，均是动坐标系。它们之间的区别在于，在导弹质心位置不变的前提下，弹体坐标系相对弹体是不动的，而速度坐标系、弹道坐标系相对于弹体却始终是转动的。

2.2.2　导弹坐标系变换

在导弹飞行的任一瞬时，上述各坐标系在空间有各自的指向，它们相互之间也存在一定的关系。导弹飞行时，作用在导弹上的力和力矩及其相应的运动参数习惯上是在不同坐标系中定义的。例如，空气动力定义在速度坐标系中，推力和空气动力矩用弹体坐标系来定义，而重力和射程则用地面坐标系来定义。在建立导弹运动标量方程时，则必须将由不同坐标系定义的诸参量投影到同一坐标系上。例如，在弹道坐标系上描述导弹质心运动的动力学标量方程时，就要把导弹相对于地面的加速度和作用在导弹上的所有外力都投影到弹道坐标系上。因此，就必须把参量由所定义的坐标系转换到同一新坐标系上，这就是必须进行坐标系间的转换。

坐标系间的转换有很多种方法，这里仅介绍其中的一类，即从一组直角坐标系转换到另一组直角坐标系，可以用连续旋转的方法。首先将两组坐标系完全重叠，然后使其中一组绕相应轴转过某一角度，根据两组坐标系间的关系，决定是否需要绕相应轴分别做第二次、第三次旋转，直至形成新坐标系的最终姿态。

下面就基于前面四个右手直角坐标系，对它们之间的转换关系分别进行介绍。

(1) 地面坐标系与弹体坐标系

弹体或弹体坐标系相对地面坐标系的姿态通常用三个欧拉角来确定，其定义如图 2.4 所示。为研究方便，将地面坐标系平移至原点与导弹瞬时质心重合，这并不改变在地面坐标系与弹体坐标系在空间的姿态及其相应的关系。

定义如下三个欧拉角：

俯仰角 ϑ——导弹纵轴(Ox_1 轴)与水平面(Axz 平面)间的夹角。导弹纵轴指向水平面上方,ϑ 为正,反之为负。

偏航角 ψ——导弹纵轴在水平面内投影(图中 Ax'轴)与地面坐标系 Ax 轴之间的夹角。迎 ψ 角平面(图中 $Ax'z$ 平面)观察(或迎 Ay 轴俯视),若由 Ax 轴转至Ax'轴是逆时针旋转,则 ψ 角为正,反之为负。

滚转角 γ——弹体坐标系的 Oy_1 轴与包含导弹纵轴的铅垂平面(图中 $Ax'y'$平面)之间的夹角。由弹体尾部顺纵轴前视,若 Oy_1 轴位于铅垂面 $Ax'y'$的右侧(弹体向右倾斜),则 γ 为正,反之为负。

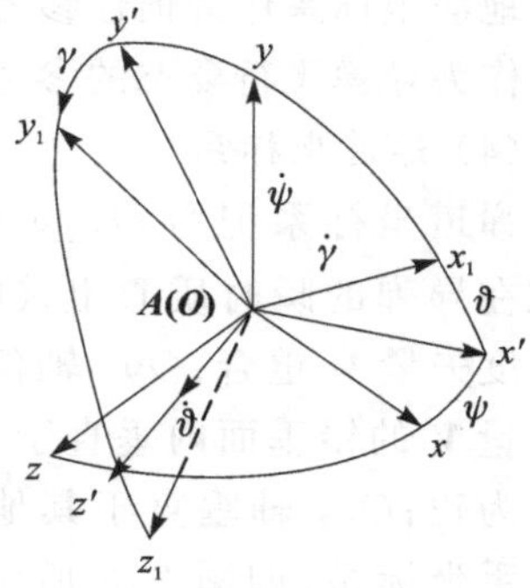

图 2.4　地面坐标系和弹体坐标系

以上三个欧拉角又称为弹体的姿态角。为推导地面坐标系与弹体坐标系之间的关系及其转换矩阵,按上述连续旋转的方法,首先将弹体坐标系与地面坐标系的原点及各对应坐标轴分别重合,以地面坐标系为基准,然后按照上述三个角参数的定义,分别绕相应轴三次旋转,依次转过 ψ 角、ϑ 角和 γ 角,就得到弹体坐标系 $Ox_1y_1z_1$ 的姿态,如图 2.4 所示。另外,每旋转一次就相应获得一个初等旋转矩阵,于是地面坐标系与弹体坐标系间的转换矩阵就是由三个初等旋转矩阵相乘所构成。

具体步骤如下:

第一次旋转:以角速度 $\dot{\psi}$ 绕地面坐标系 Ay 轴旋转 ψ 角,Ax 轴、Az 轴分别转到 Ax'轴、Az'轴上,形成坐标系 $Ax'yz'$,如图 2.5(a)所示。根据几何关系容易得出,基准坐标系 $Axyz$ 与旋转后形成的过渡坐标系 $Ax'yz'$两者间的关系可以用矩阵形式表示为

$$\begin{bmatrix} x' \\ y \\ z' \end{bmatrix} = \boldsymbol{L}(\psi) \begin{bmatrix} x \\ y \\ z \end{bmatrix} \tag{2.1}$$

式中

$$\boldsymbol{L}(\psi) = \begin{bmatrix} \cos\psi & 0 & \sin\psi \\ 0 & 1 & 0 \\ \sin\psi & 0 & \cos\psi \end{bmatrix} \tag{2.2}$$

第二次旋转:以角速度 $\dot{\vartheta}$ 绕过渡坐标系 Az'轴旋转 ϑ 角,Ax'轴、Ay 轴分别转到 Ax_1 轴、Ay'轴上,形成新的过渡坐标系 $Ax_1y'z'$,如图 2.5(b)所示。坐标系 $Ax'yz'$和 $Ax_1y'z'$之间的关系以矩阵形式表示为

$$\begin{bmatrix} x_1 \\ y' \\ z' \end{bmatrix} = \boldsymbol{L}(\vartheta) \begin{bmatrix} x' \\ y \\ z' \end{bmatrix} \tag{2.3}$$

式中

$$\boldsymbol{L}(\vartheta) = \begin{bmatrix} \cos\vartheta & \sin\vartheta & 0 \\ -\sin\vartheta & \cos\vartheta & 0 \\ 0 & 0 & 1 \end{bmatrix} \tag{2.4}$$

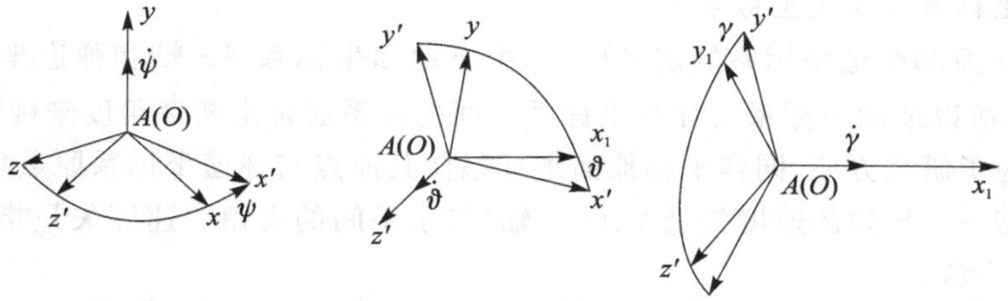

(a) 第一次旋转　(b) 第二次旋转　(c) 第三次旋转

图 2.5　三次连续旋转确定地面坐标系和弹体坐标系之间的关系

第三次旋转：以角速度 $\dot{\gamma}$ 绕 Ax_1 轴旋转 γ 角，Ay'，Az'轴分别转到 Ay_1，Az_1 轴上，最终获得弹体坐标系 $O(A)x_1y_1z_1$ 的姿态，如图 2.5(c)所示。坐标系 $Ax_1y'z'$与 $Ax_1y_1z_1$ 之间的关系以矩阵形式表示为

$$\begin{bmatrix} x_1 \\ y_1 \\ z_1 \end{bmatrix} = \boldsymbol{L}(\gamma) \begin{bmatrix} x_1 \\ y' \\ z' \end{bmatrix} \tag{2.5}$$

式中

$$\boldsymbol{L}(\gamma) = \begin{bmatrix} 1 & 0 & 0 \\ 0 & \cos\gamma & \sin\gamma \\ 0 & -\sin\gamma & \cos\gamma \end{bmatrix} \tag{2.6}$$

将式(2.1)代入式(2.3)中，再代入式(2.5)中，可得

$$\begin{bmatrix} x_1 \\ y_1 \\ z_1 \end{bmatrix} = \boldsymbol{L}(\gamma)\boldsymbol{L}(\vartheta)\boldsymbol{L}(\psi) \begin{bmatrix} x \\ y \\ z \end{bmatrix} \tag{2.7}$$

令

$$\boldsymbol{L}(\gamma,\vartheta,\psi) = \boldsymbol{L}(\gamma)\boldsymbol{L}(\vartheta)\boldsymbol{L}(\psi) \tag{2.8}$$

则有

$$\begin{bmatrix} x_1 \\ y_1 \\ z_1 \end{bmatrix} = \boldsymbol{L}(\gamma,\vartheta,\psi) \begin{bmatrix} x \\ y \\ z \end{bmatrix} \tag{2.9}$$

式中

$$\begin{aligned} \boldsymbol{L}(\gamma,\vartheta,\psi) &= \begin{bmatrix} 1 & 0 & 0 \\ 0 & \cos\gamma & \sin\gamma \\ 0 & -\sin\gamma & \cos\gamma \end{bmatrix} \cdot \begin{bmatrix} \cos\vartheta & \sin\vartheta & 0 \\ -\sin\vartheta & \cos\vartheta & 0 \\ 0 & 0 & 1 \end{bmatrix} \cdot \begin{bmatrix} \cos\psi & 0 & -\sin\psi \\ 0 & 1 & 0 \\ \sin\psi & 0 & \cos\psi \end{bmatrix} \\ &= \begin{bmatrix} \cos\vartheta\cos\psi & \sin\vartheta & -\cos\vartheta\sin\psi \\ -\sin\vartheta\cos\psi\cos\gamma+\sin\psi\sin\gamma & \cos\vartheta\cos\gamma & \sin\vartheta\sin\psi\cos\gamma+\cos\psi\sin\gamma \\ \sin\vartheta\cos\psi\sin\gamma+\sin\psi\cos\gamma & -\cos\vartheta\sin\gamma & -\sin\vartheta\sin\psi\sin\gamma+\cos\psi\cos\gamma \end{bmatrix} \end{aligned} \tag{2.10}$$

综上，式(2.9)和式(2.10)表述了两坐标系之间方向余弦形式的转换关系。

(2) 地面坐标系与弹道坐标系

由地面坐标系和弹道坐标系的定义可知,由于地面坐标系 Az 轴和弹道坐标系的 Oz_2 轴均在水平面内,所以地面坐标系与导弹坐标系之间的关系通常由两个角度来确定,分别定义如下(见图 2.6,为了研究方便,同样平移地面坐标系使其原点与弹道坐标系原点重合):

导弹倾角 θ——导弹的速度矢量 $\boldsymbol{V}$(Ox_2 轴)与水平间的夹角。速度矢量指向水平面上方 θ 角为正;反之为负。

弹道偏角 ψ_V——导弹的速度矢量 $\boldsymbol{V}$ 在水平面内投影(图 2.6 中的 Ax')与地面坐标系的 Ax 轴间的夹角。迎 ψ_V 角平面(迎 Ay 轴俯视)观测,若 Ax 轴至 Ax'轴是逆时针旋转,则 ψ_V 角为正,反之为负。

显然,这两个坐标系仅需要分别针对这两个角度进行两次旋转即可完成转换。

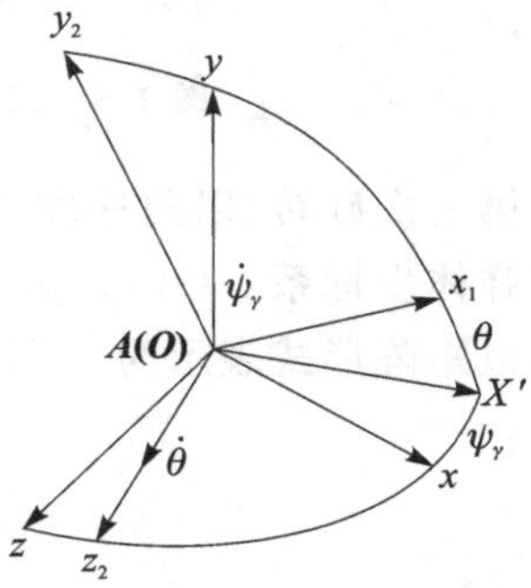

图 2.6 地面坐标系和弹道坐标系

第一次旋转:以角速度 $\dot{\psi}_V$ 绕地面坐标系的 Ay 轴旋转 ψ_V 角,Ax 轴、Az 轴分别转到 Ax'轴、Oz_2 轴上,形成过渡坐标系 $Ax'yz_2$,如图 2.7(a)所示。基准坐标系 $Axyz$ 与经第一次旋转后形成的过渡坐标系 $Ax'yz_2$ 之间的关系以矩阵形式表示为

$$\begin{bmatrix} x' \\ y \\ z_2 \end{bmatrix} = \boldsymbol{L}(\psi_V) \begin{bmatrix} x \\ y \\ z \end{bmatrix} \tag{2.11}$$

式中

$$\boldsymbol{L}(\psi_V) = \begin{bmatrix} \cos\psi_V & 0 & -\sin\psi_V \\ 0 & 1 & 0 \\ \sin\psi_V & 0 & \cos\psi_V \end{bmatrix} \tag{2.12}$$

第二次旋转:以角速度 $\dot{\theta}$ 绕 Az_2 轴旋转 θ 角,Ax'轴、Ay 轴分别转到 Ax_2 轴、Ay_2 轴上,最终获得弹道坐标系 $O(A)x_2y_2z_2$ 的姿态,如图 2.7(b)所示。坐标系 $Ax'yz_2$ 与 $Ax_2y_2z_2$ 之间的关系以矩阵形式表示为

$$\begin{bmatrix} x_2 \\ y_2 \\ z_2 \end{bmatrix} = \boldsymbol{L}(\theta) \begin{bmatrix} x' \\ y \\ z_2 \end{bmatrix} \tag{2.13}$$

式中

$$\boldsymbol{L}(\theta) = \begin{bmatrix} \cos\theta & \sin\theta & 0 \\ -\sin\theta & \cos\theta & 0 \\ 0 & 0 & 1 \end{bmatrix} \tag{2.14}$$

将式(2.11)代入式(2.13),可得

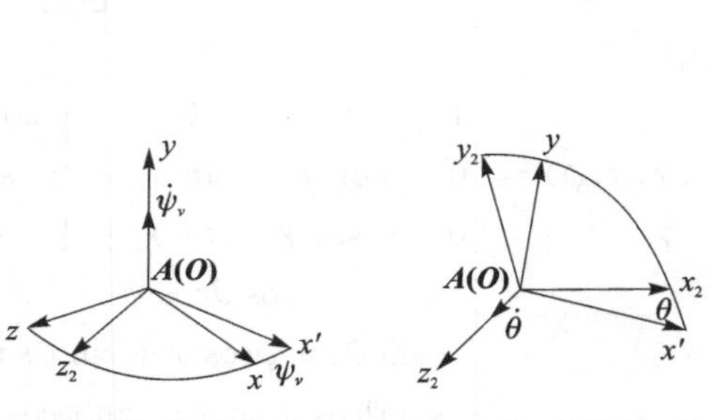

(a) 第一次旋转 (b) 第二次旋转

图 2.7 两次连续旋转确定地面坐标系和弹道坐标系间的关系

$$\begin{bmatrix} x_2 \\ y_2 \\ z_2 \end{bmatrix} = \boldsymbol{L}(\theta)\boldsymbol{L}(\psi_V)\begin{bmatrix} x \\ y \\ z \end{bmatrix} \tag{2.15}$$

令

$$\boldsymbol{L}(\theta,\psi_V) = \boldsymbol{L}(\theta)\boldsymbol{L}(\psi_V) \tag{2.16}$$

则有

$$\begin{bmatrix} x_2 \\ y_2 \\ z_2 \end{bmatrix} = \boldsymbol{L}(\theta,\psi_V)\begin{bmatrix} x \\ y \\ z \end{bmatrix} \tag{2.17}$$

式中

$$\begin{aligned} \boldsymbol{L}(\theta,\psi_V) &= \begin{bmatrix} \cos\theta & \sin\theta & 0 \\ -\sin\theta & \cos\theta & 0 \\ 0 & 0 & 1 \end{bmatrix} \cdot \begin{bmatrix} \cos\psi_V & 0 & -\sin\psi_V \\ 0 & 1 & 0 \\ \sin\psi_V & 0 & \cos\psi_V \end{bmatrix} \\ &= \begin{bmatrix} \cos\theta\cos\psi_V & \sin\theta & -\cos\theta\sin\psi_V \\ -\sin\theta\cos\psi_V & \cos\theta & \sin\theta\sin\psi_V \\ \sin\psi_V & 0 & \cos\psi_V \end{bmatrix} \end{aligned} \tag{2.18}$$

综上，式(2.17)和式(2.18)表述了地面坐标系与弹道坐标系之间的方向余弦形式的转换关系。

(3) 速度坐标系与弹体坐标系

根据速度坐标系和弹体坐标系的定义，Oy_3 轴与 Oy_1 轴均在导弹纵向对称面内，因此这两个坐标系间的相对方位可由两个角度确定，如图 2.1 所示。这两个角度定义如下：

迎角 α——导弹质心的速度矢量 $\boldsymbol{V}$(即 Ox_3 轴)在弹体纵向对称面 Ox_1y_1 上的投影与 Ox_1 轴之间的夹角。当 Ox_1 轴位于 $\boldsymbol{V}$ 的投影线上方时，迎角 α 为正，反之为负。

侧滑角 β——速度矢量 $\boldsymbol{V}$ 与纵向对称面之间的夹角。沿飞行方向观测，若来流从右侧流向弹体，则所对应的侧滑角 β 为正，反之为负。

显然，速度坐标系与弹体坐标系之间的转换关系也可以通过两次旋转求得。若以速度坐标系为基准，首先以角速度 $\dot{\beta}$ 绕 Oy_3 轴旋转 β 角，然后以角速度 $\dot{\alpha}$ 绕 Oz_1 轴旋转 α 角，最终获得弹体坐标系的姿态，如图 2.8 所示。速度坐标系 $Ox_3y_3z_3$ 与弹体坐标系 $Ox_1y_1z_1$ 之间的关系可用矩阵形式表示为

$$\begin{bmatrix} x_1 \\ y_1 \\ z_1 \end{bmatrix} = \boldsymbol{L}(\alpha,\beta)\begin{bmatrix} x_3 \\ y_3 \\ z_3 \end{bmatrix} \tag{2.19}$$

式中，方向余弦矩阵为

$$\boldsymbol{L}(\alpha,\beta) = \begin{bmatrix} \cos\alpha\cos\beta & \sin\alpha & -\cos\alpha\sin\beta \\ -\sin\alpha\cos\beta & \cos\alpha & \sin\alpha\sin\beta \\ \sin\beta & 0 & \cos\beta \end{bmatrix} \tag{2.20}$$

(4) 速度坐标系与弹道坐标系

由弹道坐标系和速度坐标系的定义可知，Ox_2 轴和 Ox_3 轴均与导弹的速度矢量 **V** 重合，所以这两个坐标系之间的关系用一个角度即可确定(见图 2.9)，即速度倾斜角 γ_V。它是位于导弹纵向对称平面内的 Oy_3 轴与包含速度矢量 **V** 的铅垂面 Ox_2y_2 之间的夹角。从弹尾部向前看，若纵向对称面向右倾斜，则 γ_V 角为正，反之为负。

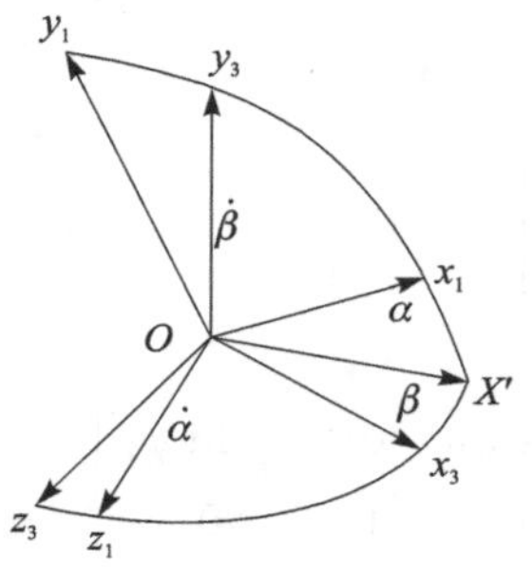

图 2.8 速度坐标系与弹体坐标系

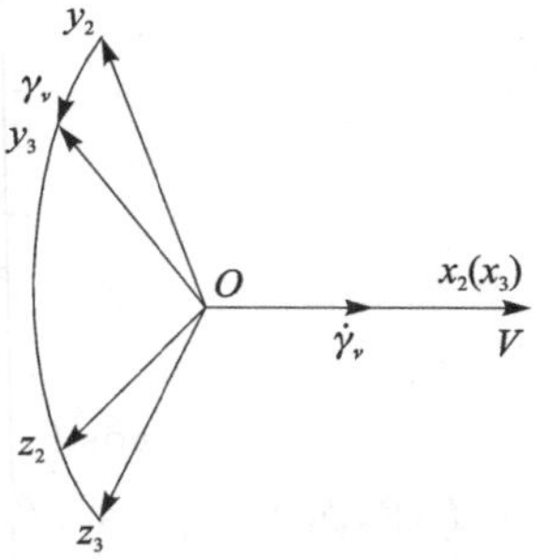

图 2.9 速度坐标系与弹道坐标系

弹道坐标系与速度坐标系之间的转换关系可通过一次旋转求得，即以角速度 $\dot{\gamma}_V$ 绕 Ox_2 轴旋转过 γ_V 角，获得速度坐标系 $Ox_3y_3z_3$ 的姿态。弹道坐标系与速度坐标系之间的转换关系可写为

$$\begin{bmatrix} x_3 \\ y_3 \\ z_3 \end{bmatrix} = \boldsymbol{L}(\gamma_V) \begin{bmatrix} x_2 \\ y_2 \\ z_2 \end{bmatrix} \tag{2.21}$$

式中，方向余弦矩阵为

$$\boldsymbol{L}(\gamma_V) = \begin{bmatrix} 1 & 0 & 0 \\ 0 & \cos\gamma_V & \sin\gamma_V \\ 0 & -\sin\gamma_V & \cos\gamma_V \end{bmatrix} \tag{2.22}$$

2.3 航天器坐标系及变换

与导弹类似，研究空间飞行器的运动同样需要用到多个坐标系。根据所处位置的不同，空间坐标系可分为四类，分别是日心坐标系、地心坐标系、地面坐标系及星载坐标系。根据坐标轴指向的不同，这四类坐标系又各自包含了多种情况。本节将对航天器最常用的坐标系进行简要介绍。

2.3.1 航天器坐标系

1. 日心坐标系

日心坐标系的坐标原点在日心，由于坐标的选取方法不同，可以定义各种日心坐标系，通常使用的日心坐标系有日心黄道坐标系和日心球面黄道坐标系。

(1) 日心黄道坐标系

如图 2.10 所示，日心黄道坐标系定义为 $O_sx_{sy}y_{sy}z_{sy}$。坐标轴 O_sx_{sy} 在黄道面内，指向春分点；轴 O_sy_{sy} 垂直于黄道面，与地球公转角速度矢量一致；O_sy_{sy} 轴与 O_sx_{sy} 轴和 O_sz_{sy} 轴垂直，且 $O_sx_{sy}y_{sy}z_{sy}$ 构成右手直角坐标系。

(2) 日心球面黄道坐标系

日心球面黄道坐标系的三个坐标是 M，β 和 θ。M 为日心 O 到空间某点 N 的距离；β 在黄道面内，为春分点向东到 N 点的矢径在黄道面内的投影的角距，通常称为黄径；θ 为 N 点的矢径与黄道面的夹角，通常称为黄纬。

2. 地心坐标系

地心坐标系的坐标原点在地心，常用的地心坐标系有地心黄道坐标系、地心赤道坐标系、地心球面坐标系、地心球面固连坐标系、地心轨道坐标系。

(1) 地心黄道坐标系

图 2.11 所示为地心黄道坐标系 $O_ex_{ey}y_{ey}z_{ey}$。坐标轴 O_ex_{ey} 在黄道面内，指向春分点；O_ez_{ey} 轴垂直于黄道面，平行于地球公转角速度矢量；O_ey_{ey} 轴与 O_ex_{ey} 轴和 O_ez_{ey} 轴垂直，且 $O_ex_{ey}y_{ey}z_{ey}$ 构成右手直角坐标系。

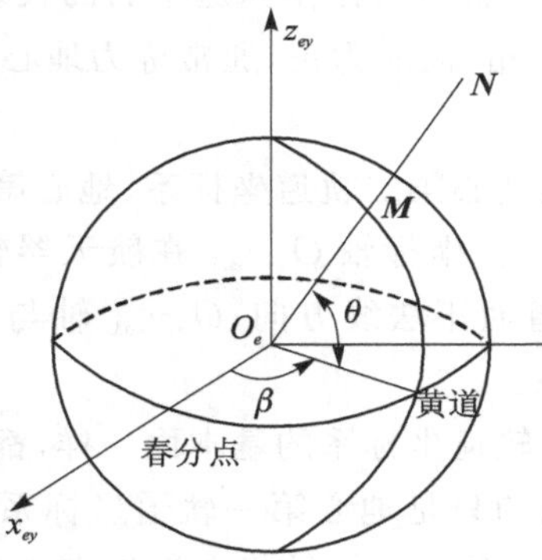

图 2.10　日心黄道坐标系和日心球面黄道坐标系

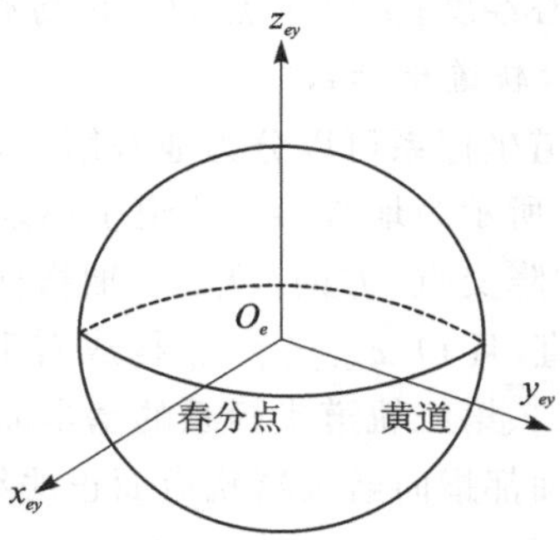

图 2.11　地心黄道坐标系

(2) 地心赤道坐标系

地心赤道坐标系可以分为地心第一赤道坐标系、地心第二赤道坐标系、地心第三赤道坐标系、地心第四赤道坐标系。

图 2.12 所示为地心第一赤道坐标系 $O_ex_{ey1}y_{ey1}z_{ey1}$、坐标轴 O_ex_{ey1} 在赤道面内，指向春分点；O_ez_{ey1} 轴垂直于赤道面，与地球自转角速度矢量一致；O_ey_{ey1} 轴与 O_ex_{ey1} 轴和 O_ez_{ey1} 轴垂直，且 O_ex_{ey1} 构成右手直角坐标系。

地心第二、三、四赤道坐标系的基本面与地心第一赤道坐标系的基本面一样，都是赤道面。Z 轴也都与地球自转角速度矢量一致，不同的是地心第一赤道坐标系的 X 轴指向春分点，为 O_ex_{ey1} 轴；地心第二赤道坐标系的 x_{ey2} 轴指向某一时刻的格林尼治子午线，为 O_ex_{ey2} 轴；地心第三赤道坐标系的 x_{ey3} 轴指向轨道升交点，为 O_ex_{ey3}；地心第四赤道坐标系的 x_{ey4} 轴指向格林尼治子午线，为 O_ex_{ey4} 轴。

(3) 地心球面坐标系

如图 2.13 所示，地心球面坐标系的三个坐标是 r，α 和 δ。r 为地心到空间某点 N 的距离；α 在赤道面内，为春分点向东到 N 点的矢径在赤道面上的投影的角距，通常称为赤径；δ 为 N 点的矢径与赤道面的夹角，向北为正，通常称为赤纬。

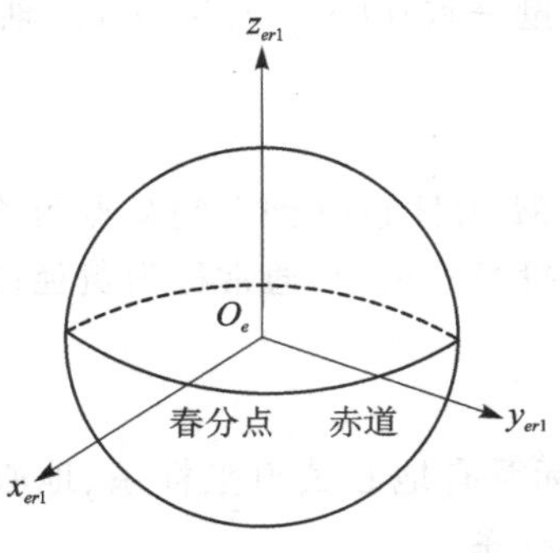

图 2.12　地心第一赤道坐标系

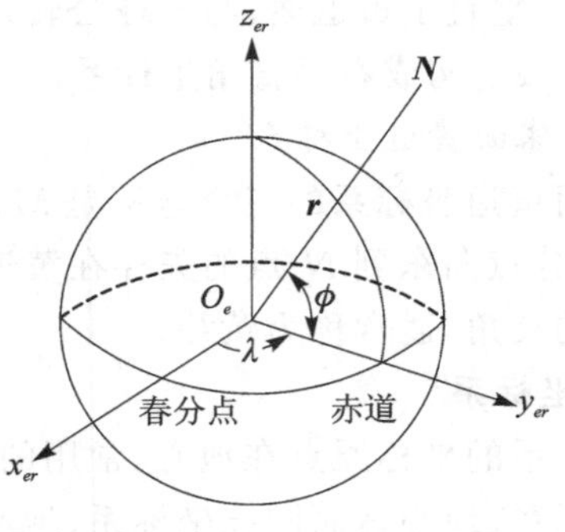

图 2.13　地心球面坐标系

(4) 地心球面固连坐标系

如图 2.14 所示，地心球面固连坐标系的三个坐标是 r，λ 和 ϕ。r 为地心到空间某点 N 的距离；λ 在赤道平面内，为从格林尼治子午线向东到 N 点的矢径在赤道平面的投影线的角距，通常称为地心经度；ϕ 为 N 点的矢径与赤道平面的夹角，向北为正，通常称为地心纬度。

(5) 地心轨道坐标系

地心轨道坐标系可以分为地心第一轨道坐标系、地心第二轨道坐标系、地心第三轨道坐标系。图 2.15 所示为地心第一轨道坐标系 $O_e x_{eo1} y_{eo1} z_{eo1}$，坐标轴 $O_e x_{eo1}$ 在航天器轨道面内，指向升交点(或降交点)方向；$O_e z_{eo1}$ 轴指向航天器轨道面正法线方向；$O_e y_{eo1}$ 轴与 $O_e x_{eo1}$ 轴和 $O_e z_{eo1}$ 轴垂直，且 $O_e x_{eo1} y_{eo1} z_{eo1}$ 构成右手直角坐标系。

地心第二、第三轨道坐标系的基本面与地心第一轨道坐标系的基本面一样，都在航天器轨道面内，z_{eo} 轴都指向航天器轨道面正法线方向，不同的只是地心第一轨道坐标系的 x_{eo1} 轴指向升交点(或降交点)，为 $O_e x_{eo1}$ 轴；地心第二轨道坐标系的 x_{eo2} 轴指向近地点方向，为 $O_e x_{eo2}$ 轴；地心第三轨道坐标系的 x_{eo3} 轴指向航天器，为 $O_e x_{eo3}$ 轴。

3. 地面坐标系

地面坐标系的坐标原点在地面 h 某点 O_o。常用的地面坐标系有地平坐标系、地平球面坐标系、大地坐标系。

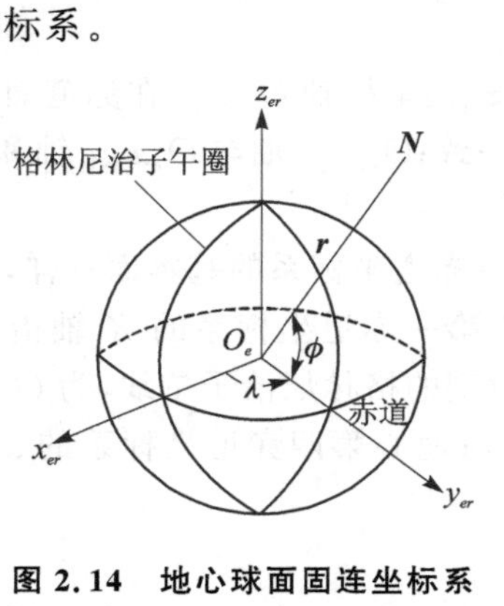

图 2.14　地心球面固连坐标系

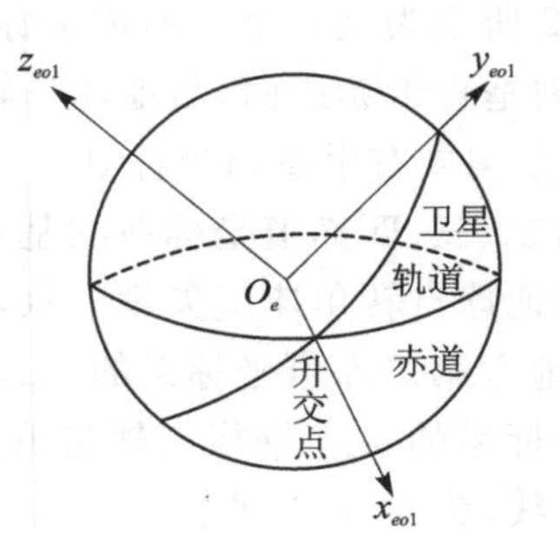

图 2.15　地心第一轨道坐标系

(1) 地平坐标系

图 2.16 所示为地平坐标系 $O_o x_o y_o z_o$，坐标轴 $O_o x_o$ 在点 O_o 的水平面内，指向正东；$O_o y_o$

在点的 O_o 水平面内，指向正北；O_oz_o 轴垂直于水平面，且 $O_ox_oy_oz_o$ 构成右手直角坐标系。

(2) 地平球面坐标系

图 2.17 所示的地平球面坐标系又称为测站球面坐标系，它的三个坐标为 ρ，A 和 E，原点 O_o 为地球表面测站，ρ 为点 O_o 到空间某点 N 的距离；A 在过点 O_o 的水平面上，按顺时针方向从正北到点 N 的矢径在水平面上的投影的角距；E 为点 N 的矢径与过原点的水平面的夹角。

(3) 大地坐标系

如图 2.18 所示，大地坐标系的三个坐标为 h，L 和 B。h 为从地球椭球体表面沿着其外法向度量的距离；L 在赤道面内，为从格林尼治子午线向东的地心角，通常称为大地经度；B 为赤道平面与地球椭球法线的夹角，称为大地纬度，向北为正。

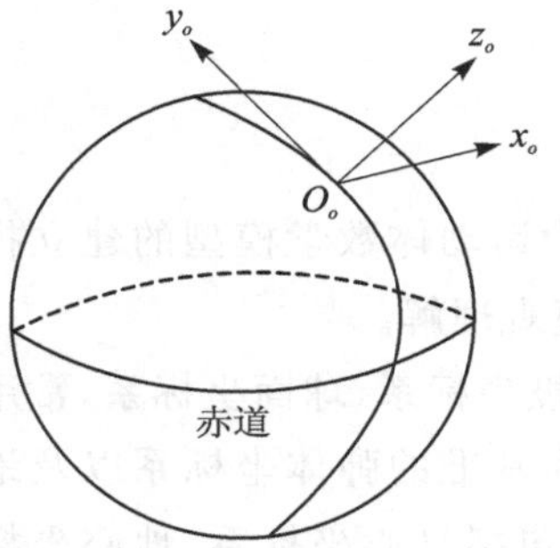

图 2.16 地平坐标系

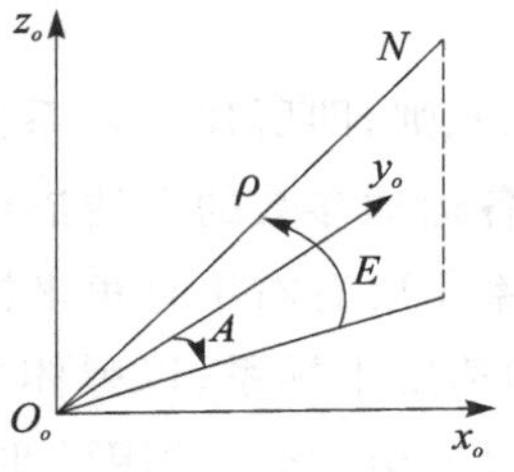

图 2.17 地平球面坐标系

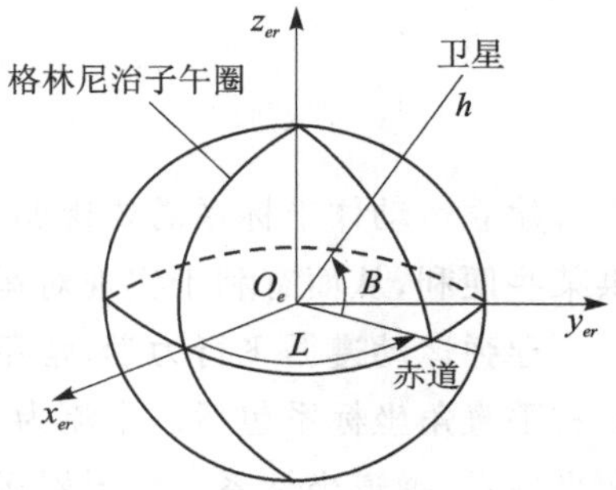

图 2.18 大地坐标系

4. 星载坐标系

星载坐标系的坐标原点在航天器质心 O。常用的星载坐标系有航天器本体坐标系、惯性主轴坐标系和速度坐标系。

(1) 本体坐标系

图 2.19 所示为航天器本体坐标系 $Ox_{1b}y_{1b}z_{1b}$。坐标轴 Ox_{1b} 沿着航天器的某个特征轴方向；Oy_{1b} 轴和 Oz_{1b} 轴也沿着航天器另外两个特征轴方向，且 $Ox_{1b}y_{1b}z_{1b}$ 构成右手直角坐标系。

(2) 惯性主轴坐标系

图 2.20 所示为航天器惯性主惯性主轴坐标系 $Ox_1y_1z_1$，坐标轴 Ox_1 沿着航天器某一惯性主轴；Oy_1 轴和 Oz_1 轴为航天器另外两个惯性主轴，且 $Ox_1y_1z_1$ 构成右手直角坐标系。

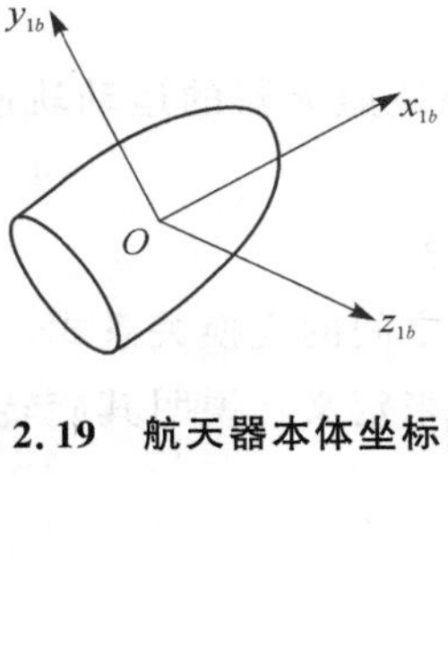

图 2.19 航天器本体坐标系

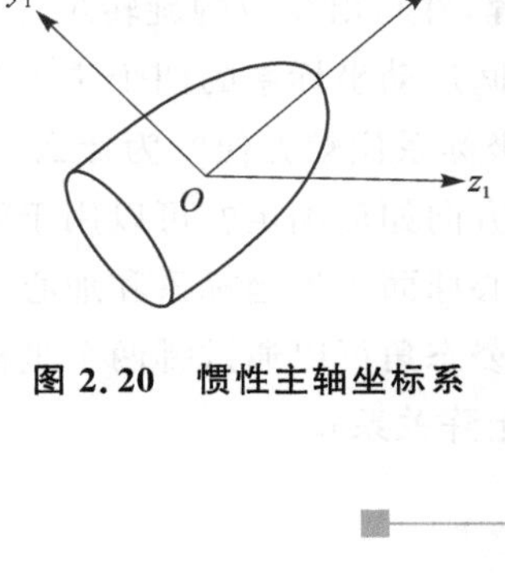

图 2.20 惯性主轴坐标系

(3) 速度坐标系

图 2.21 所示为速度坐标系 $Ox_vy_vz_v$，坐标轴 Ox_v 沿着航天器速度方向；Oy_v 在航天器纵对称平面内，垂直于 Ox_v 指向上方；Oz_v 轴与 Ox_v 轴和 Oy_v 轴垂直，且 $Ox_vy_vz_v$ 构成右手直角坐标系。

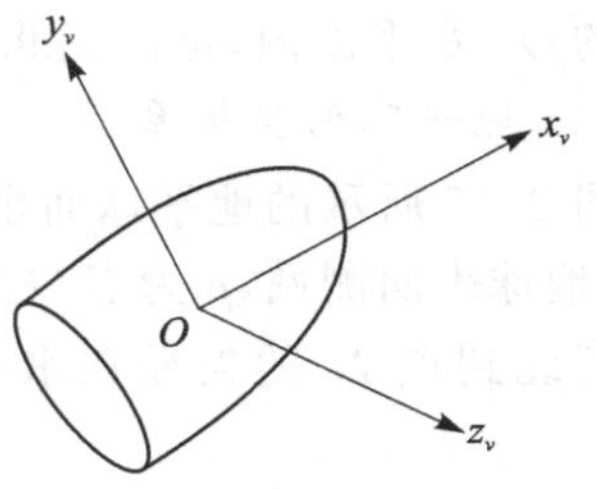

图 2.21 速度坐标系

2.3.2 航天器坐标系变换

由于航天器运动范围更广，航天器坐标系的种类也更多，在进行航天器运动描述的过程中，所用到的坐标系也更为丰富，然而坐标系间相互关系的建立其方法与本章所述导弹坐标系的变换方法相同，这里不再重复讨论。

2.4 本章小结

建立运动体坐标系需要遵循一条总原则，即所建坐标系能够为运动体数学模型的建立提供某些便利，从而有利于实现对运动体各运动参数的简洁描述和直观理解。

导弹运动遵循飞行力学，常用坐标系主要有右手直角坐标系、极坐标系、球面坐标系，常用的右手直角坐标系包括以来流为基准的速度坐标系、以弹体主轴为基准的弹体坐标系以及地面坐标系、弹道坐标系。航天器运动遵循轨道力学，常用的坐标系包括日心坐标系、地心坐标系、地面坐标系和星载坐标系。

直角坐标系间的旋转通常采用连续旋转的方法，首先将两组坐标系完全重叠，然后使其中一组绕相应轴转过某一角度，根据两组坐标系间的关系，决定是否需绕另一相应轴分别做第二、三次旋转，直至形成新坐标系的最终姿态。

思考题

1. 简要讨论建立运动体坐标系需要遵循的基本原则。

2. 作出弹体坐标系和速度坐标系，说明各坐标轴的指向和物理意义，并说明两个坐标系各自更方便用于描述导弹的哪些物理量？

3. 导弹的哪些坐标系相对于弹体是转动的？如何表述这些转动坐标系和弹体之间的关系？

4. 导弹的姿态角是通过哪两个坐标系之间的角度关系来定义的？说明这两个坐标系间的旋转变换过程，并写出相应的旋转矩阵关系式。

5. 描述空间运动坐标系的四个主要类别是什么？描述航天器的运动轨迹和运动姿态分别采用哪一类坐标系比较方便？为什么？

6. 春分点方向如何确定？可以用于建立哪些坐标系？

7. 写出地心球面固连坐标系和地心第一赤道坐标系之间的变换关系式。

8. 航天器姿态角可以通过哪两个坐标系的角度关系来定义？说明其旋转变换过程，并写出相应的旋转矩阵关系式。

9. 对一个在轨侧向翻滚的圆柱体故障卫星，作出其本体坐标系、速度坐标系、惯性主轴坐标系，讨论其姿态如何定义。

参考阅读

• Vladimir A C. 航天器的姿态动力学与控制[M]. 刘良栋，译. 北京：航空工业出版社，1992.

阅读指导

重点阅读 1.2 节《运动学的基本概念》，第 4～14 页。该节简要讲述了欧拉转动和姿态角度描述的关系，能够帮助准确理解顺序正交转动、方向余弦、欧拉角以及四元素转换方法，为后续深入理解运动学建模理论奠定基础。

第二部分

气动飞行控制与制导基本原理

第 3 章

导弹飞行动力学模型

思维导图

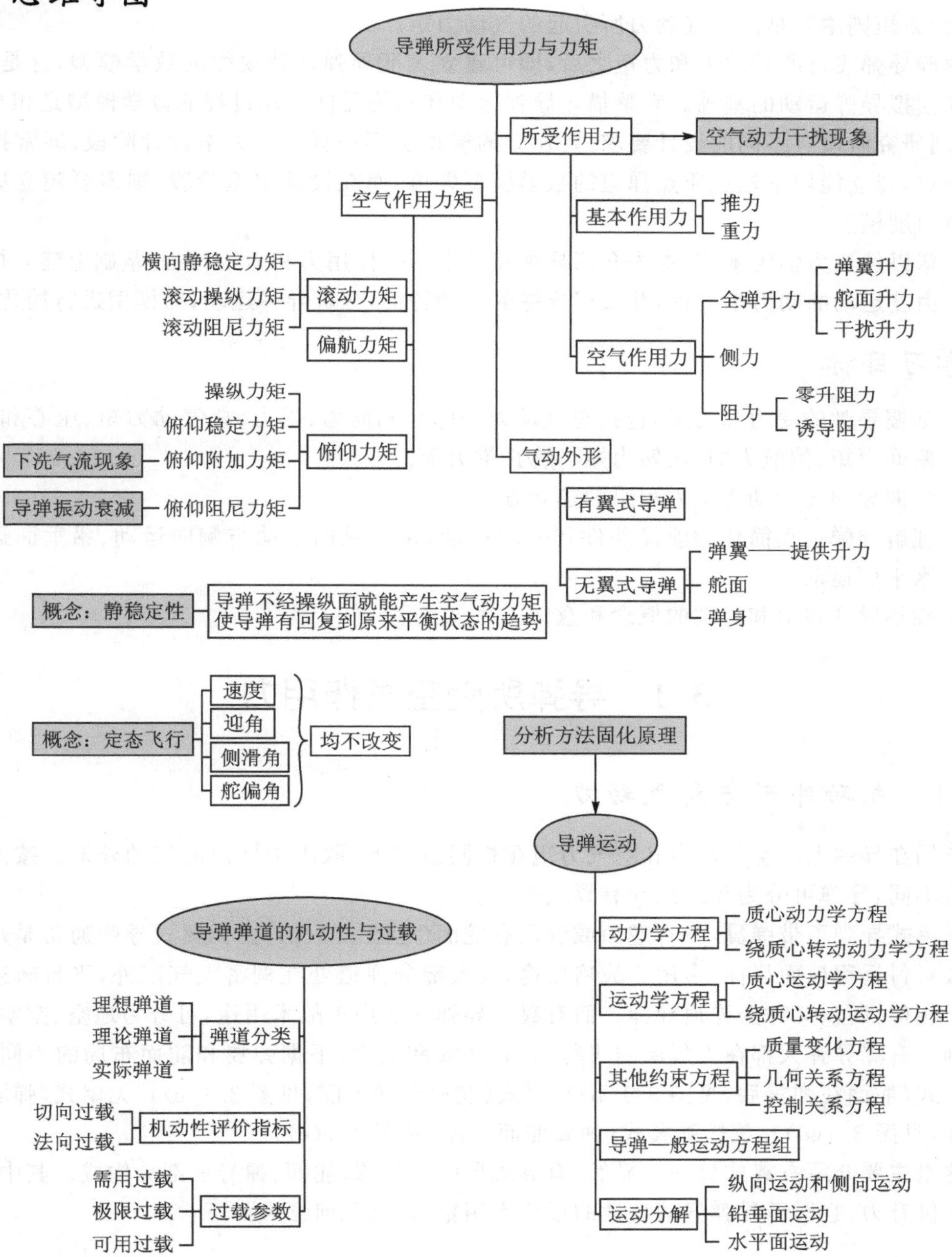

☞ 章导语

制导飞行器出现最早、发展最成熟的是导弹。现役导弹大都在稠密大气中飞行，因此讨论导弹的制导控制，首先要讨论导弹的飞行动力学，并建立飞行动力学模型。

若认为导弹是一个刚体，那么它的运动可以看作是质心移动和绕质心转动的合成。质心移动具有三个自由度，取决于导弹所受的力；绕质心的转动同样有三个自由度，取决于导弹所受的力相对于质心的力矩。在稠密大气中飞行，导弹主要受空气动力、发动机推力、重力等的作用，而力矩则主要是由空气动力所引起的气动力矩。

明确导弹飞行所受的力和力矩之后，即可建立表征导弹运动规律的数学模型，这是分析、设计和模拟导弹运动的基础。完整描述导弹运动和系统元件工作过程的数学模型是相当复杂的，不同研究阶段有不同的设计要求，要建立的模型也不一样。在方案设计阶段，通常把导弹视为质点，建立能用来描述质点弹道的数学模型即可，而在设计定型阶段，则需要建立更完整的六自由度模型。

本章以经典力学为基础，首先介绍导弹飞行中所受作用力和力矩，在此基础上建立描述导弹六自由度运动的动力学方程，并根据导弹的运动特征，分解导弹运动，对模型进行简化。

☞ 学习目标

- 掌握导弹的受力和力矩，包括总气动力、升力、侧向力、阻力、总气动力矩、压心和焦点、俯仰力矩、偏航力矩、滚转力矩、重力、推力等。
- 掌握导弹飞行动力学方程组的建立方法。
- 理解导弹运动简化的前提条件和分解运动，包括纵向运动与侧向运动、铅垂面运动与水平面运动。
- 理解导弹弹道和过载的概念和意义。

3.1　导弹所受空气作用力

3.1.1　气动外形与总气动力

作用在导弹上的空气动力和空气力矩在相同条件下，取决于导弹的气动外形。按照气动外形的不同，导弹可分为无翼式和有翼式两类。

无翼式导弹不带弹翼，只有舵面或者没有舵面（见图 3.1(a)）。无翼式导弹通常是从地面发射去对付远程地面目标，多用于战略用途，其大部分弹道处在稠密大气层外，飞行轨迹与炮弹弹道相似，所以又称为弹道导弹。而有翼式导弹一般用于战术用途，可分为地空、空空、空地等类别。有翼导弹大都在大气层内飞行，具有弹翼和舵面，根据弹翼和舵面布局的不同，又分成正常式（舵面在弹翼后，见图 3.1(b)）、鸭式（舵面在弹翼前，见图 3.1(c)）、无尾式（弹翼和舵面固连，见图 3.1(d)）、旋转弹翼式（弹翼舵面一体，见图 3.1(e)）。

这里主要介绍有翼式导弹。显然，有翼式导弹由弹翼、舵面、弹身三部分构成。其中，弹翼用来提供升力，它对于导弹气动特性的形成作用重大，其几何参数如下：

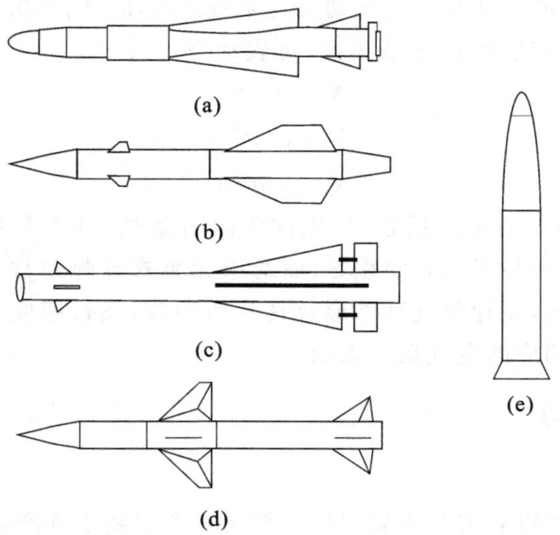

图 3.1 导弹气动外形

- 翼展 l:翼端之间垂直于弹体纵向对称面的距离;
- 翼面积 S:弹翼平面的投影面积,常作为特征面积;
- 平均几何弦长 b_{Ag}:翼面积 S 对翼展长 l 之比值,即 $b_{Ag}=\frac{S}{l}$;
- 平均气动力弦长 b_A:与实际弹翼面积相等且力矩特性相等当量矩形翼的弦长,常作为特征长度;
- 展弦比 λ:翼展与平均几何弦长之比值,即 $\lambda=\frac{l}{b_{Ag}}=\frac{l^2}{S}$;
- 根梢比 η:翼根弦长与翼端弦长之比;
- 后掠角 χ:翼弦线与纵轴垂线间的夹角,包括前缘后掠角 χ_0、后缘后掠角 χ_1、中缘后掠角 $\chi_{0.5}$(中间翼弦线与纵轴垂线间的夹角);
- 最大厚度 c:翼剖面的最大厚度,通常取平均几何弦长处的剖面最大厚度;
- 相对厚度 $\bar{c}$:翼剖面最大厚度弦长之比,即 $\bar{c}=\frac{c}{b}$。

舵面从整体上来说,可认为是缩小了的弹翼,它的翼剖面形状和翼平面形状与弹翼相似,其几何参数也类似;弹身通常是轴对称的,对气动特性影响不大,其主要几何参数如下:

- 弹径 D:弹身最大截面所对应的直径;
- 弹身最大截面积 S_B:常用作特征面积,$S_B=\frac{\pi D^2}{4}$;
- 弹长 L_B:导弹头定点至弹身底部面积之间的距离,也常用作特征长度;
- 弹身长细比 λ_B:弹身长度对弹径之比值,即 $\lambda_B=\frac{L_B}{D}$,又称长径比。

下面把总的空气动力沿导弹的速度坐标系分解成三个分量,分别称为阻力 X、升力 Y 及侧力 Z。习惯上把阻力 X 的正向定义为 Ox_3 轴,即速度 V 的负向,而升力 Y、侧力 Z 的正向则分别与 Oy_3 轴、Oz_3 轴的正向一致。

大量实验表明，导弹所受的总的空气动力与来流的动压 $q(q=0.5\rho V^2$，ρ 为导弹飞行高度的大气密度）以及导弹的特征面积 S 成正比，可表示为

$$\left.\begin{aligned} X &= c_x qS \\ Y &= c_y qS \\ Z &= c_z qS \end{aligned}\right\} \tag{3.1}$$

式中，c_x，c_y，c_z 为量纲为 1 的比例系数，分别称为阻力系数、升力系数、侧力系数。S 为特征面积，对有翼式导弹来说一般指弹翼面积 S，而对于无翼式导弹则常用弹身的最大截面积 S_B 作为特征面积。可以看出，在导弹气动外形及其几何参数、飞行速度和高度给定的情况下，导弹空气动力可以等价成相应的空气动力系数。

3.1.2 升力和侧力

1. 全弹升力

导弹所受的总升力可以看成是弹翼、弹身、舵面三个主要部件产生的升力之和加上部件之间的相互干扰所引起的附加升力。在各部件中，弹翼是提供升力最主要的部件。我们可以分别对各部分所产生的空气动力进行研究，但是当把弹翼、弹身、舵面组合到一起作为一个整体来研究全弹的空气动力时，人们发现总的空气动力并不等于各单独部件的空气动力简单的线性叠加，该现象的物理本质在于，部件组合到一起的扰流情况发生了变化。比如对于安装在弹身上的弹翼，由于弹身的影响，绕该弹翼的气流流动就不同于单独绕弹翼的气流流动，于是弹翼上的压强分布、力和力矩都发生了变化，这种现象称为空气动力干扰。全弹各部件之间的空气动力干扰主要来自弹翼和弹身之间的互相干扰，以及弹翼和弹身对舵面的干扰。

弹翼对全弹升力的贡献除了单独弹翼提供的升力（记为 $\boldsymbol{Y}_{W0}$）以外，还有翼身互扰引起的干扰升力，包括两部分：一部分是弹身对弹翼的干扰（记为 $\Delta\boldsymbol{Y}_{W(B)}$），另一部分是弹翼对弹身的干扰（记为 $\Delta\boldsymbol{Y}_{B(W)}$）。若记弹翼总升力为 Y_W，则有

$$\boldsymbol{Y}_W = \boldsymbol{Y}_{W0} + \Delta\boldsymbol{Y}_{W(B)} + \Delta\boldsymbol{Y}_{B(W)} \tag{3.2}$$

可以看出，弹翼和弹身之间的干扰能够导致升力提升，是有利的。于是，对于正常式布局且水平平置（“+”型翼）的导弹来说，全弹升力可以表示为

$$\boldsymbol{Y} = \boldsymbol{Y}_W + \boldsymbol{Y}_B + \boldsymbol{Y}_t \tag{3.3}$$

其中，$\boldsymbol{Y}_B$ 为单独弹身的升力，$\boldsymbol{Y}_t$ 为舵面的升力。

在实际工程中，为使用方便通常用升力系数来表述全弹的升力，如式(3.1)的形式。在把全弹升力转换成升力系数表达式时，各部件提供的升力系数都要折算到同一个参考面积上，然后各部件的升力系数才能保持线性叠加的关系。以正常布局的导弹为例，一般以特征面积为参考面积，根据空气动力与特征面积的正比关系，可以得到

$$c_y = c_{yW} + c_{yB}\frac{S_B}{S} + c_{yt}k_q\frac{S_t}{S} \tag{3.4}$$

等号右边三项分别表示弹翼、弹身和舵面对全弹升力的贡献，其中 $\frac{S_B}{S}$ 和 $\frac{S_t}{S}$ 反映弹身最大截面积和舵面面积对参考面积的折算，k_q 为舵面处的速度阻滞系数，反映舵面位置的影响，各项比例系数分别称为弹翼、弹身、舵面升力系数。

现在将全弹看作一个整体，我们还可以将升力和飞行姿态联系起来。例如，在速度坐标系

中，影响升力的因素主要是迎角 α 和升降舵的舵面偏转角 δ_z，当两者都比较小时，全弹的升力系数可以拆分为

$$c_y = c_{y0} + c_y^{\alpha}\alpha + c_y^{\delta_z}\delta_z \tag{3.5}$$

其中，c_{y0} 为迎角和升降舵偏角均为零时的升力系数，它是导弹外形相对于弹体水平面不对称所引起的。显然，对于轴对称导弹有 $c_{y0}=0$，于是

$$c_y = c_y^{\alpha}\alpha + c_y^{\delta_z}\delta_z \tag{3.6}$$

升力仅由迎角和升降舵偏角所决定。

2. 侧向力

导弹所受的侧向力是由于气流不对称地流过导弹纵向对称面的两侧所引起的，这种情况也称为侧滑。图 3.2 为导弹俯视图，表明了侧滑角 β 所对应的侧向力。按照右手定则，侧向力向右为正。按侧滑角 β 的定义，图中侧滑角 β 为正，引起负的侧向力 z，X_1 为图 2.1 定义的弹体坐标系 X 轴。

对于轴对称导弹，若把弹体绕纵轴转动 90°，则此时侧滑角 β 就相当于迎角 α 的情况，所以轴对称导弹的侧向力系数的求法与升力系数求法相同，两者满足

$$c_z^{\beta} = -c_y^{\alpha} \tag{3.7}$$

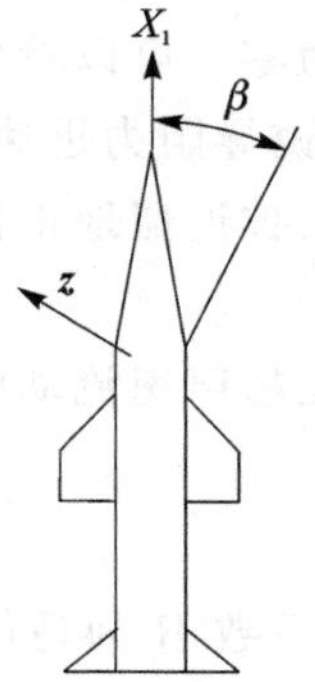

图 3.2 侧滑角与侧向力

式中，负号由 α，β 定义的方向所决定，表示转动后的 β 与 α 方向相反。

3.1.3 阻 力

计算全弹阻力与计算全弹升力的方法类似，可以先求出弹翼、弹身和舵面阻力之和，然后加以修正。考虑到各部件阻力的计算误差，以及弹体不光滑因素的影响，往往把各部件阻力之和多考虑 10%，即对阻力之和乘以 1.1 的系数作为全弹最终的阻力值。

下面仅以弹翼为例研究弹翼的阻力。阻力受空气黏性的影响最为显著，用理论方法计算阻力，必须考虑空气黏性。通常把弹翼阻力分成两部分来研究：一部分是与升力无关的，称为零升阻力，其阻力系数以 c_{x0W} 表示；另一部分与升力有关，取决于升力的大小，称为诱导阻力，其阻力系数以 c_{xiW} 表示。于是，阻力系数可写为

$$c_{xW} = c_{x0W} + c_{xiW} \tag{3.8}$$

1. 零升阻力

零升阻力包括摩擦阻力和压差阻力两部分。在低速流动中，它们都是由于空气的黏性引起的。当迎角不大时，摩擦阻力比重较大，随着迎角的增大，附面层开始分离且逐渐加剧，压差阻力在零升阻力中的比重也逐渐增大。而在超声速流动中，零升阻力的一部分是由黏性引起，其中主要成分是摩擦阻力，另一部分则是由空气介质的可压缩性引起的，介质在超声速流动时压缩和膨胀，形成波阻，因此把这部分称为零升波阻。在超声速流动中，零升波阻在零升阻力中是主要的，虽然摩擦阻力在马赫数增大时也有所增大，但与零升波阻相比比重很小。

零升波阻 c_{x0W} 与相对厚度 $\bar{c}$ 有关，根据空气动力学理论有

$$c_{x0W} = \frac{4(\bar{c})^2}{\sqrt{Ma^2-1}} \tag{3.9}$$

可以看出，采用相对厚度小的薄翼可以显著降低零升波阻。另外，当来流马赫数在1左右时，零升波阻激增，引发激波失速现象。

2. 诱导阻力

诱导阻力是与升力有关的那部分阻力，又称为升力波阻，通常是更被关注的部分。根据空气动力学理论，在低速流动中，弹翼诱导阻力系数与升力系数可用下式表示：

$$c_{xiW}=\frac{1+\delta}{\pi\lambda}c_{yW0}^{2} \tag{3.10}$$

式中，λ 为弹翼展弦比，δ 为对弹翼平面形状的修正值。对椭圆形弹翼和梯形弹翼，δ 的理论值近似为零。可以看出，在小迎角时，升力系数较小，诱导阻力不大；随着迎角的增大，升力系数增加，诱导阻力迅速上升，在弹翼总阻力中的比重也随之增加，逐渐成为主要部分。由于诱导阻力系数近似地正比于 c_{yW0}^{2}，因此 c_{xiW} 与 α 的关系曲线也很接近于一条抛物线，如图3.3所示。

在超声速流动中，式(3.10)的抛物线系数会产生一些变化，更偏向于由马赫数来决定，形如

$$c_{xiW}=Bc_{yW0}^{2} \tag{3.11}$$

式中，系数 B 为马赫数的函数，马赫数对诱导阻力系数的影响如图3.4所示。

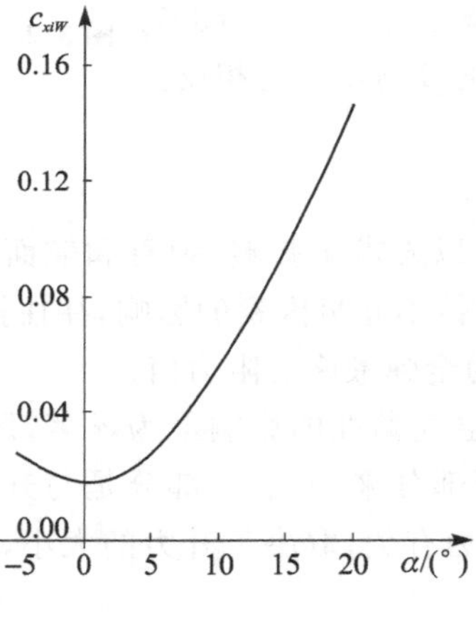

图3.3　阻力系数与迎角的关系

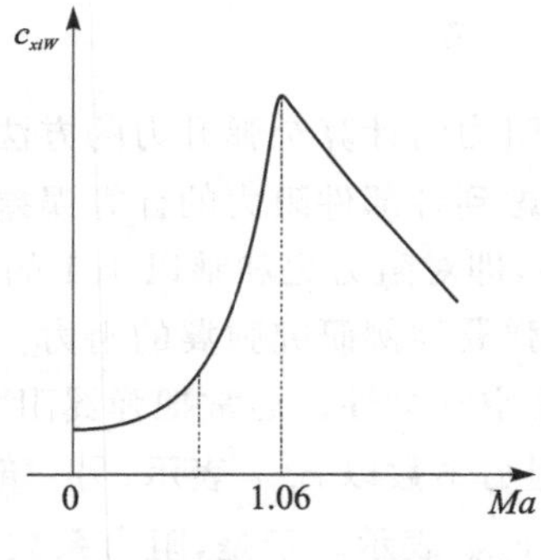

图3.4　马赫数对阻力系数的影响

3.2　导弹所受空气作用力距

3.2.1　总气动力矩

导弹绕质心的旋转运动是以弹体坐标系为参考基准的，因此可以把空气动力距沿弹体坐标系的坐标轴投影成三个分量 M_x、M_y、M_z，分别叫作滚动力矩、偏航力矩和俯仰力矩，如图3.5所示。

滚动力矩 M_x 能够使导弹绕纵轴 Ox_1 转动。当弹翼偏转角 δ_x 为正，即右翼后缘往下，左翼的后缘往上时，定义为负的滚动力矩方向。

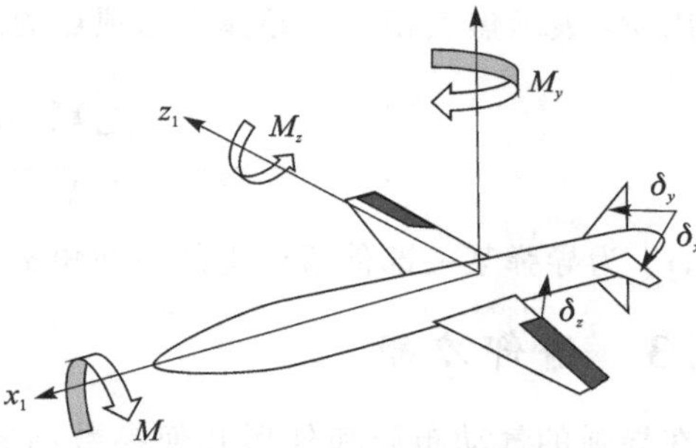

图 3.5 舵偏转所产生的空气动力矩

偏航力矩 M_y 能够使导弹绕立轴 Oy_1 转动。对于正常式导弹，当方向舵的舵偏角 δ_y 为正，即方向舵的后缘往右偏时，偏航力矩为负。

俯仰力矩 M_z 能够使导弹绕横轴 Oz_1 旋转。对于正常式导弹，当升降舵的舵偏角 δ_z 为正，即升降舵的后缘往下时，俯仰力矩为负。

研究空气动力矩和研究空气动力一样，可以等价成对空气动力矩系数的研究。空气动力矩的表达式可以表示为

$$\left.\begin{aligned} M_x &= m_x qSL \\ M_y &= m_y qSL \\ M_z &= m_z qSL \end{aligned}\right\} \tag{3.12}$$

式中，m_x，m_y，m_z 为量纲为 1 的比例系数，分别叫作滚动力矩系数、偏航力矩系数和俯仰力矩系数；S 为特征面积，L 为特征长度。对有翼式导弹，计算俯仰力矩时，特征长度常以弹翼的平均气动力弦长 b_A 来表示，而计算偏航力矩和滚动力矩时，常以弹翼的翼展 l 来表示。对弹道式导弹，特征长度均以弹身长度 L_B 来表示。

3.2.2 压心和焦点

力的三要素中，除了力的大小和方向外，还有一个要素就是力的作用点，完全确定相对于质心的空气动力矩，还需要知道空气动力的作用点。

如式(3.6)所描述，对于轴对称导弹，全弹升力可近似表示为

$$\boldsymbol{Y} = \boldsymbol{Y}^{\alpha}\alpha + \boldsymbol{Y}^{\delta_z}\delta_z \tag{3.13}$$

通常，将总气动力作用在导弹纵轴上的点称为全弹的压力中心，即全弹压心。当迎角不大时，也通常近似地把总升力在纵轴上的作用点作为全弹压心。另外，由迎角 α 所引起的升力 $\boldsymbol{Y}^{\alpha}\alpha$ 在纵轴上也有一个作用点，称为导弹的焦点，而舵偏转所引起的升力 $\boldsymbol{Y}^{\delta_z}\delta_z$ 在舵面上的作用点则称为舵面压心。

从导弹头部顶点至全弹压力中心的距离定义为 x_p，那么如果知道导弹各部件所产生的升力值及作用点位置，就可以通过下式求出全弹压力中心的位置：

$$x_p = \frac{\sum\limits_{k=1}^{n} \boldsymbol{Y}_k x_{pk}}{\boldsymbol{Y}} = \frac{\sum\limits_{k=1}^{n} c_{yk} x_{pk} \dfrac{S_k}{S}}{c_y} \tag{3.14}$$

对有翼式导弹来说，弹翼产生的升力是全弹升力的主要部分，因此这类导弹的压心位置在很大程度上取决于弹翼的安装位置。显然，弹翼离头部顶点越远 x_p 也就越大。此外，压心位置还取决于弹翼安装角、飞行速度、迎角 α、舵偏角 δ_z 等，因为安装角、马赫数、α、δ_z 等的改变均会改变弹上的压力分布。

在一般情况下，焦点与压心是不重合的，不过当导弹是轴对称($c_{y0}=0$)且升降舵的舵偏角很小($\delta_z=0$)时，焦点会非常接近压心。

用 x_F 表示焦点相对于导弹头部顶点的距离，那么焦点的位置可以表示为

$$x_F = \frac{\sum_{k=1}^{n} Y_k^\alpha x_{Fk}}{Y} = \frac{\sum_{k=1}^{n} c_{yk}^\alpha x_{Fk} \frac{S_k}{S}}{c_y^\alpha} \tag{3.15}$$

式中，Y_k^α 为导弹某一部件所产生的由迎角 α 引起的升力，x_{Fk} 为该升力的作用位置。

3.2.3　俯仰力矩

在导弹的气动布局和外形几何参数给定的情况下，俯仰力矩的大小不仅与飞行马赫数 Ma、飞行高度 H 有关，还与迎角 α、舵偏角 δ_z、导弹绕横轴的旋转角速度 ω_z、迎角的变化率 $\dot{\alpha}$ 以及操纵面偏转角的变化率 $\dot{\delta}_z$ 有关，所以俯仰力矩可以表示为如下的函数形式：

$$M_Z = f(Ma, H, \alpha, \delta_z, \omega_z, \dot{\alpha}, \dot{\delta}_z) \tag{3.16}$$

严格地说，俯仰力矩还取决于一些其他参数，例如侧滑角 β、翼偏角 δ_x、导弹绕纵轴的旋转角速度 ω_x 等。通常这些因素的影响不大，为简化起见一般予以忽略。

实验表明，当 α、δ_z、ω_z、$\dot{\alpha}$、$\dot{\delta}_z$ 较小时，俯仰力矩与这些变量具有近似的线性关系，其一般性表达式为

$$M_z = M_{z0} + M_z^\alpha \alpha + M_z^{\delta_z} \delta_z + M_z^{\omega_z} \omega_z + M_z^{\dot{\alpha}} \dot{\alpha} + M_z^{\dot{\delta}_z} \dot{\delta}_z \tag{3.17}$$

为了研究方便，用量纲为 1 的力矩系数关系式来等价式(3.17)，即

$$m_z = m_{z0} + m_z^\alpha \alpha + m_z^{\delta_z} \delta_z + m_z^{\overline{\omega}_z} \overline{\omega}_z + m_z^{\overline{\dot{\alpha}}} \overline{\dot{\alpha}} + m_z^{\overline{\dot{\delta}}_z} \overline{\dot{\delta}}_z \tag{3.18}$$

式中，$\overline{\omega}_z$ 为无因次角速度，$\overline{\omega}_z = \dfrac{\omega_z L}{V}$；$\overline{\dot{\alpha}}$，$\overline{\dot{\delta}}_z$ 为无因次角速度变化率，分别表示为 $\overline{\dot{\alpha}} = \dfrac{\dot{\alpha} L}{V}$，$\overline{\dot{\delta}}_z = \dfrac{\dot{\delta}_z L}{V}$；$m_{z0}$ 为当 $\alpha = \delta_z = \omega_z = \dot{\alpha} = \dot{\delta}_z = 0$ 时的俯仰力矩系数，它是由导弹外形相对于 Ox_1z_1 平面不对称引起的，且 m_{z0} 主要与飞行马赫数、导弹几何形状、弹翼安装角等有关。

下面对俯仰力矩的各个组成部分分别进行介绍。

1. 定态飞行与纵向平衡

导弹的定态飞行是指飞行过程中速度 $\mathbf{V}$、迎角 α、侧滑角 β、舵偏角 δ_z 和 δ_y 等均不随时间变化的飞行状态。其实在实际过程中，并没有严格的定态飞行，即使导弹作等速直线飞行，导弹质量也会因燃料消耗而发生变化，为保持等速直线飞行所需要的迎角也会随着改变。因此，只能认为导弹在某一小段飞行轨迹上接近定态飞行。

导弹在做定态直线飞行时，$\omega_z = \dot{\alpha} = \dot{\delta}_z = 0$，俯仰力矩系数表达式(3.18)变为

$$m_z = m_{z0} + m_z^\alpha \alpha + m_z^{\delta_z} \delta_z \tag{3.19}$$

对于轴对称导弹，$m_{z0} = 0$，则上式可变为

$$m_z = m_z^\alpha \alpha + m_z^{\delta_z} \delta_z \tag{3.20}$$

值得注意的是，只有在迎角 α 和舵偏角 δ_z 不大的情况下，上述线性关系才会成立，随着 α、δ_z 的增大，线性关系将被破坏。图 3.6 展示了 δ_z 值一定时的 m_z 和 α 的关系曲线，可以看出当迎角增加到一定程度时，m_z 对 α 的线性关系就不再保持。

从图 3.6 中还可以看到，曲线与横坐标轴的交点满足 $m_z = 0$，这些交点称为静平衡点，此

时导弹做定态直线飞行，迎角 α 和舵偏角 δ_z 保持一定的关系，使得作用在导弹上由 α、δ_z 产生的升力相对于质心的俯仰力矩代数和为零，也就是说导弹处于纵向平衡状态。

在导弹处于纵向平衡状态时，迎角 α 和舵偏角 δ_z 之间的关系可令式(3.20)等号右端为 0 来求得，即

$$m_z^\alpha \alpha + m_z^{\delta_z} \delta_z = 0 \tag{3.21}$$

于是有

$$\delta_{zB} = -\frac{m_z^\alpha}{m_z^{\delta_z}} \alpha_B \tag{3.22}$$

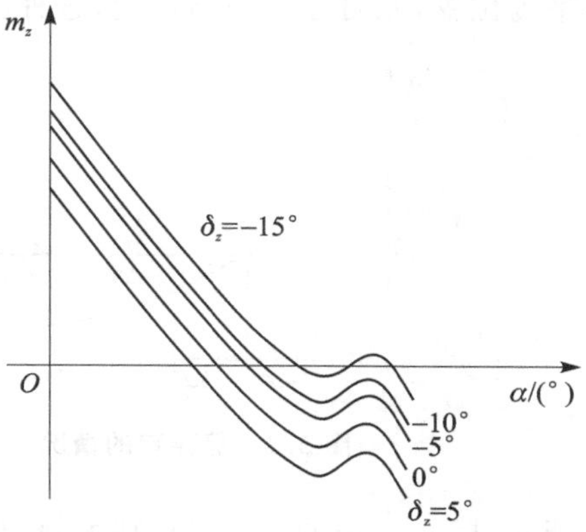

图 3.6　$m_z = f(\alpha)$ 的关系曲线

上式表明，为使导弹在某一飞行迎角下处于纵向平衡状态，必须使升降舵偏转相应的角度，这个角度称为升降舵的平衡偏转角，用 δ_{zB} 表示。换言之，为在某一升降舵偏转角下保持导弹纵向平衡所需要的迎角就是平衡迎角，以 α_B 表示。

平衡状态时的全弹升力称为平衡升力，平衡升力系数可由下式求得：

$$c_{yB} = c_y^\alpha \alpha_B + c_y^{\delta_z} \delta_{zB} = \left(c_y^\alpha - c_y^{\delta_z} \frac{m_z^\alpha}{m_z^{\delta_z}}\right) \alpha_B \tag{3.23}$$

由于前面讨论的是定态直线飞行的情况，在进行弹道计算时，若假设导弹每一瞬时都处于平衡状态，则可用式(3.23)来计算弹道在每一点的平衡升力系数。这种假设称为瞬时平衡假设，即认为导弹从某一平衡状态改变到另一平衡状态是瞬时完成的，也就是忽略了导弹绕质心旋转运动的过程，此时作用在导弹上的俯仰力矩只有 $M_z^\alpha \alpha$ 和 $M_z^{\delta_z} \delta_z$ 两部分，并且它们始终处于平衡状态。

2. 纵向静稳定性

导弹的平衡有稳定平衡和不稳定平衡，导弹的平衡特性取决于它的静稳定性。在导弹受外界干扰作用偏离平衡状态后，外界干扰消失的瞬间，若导弹不经操纵面就能产生空气动力矩使导弹有回复到原来平衡状态的趋势，则称导弹是静稳定的；若产生的空气动力矩使导弹更加偏离原平衡状态，则称导弹是静不稳定的；若既无回复的趋势，也不再继续偏离原平衡状态，则称导弹是临界静稳定的。需要注意的是，静稳定性指的是导弹偏离平衡状态瞬间的力矩特性，而不是说导弹整个运动过程是否具有稳定性。

判别导弹纵向静稳定性的方法是看偏导数 $m_z^\alpha|_{\alpha=\alpha_B}$(力矩相对于迎角的斜率)的性质。假设导弹以平衡迎角 α_B 在平衡状态下飞行，受某种干扰迎角增加 $\Delta\boldsymbol{\alpha}$，导致升力产生作用在焦点上的附加升力 $\Delta\boldsymbol{Y}$。当舵偏角 δ_z 不变时，导弹不操纵，于是由该附加升力所引起的附加俯仰力矩为

$$\Delta M_z(\alpha) = m_z^\alpha |_{\alpha=\alpha_B} \Delta\alpha q S L \tag{3.24}$$

若式(3.24)中 $m_z^\alpha|_{\alpha=\alpha_B} < 0$(见图 3.7)，则 $\Delta M_z(\alpha)$ 为负，它使导弹低头，迎角则由($\alpha_B + \Delta\alpha$)恢复到 α_B。导弹的这种物理属性称为静稳定性，导弹在偏离平衡位置后产生的力图使导弹恢复到原平衡状态的空气动力矩则称为静稳定力矩或恢复力矩。

若式(3.24)中 $m_z^\alpha|_{\alpha=\alpha_B} > 0$(见图 3.8)，则 $\Delta M_z(\alpha) > 0$，这时附加俯仰力矩使得导弹更加

偏离平衡位置，此时导弹静不稳定，这种静不稳定力矩又称为翻滚力矩。

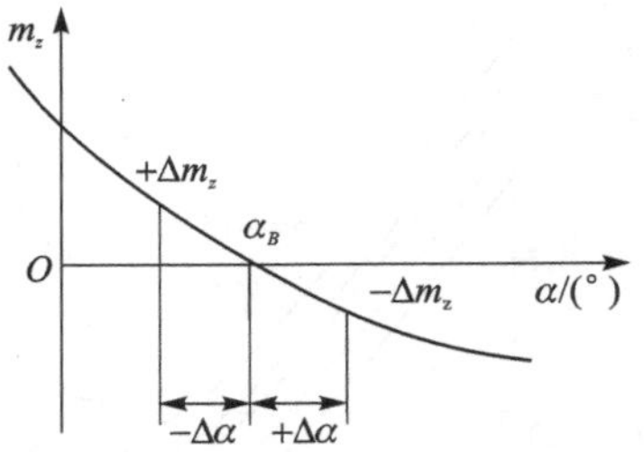

图 3.7　静稳定的情况

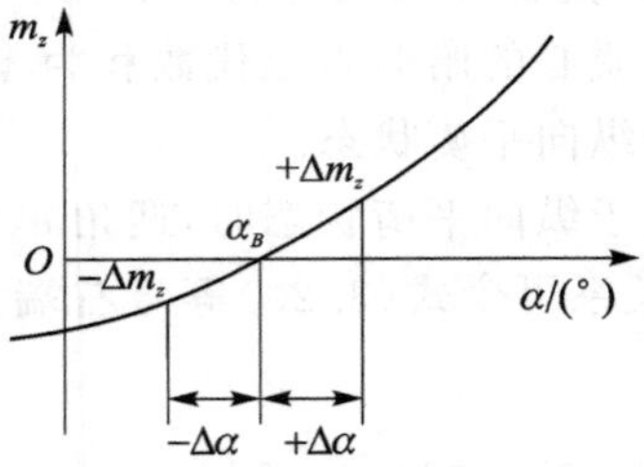

图 3.8　静不稳定的情况

若 $m_z^\alpha|_{\alpha=\alpha_B}=0$（见图 3.9），则为静中立稳定状态，因为此时导弹偏离平衡位置后，由 $\Delta \boldsymbol{Y}(\alpha)$ 导致的附加俯仰力矩趋近于零，也就是说，干扰造成的附加迎角既没有继续增大，也不能被消除。

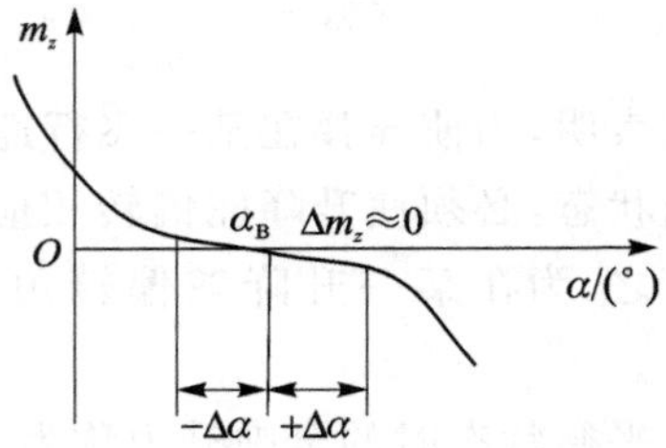

图 3.9　静中立稳定的情况

可以看出，偏导数 m_z^α 表示单位迎角引起的俯仰力矩系数的大小和方向，表征导弹的纵向静稳定品质。现将纵向静稳定条件总结如下：$m_z^\alpha|_{\alpha=\alpha_B}<0$ 时，导弹为纵向静稳定的；$m_z^\alpha|_{\alpha=\alpha_B}=0$ 时，导弹为纵向静中立稳定的；$m_z^\alpha|_{\alpha=\alpha_B}>0$ 时，导弹为纵向不稳定的。

一般情况下，升力系数 c_y 和迎角 α 呈线性关系，所以有时也用偏导数 $m_z^{c_y}$ 取代 m_z^α，作为衡量导弹静稳定性的条件。由于

$$M_z^\alpha\alpha=-Y^\alpha\alpha(x_F-x_G)=-c_y^\alpha\alpha(x_F-x_G)qS=m_z^\alpha\alpha qSL \tag{3.25}$$

因此有

$$m_z^\alpha=-c_y^\alpha(\bar{x}_F-\bar{x}_G) \tag{3.26}$$

由此得到

$$m_z^{c_y}=\frac{\partial m_z}{\partial c_y}=\frac{m_z^\alpha}{c_y^\alpha}=-(\bar{x}_F-\bar{x}_G) \tag{3.27}$$

式中，$\bar{x}_F=\dfrac{x_F}{L}$，为全弹焦点的量纲为 1 的坐标；$\bar{x}_G$ 为全弹质心的量纲为 1 的坐标。

根据式(3.27)，对于具有纵向静稳定性的导弹，$m_z^{c_y}<0$，这时焦点位于质心之后。当焦点向质心靠近时，静稳定性逐渐降低；当焦点移到与质心重合时，导弹是静中立稳定的；当焦点移到质心之前时，有 $m_z^{c_y}>0$，导弹是静不稳定的。

工程上通常把 $m_z^{c_y}$ 称为静稳定度，焦点和质心量纲为 1 的坐标之间的差值（$\bar{x}_F-\bar{x}_G$）称为静稳定裕度。导弹的静稳定度决定其飞行性能。为了保证导弹具备期望的静稳定度，一般采用两种设计方法：一是改变导弹的气动布局，如舵面面积、弹翼外形、面积、位置等，以调整焦点的位置；二是重新安排内部部件，调整质心的位置。

3. 操纵力矩

对具有静稳定性的导弹来说，要使导弹以正迎角飞行，对正常式布局的导弹则其升降舵偏

转角应为负，对鸭式布局的导弹则其升降舵偏转角应为正，目的都是要产生抬头力矩，如图 3.10 所示。

同时，升力 $Y^{\alpha}\alpha$ 对质心形成低头力矩，以使得导弹所受力矩平衡。其中，舵面偏转形成的对质心的气动力矩称为操纵力矩，可表示为

$$M_z(\delta_z) = -c_y^{\delta_z}\delta_z qS(x_R - x_G) = m_z^{\delta_z}\delta_z qSL \tag{3.28}$$

$$m_z^{\delta_z} = -c_y^{\delta_z}(\bar{x}_R - \bar{x}_G) \tag{3.29}$$

式中，$\bar{x}_R = \dfrac{x_R}{L}$，为舵面压心至导弹头部顶点距离的量纲为 1 的坐标；$m_z^{\delta_z}$ 为舵面偏转单位角度时所引起的操纵力矩系数，可用来衡量舵面效率。对于正常式布局的导弹，舵面总是在质心之后，所以 $m_z^{\delta_z}$ 为负；对于鸭式布局的导弹，$m_z^{\delta_z}$ 为正。$c_y^{\delta_z}$ 为舵面偏转单位角度所引起的升力系数，它与马赫数的变化关系如图 3.11 所示。

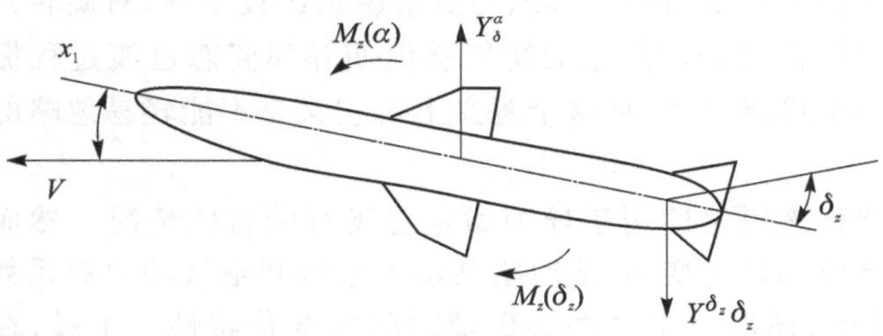

图 3.10　操纵力矩示意图

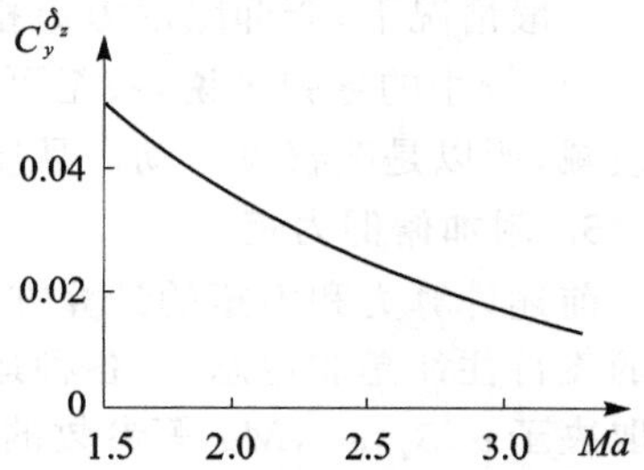

图 3.11　舵面升力系数与马赫数的变化关系

4. 俯仰阻尼力矩

俯仰阻尼力矩是由导弹绕 Oz_1 轴旋转所引起的，大小和旋转角速度 ω_z 成正比，方向与 ω_z 相反，其作用是阻止导弹绕 Oz_1 轴的旋转运动，故称为俯仰阻尼力矩。显然，当导弹不做旋转运动时，也就没有阻尼力矩。

设导弹质心以速度 $\boldsymbol{V}$ 运动，同时又以角速度 ω_z 绕 Oz_1 轴转动，如图 3.12 所示。旋转使导弹表面上各点均获得一个附加速度，其方向垂直于连接质心与该点的矢径 r，大小等于 $\omega_z r$。若 $\omega_z > 0$，则质心之前的导弹表面的各点迎角将减小 $\Delta\alpha(r)$，满足 $\tan\Delta\alpha(r) = \dfrac{r\omega_z}{V}$，而质心之后的导弹表面各点的迎角将增加 $\Delta\alpha(r)$。由于导弹质心前后各点处的迎角都有所改变，故质心前后各点产生了一个附加的升力 $\Delta Y_i(\omega_z)$，且 $\Delta Y_i(\omega_z)$ 对导弹质心还产生了一个附加的俯仰力矩 $\Delta M_{zi}(\omega_z)$。若 $\omega_z > 0$，则质心前各点的附加升力均向下，质心后的附加升力各点均向上，因此质心前后各点的附加升力所引起的附加俯仰力矩 $\Delta M_{zi}(\omega_z)$ 方向相同，均与 ω_z 方向相反。把各点的 $\Delta M_{zi}(\omega_z)$ 相加，得到作用在导弹上的总俯仰阻尼力矩为 $M_z(\omega_z)$。由于导弹质心前后各点的附加升力 $\Delta Y_i(\omega_z)$ 方向相反，故总附加升力 $\boldsymbol{Y}(\omega_z)$ 可忽略不计。

俯仰阻尼力矩常用量纲为 1 的俯仰阻尼力矩系数来表示，即

$$M_z^{\omega_z} = \frac{m_z^{\bar{\omega}_z} qSL^2}{V} \tag{3.30}$$

式中，$\bar{\omega}_z = \dfrac{\omega_z L}{V}$，且总为负，其大小取决于飞行马赫数、导弹几何形状及质心位置。在导弹外

形和质心位置确定后，俯仰阻尼系数 $m_z^{\bar{\omega}_z}$ 与马赫数的关系如图 3.13 所示。为方便起见，通常将 $m_z^{\bar{\omega}_z}$ 记作 $m_z^{\omega_z}$。

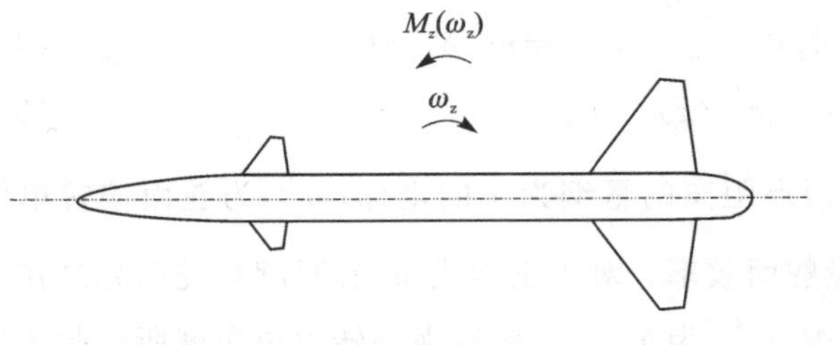

图 3.12　俯仰阻尼力矩示意图

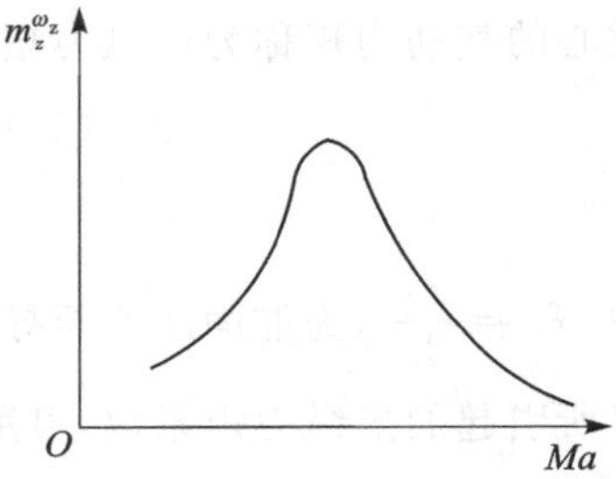

图 3.13　俯仰阻尼系数和马赫数的关系

一般情况下，俯仰阻尼力矩相对于俯仰稳定力矩和操纵力矩来说是比较小的，对旋转角速度 ω_z 比较小的导弹来说，甚至可以忽略，但是俯仰阻尼力矩能够促使导弹姿态过渡过程振荡的衰减，所以是改善飞行动态品质的一个重要因素，从这个意义上讲它又是不能轻易忽略的。

5. 附加俯仰力矩

前述计算力和力矩的计算方法，严格来说仅适用于导弹做定态飞行的特殊情况。然而导弹的飞行往往是非定态的，各种运动参数都是时变的，此时空气动力系数和空气动力矩系数不仅取决于 $\alpha,\delta_z,\omega_z,Ma$ 等参数的瞬时值，还取决于这些参数随时间的变化特性。不过，在初步近似计算中，为减小计算量，可近似认为空气动力系数和空气动力矩系数完全取决于瞬时运动学参数，这个假设称为定态假设。

尽管如此，在某些情况下还是不能直接使用该假设，例如下洗延迟的情况。设正常式布局的导弹以速度 $\mathbf{V}$ 和随时间变化的迎角 $\dot{\alpha}$（例如 $\dot{\alpha}>0$）做非定态飞行。由于迎角的变化，弹翼后的下洗气流的方向也随之改变。但是，被弹翼偏斜了的气流并不能瞬时到达舵面，而必须经过某一时间间隔 Δt，其值取决于弹翼和舵面间的距离和气流速度，这就是下洗延迟现象。因此，舵面处的实际下洗值将取决于 Δt 间隔前的迎角值。在 $\dot{\alpha}>0$ 的情况下，这个下洗角将比定态飞行时的下洗角要小些，而这就相当于在舵面上引起了一个向上的附加升力，由此形成了一个附加的俯仰力矩，使导弹低头，以阻止 α 值的增长。而在 $\dot{\alpha}<0$ 的情况下，下洗延迟引起的附加力矩将使导弹抬头，从而阻止 α 值的减小。总之，由 $\dot{\alpha}$ 引起的附加俯仰力矩具有阻尼性质，力图阻止 α 值的变化。

同样，若舵面偏转角速度 $\dot{\delta}_z\neq0$，那么鸭式布局的导弹也存在下洗延迟现象。由 $\dot{\delta}_z$ 引起的附加俯仰力矩也是阻尼的。对于 $\dot{\alpha}\neq0$ 和 $\dot{\delta}_z\neq0$，下洗延迟引起的附加俯仰力矩系数分别表示为 $m_z^{\bar{\dot{\alpha}}}\bar{\dot{\alpha}}$ 和 $m_z^{\bar{\dot{\delta}}_z}\bar{\dot{\delta}}_z$，简记为 $m_z^{\dot{\alpha}}$ 和 $m_z^{\dot{\delta}_z}$，它们都是量纲为 1 的。

在分析了构成俯仰力矩的各项以后，需要注意的是，影响俯仰力矩的因素很多，但其中起主导作用的只有两项，即迎角引起的 $m_z^{\alpha}\alpha$ 和舵偏转角引起的 $m_z^{\delta_z}\delta_z$，它们的系数分别称为俯仰（纵向）静稳定力矩系数和俯仰（纵向）操纵力矩系数。

3.2.4　偏航力矩

偏航力矩是总空气动力矩在 Oy_1 轴上的分量，它将使导弹绕 Oy_1 轴转动。对于轴对称导弹，偏航力矩的产生机理与俯仰力矩类似，不同的是偏航力矩是由侧力产生的。偏航力矩系数表达式可写成如下形式：

$$m_y = m_y^{\beta}\beta + m_y^{\delta_y}\delta_y + m_y^{\bar{\omega}_y}\bar{\omega}_y + m_y^{\bar{\dot{\beta}}}\bar{\dot{\beta}} + m_y^{\bar{\dot{\delta}}_y}\bar{\dot{\delta}}_y \tag{3.31}$$

其中，$\bar{\omega}_y = \dfrac{\omega_y l}{V}$，$\bar{\dot{\beta}} = \dfrac{\dot{\beta} l}{V}$，$\bar{\dot{\delta}}_y = \dfrac{\dot{\delta}_y l}{V}$。

由于所有导弹外形相对于 Ox_1y_1 平面总是对称的，因此 m_{y0} 总是为零，前两项系数分别表征导弹的航向静稳定性和操纵性。与纵向相似，当 $m_y^{\beta} < 0$ 时，导弹是航向静稳定的。式(3.31)后两项则分别为偏航阻尼力矩和偏航非定态产生的两项附加力矩。

对于飞机型导弹，绕纵轴的转动角速度 ω_x 引起的偏航力矩项 $M_y(\omega_x)$ 往往不能忽略，它有使导弹做螺旋运动的趋势，故称为偏航螺旋力矩，如图 3.14 所示。此时还会在式(3.30)的右端加上 $m_y^{\bar{\omega}_x}\bar{\omega}_x$ 这一项，其中，$\bar{\omega}_x = \dfrac{\omega_x l}{2V}$，$m_y^{\bar{\omega}_x}$ 为量纲为 1 的交叉系数，其值为负，简记为 $m_y^{\omega_x}$。

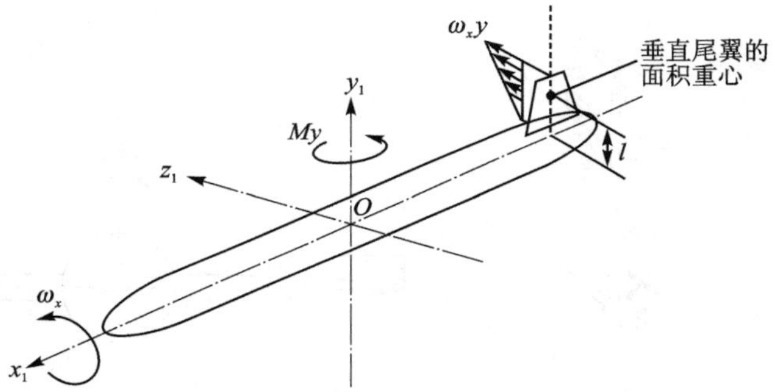

图 3.14 偏航舵面产生的偏航螺旋力矩

3.2.5 滚动力矩

滚动力矩 M_x 是绕导弹纵轴 Ox_1 的空气动力距，它是由迎面气流不对称地绕流过导弹而产生的。当导弹存在侧滑角、操纵面偏转或绕 Ox_1、Oy_1 轴转动时，均会使气流流动不对称，此外生产误差(如弹翼安装角和尺寸制造误差)所造成的不一致，也会破坏气流流动的对称性，产生滚动力矩。因此，滚动力矩的大小与导弹的几何形状、飞行速度与高度、侧滑角 β、舵面及副翼的偏转角 δ_y 与 δ_x、弹体转动角速度 ω_x 与 ω_y 以及制造误差等因素均有关。

和其他空气动力矩一样，我们只讨论滚动力矩的量纲为 1 的系数，即

$$m_x = \frac{M_x}{qSl} \tag{3.32}$$

略去一些次要因素，该系数可用如下关系近似表示：

$$m_x = m_{x0} + m_x^{\beta}\beta + m_x^{\delta_x}\delta_x + m_x^{\delta_y}\delta_y + m_x^{\bar{\omega}_x}\bar{\omega}_x + m_x^{\bar{\omega}_y}\bar{\omega}_y \tag{3.33}$$

式中，等号右边第一项由导弹外形不对称所引起，第四项和第六项是由导弹的偏航轴运动所引起的交叉力矩，占比均较小。下面重点讨论所占比重较大的静稳定力矩系数 m_x^{β}、滚动操纵力矩系数 $m_x^{\delta_x}$ 以及滚动阻尼力矩系数 $m_x^{\bar{\omega}_x}$。

1. 横向静稳定力矩

当气流以侧滑角 β 流过导弹的平置水平弹翼和舵面时，由于左右翼的绕流条件不同，压力分布也就不同，左右翼升力不对称，因此产生绕导弹纵轴的滚动力矩。

系数 m_x^β 表征导弹的横向静稳定性，这对于飞机型导弹来说具有重要意义。假设导弹水平直线飞行，由于某种原因，导弹突然向右倾斜了角度 γ，如图 3.15 所示。升力 $\boldsymbol{Y}$ 总是处在导弹的纵向对称平面 Ox_1y_1 内，导弹倾斜产生升力的水平分量 $\boldsymbol{Y}\sin\gamma$，在该力的作用下，导弹的速度方向发生改变，产生了正的侧滑角。若 $m_x^\beta<0$，则由侧滑角所产生的滚动力矩 $M_x(\beta)=M_x^\beta\beta<0$，该力矩使导弹具有消除向右倾斜的趋势，因此，当 $m_x^\beta<0$ 时，导弹具有横向静稳定性；当 $m_x^\beta>0$ 时，导弹是横向静不稳定的。

2. 滚动操纵力矩

操纵舵面所产生的绕 Ox_1 轴的力矩称为滚动操纵力矩。舵面的左右操纵面总是上下成对出现，如图 3.16 所示，舵面偏转角 δ_x 正（后视逆时针旋转），这相当于右舵面增大了迎角，形成正的升力，而左舵面刚好相反，从而引起负的滚动操纵力矩。当舵面的偏转角为负时，滚动操纵力矩为正。

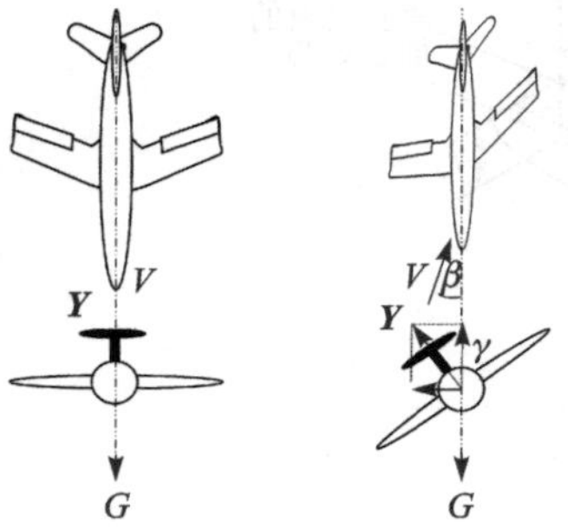

图 3.15　倾斜引起的侧滑飞行

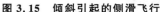

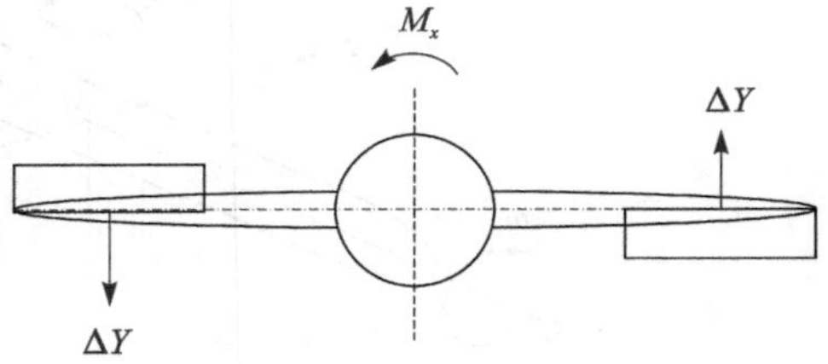

图 3.16　舵面产生的滚动操纵力矩

滚动操纵力矩用于操纵导弹绕纵轴 Ox_1 转动或保持导弹的倾斜稳定。系数 $m_x^{\delta_x}$ 称为滚动操纵力矩系数，反映舵面的操纵效率。当舵面偏转角增大时，其操纵效率略有降低，根据舵偏角 δ_x 的定义，$m_x^{\delta_x}$ 总是负值。

3. 滚动阻尼力矩

当导弹绕纵轴 Ox_1 转动时，将产生滚动阻尼力矩 $M_x^{\omega_x}\cdot\Delta\omega_x$。与俯仰阻尼力矩的产生方式类似，滚动阻尼力矩主要由弹翼产生，力矩的方向总是阻止导弹绕纵轴转动。滚动阻尼力矩系数与量纲为 1 的角速度 $\bar{\omega}_x$ 成正比，即

$$m_x(\omega_x)=m_x^{\bar{\omega}_x}\bar{\omega}_x \tag{3.34}$$

式中，$\bar{\omega}_x=\dfrac{\omega_x l}{2V}$，$m_x^{\bar{\omega}_x}$ 可简记为 $m_x^{\omega_x}$，其值总为负。

3.3　导弹所受推力和重力

除空气作用力之外，导弹在飞行过程中还受到推力和重力这两种基本力的作用。

3.3.1 推　力

导弹的推力是发动机内的燃气流以高速喷出而产生的反作用力，是导弹飞行的动力。导弹采用的发动机有火箭发动机(携带固体燃料或液体燃料)和航空发动机(如冲压式、涡轮式等)。发动机类型不同，其推力特性也不同。

对于火箭发动机，其推力值可由下式确定：

$$\boldsymbol{P}=m_c u_e+S_a(p_a-p_H) \tag{3.35}$$

式中，m_c 为单位时间内的燃耗，u_e 为燃气在喷管出口处的平均有效喷出速度，S_a 为发动机喷管出口处的横截面积，p_a 为发动机喷管出口处燃气流静压强，p_H 为导弹所处高度的大气静压强。

可以看出，火箭发动机推力 $\boldsymbol{P}$ 除了导弹的飞行高度以外，与其他运动参数无关，其大小主要取决于发动机的性能参数。式(3.35)中的第一项是由高速喷出的燃气流产生的推力，称为动推力，第二项是由于发动机喷管出口处的燃气流静压强 p_a 与大气静压强 p_H 的压差引起的推力，称为静推力。

与火箭发动机相比，航空发动机的推力特性更为复杂。由于空气的耦合作用，航空发动机推力的大小与导弹的运动参数包括飞行高度、飞行速度、迎角等都有密切的关系。

发动机推力的方向主要取决于发动机的安装方式，其方向一般与导弹纵轴 Ox_1 重合，但也有可能并不通过导弹质心。若推力 $\boldsymbol{P}$ 不通过导弹质心，与纵轴有一夹角，则会产生推力矩 $\boldsymbol{M}_p$。设推力在弹体坐标系的投影分别为 $P_{x_1}, P_{y_1}, P_{z_1}$，推力作用线对质心的偏心矢径 $\boldsymbol{R}_p$ 在弹体坐标系的投影分别为 x_{1P}, y_{1P}, z_{1P}。那么推力 $\boldsymbol{P}$ 所产生的推力距 $\boldsymbol{M}_p$ 在弹体坐标系上就可以表示为

$$\begin{bmatrix} M_{P_{x_1}} \\ M_{P_{y_1}} \\ M_{P_{z_1}} \end{bmatrix}=\begin{bmatrix} 0 & -z_{1P} & y_{1P} \\ z_{1P} & 0 & -x_{1P} \\ -y_{1P} & x_{1P} & 0 \end{bmatrix}\begin{bmatrix} P_{x_1} \\ P_{y_1} \\ P_{z_1} \end{bmatrix}=\begin{bmatrix} P_{z_1}y_{1P}-P_{y_1}z_{1P} \\ P_{x_1}z_{1P}-P_{z_1}x_{1P} \\ P_{y_1}x_{1P}-P_{x_1}y_{1P} \end{bmatrix} \tag{3.36}$$

写成矩阵形式，为

$$\boldsymbol{M}_p=\boldsymbol{R}_p\times\boldsymbol{P} \tag{3.37}$$

3.3.2 重　力

根据牛顿的万有引力定律，导弹在飞行过程中会受到各大天体(如地球、太阳、月球等)引力的作用。对于在稠密大气中飞行的战术导弹而言，一般只考虑地球的引力作用。除了所受的地心引力外，导弹还要受到因地球自转所产生的离心惯性力的作用，所以作用在导弹上的重力实际上是地心引力和离心惯性力的矢量和，表示为

$$\boldsymbol{G}=\boldsymbol{G}_1+\boldsymbol{F}_e \tag{3.38}$$

其中，地心引力 $\boldsymbol{G}_1$ 的大小与导弹的地心距平方成反比，方向指向地心；$\boldsymbol{F}_e$ 是离心惯性力，其大小可由下式计算得出：

$$F_e=mR_e\Omega_e^2\cos\varphi_e \tag{3.39}$$

该式假设了地球是均质椭球体。m 为导弹在椭球形地球表面上的质量，R_e 为地心至导弹的矢径，Ω_e 是地球绕极轴的旋转角速度，而 φ_e 为导弹所处地理纬度。

计算表明，离心惯性力比地心引力小得多，故通常把地心引力视为重力，即

$$\boldsymbol{G} \approx \boldsymbol{G}_1 = m\boldsymbol{g} \tag{3.40}$$

当略去地球形状和自转的影响时，重力加速度 g 可表示为

$$g = g_0 \frac{R_e^2}{(R_e + H)^2} \tag{3.41}$$

式中，R_e 为地球平均半径，$R_e = 6\ 371\ \text{km}$，g_0 为地球表面的重力加速度，一般取 $g_0 = 9.806 \approx \frac{9.81m}{s^2}$，$H$ 为导弹的飞行高度。显然，重力加速度是高度的函数，不过相对于地球半径来说，战术导弹的飞行高度相对很小，因此重力加速度往往取常量 g_0，可视重力场为平行力场。而对于远程导弹和空间飞行器来说，飞行高度不能被忽略，重力加速度是不断变化的，此时重力场以中心力场为主。

3.4　导弹动力学运动方程组

由经典力学可知，任何一个自由刚体在空间的任意运动，都可以把它视为刚体质心的平移运动（决定刚体质心瞬时位置的三个自由度）和绕质心转动运动（决定刚体瞬时姿态的三个自由度）的合成运动。对于刚体，可以应用牛顿第二定律来研究质心的移动，利用动量矩定量来研究刚体绕质心的转动。

用 m 表示一个刚体系统的质量，$\boldsymbol{V}$ 表示刚体的速度矢量，$\boldsymbol{H}$ 表示刚体相对于质心的动量矩矢量，则描述刚体质心移动和绕质心转动运动的动力学矢量方程为

$$m \frac{\mathrm{d}\boldsymbol{V}}{\mathrm{d}t} = \boldsymbol{F} \tag{3.42}$$

$$\frac{\mathrm{d}\boldsymbol{H}}{\mathrm{d}t} = \boldsymbol{M} \tag{3.43}$$

式中，$\boldsymbol{F}$ 为作用于刚体上的外力矢量，$\boldsymbol{M}$ 为外力对刚体质心的力矩。

考虑到导弹在飞行过程中质量是不断变化的，假定导弹在每一瞬时时刻的质量为 $m(t)$，在这一时刻，导弹的动力学基本方程可以近似写成常质量刚体的形式，但需要将质量变化所转化成的力和力矩考虑进来作为一个刚体系统整体，这种分析方法叫作固化原理，研究导弹绕质心转动运动也可用同样的方法处理。于是，导弹动力学矢量方程可写为

$$m(t) \frac{\mathrm{d}\boldsymbol{V}}{\mathrm{d}t} = \boldsymbol{F} + \boldsymbol{P} \tag{3.44}$$

$$\frac{\mathrm{d}\boldsymbol{H}}{\mathrm{d}t} = \boldsymbol{M} + \boldsymbol{M}_p \tag{3.45}$$

式中，$\boldsymbol{P}$ 为导弹发动机推力，$\boldsymbol{M}$ 为作用在导弹上的外力对质心的主力矩，$\boldsymbol{M}_p$ 为发动机推力产生的力矩，当推力线通过质心时，$\boldsymbol{M}_p$ 为 0。

描述导弹的运动，本质上是要建立导弹的力和力矩与导弹运动参数（位置和姿态参数）之间的关系，这通常是一个多变量方程组的形式，主要由动力学方程、运动学方程及其他一些约束方程所组成。

3.4.1　动力学方程

研究导弹的运动特性，通常会将矢量方程式（3.44）和式（3.45）投影到相应坐标系上，形成

导弹质心运动和绕质心转动的动力学标量方程。

1. 质心动力学方程

对研究导弹质心运动来说，把式(3.44)在弹道坐标系上展开最为简单，便于分析导弹运动特性。

弹道坐标系是动坐标系，它相对于地面坐标系既有位移运动，又有转动运动，位移速度为 $\boldsymbol{V}$，转动角速度为 $\boldsymbol{\Omega}$。在动坐标系中建立动力学方程，其矢量满足

$$\frac{\mathrm{d}\boldsymbol{V}}{\mathrm{d}t}=\frac{\delta \boldsymbol{V}}{\delta t}+\boldsymbol{\Omega}\times\boldsymbol{V}$$

式中，$\frac{\mathrm{d}\boldsymbol{V}}{\mathrm{d}t}$为在静坐标系，即地面惯性坐标系中矢量 $\boldsymbol{V}$ 的绝对导数；$\frac{\delta \boldsymbol{V}}{\delta t}$为在动坐标系，即弹道坐标系中矢量 $\boldsymbol{V}$ 的相对导数。

于是，式(3.43)可以改写为

$$m\frac{\mathrm{d}\boldsymbol{V}}{\mathrm{d}t}=m\left(\frac{\delta \boldsymbol{V}}{\delta t}+\boldsymbol{\Omega}\times\boldsymbol{V}\right)=\boldsymbol{F}+\boldsymbol{P} \tag{3.46}$$

设 $\boldsymbol{i}_2,\boldsymbol{j}_2,\boldsymbol{k}_2$ 分别为沿弹道坐标系 $Ox_2y_2z_2$ 各轴的单位矢量，$\Omega_{x_2},\Omega_{y_2},\Omega_{z_2}$ 分别为弹道坐标系相对地面坐标系的转动角速度在 $Ox_2y_2z_2$ 各轴的分量，V_{x_2},V_{y_2},V_{z_2} 分别为导弹质心速度矢量 $\boldsymbol{V}$ 在 $Ox_2y_2z_2$ 各轴的分量，即

$$\begin{aligned}\boldsymbol{V}&=V_{x_2}\boldsymbol{i}_2+V_{y_2}\boldsymbol{j}_2+V_{z_2}\boldsymbol{k}_2\\ \Omega&=\Omega_{x_2}\boldsymbol{i}_2+\Omega_{y_2}\boldsymbol{j}_2+\Omega_{z_2}\boldsymbol{k}_2\\ \frac{\partial \boldsymbol{V}}{\delta t}&=\frac{\mathrm{d}V_{x_2}}{\mathrm{d}t}\boldsymbol{i}_2+\frac{\mathrm{d}V_{y_2}}{\mathrm{d}t}\boldsymbol{j}_2+\frac{\mathrm{d}V_{z_2}}{\mathrm{d}t}\boldsymbol{k}_2\end{aligned} \tag{3.47}$$

根据弹道坐标系定义可知，速度只在 Ox_2 方向有分量，于是

$$\frac{\delta \boldsymbol{V}}{\delta t}=\frac{\mathrm{d}V}{\mathrm{d}t}\boldsymbol{i}_2 \tag{3.48}$$

$$\boldsymbol{\Omega}\times\boldsymbol{V}=\begin{vmatrix}\boldsymbol{i}_2 & \boldsymbol{j}_2 & \boldsymbol{k}_2\\ \Omega_{x_2} & \Omega_{y_2} & \Omega_{z_2}\\ V_{x_2} & V_{y_2} & V_{z_2}\end{vmatrix}=\begin{vmatrix}\boldsymbol{i}_2 & \boldsymbol{j}_2 & \boldsymbol{k}_2\\ \Omega_{x_2} & \Omega_{y_2} & \Omega_{z_2}\\ V & 0 & 0\end{vmatrix}=V\Omega_{z_2}\boldsymbol{j}_2-V\Omega_{y_2}\boldsymbol{k}_2 \tag{3.49}$$

根据弹道坐标系与地面坐标系之间的转换，有 $\boldsymbol{\Omega}=\dot{\boldsymbol{\psi}}_V+\dot{\boldsymbol{\theta}}$，其中 $\dot{\boldsymbol{\psi}}_V,\dot{\boldsymbol{\theta}}$ 分别在地面坐标系 Ay 轴上和弹道坐标系 Oz_2 上，于是

$$\begin{bmatrix}\Omega_{x_2}\\ \Omega_{y_2}\\ \Omega_{z_2}\end{bmatrix}=\boldsymbol{L}(\theta,\psi_V)\begin{bmatrix}0\\ \dot{\psi}_V\\ 0\end{bmatrix}+\begin{bmatrix}0\\ 0\\ \dot{\theta}\end{bmatrix}=\begin{bmatrix}\dot{\psi}_V\sin\theta\\ \dot{\psi}_V\cos\theta\\ \dot{\theta}\end{bmatrix} \tag{3.50}$$

将式(3.50)代入式(3.49)，可得

$$\boldsymbol{\Omega}\times\boldsymbol{V}=V\dot{\theta}\boldsymbol{j}_2-V\dot{\psi}_V\cos\theta\boldsymbol{k}_2 \tag{3.51}$$

将式(3.51)与式(3.48)代入式(3.46)中，展开后得到

$$\left.\begin{aligned} m\frac{\mathrm{d}V}{\mathrm{d}t} &= F_{x_2} + P_{x_2} \\ mV\frac{\mathrm{d}\theta}{\mathrm{d}t} &= F_{y_2} + P_{y_2} \\ -mV\cos\theta\frac{\mathrm{d}\psi_V}{\mathrm{d}t} &= F_{z_2} + P_{z_2} \end{aligned}\right\} \tag{3.52}$$

式中，$\boldsymbol{P}_{x_2}$，$\boldsymbol{P}_{y_2}$，$\boldsymbol{P}_{z2}$ 分别为推力 $\boldsymbol{P}$ 在 $Ox_2y_2z_2$ 各轴上的分量，$\boldsymbol{F}_{x_2}$，$\boldsymbol{F}_{y_2}$，$\boldsymbol{F}_{z_2}$ 为除推力外导弹所受外力（总空气动力 $\boldsymbol{R}$、重力 $\boldsymbol{G}$ 等）总和在 $Ox_2y_2z_2$ 各轴上的分量。

下面分别列出总空气动力 $\boldsymbol{R}$、重力 $\boldsymbol{G}$ 和推力 $\boldsymbol{P}$ 在弹道坐标系上的投影分量。导弹上的总的空气动力 $\boldsymbol{R}$ 沿速度坐标系可分解为阻力 X、升力 Y 和侧力 Z，根据速度坐标系和弹道坐标系之间的转换关系可以得到

$$\begin{bmatrix} R_{x_2} \\ R_{y_2} \\ R_{z_2} \end{bmatrix} = \boldsymbol{L}(\gamma_V)\begin{bmatrix} R_{x_3} \\ R_{y_3} \\ R_{z_3} \end{bmatrix} = \begin{bmatrix} -X \\ Y\cos\gamma_V - Z\sin\gamma_V \\ Y\sin\gamma_V - Z\cos\gamma_V \end{bmatrix} \tag{3.53}$$

导弹的重力 $\boldsymbol{G}$ 可认为是沿地面坐标系 Ay 轴的负方向，根据其在地面坐标系和弹道坐标系之间的转换关系可以得到

$$\begin{bmatrix} G_{x_2} \\ G_{y_2} \\ G_{z_2} \end{bmatrix} = \boldsymbol{L}(\theta,\psi_V)\begin{bmatrix} G_x \\ G_y \\ G_z \end{bmatrix} = \begin{bmatrix} -mg\sin\theta \\ -mg\cos\theta \\ 0 \end{bmatrix} \tag{3.54}$$

如果发动机的推力 $\boldsymbol{P}$ 与弹体纵轴 Ox_1 重合，那么根据弹体坐标系和弹道坐标系的转换关系可以得到

$$\begin{bmatrix} P_{x_2} \\ P_{y_2} \\ P_{z_2} \end{bmatrix} = \boldsymbol{L}(\gamma_V)\boldsymbol{L}(\alpha,\beta)\begin{bmatrix} P_{x_1} \\ P_{y1} \\ P_{z_1} \end{bmatrix} = \begin{bmatrix} P\cos\alpha\cos\beta \\ P(\sin\alpha\cos\gamma_V + \cos\alpha\sin\beta\sin\gamma_V) \\ P(\sin\alpha\sin\gamma_V - \cos\alpha\sin\beta\cos\gamma_V) \end{bmatrix} \tag{3.55}$$

将式(3.53)、式(3.54)和式(3.55)代入式(3.52)中，即得到导弹质心运动的动力学方程的标量形式：

$$\left.\begin{aligned} m\frac{\mathrm{d}V}{\mathrm{d}t} &= P\cos\alpha\cos\beta - X - mg\sin\theta \\ mV\frac{\mathrm{d}\theta}{\mathrm{d}t} &= P(\sin\alpha\cos\gamma_V + \cos\alpha\sin\beta\sin\gamma_V) + Y\cos\gamma_V - Z\sin\gamma_V - \mathrm{mg}\cos\theta \\ -mV\cos\theta\frac{\mathrm{d}\psi_V}{\mathrm{d}t} &= P(\sin\alpha\sin\gamma_V - \cos\alpha\sin\beta\cos\gamma_V)Y\sin\gamma_V + Z\cos\gamma_V \end{aligned}\right\} \tag{3.56}$$

式中，$\frac{\mathrm{d}V}{\mathrm{d}t}$ 为导弹质心加速度沿弹道切向（Ox_2 轴）的投影，称为切向加速度；$V\frac{\mathrm{d}\theta}{\mathrm{d}t}$ 为导弹质心加速度在铅垂面 Ox_2y_2 轴内沿弹道法线（Oy_2 轴）的投影，称为法向加速度；$-mV\cos\theta\frac{\mathrm{d}\psi_V}{\mathrm{d}t}$ 为导弹质心加速度的水平分量（沿 Oz_2 轴），也称法向加速度，其左端负号说明，正向向心力所

对应 $\dot{\psi}_V$ 为负，这由 ψ_V 的方向定义决定。

2. 绕质心转动动力学方程

导弹绕质心转动的动力学矢量方程式(3.45)在弹体坐标系上具有最简单的标量形式。弹体坐标系是动坐标系，设弹体坐标系相对地面坐标系的转动角速度为 ω，在弹体坐标系上建立导弹绕质心转动的动力学方程，形如

$$\frac{\mathrm{d}\boldsymbol{H}}{\mathrm{d}t}=\frac{\delta\boldsymbol{H}}{\delta t}+\omega\times\boldsymbol{H}=\boldsymbol{M}+\boldsymbol{M}_P \tag{3.57}$$

设 $\boldsymbol{i}_1,\boldsymbol{j}_1,\boldsymbol{k}_1$ 分别为沿弹体坐标系 $Ox_1y_1z_1$ 各轴的单位矢量，$\omega_{x_1},\omega_{y_1},\omega_{z_1}$ 为 ω 沿弹体坐标系各轴的分量，动量矩 $\boldsymbol{H}$ 在弹体坐标系各轴分量为 $\boldsymbol{H}_{x_1},\boldsymbol{H}_{y_1},\boldsymbol{H}_{z_1}$，有

$$\frac{\delta\boldsymbol{H}}{\delta t}=\frac{\mathrm{d}H_{x_1}}{\mathrm{d}t}\boldsymbol{i}_1+\frac{\mathrm{d}H_{y_1}}{\mathrm{d}t}\boldsymbol{j}_1+\frac{\mathrm{d}H_{z_1}}{\mathrm{d}t}\boldsymbol{k}_1 \tag{3.58}$$

动量矩 $\boldsymbol{H}$ 可表示为 $\boldsymbol{H}=\boldsymbol{J}\cdot\boldsymbol{\omega}$，式中 $\boldsymbol{J}$ 为转动惯量。动量矩 $\boldsymbol{H}$ 在弹体坐标系各轴上的分量可表示为

$$\begin{bmatrix}H_{x_1}\\H_{y_1}\\H_{z_1}\end{bmatrix}=\begin{bmatrix}J_{x_1x_1}&-J_{x_1y_1}&-J_{x_1z_1}\\-J_{y_1x_1}&J_{y_1y_1}&-J_{y_1z_1}\\-J_{z_1x_1}&-J_{z_1y_1}&J_{z_1z_1}\end{bmatrix}\begin{bmatrix}\boldsymbol{\omega}_{x_1}\\\boldsymbol{\omega}_{y_1}\\\boldsymbol{\omega}_{z_1}\end{bmatrix} \tag{3.59}$$

式中，$J_{x_1x_1},J_{y_1y_1},J_{z_1z_1}$ 为弹体坐标系各轴的转动惯量，$J_{x_1y_1},J_{x_1z_1},\cdots,J_{z_1y_1}$ 为弹体坐标系各轴间的惯量积。对于轴对称外形导弹，可认为弹体坐标轴就是它的惯性主轴，此时弹体坐标轴的惯量积为 0。将转动惯量简记为 J_{x_1},J_{y_1},J_{z_1}，则有

$$\begin{bmatrix}H_{x_1}\\H_{y_1}\\H_{z_1}\end{bmatrix}=\begin{bmatrix}J_{x_1}&0&0\\0&J_{y_1}&0\\0&0&J_{z_1}\end{bmatrix}\begin{bmatrix}\omega_{x_1}\\\omega_{y_1}\\\omega_{z_1}\end{bmatrix}=\begin{bmatrix}J_{x_1}\omega_{x_1}\\J_{y_1}\omega_{y_1}\\J_{z_1}\omega_{z_1}\end{bmatrix} \tag{3.60}$$

将上式代入式(3.58)中可得

$$\frac{\delta\boldsymbol{H}}{\delta t}=J_{x_1}\frac{\mathrm{d}\omega_{x_1}}{\mathrm{d}t}\boldsymbol{i}_1+J_{y_1}\frac{\mathrm{d}\omega_{y_1}}{\mathrm{d}t}\boldsymbol{j}_1+J_{z_1}\frac{\mathrm{d}\omega_{z_1}}{\mathrm{d}t}\boldsymbol{k}_1 \tag{3.61}$$

$$\omega\times\boldsymbol{H}=\begin{vmatrix}\boldsymbol{i}_1&\boldsymbol{j}_1&\boldsymbol{k}_1\\\omega_{x_1}&\omega_{y_1}&\omega_{z_1}\\H_{x_1}&H_{y_1}&H_{z_1}\end{vmatrix}=\begin{vmatrix}\boldsymbol{i}_1&\boldsymbol{j}_1&\boldsymbol{k}_1\\\omega_{x_1}&\omega_{y_1}&\omega_{z_1}\\J_{x_1}\omega_{x_1}&J_{y_1}\omega_{y_1}&J_{z_1}\omega_{z_1}\end{vmatrix}=$$

$$(J_{z_1}-J_{y_1})\omega_{z_1}\omega_{y_1}\boldsymbol{i}_1+(J_{x_1}-J_{z_1})\omega_{x_1}\omega_{z_1}\boldsymbol{j}_1+(J_{y_1}-J_{x_1})\omega_{y_1}\omega_{x_1}\boldsymbol{k}_1 \tag{3.62}$$

将以上两式代入式(3.57)，可得导弹绕质心转动的动力学标量方程：

$$\left.\begin{aligned}J_{x_1}\frac{\mathrm{d}\omega_{x_1}}{\mathrm{d}t}+(J_{z_1}-J_{y_1})\omega_{z_1}\omega_{y_1}=M_{x_1}\\J_{y_1}\frac{\mathrm{d}\omega_{y_1}}{\mathrm{d}t}+(J_{x_1}-J_{z_1})\omega_{x_1}\omega_{z_1}=M_{y_1}\\J_{z_1}\frac{\mathrm{d}\omega_{z_1}}{\mathrm{d}t}+(J_{y_1}-J_{x_1})\omega_{y_1}\omega_{x_1}=M_{z_1}\end{aligned}\right\} \tag{3.63}$$

式中，转动惯量 $J_{x_1}, J_{y_1}, J_{z_1}$ 随燃料喷出不断变化，$\frac{\mathrm{d}\omega_{x_1}}{\mathrm{d}t}, \frac{\mathrm{d}\omega_{y_1}}{\mathrm{d}t}, \frac{\mathrm{d}\omega_{z_1}}{\mathrm{d}t}$ 分别为弹体转动角加速度矢量在弹体坐标系各轴上的分量，$M_{x_1}, M_{y_1}, M_{z_1}$ 为导弹的所有外力对质心的力矩在弹体坐标轴上的分量。

3.4.2 运动学方程

导弹运动方程组还包括描述各运动参数之间关系的运动学方程。它将分别建立描述导弹质心相对地面坐标系运动的运动学方程，以及弹体相对地面坐标系转动的运动学方程。

1. 质心运动学方程

要确定导弹质心相对于地面坐标系的运动轨迹，需要建立导弹质心相对于地面坐标系 $Axyz$ 的位置运动方程，即

$$\begin{bmatrix} \frac{\mathrm{d}x}{\mathrm{d}t} \\ \frac{\mathrm{d}y}{\mathrm{d}t} \\ \frac{\mathrm{d}z}{\mathrm{d}t} \end{bmatrix} = \begin{bmatrix} V_x \\ V_y \\ V_z \end{bmatrix} \tag{3.64}$$

根据弹道坐标系的定义，导弹质心的速度矢量与弹道坐标系 Ox_2 轴重合，利用地面坐标系与弹道坐标系的转换关系，即可得到导弹的质心运动学方程：

$$\left.\begin{aligned} \frac{\mathrm{d}x}{\mathrm{d}t} &= V\cos\theta\cos\psi_V \\ \frac{\mathrm{d}y}{\mathrm{d}t} &= V\sin\theta \\ \frac{\mathrm{d}z}{\mathrm{d}t} &= -V\cos\theta\sin\psi_V \end{aligned}\right\} \tag{3.65}$$

2. 绕质心转动运动学方程

建立弹体相对地面坐标系转动的运动学方程，就是要建立姿态角 ϑ, ψ, γ 变化率与导弹相对地面坐标系转动角速度分量 $\omega_{x_1}, \omega_{y_1}, \omega_{z_1}$ 之间的关系式。根据地面坐标系与弹体坐标系的转换关系，有

$$\boldsymbol{\omega} = \dot{\boldsymbol{\psi}} + \dot{\boldsymbol{\vartheta}} + \dot{\boldsymbol{\gamma}}$$

由于 $\dot{\boldsymbol{\psi}}, \dot{\boldsymbol{\gamma}}$ 分别与地面坐标系 Ay 轴和弹体坐标系 Ox_1 轴重合，而 $\dot{\boldsymbol{\vartheta}}$ 与 Oz' 轴重合，故有

$$\begin{bmatrix} \omega_{x_1} \\ \omega_{y_1} \\ \omega_{z_1} \end{bmatrix} = \boldsymbol{L}(\gamma, \vartheta, \psi) \begin{bmatrix} 0 \\ \dot{\psi} \\ 0 \end{bmatrix} + \boldsymbol{L}(\gamma) \begin{bmatrix} 0 \\ 0 \\ \dot{\vartheta} \end{bmatrix} + \begin{bmatrix} \dot{\gamma} \\ 0 \\ 0 \end{bmatrix}$$

$$\begin{bmatrix} \dot{\psi}\sin\vartheta + \dot{\gamma} \\ \dot{\psi}\cos\vartheta\sin\gamma + \dot{\vartheta}\sin\gamma \\ -\dot{\psi}\cos\vartheta\sin\gamma + \dot{\vartheta}\cos\gamma \end{bmatrix} = \begin{bmatrix} 0 & \sin\vartheta & 1 \\ \sin\gamma & \cos\vartheta\cos\gamma & 0 \\ \cos\gamma & -\cos\vartheta\sin\gamma & 0 \end{bmatrix} \begin{bmatrix} \dot{\vartheta} \\ \dot{\psi} \\ \dot{\gamma} \end{bmatrix}$$

即

$$\begin{bmatrix}\dot{\vartheta}\\ \dot{\psi}\\ \dot{\gamma}\end{bmatrix}=\begin{bmatrix}0 & \sin\gamma & \cos\gamma\\ 0 & \dfrac{\cos\gamma}{\cos\vartheta} & -\dfrac{\sin\gamma}{\cos\vartheta}\\ 1 & -\tan\vartheta\cos\gamma & \tan\vartheta\sin\gamma\end{bmatrix}\begin{bmatrix}\omega_{x_1}\\ \omega_{y_1}\\ \omega_{z_1}\end{bmatrix} \tag{3.66}$$

展开上式即可得到导弹绕质心转动的运动学方程：

$$\left.\begin{aligned}\frac{d\vartheta}{dt}&=\omega_{y_1}\sin\gamma+\omega_{z_1}\cos\gamma\\ \frac{d\psi}{dt}&=\frac{1}{\cos\vartheta}(\omega_{y_1}\cos\gamma-\omega_{z_1}\sin\gamma)\\ \frac{d\gamma}{dt}&=\omega_{x_1}-\tan\vartheta(\omega_{y_1}\cos\gamma-\omega_{z_1}\sin\gamma)\end{aligned}\right\} \tag{3.67}$$

3.4.3 其他约束方程

1. 质量变化方程

导弹在飞行过程中，由于发动机不断消耗燃料，导弹质量不断减小，因此在建立导弹运动方程组时，还需要补充描述导弹质量变化的方程，即

$$\frac{dm}{dt}=-m_c \tag{3.68}$$

式中，$\frac{dm}{dt}$为导弹质量变化率，因为质量是在减轻的，所以为负；m_c 为单位时间内质量消耗量，通常认为 m_c 是已知的常量或变量，主要由发动机性能决定。

2. 几何关系方程

对于 2.2.1 小节定义的四组常用导弹坐标系，它们之间的相互关系可由 8 个角度：ϑ、ψ、γ、θ、ψ_V、α、β、γ_V 联系起来，如图 3.17 所示。由于单位矢量以不同途径投影到任意坐标系的同一轴上，其结果应是相等的，因此可以得知，这 8 个角度并不是完全独立的。例如，导弹的速度矢量 **V** 相对于地面坐标系 $Axyz$ 的方位，可以通过 α、β 以及 ϑ、ψ、γ 来确定，在 θ、ψ、γ、α、β 确定之后，决定速度矢量 **V** 的方位角参数 θ、ψ_V、γ_V 也就确定了。这就是说，8 个角度参数中只有 5 个是独立的，存在着 3 个几何关系方程。根据不同的要求，可把这些几何关系表达为一些不同的形式，因此几何关系方程形式不是唯一的。由于 θ、ψ_V 和 ϑ、ψ、γ 角参数的变化规律可分别用式(3.38)和式(3.51)来描述，就可用 θ、ψ_V、ϑ、ψ 和 γ 角参数求出 α、β 和 γ_V，分别建立相应的3 个几何关系方程。

我们知道，过参考系原点的任意两个单位矢量夹角 φ 的方向余弦等于它们各自与参考系对应轴夹角的方向余弦乘积之和，即

$$\cos\varphi=\cos\alpha_1\cos\alpha_2+\cos\beta_1\cos\beta_2+\cos\gamma_1\cos\gamma_2 \tag{3.69}$$

设 $\boldsymbol{i}$，$\boldsymbol{j}$，$\boldsymbol{k}$ 分别为参考系 $Axyz$ 各对应轴的单位矢量，过参考系原点 A 的两个单位矢量夹角的方向余弦记作$\langle \boldsymbol{I}_1^0 \cdot \boldsymbol{I}_2^0\rangle$，则式(3.69)又可写成

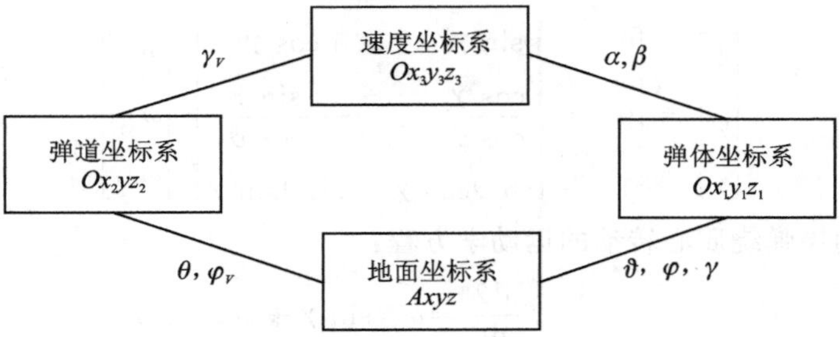

图 3.17 4 个坐标系之间的 8 个角度

$$\langle \boldsymbol{I}_1^0 \cdot \boldsymbol{I}_2^0 \rangle = \langle \boldsymbol{I}_1^0 \cdot \boldsymbol{i} \rangle \langle \boldsymbol{I}_2^0 \cdot \boldsymbol{i} \rangle + \langle \boldsymbol{I}_1^0 \cdot \boldsymbol{j} \rangle \langle \boldsymbol{I}_2^0 \cdot \boldsymbol{j} \rangle + \langle \boldsymbol{I}_1^0 \cdot \boldsymbol{k} \rangle \langle \boldsymbol{I}_2^0 \cdot \boldsymbol{k} \rangle \tag{3.70}$$

若把 Ox_2 轴和 Oz_1 轴的单位矢量分别表示为 $\boldsymbol{I}_1^0$ 和 $\boldsymbol{I}_2^0$，则选地面坐标系 $Axyz$ 为参考系，欲求$\langle \boldsymbol{I}_1^0 \cdot \boldsymbol{I}_2^0 \rangle$须先将坐标系 $Ox_2y_2z_2$ 和 $Ox_1y_1z_1$ 平移至原点 O，与参考系的原点 A 重合，考虑到 Ox_2 轴与 Ox_3 轴重合，式(3.70)的相应单位矢量的夹角余弦项可写为

$$\sin\beta = \cos\theta[\cos\gamma\sin(\psi-\psi_V) + \sin\vartheta\sin\gamma\cos(\psi-\psi_V)] - \sin\theta\cos\vartheta\sin\gamma \tag{3.71}$$

若把 Oy_1 轴和 Ox_2 轴的单位矢量分别表示为 $\boldsymbol{I}_1^0$ 和 $\boldsymbol{I}_2^0$，仍选地面坐标系为参考系，同样把两坐标系的原点重合在一起，可以得到

$$\sin\alpha = \frac{\cos\theta[\sin\vartheta\cos\gamma\cos(\psi-\psi_V) - \sin\gamma\sin(\psi-\psi_V)] - \sin\theta\cos\vartheta\cos\gamma}{\cos\beta} \tag{3.72}$$

同样地，选取弹体坐标系 $Ox_1y_1z_1$ 为参考系，而把速度坐标系 Oz_3 轴的单位矢量和地面坐标系 Ay 轴的单位矢量分别视为 $\boldsymbol{I}_1^0$ 和 $\boldsymbol{I}_2^0$，可以得到方向余弦

$$\sin\gamma_V = \frac{\cos\alpha\sin\beta\sin\vartheta - \sin\alpha\sin\beta\cos\gamma\cos\vartheta + \cos\beta\sin\gamma\cos\vartheta}{\cos\theta} \tag{3.73}$$

式(3.71)、式(3.72)和式(3.73)即几何关系方程。在特殊情况下，这些方程会变得非常简单，例如当导弹作无侧滑($\beta=0$)无倾斜($\gamma=0$)飞行时，有 $\theta=\vartheta-\alpha$；当导弹作无侧滑零迎角飞行时，有 $\gamma=\gamma_V$；当导弹在水平面内作无倾斜机动飞行，且迎角很小时，则有 $\psi_V=\psi-\beta$。

至此，已经建立了描述导弹质心运动的动力学方程、绕质心转动的动力学方程、导弹质心运动的运动学方程、绕质心转动的运动学方程、质量变化方程和几何关系方程共 16 个方程，组成无控飞行的运动方程组。若不考虑外界干扰，则该方程组有 $V(t)$，$\theta(t)$，$\psi_V(t)$，$\omega_x(t)$，$\omega_y(t)$，$\omega_z(t)$，$x(t)$，$y(t)$，$z(t)$，$\vartheta(t)$，$\psi(t)$，$\gamma(t)$，$m(t)$，$\alpha(t)$，$\beta(t)$，$\gamma_V(t)$这 16 个未知数。当初始条件给定时，求解这些方程即可获得无控弹道相应运动参数的变化规律。但对于可控飞行来说，仅知道初始条件还不能获得唯一确定解，因为在相同初始条件下，舵面的偏转规律不同，气动力和气动力矩就不同，相应的飞行弹道和运动参数也不同。因此，还需要加上一个控制约束，即建立控制关系方程。

3. 控制关系方程

实现导弹的控制飞行，导弹应具有 4 个操纵机构，即 3 个轴向的偏转舵面和 1 个发动机调节装置。相应地，须在导弹上增加 4 个约束，即 4 个控制关系方程。

要改变导弹的运动，必须通过控制系统使舵面发生偏转，对质心产生操纵力矩，引起弹体转动，α 或β，γ_V 变化，从而改变导弹的运动参数，这是控制的主要过程。而在实际的导弹飞行中，控制系统是对被控参数的导引要求值和实际值的偏差作出反应，并根据偏差的大小偏转相应的舵面消除偏差来实现控制的。

设 x_{*i} 为某瞬时时刻导引要求的运动参数值，x_i 为该时刻运动参数的实际值，ε_i 为运动参数误差，则有 $\varepsilon_i = x_i - x_{*i}$，$i=1,2,3,4$。在一般情况下，$\varepsilon_1$、$\varepsilon_2$、$\varepsilon_3$、$\varepsilon_4$ 并不总为零，此时控制系统将不断偏转舵面和发动机调节装置，以消除误差。对于轴对称型导弹和面对称导弹，分别有

$$\delta_z = f_1(\varepsilon_1),\quad \delta_y = f_2(\varepsilon_2),\quad \delta_x = f_3(\gamma),\quad \delta_P = f_4(\varepsilon_4) \tag{3.74}$$

$$\delta_z = f_1(\varepsilon_1),\quad \delta_x = f_2(\varepsilon_2),\quad \delta_y = f_3(\beta),\quad \delta_P = f_4(\varepsilon_4) \tag{3.75}$$

式(3.74)和式(3.75)表示每一个操纵机构仅负责控制某一方向上的运动参数，是一种简单的控制关系。对一般情况而言，可以写成如下通用的控制关系方程：

$$\left.\begin{aligned}\phi_1(\cdots,\varepsilon_i,\cdots\delta_i,\cdots)=0\\ \phi_2(\cdots,\varepsilon_i,\cdots\delta_i,\cdots)=0\\ \phi_3(\cdots,\varepsilon_i,\cdots\delta_i,\cdots)=0\\ \phi_4(\cdots,\varepsilon_i,\cdots\delta_i,\cdots)=0\end{aligned}\right\} \tag{3.76}$$

式(3.76)可以包括舵面和发动机调节装置的偏航角、运动参数误差以及其他运动参数：$\phi_1=0$、$\phi_2=0$ 反映飞行方向控制，是基本控制关系方程；$\phi_3=0$ 表示对第三轴加以稳定，而 $\phi_4=0$ 反映速度控制，这两个式子称为附加控制关系方程。

将控制关系方程考虑到导弹运动方程组中会使问题变得复杂，因此在导弹初步设计时，往往作近似处理，即假设控制系统是理想的，运动参数能够保持按照导引要求变化，动态控制过程被忽略，这时有 $\varepsilon_i = x_i - x_{*i} = 0$，$i=1,2,3,4$，即

$$\varepsilon_1=0,\quad \varepsilon_2=0,\quad \varepsilon_3=0,\quad \varepsilon_4=0 \tag{3.77}$$

在一些特殊情况下，式(3.77)的形式较为简单，如当轴对称型导弹作等速直线飞行时，有

$$\left.\begin{aligned}\varepsilon_1=\theta-\theta_*=0\\ \varepsilon_2=\psi_V-\psi_{V^*}=0\\ \varepsilon_3=\gamma=0\\ \varepsilon_4=V-V_*=0\end{aligned}\right\} \tag{3.78}$$

式中，θ_*，ψ_{V^*}，V_* 为导弹运动参数的期望值，θ，ψ_V，γ，V 为实际值。

3.4.4 导弹的一般运动方程组

综合前述方程式(3.56)、式(3.63)、式(3.65)、式(3.67)、式(3.68)、式(3.71)、式(3.72)、式(3.73)和式(3.76)，即构成了一般的导弹运动方程组：

$$\left.\begin{aligned}
m\frac{\mathrm{d}V}{\mathrm{d}t} &= P\cos\alpha\cos\beta - X - mg\sin\theta \\
mV\frac{\mathrm{d}\theta}{\mathrm{d}t} &= P(\sin\alpha\cos\gamma_V + \cos\alpha\sin\beta\sin\gamma_T) + Y\cos\gamma_V - Z\sin\gamma_V - mg\cos\theta \\
-mV\cos\theta\frac{\mathrm{d}\psi_T}{\mathrm{d}t} &= P(\sin\alpha\sin\gamma_r - \cos\alpha\sin\beta\cos\gamma_V) + Y\sin\gamma_V + Z\cos\gamma_V \\
J_x\frac{\mathrm{d}\omega_x}{\mathrm{d}t} + (J_z - J_y)\omega_z\omega_y &= M_x \\
J_y\frac{\mathrm{d}\omega_y}{\mathrm{d}t} + (J_x - J_z)\omega_x\omega_z &= M_y \\
J_z\frac{\mathrm{d}\omega_z}{\mathrm{d}t} + (J_y - J_x)\omega_y\omega_x &= M_z \\
\frac{\mathrm{d}x}{\mathrm{d}t} &= V\cos\theta\cos\psi_V \\
\frac{\mathrm{d}y}{\mathrm{d}t} &= V\sin\theta \\
\frac{\mathrm{d}z}{\mathrm{d}t} &= -V\cos\theta\sin\psi_V \\
\frac{\mathrm{d}\vartheta}{\mathrm{d}t} &= \omega_y\sin\gamma + \omega_z\cos\gamma \\
\frac{\mathrm{d}\psi}{\mathrm{d}t} &= (\omega_y\cos\gamma - \omega_z\sin\gamma)/\cos\vartheta \\
\frac{\mathrm{d}\gamma}{\mathrm{d}t} &= \omega_x - \tan\vartheta(\omega_y\cos\gamma - \omega_z\sin\gamma) \\
\frac{\mathrm{d}m}{\mathrm{d}t} &= -m_c \\
\sin\beta &= \cos\theta[\cos\gamma\sin(\psi - \psi_V) + \sin\vartheta\sin\gamma\cos(\psi - \psi_V)] - \sin\theta\cos\vartheta\sin\gamma \\
\sin\alpha &= \{\cos\theta[\sin\vartheta\cos\gamma\cos(\psi - \psi_V) - \sin\gamma\sin(\psi - \psi_V)] - \sin\theta\cos\vartheta\cos\gamma\}/\cos\beta \\
\sin\gamma_r &= (\cos\alpha\sin\beta\sin\vartheta - \sin\alpha\sin\beta\cos\gamma\cos\vartheta + \cos\beta\sin\gamma\cos\vartheta)/\cos\theta \\
\phi_1 &= 0 \\
\phi_2 &= 0 \\
\phi_3 &= 0 \\
\phi_4 &= 0
\end{aligned}\right\} \tag{3.79}$$

式(3.79)是一个由20个方程组成的非线性常微分方程组，包括20个未知数，即 $V,\theta,\psi_V,\omega_x,\omega_y,\omega_z,x,y,z,\vartheta,\psi,\gamma,m,\alpha,\beta,\gamma_V,\delta_z,\delta_y,\delta_x,\delta_p$（其中 $\delta_z,\delta_y,\delta_x,\delta_p$ 与 $\phi_1,\phi_2,\phi_3,\phi_4$ 相对应）。因此，该方程组是封闭的，在给定初始条件后，可以解出受控弹道以及相应20个参数的变化规律。

3.5 导弹运动的分解

3.4 节用了 20 个方程来描述导弹的运动，而实际用于工程计算的运动方程往往远不止 20 个，因为有时还需要考虑气动力和气动力矩的计算，而且如果导弹由目标运动导引，还需要加上目标的运动方程。另外，由于导弹各飞行段的受力情况不同，相应的运动方程也是不同的，因此对导弹的运动进行分析是比较复杂的。为简化分析，我们往往对导弹运动在正交平面上进行分解。

3.5.1 纵向运动和侧向运动

假定导弹在某个铅垂面内飞行，并且始终保持理想的倾斜稳定。导弹的外形相对于纵向平面 Ox_1y_1 对称，倾斜稳定保证导弹的纵向对称面 Ox_1y_1 始终与铅垂面重合，这时运动参数 $\beta,\gamma,\gamma_V,\omega_x,\omega_y$ 总应为零。为方便起见，如果将地面坐标系的 Ax 轴选在飞行的铅垂面内，那么参数 ψ,ψ_V,z 也将恒为零。此时，导弹在铅垂面内的运动称为纵向运动，也即导弹运动参数 $\beta,\gamma,\gamma_V,\omega_x,\omega_y,\psi,\psi_V,z$ 恒为零的运动。

导弹的纵向运动是由导弹质心在飞行平面 Ox_1y_1 内的平移运动和绕 Oz_1 轴的转动运动所组成的。所以在纵向运动中，参数 $V,\theta,\vartheta,\alpha,\omega_z,x,y$ 等是随时间变化的，它们通常称为纵向运动参数，而在纵向运动中等于零的参数 $\beta,\gamma,\gamma_V,\omega_x,\omega_y,\psi,\psi_V,z$ 通常称为侧向运动参数。显然，侧向运动是对应于侧向运动参数随时间变化的运动，它由导弹质心沿 Oz_1 轴的平移运动以及绕 Ox_1 轴、Oy_1 轴的转动运动所组成。

由导弹运动方程组式(3.78)可以看出，方程既含有纵向运动参数，又含有侧向运动参数。描述纵向运动参数变化的方程含有侧向运动参数，同样描述侧向运动参数变化的方程也含有纵向运动参数。因此，导弹的运动是由纵向运动和侧向运动共同组成，并相互关联耦合的。

当导弹在给定的铅垂面内运动时，由于纵向运动是对称的，因此只要不破坏运动的对称性，纵向运动是可以独立存在的，此时描述侧向运动参数变化的方程恒为零。描述纵向参数变化的纵向运动方程有 10 个，包括 $V,\theta,\vartheta,\alpha,x,y,\omega_z,m,\delta_z,\delta_P$。然而，描述侧向参数变化的侧向运动方程组则不能离开纵向运动参数而单独组成，也就是说，侧向运动不能离开纵向运动而单独存在，它只能与纵向运动同时存在。

现将导弹的一般运动方程组(3.79)分为纵向和侧向两组，这样可降低方程组维度，便于研究。建立纵向运动方程组就要去掉侧向运动参数 $\beta,\gamma,\gamma_V,\omega_x,\omega_y,\psi,\psi_V$ 等。但是，要把纵向运动和侧向运动分开研究，还需要满足一些假设条件：

① 侧向运动参数 $\beta,\gamma,\gamma_V,\omega_x,\omega_y$ 及舵偏角 δ_x,δ_y 都比较小，这样就可以令

$$\cos\beta\approx\cos\gamma\approx\cos\gamma_V\approx1$$

且略去小量乘积 $\sin\beta\sin\gamma_V,z\sin\gamma_V,\omega_x\omega_y,\omega_x\sin\gamma,\cdots$ 以及 β,δ_z,δ_y 对阻力 X 的影响。

② 导弹基本上在某个铅垂面内飞行，与弹道面差别不大，则有 $\cos\psi_V\approx1$。

③ 俯仰操纵机构的偏转仅取决于纵向运动参数，而偏航、倾斜操纵机构偏转仅取决于侧

向运动参数。

基于这些假设，导弹运动方程组可分为两部分，即描述导弹纵向运动的方程组和描述导弹侧向运动的方程组。描述导弹纵向运动的方程组为

$$\left.\begin{aligned}
m\frac{\mathrm{d}V}{\mathrm{d}t} &= P\cos\alpha - X - mg\sin\theta \\
mV\frac{\mathrm{d}\theta}{\mathrm{d}t} &= P\sin\alpha + Y - mg\cos\theta \\
J_z\frac{\mathrm{d}\omega_z}{\mathrm{d}t} &= M_z \\
\frac{\mathrm{d}x}{\mathrm{d}t} &= V\cos\theta \\
\frac{\mathrm{d}y}{\mathrm{d}t} &= V\sin\theta \\
\frac{\mathrm{d}\vartheta}{\mathrm{d}t} &= \omega_z \\
\frac{\mathrm{d}m}{\mathrm{d}t} &= -m_c \\
\alpha &= \vartheta - \theta \\
\phi_1 &= 0 \\
\phi_4 &= 0
\end{aligned}\right\} \tag{3.80}$$

纵向运动方程组(3.80)也是描述导弹在铅垂面内运动的方程组，它共有 10 个方程，包含 10 个未知参数，即 V、θ、ω_z、x、y、ϑ、m、α、δ_z、δ_p，所以该方程组是封闭的，可以独立求解。

描述导弹侧向运动的方程组为

$$\left.\begin{aligned}
-mV\cos\theta\frac{\mathrm{d}\psi_V}{\mathrm{d}t} &= (P\sin\alpha + Y)\sin\gamma_V - (P\cos\alpha\sin\beta - Z)\cos\gamma_V \\
J_x\frac{\mathrm{d}\omega_x}{\mathrm{d}t} + (J_z - J_y)\omega_z\omega_y &= M_x \\
J_y\frac{\mathrm{d}\omega_y}{\mathrm{d}t} + (J_x - J_z)\omega_x\omega_z &= M_y \\
\frac{\mathrm{d}z}{\mathrm{d}t} &= -V\cos\theta\sin\psi_V \\
\frac{\mathrm{d}\psi}{\mathrm{d}t} &= (\omega_y\cos\gamma - \omega_z\sin\gamma)/\cos\vartheta \\
\frac{\mathrm{d}\gamma}{\mathrm{d}t} &= \omega_x - \tan\vartheta(\omega_y\cos\gamma - \omega_z\sin\gamma) \\
\sin\beta &= \cos\theta\,[\cos\gamma\sin(\psi-\psi_V) + \sin\vartheta\sin\gamma\cos(\psi-\psi_V)] - \sin\theta\cos\vartheta\sin\gamma \\
\sin\gamma_V &= (\cos\alpha\sin\beta\sin\vartheta - \sin\alpha\sin\beta\cos\gamma\cos\vartheta + \cos\beta\sin\gamma\cos\vartheta)/\cos\theta \\
\phi_2 &= 0 \\
\phi_3 &= 0
\end{aligned}\right\} \tag{3.81}$$

侧向运动方程组式(3.81)共有10个方程，除了含有$V,\omega_x,\omega_y,z,\psi,\gamma,\beta,\gamma_V,\delta_y,\delta_x$这10个侧向运动参数之外，还包括除去坐标$x$以外的所有纵向运动参数$V,\theta,\alpha,\omega_z,y,\vartheta,\delta_z$等。这说明当研究侧向运动参数比较小的运动时，必须首先求解纵向运动方程组(3.80)，然后将解出的纵向运动参数代入侧向运动方程组(3.81)中，才能解出侧向运动参数的变化规律。

不过，当侧向运动参数较大时，假设条件得不到满足，分组计算误差就会显著增大，因而就不能再将导弹的一般运动进行分解，而是将纵向和侧向运动同时考虑，也就是说，求解一般运动方程组式(3.79)。

3.5.2 铅垂面运动和水平面运动

导弹一般是作三维空间运动的，二维平面运动是导弹运动的特殊情况。从各类导弹飞行情况来看，它们常在某一平面内飞行，因此研究导弹平面运动具有重大意义。

导弹在铅垂平面内运动时，导弹的速度矢量$\boldsymbol{V}$始终处于该平面内，导弹的弹道偏角ψ_V为常值，若选地面坐标系Ax轴位于该铅垂平面内，则$\psi_V=0$。导弹在铅垂面内运动受到的外力有发动机推力$\boldsymbol{P}$、空气阻力$\boldsymbol{X}$、升力$\boldsymbol{Y}$和重力$\boldsymbol{G}$。设推力$\boldsymbol{P}$与弹体纵轴重合，且导弹纵向对称面与该铅垂面重合，那么在水平方向上的侧向力应为零，即β,γ,γ_V等均等于零。在铅垂平面内运动时，导弹只有在铅垂平面内质心的平移和绕Oz_1轴的转动，而沿Oz_1方向无平移，绕Ox_1轴和Oy_1轴也无转动，$z=0,\omega_x=0,\omega_y=0$。因此，描述导弹铅垂面运动的方程组与纵向运动方程组相同。

导弹在水平面内运动时，它的速度矢量$\boldsymbol{V}$始终处于该水平面内且弹道倾角θ恒等于零。此时，作用在导弹上沿铅垂方向上的法向控制力应与导弹的质量相平衡。为保持平飞，导弹应具有一定的迎角，以产生所需的法向控制力。

要使导弹在水平面内进行机动飞行，则要求在水平面内沿垂直于速度$\boldsymbol{V}$的法向方向产生一定的侧向力。对于有翼导弹，侧向力通常借助侧滑(轴对称型导弹)或倾斜(面对称型导弹)运动来形成。如果导弹既有侧滑又有倾斜，那么控制要复杂些。所以，轴对称型导弹通常采用保持无倾斜而带侧滑的飞行，面对称型导弹则通常采用无侧滑而有倾斜的飞行。

导弹在水平面内运动，除在水平面内做平移运动外，还有绕质心的转动。为了与不断变化的导弹质量相平衡，所需的法向控制力也要相应变化，这就要改变δ_z，使导弹绕Oz_1轴转动。除此之外，对于利用侧滑产生侧向力的导弹，还要绕Oy_1轴转动，但无须绕Ox_1轴转动；对于利用倾斜产生侧向力的导弹，还要绕Ox_1轴转动，但无须绕Oy_1轴转动。

由此可知，导弹在水平面内机动飞行，产生侧向力的方法不同，描述水平面内运动的方程组也不同。

1) 有侧滑无倾斜

如果导弹在水平面内做有侧滑而无倾斜的运动，有$\theta\equiv0$，y为某一常数值，$\gamma\equiv0,\gamma_V\equiv0,\omega_x\equiv0$，由式(3.79)可得

$$
\left.\begin{aligned}
m\frac{\mathrm{d}V}{\mathrm{d}t} &= P\cos\alpha\cos\beta - X \\
mg &= P\sin\alpha + Y \\
-mV\frac{\mathrm{d}\psi_V}{\mathrm{d}t} &= -P\cos\alpha\sin\beta + Z \\
J_y\frac{\mathrm{d}\omega_y}{\mathrm{d}t} &= M_y \\
J_z\frac{\mathrm{d}\omega_z}{\mathrm{d}t} &= M_z \\
\frac{\mathrm{d}x}{\mathrm{d}t} &= V\cos\psi_V \\
\frac{\mathrm{d}z}{\mathrm{d}t} &= -V\sin\psi_V \\
\frac{\mathrm{d}\vartheta}{\mathrm{d}t} &= \omega_z \\
\frac{\mathrm{d}\psi}{\mathrm{d}t} &= \omega_y/\cos\vartheta \\
\frac{\mathrm{d}m}{\mathrm{d}t} &= -m_c \\
\beta &= \psi - \psi_V \\
\alpha &= \vartheta \\
\phi_2 &= 0 \\
\phi_4 &= 0
\end{aligned}\right\} \tag{3.82}
$$

该方程组共有 14 个方程，所包含的参数有 $V,\psi_V,\omega_y,\omega_z,x,z,\vartheta,\psi,m,\alpha,\beta,\delta_y,\delta_p$ 共 13 个，所以该方程组是封闭的，可以独立求解。

2）有倾斜无侧滑

如果导弹在水平面内作有倾斜而无侧滑的运动，则有 $\theta\equiv0$，y 为某一常数值，$\beta\equiv0$，$\omega_x\equiv0$。在迎角 α 和角速度 ω_z 比较小的情况下，运动方程可以简化。简化后的有倾斜而无侧滑的水平面运动方程组见式(3.83)。

该方程组共有 15 个方程，所包含的参数有 $V,\psi_V,\omega_x,\omega_z,x,z,\vartheta,\psi,\gamma,m,\alpha,\gamma_V,\delta_x,\delta_p$ 这 14 个，所以该方程组也是封闭的。

3.6　弹道与过载

在导弹的初步设计阶段，为了能快速准确地得到导弹的飞行性能，往往将导弹看作一个可操纵的质点来研究，而并不去考虑导弹绕质心的转动。

$$\left.\begin{aligned}
m\frac{\mathrm{d}V}{\mathrm{d}t}&=P-X\\
mg&=P\alpha\cos\gamma_V+Y\cos\gamma_V\\
-mV\frac{\mathrm{d}\psi_V}{\mathrm{d}t}&=P\alpha\sin\gamma_V+Y\sin\gamma_V\\
J_x\frac{\mathrm{d}\omega_x}{\mathrm{d}t}&=M_x\\
J_z\frac{\mathrm{d}\omega_z}{\mathrm{d}t}&=M_z\\
\frac{\mathrm{d}x}{\mathrm{d}t}&=V\cos\psi_V\\
\frac{\mathrm{d}z}{\mathrm{d}t}&=-V\sin\psi_V\\
\frac{\mathrm{d}\vartheta}{\mathrm{d}t}&=\omega_z\cos\gamma\\
\frac{\mathrm{d}\psi}{\mathrm{d}t}&=-\omega_z\sin\gamma\\
\frac{\mathrm{d}\gamma}{\mathrm{d}t}&=\omega_x\\
\frac{\mathrm{d}m}{\mathrm{d}t}&=-m_c\\
\alpha&=\arcsin\frac{\sin(\psi-\psi_V)}{\sin\gamma}\\
\gamma_v&=\gamma\\
\phi_2&=0\\
\phi_4&=0
\end{aligned}\right\}\tag{3.83}$$

3.6.1 质心运动与弹道

1. 瞬时平衡假设

将导弹质点化的处理方法常基于以下假设：① 导弹绕弹体轴的转动没有惯性；② 控制系统没有误差和时间延迟。该假设的实质是认为导弹在整个飞行期间，包括在导弹操纵机构偏转时，导弹上的力矩在每一瞬时都处于平衡状态，这就是瞬时平衡假设。

考虑俯仰和偏航力矩一般可表示为

$$M_z=M_z(V,y,\alpha,\delta_z,\omega_z,\dot{\alpha},\dot{\delta}_z)$$
$$M_y=M_y(V,y,\beta,\delta_y,\omega_y,\omega_z,\dot{\beta},\dot{\delta}_y)$$

角速度 $\omega_x,\omega_y,\omega_z$ 和 $\dot{\alpha},\dot{\beta},\dot{\delta}_z,\dot{\delta}_y$ 的影响相对较小，予以忽略，于是有平衡关系式

$$M_z=M_z(V,y,\alpha,\delta_z)=0$$
$$M_y=M_y(V,y,\beta,\delta_y)=0$$

导弹转动无惯性的假设意味着，当操纵机构偏转时，α 和 β 都瞬时达到它的平衡值，而控制系统无偏差无延迟的假设意味着，导弹从操纵机构偏转到运动参数发生相应变化在瞬时完成，并

不考虑控制系统工作的过渡过程，δ_z 和 δ_y 也瞬时达到稳定值。于是，对于轴对称导弹，在迎角和侧滑角不大的情况下，有

$$\frac{\delta_z}{\alpha}\beta = -\frac{m_z^{\alpha}}{m_z^{\delta_z}}$$

$$\frac{\delta_y}{\alpha}\beta = -\frac{m_y^{\beta}}{m_y^{\delta_y}}$$

该式即为瞬时平衡假设下的线性空气动力特性。在该特性的前提假设下，可以将导弹看作质点来处理，研究其质心运动轨迹，即弹道特性。

2. 导弹质心运动方程组

基于上述简化假设可以把导弹的质心运动独立出来研究。于是，从式(3.79)中可直接得到描述导弹质心的运动方程组

$$\left.\begin{aligned}
m\frac{\mathrm{d}V}{\mathrm{d}t} &= P\cos\alpha_B\cos\beta_B - X - mg\sin\theta \\
mV\frac{\mathrm{d}\theta}{\mathrm{d}t} &= P(\sin\alpha_B\cos\gamma_V + \cos\alpha_B\sin\beta_B\sin\gamma_V) + Y_B\cos\gamma_V - Z_B\sin\gamma_V - mg\cos\theta - \\
mV\cos\theta\frac{\mathrm{d}\psi_V}{\mathrm{d}t} &= P(\sin\alpha_B\sin\gamma_V - \cos\alpha_B\sin\beta_B\cos\gamma_V) + Y_B\sin\gamma_V + Z_B\cos\gamma_V \\
\frac{\mathrm{d}x}{\mathrm{d}t} &= V\cos\theta\cos\psi_V \\
\frac{\mathrm{d}y}{\mathrm{d}t} &= V\sin\theta \\
\frac{\mathrm{d}z}{\mathrm{d}t} &= -V\cos\theta\sin\psi_V \\
\frac{\mathrm{d}m}{\mathrm{d}t} &= -m_c \\
\alpha_B &= -\frac{m_z^{\delta_z}}{m_z^{\alpha}}\delta_z \\
\beta_B &= -\frac{m_y^{\delta_y}}{m_y^{\beta}}\delta_y \\
\varepsilon_1 = 0,\quad \varepsilon_2 = 0,&\quad \varepsilon_3 = 0,\varepsilon_4 = 0
\end{aligned}\right\}\tag{3.84}$$

式中，α_B，β_B 分别为平衡迎角和平衡侧滑角，Y_B，Z_B 分别为 α_B，β_B 所对应的平衡升力和平衡侧向力。该式共 13 个方程，含有未知参数 $V,\theta,\psi_V,x,y,z,m,\alpha_B,\beta_B,\delta_z,\delta_y,\delta_x,\delta_p$ 这 13 个，所以该方程组是封闭可解的。利用该方程组计算得到的导弹运动参数是稳态值，它对弹体和制导系统的设计都有重要意义，特别对操纵性能比较好、绕质心转动运动不激烈的导弹，计算结果最为满意。

分解式(3.84)，还可得到导弹在铅垂面和水平面内的质心运动方程组。

铅垂面的方程组为

$$
\left.\begin{aligned}
m\frac{\mathrm{d}V}{\mathrm{d}t}&=P\cos\alpha_B-X-mg\sin\theta\\
mV\frac{\mathrm{d}\theta}{\mathrm{d}t}&=P\sin\alpha_B+Y_B-mg\cos\theta\\
\frac{\mathrm{d}x}{\mathrm{d}t}&=V\cos\theta\\
\frac{\mathrm{d}y}{\mathrm{d}t}&=V\sin\theta\\
\frac{\mathrm{d}m}{\mathrm{d}t}&=-m_c\\
\varepsilon_1&=0,\varepsilon_4=0
\end{aligned}\right\}\tag{3.85}
$$

该方程组共有 7 个方程，包含 7 个未知参数，即 $V,\theta,x,y,m,\alpha_B,\delta_p$，所以该方程组是封闭的。由于采用瞬时平衡假设，故 δ_z 可根据平衡关系式单独求解。

由上述简化假设，可以从式(3.84)和式(3.85)中简化得到水平面内质心运动方程组。如果是利用侧滑产生侧向力的情况，且迎角 α 和侧滑角 β 都不大，则导弹在水平面内的质心运动方程组为

$$
\left.\begin{aligned}
m\frac{\mathrm{d}V}{\mathrm{d}t}&=P-X\\
mg&=P\alpha_B+Y_B\\
-mV\frac{\mathrm{d}\psi_V}{\mathrm{d}t}&=-P\beta_B+Z_B\\
\frac{\mathrm{d}x}{\mathrm{d}t}&=V\cos\psi_V\\
\frac{\mathrm{d}z}{\mathrm{d}t}&=-V\sin\psi_V\\
\frac{\mathrm{d}m}{\mathrm{d}t}&=-m_c\\
\psi&=\psi_V+\beta_B\\
\alpha_B&=\vartheta\\
\varepsilon_2&=0\\
\varepsilon_4&=0
\end{aligned}\right\}\tag{3.86}
$$

该方程组含有 10 个未知参数 $V,\psi_V,x,z,m,\alpha_B,\beta_B,\psi,\vartheta,\delta_p$。至于舵偏角 δ_z,δ_y 可利用瞬时平衡关系式求得。

3. 理想弹道、理论弹道、实际弹道

导弹质心运动轨迹形成弹道。理想弹道就是把导弹看作是一个可操纵质点，认为控制系统是理想工作，且不考虑导弹绕质心转动，以及不考虑外界的各种干扰，由此求得的飞行轨迹称为理想弹道。理想弹道是一种理论弹道，分别求解式(3.84)、式(3.85)和式(3.86)，即可解出导弹在铅垂面和水平面内的理想弹道及其飞行性能。

理论弹道是指将导弹视为某一力学模型，作为控制系统的控制对象，将动力学方程、运动学方程、控制系统方程以及附加其他方程(质量变化方程、几何关系方程等)综合在一起所得到

的弹道。理想弹道是理论弹道的一种简化情况。

导弹在真实飞行中的轨迹称为实际弹道。显然,它不同于理论弹道或理想弹道,由于在飞行中有各种随机干扰作用,并且导弹的参数和外界飞行环境不可能相同,导致导弹飞行的实际弹道也是不相同的。

3.6.2 机动性与过载

导弹的机动性能是导弹的重要飞行性能之一。导弹在飞行过程中所受的作用力和所产生的加速度,其强弱可以用过载来衡量,所以通常用过载矢量的概念来评价导弹的机动性能。

1. 机动性能和过载矢量的概念

导弹的机动性能是指导弹改变飞行速度大小和方向的能力。导弹攻击活动目标,特别是空中机动目标时,必须具备良好的机动性能。导弹的机动性能可用切向加速度和法向加速度来表征,也可以用产生控制力的能力来评价,但更具一般性的评价参数是过载矢量。

设 $\boldsymbol{N}$ 是作用在导弹上除重力 G 以外所有外力的合力,即控制力,则导弹质心的加速度 $\boldsymbol{a}$ 可表示为

$$\boldsymbol{a}=\frac{\boldsymbol{N}+\boldsymbol{G}}{m}$$

如果以重力加速度 $\boldsymbol{g}$ 为度量标准,则可得到量纲为 1 的相对加速度,即

$$\frac{\boldsymbol{a}}{g}=\frac{\boldsymbol{N}}{G}+\frac{\boldsymbol{g}}{g}$$

将其中 $\boldsymbol{N}$ 与 $\boldsymbol{G}$ 的比值定义为过载,用 $\boldsymbol{n}$ 来表示。

也就是说,导弹的过载是指导弹的控制力与导弹重力的比值。过载是个矢量,它的方向与控制力的方向一致,其大小为控制力对导弹质量的倍数。

过载矢量的大小和方向通常是由它在坐标系上的投影来确定的。研究弹体强度时,可以让过载矢量在弹体坐标轴上投影,而研究导弹弹道特性时,可以让过载矢量在弹道坐标轴上投影。

过载矢量 $\boldsymbol{n}$ 在弹体坐标系 $Ox_1y_1z_1$ 各轴上的投影为

$$\begin{bmatrix} n_{x_1} \\ n_{y_1} \\ n_{z_1} \end{bmatrix}=\boldsymbol{L}(\alpha,\beta)\begin{bmatrix} n_{x_3} \\ n_{y_3} \\ n_{z_3} \end{bmatrix}=\begin{bmatrix} n_{x_3}\cos\alpha\cos\beta+n_{y_3}\sin\alpha-n_{z_3}\cos\alpha\sin\beta \\ -n_{x_3}\sin\alpha\cos\beta+n_{y_3}\cos\alpha+n_{z_3}\sin\alpha\sin\beta \\ n_{x_3}\sin\beta+n_{z_3}\cos\beta \end{bmatrix} \tag{3.87}$$

式中,过载矢量在弹体纵轴 Ox_1 上的投影分量 n_{x_1} 称为纵向过载,在垂直于弹体纵轴方向上的投影 n_{y_1},n_{z_1} 称为横向过载,它们决定了弹体结构的耐力性。

过载矢量在弹道坐标系 $Ox_2y_2z_2$ 各轴上的投影为

$$\left.\begin{aligned} n_{x_2}&=\frac{N_{x_2}}{G}=\frac{1}{G}(P\cos\alpha\cos\beta-X) \\ n_{y_2}&=\frac{N_{y_2}}{G}=\frac{1}{G}[P(\sin\alpha\cos\gamma_v+\cos\alpha\sin\beta\sin\gamma_v)+Y\cos\gamma_v-Z\sin\gamma_V] \\ n_{z_2}&=\frac{N_{z_2}}{G}=\frac{1}{G}[P(\sin\alpha\sin\gamma_V-\cos\alpha\sin\beta\cos\gamma_V)+Y\sin\gamma_V+Z\cos\gamma_V] \end{aligned}\right\} \tag{3.88}$$

而过载矢量在速度坐标系 $Ox_3y_3z_3$ 各轴上的投影为

$$\begin{bmatrix} n_{x_3} \\ n_{y_3} \\ n_{z_3} \end{bmatrix} = L(\gamma_V) \begin{bmatrix} n_{x_2} \\ n_{y_2} \\ n_{z_2} \end{bmatrix} \tag{3.89}$$

其中，$n_{x_3}=\dfrac{1}{G}(P\cos\alpha\cos\beta-X)$，$n_{y_3}=\dfrac{1}{G}(P\sin\alpha+Y)$，$n_{z_3}=\dfrac{1}{G}(-P\cos\alpha\sin\beta+Z)$。

根据这两个坐标系之间的转换关系，式(3.88)也可由式(3.87)中令 $\gamma_v=0$ 得到。过载矢量在速度方向上的投影 n_{x_2} 和 n_{x_3} 称为切向过载，在垂直于速度方向的投影 n_{y_2}，n_{z_2} 和 n_{y_3}，n_{z_3} 称为法向过载。

导弹的机动性可以利用切向过载和法向过载来评价。显然，切向过载越大，导弹所能产生的切向加速度就越大，这表示导弹的速度值改变得越快，它就能更快地接近目标；法向过载越大，导弹所能产生的法向加速度就越大，在相同速度下，导弹改变飞行方向的能力就越大，即导弹越能做较弯曲的弹道飞行。因此，导弹过载越大，机动性能就越好。

2. 过载矢量运动方程

过载矢量不仅是评定导弹机动性能的标志，它还和导弹的运动特征有密切关系。

将导弹质心运动的动力学方程组用过载矢量在弹道坐标系的投影 n_{x_2}，n_{y_2}，n_{z_2} 来描述，可写成

$$\left.\begin{aligned} \frac{1}{g}\frac{\mathrm{d}V}{\mathrm{d}t} &= n_{x_2}-\sin\theta \\ \frac{v}{g}\frac{\mathrm{d}\theta}{\mathrm{d}t} &= n_{y2}-\cos\theta \\ -\frac{v}{g}\cos\theta\frac{\mathrm{d}\psi_V}{\mathrm{d}t} &= n_{z_2} \end{aligned}\right\} \tag{3.90}$$

上式等号左端表示导弹质心的量纲为 1 的加速度在弹道坐标系上的三个分量，该式给出导弹质心运动与过载的关系。同样，过载也可用运动学参数表示如下：

$$\left.\begin{aligned} n_{x_2} &= \frac{1}{g}\frac{\mathrm{d}V}{\mathrm{d}t}+\sin\theta \\ n_{y2} &= \frac{V}{g}\frac{\mathrm{d}\theta}{\mathrm{d}t}+\cos\theta \\ n_{z_2} &= -\frac{V}{g}\cos\theta\frac{\mathrm{d}\psi_V}{\mathrm{d}t} \end{aligned}\right\} \tag{3.91}$$

式(3.91)中参数 V,θ,ψ_V 表示飞行速度的大小和方向，可以看出过载矢量的这些投影分量可表征导弹改变飞行速度大小和方向的能力。

从式(3.91)可以得到某些特殊飞行情况下的过载。在铅垂面内飞行时，$n_{z_2}=0$；在水平面内飞行时，$n_{y_2}=1$；直线飞行时，$n_{y_2}=\cos\theta=$常数，$n_{z_2}=0$；等速直线飞行时，$n_{x_2}=\sin\theta=$常数，$n_{y_2}=\cos\theta=$常数，$n_{z_2}=0$；水平直线飞行时，$n_{y_2}=1$，$n_{z_2}=0$；等速水平直线飞行时，$n_{x_2}=0$，$n_{y_2}=0$，$n_{z_2}=0$。

此外，过载矢量的投影还能定性分析弹道上各点切向加速度及飞行弹道的形状。由式(3.90)可得

$$\left.\begin{aligned}\frac{\mathrm{d}V}{\mathrm{d}t}&=g(n_{x_2}-\sin\theta)\\ \frac{\mathrm{d}\theta}{\mathrm{d}t}&=\frac{V}{g}(n_{y2}-\cos\theta)\\ \cos\theta\frac{\mathrm{d}\psi_V}{\mathrm{d}t}&=-\frac{g}{V\cos\theta}n_{z_2}\end{aligned}\right\}\tag{3.92}$$

可以看出，当 $n_{x_2}=\sin\theta$ 时，导弹在该瞬时的飞行是等速的，当 $n_{x_2}>\sin\theta$ 时是加速的，而当 $n_{x_2}<\sin\theta$ 时，导弹减速飞行。

考虑飞行弹道在铅垂面 Ox_2y_2 内的投影，如图 3.18 所示：如果 $n_{y_2}>\cos\theta$，则 $\mathrm{d}\theta/\mathrm{d}t>0$，此时弹道上弯曲；如果 $n_{y_2}<\cos\theta$，则弹道向下弯曲；如果 $n_{y_2}=\cos\theta$，则弹道在该点处曲率为 0。

考虑飞行弹道在水平面 Ox_2z_2 内的投影，如图 3.19 所示：如果 $n_{z_2}>0$，则 $\mathrm{d}\psi_V/\mathrm{d}t<0$，此时弹道向右弯曲；如果 $n_{z_2}<0$，则弹道向左弯曲；如果 $n_{z_2}=0$，则弹道在该点处曲率为 0。

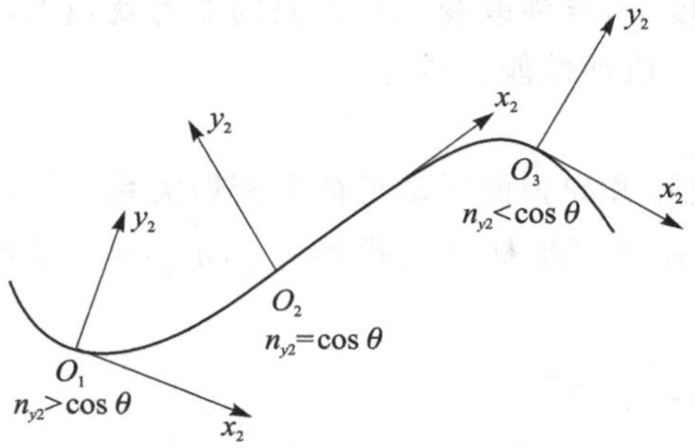

图 3.18　铅垂面内的弹道形状与过载

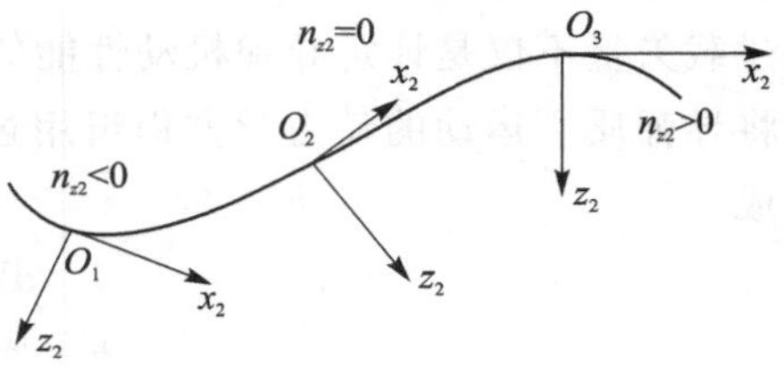

图 3.19　曲率半径与法向过载

3. 曲率半径与法向过载

如果导弹在铅垂面 Ox_2y_2 内运动，那么弹道上某点的曲率半径就是该点处弹道弧长 s 对弹道倾角 θ 的导数，故有

$$\rho_{y_2}=\frac{\mathrm{d}s}{\mathrm{d}\theta}=\frac{V}{\mathrm{d}\theta/\mathrm{d}t}\tag{3.93}$$

将式(3.92)的第二个方程代入式(3.93)，可得

$$\rho_{y_2}=\frac{V^2}{g(n_{y_2}-\cos\theta)}\tag{3.94}$$

类似地，导弹在水平面 Ox_2z_2 内运动的曲率半径 ρ_{z_2} 可写成

$$\rho_{z_2}=-\frac{\mathrm{d}s}{\mathrm{d}\psi_V}=-\frac{V}{\mathrm{d}\psi_V/\mathrm{d}t}\tag{3.95}$$

将式(3.92)的第三个方程代入式(3.95)，可得

$$\rho_{z_2}=\frac{V^2\cos\theta}{gn_{z_2}}\tag{3.96}$$

式(3.94)和式(3.96)表明，在给定速度 V 的情况下：若法向过载 n_{y_2} 越大，则曲率半径越小，该点处弹道越弯曲，导弹转弯性能就越强；若法向过载 n_{y_2} 给定，则飞行速度 V 增加，弹道曲率半径就增加，这说明导弹飞得越快越不容易转弯。

4. 需用过载、极限过载、可用过载

过载是导弹系统设计中最常用到的参数之一，导弹的飞行过载决定了弹上部件所能承受的载荷量，因此在设计过程中，为保证部件在飞行中能正常工作，就需要根据导弹的战技要求，使过载不超过某个边界。过载参数主要包括需用过载、极限过载、可用过载三种。

1）需用过载

导弹的需用过载是指导弹按给定弹道飞行时所需要的过载，以 n_R 表示，其值可由过载矢量运动方程计算得出。

需用过载必须满足导弹的战技要求，如所要攻击的目标特性要求、导弹飞行性能要求、作战空域、可攻击区要求等。从设计的角度来看，希望需用过载在满足导弹战技要求的前提下越小越好。需用过载越小，飞行中导弹所需承受的载荷就越小，这对弹体结构、弹上仪器设备的正常工作以及减小导引误差都是有利的。

2）极限过载

导弹在给定的飞行高度和速度下只能产生有限的过载，这个过载的边界被称为极限过载。导弹的极限过载主要取决于迎角 α 和侧滑角 β，也就是迎角或侧滑角达到临界值时所对应的过载，通常以 n_L 表示。

如果导弹在实际飞行中的极限过载不小于需用过载，那么导弹就能沿着所要求的弹道飞行；如果极限过载小于需用过载，那么导弹就不能沿着所要求弹道飞行，从而导致脱靶。

3）可用过载

导弹的可用过载是指舵面偏转到最大时，导弹在平衡状态下所能产生的过载，以 n_P 表示，一般由最大舵偏角所决定。

可用过载与可控的舵面偏转角 δ_z，δ_y 成正比，但 δ_z，δ_y 又受到很多因素的限制，包括迎角临界值、舵面效率、结构强度等，因此在确定导弹的可用过载时，既必须保证导弹具有足够的机动性能，又必须考虑到这些因素的限制。

综上，需用过载、极限过载、可用过载在一般情况下应满足如下不等式：

$$n_L > n_P > n_R$$

从而保证导弹能够沿着所设计的弹道飞行。

3.7 本章小结

本章主要讨论了有翼导弹的飞行动力学模型，包括导弹所受作用力和作用力矩的数学模型，以及导弹的动力学运动模型，并介绍了导弹的运动分解和弹道的运动特征描述。

在相同条件下，作用在导弹上的空气动力（主要由升力、侧力、阻力构成）和空气力矩（主要由俯仰力矩、偏航力矩、滚转力矩构成）取决于导弹的气动外形。实验表明，导弹所受的总的空气动力与来流的动压以及导弹的特征面积成正比。在导弹气动外形及其几何参数、飞行速度和高度给定的情况下，导弹空气动力可以等价为相应的空气动力系数。同样，空气动力矩可以等价为相应的空气动力矩系数。

导弹所受的推力由发动机内的燃气流以高速喷出产生的反作用力组成，是导弹飞行的动力，其方向主要取决于发动机的安装方式。此外，导弹受到地心引力以及地球自转产生的离心惯性力的作用，其重力为地心引力和离心惯性力的矢量和。

视导弹为刚体，可以应用牛顿第二定律来研究质心的移动，利用动量矩定量来研究刚体绕质心的转动，并利用约束方程描述燃料的质量变化、角度的几何关系、舵面的控制关系，建立导弹的一般运动方程组。该方程组为具有 20 个方程的非线性常微分方程组，包括 20 个未知数，描述受控弹道和相应 20 个参数的变化规律。

为简化描述和运动分析，在一定条件下，导弹运动可在正交平面上进行分解，也可将导弹运动进行质点化处理，除去质心转动，从而可以快速分析导弹机动性能和过载矢量等弹道特性。

思考题

1. 导弹在飞行过程中受到哪些力的作用？这些力各自定义在什么坐标系上？如何定义？

2. 压心和焦点的定义利用了哪些力学原理？全弹压心、焦点和舵面压心相互之间有什么样的关系？

3. 气动力系数和气动力矩系数通常可以如何确定？

4. 列出导弹所受的六个自由度的气动力和力矩的数学表达式，解释式中各项和所包含参数的名称与物理意义；作出弹体和速度坐标系，标出力和力矩矢量方向。

5. 定态飞行需要满足什么条件？在定态飞行前提下，如何达到纵向平衡？如何判断飞行器是纵向静稳定的？

6. 在纵向平面内，常见的阻尼力矩有哪些？产生这些阻尼力矩的原因是什么？

7. 列出导弹六自由度的运动学和动力学方程组，以及导弹质心运动方程组，并解释方程组中各参数的名称及其物理意义；作出所涉及的坐标系，在坐标系中标明各方程所描述的运动学和动力学矢量。

8. 导弹运动方程组中所受的约束方程有哪些？是如何产生的？它们所表示的物理意义是什么？对于轴对称导弹等速直线运动问题，其约束方程可以如何表示？

9. 描述导弹运动的四个坐标系和八个角度变量是什么？为什么说速度坐标系不是独立坐标系，和速度坐标系相关的三个角度不是独立变量？如何推导几何关系方程？

10. 导弹运动分解为纵向和侧向运动需要满足什么条件？纵向和侧向运动参数分别有哪些？为什么说侧向运动不能脱离纵向运动独立存在？

11. 面对称导弹水平面运动可以对哪些参数进行简化处理？其运动方程组可以如何表示？

12. 描述质心运动的方程组需要满足什么条件以简化考虑姿态作用？所得出的弹道属于理论弹道还是理想弹道？二者有何区别？

13. 基于过载描述的质心运动模型如何表示？结合该模型分析过载矢量和弹道形状以及曲率半径之间的关系。

参考阅读

- John D Anderson Jr. 空天飞行导论[M]. 7 版. 张为华，李健，向敏，译. 北京：国防工业出版社，2014.

阅读指导

重点阅读第 4 章《空气动力学基础》、第 5 章《翼型、机翼与其他空气动力学装置》、第 6 章《影响飞行器性能诸要素》，作为本章内容的补充，能够帮助读者理解飞行动力学模型构建的知识背景与深层机理，从而准确把握飞行器的物理特性。

第 4 章

导弹飞行控制方法

思维导图

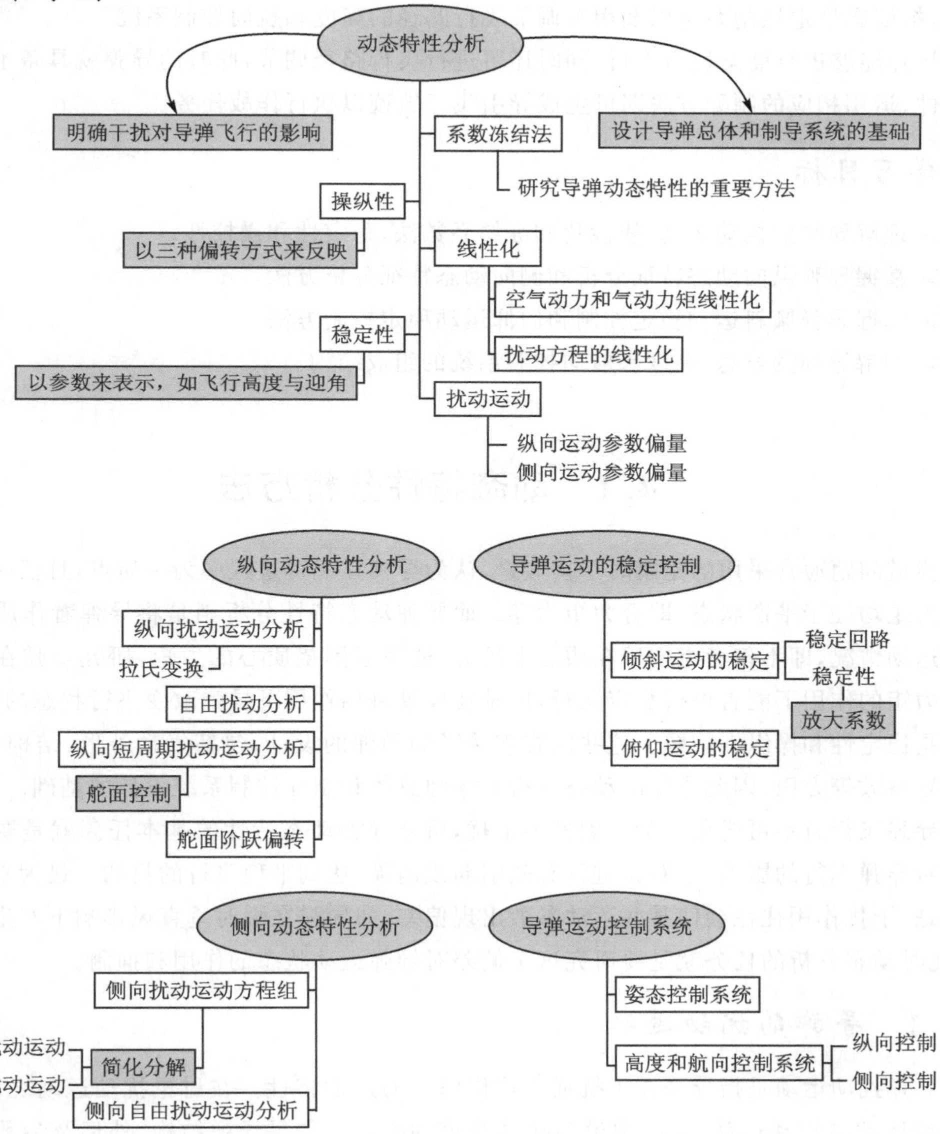

☞ 章导语

导弹在执行任务过程中的基本要求是稳定飞行，这是导弹进行制导飞行从而能够击中目标的前提条件，本章将介绍导弹的稳定飞行及其控制方法。

基于飞行动力学模型，本章从导弹飞行的动态特性出发，首先明确导弹动态特性的扰动分析方法，对弹体运动的纵向和侧向分量进行动态特性分析；在此基础上讨论导弹的稳定运动控制问题，主要包括倾斜运动的稳定和俯仰运动的稳定；最后简要介绍稳定运动控制系统的构成，包括姿态稳定控制系统以及用来调节飞行路径的高度和航向控制系统。

导弹能够进行姿态稳定飞行，同时还可进行飞行路径调节，此时的导弹就具备了制导飞行的条件，运用相应的制导方法即可生成导引飞行轨迹以执行作战任务。

☞ 学习目标

- 理解导弹的扰动运动，线性化和冻结系数法，稳定性和操控性。
- 掌握导弹纵向动态特征分析和侧向动态特征分析方法。
- 掌握导弹倾斜运动稳定控制和俯仰运动稳定控制方法。
- 理解导弹的姿态、高度和航向控制系统的组成结构。

4.1　动态特性分析方法

弹道问题通常采用的是瞬时平衡假设，认为导弹在飞行过程中为一质点，且任一瞬时绕质心的力矩均处于平衡状态，即合力矩为零。而导弹动态特性分析则是将导弹看作质点系来研究其运动情况，即不仅考虑作用在质心上的力，还考虑围绕质心的力矩，研究导弹在干扰力和干扰力矩的作用下能否保持稳定飞行，以及在操纵机构作用下导弹改变飞行状态的能力如何，也就是稳定性和操纵性问题。这些内容直接影响导弹的设计，包括气动外形、结构布局、飞控和制导参数等方面，因此导弹的动态分析是导弹总体和制导控制系统设计的基础。

导弹飞行时不可避免地会受到各种干扰，研究导弹动态特性的基本任务就是要明确这些干扰对导弹飞行的影响，以对其进行有效削弱或消除，达到平稳飞行的目的。最为常见的一种影响是，干扰作用往往会使某些运动参数出现偏差，如导弹在瞬时垂直风影响下产生的迎角偏差，此时动态分析的任务就是要研究这个偏差对导弹运动状态的作用和抑制。

4.1.1　导弹的扰动运动

导弹扰动运动是指导弹在干扰或操控作用下的运动特性。在讨论扰动运动之前，先来介绍基准运动与扰动运动、基准弹道与扰动弹道的概念。如果导弹结构、外形及参数符合理论值，发动机状态参数、控制系统参数符合额定值，大气状态参数符合标准值，目标特性是确定的，则按照给定的初始条件计算得出的理论弹道称为基准弹道，相应的导弹运动称为基准运动。然而，由于导弹的动力学模型难免具有模型误差，并且还存在一系列随机因素的作用，因此导弹实际的运动并不同于基准运动，实际飞行的弹道也并非与基准弹道重合，我们称其为扰动运动和扰动弹道。

由第 3 章可知，导弹运动由一组非线性微分方程来描述。研究导弹的扰动运动，实际上就是要求解这组微分方程，因为其解析解中包含了各种飞行参数和气动参数，可以直接反映参数对导弹动态特性的影响。一种典型的求解方法是利用小扰动假设将微分方程线性化，也称为小扰动法。

所谓小扰动假设是指当研究一个非线性系统在某一稳定平衡点附近的微小扰动运动的状态时，原来的非线性系统可以充分精确地用一个线性系统加以近似，那么如果扰动的影响很小，则扰动弹道就会充分接近基准弹道，这样就有了对导弹运动方程组进行线性简化的前提。

为了对导弹运动方程组进行线性化，将所有运动参数分别写成它们在基准运动中的值与一个小偏量之和，即

$$\left.\begin{aligned}V(t)&=V_0(t)+\Delta V(t)\\\theta(t)&=\theta_0(t)+\Delta\theta_0(t)\\&\vdots\\\omega_x(t)&=\omega_{x0}(t)+\Delta\omega_x(t)\\&\vdots\\z(t)&=z_0(t)+\Delta z(t)\end{aligned}\right\}\tag{4.1}$$

式中的下标 0 表示基准运动的参数值，$\Delta V(t)$，$\Delta\theta(t)$，…，$\Delta z(t)$表示扰动运动参数对基准运动参数的偏差值，称为运动学参数偏量。如果基准运动参数已经能够确定，那么只要求出偏量值，扰动运动参数也就可以确定了。这样一来，研究导弹的扰动运动就可以归结为研究运动学参数的偏量变化。这样的研究方法易于理解，且可以得到一般性结论，因此小扰动法在导弹运动特性分析中得到了广泛应用。

如果导弹制导系统的工作精度较高，实际飞行的弹道总是与基准弹道非常接近，实际的运动参数也是在基准运动参数附近变化，那么导弹运动方程组可以进行线性简化。但是如果导弹制导系统精度低，实际飞行弹道和基准弹道差别很大，那么用小扰动法来研究飞行稳定性就会产生较大的误差，运动参数误差也会很大，此时小扰动法是不适用的。

4.1.2 线性化与系数冻结法

1. 导弹运动的线性化

下面我们来讨论如何将第 3 章中得到的导弹运动方程组进行线性化。分析弹体的动态特性时，假定舵面偏角为已知值，因此不用考虑控制关系方程，导弹运动的方程组可写为式(4.2)。

该方程组是非线性的，并且其中的空气动力和气动力矩也是非线性的。对于这些非线性项，我们对每一项取全微分，并对微分项进行泰勒展开略去二阶及以上高阶项来实现方程的线性化。

(1) 空气动力和气动力矩的线性化

在线性化导弹运动方程之前，需要先对空气动力和力矩线性化。由空气动力学可知，对于

$$
\left.\begin{aligned}
m\frac{\mathrm{d}V}{\mathrm{d}t} &= P\cos\alpha\cos\beta - X - G\sin\theta \\
mV\frac{\mathrm{d}\theta}{\mathrm{d}t} &= P(\sin\alpha\cos\gamma_V + \cos\alpha\sin\beta\sin\gamma_V) + Y\cos\gamma_V - Z\sin\gamma_V - G\cos\theta \\
-mV\cos\theta\frac{\mathrm{d}\psi_V}{\mathrm{d}t} &= P(\sin\alpha\sin\gamma_V - \cos\alpha\sin\beta\cos\gamma_V) + Y\sin\gamma_V + Z\cos\gamma_V \\
J_x\frac{\mathrm{d}\omega_x}{\mathrm{d}t} &= M_x - (J_z - J_y)\omega_y\omega_z \\
J_y\frac{\mathrm{d}\omega_y}{\mathrm{d}t} &= M_y - (J_x - J_z)\omega_z\omega_x \\
J_z\frac{\mathrm{d}\omega_z}{\mathrm{d}t} &= M_z - (J_y - J_x)\omega_x\omega_y \\
\frac{\mathrm{d}\vartheta}{\mathrm{d}t} &= \omega_y\sin\gamma + \omega_z\cos\gamma \\
\frac{\mathrm{d}\psi}{\mathrm{d}t} &= \frac{\omega_y\cos\gamma - \omega_z\sin\gamma}{\cos\vartheta} \\
\frac{\mathrm{d}\gamma}{\mathrm{d}t} &= \omega_x - \tan\vartheta(\omega_y\sin\gamma + \omega_z\cos\gamma) \\
\frac{\mathrm{d}x}{\mathrm{d}t} &= V\cos\theta\cos\psi_V \\
\frac{\mathrm{d}y}{\mathrm{d}t} &= V\sin\theta \\
\frac{\mathrm{d}z}{\mathrm{d}t} &= -V\cos\theta\sin\psi_V \\
\frac{\mathrm{d}m}{\mathrm{d}t} &= -m_c \\
\sin\beta &= \cos\theta[\cos\gamma\sin(\psi-\psi_V) + \sin\vartheta\sin\gamma\cos(\psi-\psi_V)] - \sin\theta\cos\vartheta\sin\gamma \\
\cos\alpha &= [\cos\vartheta\cos\theta\cos(\psi-\psi_V) + \sin\vartheta\sin\theta]/\cos\beta \\
\sin\gamma_V &= [\cos\alpha\sin\beta\sin\vartheta - (\sin\alpha\sin\beta\cos\gamma - \cos\beta\sin\gamma)\cos\vartheta]/\cos\theta
\end{aligned}\right\} \tag{4.2}
$$

典型的面对称导弹，对气动力和力矩有作用的主要参数有 $V,H,\alpha,\beta,\omega_x,\omega_y,\omega_z,\delta_x,\delta_y,\delta_z,\dot{\alpha}$，$\dot{\beta},\dot{\delta}_y,\dot{\delta}_z$，力和力矩可写为

$$
\left.\begin{aligned}
&X(V,H,\alpha,\beta,\delta_z,\delta_y) \\
&Y(V,H,\alpha,\delta_z) \\
&Z(V,H,\beta,\delta_y) \\
&M_x(V,H,\alpha,\beta,\delta_x,\delta_y,\delta_z,\omega_x,\omega_y,\omega_z) \\
&M_y(V,H,\beta,\delta_y,\delta_z,\omega_x,\omega_y,\dot{\beta},\dot{\delta}_y) \\
&M_z(V,H,\alpha,\delta_z,\omega_x,\omega_z,\dot{\alpha},\dot{\delta}_z)
\end{aligned}\right\} \tag{4.3}
$$

忽略次要因素，对上式进行线性化，可以得到基准运动下的力和力矩近似表达式：

$$
\left.\begin{aligned}
X &= X_0 + X^{\alpha^2}\alpha^2 + X^{\beta^2}\beta^2 \\
Y &= Y_0 + Y^{\alpha}\alpha + Y^{\delta_z}\delta_z \\
Z &= Z^{\beta}\beta + Z^{\delta_y}\delta_y \\
M_x &= M_{x0} + M_x^{\beta}\beta + M_x^{\omega_x}\omega_x + M_x^{\omega_y}\omega_y + M_x^{\delta_x}\delta_x + M_x^{\delta_y}\delta_y \\
M_y &= M_y^{\beta}\beta + M_y^{\omega_x}\omega_x + M_y^{\omega_y}\omega_y + M_y^{\dot\beta}\dot\beta + M_y^{\delta_y}\delta_y \\
M_z &= M_{z0} + M_z^{\alpha}\alpha + M_z^{\omega_z}\omega_z + M_z^{\dot\alpha}\dot\alpha + M_z^{\delta_z}\delta_z
\end{aligned}\right\} \tag{4.4}
$$

式中：

X_0, Y_0——$\alpha=\beta=0$ 时的阻力；

$X^{\alpha^2}, X^{\beta^2}$——迎面阻力对 α^2、β^2 的偏导数；

M_{x0}——$\omega_x=\delta_x=0$ 时的滚转力矩值；

$Y^{\alpha},\cdots,Z^{\delta_y},\cdots,M_y^{\dot\beta}$——气动力和力矩对参数 $\alpha,\cdots,\delta_y,\cdots,\dot\beta$ 的偏导数。

上述所有导数值都是参数 α、$\beta,\omega_x,\omega_y,\omega_z,\delta_x,\delta_y,\delta_z,\dot\alpha,\dot\beta$ 取 0 时的值，所有偏导数都是飞行高度 H 和速度 V 的非线性函数。

接下来求扰动飞行下的空气动力和力矩的增量。这些增量是对应于扰动飞行与基准飞行之间气动力和力矩的差值。不考虑受扰运动中高度增量的影响，对于一般的面对称导弹，将方程组(4.4)线性化可得迎面阻力、升力、侧力和气动力矩的偏量：

$$
\left.\begin{aligned}
\Delta X &= \left(\frac{\partial X}{\partial V}\right)_0\Delta V + \left(\frac{\partial X}{\partial \alpha}\right)_0\Delta\alpha + \left(\frac{\partial X}{\partial \beta}\right)_0\Delta\beta \\
\Delta Y &= \left(\frac{\partial Y}{\partial V}\right)_0\Delta V + (Y^{\alpha})_0\Delta\alpha + (Y^{\delta_z})_0\Delta\delta_z \\
\Delta Z &= \left(\frac{\partial Z}{\partial V}\right)_0\Delta V + (Z^{\beta})_0\Delta\beta + (Z^{\delta_y})_0\Delta\delta_y \\
\Delta M_x &= \left(\frac{\partial M_x}{\partial V}\right)_0\Delta V + (M_x^{\beta})_0\Delta\beta + (M_x^{\omega_x})_0\Delta\omega_x + (M_x^{\omega_y})_0\Delta\omega_y + (M_x^{\delta_x})_0\Delta\delta_x + (M_x^{\delta_y})_0\Delta\delta_y \\
\Delta M_y &= \left(\frac{\partial M_y}{\partial V}\right)_0\Delta V + (M_y^{\beta})_0\Delta\beta + (M_y^{\omega_y})_0\Delta\omega_y + (M_y^{\omega_x})_0\Delta\omega_x + (M_y^{\dot\beta})_0\Delta\dot\beta + (M_y^{\delta_y})_0\Delta\delta_y \\
\Delta M_z &= \left(\frac{\partial M_z}{\partial V}\right)_0\Delta V + (M_z^{\alpha})_0\Delta\alpha + (M_z^{\omega_z})_0\Delta\omega_z + (M_z^{\dot\alpha})_0\Delta\dot\alpha + (M_z^{\delta_z})_0\Delta\delta_z
\end{aligned}\right\} \tag{4.5}
$$

式中的偏导数值均由基准运动参数确定，利用方程组(4.4)，这些偏导数表达式可写见式(4.6)。

在对导弹所受的空气动力和气动力矩线性化后，即可研究导弹运动方程组的线性化。

(2) 运动方程的线性化

假设基准运动的运动参数为 $V_0(t),\theta_0(t),\psi_{v0},\alpha_0(t),\beta_0(t),\cdots,\omega_{x0},\cdots,z_0(t)$，导弹运动存在小扰动。另外，为简便起见，同时假设：

$$
\left.
\begin{aligned}
\left(\frac{\partial X}{\partial V}\right)_0 &= \left(\frac{\partial X_0}{\partial V}\right)_0 + \left(\frac{\partial X^{\alpha^2}}{\partial V}\right)_0 \alpha_0^2 + \left(\frac{\partial X^{\beta^2}}{\partial V}\right)_0 \beta_0^2 \\
\left(\frac{\partial X}{\partial \alpha}\right)_0 &= 2(X^{\alpha^2})_0 \alpha_0 \\
\left(\frac{\partial X}{\partial \beta}\right)_0 &= 2(X^{\beta^2})_0 \beta_0 \\
\left(\frac{\partial Y}{\partial V}\right)_0 &= \left(\frac{\partial Y_0}{\partial V}\right)_0 + \left(\frac{\partial Y^{\alpha}}{\partial V}\right)_0 \alpha_0 + \left(\frac{\partial Y^{\delta_z}}{\partial V}\right)_0 \delta_{z_0} \\
\left(\frac{\partial Z}{\partial V}\right)_0 &= \left(\frac{\partial Z^{\beta}}{\partial V}\right)_0 \beta_0 + \left(\frac{\partial Z^{\delta_y}}{\partial V}\right)_0 \delta_{y_0} \\
\left(\frac{\partial M_x}{\partial V}\right)_0 &= \left(\frac{\partial M_{x0}}{\partial V}\right)_0 + \left(\frac{\partial M_x^{\beta}}{\partial V}\right)_0 \beta_0 + \left(\frac{\partial M_x^{\omega_x}}{\partial V}\right)_0 \omega_{x0} + \left(\frac{\partial M_x^{\omega_y}}{\partial V}\right)_0 \omega_{y0} + \left(\frac{\partial M_x^{\delta_x}}{\partial V}\right)_0 \delta_{x0} + \left(\frac{\partial M_x^{\delta_y}}{\partial V}\right)_0 \delta_{y0} \\
\left(\frac{\partial M_y}{\partial V}\right)_0 &= \left(\frac{\partial M_y^{\beta}}{\partial V}\right)_0 \beta_0 + \left(\frac{\partial M_y^{\omega_y}}{\partial V}\right)_0 \omega_{y0} + \left(\frac{\partial M_y^{\dot{\beta}}}{\partial V}\right)_0 \dot{\beta}_0 + \left(\frac{\partial M_x^{\omega_x}}{\partial V}\right)_0 \omega_{x0} + \left(\frac{\partial M_y^{\delta_y}}{\partial V}\right)_0 \delta_{y0} \\
\left(\frac{\partial M_z}{\partial V}\right)_0 &= \left(\frac{\partial M_{z0}}{\partial V}\right)_0 + \left(\frac{\partial M_z^{\alpha}}{\partial V}\right)_0 \alpha_0 + \left(\frac{\partial M_z^{\omega_z}}{\partial V}\right)_0 \omega_{z0} + \left(\frac{\partial M_z^{\dot{\alpha}}}{\partial V}\right)_0 \dot{\alpha}_0 + \left(\frac{\partial M_z^{\delta_z}}{\partial V}\right)_0 \delta_{z0}
\end{aligned}
\right\}
\tag{4.6}
$$

① 准运动中侧向运动学参数 φ_{v0}，φ_0，β_0，γ_{v0}，γ_0，ω_{x0}，ω_{y0} 和侧向操纵机构偏转角 δ_{x0}，δ_{y0}，以及纵向参数对时间的导数 $\omega_{x0} \approx \dot{\vartheta}_0$，$\dot{\alpha}_0$，$\dot{\delta}_{x0}$，$\dot{\theta}_0$ 均很小，可以略去它们之间的乘积以及这些参数与其他小量的乘积。

② 不考虑导弹的结构参数偏量，如 Δm，ΔJ_x，ΔJ_y，ΔJ_z，大气压强偏差 Δp、大气密度的偏量 $\Delta\rho$、坐标的偏量 Δy 对扰动运动的影响，它们在扰动运动过程中的影响很小。这样，参数 m，J_x，J_y，p，ρ，y 在扰动运动中与基准运动中的数值保持一致，为已知时变函数。

在上述假设基础上，利用气动力与力矩线性化的结果，就可以对运动方程组(4.2)进行线性化。对于第一个方程

$$
m\frac{\mathrm{d}V}{\mathrm{d}t} = P\cos\alpha\cos\beta - X - G\sin\theta
$$

式中变化的参量有 V，α，β 和 θ。对该式线性化可以得到

$$
\begin{aligned}
m_0\frac{\mathrm{d}\Delta V}{\mathrm{d}t} = &\left[\left(\frac{\partial P}{\partial V}\right)\cos\alpha_0\cos\beta_0 - \left(\frac{\partial X}{\partial V}\right)_0\right]\Delta V + \left[-P_0\sin\alpha_0\cos\beta_0 - \left(\frac{\partial X}{\partial \alpha}\right)_0\right]\Delta\alpha + \\
&\left[-P_0\cos\alpha_0\sin\beta_0 - \left(\frac{\partial X}{\partial \beta}\right)_0\right]\Delta\beta + (-G\cos\theta_0)\Delta\theta
\end{aligned}
\tag{4.7}
$$

式中的导数系数为相应的基准运动的计算值。将偏导数简记为

$$
\left(\frac{\partial P}{\partial V}\right)_0 = P^V,\quad \left(\frac{\partial X}{\partial V}\right)_0 = X^V,\quad \left(\frac{\partial X}{\partial \alpha}\right)_0 = X^{\alpha},\quad \left(\frac{\partial X}{\partial \beta}\right)_0 = X^{\beta}
$$

式(4.7)可写成

$$m\frac{\mathrm{d}\Delta V}{\mathrm{d}t}=(P^V\cos\alpha\cos\beta-X^V)\Delta V+(-P\sin\alpha\cos\beta-X^\alpha)\Delta\alpha+$$
$$(-P\cos\alpha\sin\beta-X^\beta)\Delta\beta+(-G\cos\theta)\Delta\theta \tag{4.8}$$

已经假设侧向参数是小量,因此在上式中

$$P\cos\alpha\sin\beta\Delta\beta\approx P\cos\alpha(\beta\Delta\beta)$$
$$X^\beta\Delta\beta=2X^{\beta^2}(\beta\Delta\beta)$$

以上两式均包含小量的乘积。若忽略式(4.8)中的各项二阶小量,并近似角度的正弦和余弦为

$$\sin\alpha\approx\alpha,\qquad \sin\beta\approx\beta,\qquad \cos\alpha\approx\cos\beta\approx 1$$

则最后可得

$$m\frac{\mathrm{d}\Delta V}{\mathrm{d}t}=(P^V-X^V)\Delta V+(-P\alpha-X^\alpha)\Delta\alpha+(-G\cos\theta)\Delta\theta \tag{4.9}$$

该式右边第一项是由于速度偏量 ΔV(同一时刻扰动运动速度相对基准运动速度的偏量)引起的 Ox_2 方向力的偏量;第二项是由于迎角偏量 $\Delta\alpha$ 引起的 Ox_2 方向力的偏量;第三项是由于弹道倾角偏量 $\Delta\theta$ 引起的 Ox_2 方向力的偏量;由其他参数的偏量引起的 Ox_2 方向力的偏量很小因而被忽略。左边 $\mathrm{d}\Delta V/\mathrm{d}t$ 在同一时刻 t 可表示为 $\mathrm{d}\Delta V/\mathrm{d}t=\Delta(\mathrm{d}V/\mathrm{d}t)$,表示由 Ox_2 方向力的偏量引起的加速度偏量。

同理,方程组(4.2)的第 2 个方程式

$$mV\frac{\mathrm{d}\theta}{\mathrm{d}t}=P(\sin\alpha\cos\gamma_V+\cos\alpha\sin\beta\sin\gamma_V)+Y\cos\gamma_V-Z\sin\gamma_V-G\cos\theta$$

式中参变量有 $V,\alpha,\beta,\gamma_V,\theta,\delta_z$ 和 δ_y,可以得到线性化形式:

$$mV\frac{\mathrm{d}\Delta\theta}{\mathrm{d}t}=\left[P^V(\sin\alpha\cos\gamma_V+\cos\alpha\sin\beta\sin\gamma_V)+Y^V\cos\gamma_V-Z^V\sin\gamma_V-m\frac{\mathrm{d}\theta}{\mathrm{d}t}\right]\Delta V+$$
$$[P(\cos\alpha\cos\gamma_V-\sin\alpha\sin\beta\sin\gamma_V)+Y^\alpha\cos\gamma_V]\Delta\alpha+$$
$$[P(\cos\alpha\cos\beta\sin\gamma_V+Z^\beta\sin\gamma_V)]\Delta\beta+(G\sin\theta)\Delta\theta+$$
$$[P(-\sin\alpha\sin\gamma_V+\cos\alpha\sin\beta\cos\gamma_V)-Y\sin\gamma_V-Z\cos\gamma_V]\Delta\gamma_V+$$
$$[Y^{\delta_z}\cos\gamma_V]\Delta\delta_z-(Z^{\delta_y}\sin\gamma_V)\Delta\delta_y$$

根据假设,$\mathrm{d}\theta/\mathrm{d}t$ 是小量,$m(\mathrm{d}\theta/\mathrm{d}t)\Delta V$ 和 $Z\cos\gamma_V\Delta\gamma_V$ 是二阶小量,此外所有包含 $\sin\gamma_V$ 或 $\sin\beta$ 的各项都是高阶小量。考虑 $\cos\gamma_V\approx 1$,可将上式简化为

$$mV\frac{\mathrm{d}\Delta\theta}{\mathrm{d}t}=(P^V\alpha+Y^V)\Delta V+(P+Y^\alpha)\Delta\alpha+(G\sin\theta)\Delta\theta+Y^{\delta_z}\Delta\delta_z \tag{4.10}$$

方程组(4.2)的第 3 个方程式

$$-mV\cos\theta\frac{\mathrm{d}\varphi_V}{\mathrm{d}t}=P(\sin\alpha\sin\gamma_V-\cos\alpha\sin\beta\cos\gamma_V)+Y\sin\gamma_V+Z\cos\gamma_V$$

经线性化后具有以下形式:

$$-mV\cos\theta\frac{\mathrm{d}\Delta\varphi_V}{\mathrm{d}t}=(-P+Z^\beta)\Delta\beta+(P\alpha+Y)\Delta\gamma_V+Z^{\delta_y}\Delta\delta_y \tag{4.11}$$

按照类似方法,方程组(4.2)的第 4~6 个方程式可线性化为

$$J_x \frac{\mathrm{d}\Delta\omega_x}{\mathrm{d}t} = M_x^{\beta}\Delta\beta + M_x^{\omega_x}\Delta\omega_x + M_x^{\omega_y}\Delta\omega_y + M_x^{\delta_x}\Delta\delta_x + M_x^{\delta_y}\Delta\delta_y \tag{4.12}$$

$$J_y \frac{\mathrm{d}\Delta\omega_y}{\mathrm{d}t} = M_y^{\beta}\Delta\beta + M_y^{\omega_y}\Delta\omega_y + M_y^{\dot\beta}\Delta\dot\beta + M_y^{\delta_y}\Delta\delta_y + M_y^{\delta_x}\Delta\delta_x \tag{4.13}$$

$$J_z \frac{\mathrm{d}\Delta\omega_z}{\mathrm{d}t} = M_z^{V}\Delta V + M_z^{\alpha}\Delta\alpha + M_z^{\omega_z}\Delta\omega_z + M_y^{\dot\alpha}\Delta\dot\alpha + M_z^{\delta_z}\Delta\delta_z \tag{4.14}$$

式中

$$M_z^V\Delta V = \left[\left(\frac{\partial M_{z0}}{\partial V}\right)_0 + \left(\frac{\partial M_z^{\alpha}}{\partial V}\right)_0 \alpha_0 + \left(\frac{\partial M_z^{\delta_z}}{\partial V}\right)_0 \delta_{z0}\right]\Delta V$$

另外，在式(4.9)～式(4.14)中还要引入因干扰作用而产生的干扰力 F_{gx}, F_{gy}, F_{gz} 和干扰力矩 M_{gx}、M_{gy}、M_{gz}。

对运动方程组(4.2)中第 7～12 个运动学方程的线性化结果如下：

$$\left.\begin{aligned}
\frac{\mathrm{d}\Delta\varphi}{\mathrm{d}t} &= \frac{1}{\cos\vartheta}\Delta\omega_y \\
\frac{\mathrm{d}\Delta\vartheta}{\mathrm{d}t} &= \Delta\omega_x \\
\frac{\mathrm{d}\Delta\gamma}{\mathrm{d}t} &= \Delta\omega_x - \tan\vartheta\Delta\omega_y \\
\frac{\mathrm{d}\Delta x}{\mathrm{d}t} &= \cos\theta\Delta V - V\sin\theta\Delta\theta \\
\frac{\mathrm{d}\Delta y}{\mathrm{d}t} &= \sin\theta\Delta V + V\cos\theta\Delta\theta \\
\frac{\mathrm{d}\Delta z}{\mathrm{d}t} &= -V\cos\theta\Delta\varphi_V
\end{aligned}\right\} \tag{4.15}$$

几何关系方程，即对运动方程组(4.2)中第 14～16 个方程式的线性化结果为

$$\left.\begin{aligned}
\Delta\theta &= \Delta\vartheta - \Delta\alpha \\
\Delta\varphi_V &= \Delta\varphi + \frac{\alpha}{\cos\theta}\Delta\gamma - \frac{1}{\cos\theta}\Delta\beta \\
\Delta\gamma_V &= \tan\theta\Delta\beta + \frac{\cos\vartheta}{\cos\theta}\Delta\gamma
\end{aligned}\right\} \tag{4.16}$$

综合式(4.9)～式(4.16)，就得到了线性化以后的扰动运动方程组(4.17)，式中偏量 $\Delta V, \Delta\theta, \cdots, \Delta\gamma_V$ 是时变函数，这些偏量的系数由基准运动参数值 $V_0, \alpha_0, \beta_0, \cdots, \delta_{x0}$ 确定。如果基准运动是定态飞行，即其运动参数为常数，则 $\Delta V, \Delta\theta, \cdots, \Delta\gamma_V$ 中的系数与时间无关，此时线性化后的扰动运动遵循常系数微分方程组。若基准运动是非定态飞行，基准运动参数时变，$\Delta V, \Delta\theta, \cdots, \Delta\gamma_V$ 中的系数也时变，那么扰动运动遵循时变系数的微分方程组。

2. 扰动运动分解

由方程组(4.17)可以看出，扰动运动方程组可以分为独立的两部分。

第 1 部分描述的是纵向运动参数偏量 $\Delta V, \Delta\theta, \Delta\vartheta, \Delta\omega_z, \Delta x, \Delta y$、$\Delta\alpha$ 的变化，即式(4.18)。

$$
\left.\begin{aligned}
m\frac{\mathrm{d}\Delta V}{\mathrm{d}t} &= (P^V - X^V)\Delta V + (-P\alpha - X^\alpha)\Delta\alpha + (-G\cos\theta)\Delta\theta \\
mV\frac{\mathrm{d}\Delta\theta}{\mathrm{d}t} &= (P^V\alpha + Y^V)\Delta V + (P + Y^\alpha)\Delta\alpha + (G\sin\theta)\Delta\theta + Y^{\delta_z}\Delta\delta_z \\
-mV\cos\theta\frac{\mathrm{d}\Delta\varphi_V}{\mathrm{d}t} &= (-P + Z^\beta)\Delta\beta + (P\alpha + Y)\Delta\gamma_V + Z^{\delta_y}\Delta\delta_y \\
J_x\frac{\mathrm{d}\Delta\omega_x}{\mathrm{d}t} &= M_x^\beta\Delta\beta + M_x^{\omega_x}\Delta\omega_x + M_x^{\omega_y}\Delta\omega_y + M_x^{\delta_x}\Delta\delta_x + M_x^{\delta_y}\Delta\delta_y \\
J_y\frac{\mathrm{d}\Delta\omega_y}{\mathrm{d}t} &= M_y^\beta\Delta\beta + M_y^{\omega_y}\Delta\omega_y + M_y^{\dot\beta}\Delta\dot\beta + M_y^{\delta_y}\Delta\delta_y + M_y^{\delta_x}\Delta\delta_x \\
J_z\frac{\mathrm{d}\Delta\omega_z}{\mathrm{d}t} &= M_z^V\Delta V + M_z^\alpha\Delta\alpha + M_z^{\omega_z}\Delta\omega_z + M_y^{\dot\alpha}\Delta\dot\alpha + M_z^{\delta_z}\Delta\delta_z \\
\frac{\mathrm{d}\Delta\varphi}{\mathrm{d}t} &= \frac{1}{\cos\vartheta}\Delta\omega_y \\
\frac{\mathrm{d}\Delta\vartheta}{\mathrm{d}t} &= \Delta\omega_x \\
\frac{\mathrm{d}\Delta\gamma}{\mathrm{d}t} &= \Delta\omega_x - \tan\vartheta\Delta\omega_y \\
\frac{\mathrm{d}\Delta x}{\mathrm{d}t} &= \cos\theta\Delta V - V\sin\theta\Delta\theta \\
\frac{\mathrm{d}\Delta y}{\mathrm{d}t} &= \sin\theta\Delta V + V\cos\theta\Delta\theta \\
\frac{\mathrm{d}\Delta z}{\mathrm{d}t} &= -V\cos\theta\Delta\varphi_V \\
\Delta\theta &= \Delta\vartheta - \Delta\alpha \\
\Delta\varphi_V &= \Delta\varphi + \frac{\alpha}{\cos\theta}\Delta\gamma - \frac{1}{\cos\theta}\Delta\beta \\
\Delta\gamma_V &= \tan\theta\Delta\beta + \frac{\cos\vartheta}{\cos\theta}\Delta\gamma
\end{aligned}\right\} \quad (4.17)
$$

$$
\left.\begin{aligned}
\frac{\mathrm{d}\Delta V}{\mathrm{d}t} &= \frac{P^V - X^V}{m}\Delta V + \frac{-P\alpha - X^\alpha}{m}\Delta\alpha - g\cos\theta\Delta\theta + \frac{F_{gx}}{m} \\
\frac{\mathrm{d}\Delta\theta}{\mathrm{d}t} &= \frac{P^V\alpha + Y^V}{mV}\Delta V + \frac{P + Y^\alpha}{mV}\Delta\alpha + \frac{g\sin\theta}{V}\Delta\theta + \frac{Y^{\delta_z}}{mV}\Delta\delta_z + \frac{F_{gy}}{mV} \\
\frac{\mathrm{d}\Delta\omega_z}{\mathrm{d}t} &= \frac{M_z^V}{J_z}\Delta V + \frac{M_z^\alpha}{J_z}\Delta\alpha + \frac{M_z^{\omega_z}}{J_z}\Delta\omega_z + \frac{M_y^{\dot\alpha}}{J_z}\Delta\dot\alpha + \frac{M_z^{\delta_z}}{J_z}\Delta\delta_z + \frac{M_{gz}}{J_z} \\
\frac{\mathrm{d}\Delta\vartheta}{\mathrm{d}t} &= \Delta\omega_x \\
\frac{\mathrm{d}\Delta x}{\mathrm{d}t} &= \cos\theta\Delta V - V\sin\theta\Delta\theta \\
\frac{\mathrm{d}\Delta y}{\mathrm{d}t} &= \sin\theta\Delta V + V\cos\theta\Delta\theta \\
\Delta\alpha &= \Delta\vartheta - \Delta\theta
\end{aligned}\right\} \quad (4.18)
$$

第 2 部分描述的是侧向运动参数偏量 $\Delta\varphi_V,\Delta\omega_x,\Delta\omega_y,\Delta\varphi,\Delta\gamma,\Delta z,\Delta\beta,\Delta\gamma_V$ 的变化，即

$$\left.\begin{aligned}
\cos\theta\frac{\mathrm{d}\Delta\varphi_V}{\mathrm{d}t}&=\frac{P-Z^{\beta}}{mV}\Delta\beta-\frac{P\alpha+Y}{mV}\Delta\gamma_V-\frac{Z^{\delta_y}}{mV}\Delta\delta_y-\frac{F_{gz}}{mV}\\
\frac{\mathrm{d}\Delta\omega_x}{\mathrm{d}t}&=\frac{M_x^{\beta}}{J_x}\Delta\beta+\frac{M_x^{\omega_x}}{J_x}\Delta\omega_x+\frac{M_x^{\omega_y}}{J_x}\Delta\omega_y+\frac{M_x^{\delta_x}}{J_x}\Delta\delta_x+\frac{M_x^{\delta_y}}{J_x}\Delta\delta_y+\frac{M_{gx}}{J_x}\\
\frac{\mathrm{d}\Delta\omega_y}{\mathrm{d}t}&=\frac{M_y^{\beta}}{J_y}\Delta\beta+\frac{M_y^{\omega_y}}{J_y}\Delta\omega_y+\frac{M_y^{\omega_x}}{J_y}\Delta\omega_x+\frac{M_y^{\dot\beta}}{J_y}\Delta\dot\beta+\frac{M_y^{\delta_y}}{J_y}\Delta\delta_y+\frac{M_{gy}}{J_y}\\
\frac{\mathrm{d}\Delta\varphi}{\mathrm{d}t}&=\frac{1}{\cos\vartheta}\Delta\omega_y\\
\frac{\mathrm{d}\Delta\gamma}{\mathrm{d}t}&=\Delta\omega_x-\tan\vartheta\Delta\omega_y\\
\frac{\mathrm{d}\Delta z}{\mathrm{d}t}&=-V\cos\theta\Delta\varphi_V\\
\Delta\beta&=\cos\theta\Delta\varphi+\alpha\Delta\gamma-\cos\theta\Delta\varphi_V\\
\Delta\gamma_V&=\tan\theta\Delta\beta+\frac{\cos\vartheta}{\cos\theta}\Delta\gamma
\end{aligned}\right\}\tag{4.19}$$

以上两部分分别称为纵向和侧向扰动运动方程组。

第 3 章已经指出，对于面对称导弹，当导弹接近垂直对称面弹道飞行，且侧向参数很小时，导弹的运动可以分解为纵向运动和侧向运动，纵向运动可以独立存在，而侧向运动只能与纵向运动同时存在。而在扰动运动中，如果干扰作用或俯仰操纵机构偏转仅使纵向运动参数有偏量，而侧向运动参数仍保持基准飞行时的数值，这样的扰动运动称为纵向扰动运动；如果干扰作用或操纵机构偏转仅使侧向运动参数有偏量，而纵向运动参数仍保持基准飞行时的数值，则称为侧向扰动运动。

由方程组(4.18)和方程组(4.19)可见，纵向扰动运动和侧向扰动运动能够独立存在，虽然侧向扰动运动方程组中包含有纵向基准参数，但在分析扰动运动时，基准运动是视为已知的。因此，在进行导弹动态特性分析时，对纵向扰动运动和侧向扰动运动可以分别独立进行。

3. 系数冻结法

绝大多数导弹在飞行过程中，即便是按照基准弹道飞行，运动参数也是时变的。只有在某些特殊情况下，如导弹作水平直线等速飞行时，才可以近似认为运动参数不变。但严格来说，由于飞行过程中导弹的质量和转动惯量随着燃料的不断消耗也在不断地变化，所以即便是等速平飞，某些运动参数(如迎角和俯仰角)仍是时变的。因此，导弹的线性化扰动运动方程组一般来说，是系数时变的线性微分方程组。

直接求解变系数线性系统一般比较困难，只有在极简单的低阶情况下才有可能得到解析解，为此往往将时变系数转化为常系数来处理。一种简单实用的方法就是系数冻结法，常用于研究导弹的动态特性。

所谓系数冻结，就是在研究导弹的动态特性时，如果基准弹道已定，则在该弹道上任意点的运动参数和结构参数都为已知。近似认为在所研究的特征点附近小范围内，基准运动的运动参数、气动参数、结构参数、制导系统参数等都固定不变，即认为方程组(4.17)扰动偏量前的系数在特征点附近冻结不变，这样就把时变系数线性微分方程转化为常系数线性微分方程，使求解大为简化。

系数冻结法并无严格的理论证明，属于工程经验。如果系数变化较缓慢，则系数冻结所产生的误差是不大的。但是考虑到系统的非线性因素对误差传递的不确定影响，系数冻结误差也有例外。为保证可靠性，系数冻结法一般用在初步设计阶段，而在进一步设计时，应该采用更精确的非线性微分方程组，通过计算机仿真和飞行试验等方法加以计算和验证。

4.1.3 稳定性与操纵性

在研究导弹运动特性时，并没有考虑舵面控制的作用，而对于导弹的实际运动过程，还应包括描述制导系统工作状态的控制关系方程。此时，操纵机构的偏转角 δ_x、δ_y、δ_z 需要作为未知输入量来处理，以确定导弹弹体受控条件下的动态特性。弹体的动态特性就是指其在受到扰动作用或当操纵机构产生偏转时所产生的扰动运动特性，主要包括弹体的稳定性和操纵性两个方面。

1. 稳定性

导弹在运动时受到外界扰动作用，使之离开原来的飞行状态，干扰取消后导弹能恢复到原来状态，则称导弹的运动是稳定的。如果在干扰取消以后，导弹并没有回复到原来的飞行状态，甚至偏差越来越大，则称导弹是不稳定的。

考虑在某一有限时间间隔内，阵风干扰作用在导弹上，该力在 t_0 时刻开始又迅速消失。由于干扰力的短时间作用，导弹运动参数偏离基准飞行数值，包括速度、加速度等，即

$$V(t_0)=V_0(t_0)+\Delta V(t_0)$$
$$\alpha(t_0)=\alpha_0(t_0)+\Delta\alpha(t_0)$$
$$\vdots$$

其中，偏量 $\Delta V(t_0)$、$\Delta\alpha(t_0)$ 称为初始扰动，当 $t>t_0$ 时，干扰力作用消失，偏量 ΔV、$\Delta\alpha$ 的变化则取决于弹体及其控制系统的动态特性。

图 4.1 表示干扰力和力矩消失后，不同动态特性下迎角偏量随时间变化的情况。$\Delta\alpha_0$ 为扰动引起的初始迎角偏量，可以看出图 4.1(a)中 1 和 2 是稳定的，图 4.1(b)中的 3、4 和 5 都是不稳定的。

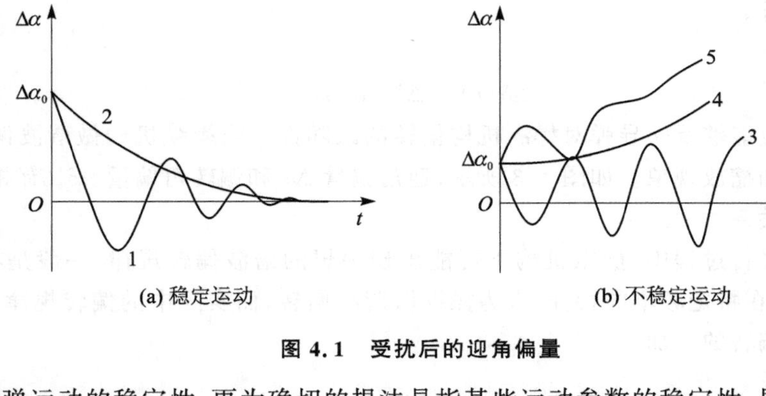

图 4.1 受扰后的迎角偏量

对于导弹运动的稳定性，更为确切的提法是指某些运动参数的稳定性，导弹运动参数可以分为导弹质心运动参数和导弹绕质心转动的角运动参数。因此，在研究导弹运动的稳定性时，往往不是笼统地研究导弹的稳定性，而是针对运动参数而言的，如导弹飞行高度稳定性以及迎角、俯仰角、倾斜角稳定性等。

必须指出，导弹弹体的稳定性是指导弹没有控制作用下的抗干扰能力，这与有制导控制系

统参与工作时的导弹运动的稳定性是不同的，因为无控情况下不稳定的导弹可以在控制作用下变得稳定。一般情况下，我们总希望导弹在无控时具有良好的稳定性和动态品质，从而降低对控制系统的要求，最好是能够完全依靠弹体自身的稳定性来保证导弹的飞行稳定性。

2. 操纵性

为了使导弹能够沿预定弹道飞行，操纵机构即舵面需要不时地进行偏转。导弹的操纵性指的就是操纵机构偏转后，导弹改变其原来飞行状态（如迎角、侧滑角、俯仰角、弹道倾角、滚动角等）的能力以及反应快慢程度，也就是控制的动态特性。

研究操纵机构偏转时的导弹运动，即导弹弹体的操纵性，为清楚起见，一般不考虑控制系统的工作过程，只需要求解给定偏量 $\Delta\delta_x(t)$、$\Delta\delta_y(t)$、$\Delta\delta_z(t)$ 条件下的线性非齐次微分方程组(4.18)和(4.19)，即导弹的强迫运动。而在分析导弹稳定性时，不考虑操纵机构偏转，所求的是该方程组奇次形式的通解，即导弹的自由运动，因此操纵机构偏转所产生的扰动运动其完整解是由自由运动和强迫运动组合而成的。

典型的操纵机构偏转方式有三种，即阶跃偏转、谐波偏转和脉冲偏转。通常用这三种方式来反映导弹弹体的操纵性，这是因为实际的偏转可看成是这些方式的组合。

(1) 单位阶跃偏转

$$\Delta\delta_{x,y,z}=\begin{cases}0, & t<t_0\\ 1, & t\geqslant t_0\end{cases}$$

在阶跃偏转的作用下，导弹的响应强烈，飞行参数在过渡过程中的超调量明显，图 4.2 所示为导弹迎角的阶跃响应过程。当然，阶跃偏转是操纵机构的一种理想的工作状态，实际过程中会存在一个初期的过渡过程，不过如果舵机能够快速偏转，这个过渡过程是可以忽略的，进而与理想的阶跃偏转十分接近。

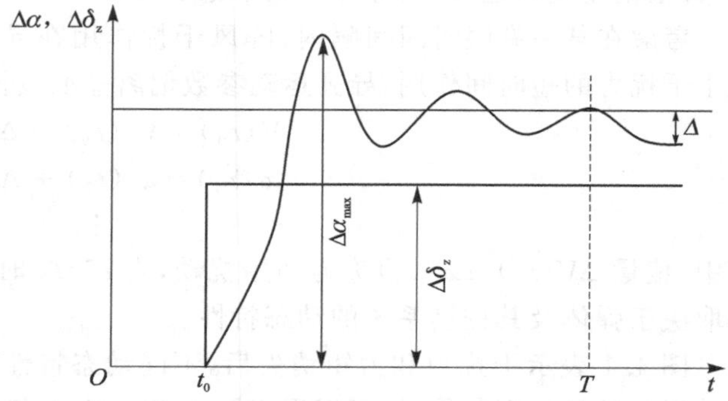

图 4.2　导弹操纵机构做阶跃偏转时的迎角阶跃响应过程

(2) 谐波偏转

$$\Delta\delta(t)=\Delta\delta_0\sin\omega t$$

导弹谐波响应能够反映导弹对操纵机构偏转的跟随性。当操纵机构做谐波偏转时，导弹的响应具有延迟和缩放现象。如图 4.3 所示，迎角偏量 $\Delta\alpha$ 和偏转角偏量 $\Delta\delta_z$ 有相位差，振幅之间也存在比例关系。

不过在实际飞行过程中，操纵机构不可能出现理想的谐波偏转规律，一般是在飞行试验中，为了测出导弹在特定频率的特性，人为操纵做谐波偏转，而实际中的偏转规律则是由若干个特定频率谐波偏转的叠加。

(3) 脉冲偏转

$$\Delta\delta(t)=\begin{cases}A, & 0<t<t_0\\ 0, & t<0,t>t_0\end{cases}$$

式中 A 为常数。图 4.4 所示为操纵机构做脉冲偏转时的迎角响应。脉冲响应与阶跃响应类似，区别在于偏转持续时间不同，脉冲偏转持续时间短，能量更集中。

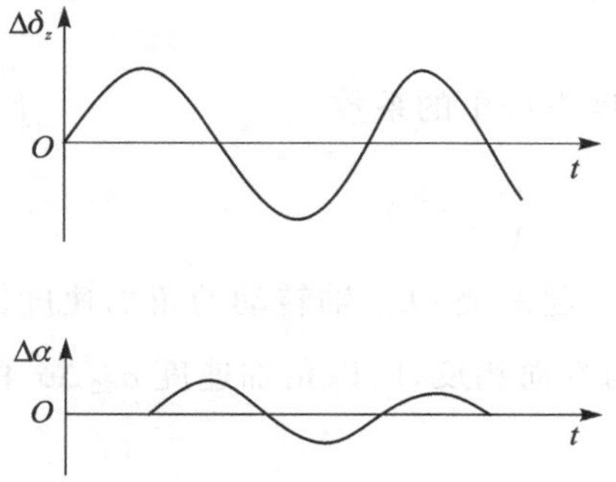

图 4.3　导弹迎角的谐波响应

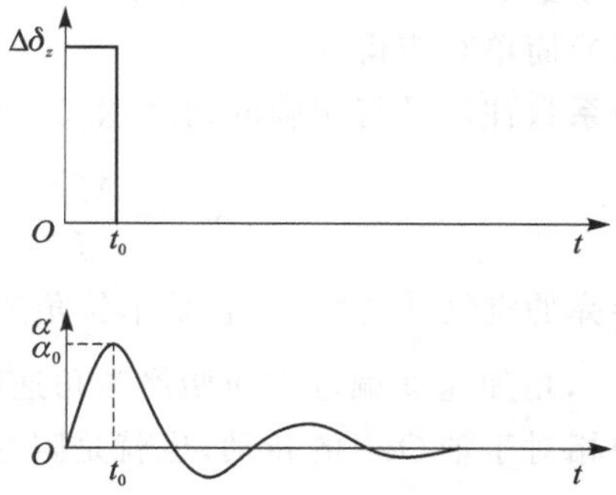

图 4.4　导弹迎角的脉冲响应

4.2　导弹动态特性分析

前面已经把导弹扰动运动分解为纵向扰动运动和侧向扰动运动，并以两组互相独立的扰动运动方程组来描述。下面分别对弹体的纵向和侧向扰动运动特性进行具体研究，也就是它们各自的稳定性和操纵性问题。在对具体问题进行研究时，一般会根据实际情况对一些分析过程进行必要的简化。

4.2.1　纵向动态特性分析

1. 纵向扰动运动方程组

纵向扰动运动方程组(4.18)中的变量是运动参数偏量 $\Delta V,\Delta\theta,\Delta\omega_x,\Delta\vartheta,\Delta\alpha$ 以及 Δx，Δy。由于 Δx 和 Δy 相对独立可单独处理，故这里重点考虑其他参量的扰动方程组，即

$$\left.\begin{aligned}
\frac{\mathrm{d}\Delta V}{\mathrm{d}t}&=\frac{P^V-X^V}{m}\Delta V+\frac{-P\alpha-X^\alpha}{m}\Delta\alpha-g\cos\theta\Delta\theta+\frac{F_{gx}}{m}\\
\Delta\alpha&=\Delta\vartheta-\Delta\theta\\
\frac{\mathrm{d}\Delta\omega_z}{\mathrm{d}t}&=\frac{M_z^V}{J_z}\Delta V+\frac{M_z^\alpha}{J_z}\Delta\alpha+\frac{M_z^{\omega_z}}{J_z}\Delta\omega_z+\frac{M_y^{\dot\alpha}}{J_z}\Delta\dot\alpha+\frac{M_z^{\delta_z}}{J_z}\Delta\delta_z+\frac{M_{gz}}{J_z}\\
\frac{\mathrm{d}\Delta\vartheta}{\mathrm{d}t}&=\Delta\omega_z\\
\frac{\mathrm{d}\Delta\theta}{\mathrm{d}t}&=\frac{P^V\alpha+Y^V}{mV}\Delta V+\frac{P+Y^\alpha}{mV}\Delta\alpha+\frac{g\sin\theta}{V}\Delta\theta+\frac{Y^{\delta_z}}{mV}\Delta\delta_z+\frac{F_{gy}}{mV}
\end{aligned}\right\}\tag{4.20}$$

为了便于表述，可将上式简记为

$$\left.\begin{aligned}
\frac{\mathrm{d}\Delta V}{\mathrm{d}t}-a_{11}\Delta V-a_{13}\Delta\theta-a_{14}\Delta\alpha&=a_{16}F_{gx}\\
\frac{\mathrm{d}^2\Delta\vartheta}{\mathrm{d}t^2}-a_{21}\Delta V-a_{22}\frac{\mathrm{d}\Delta\vartheta}{\mathrm{d}t}-a_{24}\Delta\alpha-a_{24}'\frac{\mathrm{d}\Delta\alpha}{\mathrm{d}t}&=a_{25}\Delta\delta_z+a_{26}M_{gz}\\
\frac{\mathrm{d}\Delta\theta}{\mathrm{d}t}-a_{31}\Delta V-a_{33}\Delta\theta-a_{34}\Delta\alpha&=a_{35}\Delta\delta_z+a_{36}F_{gy}\\
-\Delta\vartheta+\Delta\theta+\Delta\alpha&=0
\end{aligned}\right\}\tag{4.21}$$

式中系数 $a_{11},\cdots,a_{21},\cdots,a_{36}$ 称为动力系数，表征导弹的动力学特性，其表达式可以通过与式(4.20)简单对应得到。

动力系数往往具有明确的物理意义。例如，角度方程中的系数

$$a_{22}=\frac{M_z^{\omega_z}}{J}=\frac{m_z^{\bar{\omega}_z}qSb_A}{J_z}\frac{b_A}{V}(s^{-1})$$

它表征导弹的空气动力阻尼，它是单位角速度偏量引起的绕 Oz_1 轴转动的角加速度偏量。由于 $M_z^{\omega_z}<0$，角加速度偏量方向始终与角速度偏量的方向相反，所以角加速度 $a_{22}\Delta\dot{\vartheta}$ 的效果是阻止导弹相对于轴 Oz_1 的转动，也就是阻尼作用。

系数

$$a_{24}=\frac{M_z^{\alpha}}{J_z}=\frac{m_z^{\alpha}qSb_A}{J_z}(s^{-2})$$

表征导弹的静稳定性，它是单位迎角变化引起的导弹绕 Oz_1 轴转动角加速度偏量。

系数

$$a'_{24}=\frac{M_z^{\dot{\alpha}}}{J_z}=\frac{m_z^{\bar{\dot{\alpha}}}qSb_A}{J_z}\frac{b_A}{V}(s^{-1})$$

表征气流下洗延迟对俯仰力矩的影响，其大小指的是单位迎角变化率偏量所引起导弹绕 Oz_1 轴转动的角加速度偏量。

系数

$$a_{25}=\frac{M_z^{\delta_z}}{J_z}=\frac{m_z^{\delta_z}qSb_A}{J_z}(s^{-2})$$

表征升降舵的效率，它是操纵机构单位偏转量引起的导弹绕 Oz_1 轴转动角加速度偏量。其符号取决于导弹气动布局，对于正常式导弹为负值，鸭式导弹为正值。

系数

$$a_{33}=\frac{g\sin\theta}{V}(s^{-1})$$

表示单位弹道倾角偏量条件下，重力所引起的弹道切线方向的转动角速度偏量。

系数

$$a_{34}=\frac{Y^{\alpha}+P}{mV}=\frac{c_y^{\alpha}qS+P}{mV}(s^{-1})$$

表示单位迎角偏量所引起的弹道切线方向的转动角速度偏量。

系数

$$a_{35}=\frac{Y^{\delta_z}}{mV}(s^{-1})$$

表示操纵机构单位偏转量所引起的沿弹道切线方向转动的角速度偏量。

由动力系数表达式可知，动力系数的大小取决于导弹的结构、外形、气动参数以及基准弹道参数，其中基准弹道参数主要指动压头 q 和马赫数 Ma，也就是飞行高度和速度。

扰动运动方程组描述的是一个扰动下的运动系统，对系统的描述用矩阵方程来表示更为直观。取俯仰角速度 $\Delta\dot{\vartheta}=\Delta\omega_z$，并取 $\Delta\dot{\theta}=\Delta\dot{\vartheta}-\Delta\dot{\alpha}$，以消去弹道倾角偏量 $\Delta\theta$ 及其角速度

$\Delta\dot{\theta}$，则式(4.21)可以改写成如下形式：

$$\begin{bmatrix}\Delta\dot{V}\\ \Delta\dot{\omega}_x\\ \Delta\dot{\alpha}\\ \Delta\dot{\vartheta}\end{bmatrix}=L\begin{bmatrix}\Delta V\\ \Delta\omega_x\\ \Delta\alpha\\ \Delta\vartheta\end{bmatrix}+\begin{bmatrix}0\\ a_{25}-a'_{24}a_{35}\\ -a_{35}\\ 0\end{bmatrix}\Delta\delta_x+\begin{bmatrix}a_{16}F_{gx}\\ a_{26}M_{gx}-a'_{24}a_{36}F_{gy}\\ -a_{36F_{gy}}\\ 0\end{bmatrix}\tag{4.22}$$

其中

$$L=\begin{bmatrix}a_{11} & 0 & a_{14}-a_{13} & a_{13}\\ a_{21}-a'_{24}a_{31} & a_{22}+a'_{24} & -a'_{24}a_{34}+a'_{24}a_{33}+a_{24} & -a'_{24}a_{33}\\ -a_{31} & 1 & -a_{34}+a_{33} & -a_{33}\\ 0 & 1 & 0 & 0\end{bmatrix}$$

为四阶动力系数矩阵，表征导弹的动力学性质。

如果式(4.22)等号右侧第二项和第三项为零，则矩阵方程为一个齐次线性微分方程组，此时描述的是导弹的纵向自由扰动运动。当升降舵偏转时，即 $\Delta\delta_z\neq 0$，则等号右侧第二项存在，此时矩阵方程成为一个非齐次的线性微分方程组，它描述导弹舵面偏转时的纵向强迫扰动运动。在外部其他干扰力和力矩作用下，等号右侧第三项也不为零，导弹此时也会产生强迫扰动运动。

研究扰动运动的动态性质一般分为两部分进行：一是研究导弹受到偶然干扰作用时，基准运动是否具有稳定性，这就要求分析自由扰动运动的性质，求解齐次线性微分方程组；二是研究导弹对控制作用即舵偏角的响应，也就是操纵性问题，这时除了自由扰动运动的性质之外，更主要的是分析过渡过程的品质。

2. 自由扰动运动特性

令式(4.21)中 $\Delta\delta_z=0$，$F_{gx}=F_{gy}=M_{gz}=0$，得到自由扰动运动方程组

$$\left.\begin{aligned}\frac{\mathrm{d}\Delta V}{\mathrm{d}t}-a_{11}\Delta V-a_{13}\Delta\theta-a_{14}\Delta\alpha=0\\ -a_{21}\Delta V+\frac{\mathrm{d}^2\Delta\vartheta}{\mathrm{d}t^2}-a_{22}\frac{\mathrm{d}\Delta\vartheta}{\mathrm{d}t}-a_{24}\Delta\alpha-a'_{24}\frac{\mathrm{d}\Delta\alpha}{\mathrm{d}t}=0\\ -a_{31}\Delta V-a_{33}\Delta\theta+\frac{\mathrm{d}\Delta\theta}{\mathrm{d}t}-a_{34}\Delta\alpha=0\\ -\Delta\vartheta+\Delta\theta+\Delta\alpha=0\end{aligned}\right\}\tag{4.23}$$

利用系数冻结法，上式变成常系数线性齐次微分方程组，变量为 $\Delta V,\Delta\vartheta,\Delta\theta$ 和 $\Delta\alpha$。给定初始条件，就可求出 $\Delta V(t),\Delta\vartheta(t),\Delta\theta(t)$ 和 $\Delta\alpha(t)$的变化规律。

根据线性微分方程求解方法，其特征方程可由如下系数行列式导出：

$$\Delta(\lambda)=\begin{vmatrix}\lambda-a_{11} & 0 & -a_{13} & -a_{14}\\ -a_{21} & \lambda(\lambda-a_{22}) & 0 & -(a'_{24}\lambda+a_{24})\\ -a_{31} & 0 & \lambda-a_{33} & -a_{34}\\ 0 & -1 & 1 & 1\end{vmatrix}=0\tag{4.24}$$

展开后得到特征方程式

$$\Delta(\lambda)=\lambda^4+P_1\lambda^3+P_2\lambda^2+P_3\lambda^3+P_4=0\tag{4.25}$$

其中

$$\begin{cases} P_1 = -a_{33} + a_{34} - a_{22} - a'_{24} - a_{11} \\ P_2 = a_{31}a_{14} - a_{31}a_{13} + a_{22}a_{33} - a_{22}a_{14} - a_{24} + a_{33}a'_{24} + a_{33}a_{11} - \\ \qquad a_{34}a_{11} + a_{22}a_{11} + a'_{24}a_{11} \\ P_3 = -a_{21}a_{14} - a_{31}a_{22}a_{14} + a_{31}a_{22}a_{13} + a'_{24}a_{31}a_{13} + a_{24}a_{33} - \\ \qquad a_{33}a_{22}a_{11} + a_{34}a_{22}a_{11} + a_{24}a_{11} - a_{33}a_{11}a'_{14} \\ P_4 = a_{33}a_{14}a_{11} - a_{13}a_{21}a_{34} + a_{24}a_{31}a_{13} - a_{33}a_{24}a_{11} \end{cases}$$

系数 P_1,P_2,P_3 和 P_4 为实数,该方程的特征根 λ_1,λ_2,λ_3,λ_4 可能是实数,也可能是共轭复数,因此自由扰动运动可以有三种情况:① 四个根均为实数;② 两个根为实数,两个根为共轭复数;③ 四个根为两对共轭复根。根据特征根的情况可以判断导弹运动的纵向稳定性,即

① 所有实根或复根的实部都是负的,导弹运动是稳定的;

② 只要有一个实根或一对复根的实部为正,导弹运动不稳定;

③ 所有实根或复根的实部只要有一个等于零而其余均为负,则导弹临界稳定。

考虑到特征方程的每一对共轭复根记为 $\lambda_{1,2}=\chi+\mathrm{i}\nu$ 均对应一个振荡环节,即

$$\Delta a = D\mathrm{e}^{\chi t}\sin(\nu t+\psi) \tag{4.26}$$

式中,ν 为振荡角频率,由此可知振荡周期为 $T=2\pi/\nu$。

振荡衰减或发散的程度通常由振幅减小一半或增大一倍的时间 $\Delta t=t_2-t_1$ 来表示。当 $t=t_1$ 时,振幅 $|\Delta a_1|=D\mathrm{e}^{\chi t_1}$;当 $t=t_2$ 时,振幅 $|\Delta a_2|=D\mathrm{e}^{\chi t_2}$。如果 $\chi<0$,则可根据

$$\frac{|\Delta a_2|}{|\Delta a_1|}=\mathrm{e}^{\chi(t_2-t_1)}=\frac{1}{2}$$

求出 Δt 的大小,即

$$\Delta t=t_2-t_1=\frac{-\ln 2}{\chi}=\frac{-0.693}{\chi} \tag{4.27}$$

$|\chi|$ 愈大,衰减程度愈大。若 $\chi>0$,振荡发散,则振幅增大一倍所需的时间为

$$\Delta t=t_2-t_1=\frac{0.693}{\chi} \tag{4.28}$$

式(4.27)和式(4.28)同样适用于非振荡运动的情况。

然而,注意到导弹的自由扰动运动有两对特征根,因此各运动参数的变化是由不同形式的运动叠加而成的。对各种导弹的数值计算和飞行试验结果表明,对于两对复根的情况,其中一对复根的实部和虚部绝对值往往远大于另一对复根实部和虚部的绝对值。复根实部大小反映扰动运动的衰减程度,而虚部大小则表征振荡频率。由此可见,一对大复根对应着一个快衰减运动,称为短周期运动;而小复根则对应慢衰减运动,称为长周期运动。对于扰动运动有四个实根,即四个非周期振荡运动的情况,快衰减和慢衰减运动也是存在的。

另外,注意到纵向扰动运动方程组(4.21)中独立出来的运动学方程:

$$\begin{cases} \dfrac{\mathrm{d}\Delta y}{\mathrm{d}t}=\sin\theta\Delta V+\cos\theta\Delta\theta \\ \dfrac{\mathrm{d}\Delta x}{\mathrm{d}t}=\cos\theta\Delta V-V\sin\theta\Delta\theta \end{cases}$$

在给定起始扰动(如 $\Delta\alpha_0$)的条件下,可以求出运动参数偏量 $\Delta V(t)$ 和 $\Delta\theta(t)$,代入上式可得导

弹的运动学偏量 Δy 和 Δx：

$$\begin{cases}\Delta y=\int_{t_0}^{t}(\sin\theta\Delta V+V\cos\theta\Delta\theta)\,\mathrm{d}t\\ \Delta x=\int_{t_0}^{t}(\cos\theta\Delta V-V\sin\theta\Delta\theta)\,\mathrm{d}t\end{cases}$$

可以看出，随着时间由 t_0 开始增加，ΔV，$\Delta\vartheta$，$\Delta\theta$ 和 $\Delta\alpha$ 逐渐趋于零，而 Δx，Δy 并不趋于零，这说明导弹的运动轨迹即弹道是有偏离的。因此，导弹扰动运动中的弹道参数 x 和 y 并不具有稳定性，弹道的稳定性必须要依靠控制系统加以保证。

3. 传递函数与频域求解

下面介绍求解更为简便的频域方法，即建立传递函数，利用拉式变换进行扰动运动方程组的求解。这种方法与前述的时域方法是最为常见的两种系统动态分析方法。

在导弹的纵向运动系统中，弹体运动的输出是 ΔV，$\Delta\vartheta$，$\Delta\theta$，、$\Delta\alpha$，而输入为 $\Delta\delta_z$。若存在外界干扰，则输入除 $\Delta\delta_z$ 外，还有干扰力 F_{gx}，F_{gy} 和干扰力矩 M_{gz}。描述它们之间关系的一种简便手段就是传递函数。所谓传递函数，就是在初始条件为零时的输出量与输入量的拉普拉斯变换式之比。为得到导弹的传递函数，需要先将扰动运动方程组(4.21)进行拉氏变换，将原函数变为象函数，即有如下矩阵方程：

$$\begin{bmatrix}s-a_{11} & 0 & -a_{13} & -a_{14}\\ -a_{21} & s(s-a_{22}) & 0 & -(a'_{24}s+a_{24})\\ -a_{31} & 0 & s-a_{33} & -a_{34}\\ 0 & -1 & 1 & 1\end{bmatrix}\begin{bmatrix}\Delta V(s)\\ \Delta\vartheta(s)\\ \Delta\theta(s)\\ \Delta\alpha(s)\end{bmatrix}=\begin{bmatrix}0\\ a_{25}\\ a_{35}\\ 0\end{bmatrix}\Delta\delta_z(s)+\begin{bmatrix}a_{16}F_{gx}(s)\\ a_{26}M_{gz}(s)\\ a_{36}F_{gy}(s)\\ 0\end{bmatrix} \tag{4.29}$$

假定上式右端操纵机构偏转项和干扰力项是相互独立的，它们对导弹纵向扰动运动的影响可以分别独立求解，然后进行线性叠加。于是，利用线性代数中的克莱姆定理，矩阵方程每一部分的解可以表示为

$$\Delta V=\frac{\Delta V(s)}{\Delta(s)},\quad \Delta\vartheta=\frac{\Delta\vartheta(s)}{\Delta(s)},\quad \Delta\theta=\frac{\Delta\theta(s)}{\Delta(s)},\quad \Delta\alpha=\frac{\Delta\alpha(s)}{\Delta(s)} \tag{4.30}$$

式中，$\Delta(s)$为主行列式，由齐次方程的系数组成，有

$$\Delta(s)=\begin{vmatrix}s-a_{11} & 0 & -a_{13} & -a_{14}\\ -a_{21} & s(s-a_{22}) & 0 & -(a'_{24}s+a_{24})\\ -a_{31} & 0 & s-a_{33} & -a_{34}\\ 0 & -1 & 1 & 1\end{vmatrix} \tag{4.31}$$

其矩阵排列形式与式(4.24)相同，于是有

$$\Delta(s)=s^4+P_1s^3+P_2s^2+P_3s+P_4 \tag{4.32}$$

结合矩阵方程式(4.29)，即可求出以升降舵偏角 $\Delta\delta_z(s)$为输入，以 $\Delta V(s)$、$\Delta\vartheta(s)$、$\Delta\theta(s)$和 $\Delta\alpha(s)$为输出的弹体纵向传递函数。用下标表示输入变量，用上标表示输出变量，并略去符号 Δ，于是反映舵偏角对增速 ΔV 影响的传递函数可写为

$$W_{\delta_z}^{V}(s)=\frac{\Delta V}{\Delta\delta_z(s)}=\frac{\frac{\Delta V(s)}{\Delta(s)}}{\Delta\delta_z(s)}=\frac{\Delta V(s)}{\Delta(s)\Delta\delta_z(s)}=\frac{A_1s^2+A_2s+A_3}{s^4+P_1s^3+P_2s^2+P_3s+P_4} \tag{4.33}$$

式中

$$\begin{cases}A_1 = a_{35}(a_{13} - a_{14}) \\ A_2 = a_{22}a_{35}(a_{14} - a_{13}) - a_{13}a_{35}a'_{24} + a_{25}a_{14} \\ A_3 = a_{25}(a_{34}a_{13} - a_{14}a_{33}) - a_{24}a_{35}a_{13}\end{cases}$$

同样，可以求出反映舵偏角对另外三个变量影响的传递函数如下：

$$W_{\delta_z}^{\vartheta}(s) = \frac{\Delta\vartheta}{\Delta\delta_z(s)} = \frac{B_1 s^2 + B_2 s + B_3}{s^4 + P_1 s^3 + P_2 s^2 + P_3 s + P_4} \tag{4.34}$$

式中

$$\begin{cases}B_1 = a_{25} - a_{35}a'_{24} \\ B_2 = a_{35}(a_{11}a'_{14} - a_{24}) + a_{25}(a_{34} - a_{11} - a_{33}) \\ B_3 = a_{35}(a_{11}a_{24} - a_{21})(a_{14} - a_{13}) + a_{25}[a_{31}(a_{14} - a_{13}) - a_{11}(a_{34} - a_{33})]\end{cases}$$

$$W_{\delta_z}^{\theta}(s) = \frac{\Delta\theta}{\Delta\delta_z(s)} = \frac{C_1 s^3 + C_2 s^2 + C_3 s + C_4}{s^4 + P_1 s^3 + P_2 s^2 + P_3 s + P_4} \tag{4.35}$$

式中

$$\begin{cases}C_1 = a_{35} \\ C_2 = -a_{33}(a_{11} + a_{22} + a'_{24}) \\ C_3 = a_{35}[a_{11}(a_{22} + a'_{24}) - a_{24}] + a_{25}a_{34} \\ C_4 = a_{35}(a_{11}a_{24} - a_{21}a_{14}) - a_{25}(a_{11}a_{34} - a_{14}a_{31})\end{cases}$$

$$W_{\delta_z}^{\alpha}(s) = \frac{\Delta\alpha}{\Delta\delta_z(s)} = \frac{D_1 s^3 + D_2 s^2 + D_3 s + D_4}{s^4 + P_1 s^3 + P_2 s^2 + P_3 s + P_4} \tag{4.36}$$

式中

$$\begin{cases}D_1 = -a_{35} \\ D_2 = a_{35}(a_{11} + a_{22}) + a_{25} \\ D_3 = -a_{35}a_{11}a_{22} - a_{25}(a_{11} + a_{33}) \\ D_4 = -a_{35}a_{21}a_{13} - a_{25}(a_{13}a_{31} - a_{11}a_{33})\end{cases}$$

用同样的方法还可得到反映干扰作用 F_{gx}，F_{gy} 和 M_{gz} 对运动参数 $\Delta V(s)$，$\Delta\vartheta(s)$，$\Delta\theta(s)$ 和 $\Delta\alpha(s)$ 影响的传递函数，包括 $W_{M_{gz}}^{V}(s)$，$W_{M_{gz}}^{\vartheta}(s)$，$W_{M_{gz}}^{\theta}(s)$，$W_{M_{gz}}^{\alpha}(s)$，$W_{F_{gy}}^{V}(s)$，$W_{F_{gy}}^{\vartheta}(s)$，$W_{F_{gy}}^{\theta}(s)$，$W_{F_{gy}}^{\alpha}(s)$，$W_{F_{gx}}^{V}(s)$，$W_{F_{gx}}^{\vartheta}(s)$，$W_{F_{gx}}^{\theta}(s)$ 和 $W_{F_{gx}}^{\alpha}(s)$，读者可自行推导具体表达式。

知道各因素相互之间的作用后，根据传递函数还可以得到纵向扰动运动参数偏量的总表达式。以俯仰角偏量为例，有

$$\Delta\vartheta = W_{\delta_z}^{\vartheta}(s)\delta_z(s) + W_{F_{gx}}^{\vartheta}(s)F_{gx}(s) + W_{F_{gy}}^{\vartheta}(s)F_{gy}(s) + W_{M_{gz}}^{\vartheta}(s)M_{gz}(s) \tag{4.37}$$

式中，传递函数 $W_{\delta_z}^{\vartheta}(s)$，$W_{F_{gx}}^{\vartheta}(s)$，$W_{F_{gy}}^{\vartheta}(s)$ 和 $W_{M_{gz}}^{\vartheta}(s)$ 表示俯仰角对各输入参数的响应。

在建立传递函数后，可以利用拉氏变换来求解自由扰动运动的参数偏量。

假设导弹受突发上升气流的影响，角度 α 和 θ 瞬间改变了 $\Delta\alpha_0 = -\Delta\theta_0$ 作为初始的条件。根据拉氏变换的微分法则，有

$$L\left(\frac{d^2\Delta\vartheta}{dt^2}\right) = s^2\Delta\vartheta(s), \qquad L\left(\frac{d^2\Delta\vartheta}{dt}\right) = s\Delta\vartheta(s)$$

$$L\left(\frac{d\Delta\theta}{dt}\right) = s\Delta\theta - \Delta\theta_0, \qquad L\left(\frac{d\Delta\alpha}{dt}\right) = s\Delta\alpha - \Delta\alpha_0$$

运动参数象函数的代数方程为

$$\begin{bmatrix} s-a_{11} & 0 & -a_{13} & -a_{14} \\ -a_{21} & s(s-a_{22}) & 0 & -(a'_{24}s+a_{24}) \\ -a_{31} & 0 & s-a_{33} & -a_{34} \\ 0 & -1 & 1 & 1 \end{bmatrix} \begin{bmatrix} \Delta V(s) \\ \Delta\vartheta(s) \\ \Delta\theta(s) \\ \Delta\alpha(s) \end{bmatrix} = \begin{bmatrix} 0 \\ -a'_{24}\Delta\alpha_0 \\ \Delta\theta_0 \\ 0 \end{bmatrix} \tag{4.38}$$

由线性代数理论可得

$$\Delta V(s) = \frac{-a'_{24}\Delta\alpha_0\Delta V_{\alpha_0}(s) + \Delta V_{\theta_0}(s)\Delta\theta_0}{\Delta(s)} \tag{4.39}$$

式中

$$\Delta V_{\alpha_0}(s) = a_{14}s + a_{34}a_{13} - a_{33}a_{14}$$

$$\Delta V_{\theta_0}(s) = -(a_{14}-a_{13})s^2 - (a_{22}a_{13} - a_{22}a_{14} + a'_{24}a_{12})s - a_{24}a_{13}$$

采用同样的方法可得

$$\Delta\vartheta(s) = \frac{-a'_{24}\Delta\alpha_0\Delta\vartheta_{\alpha_0}(s) + \Delta\vartheta_{\theta_0}(s)\Delta\theta_0}{\Delta(s)} \tag{4.40}$$

式中

$$\Delta\vartheta_{\alpha_0}(s) = s^2 + (a_{34} - a_{33} - a_{11})s - a_{11}(a_{34} - a_{33}) - a_{31}(a_{13} - a_{14})$$

$$\Delta\vartheta_{\theta_0}(s) = -[a'_{24}s^2 + (a_{24} - a'_{24}a_{11})s - a_{24}a_{11} - a_{21}(a_{13} - a_{14})]$$

$$\Delta\theta(s) = \frac{-a'_{24}\Delta\alpha_0\Delta\theta_{\alpha_0}(s) + \Delta\theta_{\theta_0}(s)\Delta\theta_0}{\Delta(s)} \tag{4.41}$$

式中

$$\Delta\theta_{\alpha_0}(s) = a_{34}s - a_{34}a_{11} + a_{31}a_{14}$$

$$\Delta\theta_{\theta_0}(s) = s^3 - (a_{11} + a_{22} + a'_{24})s^2 - (a_{24} - a_{11}a_{22} - a'_{24}a_{11})s + a_{24}a_{11} - a_{21}a_{14}$$

$$\Delta\alpha(s) = \frac{-a'_{24}\Delta\alpha_0\Delta\alpha_{\alpha_0}(s) + \Delta\alpha_{\theta_0}(s)\Delta\theta_0}{\Delta(s)} \tag{4.42}$$

式中

$$\Delta\alpha_{\alpha_0}(s) = s^2 - (a_{11} + a_{33})s + a_{11}a_{33} - a_{31}a_{13}$$

$$\Delta\alpha_{\theta_0}(s) = -s^3 + (a_{11} + a_{22})s^2 - a_{11}a_{22}s + a_{21}a_{13}$$

求得 $\Delta V(s)$，$\Delta\vartheta(s)$，$\Delta\theta(s)$和 $\Delta\alpha(s)$后，进行拉氏反变换即可得 $\Delta V(t)$，$\Delta\vartheta(t)$，$\Delta\theta(t)$和 $\Delta\alpha(t)$。

4. 纵向短周期扰动运动

在把握自由扰动运动特性后，我们需要研究舵面控制作用对导弹运动的影响，一般情况下只研究扰动的短周期运动。因为控制飞行必须要控制法向力，而控制法向力是通过改变迎角和侧滑角来达到的，迎角又多在短周期运动时变化，所以研究短周期扰动运动就可以认为是研究导弹对操纵舵面偏转的反应。

首先对导弹的纵向扰动运动再加以简化，即只讨论速度偏量 ΔV 可以忽略的短周期扰动运动，也就是说把速度视为已知，即 $V(t)=V_0(t)$。此时，扰动运动方程组(4.21)即可去掉描述 ΔV 变化的第一个方程，并在其余的方程式中令 $\Delta V=0$，于是可得简化后的扰动运动方程组：

$$\left.\begin{aligned}\frac{\mathrm{d}^2\Delta\vartheta}{\mathrm{d}t^2}-a_{22}\frac{\mathrm{d}\Delta\vartheta}{\mathrm{d}t}-a_{24}\Delta\alpha-a'_{24}\Delta\dot{\alpha}=a_{25}\Delta\delta_z+a_{26}M_{gz}\\ \frac{\mathrm{d}\Delta\theta}{\mathrm{d}t}-a_{33}\Delta\theta-a_{34}\Delta\alpha=a_{35}\Delta\delta_z+a_{36}F_{gy}\\ -\Delta\vartheta+\Delta\theta+\Delta\alpha=0\end{aligned}\right\}\tag{4.43}$$

该式主要是描述导弹的角运动。注意该方程组的假设前提为小扰动且基准运动的侧向参数及纵向角速度足够小，同时系数冻结使得方程适用的时间间隔非常小。

根据式(4.29)，可得短周期扰动运动的特征行列式：

$$\Delta(\lambda)=\begin{vmatrix}\lambda(\lambda-a_{22}) & 0 & -(a'_{24}\lambda+a_{24})\\ 0 & \lambda-a_{33} & -a_{34}\\ -1 & 1 & 1\end{vmatrix}=\lambda^3+P_1\lambda^2+P_2\lambda+P_3\lambda+P_4 \tag{4.44}$$

其中

$$\begin{cases}P_1=-a_{33}+a_{34}-a_{22}-a'_{24}\\ P_2=a_{22}(a_{33}-a_{34})-a_{24}+a_{33}a'_{24}\\ P_3=a_{22}a_{33}\end{cases}$$

后面会运用该特征行列式对操纵机构偏转的扰动运动特性进行研究。

同样，短周期纵向扰动运动还可以转换成传递函数形式进行频域分析。对短周期扰动运动方程组(4.43)进行拉氏变换，可得

$$\begin{bmatrix}s(s-a_{22}) & 0 & -(a'_{24}s+a_{24})\\ 0 & s-a_{33} & -a_{34}\\ -1 & 1 & 1\end{bmatrix}\begin{bmatrix}\Delta\vartheta(s)\\ \Delta\theta(s)\\ \Delta\alpha(s)\end{bmatrix}=\begin{bmatrix}a_{25}\\ a_{35}\\ 0\end{bmatrix}\Delta\delta_z(s)+\begin{bmatrix}a_{26}M_{gz}(s)\\ a_{36}F_{gy}(s)\\ 0\end{bmatrix}\tag{4.45}$$

根据线性代数理论，可以导出短周期运动的传递函数如下：

$$W_{\delta_z}^{\vartheta}(s)=\frac{\Delta\vartheta(s)}{\Delta\delta_z(s)}=\frac{(-a_{35}a'_{24}+a_{25})s+a_{25}(a_{34}-a_{33})-a_{35}a_{24}}{s^3+P_1s^2+P_2s+P_3}\tag{4.46}$$

$$W_{\delta_z}^{\theta}(s)=\frac{\Delta\theta(s)}{\Delta\delta_z(s)}=\frac{a_{35}s^2-a_{35}(a'_{24}+a_{22})s+a_{25}a_{34}-a_{35}a_{24}}{s^3+P_1s^2+P_2s+P_3}\tag{4.47}$$

$$W_{\delta_z}^{\alpha}(s)=\frac{\Delta\alpha(s)}{\Delta\delta_z(s)}=\frac{-a_{35}s^2+(a_{35}a_{22}+a_{25})s-a_{25}a_{33}}{s^3+P_1s^2+P_2s+P_3}\tag{4.48}$$

式中 P_1,P_2,P_3 表达式与式(4.44)中的相同。

对于有翼式导弹，若不计重力影响，即 $a_{33}=0$，可得短周期阶段经过简化的传递函数，并通过整理得到由典型基本环节构成的传递函数如下：

$$W_{\delta_z}^{\vartheta}(s)=\frac{\Delta\vartheta(s)}{\Delta\delta_z(s)}=\frac{(-a_{35}a'_{24}+a_{25})s+a_{25}(a_{34}-a_{33})-a_{35}a_{24}}{s[s^2+(a_{34}-a_{22}-a'_{24})s+(-a_{22}a_{34}-a_{24})]}=\frac{K_M(T_1s+1)}{s(T_M^2s^2+2T_M\xi_Ms+1)}\tag{4.49}$$

式中，$K_M=\dfrac{-a_{25}a_{34}+a_{35}a_{24}}{a_{22}a_{34}+a_{24}}$，为导弹的传递系数；$T_M=\dfrac{1}{\sqrt{-a_{24}-a_{22}a_{34}}}$，为导弹的时间常

数；$\xi_M=\dfrac{-a_{22}-a'_{24}+a_{34}}{2\sqrt{-a_{24}-a_{22}a_{34}}}$，为导弹的相对阻尼系数；$T_1=\dfrac{-a_{35}a'_{24}+a_{25}}{a_{25}a_{34}-a_{35}a_{24}}$，为导弹气动力时间常数。另外有

$$W_{\delta_z}^{\theta}(s)=\frac{\Delta\theta(s)}{\Delta\delta_z(s)}=\frac{a_{35}s^2-a_{35}(a'_{24}+a_{22})s+a_{25}a_{34}-a_{35}a_{24}}{s[s^2+(a_{34}-a_{22}-a'_{24})s+(-a_{22}a_{34}-a_{24})]}=\frac{K_M(T_{1\theta}s+1)(T_{2\theta}s+1)}{s(T_M^2s^2+2T_M\xi_Ms+1)}\tag{4.50}$$

式中，$T_{1\theta}T_{2\theta}=\dfrac{a_{35}}{a_{25}a_{34}-a_{35}a_{24}}$，$T_{1\theta}+T_{2\theta}=\dfrac{-a_{35}(a'_{24}+a_{22})}{a_{25}a_{34}-a_{35}a_{24}}$。

$$W_{\delta_z}^{\alpha}(s)=\frac{\Delta\alpha(s)}{\Delta\delta_z(s)}=\frac{-a_{35}s^2+(a_{35}a_{22}+a_{25})s-a_{25}a_{33}}{s[s^2+(a_{34}-a_{22}-a'_{24})s+(-a_{22}a_{34}-a_{24})]}=\frac{K_\alpha(T_\alpha s+1)}{T_M^2s^2+2T_M\xi_Ms+1}\tag{4.51}$$

其中，$K_\alpha=\dfrac{-(a_{35}a_{22}+a_{25})}{a_{22}a_{34}+a_{24}}$，为导弹迎角传递系数；$T_\alpha=\dfrac{-a_{35}}{a_{22}a_{35}+a_{22}}$，为导弹迎角时间常数。

根据这些传递函数求得 $\Delta\vartheta(s)$，$\Delta\theta(s)$ 和 $\Delta\alpha(s)$ 后，进行拉氏反变换即可得 $\Delta\vartheta(t)$，$\Delta\theta(t)$ 和 $\Delta\alpha(t)$。分解传递函数到基本环节，可以建立导弹纵向短周期运动的系统结构框图（见图 4.5），各参数之间的传递关系能够明确地反映出来。

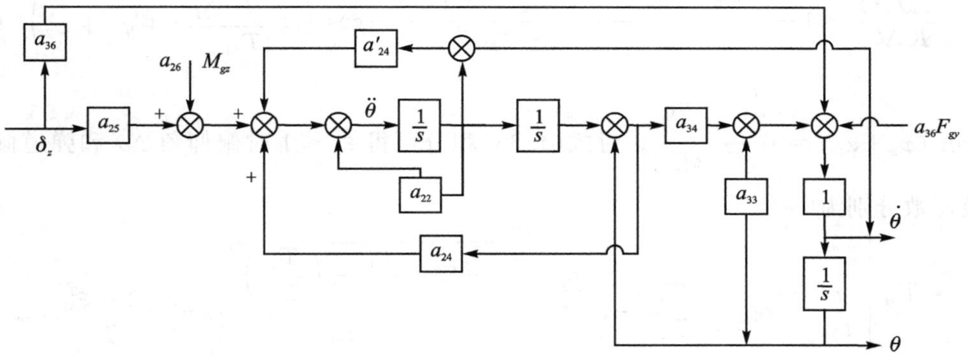

图 4.5 纵向短周期运动的结构图

5. 舵面阶跃偏转的动态特性

有了短周期扰动运动方程组以及传递函数，下面我们来讨论短周期扰动运动阶段的纵向动态特性。这里只考虑一种典型的舵面偏转方式，即阶跃偏转。

当俯仰操纵机构阶跃偏转时，导弹会从一个飞行状态过渡到另一个飞行状态。如果不考虑惯性，则该过渡过程瞬间完成，然而由于导弹的惯性，运动参数是在一个时间段内变化的，这个变化过程称为过渡过程。在过渡过程结束时，运动参数会稳定在与操纵机构新位置相对应的数值上。

下面研究忽略 a_{33}，a_{35} 和 a_{24} 等动力系数时的导弹的过渡过程。以迎角 α 为例，作为输出量，其传递函数是一个二阶环节，可写为

$$\frac{\Delta X(s)}{\Delta\delta_z(s)}=\frac{K}{T_M^2s^2+2\xi_MT_Ns+1}\tag{4.52}$$

式中，ΔX 可指代 $\Delta\alpha$ 或其他输出量，K 为与 ΔX 相对应的传递系数 $K_N T_1$。于是有

$$\Delta X(s)=\frac{K}{T_M^2 s^2+2\xi_M T_M s+1}\Delta\delta_z(s)$$

当 $\xi_M>1$ 时，用拉氏反变换可得过渡过程：

$$\Delta X(t)=\left[1-\frac{1}{2\xi_M\left(\sqrt{\xi_M^2-1}-\xi_M\right)+2}e^{-\left(\frac{\xi_M-\sqrt{\xi_M^2-1}}{T_M}\right)}+\frac{1}{2\xi_M\left(\sqrt{\xi_M^2-1}+\xi_M\right)-2}e^{-\left(\frac{\xi_M+\sqrt{\xi_M^2-1}}{T_M}\right)}\right]K\Delta\delta_z \tag{4.53}$$

可以看出，此时过渡过程是由两个衰减的非周期运动所构成。而当 $\xi_M<1$ 时，有

$$\Delta X(t)=\left[1-\frac{e^{-\frac{\xi_M}{T_M}}}{\sqrt{1-\xi_M^2}}\cos\left(\frac{\sqrt{1-\xi_M^2}}{T_M}t-\varphi_1\right)\right]K\Delta\delta_z \tag{4.54}$$

式中 $\tan\varphi_1=\dfrac{\xi_M}{\sqrt{1-\xi_M^2}}$，此时过渡过程做衰减的周期振荡运动。

俯仰角速度 $\Delta\dot{\vartheta}(t)$ 的过渡函数可由式(4.49)和式(4.54)得出

$$\frac{\Delta\dot{\vartheta}(t)}{K\Delta\delta_z}=1-e^{-\frac{\xi_M}{T_M}}\sqrt{\frac{1-2\xi_M\dfrac{T_1}{T_M}+\left(\dfrac{T_1}{T_M}\right)^2}{1-\xi_M^2}}\cos\left(\frac{\sqrt{1-\xi_M^2}}{T_M}t+\varphi_1+\varphi_2\right) \tag{4.55}$$

式中 $\tan(\varphi_1+\varphi_2)=\dfrac{\dfrac{T_1}{T_M}-\xi_M}{\sqrt{1-\xi_M}}$。对式(4.55)积分可得 $\xi_M<1$ 时俯仰角 $\Delta\vartheta$ 和弹道倾角 $\Delta\theta$ 的过渡函数分别为

$$\left.\begin{aligned}\frac{\Delta\vartheta}{K\Delta\delta_z}&=T_M\left[\frac{t}{T_M}-2\xi_M+\frac{T_1}{T_M}-e^{-\frac{\xi_M}{T_M}t}\sqrt{\frac{1-2\xi_M\dfrac{T_1}{T_M}+\left(\dfrac{T_1}{T_M}\right)^2}{1-\xi_M^2}}\sin\left(\frac{\sqrt{1-\xi_M^2}}{T}t+\varphi_2\right)\right]\\ \tan\varphi_2&=\frac{\sqrt{1-\xi_M^2}\left(\dfrac{T_1}{T_M}-2\xi_M\right)}{1-2\xi_M^2+\xi_M\dfrac{T_1}{T_M}}\end{aligned}\right\} \tag{4.56}$$

和

$$\left.\begin{aligned}\frac{\Delta\theta}{K\Delta\delta_z}&=T_M\left[\frac{t}{T_M}-2\xi_M-\frac{e^{-\frac{\xi_M}{T_M}t}}{\sqrt{1-\xi_M^2}}\sin\left(\frac{\sqrt{1-\xi_M^2}}{T}t-2\varphi_1\right)\right]\\ \tan 2\varphi_1&=\frac{2\xi_M\sqrt{1-\xi_M^2}}{1-2\xi_M^2}\end{aligned}\right\} \tag{4.57}$$

以上三式所描述的过渡过程如图 4.6 和图 4.7 所示。从图中可见，导弹操纵机构发生阶跃偏转，只能使迎角、俯仰角速度和弹道倾角角速度达到稳定状态，而俯仰角和弹道倾角则是

随时间增大的。

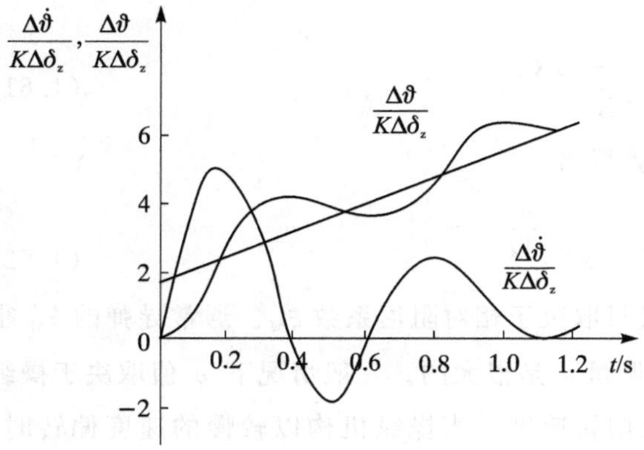

图 4.6 $\Delta\dot{\vartheta}$ 和 $\Delta\vartheta$ 在过渡过程中的变化

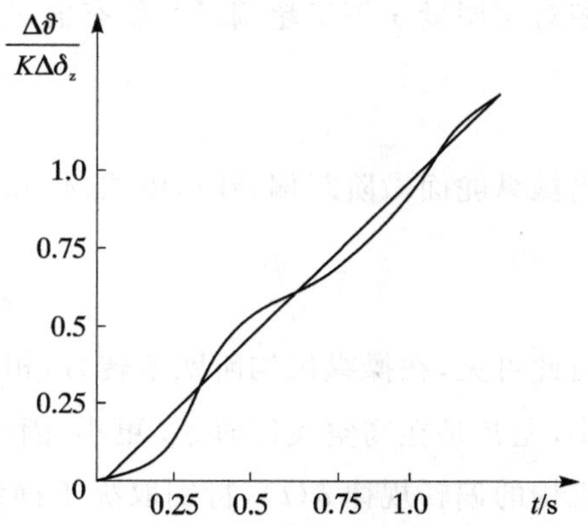

图 4.7 $\Delta\theta$ 在过渡过程中的变化

阶跃作用下过渡过程的主要品质指标有过渡时间、固有频率、超调量等，下面分别讨论。

由描述过渡过程的式(4.53)和式(4.54)不难看出，固有频率 $\omega_c=1/T_M$ 为独立变量 t 的一个系数，引入量纲为 1 的时间 $t=t/T_M$，于是式(4.52)可写为

$$(s^2+2\xi_M s+1)\Delta X(s)=K\Delta\delta_z(s)$$

由上式可以看出，过渡过程的特性仅由量纲为 1 的相对阻尼系数 ξ_M 决定，而过渡过程时间轴的比例尺则由固有频率 ω_c 来决定。图 4.8 给出了不同 ξ_M 值时的过渡过程曲线。不难看出，当 $\xi_M=0.75$ 时，过渡过程最短，其持续时间 $t_p\approx 3T_M=3/\omega_c$。

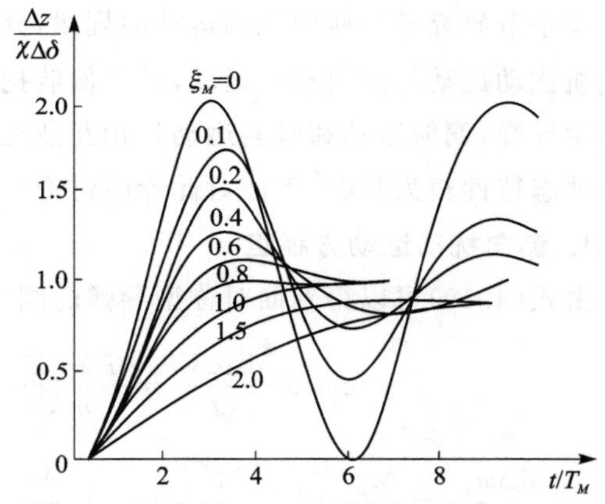

图 4.8 相对阻尼系数对过渡过程的影响

当给定 ξ_M 时，过渡过程时间与振荡的固有频率 ω_c 成反比，与时间常数 T_M 成正比。时间常数表达式为

$$T_M=\frac{1}{\sqrt{-(a_{24}+a_{22}a_{34})}} \tag{4.58}$$

该式表明，增大 $|a_{22}|$，$|a_{24}|$ 和 $|a_{34}|$ 将使 T_M 减小，这有利于缩短过渡过程的时间，提高操纵性。但是增加动力系数 $|a_{24}|$ 要降低传递系数 K_M，这对操纵性又是不利的。因此，设计导弹和制导系统时，必须合理地确定导弹静稳定度。

根据时间常数 T_M，可以得到导弹的固有频率：

$$\omega_c=\frac{1}{T_M}\approx\sqrt{-a_{24}} \tag{4.59}$$

该式说明，导弹静稳定性大小决定了它的固有频率。增加静稳定性可以减小时间常数，而增大固有频率。

运动参数(如迎角等)超过稳态值的增量通常称为超调量，即

$$\Delta X_p = \Delta X_{\max} - \Delta X_\sigma \tag{4.60}$$

相对超调量 σ 等于超调量与稳态值之比，即

$$\sigma = \frac{\Delta X_{\max} - \Delta X_\sigma}{\Delta X_\sigma} \tag{4.61}$$

当操纵舵面做阶跃偏转时，由式(4.52)可以计算得出

$$\sigma = e^{\frac{-\xi_M}{T_M}\frac{\pi}{\omega}} = e^{\frac{-\pi\xi_M}{\sqrt{1-\xi_M^2}}} \tag{4.62}$$

由此可见，在操纵机构阶跃偏转时，相对超调量只取决于相对阻尼系数 ξ_M。通常导弹的 ξ_M 很小，尤其是在高空飞行时 ξ_M 更小，因此相对超调量 σ 是很大的。一般情况下，σ 值取决于操纵机构的偏转规律 $\delta(t)$，特别取决于操纵机构的偏转速度。当操纵机构以较慢的速度偏转时，出现的超调量要小一些。

4.2.2　侧向动态特性分析

本小节研究导弹侧向扰动运动的规律，分析侧向扰动的动态特性。侧向扰动运动又可分为偏航扰动运动与倾斜扰动运动，其中偏航扰动运动特性与纵向扰动运动完全一致。对于轴对称型导弹，偏航运动和倾斜运动是相互独立的，而对于面对称导弹则是相互耦合的，此时的侧向动态特性较为复杂，下面对此专门讨论。

1. 侧向扰动运动方程组

由式(4.19)可以得到面对称型导弹的侧向扰动运动方程组：

$$\left.\begin{aligned}
\cos\theta\,\frac{\mathrm{d}\Delta\varphi V}{\mathrm{d}t} &= \frac{P - Z^\beta}{mV}\Delta\beta - \frac{P\alpha + Y}{mV}\Delta\gamma_V - \frac{Z^{\delta_y}}{mV}\Delta\delta_y - \frac{F_{gz}}{mV}\\
\frac{\mathrm{d}\Delta\omega_x}{\mathrm{d}t} &= \frac{M_x^\beta}{J_x}\Delta\beta + \frac{M_x^{\omega_x}}{J_x}\Delta\omega_x + \frac{M_x^{\omega_y}}{J_x}\Delta\omega_y + \frac{M_x^{\delta_x}}{J_x}\Delta\delta_x + \frac{M_x^{\delta_y}}{J_x}\Delta\delta_y + \frac{M_{gx}}{J_x}\\
\frac{\mathrm{d}\Delta\omega_y}{\mathrm{d}t} &= \frac{M_y^\beta}{J_y}\Delta\beta + \frac{M_y^{\omega_y}}{J_y}\Delta\omega_y + \frac{M_y^{\omega_x}}{J_y}\Delta\omega_x + \frac{M_y^{\dot\beta}}{J_y}\Delta\dot\beta + \frac{M_y^{\delta_y}}{J_y}\Delta\delta_y + \frac{M_{gy}}{J_y}\\
\frac{\mathrm{d}\Delta\varphi}{\mathrm{d}t} &= \frac{1}{\cos\vartheta}\Delta\omega_y\\
\frac{\mathrm{d}\Delta\gamma}{\mathrm{d}t} &= \Delta\omega_x - (\tan\vartheta)\Delta\omega_y\\
\frac{\mathrm{d}\Delta z}{\mathrm{d}t} &= -V(\cos\theta)\Delta\varphi_V\\
\Delta\beta &= (\cos\theta)\Delta\varphi + \alpha\Delta\gamma - (\cos\theta)\Delta\varphi_V\\
\Delta\gamma_V &= (\tan\theta)\Delta\beta + \frac{\cos\vartheta}{\cos\theta}\Delta\gamma
\end{aligned}\right\} \tag{4.63}$$

其中第 6 式是独立的，可以单独求解。现将第 1 式消去偏量 $\Delta\gamma_V$，根据式(4.02)描述的基准运动，考虑其第 2 式

$$mV\frac{d\theta}{dt}=P(\sin\alpha\cos\gamma_V+\cos\alpha\sin\beta\sin\gamma_V)+Y\cos\gamma_V-G\cos\theta$$

由于基准运动中假定侧向参数足够小，因此可忽略乘积项，如 $\sin\beta\sin\gamma_V\approx\beta\gamma_V\approx 0$，并且 $\sin\alpha\approx\alpha$，$\cos\gamma_V\approx 1$，这样可以得到小侧向参数的简化基准运动方程

$$mV\frac{d\theta}{dt}=P\alpha+Y-G\sin\theta$$

根据该方程和方程组(4.63)中的第 8 式，可得

$$\frac{P\alpha+Y}{mV}\Delta\gamma_V=\left(\frac{d\theta}{dt}+\frac{g}{V}\cos\theta\right)\left(\tan\theta\Delta\beta+\frac{\cos\vartheta}{\cos\theta}\Delta\gamma\right)$$

进一步忽略小量乘积，并认为基准运动中的导数 $\dot\theta=\dot\vartheta-\dot\alpha$ 为小量，于是有

$$\frac{P\alpha+Y}{mV}\Delta\gamma_V=\frac{g}{V}(\sin\theta\Delta\beta+\cos\vartheta\Delta\gamma)$$

这样方程组(4.63)可改写为

$$\left.\begin{aligned}
&\frac{d\Delta\omega_x}{dt}=\frac{M_x^{\beta}}{J_x}\Delta\beta+\frac{M_x^{\omega_x}}{J_x}\Delta\omega_x+\frac{M_x^{\omega_y}}{J_x}\Delta\omega_y+\frac{M_x^{\delta_x}}{J_x}\Delta\delta_x+\frac{M_x^{\delta_y}}{J_x}\Delta\delta_y+\frac{M_{gx}}{J_x}\\
&\frac{d\Delta\omega_y}{dt}=\frac{M_y^{\beta}}{J_y}\Delta\beta+\frac{M_y^{\omega_y}}{J_y}\Delta\omega_y+\frac{M_y^{\omega_x}}{J_y}\Delta\omega_x+\frac{M_y^{\dot\beta}}{J_y}\Delta\dot\beta+\frac{M_y^{\delta_y}}{J_y}\Delta\delta_y+\frac{M_{gy}}{J_y}\\
&\cos\theta\frac{d\Delta\varphi V}{dt}=\left(\frac{P-Z^{\beta}}{mV}-\frac{g}{V}\sin\theta\right)\Delta\beta-\frac{g}{V}(\cos\theta)\Delta\gamma-\frac{Z^{\delta_y}}{mV}\Delta\delta_y-\frac{F_{gz}}{mV}\\
&\frac{d\Delta\varphi}{dt}=\frac{1}{\cos\vartheta}\Delta\omega_y\\
&\frac{d\Delta\gamma}{dt}=\Delta\omega_x-(\tan\vartheta)\Delta\omega_y\\
&(\cos\theta)\Delta\varphi_V=(\cos\theta)\Delta\varphi-\Delta\beta+\alpha\Delta\gamma
\end{aligned}\right\}\quad(4.64)$$

可以看出，导弹的侧向扰动运动是由 5 个一阶微分方程和 1 个几何关系式所组成的方程组来描述的。该方程组包含 6 个未知数，即 $\Delta\omega_x$、$\Delta\omega_y$、$\Delta\varphi_V$、$\Delta\varphi$、$\Delta\beta$、$\Delta\gamma$ 。

为表述方便，将各项系数符号化，可写为

$$\left.\begin{aligned}
&\frac{d\Delta\omega_x}{dt}=b_{11}\Delta\omega_x+b_{12}\Delta\omega_y+b_{14}\Delta\beta+b_{15}\Delta\delta_y+b_{17}\Delta\delta_x+b_{18}M_{gx}\\
&\frac{d\Delta\omega_y}{dt}=b_{21}\Delta\omega_x+b_{22}\Delta\omega_y+b_{24}\Delta\beta+b'_{24}\Delta\dot\beta+b_{25}\Delta\delta_y+b_{28}M_{gy}\\
&\cos\theta\frac{d\Delta\varphi_V}{dt}=(b_{34}-a_{33})\Delta\beta-b_{36}\Delta\gamma+b_{35}\Delta\delta_y+b_{38}F_{gz}\\
&\frac{d\Delta\varphi}{dt}=\frac{1}{\cos\vartheta}\Delta\omega_y\\
&\frac{d\Delta\gamma}{dt}=\Delta\omega_x-(\tan\vartheta)\Delta\omega_y\\
&(\cos\theta)\Delta\varphi_V=(\cos\theta)\Delta\varphi-\Delta\beta+\alpha\Delta\gamma
\end{aligned}\right\}\quad(4.65)$$

下面进一步降阶处理，可利用方程组(4.65)中第6式所示的几何关系来消去 $\Delta\varphi_V$。将几何关系式微分并去掉小量乘积 $\frac{d\theta}{dt}\Delta\varphi_V$，$\frac{d\theta}{dt}\Delta\varphi$，$\frac{d\theta}{dt}\Delta\gamma$，同时代入第4式，即可得到

$$\cos\theta\frac{d\Delta\varphi_V}{dt}=\cos\theta\frac{d\Delta\varphi}{dt}-\frac{d\Delta\beta}{dt}+\alpha\frac{d\Delta\gamma}{dt}=\frac{\cos\theta}{\cos\vartheta}\Delta\omega_y-\frac{d\Delta\beta}{dt}+\alpha\frac{d\Delta\gamma}{dt}$$

于是，方程组(4.65)的第3式可以改写为

$$b_{32}\Delta\omega_y+(b_{34}-a_{33})\Delta\beta+\frac{d\Delta\beta}{dt}-\alpha\frac{d\Delta\gamma}{dt}+b_{36}\Delta\gamma=-b_{35}\Delta\delta_y-b_{38}F_{gz}$$

式中，$b_{32}=\frac{-\cos\theta}{\cos\vartheta}$。

考虑到方程组(4.65)第4式可以用来显式求解增量 $\Delta\varphi$，即

$$\Delta\varphi=\frac{1}{\cos\vartheta}\int_0^t\Delta\omega_y(t)dt+\Delta\varphi_0$$

于是侧向扰动运动方程组可以降为4个未知参数，即

$$\left.\begin{aligned}\frac{d\Delta\omega_x}{dt}-b_{11}\Delta\omega_x-b_{12}\Delta\omega_y-b_{14}\Delta\beta=b_{15}\Delta\delta_y+b_{17}\Delta\delta_x+b_{18}M_{gx}\\ \frac{d\Delta\omega_y}{dt}-b_{21}\Delta\omega_x-b_{22}\Delta\omega_y-b_{24}\Delta\beta-b'_{24}\Delta\dot{\beta}=b_{25}\Delta\delta_y+b_{28}M_{gy}\\ b_{32}\Delta\omega_y+(b_{34}-a_{33})\Delta\beta+\frac{d\Delta\beta}{dt}-\alpha\frac{d\Delta\gamma}{dt}+b_{36}\Delta\gamma=-b_{35}\Delta\delta_y-b_{38}F_{gz}\\ \Delta\omega_x-(\tan\vartheta)\Delta\omega_y-\frac{d\Delta\gamma}{dt}=0\end{aligned}\right\}\tag{4.66}$$

改写成矩阵形式，有

$$\begin{bmatrix}\Delta\dot{\omega}_x\\ \Delta\dot{\omega}_y\\ \Delta\dot{\beta}\\ \Delta\dot{\gamma}\end{bmatrix}=\boldsymbol{N}\begin{bmatrix}\Delta\omega_x\\ \Delta\omega_y\\ \Delta\beta\\ \Delta\gamma\end{bmatrix}+\begin{bmatrix}b_{17}\\ 0\\ 0\\ 0\end{bmatrix}\Delta\delta_x+\begin{bmatrix}b_{15}\\ b_{25}-b'_{24}b_{35}\\ -b_{35}\\ 0\end{bmatrix}\Delta\delta_y+\begin{bmatrix}b_{18}M_{gx}\\ -b_{38}b'_{24}F_{gz}+b_{28}M_{gy}\\ -b_{38}F_{gz}\\ 0\end{bmatrix}\tag{4.67}$$

其中，动力系数矩阵

$$\boldsymbol{N}=\begin{bmatrix}b_{11} & b_{12} & b_{14} & 0\\ b_{21}+b'_{24}\alpha & b_{22}-b'_{24}b_{32}-b'_{24}\alpha\tan\vartheta & b_{24}-b'_{24}(b_{34}-a_{33}) & -b_{36}b'_{24}\\ \alpha & -(\alpha\tan\vartheta+b_{32}) & -(b_{34}-a_{33}) & -b_{35}\\ 1 & -\tan\vartheta & 0 & 0\end{bmatrix}$$

在式(4.67)中，如果等式右端舵偏角和干扰的列矩阵等于零，则该方程描述的是侧向自由扰动运动；如果不为零，则描述的是侧向强迫扰动运动。

2. 侧向自由扰动运动分析

与纵向扰动运动一样，首先分析侧向扰动运动方程式(4.67)的齐次方程组的特征根。令

特征行列式等于零，即

$$\Delta(\lambda)=\begin{vmatrix}\lambda-b_{11} & -b_{12} & -b_{14} & 0\\ -b_{21} & \lambda-b_{22} & -(b'_{24}\lambda+b_{24}) & 0\\ 0 & b_{32} & \lambda+b_{34}-a_{33} & -\alpha\lambda+b_{35}\\ 1 & -\tan\vartheta & 0 & -\lambda\end{vmatrix}=0 \tag{4.68}$$

展开得到特征方程

$$\lambda^4+P_1\lambda^3+P_2\lambda^2+P_3\lambda+P_4=0 \tag{4.69}$$

其中

$$\begin{cases}P_1=-a_{33}-b_{22}+b_{34}-b_{11}+\alpha\tan\vartheta b'_{24}+b_{32}b'_{24}\\ P_2=-b_{22}b_{34}+a_{33}b_{22}+b_{22}b_{11}-b_{34}b_{11}+b_{11}a_{33}+b_{24}b_{32}-b'_{24}b_{32}b_{11}-b_{21}b_{12}+\\ \qquad(-b_{14}+b_{24}\tan\vartheta-b'_{24}b_{11}\tan\vartheta-b'_{24}b_{12})\alpha-b'_{24}b_{36}\tan\vartheta\\ P_3=\alpha(b_{22}b_{14}+b_{21}b_{14}\tan\vartheta-b_{24}\tan\vartheta b_{11}-b_{24}b_{12})-\\ \qquad b_{36}(b_{24}\tan\vartheta-b'_{24}b_{11}\tan\vartheta-b'_{24}b_{12}-b_{14})+b_{11}b_{34}b_{22}-a_{33}b_{22}b_{11}+\\ \qquad b_{21}b_{32}b_{14}+a_{33}b_{21}b_{12}-b_{34}b_{21}b_{12}-b_{24}b_{32}b_{11}\\ P_4=-b_{36}(b_{22}b_{14}+b_{21}b_{14}\tan\vartheta-b_{24}b_{11}\tan\vartheta-b_{24}b_{12})\end{cases}$$

特征方程的根决定了导弹自由扰动运动的特性。如果特征根 λ 为实数，则它相应的特解为非周期运动，其运动是发散还是衰减则取决于 λ 为正或负。如果特征根为复根 $\lambda_1=\chi+i\nu$ 和$\lambda_2=\chi-i\nu$，则具有周期为 $T=2\pi/\nu$ 且衰减系数为 χ 的振荡运动，其振幅是发散还是衰减取决于 χ 为正或负。

在研究导弹的侧向扰动运动时，常见的情况是特征方程式(4.69)具有一对共轭复根和两个实根，此时侧向自由扰动由两个非周期运动和一个振荡运动叠加而成。通常，两个实根一大一小，而复根实部则处于两者之间，并表现出如下规律：

① 对应于大实根的运动是变化较快的非周期运动，一般会产生倾斜运动。这是因为大实根只对倾斜运动参数 $\Delta\omega_x$ 有显著作用，而对偏航运动参数 $\Delta\omega_y$，$\Delta\beta$ 影响不大；

② 对应于小实根的运动变化较慢，一般会产生螺旋运动。这是因为当小实根为正时，侧向参数 $\Delta\omega_x$，$\Delta\omega_y$，$\Delta\beta$，$\Delta\gamma$ 均缓慢递增，其叠加结果使得导弹螺旋运动；

③ 对应于一对共轭复根的运动一般会产生振荡运动。这种运动使得导弹向左右两个方向交替倾斜和偏航，类似于滑冰运动中的荷兰滚花式动作，因此也称为荷兰滚运动。它的振荡频率比较高，如果振幅是发散的，则很难控制，所以要求振幅必须是衰减的，能够自行回到稳定状态。

3. 侧向扰动运动方程组的简化

假定基准运动的俯仰角 ϑ、弹道倾角 θ 和迎角 α 足够小，则 $\cos\vartheta\approx\cos\theta\approx1$，去掉小量乘积 $\alpha\Delta\gamma$ 和 $(\tan\vartheta)\Delta\omega_y$ 后，侧向扰动运动方程组(4.65)的最后 3 式可以得到简化。而在前两式中，将 $\Delta\omega_x$ 和 $\Delta\omega_y$ 代换成 $\Delta\dot{\gamma}$ 和 $\Delta\dot{\varphi}$，并在第 3 式中略掉乘积 $(\sin\theta)\Delta\beta$，于是可得

$$\left.\begin{aligned}\frac{d^2\Delta\gamma}{dt^2}-b_{11}\frac{d\Delta\gamma}{dt}-b_{12}\frac{d\Delta\psi}{dt}-b_{14}\Delta\beta=b_{15}\Delta\delta_y+b_{17}\Delta\delta_x+b_{18}M_{gx}\\\frac{d^2\Delta\psi}{dt^2}-b_{21}\frac{d\Delta\gamma}{dt}-b_{22}\frac{d\Delta\psi}{dt}-b_{24}\Delta\beta-b'_{24}\Delta\dot{\beta}=b_{25}\Delta\delta_y+b_{28}M_{gy}\\\frac{d\Delta\psi_V}{dt}-b_{34}\Delta\beta-b_{36}\Delta\gamma=b_{35}\Delta\delta_y+b_{38}F_{gz}\\\Delta\varphi-\Delta\varphi_V-\Delta\beta=0\end{aligned}\right\}\tag{4.70}$$

该简化形式中包含 4 个未知数 ψ_V,ψ,β 和 γ，常用来研究面对称导弹的侧向运动。

对于轴对称型导弹，系数 $b_{12}=M_x^{\omega_y}/J_x$ 和 $b_{21}=M_y^{\omega_x}/J_y$ 与其他系数相比是很小的，因此还可以将相对应的 $b_{12}\Delta\dot{\psi}$ 和 $b_{21}\Delta\dot{\psi}$ 项略去。如果导弹有自动驾驶仪控制副翼偏转，则具有良好的倾斜稳定性，使得倾斜角 γ 很小，此时可以略去重力侧向分量 $b_{36}\Delta\gamma$，侧向扰动运动方程组就可以拆分为偏航扰动运动和倾斜扰动运动方程：

$$\left.\begin{aligned}\frac{d^2\Delta\psi}{dt^2}-b_{22}\frac{d\Delta\psi}{dt}-b_{24}\Delta\beta-b'_{24}\Delta\dot{\beta}=b_{25}\Delta\delta_y+b_{28}M_{gy}\\\frac{d\Delta\psi_V}{dt}-b_{33}\Delta\psi-b_{34}\Delta\beta=b_{35}\Delta\delta_y+b_{38}F_{gz}\\\Delta\varphi-\Delta\varphi_V-\Delta\beta=0\end{aligned}\right\}\tag{4.71}$$

$$\frac{d^2\Delta\gamma}{dt^2}-b_{11}\frac{d\Delta\gamma}{dt}=b_{14}\Delta\beta+b_{15}\Delta\delta_y+b_{17}\Delta\delta_x+b_{18}M_{gx}\tag{4.72}$$

以上两组方程用于研究偏航和倾斜扰动运动是很方便的。偏航扰动运动方程组(4.71)是独立的，它与纵向短周期扰动运动的方程组(4.43)相对应，即偏航运动参数的偏量 ψ_V,ψ 和 β 对应与纵向运动参数偏量 ϑ,θ 和 α，动力系数也相互对应，因此纵向扰动运动的相关特性对于偏航扰动运动也是适合的，故不再赘述。

倾斜扰动运动方程式(4.72)则可在偏航扰动运动方程组解出后单独求解。右边前两项是偏航扰动运动对倾斜扰动运动的影响，可以视为已知干扰力矩，若将其忽略，则式(4.72)可写为

$$\frac{d^2\Delta\gamma}{dt^2}-b_{11}\frac{d\Delta\gamma}{dt}=b_{17}\Delta\delta_x+b_{18}M_{gx}\tag{4.73}$$

这样偏航扰动运动和倾斜扰动运动就完全独立开来。对于轴对称导弹，这样处理的精度是能够满足导弹初步设计要求的。

4.3　导弹运动的稳定控制

前面部分讨论了导弹弹体的动态特性。我们知道，导弹弹体无论在控制系统中还是在制导系统中，都是其中的一个环节，也就是被控制对象。因此，弹体的动态特性对控制系统和制导系统的动态特性有很大的影响。在这一节中，要讨论自动驾驶仪和弹体组成控制回路后，在执行稳定控制任务时导弹的动态特性，并对动态特性提出一些要求。

值得注意的是，现在有些采用先进飞控技术的导弹并不是必须要求导弹时刻保持飞行稳定，有时也会放宽稳定性需求以获取更为灵活便捷的飞行性能，因此导弹运动的稳定控制并非

导弹飞行控制的必要条件，然而作为基本的飞行能力，仍然是所有导弹都首先具备的，在此基础上各类先进飞控技术才能够得以实施。

4.3.1 倾斜运动的稳定

1. 倾斜稳定回路

倾斜扰动运动可由式(4.73)进行描述，即

$$\frac{d^2\Delta\gamma}{dt^2}=b_{11}\frac{d\Delta\gamma}{dt}+b_{17}\Delta\delta_x+b_{18}M_{gx} \tag{4.74}$$

当导弹受到倾斜干扰力矩而发生滚转时，导弹弹体并不产生使倾斜角 γ 消除的力矩。对于轴对称型的导弹，除滚转导弹外，一般都要求倾斜稳定，即 $\gamma=0$。因此，要使导弹在飞行过程中具有足够的倾斜稳定性，一定要有倾斜自动驾驶仪，使副翼发生作用。当导弹正向倾斜时，副翼偏角也为正(右副翼后缘下偏，左副翼后缘上偏)，因为倾斜操纵力矩导数 $M_x^{\delta_x}<0$，这样就可以产生负向操纵力矩，使导弹纠正倾斜，如图 4.9(a)所示。反之，如果导弹反向倾斜，如图 4.9(b)所示，副翼偏角也为负，则同样可以消除倾斜。因此要使导弹能够消除倾斜，必须使副翼自动跟随倾斜角偏转。

导弹自动驾驶仪一般都是由敏感元件、放大器、执行机构三个基本部分组成的。

敏感元件用来测量弹体运动参数，如导弹的姿态角 ϑ,ψ,γ 及其角速度 $\dot{\vartheta},\dot{\psi},\dot{\gamma}$，飞行高度 H、飞行速度 V、动压 q 以及迎角 α、侧滑角 β 等。在自动驾驶仪中，常采用测量角度的三自由度陀螺仪以及测量角速度的二自由度陀螺仪或称为微分陀螺仪或速度陀螺仪。这种陀螺仪的动态特性可用二阶振荡环节来表示。对于灵敏度较高的陀螺，它的时间常数约为 0.01 s，要比导弹的时间常数小得多。不然，陀螺就不能迅速指示出导弹姿态角的变化。因此，初步分析时，可以不计敏感元件的时间常数，将它看作一个比例放大环节。但是，在分析选择控制系统的元件参数时，要尽可能准确地推写出敏感元件的传递函数。

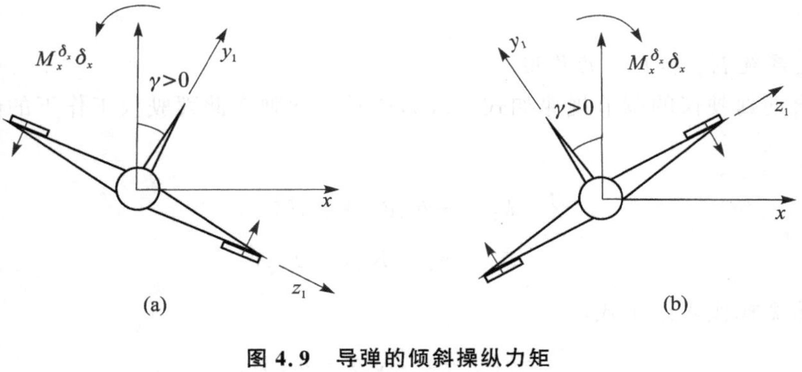

图 4.9 导弹的倾斜操纵力矩

自动驾驶仪的放大器目前大部分是晶体管或集成电路的低频放大器。这些放大器的传递特性大部分都具有非线性特点，但只要适当选择它的放大范围，使其在线性段工作，则可将放大器看作一个线性放大环节。

自动驾驶仪的执行元件是舵机，其任务是接受控制信号或稳定信号，从而使导弹的操纵机构(如空气舵)偏转。它的结构形成是多种多样的，按其能源分类有电动式舵机(如电磁铁、电

动机)、液压式舵机(如液压马达作动筒)、气压式舵机(如气压活塞)等。大多数舵机的传递函数是一个非周期环节,它的时间常数在很大程度上决定着自动驾驶仪的惯性。

自动驾驶仪通过上述三个基本组成部分,就能够使导弹在飞行中实现自动稳定。例如,导弹倾斜时,陀螺地平仪能够测量出倾斜角的大小,并将信号传递给放大器予以放大,信号放大后推动舵机工作,使副翼朝着消除倾斜的方向偏转,从而使导弹回复到原来的姿态。图 4.10 是倾斜自动驾驶仪和弹体倾斜运动组成的倾斜稳定系统结构示意图。对于轴对称导弹,一般只要求倾斜稳定,而没有倾斜控制的要求,所以习惯称为倾斜稳定系统。图内各环节如用传递函数来表示,就组成倾斜稳定回路的结构图。这时研究导弹的倾斜运动,实际上是分析以 γ 或 $\dot{\gamma}$ 为输出的闭环系统的动态特性。

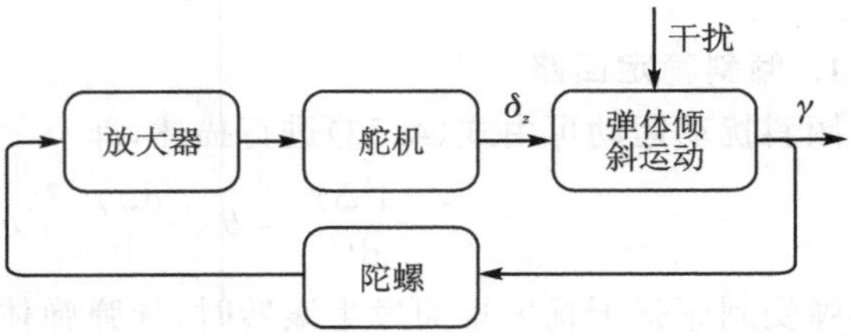

图 4.10　倾斜稳定系统结构示意图

自动驾驶仪的工作状态可以是线性的,也可以是非线性的,一般说即使是线性的也是或多或少存在着非线性的因素。如果略去自动驾驶仪的非线性因素,对于所研究问题的影响程度可以忽略不计,就可以把它看成是线性的。

在自动驾驶仪中描述舵偏角随运动参数变化的动态方程,称为调节规律。如果不考虑自动驾驶仪的惯性,那么导弹倾斜运动的调节规律可为

$$\delta_x = K_\gamma \gamma + K_{\dot{\gamma}} \dot{\gamma} \tag{4.75}$$

式中,K_γ 为倾斜角信号的放大系数,或称角度增益;$K_{\dot{\gamma}}$ 为倾斜角速度信号的放大系数,或称角速度增益。调节规律中的输入是倾斜角和角速度,输出是副翼偏转角。

2. 倾斜运动的稳定性

为了使分析问题简明起见,下面忽略自动驾驶仪的惯性,定性地讨论调节规律对倾斜稳定性的影响。

(1) 放大系数 K_γ 和 $K_{\dot{\gamma}}$ 的作用

无惯性自动驾驶仪的调节规律如式(4.75)所示。导弹在此驾驶仪工作下的倾斜扰动运动方程组应为

$$\left.\begin{aligned} \ddot{\gamma} &= b_{11}\dot{\gamma} + b_{17}\delta_x + b_{18}M_{gx} \\ \delta_x &= K_\gamma \gamma + K_{\dot{\gamma}}\dot{\gamma} \end{aligned}\right\} \tag{4.76}$$

将上式中的第 2 式代入第 1 式,得

$$\ddot{\gamma} = b_{11}^{*}\dot{\gamma} + b_{17}K_\gamma \gamma + b_{18}M_{gx} \tag{4.77}$$

式中

$$b_{11}^{*} = b_{11} + b_{17}K_{\dot{\gamma}} = \left(m_x^{\bar{\omega}_x} + K_{\dot{\gamma}}\frac{2V}{l}m_x^{\delta_x}\right)\cdot\frac{qSl}{J_x}\cdot\frac{l}{2V}$$

$$b_{17}K_\gamma = m_x^{\delta_x}\frac{qSl}{J_x}\frac{l}{2V}$$

该式与自动驾驶仪的倾斜扰动运动方程式(4.74)形式类似。

下面分别讨论 K_γ 和 $K_{\dot\gamma}$ 对导弹倾斜运动的影响。

➢ $K_{\dot\gamma}$ 的影响：当 $K_{\dot\gamma}>0$ 时，由于 $m_x^{\delta_x}<0$，所以 $|b_{11}^*|>|b_{11}|$，亦即 $|b_{11}^*\dot\gamma|>|b_{11}\dot\gamma|$。

引入 $K_{\dot\gamma}$ 的物理意义在于增大了导弹倾斜运动的阻尼。因为除了产生气动阻尼 $M_x^{\omega_x}\dot\gamma$ 外，副翼还要产生倾斜控制力矩 $M_x^{\delta_x}K_{\dot\gamma}\dot\gamma$，这个力矩即与 $\dot\gamma$ 和 $K_{\dot\gamma}$ 成正比，又与 $\dot\gamma$ 的方向相反，与阻尼力矩的方向相同，所以这一部分操纵力起到了阻尼作用，见图 4.11。

➢ K_γ 的影响：当 $K_\gamma>0$ 时，$b_{17}K_\gamma=K_\gamma M_x^{\delta_x}/J_x<0$。

引入 K_γ 的物理意义在于，当倾斜角 γ 为正值时，由于倾斜自动驾驶仪的作用，副翼作相应的偏转，产生一个消除倾斜的操纵力矩 $M_x^{\delta_x}K_\gamma\gamma$（如图 4.11 所示），因此加入 K_γ 的作用是使导弹具有相当于倾斜稳定性的性能，从而大大改变了导弹的倾斜运动特性。

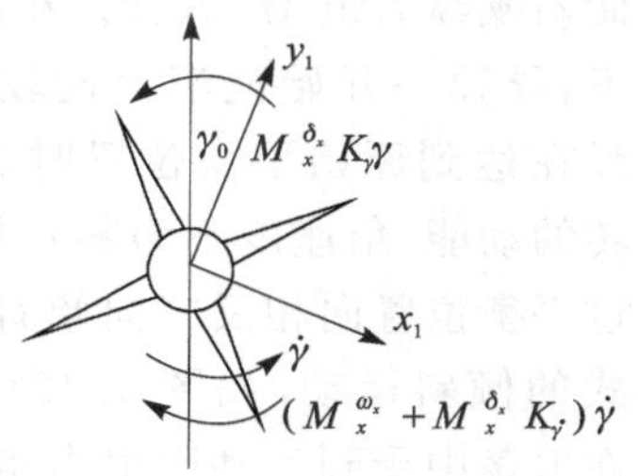

图 4.11　倾斜操纵力矩的作用

选择适当的 K_γ 和 $K_{\dot\gamma}$，就可以使导弹的倾斜稳定性达到预期要求。

导弹所采用的制导系统不同，对导弹倾斜运动的要求也就不同，引入的调节规律也不同。例如有的指令制导导弹，要求在制导过程中倾斜角接近于零，这时倾斜自动驾驶仪需引入 γ 和 $\dot\gamma$ 反馈信号；也有的导弹，如红外自动导引响尾蛇导弹，并不要求对倾斜角进行稳定，而只要求对导弹倾斜角速度 $\dot\gamma$ 进行稳定，这时只需引入 $\dot\gamma$ 反馈信号；也有的导弹为了改善系统品质除引入 γ 和 $\dot\gamma$ 外，还引入二次导数 $\ddot\gamma$ 的反馈信号；而滚转导弹一般通过弹上装置使导弹产生滚转，不需要倾斜稳定系统。

(2) 放大系数 K_γ 和 $K_{\dot\gamma}$ 对导弹倾斜运动过渡过程的影响

倾斜运动方程(4.77)的特征方程式为

$$\lambda^2-(b_{11}+b_{17}K_{\dot\gamma})\lambda-b_{17}K_\gamma=0 \tag{4.78}$$

其根为

$$\lambda_{1,2}=-\sigma\pm v=\frac{b_{11}+b_{17}K_{\dot\gamma}}{2}\pm\frac{1}{2}\sqrt{(b_{11}+b_{17}K_{\dot\gamma})^2+4b_{17}K_\gamma} \tag{4.79}$$

于是，倾斜运动方程(4.77)的解为

$$\gamma(t)=\gamma_0\mathrm{e}^{-\sigma t}\left(\frac{\sigma+v}{2v}\mathrm{e}^{vt}+\frac{-\sigma+v}{2v}\mathrm{e}^{-vt}\right)+\gamma_0\mathrm{e}^{-\sigma t}\frac{1}{2v}(\mathrm{e}^{vt}-\mathrm{e}^{-vt})-$$
$$\frac{b_{18}M_{gx}}{b_{17}K_\gamma}\left(1-\frac{-\sigma+v}{2v}\mathrm{e}^{-(\sigma+v)t}-\frac{\sigma+v}{2v}\mathrm{e}^{(-\sigma+v)t}\right) \tag{4.80}$$

副翼偏转角则为

$$\delta_x=\left(K_{\dot\gamma}\frac{\mathrm{d}}{\mathrm{d}t}+K_\gamma\right)\gamma(t) \tag{4.81}$$

下面就根 $\lambda_{1,2}$ 的形式讨论倾斜自动稳定的过渡过程。

如果自动驾驶仪没有引入倾斜角速度 $\dot\gamma$ 的信号，则放大系数 $K_{\dot\gamma}=0$，横向气动阻尼也很小。即动力系数 $|b_{11}|$ 很小。根据特征方程(4.78)，如果

$$|4b_{17}K\gamma| > b_{11}^2 \tag{4.82}$$

那么 $\lambda_{1,2}$ 是一对共轭复根，倾斜角的自由扰动运动为振荡运动。根的实部因 $b_{11}<0$ 而为负，振荡运动是衰减的。

对于具有初始倾斜角 γ_0 的导弹，其振荡运动产生与衰减过程如下：由初始值 γ_0 引起副翼偏转，因不等式(4.82)成立，副翼偏转较大，故在导弹上就产生了比较大的倾斜操纵力矩 $M_x^{\delta_x}K_\gamma\gamma$。在这个力矩作用下，导弹一开始就滚得比较迅速，以致导弹在达到原始平衡位置时还具有继续滚转的动能(角速度不为零)，从而使导弹超过平衡位置向相反方向倾斜，形成振荡形式的倾斜运动，如图 4.12(a)所示。由于在振荡中受到气动阻尼力矩的作用，振幅是逐渐衰减的，因此经过几次振荡之后，运动就停止了，使导弹回复到原来的位置。

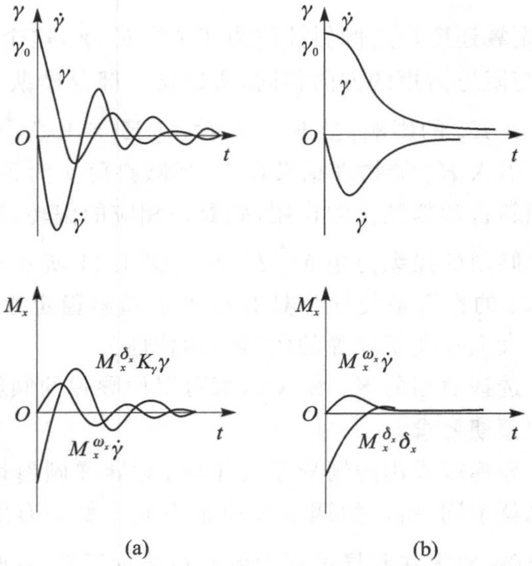

图 4.12　倾斜运动稳定过程

有倾斜自动驾驶仪与无倾斜自动驾驶仪相比，二者差别很大。后者在 γ_0 作用下，导弹因无倾斜静稳定性始终要偏斜 γ_0 角。有了自动驾驶仪，反馈倾斜角 γ 信号，导弹就可以消除 γ_0 角而具有稳定性。因此，K_γ 相当于增加了导弹倾斜稳定性。

在自动驾驶仪中引入了倾斜角速度 $\dot{\gamma}$，放大系数 $K_{\dot{\gamma}}$ 在式(4.78)中就可能导致

$$[-(b_{11}+b_{17}K_{\dot{\gamma}})]^2 > |4K_\gamma b_{17}| \tag{4.83}$$

这时，$\lambda_{1,2}$ 是两个小于零的实根，所以倾斜运动为非周期形式，如图 4.12(b)所示。这样在 γ_0 作用下，副翼不仅随倾斜角而偏转，并且随倾斜角速度成比例的关系。因为是消除 γ_0 的倾斜运动，其角速度 $\dot{\gamma}$ 的方向与 γ 相反，其值为 $M_x^{\delta_x}K_{\dot{\gamma}}\dot{\gamma}$，这样倾斜运动就有可能变成衰减的非周期运动。引入信号 $\dot{\gamma}$ 后，即使不能形成非周期的衰减运动，也可减小超调量。总之，根据设计导弹的需要，对副翼采取不同的调节规律，可以使倾斜运动自动稳定，并能获得满意的动态品质。

在常值干扰作用下，即 M_{gx} 为常值，求解式(4.80)和式(4.81)可知过渡过程结束后，$t\to\infty$时的稳态值为

$$\gamma_g = -b_{18}M_{gx}/b_{17}K_\gamma \tag{4.84}$$

$$\delta_{xg} = -b_{18}M_{gx}/b_{17} \tag{4.85}$$

这说明导弹倾斜运动在常值倾斜干扰力矩作用下，导弹有倾斜角稳态误差 γ_g，这对控制飞行是不利的。要消除稳态误差 γ_g，可将副翼的调节规律改为

$$\delta_x = \int K_\gamma \gamma \, \mathrm{d}t \tag{4.86}$$

这样在过渡过程结束时，即使倾斜角 γ 为零，副翼仍有一个固定偏角，其过渡过程如图 4.13 所

示，此时稳态误差 γ_g 为零。

对式(4.86)微分可得

$$\dot{\delta}_x = K_\gamma \gamma$$

如果在引入倾斜角 γ 信号的同时还引入 $\dot{\gamma}$ 信号，则调节规律可写成

$$\dot{\delta}_x = K_\gamma \gamma + K_{\dot{\gamma}} \dot{\gamma}$$

与式(4.75)相比，该式即可称为无静差调节规律。

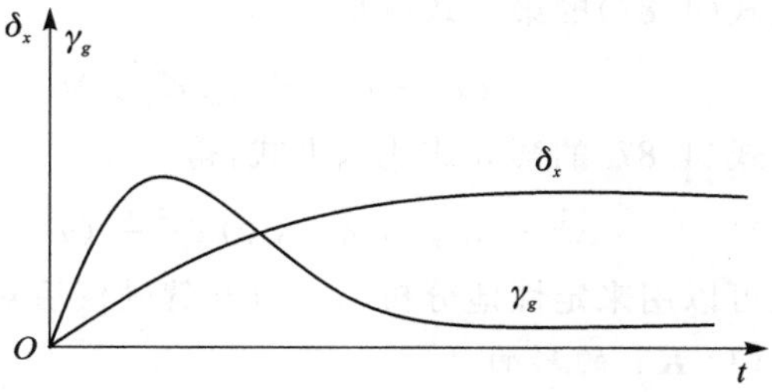

图 4.13　引入积分调节规律的倾斜运动

4.3.2　俯仰运动的稳定

1. 干扰力矩的影响

做定高定向飞行的导弹，要求对俯仰角 ϑ 或迎角 α 保持稳定。在程序信号控制下进行爬高或下滑飞行的导弹，或者是在水平面内按程序控制信号改变航向的导弹，为了提高飞行精确度，也都希望俯仰角或迎角不受干扰作用的影响。

纵向运动中的主要干扰作用是干扰力矩 M_{gz}，而干扰力 F_{gy} 很小，所以忽略不计，于是导弹的扰动运动方程组简化形式可以写为

$$\left.\begin{aligned} \Delta\ddot{\vartheta} - a_{22}\Delta\dot{\vartheta} - a_{24}\Delta\alpha &= a_{25}\Delta\delta_z + a_{26}M_{gz} \\ \Delta\dot{\theta} - a_{34}\Delta\alpha &= a_{35}\Delta\delta_z \\ -\Delta\vartheta + \Delta\theta + \Delta\alpha &= 0 \end{aligned}\right\} \tag{4.87}$$

先分析干扰力矩 M_{gz} 对弹体运动的影响，这时自动驾驶仪不起作用，即 $\Delta\delta_z = 0$；然后再引入自动驾驶仪的作用。

根据控制理论中的稳定性判据，当动力系数 $a_{22}a_{34} + a_{24} < 0$ 时，导弹具有纵向稳定性，即运动参数 $\Delta\dot{\theta}$、$\Delta\dot{\vartheta}$ 和 $\Delta\alpha$ 稳定。在常值干扰力矩 M_{gz} 的作用下，考虑 $\Delta\delta_z = 0$，可得稳态值：

$$\left.\begin{aligned} \vartheta_g &= \frac{-a_{34}a_{26}M_{gz}}{a_{24} + a_{22}a_{34}} \\ \alpha_g &= \frac{-a_{26}M_{gz}}{a_{24} + a_{22}a_{34}} \\ \dot{\theta}_g &= \dot{\vartheta}_g \end{aligned}\right\} \tag{4.88}$$

可见，如果导弹做水平飞行时，由于受到干扰力矩的作用，弹体纵轴最后要做定态转动，因此产生气动阻尼力矩 $M_z^{\omega_z}\dot{\vartheta}_g$ 来平衡干扰力矩。同时因为 $\dot{\vartheta}_g = a_{34}\theta_g$，故导弹将离开水平弹道而做曲线飞行。

上述分析说明，干扰作用不可避免，如不转动升降舵来克服所产生的影响，在没有其他消除干扰影响的措施的条件下，是不能保证导弹按要求弹道飞行的。

2. 俯仰角的自动稳定与控制

为了使俯仰角能自动稳定以克服扰动，可在自动驾驶仪中引入 ϑ，$\dot{\vartheta}$ 反馈，即

$$\Delta\delta_z = K_\vartheta \vartheta + K_{\dot{\vartheta}} \dot{\vartheta} \tag{4.89}$$

代入式(4.87)的第 1 式可得

$$\Delta\ddot{\vartheta} - (a_{22} + a_{25}K_{\dot{\vartheta}})\Delta\dot{\vartheta} - a_{24}\Delta\alpha - a_{25}K_{\vartheta}\Delta\vartheta = a_{26}M_{gz}$$

再将式(4.87)的第 3 式代入上式，得

$$\Delta\ddot{\vartheta} - (a_{22} + a_{25}K_{\dot{\vartheta}})\Delta\dot{\vartheta} - (a_{24} + a_{25}K_{\vartheta})\Delta\alpha - a_{25}K_{\vartheta}\Delta\vartheta = a_{26}M_{gz} \tag{4.90}$$

该式可以用来定性地分析引入自动驾驶仪后对导弹动态特性的影响。

(1) $\boldsymbol{K}_{\dot{\vartheta}}$ 的影响

$a_{22} = M_z^{\omega_z}/J_z$ 代表弹体阻尼，一般不大，而引入自动驾驶仪后有

$$a_{22}^{*} = a_{22} + a_{25}K_{\dot{\vartheta}} = \frac{M_z^{\omega_z} + K_{\dot{\vartheta}}M_z^{\delta_z}}{J_z} = (m_z^{\bar{\omega}_z} + K_{\dot{\vartheta}}\frac{V}{L}m_z^{\delta_z})\frac{qSL}{J_z}\frac{L}{V}$$

由于 $m_z^{\bar{\omega}_z}<0, m_z^{\delta_z}<0$，所以当 $K_{\dot{\vartheta}}>0$ 时，$|a_{22}^{*}|>|a_{22}|$。也就是说，引入自动驾驶仪的调节规律 $\boldsymbol{K}_{\dot{\vartheta}}$ 后，可以增加导弹的阻尼特性。

(2) $\boldsymbol{K}_{\vartheta}$ 的影响

引入自动驾驶仪的调节规律 $\boldsymbol{K}_{\vartheta}$ 后，静稳定性系数相应地变为

$$a_{24}^{*} = a_{24} + a_{25}K_{\vartheta}$$

当 $K_{\vartheta}>0$ 时，K_{ϑ} 的影响相当于提高了导弹的静稳定性。即使弹体是静不稳定的，不能满足稳定性条件，只要适当选择 K_{ϑ}，导弹运动也可以达到稳定状态。

不过，在常值干扰流 M_{gz} 作用下，通过对式(4.89)和式(4.87)的推导可知，仍有稳态误差 $\vartheta_g, \theta_g, \alpha_g$ 存在。要消除稳态误差，还要在调节规律中引入俯仰角的积分。

在纵向运动中，自动驾驶仪除了保证飞行稳定性外，更主要的作用是执行控制信号操纵导弹飞行。如果控制要求是改变导弹的俯仰角，那么控制信号 u_{ϑ} 就代表所需的俯仰角值。由于任何控制信号对导弹飞行发生作用，都要通过操纵机构的偏转来实现，因此对于那些既起稳定作用又起控制作用的自动驾驶仪，其动态方程就会包含两个方面，如升降舵的调节规律式(4.89)应为

$$\delta_z = K_{\vartheta}\vartheta + K_{\dot{\vartheta}}\dot{\vartheta} - (K_{\vartheta}u_{\vartheta}/K_g)$$

式中，K_g 为陀螺仪传递系数。由于控制信号 u_{ϑ} 不通过陀螺仪，故系数 K_{ϑ} 中要去掉 K_g。

以上定性地说明了引入自动驾驶仪后对导弹运动稳定和控制的作用。不过为了使问题简明，并没有考虑自动驾驶仪的惯性、导弹重力等因素。在控制系统和制导系统的实际设计过程中，还需要对更多因素以及更多调节规律的作用效果加以考虑。

4.4　导弹运动控制系统

导弹在具有扰动稳定能力的前提下，即可考虑导弹飞行运动的控制。其主要包括两方面，一是对稳定姿态的控制，二是对高度和航向的控制。前者针对姿态，后者针对轨迹。只有在这两方面的保障下，导弹才具有真正的飞行运动能力。

4.4.1　姿态控制系统

为了改变导弹的飞行方向，必须控制作用在导弹上的法向力或法向过载，这个任务由控制

系统完成。在大多数情况下，为了产生法向控制力需要调节飞行器弹体相对于它的速度矢量的角位移，即合适的仰角、侧滑角和倾斜角。

下面以俯仰通道为例，讨论四种常用的导弹姿态控制系统，包括开环飞行控制系统、速率陀螺飞行控制系统、积分陀螺飞行控制系统、加速度表飞行控制系统。

(1) 开环飞行控制系统

开环飞行控制系统不采用反馈回路，因此没有任何测量环节，而仅用一个增益 K_{OL} 来提供飞行控制系统的单位加速度增益，从而对输入和输出的法向过载之间的关系进行调节。如图 4.14 所示，可以看出飞行控制系统除增益 K_{OL} 外，其传递函数是纯弹体传递函数，控制仅起到比例放大的作用，因此开环控制实际上对应着经典的比例控制方式。

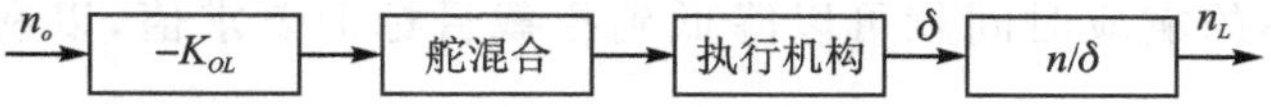

图 4.14　开环飞行控制系统

(2) 速率陀螺飞行控制系统

速率陀螺飞行控制系统用一个速率陀螺对角速度进行反馈，并配合前向加速度增益 K 共同对弹体法向过载进行控制，如图 4.15 所示。增益 K 和开环增益相比，被放大了 $1/K_R$ 倍(K_R 为反馈回路增益)，而且由于 K_R 通常小于 1，因此速率控制系统对高度和马赫数的变化比较敏感，而且任何噪声都会被高增益放大，这对测量元件的噪声要求更加严格。由于系统采用的是速率反馈控制器，故速率陀螺控制本质上属于微分控制。

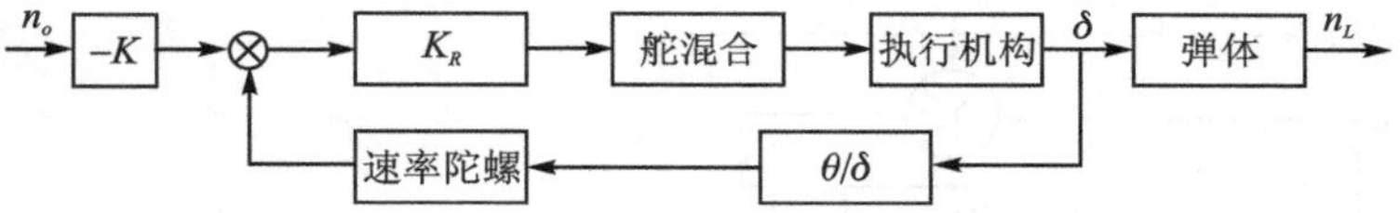

图 4.15　速率陀螺飞控系统

(3) 积分陀螺飞行控制系统

积分陀螺飞行控制系统除了将速率信号本身反馈回去外，还把速率陀螺信号的积分反馈回去，如图 4.16 所示。速率陀螺信号的积分正比于俯仰角，这样所产生的控制力矩将有助于稳定俯仰角的扰动。飞行系统采用的是速率反馈以及速率积分反馈的共同作用，因此它对应的是经典比例微分控制方式。

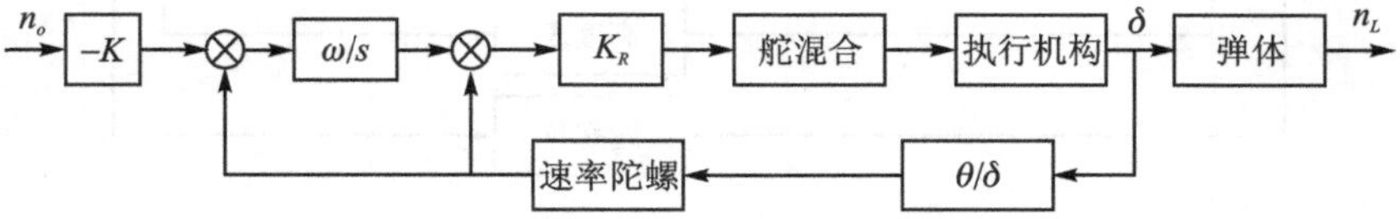

图 4.16　积分陀螺飞行控制系统

(4) 加速度表飞行控制系统

在积分陀螺飞行控制系统的基础上，把一个加速度表装进反馈回路，用加速度指令和实际加速度间的误差去控制系统，即可得到如图 4.17 所示的加速度表飞行控制系统。这种系统实现了与高度和马赫数基本无关的增益控制以及控制过程的快速响应。

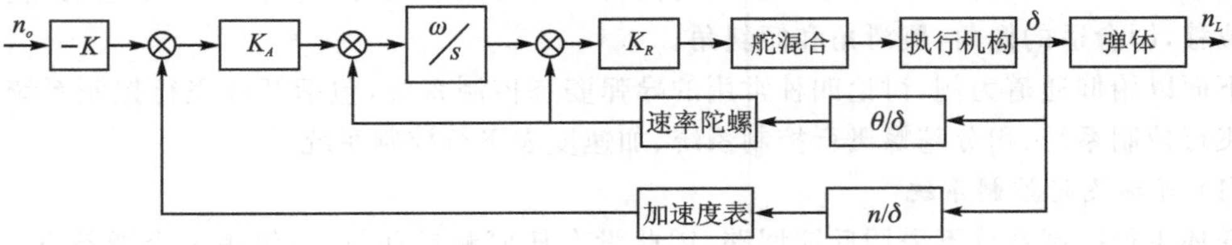

图 4.17　加速度表飞行控制系统

与前几种飞行控制系统不同的是，加速度表飞行控制系统具有三个控制增益。无论是稳定的弹体还是不稳定的弹体，由这三个增益的适当组合就可以得到时间参数、阻尼和截止频率的特定值，这样导弹的响应时间就可以降低到拦截目标的要求值，以利于增强导弹的作战性能。

4.4.2　高度和航向控制系统

导弹获得姿态稳定后，还需要实现对高度和航向的控制。导弹运动一般分解为纵向运动和侧向运动，对应着两套运动控制系统。纵向运动控制系统的主要任务是通过俯仰角对飞行高度施加控制，而侧向控制系统则是通过航向角来控制航向。

1. 纵向控制系统组成

导弹的纵向控制系统逻辑结构如图 4.18 所示。

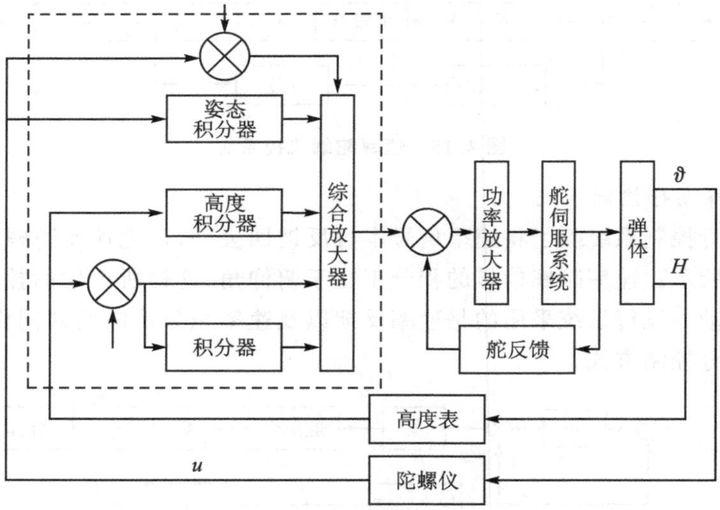

图 4.18　导弹纵向控制系统

首先考虑测量元件。能够用来测量导弹的仰俯角和飞行高度的器件很多，通常用陀螺仪测量俯仰角，用高度表来测量飞行高度。

测量导弹姿态角的陀螺仪，其输出信号不能直接驱动舵机，需要经过变换和功率放大器等处理，对陀螺仪的输出信号进行加工处理的部件称为解算装置。

当系统对弹体施加控制时，其俯仰角要经过一个过渡过程才能达到给定值。为了改善系统的动态性能，在解算装置的输入端，除了有俯仰角的误差信号、高度的误差信号之外，还应当有俯仰角速率信号和垂直速度信号。引入积分环节是为了使导弹的高度控制系统成为稳态误差为零即无静差的系统。

当需要改变导弹的飞行高度时，必须改变导弹的弹道倾角。这通过转动导弹的升降舵面，改变作用在导弹上的升力来实现。因此，作为纵向控制系统执行机构，舵机也是必不可少的。

2. 纵向控制系统元器件传递函数

(1) 功率放大器

功率放大器一般都是由电子器件组成的，与机电设备相比几乎是无惯性的，故称为无惯性元件。设输入为 u_i，输出为 u_o，放大倍数为 K_y，则放大器的传递函数为

$$\frac{u_o(s)}{u_i(s)}=K_y \tag{4.91}$$

(2) 自由陀螺仪

自由陀螺仪用作角度测量元件，可将其视为一个理想的放大环节，则传递函数为

$$\frac{u_\vartheta(s)}{\vartheta(s)}=k_\vartheta \tag{4.92}$$

式中，k_ϑ 为自由陀螺仪传递系数，ϑ 为导弹俯仰角。

(3) 无线电高度表

根据测量的方法不同，无线电高度表分为脉冲式雷达高度表和连续波调频高度表两大类，忽略其时间常数，传递函数也可表示为放大环节，即

$$\frac{u_H(s)}{H(s)}=K_H \tag{4.93}$$

(4) 俯仰角微分器和高度微分器

俯仰角微分器通常采用速率陀螺仪，提供俯仰角速率。高度微分器通常采用垂直速度传感器，提供的是垂直方向的速度。根据其电阻、电容结构，传递函数可描述为

$$\frac{u_o(s)}{u_i(s)}=\frac{K_D s}{T_D^2 s^2+2\xi_D T_D s+1} \tag{4.94}$$

式中，T_D 为时间常数，K_D 为放大系数，ξ_D 为阻尼系数。

(5) 高度积分器

同高度微分器一样，高度积分器也是由运算放大器和电阻电容等组成的。积分器可用传递函数描述为

$$\frac{u_o(s)}{u_i(s)}=-\frac{K_j}{s} \tag{4.95}$$

式中，K_j 为高度积分器传递系数。

(6) 伺服系统

设伺服电机的输入量为控制电压 u_M，减速器输出量为 δ，则永磁式直流伺服系统传递函数有

$$\frac{\delta(s)}{u_M(s)}=\frac{K_{PM}}{s(T_{PM}s+1)} \tag{4.96}$$

式中，K_{PM} 为舵伺服系统的传递系数，T_{PM} 为电机时间常数。

3. 纵向控制系统的逻辑结构

根据各元器件的传递函数并结合图 4.18，即可得到纵向控制系统的逻辑结构，如图 4.19 所示。图中，K_θ 为陀螺仪传递系数；K_H 为高度表传递系数；K_T 和 K_P 为放大器放大系数；K_j 为高度积分器传递系数；下标 d 表示弹体固体传递系数；K_{oc} 为舵反馈系数。从图中可以看出，纵向控制系统是一种带舵回路的控制系统，为便于系统分析，可将其进一步简化。

舵系统的闭环传递函数为

$$\Phi_\delta(s)=\frac{K_\delta}{T_\delta^2 s^2+2\xi_\delta T_\delta s+1} \tag{4.97}$$

式中，K_δ，T_δ，ξ_δ 分别为舵系统的传递函数、时间常数和阻尼系数。当舵系统工作在线性区时，T_δ 相对很小，故初步分析时可令 T_δ 为零，舵系统则被简化成放大环节，放大系数记为 $1/K_{oc^{-1}}$。于是，系统结构可简化并整理为图 4.20 所示的纵向控制系统逻辑结构。

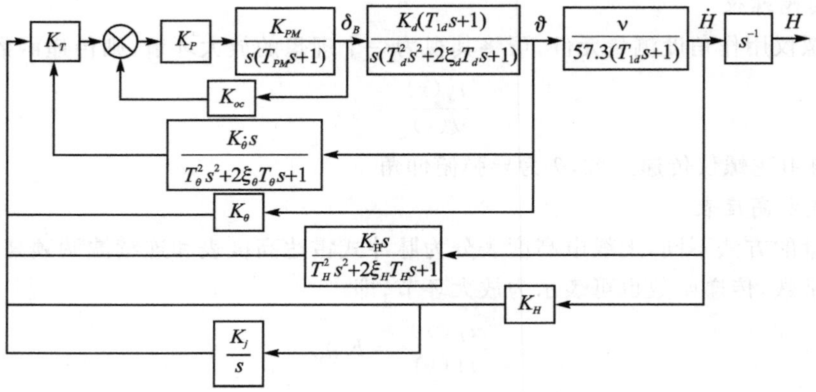

图 4.19　纵向控制系统逻辑结构

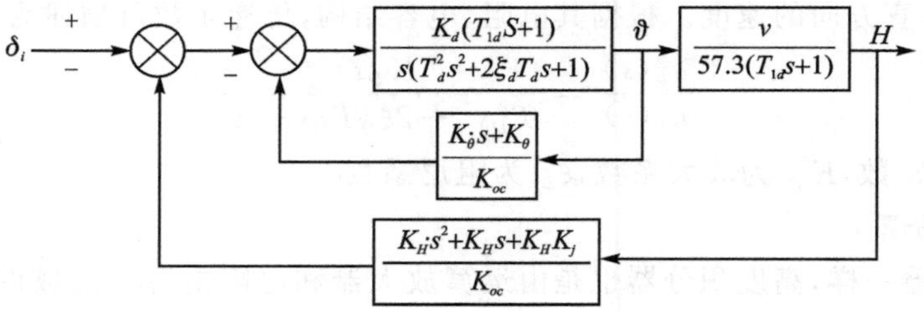

图 4.20　简化的纵向控制系统逻辑结构

4. 导弹的航向角稳定回路

导弹的侧向运动包括航向、倾斜和侧向偏移运动，而航向和倾斜运动彼此紧密地交联在一起。为了弄清物理本质，在工程上采用简化的方法，即将航向、倾斜和侧向偏移作为彼此独立的运动进行分析设计，最后考虑相互间的影响。

航向角稳定回路的功能在于，保证导弹在干扰的作用下，回路稳定可靠工作，保证航向角的精度，并按预定要求改变基准运动。

航向角稳定回路的设计通常采用 PID 调节规律，角稳定回路一般由下列部件构成：放大器、角速度敏感元件（阻尼陀螺仪）、积分机构、角敏感元件（三自由度航向陀螺仪）、执行机构

(电舵伺服系统)以及控制对象(弹体)。航向角稳定控制系统如图 4.21 所示。

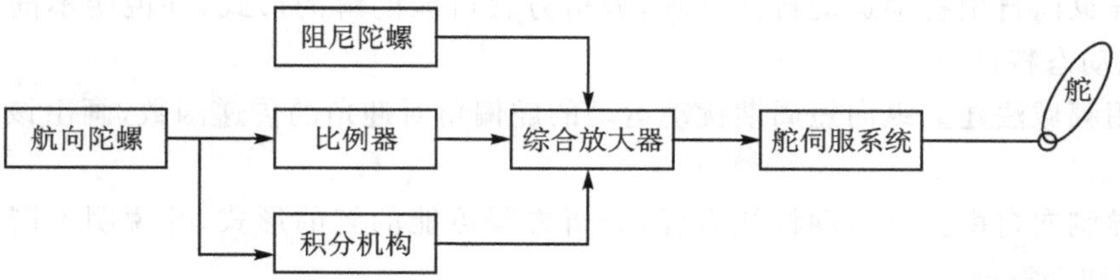

图 4.21 航向角稳定控制系统

5. 导弹侧向质心稳定系统

将导弹作为一个变质量刚体研究时,它在空间的运动可分解为绕三个轴的角运动,以及沿高度方向、航迹切线方向、侧向三个方向的线运动。角运动和高度运动都有控制,可自动稳定。而侧向由于受发动机推力偏心、阵风干扰等因素的影响,会使飞行中的导弹偏离理想弹道。对于侧向散布要求高射程远的导弹,必须增设侧向质心稳定系统以稳定导弹的侧向偏移。

侧向质心稳定与高度稳定是类似的。高度稳定系统以俯仰角自动控制系统为内回路,侧向偏移稳定系统则以偏航角及倾斜角的自动控制系统为内回路,并且一般通过转弯的方法自动进行修正。

侧向质心稳定可以采取多种方案,但归结起来只有两大类:一类是靠副翼协调转弯修正侧向偏移,过渡过程较快,导弹通常采用这种方法;另一类是靠纯侧滑来修正侧向偏离,过渡过程较慢,对快速性要求不高的导弹往往采用这种方案。

4.5 本章小结

导弹飞行时不可避免地会受到各种干扰,本章讨论了导弹动态特性分析方法,明确了干扰对导弹飞行的影响,随后讨论了导弹运动控制基本问题和方法,对扰动进行有效削弱或消除,从而达到平稳飞行的目的,主要对应制导控制系统的内层反馈回路。

导弹飞行动力学模型的解析解能够直接反映扰动参数对导弹动态特性的影响,典型的求解方法是利用小扰动假设将微分方程线性化,即小扰动法,可将扰动运动归结为运动学参数的偏量变化,再通过线性简化处理,可建立扰动运动的线性定常系数(基准运动为定态飞行)微分方程组或线性时变系数(基准运动为非定态飞行)微分方程组。通过导弹的扰动运动分解,对弹体的纵向和侧向扰动运动特性进行了具体分析,即各自的稳定性和操纵性问题,主要指自由扰动和舵面偏转扰动两种情况。

导弹的倾斜运动和俯仰运动是导弹稳定控制的主要控制任务,本章重点讨论了导弹自动稳定系统的倾斜角/俯仰角控制回路以及相应姿态角参数控制性能,进而讨论了具有受扰自动稳定能力的导弹姿态控制与高度/航向控制原理。

思考题

1. 导弹的小扰动假设和系数冻结法分别用于进行何种处理?简述它们对扰动运动分析的必要性。

2. 列写导弹的扰动运动方程组,分析说明扰动运动方程组和理想运动方程组的异同,以及如何根据扰动运动方程组判断飞行稳定性。

3. 推导纵向自由扰动运动特征方程，分析方程可能的解的形式，并说明不同形式的解所对应的系统动态特征。

4. 运用频域法建立纵向短周期扰动运动的舵偏角对迎角的传递函数，画出该传递函数的系统结构图。

5. 推导侧向自由扰动运动特征方程，分析方程可能的解的形式，并说明不同形式的解所对应的系统动态特征。

6. 导弹在倾斜稳定控制中引入滚转角速度反馈会给控制性能带来什么影响？根据扰动运动方程推导无静差调节规律并论述其控制原理。

7. 推导俯仰运动稳定的无静差调节规律，分析控制律各项参数对俯仰角动态特性的作用。

8. 姿态控制系统具有哪些典型形式？对于具有角速率反馈的姿态控制系统，其系统结构和控制性能相较于开环姿态控制有怎样的优势？若引入加速度表，则可对姿态控制性能产生怎样的影响？

9. 画出纵向高度控制系统的逻辑结构图，不考虑舵系统控制动态，可对该系统进行怎样的简化？

10. 画出以航向角控制为内回路的侧向质心稳定系统的逻辑结构图。

参考阅读

- 郭锁凤，申功璋，吴成富，等. 先进飞行控制系统[M]. 北京：国防工业出版社，2003.

阅读指导

通读全书各章，可了解当前较为成熟的现代飞行控制的主要技术，包括电传/光传操纵系统、综合飞行/火力/推进控制系统，以及面向任务的大迎角超机动飞行控制系统、低空突防系统、自动着陆系统等。该书是本章内容在飞控系统层面的扩展，读者在此基础上可以进一步理解飞行控制技术的发展现状和趋势。

第 5 章 导弹制导方法

思维导图

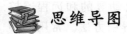

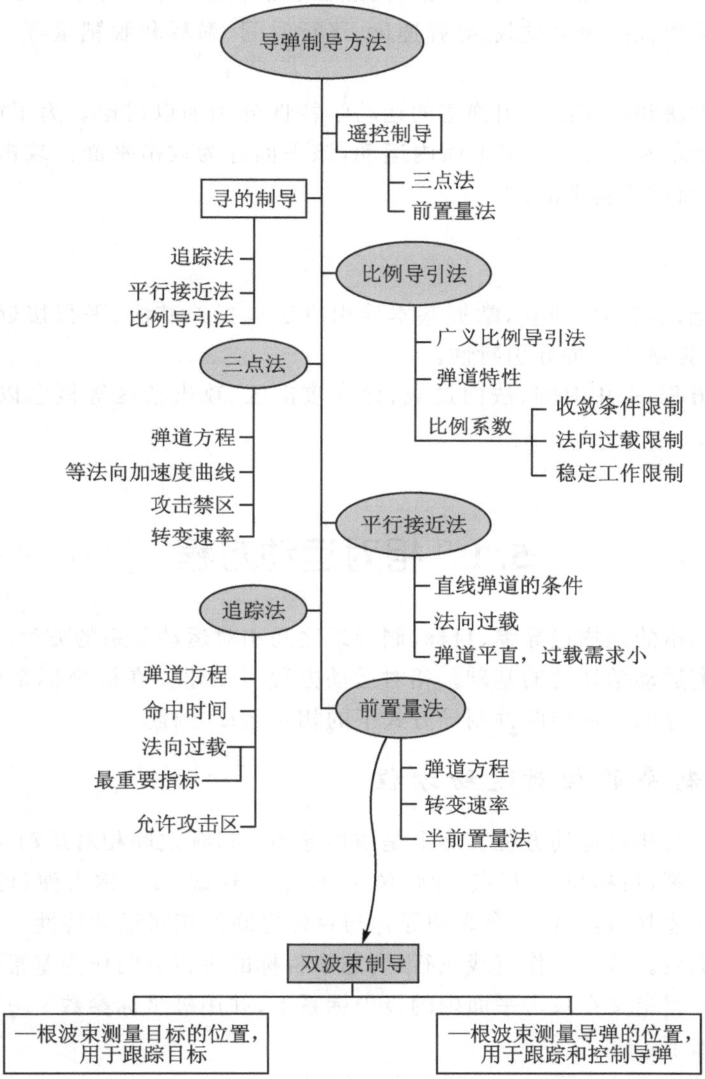

☞ 章导语

若导弹具有了飞行控制能力，则可在此基础上考虑导弹制导控制系统中的外层反馈回路，即制导问题。制导回路的功能是给导弹提供既定导引规则下的飞行弹道。按照制导方法的不同，飞行弹道分为方案弹道和导引弹道。其中，导引弹道与目标相关，是根据目标运动特性以某种导引方式将导弹导向目标时导弹质心运动的轨迹，绝大多数导弹的末端弹道都是导引弹道。导引方式反映了制导系统的工作效率，导引弹道的导引方式主要有自动寻的和远程遥控这两种基本类型。导引弹道的特性主要取决于目标的运动特性和具体的导引方法。常用的导引方法有追踪法、平行接近法、比例导引法、三点法、前置量法等。对于既定的导引方法，导引弹道的主要特征参数包括弹道过载、导弹速度、飞行时间、射程和脱靶量等。这些参数都会影响导弹的命中率。

本章对导引方法和相应的导引弹道的运动学特性分别加以讨论。为了简化研究，假设导弹、目标和制导站始终在同一固定平面内运动，该平面称为攻击平面。攻击平面可以是铅垂面，也可以是水平面或倾斜平面。

☞ 学习目标

- 掌握相对运动模型的建立，掌握基本导引方法包括追踪法、平行接近法、比例导引法、三点法、前置量法等的导引特性。
- 理解弹道方程、命中时间、法向过载、允许攻击区、攻击禁区等概念以及相关参数的确定方法。

5.1　相对运动方程

相对运动方程指的是描述导弹、目标、制导站之间相对运动关系的方程。建立相对运动方程是分析导引弹道运动学特性的基础。相对运动方程习惯建立在极坐标系中，其形式最为简单。本节分别介绍寻的和遥控两种制导方式下的相对运动方程。

5.1.1　寻的制导的相对运动方程

自动寻的制导的相对运动方程实际上是描述导弹与目标之间相对运动关系的方程。

假设在某一时刻，目标位于 T 点，导弹位于 M 点。连线 $\overline{MT}$ 称为弹目连线，即视线。基准线 $\overline{Ax}$ 可以任意选取，其位置不会影响导弹与目标之间的相对运动特性，一般选择攻击平面的水平线作为基准线。若目标作直线飞行，则选取目标的飞行方向作为基准线方向最为方便。将弹目相对运动方程定义在攻击平面内的极坐标系上，并用极坐标参数 r，q 来描述，如图 5.1 所示。涉及参数如下：

- r 为导弹相对目标的距离。导弹命中目标时 $r=0$。
- q 为视线与基准线之间的夹角，称为视线方位角（简称视线角）。若从基准线逆时针转到视线上，则 q 为正。

➢ σ 和 σ_T 分别为导弹、目标速度矢量与基准线之间的夹角，称为导弹弹道角和目标航向角。分别以导弹、目标所在位置为原点，若由基准线逆时针旋转到各自的速度矢量上，则 σ 和 σ_T 为正。当攻击平面为铅垂面时，σ 就是弹道倾角 θ；当攻击平面为水平面时，σ 就是弹道偏角 ψ_V。

➢ η 和 η_T 分别为导弹、目标速度矢量与视线之间的夹角，相应称之为导弹速度矢量前置角和目标速度矢量前置角（简称前置角）。分别以导弹、目标为原点，若从各自的速度矢量逆时针旋转到视线上，则 η 和 η_T 为正。

于是，寻的制导的相对运动方程就是指描述相对距离 r 和视线角 q 变化率的方程。该方程可以根据图 5.1 所示的弹目相对运动关系来建立。

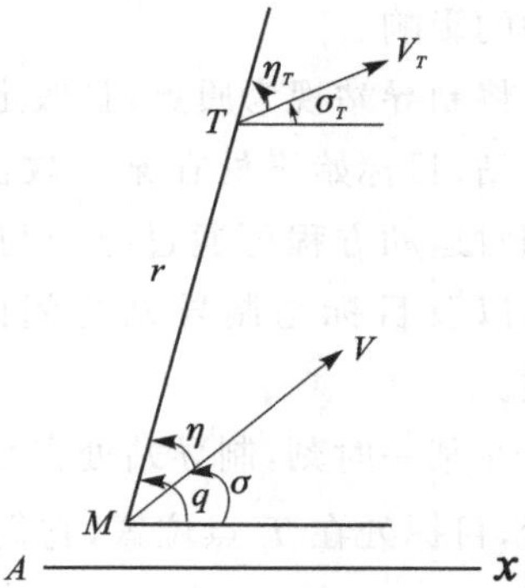

图 5.1　导弹与目标的相对位置

将导弹速度矢量 $\boldsymbol{V}$ 和目标速度矢量 $\boldsymbol{V}_T$ 分别沿视线的方向及其法线方向上分解，沿视线分量 $V\cos\eta$ 指向目标，它使相对距离 r 减小，分量 $V_T\cos\eta_T$ 背离导弹，使相对距离增大，于是有

$$\frac{\mathrm{d}r}{\mathrm{d}t}=V_T\cos\eta_T-V\cos\eta$$

且沿视线的法向分量 $V\sin\eta$ 使视线绕目标所在位置为原点逆时针旋转，使视线角 q 增大，而分量 $V_T\sin\eta_T$ 使视线以所在位置为原点顺时针旋转，使视线角减小，于是有

$$\frac{\mathrm{d}q}{\mathrm{d}t}=\frac{1}{r}(V\sin\eta-V_T\sin\eta_T)$$

同时，考虑到图 5.1 所示角度之间的几何关系以及导引关系方程，就可以得到寻的制导的相对运动方程组：

$$\left.\begin{aligned}\frac{\mathrm{d}r}{\mathrm{d}t}&=V_T\cos\eta_T-V\cos\eta\\ r\frac{\mathrm{d}q}{\mathrm{d}t}&=(V\sin\eta-V_T\sin\eta_T)\\ q&=\sigma+\eta\\ q&=\sigma_T+\eta,\quad \varepsilon_1=0\end{aligned}\right\}\tag{5.1}$$

式中，$\varepsilon_1=0$ 为描述导引规律的导引关系方程。在寻的制导中，常见的导引方法有追踪法、平行接近法、比例导引法等，相应的导引关系方程如下：

追踪法　　$\eta=0,\varepsilon_1=\eta=0$；

平行接近法　　$q=q_0=$常数，$\varepsilon_1=\mathrm{d}q/\mathrm{d}t=0$；

比例引导法　　$\dot{\sigma}=K\dot{q},\varepsilon_1=\dot{\sigma}-K\dot{q}=0$。

式(5.1)中，$V(t)$，$V_T(t)$，$\eta_T(t)$ 或 $\sigma_T(t)$ 已知，因此有 5 个未知参数，即 $r(t)$，$q(t)$，$\sigma_T(t)$ 或 $\eta_T(t)$，$\sigma(t)$，$\eta(t)$，而方程组是封闭的，可以求得确定解。根据 $r(t)$，$q(t)$ 可获得导弹相对于目标的运动轨迹，称为导弹的相对弹道。若已知目标在惯性坐标系的运动轨迹，则可得到导弹在惯性坐标系中的运动轨迹，称为导弹的绝对弹道。

5.1.2 遥控制导的相对运动方程

遥控制导导弹受弹外制导站导引，导弹的运动特性不仅与目标的运动状态有关，而且与制导站的运动状态有关。制导站可能是活动的，如空基导弹的制导站在载机上；也可能是固定不动的，如地基导弹的制导站通常在地面上固定不动。因此，建立遥控制导的相对运动方程组，要考虑制导站的运动状态对导弹运动的影响。

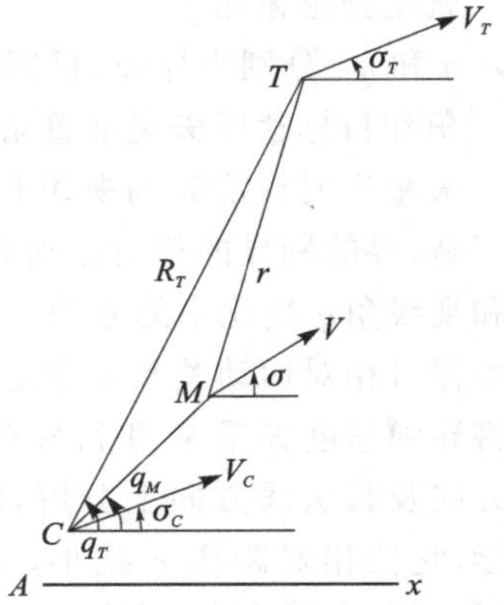

图 5.2 导弹、目标与制导站的相对位置

将制导站视为质点，且假定其运动状态已知，导弹、制导站、目标始终处在某一攻击平面内，于是遥控制导的相对运动方程可通过导弹与制导站之间的相对运动关系以及目标与制导站之间的相对运动关系来共同描述。

在某一时刻，制导站处在 C 点位置，导弹处在 M 点位置，目标处在 T 点位置，它们之间的相对运动关系如图 5.2 所示，所涉及的参数分别定义如下：

R_T——制导站与目标的相对距离；

R_M——制导站与导弹的相对距离；

σ_T,σ,σ_C——分别为目标、导弹、制导站的速度矢量与基准线之间的夹角；

q_T,q_M——分别为站目连线与基准线、站弹连线与基准线之间的夹角。

与寻的制导方法类似，根据图 5.2 所示的参数关系，可以得到遥控制导的相对运动方程组如下：

$$\left.\begin{aligned}\frac{\mathrm{d}R_M}{\mathrm{d}t}&=V\cos\,(q_M-\sigma)-V_C\cos\,(q_M-\sigma_C)\\R_M\,\frac{\mathrm{d}q_M}{\mathrm{d}t}&=-V\sin(q_M-\sigma)+V_C\sin(q_M-\sigma_C)\\\frac{\mathrm{d}R_T}{\mathrm{d}t}&=V_T\cos\,(q_T-\sigma_T)-V_C\cos\,(q_T-\sigma_C)\\R_T\,\frac{\mathrm{d}q_T}{\mathrm{d}t}&=-V_T\sin(q_T-\sigma_T)+V_C\sin(q_T-\sigma_C)\\\varepsilon_1&=0\end{aligned}\right\}\tag{5.2}$$

遥控制导常见的导引方法有三点法、前置量法等。三点法导引关系为 $q_M=q_T$；前置量法导引关系为 $q_M-q_T=C_q(R_T-R_M)$。

式(5.2)中，$V(t)$，$V_T(t)$，$V_C(t)$，$\sigma_T(t)$，$\sigma_C(t)$ 为已知时间函数，其未知数有 5 个，即 $R_M(t)$，$R_T(t)$，$q_M(t)$，$q_T(t)$，$\sigma(t)$，因此是可以获得确定解的。

由上述相对运动方程组可以看出，它与作用在导弹上的力无关，为运动学方程组。求解该方程组所得到的弹道称为运动学弹道，该弹道的特性决定了导引方法的优劣。因此，讨论导引方法一般是从分析弹道特性入手。

5.2 追踪法

追踪法是指导弹在攻击目标的导引过程中，导弹的速度矢量始终指向目标的一种导引方法。这种方法要求导弹速度矢量的前置角 η 始终等于零，因此追踪法导引方程为

$$\varepsilon_1 = \eta = 0 \tag{5.3}$$

5.2.1 弹道方程

导弹在追踪导引作用下，弹目之间的相对运动方程可由式(5.1)得出，即

$$\left.\begin{aligned} \frac{\mathrm{d}r}{\mathrm{d}t} &= V_T \cos \eta_T - V \\ r\frac{\mathrm{d}q}{\mathrm{d}t} &= -V_T \sin \eta_T \\ q &= \sigma_T + \eta_T \end{aligned}\right\} \tag{5.4}$$

如果认为 V, V_T, σ_T 为已知，则式(5.4)中还存在 3 个未知参数，即 r, q, η_T。

为了得到该方程组的解析解，以了解追踪导引的内在特性，可以假定目标作等速直线运动，导弹作等速运动。取基准线 $\overline{Ax}$ 平行于目标的运动轨迹，此时 $\sigma_T = 0$，$q = \eta_T$，如图 5.3 所示。式(5.4)可改写为

$$\left.\begin{aligned} \frac{\mathrm{d}r}{\mathrm{d}t} &= V_T \cos q - V \\ r\frac{\mathrm{d}q}{\mathrm{d}t} &= -V_T \sin q \end{aligned}\right\} \tag{5.5}$$

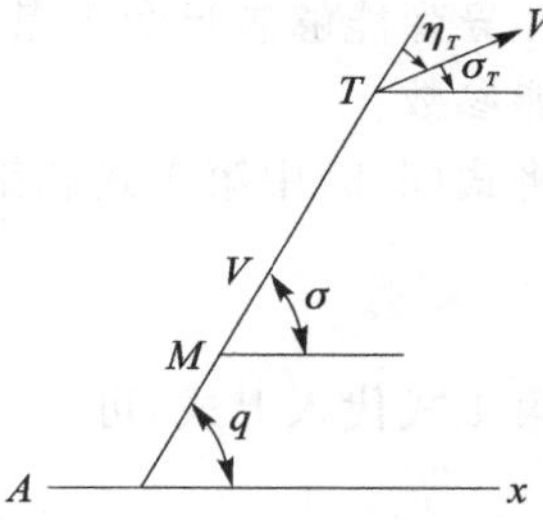

图 5.3 追踪法的相对运动

由式(5.5)可导出相对弹道方程 $r = f(q)$，用其中第 2 式去除第 1 式，可得

$$\frac{\mathrm{d}r}{r} = \frac{V_T \cos q - V}{-V_T \sin q}\mathrm{d}q$$

令 $p = V/V_T$，称为速度比。因为假设导弹和目标作等速运动，所以 p 为常值。于是

$$\frac{\mathrm{d}r}{r} = \frac{-\cos q + p}{\sin q}\mathrm{d}q$$

积分后可以得到

$$r = c\,\frac{\tan^p \dfrac{q}{2}}{\sin q} = c\,\frac{\sin^{p-1} \dfrac{q}{2}}{2\cos^{p+1} \dfrac{q}{2}} \tag{5.6}$$

其中

$$c = r_0 \frac{\sin q_0}{\tan^p \dfrac{q_0}{2}}$$

参数 r_0, q_0 为初始导引时刻导弹相对于目标的位置。式(5.6)即为追踪导引法下以目标为原点的导弹相对运动弹道方程。

5.2.2 命中时间

由式(5.5)的第 2 式可以看出，$\dot{q}$ 总与 q 的符号相反。这表明不管导弹初始追踪时刻的 q_0 为何值，在整个导引过程中 $|q|$ 是不断减小的，即导弹总是绕到目标的正后方去命中目标，如图 5.4 所示。当命中目标时，$q \to 0$。

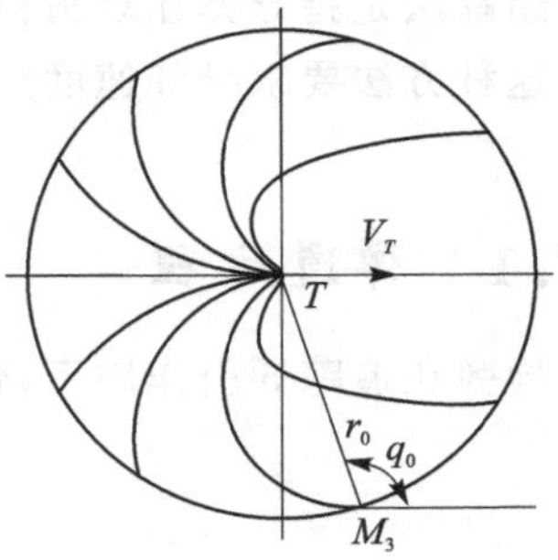

图 5.4 追踪法的相对弹道

由弹道方程式(5.6)可知，若 $p>1$ 且 $q \to 0$，则 $r \to 0$；若 $p=1$ 且 $q \to 0$，则 $r \to r_0 \cdot \sin q_0 \left(2\tan^p \dfrac{q_0}{2}\right)$；若 $p<1$，且 $q \to 0$，则 $r \to \infty$。

可以看出，只有当导弹的速度大于目标的速度时，导弹才有可能命中目标；若导弹的速度不大于目标的速度，则导弹与目标最终将保持一定的距离或距离越来越远，此时不能命中目标。因此，导弹能够命中目标有一个必要条件，即导弹速度要大于目标速度，或者说速度比 $p>1$。

在导弹能够满足命中条件的情况下，考虑命中目标所需要的飞行时间，这是制导武器的关键性能参数。

将式(5.5)中第 1 式和第 2 式分别乘以 $\cos q$ 和 $\sin q$，然后相减，整理可得

$$\cos q \frac{\mathrm{d}r}{\mathrm{d}t} - r\sin q \frac{\mathrm{d}q}{\mathrm{d}t} = V_T - V\cos q \tag{5.7}$$

再将第 1 式代入上式，可得

$$(p + \cos q) \frac{\mathrm{d}r}{\mathrm{d}t} - r\sin q \frac{\mathrm{d}q}{\mathrm{d}t} = V_T - pV$$

$$\mathrm{d}[r(p + \cos q)] = (V_T - pV)\,\mathrm{d}t$$

积分得到

$$t = \frac{r_0(p + \cos q_0) - r(p + \cos q)}{pV - V_T} \tag{5.8}$$

将命中条件($r \to 0$ 且 $q \to 0$)代入上式，可得导弹从开始追踪到命中目标所需要的飞行时间为

$$t_k = \frac{r_0(p + \cos q_0)}{pV - V_T} = \frac{r_0(p + \cos q_0)}{(V - V_T)(1 + p)} \tag{5.9}$$

由该式可以得出以下结论：

- 当迎面攻击($q_0 = \pi$)时，$t_k = \dfrac{r_0}{V + V_T}$；
- 当尾追攻击($q_0 = 0$)时，$t_k = \dfrac{r_0}{V - V_T}$；
- 当侧面攻击$\left(q_0 = \dfrac{\pi}{2}\right)$时，$t_k = \dfrac{r_0 p}{V - V_T(1 + p)}$。

因此，在 r_0, V, V_T 相同的条件下，q_0 在 $0 \sim \pi$ 范围内，随着 q_0 的增加，命中目标所需的飞

行时间逐渐缩短，而迎面攻击($q_0=\pi$)所需飞行时间最短。

5.2.3 法向过载

导弹的过载特性是导引方法评价的重要指标，过载大小直接影响制导系统的工作条件和导引效能，也是弹体结构强度设计的重要条件。不难判断，沿导引弹道飞行的需用法向过载必须小于可用法向过载，否则导弹只能沿着可用法向过载所决定的弹道曲线飞行，这种情况是不可能命中目标的。

本章的法向过载定义为法向加速度与重力加速度之比，即

$$n=\frac{a_n}{g} \tag{5.10}$$

式中，a_n 为作用在导弹上所有外力(包括重力)的合力所产生的法向加速度。于是，追踪法导引导弹所产生的法向加速度为

$$a_n=V\frac{\mathrm{d}\sigma}{\mathrm{d}t}=V\frac{\mathrm{d}q}{\mathrm{d}t}=-\frac{VV_T\sin q}{r} \tag{5.11}$$

将式(5.6)代入上式，再代入式(5.10)，并注意到过载只考虑绝对值，则有

$$n=\frac{4VV_T}{gr_0}\left|\frac{\tan^p\dfrac{q_0}{2}}{\sin q_0}\cos^{(p+2)}\frac{q}{2}\sin^{(2-p)}\frac{q}{2}\right| \tag{5.12}$$

考虑到导弹命中目标时，$q\to 0$，由式(5.12)可以得出以下情形：

➢ 当 $p>2$ 时，$\lim\limits_{q\to 0}n=\infty$；

➢ 当 $p=2$ 时，$\lim\limits_{q\to 0}n=\dfrac{4VV_T}{gr_0}\left|\dfrac{\tan^p\dfrac{q_0}{2}}{\sin q_0}\right|$；

➢ 当 $p<2$ 时，$\lim\limits_{q\to 0}n=0$。

由此可见，追踪法导引如果考虑命中点的法向过载约束，则只有当速度比满足 $1<p\leqslant 2$ 时，导弹才有可能命中目标。

5.2.4 允许攻击区

所谓允许攻击区是指导弹在此区域内以追踪法导引飞行时，其飞行弹道上的需用法向过载均不超过法向过载值。

由式(5.11)得

$$r=-\frac{VV_T\sin q}{a_n}$$

将式(5.10)代入上式，且只考虑其绝对值，则上式可改写为

$$r=\frac{VV_T}{gn}\mid\sin q\mid \tag{5.13}$$

在 V, V_T, n 给定的条件下，在由 r, q 组成的极坐标系中，式(5.13)是一个圆的方程，即追踪曲线上过载相同点的连线(简称等过载曲线)是个圆。圆心在($VV_T/2gn$，$\pm\pi/2$)上，圆的半

径等于 $VV_T/2gn$。当 V,V_T 一定时，给出不同的 n 值，就可以绘出圆心在 $q=\pm\pi/2$ 上，半径大小不同的圆簇，且 n 越大，等过载圆半径越小。这簇圆正通过目标，与目标的速度相切，如图 5.5 所示。

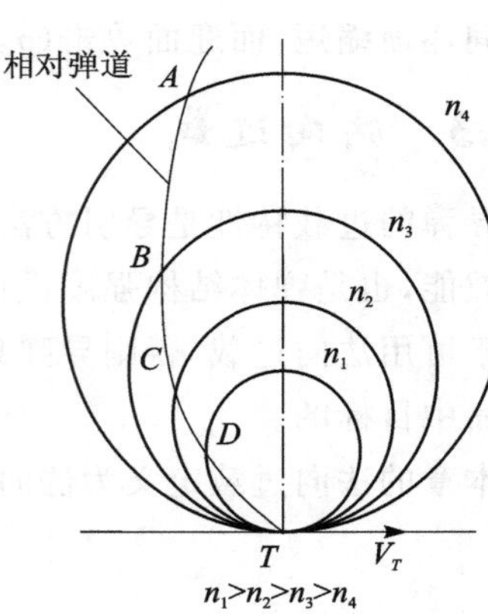

图 5.5 等过载圆

假设可用法向过载为 n_p，也对应一个等过载圆。假定追踪导引的初始时刻导弹相对于目标的距离 r_0 为某一给定值，下面确定允许攻击区。

设导弹的初始位置分别在 M_{01},M_{12}^*,M_{03} 点，各自对应的追踪曲线为 1,2,3(见图 5.6)。追踪曲线 1 不与 n_p 决定的圆相交，因而追踪曲线 1 上任意一点的法向过载 $n<n_p$；追踪曲线 3 与 n_p 决定的圆相交，因而追踪曲线 3 上有一段的法向过载 $n>n_p$，显然导弹从 M_{03} 点开始追踪导引是不允许的，不能命中目标；追踪曲线 2 与 n_p 决定的圆正好相切，切点 E 过载最大，且 $n=n_p$，追踪曲线 2 上任意一点均满足 $n\leqslant n_p$。因此，M_{02} 点是追踪法导引的极限初始位置，它由 r_0,q_0^* 确定。于是当 r_0 值一定时，允许攻击区必须满足

$$|q_0|\leqslant|q_0^*| \tag{5.14}$$

注意到(r_0,q_0^*)对应的追踪曲线 2 把攻击平面分成两个区域，$|q_0|\leqslant|q_0^*|$的区域就是由导弹可用法向过载所决定的允许攻击区，即图 5.7 中的阴影区域。因此，要确定允许攻击区，当 r_0 值一定时，首先必须确定 q_0^* 值。

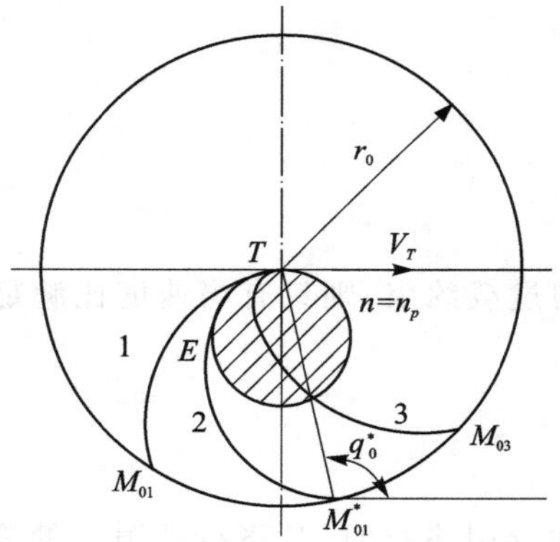

图 5.6 极限起始位置确定

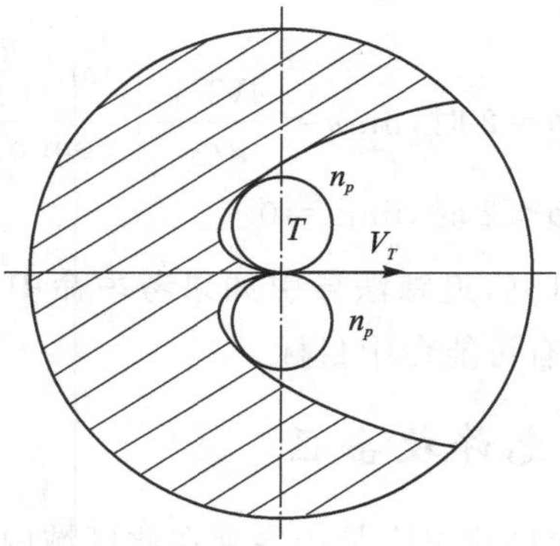

图 5.7 追踪法的允许攻击区

在追踪曲线 2 上，E 点过载最大，其所对应的坐标为 (r_0,q_0^*)，q_0^* 的值可以由 $\mathrm{d}n/\mathrm{d}q=0$ 求得。由式(5.12)可得

$$\frac{\mathrm{d}n}{\mathrm{d}q}=\frac{2VV_T}{r_0g\dfrac{\sin q_0}{\tan^p\dfrac{q_0}{2}}}\left[(2-p)\sin^{(1-p)}\frac{q}{2}\cos^{(p+3)}\frac{q}{2}-(2+p)\sin^{(3-p)}\frac{q}{2}\cos^{(p+1)}\frac{q}{2}\right]=0$$

$$(2-p)\sin^{(1-p)}\frac{q^*}{2}\cos^{(p+3)}\frac{q^*}{2}=(2+p)\sin^{(3-p)}\frac{q^*}{2}\cos^{(p+1)}\frac{q^*}{2}$$

整理后得

$$2\left(\cos^2\frac{q^*}{2}-\sin^2\frac{q^*}{2}\right)=p\left(\sin^2\frac{q^*}{2}+\cos^2\frac{q^*}{2}\right)$$

于是

$$\cos q^*=\frac{p}{2} \tag{5.15}$$

由上式可知，追踪曲线上法向过载最大值处的视线角 q^* 仅取决于速度比 p。

因 E 点在 n_p 的等过载圆上，所对应的 r^* 值满足式(5.13)，于是

$$r^*=\frac{VV_T}{gn_P}|\sin q^*|$$

将式(5.15)代入上式，有

$$r^*=\frac{VV_T}{gn_p}\left(1-\frac{p^2}{4}\right)^{\frac{1}{2}} \tag{5.16}$$

E 点在追踪曲线 2 上，r^* 也同时满足弹道方程式(5.6)，即

$$r^*=r_0\frac{\tan^p\dfrac{q^*}{2}\sin q_0^*}{\tan^p\dfrac{q_0^*}{2}\sin q^*}=\frac{r_0\sin q_0^{*2}(2-p)^{\frac{p-1}{2}}}{\tan^p\dfrac{q_0^*}{2}(2+p)^{\frac{p+1}{2}}} \tag{5.17}$$

根据式(5.16)和式(5.17)，有

$$\frac{VV_T}{gn_P}\left(1-\frac{p}{2}\right)^{\frac{1}{2}}\left(1+\frac{p}{2}\right)^{\frac{1}{2}}=\frac{r_0\sin q_0^{*2}(2-p)^{\frac{p-1}{2}}}{\tan^p\dfrac{q_0^*}{2}(2+p)^{\frac{p+1}{2}}} \tag{5.18}$$

显然，当 V,V_T,n_P,r_0 给定时，由上式解出 q_0^* 值，即可确定允许攻击区。若导弹发射时刻就开始追踪法导引，那么 $|q_0|\leqslant|q_0^*|$ 所确定的范围叫作允许发射区。

追踪法是被最早提出的一种导引方法。在技术上实现追踪法导引是比较简单的。但是，这种导引方法弹道特性存在着严重缺点。因为导弹的绝对速度始终指向目标，相对速度总是落后于视线，所以不管从哪个方向发射，导弹总是要绕到目标的后方去命中目标，这样导致导弹弹道较为弯曲，需用法向过载大，要求导弹具有很高的机动性，并且由于可用法向过载的限制，不能实现全向攻击。另外考虑到命中点的法向过载约束，速度比受到严格的限制，$1<p\leqslant 2$，所以目前追踪法应用得较少。

5.3 平行接近法

平行接近法是指在整个导引过程中，目标瞄准在空间保持平行移动的一种导引方法。其导引关系方程为

$$\varepsilon_1=q-q_0=0 \tag{5.19}$$

式中，q_0 为平行接近法导引初始时刻的视线角。

按平行线接近法导引时，导弹与目标之间的相对运动方程组为

$$\left.\begin{aligned}\frac{\mathrm{d}r}{\mathrm{d}t}&=V_T\cos\eta_T-V\cos\eta\\ r\frac{\mathrm{d}q}{\mathrm{d}t}&=V\sin\eta-V_T\sin\eta_T\\ q=\sigma+\eta,q&=\sigma_T+\eta_T\\ \varepsilon_1=\frac{\mathrm{d}q}{\mathrm{d}t}&=0\end{aligned}\right\}\tag{5.20}$$

5.3.1 直线弹道的条件

由式(5.20)的第2式可以导出实现平行接近法的运动关系式为

$$V\sin\eta=V_T\sin\eta_T\tag{5.21}$$

该式表明，按平行接近法导引时，不管目标做何种机动飞行，导弹速度 V 和目标速度 V_T 在视线法向上的分量相等。由图5.8可见，导弹的相对速度 V_r 正好落在视线上，即导弹的相对速度始终指向目标，因此在整个导引过程中，相对弹道是直线弹道。

另外，导弹按平行接近法导引，速度超前了视线，其前置角 η 应满足

$$\eta=\arcsin\left(\frac{V_T}{V}\sin\eta_T\right)\tag{5.22}$$

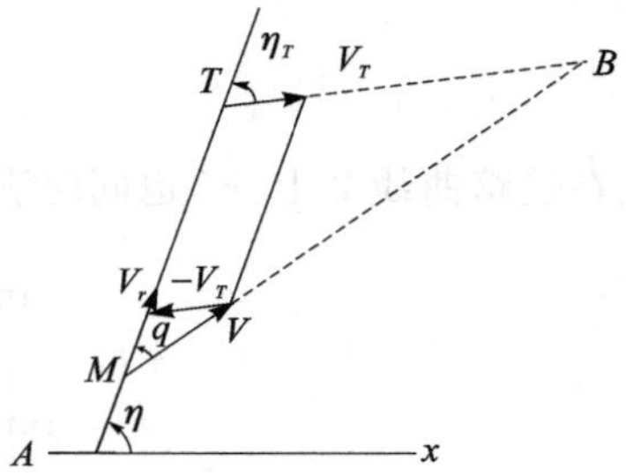

图 5.8 平行接近法的相对运动

按平行接近法导引时，在整个导引过程中视线角 q 保持不变。如果前置角 η 保持常值，则导弹弹道角 σ 为常值，导弹飞行的绝对弹道也是一条直线弹道。显然，由式(5.22)可知，在攻击平面内，目标做直线飞行，即当 η_T 为常值时，只要速度比 p 保持为常值且 $p>1$，则 η 也为常值，即导弹不论从什么方向攻击目标，其飞行弹道(包括绝对弹道和相对弹道)都是直线弹道。

5.3.2 法向过载

为逃脱导弹的攻击，目标往往做机动飞行，并且导弹的飞行速度通常也是变化的。下面研究这种情况下导弹的需用法向过载。

对式(5.21)求导，可得

$$\frac{\mathrm{d}V}{\mathrm{d}t}\sin\eta+V\cos\eta\frac{\mathrm{d}\eta}{\mathrm{d}t}=\frac{\mathrm{d}V_T}{\mathrm{d}t}\sin\eta_T+V_T\cos\eta_T\frac{\mathrm{d}\eta_T}{\mathrm{d}t}\tag{5.23}$$

将 $\frac{\mathrm{d}\eta}{\mathrm{d}t}=-\frac{\mathrm{d}\sigma}{\mathrm{d}t}$ 代入上式可得

$$\frac{\mathrm{d}V}{\mathrm{d}t}\sin\eta-V\cos\eta\frac{\mathrm{d}\sigma}{\mathrm{d}t}=\frac{\mathrm{d}V_T}{\mathrm{d}t}\sin\eta_T-V_T\cos\eta_T\frac{\mathrm{d}\sigma_T}{\mathrm{d}t}$$

令 $a_n=V\frac{\mathrm{d}\sigma}{\mathrm{d}t}$ 为导弹的法向加速度，$a_{nT}=V_T\frac{\mathrm{d}\sigma_T}{\mathrm{d}t}=n_Tg$ 为目标的法向加速度，故导弹的需用法向过载为

$$n=\frac{a_n}{g}=n_T\frac{\cos\eta_T}{\cos\eta}+\frac{1}{g}\left(\frac{\mathrm{d}V}{\mathrm{d}t}\frac{\sin\eta}{\cos\eta}+\frac{\mathrm{d}V_T}{\mathrm{d}t}\frac{\sin\eta_T}{\cos\eta}\right)\tag{5.24}$$

该式表明，导弹的需用法向过载不仅与目标的机动性有关外，还与导弹和目标的切向加速度 $\mathrm{d}V/\mathrm{d}t$，$\mathrm{d}V_T/\mathrm{d}t$ 有关。

目标做机动飞行而导弹做变速飞行时，若速度比 p 保持常值，则可以证明，采用平行接近法导引，导弹的需用法向过载总是小于目标机动时的法向过载，即导弹弹道的弯曲程度比目标航迹的弯曲程度要小，如图 5.9 所示。因此，导弹机动性可以小于目标的机动性。

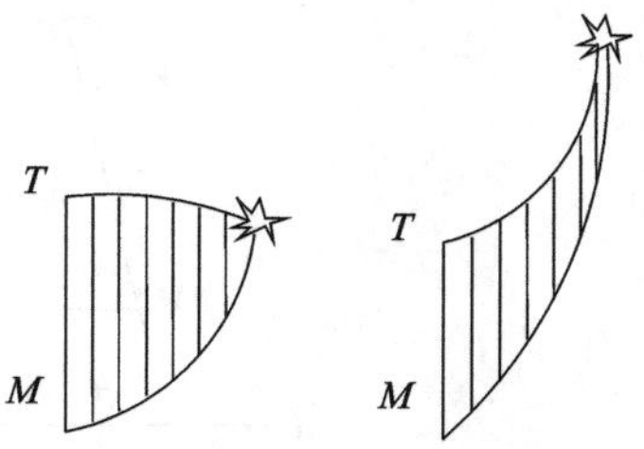

图 5.9　平行接近法的导引弹道

与其他导引方法相比，平行接近法导引导弹弹道最为平直，因而需要法向过载比较小，这样所需的弹翼面积可以缩小，且对弹体结构的受力和控制系统工作均有利，可以实现全向攻击。从这个意义上说，平行接近法是最好的一种导引方法。但是目前平行接近法并未得到广泛应用，其主要原因是实施这种导引方法要求制导系统在每一时刻都要精确地测量目标和导弹速度以及前置角，并严格保持平行接近法的运动关系，即 $V\sin\eta=V_T\sin\eta_T$。实际上，由于发射偏差和过程干扰的存在，不可能绝对保证导弹的相对速度 V_r 始终指向目标，因此绝对意义的平行接近法是难以实现的。

5.4　比例导引法

比例导引法是导弹在攻击目标的导引过程中，导弹速度矢量的旋转角速度与视线的旋转角速度成比例的一种导引方法，其导引关系方程为

$$\varepsilon_1=\frac{\mathrm{d}\sigma}{\mathrm{d}t}-K\frac{\mathrm{d}q}{\mathrm{d}t}=0 \tag{5.25}$$

式中，K 为比例系数。其相对运动参数关系如图 5.10 所示。

假定 K 为常数，对式(5.25)进行积分，可将比例导引关系方程转换为

$$\varepsilon_1=(\sigma-\sigma_0)-K(q-q_0)=0 \tag{5.26}$$

将集合关系式 $q=\sigma+\eta$ 对时间 t 求导，并代入式(5.25)中，可得比例导引关系方程的另一种表达形式：

$$\frac{\mathrm{d}\eta}{\mathrm{d}t}=(1-K)\frac{\mathrm{d}q}{\mathrm{d}t} \tag{5.27}$$

由上式可以看出，如果 $K=1$，则 $\frac{\mathrm{d}\eta}{\mathrm{d}t}=0$，即 $\eta=\eta_0=$常数，这就是常值前置角导引法，而在追踪法中 $\eta=0$，所以追踪法是常值前置角法的一个特例。如果 $K\to\infty$，则 $\mathrm{d}q/\mathrm{d}t\to 0$，即 $q=q_0=$常数，这就是平行接近法。

因此，追踪法和平行接近法是比例导引法的特殊情况。换句话说，比例导引法是介于追踪法和平行接近法之间的一种导引法，比例系数 K 应在 1～∞范围内，通常可取 2～6。同样，比例导引法的弹道特性也是介于追踪法和平行接近法之间的，如图 5.11 所示。随着 K 值的增大，导引弹道逐渐平直，需用法向过载也逐渐减小。

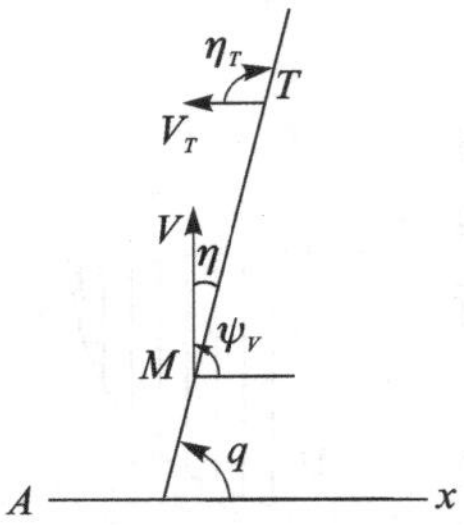

图 5.10 比例导引的相对运动关系

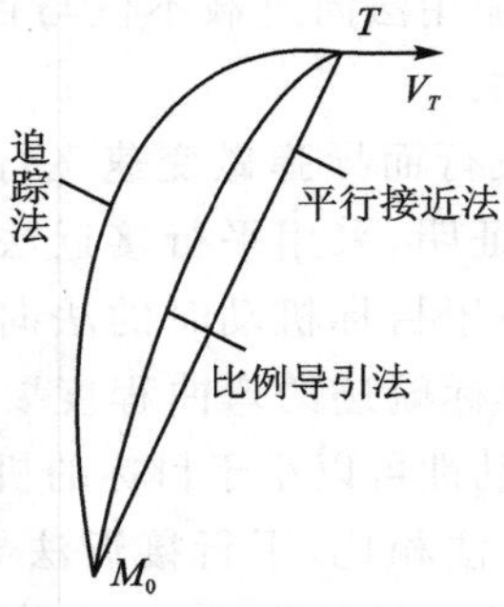

图 5.11 导引方法的弹道比较

根据式(5.1)和式(5.27),比例导引法的弹目相对运动方程组可建立为

$$\left.\begin{aligned}\frac{\mathrm{d}r}{\mathrm{d}t}&=V_T\cos\eta_T-V\cos\eta\\ r\frac{\mathrm{d}q}{\mathrm{d}t}&=V\sin\eta_T-V_T\cos\eta_T\\ q&=\sigma+\eta,q=\sigma_T+\eta_T\\ \frac{\mathrm{d}\sigma}{\mathrm{d}t}&=K\frac{\mathrm{d}q}{\mathrm{d}t}\end{aligned}\right\}\tag{5.28}$$

若 V,V_T,σ_T 的变化规律和初始条件 r_0,q_0,σ_0,η_0 给定,则上述方程组即可求解。在特殊条件下,如比例系数 $K=2$,目标做等速直线飞行且导弹做等速飞行时,该方程组可得到解析解。

5.4.1 弹道特性

首先考虑直线弹道问题。直线弹道需要满足 $\dot{\sigma}=0$,因而 $\dot{q}=0,\dot{\eta}=0$,即 $\eta=\eta_0=$常数。于是,考虑式(5.28)的第 2 式,有

$$V\sin\eta-V_T\sin\eta_T=0\tag{5.29}$$

此式表明,导弹和目标的速度矢量在视线的法向分量相等,即导弹的相对速度始终指向目标。因此,要获得直线弹道,则自导引初始时刻,导弹速度矢量的前置角 η_0 要严格满足

$$\eta_0=\arcsin\left(\frac{V_T}{V}\sin\eta_T\right)\bigg|_{t=t_0}\tag{5.30}$$

图 5.12 所示为目标做等速直线运动,导弹做等速运动,取 $K=5,\eta_0=0°,\sigma_T=0°,p=2$ 时,从不同方向发射的导弹相对弹道示意图。当 $q_0=0°$以及 $q_0=180°$时,满足式(5.30),弹道为直线。当从其他方向发射时,不满足式(5.30),$\dot{q}\neq0$,视线在整个导引过程中不断转动,所以$\dot{\sigma}\neq0$,弹道为曲线。

下面讨论弹道的需用法向过载。比例导引法要求导弹的转弯速度$\dot{\sigma}$ 与视线旋转角速度$\dot{q}$ 成正比,因此导弹的需用法向过载也与 $\dot{q}$ 成正比。研究弹道各点的需用法向过载,可以通过 $\ddot{q}$ 的变化规律来反映。

将式(5.28)第 2 式两边同时对时间求导,得

$$\dot{r}\dot{q}+r\ddot{q}=\dot{V}\sin\eta+V\dot{\eta}\cos\eta-\dot{V}_T\sin\eta_T-V_T\dot{\eta}_T\cos\eta_T$$

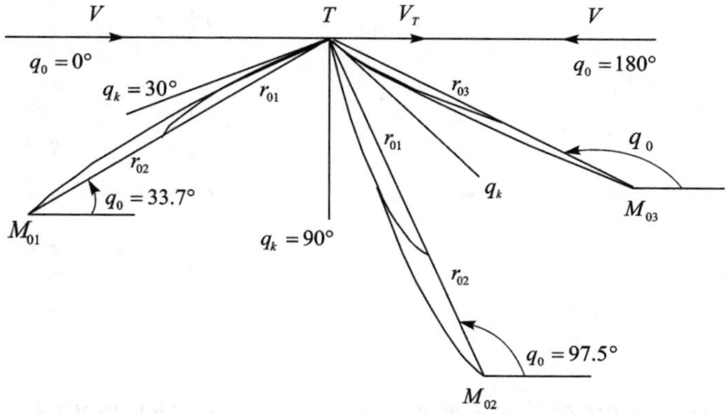

图 5.12　不同方向发射的相对弹道

由于

$$\dot{\eta}=(1-K)\dot{q}$$

$$\dot{\eta}_T=\dot{q}-\dot{\sigma}_T$$

$$\dot{r}=-V\cos\eta+V_T\cos\eta_T$$

代入上式,整理得

$$r\ddot{q}=-(KV\cos\eta+2\dot{r})(\dot{q}-\dot{q}^*) \tag{5.31}$$

式中

$$\dot{q}^*=\frac{\dot{V}\sin\eta-\dot{V}_T\sin\eta_T+V_T\dot{\sigma}_T\cos\eta_T}{KV\cos\eta+2\dot{r}} \tag{5.32}$$

针对上面两式,分以下两种特殊情况讨论:

(1) 目标等速直线飞行,导弹等速飞行

在此特殊情况下,由式(5.32)可知,$\dot{q}^*=0$,于是式(5.31)可改写为

$$\ddot{q}=-\frac{1}{r}(KV\cos\eta+2\dot{r})\dot{q} \tag{5.33}$$

该式表明,如果$(KV\cos\eta+2\dot{r})>0$,则 $\ddot{q}$ 和 $\dot{q}$ 的符号相反。当 $\dot{q}>0$,$\ddot{q}<0$,即 $\dot{q}$ 值将减小;当 $\dot{q}<0$ 时,$\ddot{q}>0$,即 $\dot{q}$ 值将增大。总之,$|\dot{q}|$将不断减小。如图 5.13 所示,$\dot{q}$ 随时间的变化规律是向横坐标趋近,弹道的需用法向过载将随$|\dot{q}|$的减小而减小,弹道变得平直。这种情况称为 $\dot{q}$ 收敛。若$(KV\cos\eta+2\dot{r})<0$,则 $\ddot{q}$ 和 $\dot{q}$ 同号,$|\dot{q}|$将不断增大,$\dot{q}$ 的变化规律如图 5.14 所示,这种情况称为 $\dot{q}$ 发散。弹道的需用法向过载将随 $\dot{q}$ 的增大而增大,弹道逐渐变得弯曲。

由此可知,要使导弹平缓弯转,就必须使 $\dot{q}$ 收敛,故应满足条件

$$K>\frac{2|\dot{r}|}{V\cos\eta} \tag{5.34}$$

可以看出,只要比例系数 K 足够大,使其满足上式,则$|\dot{q}|$可渐趋于零。反之,若不满足上式的条件,则$|\dot{q}|$会逐渐增大,在接近目标时,导弹要以极大的速率转弯,这实际上是难以实现的,非常容易导致脱靶。

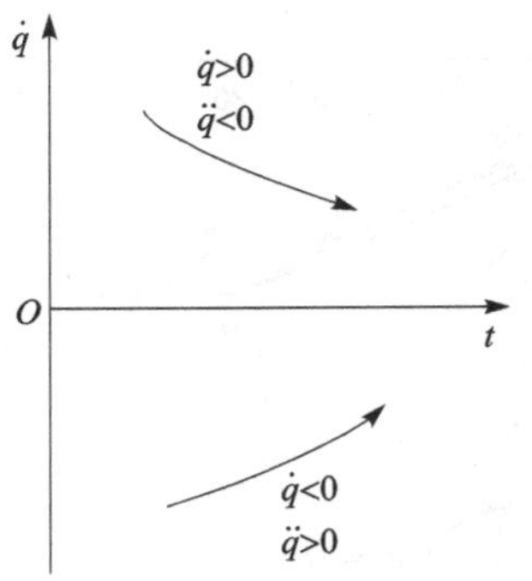

图 5.13　$(KV\cos\eta+2\dot r)>0$ 时的 $\dot q$

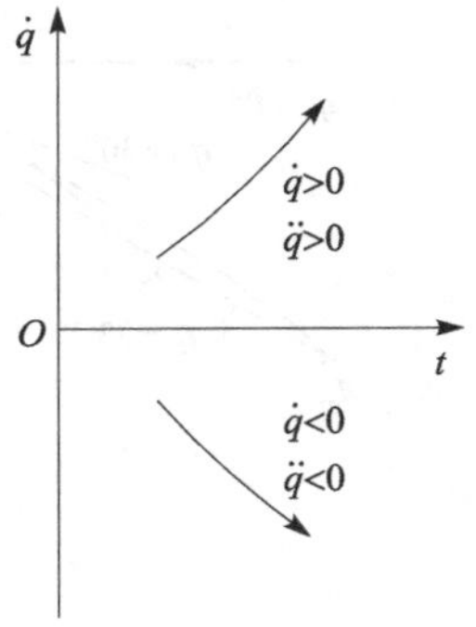

图 5.14　$(KV\cos\eta+2\dot r)>0$ 时的 $\dot q$

(2) 目标机动飞行，导弹变速飞行

由式(5.32)可知，$\dot q^*$ 是时变函数，它与目标的切向加速度 $\dot V_T$、法向加速度 $V_T\dot\sigma_T$ 和导弹的切向加速度 $\dot V$ 均有关，因此 $\dot q^*$ 不再为零。当$(KV\cos\eta+2\dot r)\neq 0$ 时，$\dot q^*$ 为有限值。

根据式(5.31)可知，如果$(KV\cos\eta+2\dot r)>0$，且 $\dot q<\dot q^*$，则 $\ddot q>0$，此时 $\dot q$ 将不断增大；若 $\dot q>\dot q^*$，则 $\ddot q<0$，这时 $\dot q$ 将不断减小。总之，当$(KV\cos\eta+2\dot r)>0$ 时，$\dot q$ 有逐渐接近 $\dot q^*$ 的趋势。反之，如果$(KV\cos\eta+2\dot r)<0$，则 $\dot q$ 有逐渐偏离 $\dot q^*$ 的趋势，弹道变得弯曲，在接近目标时，导弹要以极大的速率转弯。

下面讨论命中目标时的需用法向过载。

如果$(KV\cos\eta+2\dot r)>0$，则 $\ddot q$ 是有限值。由式(5.31)可以看出，在命中点 $r_k=0$，此式左端为0，这就要求在命中点处 $\dot q=\dot q^*$。根据式(5.32)，导弹在命中目标时的需用法向过载为

$$n_k=\frac{V_K\dot\sigma_K}{g}=\frac{KV_K\dot q_k}{g}=\frac{1}{g}\left.\frac{(\dot V\sin\eta-\dot V_T\sin\eta_T+V_T\dot\sigma_T\cos\eta_T)}{\cos\eta-\dfrac{2|\dot r|}{KV}}\right|_{r=r_k}\tag{5.35}$$

由式(5.35)可知，导弹命中目标时的需用法向过载与命中点的导弹速度和导弹向目标的接近速度 $\dot r$ 有直接关系。如果命中点导弹的速度小，则需用法向过载将增大。导弹攻击方向不同，$|\dot r|$ 值是不同的。迎面攻击时，$|\dot r|=V+V_T$；尾随攻击时，$|\dot r|=V-V_T$。由于前半球攻击时的 $|\dot r|$ 值比后半球攻击的 $|\dot r|$ 值大，故前半球攻击的需用法向过载也比后半球的大。显然，后半球攻击比较有利。式(5.35)还表明，命中时刻的需用法向过载还与导弹速度变化和目标的机动性有关。

根据式(5.35)，当$(KV\cos\eta+2\dot r)<0$ 时，可以看出 $\dot q_k$ 是发散的，这意味着当 K 较小时，在命中目标时刻，导弹要以极大的速率转弯，命中点的需用法向过载也极大，这在实际中是难以实现的，所以 K 对于命中目标存在一个下限。

5.4.2　比例系数的选择

由前面的讨论可知，比例系数 K 的大小直接影响弹道特性，影响导弹能否命中目标。选择合适的 K 值除了考虑这些因素外，还要综合考虑结构强度所允许的承受过载的能力，以及制导系统能否稳定工作等因素。

(1) K 的下限应满足 $\dot{q}$ 收敛的条件

在导弹接近目标的过程中，视线角速度 $\dot{q}$ 收敛使得 $|\dot{q}|$ 不断减小，这等价于需用法向过载也不断减小。由前面讨论知道，$\dot{q}$ 的收敛条件为式(5.34)，这就给出了 K 的下限值。由式(5.34)可知，导弹从不同方向攻击目标，其 $|\dot{r}|$ 值是不同的，K 的下限值也不相同。因此，需要根据具体情况来选择适当的 K 值，使得导弹从各个方向攻击的性能都能兼顾，也可以充分发挥导弹在主攻方向上的性能。

(2) K 的上限受到可用法向过载的限制

式(5.34)限制了比例系数 K 的下限值，但其上限值如果取得过大，由 $n=KV\dot{q}/g$ 可知，即使 $\dot{q}$ 值不大，需用法向过载也可能很大。考虑到导弹受到最大舵偏角的限制存在一个可用法向过载，若需用法向过载超过可用法向过载，导弹就不能沿比例导引弹道飞行。因此，可用法向过载给出了 K 的上限。

(3) K 应满足制导系统稳定工作的要求

比例系数在制导反馈回路中起到放大器的作用，如果 K 值选的过大，那么外界干扰对导弹飞行的影响就会明显增大，这是因为 $\dot{q}$ 的微小变化将引起 $\dot{\sigma}$ 的很大变化，所以从制导系统的稳定性出发，K 值的上限要受到限制。

5.4.3 广义比例导引法

比例导引法的优点在于，在满足 $K>2|\dot{r}|/(V\cos\eta)$ 的条件下，$|\dot{r}|$ 逐渐减小，弹道前段较弯曲，能充分利用导弹的机动性能，而弹道后段较为平直，使导弹具有较充裕的机动能力。只要 K,η_0,q_0,p 等参数组合恰当，就可以使全弹道的需用法向过载均小于可用法向过载，实现全向攻击。另外，与平行接近法相比，对瞄准发射时的初始条件要求不严。在技术实施上只需测量 $\dot{q}$ 和 $\dot{\sigma}$，故容易实现。比例导引法的弹道也较平直，因此常被防空导弹广泛采用。

然而，比例导引法的缺点在于，命中目标时的需用法向过载与命中点导弹速度以及攻击方向有关，攻击性能受到制约。为改善导引特性，人们后来提出了广义比例导引法。

广义比例导引法的导引关系为需用法向过载与视线角速度成比例，即

$$n=K_1\dot{q} \tag{5.36}$$

或

$$n=K_2|\dot{r}|\dot{q} \tag{5.37}$$

式中，K_1,K_2 为比例系数。

下面讨论这两种广义比例导引法在命中点处的需用法向过载。

关系式 $n=K_1\dot{q}$ 与传统比例导引法的关系式 $n=(KV/g)\dot{q}$，即 $n=K\dot{q}$ 相比较，可得 $K=K_1g/V$，代入式(5.35)，此时命中目标时导弹的需用法向过载为

$$n_k=\frac{1}{g}\left.\frac{\dot{V}\sin\eta-\dot{V}_T\sin\eta_T+V_T\dot{\sigma}_T\cos\eta_T}{\cos\eta-\dfrac{2|\dot{r}|}{K_1g}}\right|_{t=t_k} \tag{5.38}$$

由上式可见，按 $n=K_1\dot{q}$ 形式的比例导引规律导引，命中点处的需用法向过载与导弹的速度

无关。

同理，按 $n=K_2|\dot{r}|\dot{q}$ 形式导引时，比例参数存在关系 $K=K_2g|\dot{r}|/V$，代入式(5.35)，可得需用法向过载为

$$n_k=\frac{1}{g}\left.\frac{\dot{V}\sin\eta-\dot{V}_T\sin\eta_T+V_T\dot{\sigma}_T\cos\eta_T}{\cos\eta-\dfrac{2}{K_2g}}\right|_{t=t_k} \tag{5.39}$$

由此可知，按 $n=K_2|\dot{r}|\dot{q}$ 导引规律导引，命中点处的需用法向过载不仅不与导弹速度无关，而且与攻击方向无关，有利于实现全向攻击。

5.5　三点法

本节研究遥控制导导弹的导引方法。遥控导引时，导弹和目标的运动参数均由制导站来测量，因此，研究遥控导引弹道既要考虑目标的运动特性，还要考虑制导站的运动状态对导弹运动的影响。在讨论遥控导引弹道特性时，把导弹、目标和制导站看成质点，并假设目标和制导站的运动特性 $V_T, V_C, \sigma_T, \sigma_C$ 的变化规律以及导弹速度 V 的变化规律均为已知。

遥控制导习惯上采用雷达坐标系 $Ox_Ry_Rz_R$，如图 5.15 所示。原点 O 与制导站位置 C 重合；Ox_R 指向跟踪物，包括目标和导弹；Oy_R 轴位于包含 Ox_R 轴的铅垂面内垂直于 Ox_R 轴，并指向上方；Oz_R 轴与 Ox_R 和 Oy_R 轴组成右手直角坐标系。

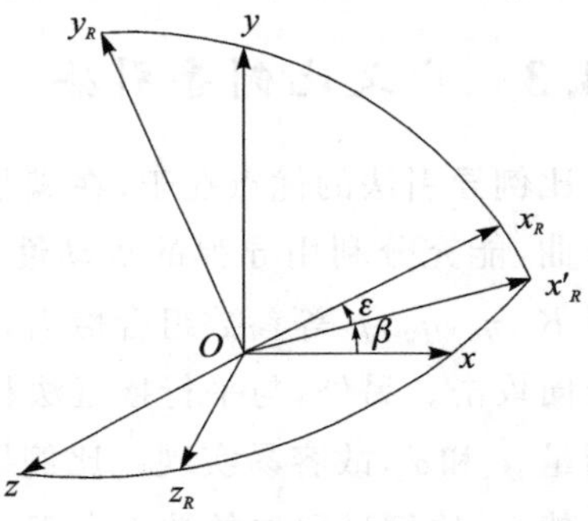

图 5.15　雷达坐标系

根据雷达坐标系 $Ox_Ry_Rz_R$ 和地面坐标系 $Oxyz$ 的定义，二者关系可由以下两个角度来确定：

高低角 ε——Ox_R 轴与地平面 Oxz 之间的夹角，$0°\leqslant\varepsilon\leqslant 90°$。若跟踪目标，则为目标高低角，用 ε_T 表示；若跟踪导弹，则为导弹高低角，用 ε_M 表示。

方位角 β——Ox_R 轴与地平面上的投影 Ox'_R 与地面坐标系 Ox 轴之间的夹角。若从 Ox 轴以逆时针转到 Ox'_R 上，则 β 为正。跟踪目标称为目标方位角，以 β_T 表示；跟踪导弹称为导弹方位角，以 β_M 表示。

跟踪物的坐标可用(x_R, y_R, z_R)表示，也可用(R, ε, β)表示，其中 R 表示坐标原点到跟踪物的距离，称为矢径。

三点法导引是指导弹在攻击目标的导引过程中，导弹始终在制导站与目标的连线上。如果观察者从制导站上看目标，则目标的影像正好被导弹的影像所覆盖。因此，三点法又称为目标覆盖法，如图 5.16 所示。

技术上实施三点法导引比较容易实现。例如：地空导弹是用一根雷达波束既跟踪目标又制导导弹，使导弹始终处在波束中心线上运动；如果导弹偏离了波束中心线，则制导指令系统就会发出指令，控制导弹回到波束中心线上来，如图 5.17 所示。

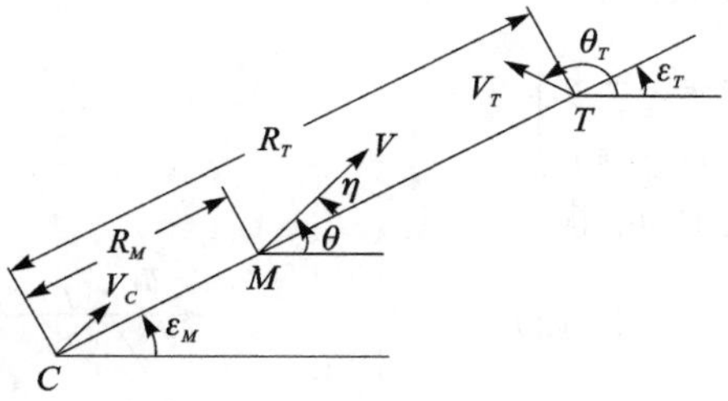

图 5.16　三点法的运动关系

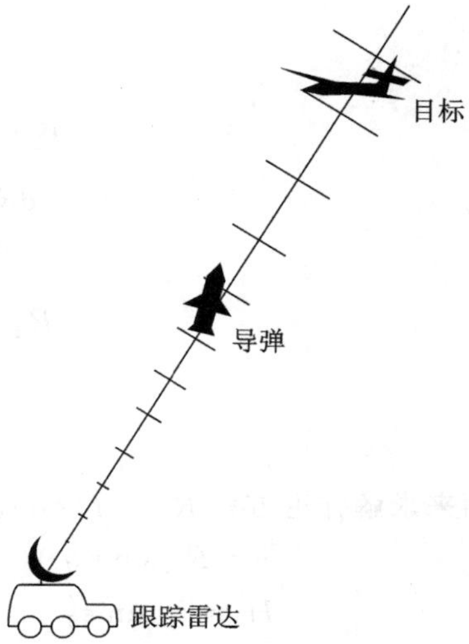

图 5.17　三点法波束制导

按三点法导引，由于制导站与导弹的连线 $\overline{CM}$ 和制导站与目标的连线 $\overline{CT}$ 重合在一起，所以三点法的导引方程为

$$\varepsilon_M = \varepsilon_T, \qquad \beta_M = \beta_T \tag{5.40}$$

考虑制导站是静止的，攻击平面为铅垂面，即目标和导弹始终处在通过制导站的铅垂面内运动。根据图 5.16，三点法导引的相对运动方程组可写为

$$\left.\begin{aligned} \frac{\mathrm{d}R_M}{\mathrm{d}t} &= V\cos\eta \\ R_M\frac{\mathrm{d}\varepsilon_M}{\mathrm{d}t} &= -V\sin\eta \\ \frac{\mathrm{d}R_T}{\mathrm{d}t} &= V_T\cos\eta_T \\ R_T\frac{\mathrm{d}\varepsilon_T}{\mathrm{d}t} &= -V_T\sin\eta_T \\ \varepsilon_M = \theta + \eta,\ \varepsilon_T &= \theta_T + \eta_T \\ \varepsilon_M &= \varepsilon_T \end{aligned}\right\} \tag{5.41}$$

式中，目标运动参数 $V_T(t)$，$\theta_T(t)$ 和导弹速度 $V(t)$ 是已知的。求解该方程组即可得到三点法导引的绝对弹道和相对弹道。

5.5.1　弹道方程

假设制导站为静止状态，攻击平面与通过制导站的铅垂平面重合，目标做水平等速直线飞行，导弹的速度为常值。取地面参考轴 Ox 平行于目标飞行轨迹，参考图 5.18，则相对运动方程组式(5.41)可改写为

$$\left.\begin{aligned}\frac{dR_M}{dt}&=V\cos\eta\\R_M\frac{d\varepsilon_M}{dt}&=-V\sin\eta\\\frac{dR_T}{dt}&=-V_T\cos\varepsilon_T\\R_T\frac{d\varepsilon_T}{dt}&=V_T\sin\varepsilon_T\\\theta&=\varepsilon_M-\eta\\\varepsilon_M&=\varepsilon_T\end{aligned}\right\}\tag{5.42}$$

下面来求解弹道方程 $R_M=f(\varepsilon_M)$。由图 5.18 可得

$$\left.\begin{aligned}y&=R_M\sin\varepsilon_M\\H&=R_T\sin\varepsilon_T\end{aligned}\right\}\tag{5.43}$$

将式(5.43)中第 1 式对 ε_M 求导,则有

$$\frac{dy}{d\varepsilon_M}=\frac{dR_M}{d\varepsilon_M}\sin\varepsilon_M+R_M\cos\varepsilon_M\tag{5.44}$$

用式(5.43)中的第 2 式去除第 1 式,得

$$\frac{dR_M}{d\varepsilon_M}=-\frac{R_M\cos\eta}{\sin\eta}$$

代入式(5.44),并利用式(5.43)中的第 1 式,将 R_M 换为 y,经整理后得

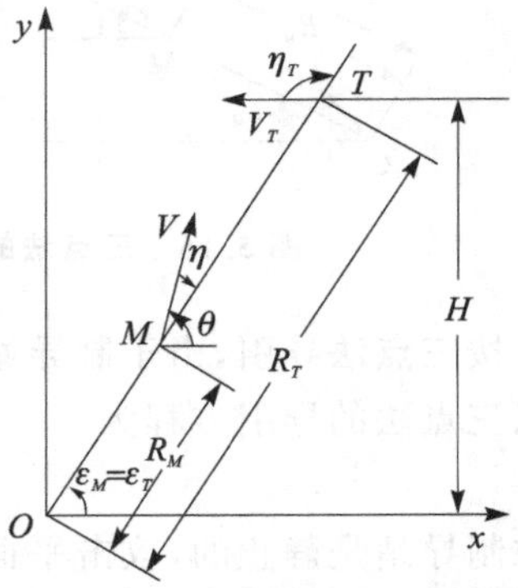

图 5.18　铅垂平面内的三点法导引

$$\frac{dy}{d\varepsilon_M}=-\frac{y\sin(\varepsilon_M-\eta)}{\sin\eta\sin\varepsilon_M}\tag{5.45}$$

为求解弹道方程 $R_M=f(\varepsilon_M)$须对上式进行积分,但是直接积分是比较困难的。下面通过引入弹道倾角 θ,先求出 y 与 θ 和 ε_M 与 θ 的关系:

$$\left.\begin{aligned}y&=f_1(\theta)\\\varepsilon_M&=f_2(\theta)\end{aligned}\right\}\tag{5.46}$$

即可求出 y 和 ε_M 的关系。

下面求参量方程式(5.46)。利用几何关系式得

$$\theta=\varepsilon_M-\eta\tag{5.47}$$

对 ε_M 求导得

$$\frac{d\theta}{d\varepsilon_M}=1-\frac{d\eta}{d\varepsilon_M}\tag{5.48}$$

根据三点法导引关系,有 $\varepsilon_M=\varepsilon_T$,$\dot{\varepsilon}_M=\dot{\varepsilon}_T$,由方程组(5.42)可得

$$\sin\eta=-\frac{V_T}{V}\frac{R_M}{R_T}\sin\varepsilon_M\tag{5.49}$$

代入式(5.43)有

$$\sin\eta=-\frac{y}{pH}\sin\varepsilon_M\tag{5.50}$$

式中,速度比 $p=V/V_T$。

将式(5.50)对 ε_M 求导,并代入式(5.45)和式(5.48)中,经整理得

$$\frac{\mathrm{d}\theta}{\mathrm{d}\varepsilon_M}=-\frac{2\sin(\varepsilon_M-\eta)}{\sin\varepsilon_M\cos\eta} \tag{5.51}$$

除以式(5.45),并代入式(5.47)和式(5.50),得

$$\frac{\mathrm{d}y}{\mathrm{d}\theta}=\frac{y}{2}\cot\theta+\frac{pH}{2\sin\theta} \tag{5.52}$$

对该线性微分方程求解,得

$$y=\mathrm{e}^{\int\frac{1}{2}\cot\theta\mathrm{d}\theta}\left[c+\int\frac{pH}{2\sin\theta}\mathrm{e}^{\int\frac{1}{2}\cot\theta\mathrm{d}\theta}\mathrm{d}\theta\right] \tag{5.53}$$

由于 $\int\cot\theta\mathrm{d}\theta=\ln(\sin\theta)$,$\mathrm{e}^{\frac{1}{2}\int\cot\theta\mathrm{d}\theta}=\sqrt{\sin\theta}$,在 $\theta=\theta_0$ 时,$y=y_0$,则有 $c=\frac{y_0}{\sqrt{\sin\theta_0}}$。代入式(5.53)可得

$$y=\sqrt{\sin\theta}\left(\frac{y_0}{\sqrt{\sin\theta_0}}+\frac{pH}{2}\int_{\theta_0}^{\theta}\frac{\mathrm{d}\theta}{\sin^{3/2}\theta}\right) \tag{5.54}$$

式中,y_0,θ_0 为按三点法导引的初始时刻飞行高度和弹道倾角。其中的积分可用椭圆函数 $F(\theta_0)=\int_{\theta_0}^{\frac{\pi}{2}}\frac{\mathrm{d}\theta}{\sin^{3/2}\theta}$ 和 $F(\theta)=\int_{\theta}^{\frac{\pi}{2}}\frac{\mathrm{d}\theta}{\sin^{3/2}\theta}$ 表示,则可得到 y 和 θ 的关系式:

$$y=\sqrt{\sin\theta}\left\{\frac{y_0}{\sqrt{\sin\theta_0}}+\frac{pH}{2}[F(\theta_0)-F(\theta)]\right\} \tag{5.55}$$

另外,ε_M 和 θ 的关系式可通过将式(5.47)代入式(5.50)得到,即

$$\cot\varepsilon_M=\cot\theta+\frac{y}{Hp\sin\theta} \tag{5.56}$$

综上,当目标做等速水平直线飞行且导弹做等速飞行时,按三点法导引的运动学弹道方程可表示如下:

$$\left.\begin{aligned}y&=\sqrt{\sin\theta}\left\{\frac{y_0}{\sqrt{\sin\theta_0}}+\frac{pH}{2}[F(\theta_0)-F(\theta)]\right\}\\ \cot\varepsilon_M&=\cot\theta+\frac{y}{Hp\sin\theta}\\ R_M&=\frac{y}{\sin\varepsilon_M}\end{aligned}\right\} \tag{5.57}$$

5.5.2 转弯速率

考虑导弹在铅垂面内飞行,如果知道了转弯速率 $\dot{\theta}(t)$,就可得到需用法向过载沿弹道的变化规律。下面讨论两种情况。

1. 目标机动飞行,导弹变速飞行

根据图 5.18,式(5.41)的第 2 式和第 3 式改写为

$$\dot{\varepsilon}_M=\frac{V}{R_M}\sin(\theta-\varepsilon_M)$$

$$\dot{\varepsilon}_T=\frac{V_T}{R_T}\sin(\theta_T-\varepsilon_T)$$

对于三点导引法，$\varepsilon_M=\varepsilon_T$，$\dot{\varepsilon}_M=\dot{\varepsilon}_T$，于是有

$$VR_T\sin(\theta-\varepsilon_T)=V_TR_M\sin(\theta_T-\varepsilon_T)$$

两边求导得

$$(\dot{\theta}-\dot{E}_T)VR_T\cos(\theta-\varepsilon_T)+\dot{V}R_T\sin(\theta-\varepsilon_T)+V\dot{R}_T\sin(\theta-\varepsilon_T)=$$

$$(\dot{\theta}_T-\dot{\varepsilon}_T)V_TR_M\cos(\theta_T-\varepsilon_T)+\dot{V}_TR_M\sin(\theta_T-\varepsilon_T)+V_T\dot{R}_M\sin(\theta_T-\varepsilon_T)$$

代入如下运动学关系式：

$$\cos(\theta-\varepsilon_T)=\frac{\dot{R}_M}{V},\qquad \cos(\theta_T-\varepsilon_T)=\frac{\dot{R}_T}{V_T}$$

$$\sin(\theta-\varepsilon_T)=\frac{R_M\dot{\varepsilon}_T}{V},\qquad \sin(\theta_T-\varepsilon_T)=\frac{R_T\dot{\varepsilon}_T}{V_T},\qquad \tan(\theta-\varepsilon_T)=\frac{R_M\dot{\varepsilon}_T}{\dot{R}_M}$$

整理后得

$$\dot{\theta}=\frac{R_M\dot{R}_T}{R_T\dot{R}_M}\dot{\theta}_T+\left(2-\frac{2R_M\dot{R}_T}{R_T\dot{R}_M}-\frac{R_M\dot{V}}{\dot{R}_MV}\right)\dot{\varepsilon}_T+\frac{\dot{V}_T}{V_T}\tan(\theta-\varepsilon_T)\tag{5.58}$$

当命中目标时，$R_M=R_T$，则命中点处导弹的转弯速率为

$$\dot{\theta}=\left[\frac{\dot{R}_T}{\dot{R}_M}\dot{\theta}_T+\left(2-\frac{2\dot{R}_T}{\dot{R}_M}-\frac{R_M\dot{V}}{\dot{R}_MV}\right)\dot{\varepsilon}_T+\frac{\dot{V}_T}{V_T}\tan(\theta-\varepsilon_T)\right]_{t=t_k}\tag{5.59}$$

该式表明，导弹按三点法导引，在命中点处导弹过载受到目标机动的影响很大，因此在命中点附近可能造成相当大的导引误差。

2. 目标水平等速直线飞行，导弹等速飞行

假定目标飞行高度为 H，导弹在铅垂面内拦截目标，如图 5.18 所示。此时，$\dot{V}_T=0$，$\dot{\theta}_T=0$，$\dot{V}=0$，将这些条件代入式(5.58)，可得

$$\dot{\theta}=\left(2-\frac{2R_M\dot{R}_T}{R_T\dot{R}_M}\right)\dot{\varepsilon}_T\tag{5.60}$$

代入以下关系式：

$$\begin{cases}\varepsilon_M=\varepsilon_T,\qquad \dot{\varepsilon}_M=\dot{\varepsilon}_T\\ R_T=\dfrac{H}{\sin\varepsilon_T}\\ \dot{\varepsilon}_T=\dfrac{V_T}{R_T}\sin\varepsilon_T=\dfrac{V_T}{H}\sin^2\varepsilon_T\\ \dot{R}_M=V\cos\eta=V\sqrt{1-\sin^2\eta}=V\sqrt{1-\left(\dfrac{R_M\dot{\varepsilon}_T}{V}\right)^2}\\ \dot{R}_T=-V_T\cos\varepsilon_T\end{cases}$$

整理后得

$$\dot{\theta}=\frac{V_T}{H}\sin^2\varepsilon_T\left(2+\frac{R_M\sin^2\varepsilon_T}{p^2H^2-R_M^2\sin^4\varepsilon_T}\right)\tag{5.61}$$

在命中目标时，$H=R_{Mk}\sin\varepsilon_{Tk}$，代入式(5.61)可得命中点处导弹的转弯速率为

$$\dot{\theta}_k = \frac{2V_T}{H}\sin^2\varepsilon_{Tk}\left(1+\frac{\cos\varepsilon_{Tk}}{p^2-\sin^2\varepsilon_{Tk}}\right) \tag{5.62}$$

该式表明，在 V_T，V 和 H 已知时，三点法导引的导弹其转弯速率完全取决于导弹所处的位置 (R_M,ε_M)，即 $\dot{\theta}$ 是导弹矢径 R_M 与高低角 ε_M 的函数。

5.5.3 等法向加速度曲线

若给定 $\dot{\theta}$ 为某一常值，则式(5.61)变成仅以 ε_M 与 R_M 为自变量的关系式，即 $f(R_M,\varepsilon_M)=0$。该式在极坐标系中是一条曲线，这条曲线上各点的 $\dot{\theta}$ 值均相等。显然，在速度 V 为常值的情况下，该曲线上各点的法向加速度 a_n 也为常值。因此，称之为等法向加速度曲线。如果给出一系列 $\dot{\theta}$ 值，就可以由式(5.61)得到一簇等法向加速度曲线，在极坐标系中如图 5.19 中实线所示。

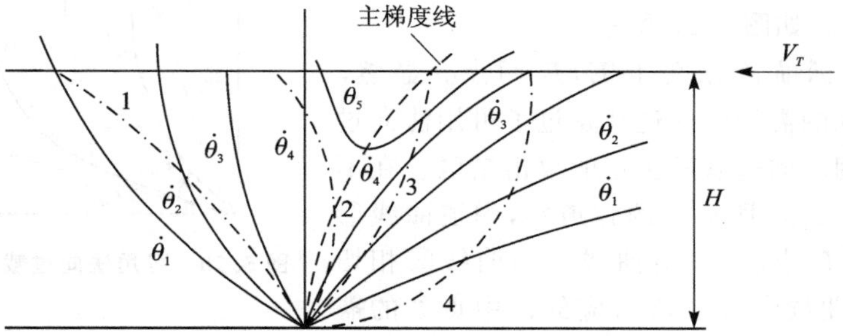

图 5.19　等法向加速度曲线

图 5.19 中：$\dot{\theta}_4$ 曲线对应 $\varepsilon_M=90°$ 的情况，此时 $\dot{\theta}_4=(2V_T/H)$；$\dot{\theta}_1$，$\dot{\theta}_2$，$\dot{\theta}_3$ 曲线均通过 O 点，它们对应的 $\dot{\theta}<2V_T/H$；$\dot{\theta}_5$ 曲线不通过 O 点，对应的 $\dot{\theta}_5>(2V_T/H)$。所以，$\dot{\theta}_1<\dot{\theta}_2<\dot{\theta}_3<\dot{\theta}_4<\dot{\theta}_5$。图 5.19 中虚线是各等法向加速度曲线中极小值点的连线，它表示法向加速度的变化趋势，沿这条曲线向上，法向加速度值越来越大。因此，称这条连线为主梯度线。

图 5.19 中点划线为导弹在不同初始条件 $(R_{M0},\varepsilon_{M0})$ 下所对应的三点法导引弹道。应当指出，等法向加速度曲线簇是在 V_T，V，H 的某一组给定值下画出来的。如果给出另一组值，则将得到另一簇形状相似的等法向加速度曲线。

等法向加速度曲线对于研究弹道上各点的法向加速度或需用法向过载十分方便。从图 5.19 中可见，所有的弹道按其相对于主梯度线的位置可以分为三组，一组在右边，一组在左边，另一组则与主梯度线相交。

① 主梯度线左边的弹道，如弹道曲线 1，属于尾追攻击，发射时的高低角 $\varepsilon_{M0}\geqslant(\pi/2)$。弹道曲线首先与 $\dot{\theta}$ 较大的等 $\dot{\theta}$ 曲线相交，之后与 $\dot{\theta}$ 较小的等 $\dot{\theta}$ 曲线相交。可见，随着矢径 R_M 的增大，弹道的法向加速度不断减小，命中点处的法向加速度最小，末端比较平直，法向加速度的最大值出现在导引弹道起点。

② 主梯度线右边的弹道，如弹道曲线 4，属于迎击目标，发射时的高低角 $\varepsilon_{M0}<(\pi/2)$。弹道曲线首先与 $\dot{\theta}$ 较小的等 $\dot{\theta}$ 曲线相交，之后与 $\dot{\theta}$ 较大的等 $\dot{\theta}$ 曲线相交。可见，随着矢径 R_M 的增大，弹道的法向加速度不断增大，命中点处的法向加速度最大，弹道末端比较弯曲。

③ 与主梯度线相交的弹道(如弹道曲线 2),介于上述两者之间,最小法向加速度发生在交点,而最大法向加速度发生在弹道中段的某点上。

5.5.4 攻击禁区

攻击禁区是指在此区域内导弹的需用法向过载将超过可用法向过载,导致导弹不能沿理想弹道飞行,最终不能命中目标。

下面以防空导弹为例,介绍按三点法导引时由可用法向过载所决定的攻击禁区。

当导弹以等速攻击在铅垂平面内做水平直线飞行的目标时,若已知导弹的可用法向过载 n_P,就可以得到可用法向加速度 a_{nP} 或转弯速率 $\dot{\theta}_P$,在 V_T,V,H 一定时,根据式(5.61)可以求出一簇(R_M,ε_M)值,这样可在极坐标中作出由可用法向过载所决定的等法向加速度曲线 2,如图 5.20 所示。

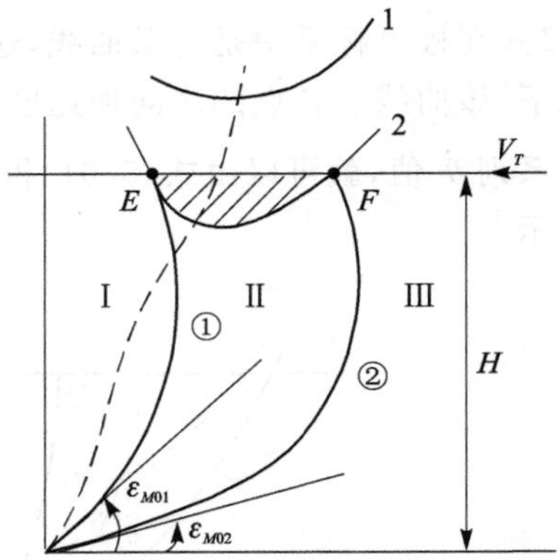

图 5.20 可用法向过载决定的攻击禁区

曲线 2 与目标航迹相交于 E,F 两点。显然,图 5.20 中阴影区的需用法向过载超过了可用法向过载,故存在由可用法向过载所决定的攻击禁区。在不同初始条件(R_{M0},ε_{M0})所对应的弹道中,弹道曲线②的命中点恰好在 F 点上,弹道曲线①与曲线②相切于 E 点,即弹道曲线①和②所对应的命中点处的需用法向过载正好等于可用法向过载。于是,攻击平面被这两条弹道曲线分割成Ⅰ、Ⅱ、Ⅲ三个区域。图中可以看出,位于Ⅰ、Ⅲ区域内的任何一条都不会与曲线 2 相交,即需用法向过载都小于可用法向过载;而位于Ⅱ区域内的所有弹道曲线,在命中目标之前,必然要与曲线 2 相交,即需用法向过载将会超过可用法向过载。

我们应该防止导弹进入阴影区,所以把弹道曲线①和②称为极限弹道。如果用 ε_{M01} 和 ε_{M02} 分别表示①、②两条弹道曲线的初始高低角,则在掌握发射时机时,发射高低角 ε_{M0} 应满足 $\varepsilon_{M0} \geqslant \varepsilon_{M01}$ 或 $\varepsilon_{M0} \leqslant \varepsilon_{M02}$。对于防空导弹来说,为了阻止目标总是尽可能采用迎击方式,所以一般会选择发射高低角 $\varepsilon_{M0} \leqslant \varepsilon_{M02}$。

当然,如果可用法向过载相当大,等法向加速度曲线与目标航迹不相交,如图 5.22 中的曲线 1,则此时不管以多大高低角发射,弹道每一点的需用法向过载均小于可用法向过载,这种情况是不存在攻击禁区的。

5.6 前置量法

三点法导引的优点是技术实施简单,抗干扰性能好,但通过对弹道的分析可以看出,其缺点也很明显。三点法的弹道较弯曲,迎击目标时,越是接近目标,弹道就越弯曲,需用法向过载就越大,当命中点需用法向过载达到最大。这种弹道特性对于攻击高空和高速目标很不利,因为随着高度增加,空气密度迅速减小,由空气动力所提供的法向力也大大下降,使导弹的可用法向过载减小,而目标高空高速飞行,致使导弹的需用法向过载也相应增大,这样在导弹接近目标时,很可能出现可用法向过载小于需用法向过载的情况,从而导致导弹脱靶。

为了改善遥控制导导弹的导引弹道特性，就需要寻找能使弹道比较平直，特别是能使弹道末端比较平直的其他导引方法。

比较追踪法和平行接近法可以看出，平行接近法中的导弹速度矢量不指向目标，而是沿着目标飞行方向超前目标瞄准线一个角度，就可以使得平行接近法比追踪法的弹道平直。同理，遥控制导导弹也可以采用一个前置量，使弹道平直。这里说的前置量就是导弹与制导站连线 $\overline{CM}$ 超前目标与制导站连线 $\overline{CT}$ 一个角度，这类导引方法称为前置量法。

实现前置量法导引一般采用双波束制导，其中一根波束测量目标的位置，用于跟踪目标，另一根波束测量导弹的位置，用于跟踪和控制导弹。

5.6.1 弹道方程

首先采用雷达坐标系建立导引关系方程。按前置量法导引，导弹高低角 ε_M 和方位角 β_M 应分别超前目标高低角 ε_T 和方位角 β_T 一个角度，如图 5.21 所示。

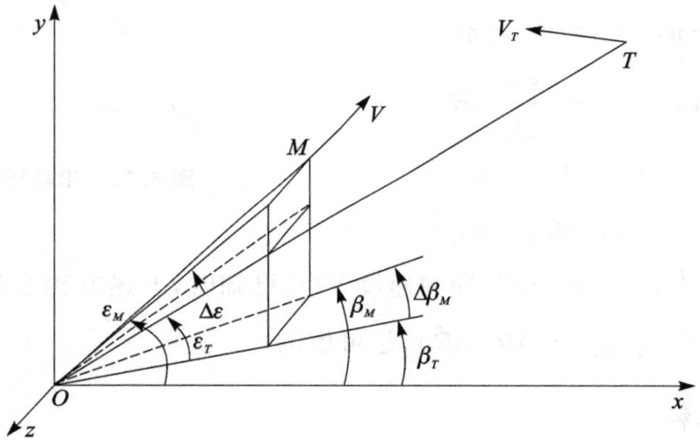

图 5.21 前置量法

对于攻击平面为铅垂面的情况，根据前置量法导引的定义有

$$\varepsilon_M = \varepsilon_T + \Delta\varepsilon \tag{5.63}$$

式中，$\Delta\varepsilon$ 为前置角。导弹命中目标时，目标和导弹分别相对于制导站的距离之差 $\Delta R = R_T - R_M$ 应为 0，$\Delta\varepsilon$ 也应为 0。为满足这两个条件，$\Delta\varepsilon$ 和 ΔR 之间应有比例关系 $\Delta\varepsilon = C_g \Delta R$，这样式(5.63)可表示为

$$\varepsilon_M = \varepsilon_T + C_g \Delta R \tag{5.64}$$

在前置量法中，函数 C_g 的选择应尽量使得弹道平直。若导弹高低角随时间的变化率 $\dot{\varepsilon}_M$ 为 0，则导弹的绝对弹道为直线弹道。要求全弹道上 $\dot{\varepsilon}_M \equiv 0$ 是不现实的，一般只能要求导弹在接近目标时 $\dot{\varepsilon}_M$ 趋于 0，这样可以使弹道末端平直些。所以，这种导引方法又称为矫直法。

下面根据这一要求来确定 C_g 的表达式。式(5.64)对时间求一阶导数，得

$$\dot{\varepsilon}_M = \dot{\varepsilon}_T + \dot{C}_g \Delta R + C_g \Delta \dot{R}$$

式中，$\dot{C}_g = \dfrac{\mathrm{d}C_g}{\mathrm{d}t}$，$\Delta\dot{R} = \dfrac{\mathrm{d}\Delta R}{\mathrm{d}t}$。命中点处，$\Delta R = 0$，并要求 $\dot{\varepsilon}_M = 0$，代入上式得

$$C_g = -\frac{\dot{\varepsilon}_T}{\Delta \dot{R}}$$

因此，前置量法的导引关系方程可表示为

$$\varepsilon_M=\varepsilon_T-\frac{\dot{\varepsilon}_T}{\Delta\dot{R}}\Delta R \tag{5.65}$$

于是，假设制导站静止，攻击平面为通过制导站的铅垂面，目标机动飞行，导弹变速飞行，参考图 5.22，即可得到前置量法导引的相对运动方程组：

$$\left.\begin{aligned}
\frac{\mathrm{d}R_M}{\mathrm{d}t}&=V\cos\eta\\
R_M\frac{\mathrm{d}\varepsilon_M}{\mathrm{d}t}&=-V\sin\eta\\
\frac{\mathrm{d}R_T}{\mathrm{d}t}&=V_T\cos\eta_T\\
R_T\frac{\mathrm{d}\varepsilon_T}{\mathrm{d}t}&=-V_T\sin\eta_T\\
\varepsilon_M=\theta+\eta,\quad \varepsilon_T&=\theta_T+\eta_T\\
\varepsilon_M&=\theta_T-\frac{\dot{\varepsilon}_T}{\Delta\dot{R}}\Delta R\\
\Delta R&=R_T-R_M\\
\Delta\dot{R}&=\dot{R}_T-\dot{R}_M
\end{aligned}\right\} \tag{5.66}$$

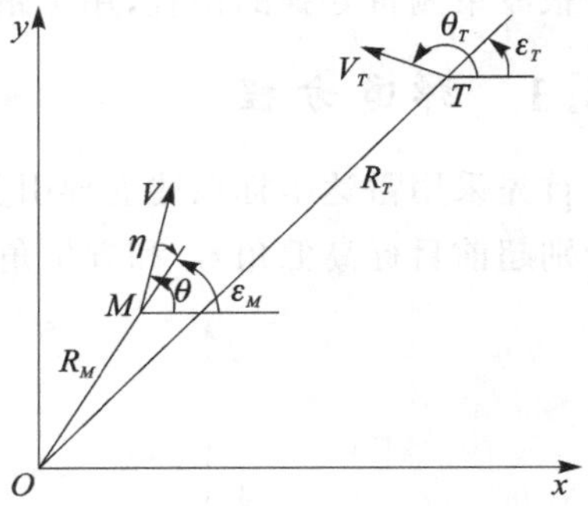

图 5.22 铅垂面内的前置量法导引

当目标运动参数 $V_T(t)$，$\theta_T(t)$ 和导弹速度 $V(t)$ 已知时，上述方程组包含 9 个方程和 9 个未知数（$R_M, R_T, \varepsilon_M, \varepsilon_T, \eta, \eta_T, \theta, \Delta R, \Delta\dot{R}$），是可解的。

5.6.2 转弯速率

下面根据该方程组对转弯速率这一重要弹道特性进行分析。

改写式(5.66)中第 2 式为

$$R_M\frac{\mathrm{d}\varepsilon_M}{\mathrm{d}t}=-V\sin\eta=V\sin(\theta-\varepsilon_M)$$

对上式求导得

$$\dot{R}_M\dot{\varepsilon}_M+R_M\ddot{\varepsilon}_M=\dot{V}\sin(\theta-\varepsilon_M)+V(\dot{\theta}-\dot{\varepsilon}_M)\cos(\theta-\varepsilon_M)$$

改写式(5.66)中第 1、2 式：

$$\cos(\theta-\varepsilon_M)=\frac{\dot{R}_M}{V}$$

$$\sin(\theta-\varepsilon_M)=\frac{R_M\dot{\varepsilon}_M}{V}$$

并代入上式，整理得

$$\dot{\theta}=\left(2-\frac{\dot{V}R_M}{V\dot{R}_M}\right)\dot{\varepsilon}_M+\frac{R_M}{\dot{R}_M}\ddot{\varepsilon}_M \tag{5.67}$$

由该式可知，转弯速率 $\dot{\theta}$ 不仅与 $\dot{\varepsilon}_M$ 有关，还与 $\ddot{\varepsilon}_M$ 有关。命中点处，$\dot{\varepsilon}_M=0$，由式(5.67)可得

$$\dot{\theta}=\left(\frac{R_M}{\dot{R}_M}\ddot{\varepsilon}_M\right)_{t=t_k} \tag{5.68}$$

式(5.68)表明：$\dot{\theta}_k$ 不为0，即导弹在命中点附近的弹道并非直线，但是 $\dot{\theta}_k$ 值很小，即命中点附近的弹道接近于直线弹道。所以，前置量法并不是要实现直线弹道，只是在接近命中点时，弹道得到改进，变得更为平直。

为了比较前置量法和三点法在命中点的转弯速率 $\dot{\theta}_k$，对导引关系方程(5.65)求二阶导数，并考虑命中点关系式 $\Delta R=0$，$\varepsilon_M=\varepsilon_T$，$\dot{\varepsilon}_M=0$，可得

$$\ddot{\varepsilon}_{Mk}=\left(-\ddot{\varepsilon}_T+\frac{\dot{\varepsilon}_T\Delta\ddot{R}}{\Delta\dot{R}}\right)_{t=t_k} \tag{5.69}$$

再对方程组(5.66)中第4式求一阶导数，并考虑命中点关系式，可得

$$\ddot{\varepsilon}_{Tk}=\left[\frac{1}{R_T}\left(\frac{R_T\dot{V}_T\dot{\varepsilon}_T}{V_T}+\dot{R}_T\dot{\theta}_T-2\dot{R}_T\dot{\varepsilon}_T\right)\right]_{t=t_k} \tag{5.70}$$

将式(5.70)代入式(5.69)，再代入式(5.68)，得到命中点处导弹的转弯速率：

$$\dot{\theta}_k=\left[\frac{\dot{\varepsilon}_T}{\dot{R}_M}\left(2\dot{R}_T+\frac{\Delta\ddot{R}R_T}{\Delta\dot{R}}\right)-\frac{\dot{V}_T}{\dot{R}_M}\sin(\theta_T-\varepsilon_T)-\frac{\dot{R}_T\dot{\theta}_T}{\dot{R}_M}\right]_{t=t_k} \tag{5.71}$$

由式(5.71)可见，导弹在命中点处的转弯速率 $\dot{\theta}_k$ 仍受目标机动的影响，这是不利的。目标机动使 $\dot{V}_T$ 和 $\dot{\theta}_T$ 的值都不易测量，难以形成补偿信号来修正弹道，势必引起动态误差。

比较式(5.71)和三点法导引时命中点处的转弯速率式(5.59)，可以看出同样的目标机动(相同的 $\dot{V}_T$ 和 $\dot{\theta}_T$)，在三点法导引中对导弹命中点处转弯速率的影响与前置量法导引中所造成的影响正好相反，即若在三点法导引中为正，则在前置量法导引中为负。这样一来，就可能存在介于三点法导引和前置量法导引之间的一种导引规律，可以让目标机动对命中点处转弯速率的影响变为0，这就是半前置量法。

5.6.3 半前置量法

将三点法和前置量法的导引关系方程写成如下通式：

$$\varepsilon_M=\varepsilon_T+\Delta\varepsilon=\varepsilon_T-A_g\frac{\dot{\varepsilon}_T}{\Delta\dot{R}}\Delta R \tag{5.72}$$

上式在 $A_g=0$ 时是三点法，在 $A_g=1$ 时是前置量法。由于半前置量法是介于三点法与前置量法之间的导引方法，故其系数 A_g 应介于0与1之间，同时使得命中点处导弹的转弯速率与目标的机动无关。

对式(5.72)求一阶导数和二阶导数，并代入命中点关系式 $\Delta R=0$ 和 $\varepsilon_M=\varepsilon_T$，可得

$$\dot{\varepsilon}_{M_K}=\dot{\varepsilon}_{Tk}(1-A_g) \tag{5.73}$$

$$\ddot{\varepsilon}_{M_k}=\left[\ddot{\varepsilon}_{Tk}(1-2A_g)+A_g\frac{\dot{\varepsilon}_{Tk}\Delta\ddot{R}}{\Delta\dot{R}}\right]_{t=t_k} \tag{5.74}$$

将式(5.70)代入式(5.74)，并将结果与式(5.73)一起代入式(5.67)中，在命中点处有

$$\dot{\theta}_k=\left\{\left(2-\frac{\dot{V}R_M}{V\dot{R}_M}\right)\dot{\varepsilon}_T(1-A_g)+\right.$$

$$\left.\frac{R_M}{\dot{R}_M}\left[\frac{1}{R_T}\left(-2\dot{R}_T\dot{\varepsilon}_T+\frac{\dot{V}_TR_T\dot{\varepsilon}_T}{V_T}+\dot{\theta}_T\dot{R}_T\right)(1-2A_g)+A_g\frac{\dot{\varepsilon}\Delta\ddot{R}}{\Delta\dot{R}}\right]\right\}_{t=t_k}$$

由上式可知，若取 $A_g=1/2$，则可消除由目标机动对 $\dot{\theta}_k$ 的影响，此时

$$\dot{\theta}_k=\left\{\frac{\dot{\varepsilon}_T}{2}\left[\left(2-\frac{\dot{V}R_M}{V\dot{R}_M}\right)+\frac{R_M\Delta\ddot{R}}{\dot{R}_M\Delta\dot{R}}\right]\right\}_{t=t_k}\tag{5.75}$$

再将 $A_g=1/2$ 代入式(5.72)中，得到半前置量法的导引关系方程：

$$\varepsilon_M=\varepsilon_T-\frac{1}{2}\times\frac{\dot{\varepsilon}_T}{\Delta\dot{R}}\Delta R\tag{5.76}$$

在半前置量法导引中，由于目标机动($\dot{V}_T,\dot{\theta}_T$)在命中点对导弹转弯速率没有影响，从而减小了动态误差，提高了导引准确度，所以从理论上说，半前置量法导引是遥控制导中性能比较好的一种导引方法，但是要实现半前置量法导引，需要不断测量导弹和目标矢径 R_M,R_T，高低角 $\varepsilon_M,\varepsilon_T$ 及其导数 $\dot{R}_M,\dot{R}_T,\dot{\varepsilon}_T$ 等参数，这在目标主动施放干扰，造成假目标的情况下，导引性能就会变差，甚至可能会造成较大起伏。

5.7　本章小结

本章讨论了导弹制导控制系统外层反馈回路，即制导回路的导引设计方法及其相应的导引弹道特性。

相对运动方程描述了导弹、目标、制导站之间的相对运动关系，建立相对运动方程是分析导引弹道运动学特性的基础。本章建立了寻的和遥控两种主要制导方式下的相对运动模型，并对主要用于寻的制导的追踪法、平行接近法、比例导引法以及用于遥控制导的三点法、前置量法的设计方法和弹道特性进行了具体分析。

追踪法的技术实现比较简单，然而导弹总是要绕到目标的后方去命中目标，导致弹道较为弯曲，需用法向过载大，不能实现全向攻击，且速度比受到严格限制。

平行接近法的导引弹道最为平直，需用法向过载小，可以全向攻击，但对制导系统要求严格，即制导系统时刻都要精确地测量目标和导弹速度以及前置角，并严格保持平行运动关系，难以实现。

比例导引法介于两者之间，通过比例系数可灵活调节弹道特性，充分利用导弹机动性能，获得过载适中且实现要求不高的弹道，因而被广泛采用。

三点法的技术实现比较简单，抗干扰性能好，但缺点在于弹道较为弯曲，迎击目标时，越接近目标，弹道越弯曲，需用法向过载越大，在命中点需用法向过载最大，不利于攻击高空和高速目标。

前置量法采用双波束制导，分别跟瞄导弹和目标，并将导弹瞄准线超前目标瞄准线一个前置角度，能够实现弹道的平直化。

思考题

1. 两点法和三点法的典型导引方式各有哪些？它们各自有什么优缺点？通常会采用哪些导引方法？为什么？它们的导引方程如何描述？

2. 追踪法对导弹的速度有什么样的约束？其上下界受什么因素影响？如何决定？

3. 导弹采用追踪法制导飞行，其允许攻击区如何确定？发射角度需要满足什么条件？

4. 为什么说平行接近法的弹道是理想的？但该弹道在实际过程中难以实现，有什么方式可以弥补平行接近法的不足？

5. 比例系数对比例导引法会有怎样的影响？比例系数取值一般要满足什么条件？在满足该条件下，比例导引法的前段和后段弹道法向过载具有什么样的特征？与追踪法和平行接近法相比有什么优势？

6. 若采用需用法向过载和实现角速率成正比关系的导引律，将会对弹道全程的需用法向过载和弹道特性产生什么样的正面影响？推导法向过载的表达式，并结合该式进行分析说明。

7. 作出三点法的等法向加速度曲线，分析不同发射角度下的弹道曲线法向加速度发生的变化。对弹道类型进行分类，说明各类弹道曲线的法向加速度会在何时达到最大。

8. 分析说明三点法的攻击禁区产生原理，如何避免进入攻击禁区？

9. 在三点法的导引方程中增加前置角会对弹道特性产生怎样的影响？如何优化选取最佳的前置量？

10. 推导采用三点法的导弹转弯速率的表达式，证明半前置量法所得转弯速率与目标机动无关。

参考阅读

- Rafael Y. 无人机制导[M]. 牛轶峰，朱华勇，沈林成，等译. 北京：国防工业出版社，2015.

☞ 阅读指导

重点阅读第 7 章《随机输入条件下制导律性能分析》和第 10 章《一体化设计》。作为本章延伸阅读，能够帮助学生理解实际场景中的目标随机机动对制导性能带来的影响，并了解已逐渐成为主流趋势的制导与控制一体化设计方法，为理解当前不断发展的先进制导方法奠定基础。

第三部分

轨道飞行控制与制导基本原理

第6章

航天器姿轨运动模型

思维导图

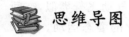

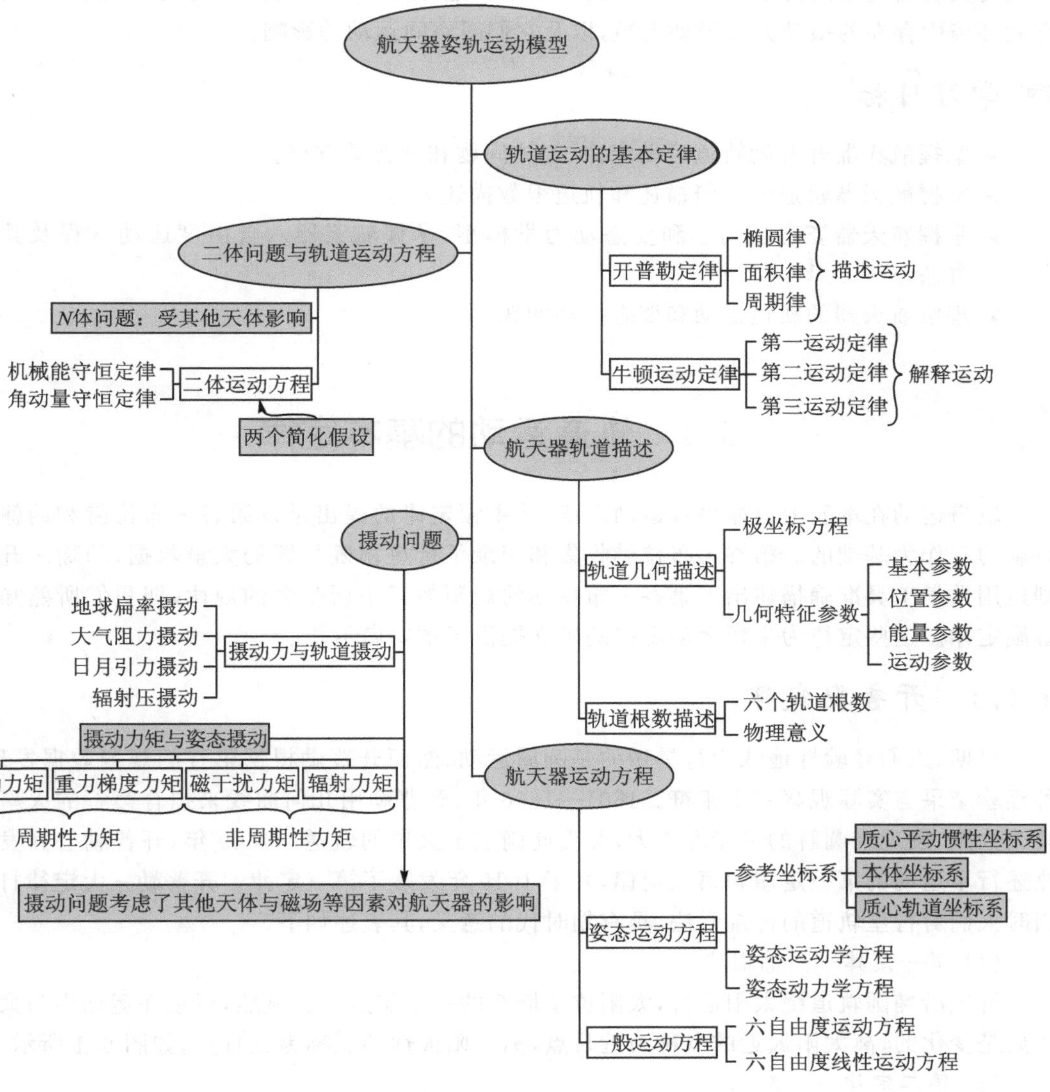

☞ 章导语

随着导弹技术的发展，导弹的飞行能力迅速提升，近年来出现了许多具有跨大气层飞行的导弹门类，如远程战略弹道导弹、临近空间高超声速导弹等。对于这些新型导弹，其制导和控制问题需要考虑两个基本方面：一是大气内的气动飞行环境；二是大气外的空间飞行环境，即航天器的制导控制。

研究航天器的制导控制，首先要把握航天器在空间中的运动规律。与气动飞行类似，空间运动也包括两部分，即反映质心位置变化的轨道运动和反映质心转动变化的姿态运动。本章分别对其各自遵循的力学原理和数学模型加以阐述，给出六自由度的一般运动方程，并讨论在空间环境中存在的摄动力和摄动力矩，以及它们对空间运动的影响。

☞ 学习目标

- 掌握航天器开普勒轨道运动定律、二体问题和开普勒方程。
- 掌握航天器轨道的几何描述和轨道根数描述方法。
- 掌握航天器姿态运动学和姿态动力学模型，掌握航天器六自由度运动方程及其简化方法。
- 理解航天器的轨道摄动和姿态摄动问题。

6.1　轨道运动的基本定律

轨道运动在本质上遵循牛顿运动定律，而牛顿定律的提出是以第谷·布拉赫和约翰·开普勒的工作为基础的。第谷·布拉赫收集和记录了行星精确位置的大量数据，约翰·开普勒则运用数学工具准确描述出了第谷·布拉赫的观测数据中所暗含的规律，即我们所熟知的开普勒定律。这些定律为牛顿运动定律的确立提供了重要启示。

6.1.1　开普勒定律

早期，人们经验性地认为行星做的是圆周运动，然而开普勒根据第谷的观测数据发现，这种经验结果与实际观察并不相符。1601—1606 年，开普勒用几何曲线来拟合第谷的火星位置观测数据，发现椭圆解的可能性更大，并因此确定了火星的轨道。1609 年，开普勒公开发表了描述行星运动的第一定律和第二定律，并于 1619 年发表了第三定律。开普勒三大定律打破了当时人们对行星轨道的传统看法，具有划时代的意义，其表述如下。

(1) 第一定律——椭圆律

行星沿椭圆轨道绕太阳运行，太阳位于椭圆的一个焦点上。显然，行星在运动中与太阳的距离是变化的，离太阳最近的点称为近日点，离太阳最远的点称为远日点，如图 6.1 所示。

(2) 第二定律——面积律

太阳到行星的矢径等时间间隔内扫过的面积相等。在图 6.2 中，$S_1 \sim S_6$ 分别表示行星在 $t_1 \sim t_6$ 时刻的位置。如果从 S_1 到 S_2 的时间间隔和 S_3 与 S_4，S_5 与 S_6 的时间间隔相等，则矢径扫过的面积 S_1OS_2，S_3OS_4，S_5OS_6 也都相等，可写为

$$\frac{\mathrm{d}A}{\mathrm{d}t}=\text{常量} \tag{6.1}$$

式中，$\mathrm{d}A/\mathrm{d}t$ 表示单位时间内矢径扫过的面积，或称面积速度。为了保持面积速度不变，行星在近日点附近的运行路程 S_1S_2 较长，速度相应较快；而在远日点附近，运行路程 S_5S_6 较短，速度相应较慢，这种变化规律叫作面积速度守恒。

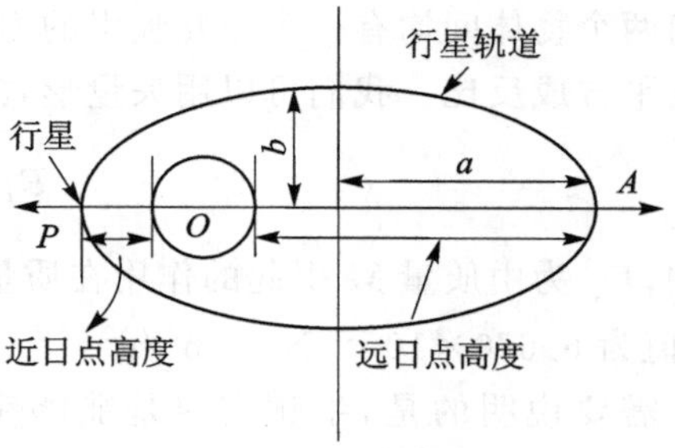

图 6.1 椭圆律

(3) 第三定律——周期律

行星公转周期 T 的平方与椭圆轨道半长轴 a 的立方成正比，即

$$\frac{a^3}{T^2}=K \tag{6.2}$$

此式说明，行星轨道周期仅由半长轴决定，半长轴越大，周期越长。如图 6.3 所示，3 种不同曲率的椭圆轨道，它们的半长轴相等，周期也就相同。

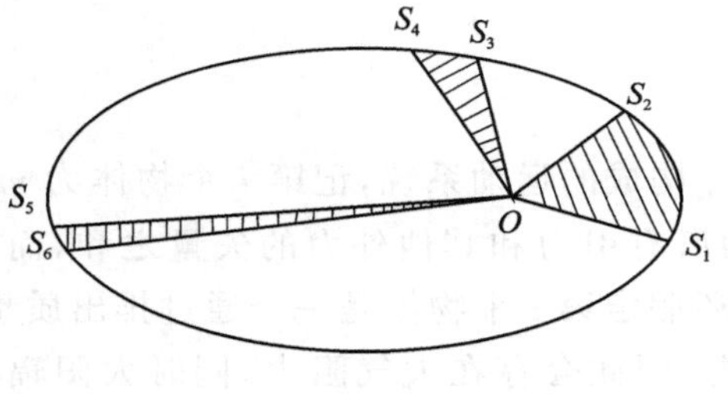

图 6.2 面积律

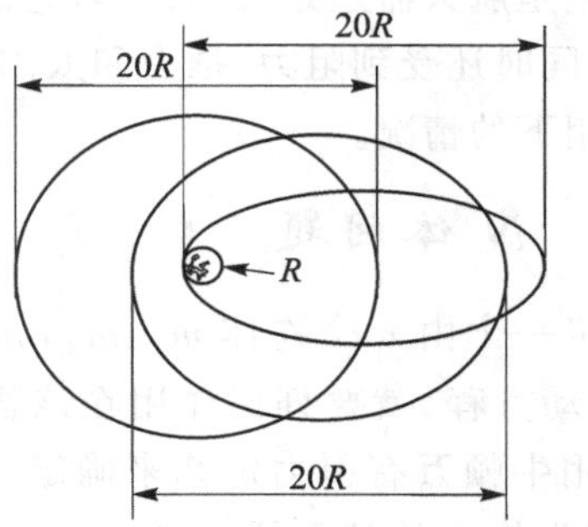

图 6.3 周期律

显然，开普勒三大定律提供的是行星运动的一种合理描述，然而如果要解释这种运动的内在动因，则需要借助牛顿运动定律。

6.1.2 牛顿运动定律

1687 年，牛顿在他的著作《自然哲学的数学原理》一书中原理性地阐述了三大运动定律。

第一运动定律：任一物体将保持静止或匀速直线运动状态，除非有作用在该物体上的力强迫其改变这种状态。

第二运动定律：动量变化速率与作用力成正比，且与力的方向相同，即

$$\sum \boldsymbol{F}=\frac{\mathrm{d}}{\mathrm{d}t}(m\boldsymbol{v})=\dot{m}\boldsymbol{v}+m\ddot{\boldsymbol{r}} \tag{6.3}$$

式中，$\sum \boldsymbol{F}$ 为作用在质量 m 上的所有力的矢量和；$\boldsymbol{r}$，$\boldsymbol{v}$，$\ddot{\boldsymbol{r}}$ 表示该质量在惯性坐标系中的位置、速度和加速度矢量；$\dot{m}$ 为质量随时间的变化率。

第三运动定律：每一个作用力总存在一个大小相等方向相反的反作用力。

在《自然哲学的数学原理》这本书中，牛顿不仅讨论了运动定律，还给出了万有引力定律：

任何两个物体间均有一个相互吸引的力，这个力与它们的质量乘积成正比，与这两个物体间距离的平方成反比。我们可以用矢量形式把它表示为

$$\boldsymbol{F}_g = -\frac{GMm}{r^2} \cdot \frac{\boldsymbol{r}}{r} \tag{6.4}$$

式中，$\boldsymbol{F}_g$ 为由质量 M 引起的作用在质量 m 上的力；$\boldsymbol{r}$ 为从 M 到 m 的距离。G 为万有引力常数，值为 $6.670\times10^{-13}\ \mathrm{N\cdot cm^2/g^2}$。

需要说明的是，牛顿定律是能够完全证明开普勒定律的。所以，我们可以认为，开普勒描述了行星如何运动，牛顿则回答了行星为何那样运动，他们共同阐述了天体的轨道运动规律。航天器作为人造天体，也是在引力场中运动的，因此同样遵循这样的轨道运动规律。

6.2　二体问题与轨道运动方程

无论是航天器还是天然天体，它们在运动中的任何给定时刻，均会受到周围天体的万有引力作用，同时还受到阻力、推力和太阳辐射压力等其他力的作用。这一节首先讨论物体在多个天体作用下的情况。

6.2.1　N 体问题

假定一个由 n 个物体 $m_1, m_2, m_3, \cdots, m_n$ 构成的运动系统，记第 i 个物体为 m_i，要建立 m_i 的运动方程，就要列出作用在该物体上的所有引力和其他外力的矢量之和，而这些引力均可以用牛顿万有引力定律来确定。此外，还假定第 i 个物体是一个通过排出质量（如推进剂）来产生推力的航天器，可能处在大气层内，因此会存在大气阻力，同时太阳辐射也会在该物体上产生辐射压力，如此等等。要建立一般性的运动方程，所有这些影响都需要考虑到。

建立运动方程，第一步应选择一个便于描述物体运动的坐标系。为避免所选坐标系指向的不确定性，往往采用惯性坐标系作为参考基准。不失一般性，假定存在某个惯性坐标系 $OX'Y'Z'$，该坐标系内 n 个物体的位置分别为 $\boldsymbol{r}_1, \boldsymbol{r}_2, \boldsymbol{r}_3, \cdots, \boldsymbol{r}_n$，如图 6.4 所示。

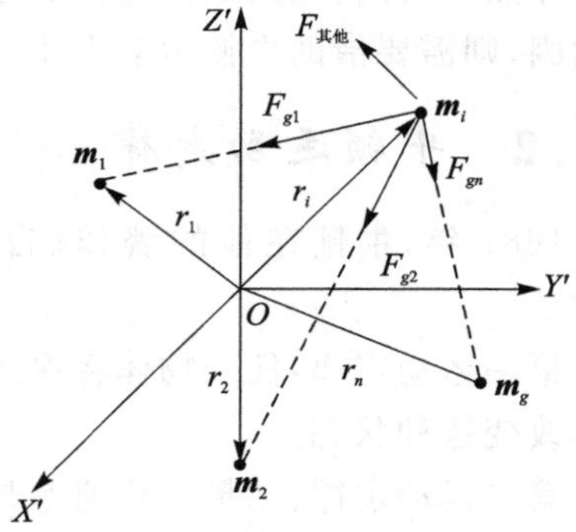

图 6.4　N 体问题

由万有引力定律可以得出，m_n 作用在 m_i 上的力 $\boldsymbol{F}_{g_n}$ 为

$$\boldsymbol{F}_{g_n} = -\frac{Gm_i m_n}{r_{ni}^3}\boldsymbol{r}_{ni} \tag{6.5}$$

式中

$$\boldsymbol{r}_{ni} = \boldsymbol{r}_i - \boldsymbol{r}_n \tag{6.6}$$

在力的叠加作用下，第 i 个物体所受的所有引力矢量和 $\boldsymbol{F}_g$ 为

$$\boldsymbol{F}_g = -Gm_i \sum_{\substack{j=1 \\ i\neq j}}^{n} \frac{m_j}{r_{ji}^3}\boldsymbol{r}_{jt} \tag{6.7}$$

图 6.4 所示的其他外力记为 $\boldsymbol{F}_{其他}$，包括阻力、推力、太阳辐射压力、由非球形自转造成的摄动力干扰等。那么，作用在第 i 个物体上的合力 $\boldsymbol{F}_{总}$ 可表示为

$$\boldsymbol{F}_{总}=\boldsymbol{F}_{g}+\boldsymbol{F}_{其他} \tag{6.8}$$

$$\boldsymbol{F}_{其他}=\boldsymbol{F}_{阻力}+\boldsymbol{F}_{推力}+\boldsymbol{F}_{太阳压力}+\boldsymbol{F}_{干扰}+\cdots \tag{6.9}$$

接下来，应用牛顿第二运动定律

$$\frac{\mathrm{d}}{\mathrm{d}t}(m_i\boldsymbol{v}_i)=\boldsymbol{F}_{总} \tag{6.10}$$

对时间求导，得到

$$m_i\frac{\mathrm{d}v_i}{\mathrm{d}t}+\boldsymbol{v}_i\frac{\mathrm{d}m_i}{\mathrm{d}t}=\boldsymbol{F}_{总} \tag{6.11}$$

可以看出，物体可能靠不断排出一些质量来产生推力。这种情况下，式(6.11)中的第二项就不为零，而且某些与相对论有关的效应也会导致 m_i 随时间变化。下面将式(6.11)各项除以 m_i，就可以得出第 i 个物体的一般运动方程：

$$\ddot{\boldsymbol{r}}_i=\frac{\boldsymbol{F}_{总}}{m_i}-\dot{\boldsymbol{r}}_i\frac{\dot{m}_i}{m_i} \tag{6.12}$$

式中，$\dot{\boldsymbol{r}}_i$ 和 $\ddot{\boldsymbol{r}}_i$ 分别为第 i 个物体相对于惯性坐标系 $OX'Y'Z'$ 的速度和加速度矢量；m_i 和 $\dot{m}_i$ 分别为第 i 个物体的质量和质量随时间的变化率。

式(6.12)是一个二阶非线性矢量微分方程，这种形式的微分方程是很难直接求解的，为此需要做些简化假定。

我们假定第 i 个物体的质量保持不变(无动力飞行，$\dot{m}_i=0$)，同时还假定阻力和其他外力也不存在，这样唯一存在的力只有引力，于是式(6.12)就简化成

$$\ddot{\boldsymbol{r}}_i=-G\sum_{\substack{j=1\\j\neq i}}^{n}\frac{m_j}{r_{ji}^3}\boldsymbol{r}_{ji} \tag{6.13}$$

下面考虑一种具体情况，假定 m_2 为一个绕地球运行的航天器，m_1 为地球，而余下的 m_3，m_4，…，m_n 则为月球、太阳和其他行星。于是，对于 $i=1$，式(6.13)为

$$\ddot{\boldsymbol{r}}_1=-G\sum_{j=2}^{n}\frac{m_j}{r_{j1}^3}\boldsymbol{r}_{j1} \tag{6.14}$$

对于 $i=2$，式(6.13)为

$$\ddot{\boldsymbol{r}}_2=-G\sum_{\substack{j=1\\j\neq 2}}^{n}\frac{m_j}{r_{j2}^3}\boldsymbol{r}_{j2} \tag{6.15}$$

根据式(6.6)，有

$$\boldsymbol{r}_{21}=\boldsymbol{r}_1-\boldsymbol{r}_2 \tag{6.16}$$

于是

$$\ddot{\boldsymbol{r}}_{21}=\ddot{\boldsymbol{r}}_1-\ddot{\boldsymbol{r}}_2 \tag{6.17}$$

将式(6.14)、式(6.15)代入式(6.17)中，得到

$$\ddot{\boldsymbol{r}}_{21}=-\frac{G(m_1+m_2)}{r_{21}^3}\boldsymbol{r}_{21}+\sum_{j=3}^{n}Gm_j\left(\frac{\boldsymbol{r}_{j2}}{r_{j2}^3}-\frac{\boldsymbol{r}_{j1}}{r_{j1}^3}\right) \tag{6.18}$$

可以看出，这一方程就是近地航天器的运动方程。式中，m_2 为航天器质量，m_1 为地球质量，$\boldsymbol{r}_{21}$，$\ddot{\boldsymbol{r}}_{21}$ 分别为航天器相对于地球的矢径和加速度。方程式的右边第一项代表引力，第二项代表月球、太阳和其他行星对近地航天器的摄动影响。

为进一步简化这个方程，我们需要了解摄动项与引力项相比到底有多大。表 6.1 列出了一个轨道高度为 370 km 的绕地球运行的航天器所受的各个相对加速度，包括地球非球体形状（扁率）所造成的影响。容易看出，航天器受到的地球引力占主导地位，因此可以将式（6.19）所描述的 N 体问题进一步简化。

表 6.1　高度 370 km 航天器的相对加速度比较

天　体	加速度
地球	8.9×10^{-1}
太阳	6.0×10^{-4}
水星	2.6×10^{-10}
火星	7.1×10^{-10}
木星	3.2×10^{-8}
土星	2.3×10^{-9}
天王星	8.0×10^{-11}
海王星	3.6×10^{-11}
冥王星	1.0×10^{-12}
月球	3.3×10^{-6}
地球扁率	1.0×10^{-3}

6.2.2　二体运动方程

N 体问题讨论的是受其他物体摄动影响下的两个物体之间的相对运动方程，可以看出，能够将它简化成只考虑这两个物体的运动方程，即二体问题。

二体问题实际上是作了两个简化假设：

① 物体为球对称的，这样就可以把物体看作质量集中在其中心；

② 除了沿两物体中心连线作用的引力外，没有其他外力和内力作用。

在这两个假设的基础上，建立二体运动方程还需要确定一个参考基准，一般选用静止不变的惯性坐标系，以利于度量物体的运动状态。

然后，开始考虑质量分别为 M 和 m 的两个物体构成的系统，如图 6.5 所示。

设 $OX'Y'Z'$ 为惯性坐标系，$OXYZ$ 为原点在 M 的质心且与 $OX'Y'Z'$ 平行的坐标系，物体 M 和 m 在 $OX'Y'Z'$ 内的位置矢量分别记为 $\boldsymbol{r}_M$，$\boldsymbol{r}_m$，定义

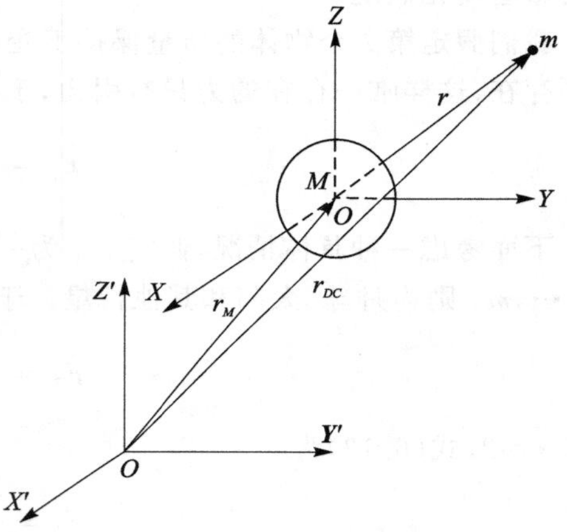

图 6.5　二体问题的相对运动

$$\boldsymbol{r}=\boldsymbol{r}_m-\boldsymbol{r}_M \tag{6.19}$$

那么在惯性坐标系 $OX'Y'Z'$ 内可以用牛顿定律，有

$$m\ddot{\boldsymbol{r}}_m=-\frac{GMm}{r^2}\frac{\boldsymbol{r}}{r},\qquad M\ddot{\boldsymbol{r}}_M=-\frac{GMm}{r^2}\frac{\boldsymbol{r}}{r}$$

两边除以质量，得到

$$\ddot{\boldsymbol{r}}_m=-\frac{GM}{r^2}\frac{\boldsymbol{r}}{r},\qquad \ddot{\boldsymbol{r}}_M=-\frac{Gm}{r^2}\frac{\boldsymbol{r}}{r}$$

于是

$$\ddot{\boldsymbol{r}} = \ddot{\boldsymbol{r}}_m - \ddot{\boldsymbol{r}}_M = -\frac{G(M+m)}{r^3}\boldsymbol{r} \tag{6.20}$$

该式即为描述二体问题相对运动的矢量微分方程，与式(6.18)去掉摄动项后得到的方程是相同的。

考虑到本章主要研究的是地球轨道航天器，其质量 m 要比天体的质量 M 小得多，因此有

$$G(M+m) \approx GM$$

为使其具有一般性，称 M 为中心引力体，定义引力常数 $\mu \equiv GM$，式(6.20)变为

$$\ddot{\boldsymbol{r}} + \frac{\mu}{r^3}\boldsymbol{r} = 0 \tag{6.21}$$

这样就建立了一般化的二体运动方程。引力常数 μ 是其唯一固有参数，不同的引力体 μ 值不同：对于地球，$\mu = 3.98\times 10^3\ \mathrm{km^3/s^2}$；对于太阳，$\mu = 1.32\times 10^{11}\ \mathrm{km^3/s^2}$。

式(6.21)描述了航天器绕中心引力体运动时的二体运动规律，决定了航天器轨道运行的基本特征，而机械能守恒和角动量守恒是其中最基本的两个方面。

1. 机械能守恒

用 $\boldsymbol{r}$ 点乘式(6.21)，注意到 $\boldsymbol{v} = \dot{\boldsymbol{r}}$，$\dot{\boldsymbol{v}} = \ddot{\boldsymbol{r}}$，有

$$\boldsymbol{r}\cdot\ddot{\boldsymbol{r}} + \boldsymbol{r}\cdot\frac{\mu}{r^3}\boldsymbol{r} = \boldsymbol{v}\cdot\dot{\boldsymbol{v}} + \frac{\mu}{r^3}\boldsymbol{r}\cdot\dot{\boldsymbol{r}} = 0$$

由矢量运算法则 $\boldsymbol{a}\cdot\dot{\boldsymbol{a}} = a\dot{a}$，则有

$$v\dot{v} + \frac{\mu}{r^3}r\dot{r} = 0$$

并且注意到

$$\frac{\mathrm{d}}{\mathrm{d}t}\left(\frac{v^2}{2}\right) = v\dot{v} \qquad 和 \qquad \frac{\mathrm{d}}{\mathrm{d}t}\left(-\frac{\mu}{r}\right) = \frac{\mu}{r^2}\dot{r}$$

故

$$\frac{\mathrm{d}}{\mathrm{d}t}\left(\frac{v^2}{2} - \frac{\mu}{r}\right) = 0$$

将上式一般化，可写为

$$\frac{\mathrm{d}}{\mathrm{d}t}\left(\frac{v^2}{2} + c - \frac{\mu}{r}\right) = 0$$

式中，c 为任意常数。于是，下式成立：

$$E = \frac{v^2}{2} + \left(c - \frac{\mu}{r}\right) = 常数 \tag{6.22}$$

其中，E 称为比机械能，即单位质量的总机械能。显然，式(6.22)第一项指的是航天器单位质量的动能，第二项则为单位质量的势能，它等于从空间一点到另一点需要克服引力所做的功。常数 c 的大小取决于零势能点，如果将中心引力体，比如地球表面作为零势能点，则应取 $c = \mu/r$，r 为地球半径，而 $c=0$ 相当于以无穷远处作为零势能点，这时候航天器的势能将始终为负。

根据以上分析，我们可以得出如下结论：航天器在轨道运动中，其比机械能既不增加也不减少，而是保持常值，且该常值可由下式确定：

$$E=\frac{v^2}{2}-\frac{\mu}{r} \tag{6.23}$$

式中的动能和势能可相互转换。也就是说，航天器高度增高（r 增加）时，速度必定变慢，当 r 减少时，速度加快，而 E 始终保持不变。

2. 角动量守恒

用 $\boldsymbol{r}$ 叉乘式(6.22)，可得

$$\boldsymbol{r}\times\ddot{\boldsymbol{r}}+\boldsymbol{r}\times\frac{\mu}{r}\boldsymbol{r}=0 \tag{6.24}$$

因为 $\boldsymbol{a}\times\boldsymbol{a}=0$ 总是成立，故上式左边第二项为零，得

$$\boldsymbol{r}\times\ddot{\boldsymbol{r}}=0$$

注意到 $\frac{\mathrm{d}}{\mathrm{d}t}(\boldsymbol{r}\times\dot{\boldsymbol{r}})=\dot{\boldsymbol{r}}\times\dot{\boldsymbol{r}}+\boldsymbol{r}\times\ddot{\boldsymbol{r}}$，所以有

$$\frac{\mathrm{d}}{\mathrm{d}t}(\boldsymbol{r}\times\dot{\boldsymbol{r}})=0 \quad 或 \quad \frac{\mathrm{d}}{\mathrm{d}t}(\boldsymbol{r}\times\boldsymbol{v})=0$$

由此可见，矢量 $\boldsymbol{r}\times\boldsymbol{v}$ 必定为常数，记为 $\boldsymbol{h}$，称作比角动量。也就是说，航天器的比角动量在其轨道上为一个常数，其表达式为

$$\boldsymbol{h}=\boldsymbol{r}\times\boldsymbol{v} \tag{6.25}$$

很显然，$\boldsymbol{h}$ 为 $\boldsymbol{r}$ 和 $\boldsymbol{v}$ 的叉积，它正交于 $\boldsymbol{r}$ 和 $\boldsymbol{v}$ 决定的平面，且不论 $\boldsymbol{r}$ 和 $\boldsymbol{v}$ 如何变化，$\boldsymbol{h}$ 的大小和方向保持不变。这说明航天器的运动必定被限制在一个固定于惯性空间的平面内，称为轨道平面。由此可知，轨道平面具有定向性。

6.3 航天器轨道描述

6.2 节给出了航天器绕中心引力体旋转的二体运动的微分方程形式，虽然结构简单，但是对运行轨道的轨道特征表现并不直观。本节介绍两种参数化轨道描述方式，即几何描述和轨道根数描述，利用轨道特征参数来还原航天器的运行轨道。

6.3.1 轨道的几何描述

1. 轨道的极坐标方程

将式(6.21)两边叉乘 $\boldsymbol{h}$，有

$$\ddot{\boldsymbol{r}}\times\boldsymbol{h}=-\frac{\mu}{r^3}\boldsymbol{r}\times\boldsymbol{h}=\frac{\mu}{r^3}\boldsymbol{h}\times\boldsymbol{r} \tag{6.26}$$

考虑到 $\boldsymbol{h}$ 为常数，$(\boldsymbol{a}\times\boldsymbol{b})\times\boldsymbol{c}=\boldsymbol{b}(\boldsymbol{a}\cdot\boldsymbol{c})-\boldsymbol{a}(\boldsymbol{b}\cdot\boldsymbol{c})$ 并且 $\boldsymbol{r}\cdot\boldsymbol{r}=rr$，故有

$$\frac{\mathrm{d}}{\mathrm{d}t}(\dot{\boldsymbol{r}}\times\boldsymbol{h})=\ddot{\boldsymbol{r}}\times\boldsymbol{h}+\dot{\boldsymbol{r}}\times\dot{\boldsymbol{h}}=\ddot{\boldsymbol{r}}\times\boldsymbol{h}$$

$$\frac{\mu}{r^3}\boldsymbol{h}\times\boldsymbol{r}=\frac{\mu}{r^3}(\boldsymbol{r}\times\boldsymbol{v})\times\boldsymbol{r}=\frac{\mu}{r}\boldsymbol{v}-\frac{\mu\dot{r}}{r^2}\boldsymbol{r}=\mu\frac{\mathrm{d}}{\mathrm{d}t}\left(\frac{\boldsymbol{r}}{r}\right)$$

于是，可将式(6.26)改写成

$$\frac{\mathrm{d}}{\mathrm{d}t}(\dot{\boldsymbol{r}}\times\boldsymbol{h})=\mu\frac{\mathrm{d}}{\mathrm{d}t}\left(\frac{\boldsymbol{r}}{r}\right)$$

两边积分得到

$$\boldsymbol{r}\times\boldsymbol{h}=\mu\frac{\boldsymbol{r}}{r}+\boldsymbol{B}$$

其中 $\boldsymbol{B}$ 为常矢量。用 $\boldsymbol{r}$ 点乘该式，可得标量方程

$$\boldsymbol{r}\cdot\boldsymbol{r}\times\boldsymbol{h}=\boldsymbol{r}\cdot\mu\frac{\boldsymbol{r}}{r}+\boldsymbol{r}\cdot\boldsymbol{B}$$

因为 $\boldsymbol{a}\cdot\boldsymbol{b}\times\boldsymbol{c}=\boldsymbol{a}\times\boldsymbol{b}\cdot\boldsymbol{c}$，$\boldsymbol{a}\cdot\boldsymbol{a}=\boldsymbol{a}^2$ 总成立，所以有

$$h^2=\mu r+rB\cos\nu$$

式中，ν 为矢量 $\boldsymbol{B}$ 与矢径 $\boldsymbol{r}$ 之间的夹角，解出 r 得到轨道的几何描述为

$$r=\frac{h^2/\mu}{1+(B/\mu)\cos\nu}\tag{6.27}$$

令 $p=h^2/\mu$，$e=B/\mu$，式(6.27)可简写成

$$r=\frac{p}{1+e\cos\nu}\tag{6.28}$$

显然，轨道的几何描述是一个圆锥曲线的极坐标方程，中心引力体质心即为极坐标的原点，位于一焦点上，极角 ν 为 $\boldsymbol{r}$ 与圆锥曲线上焦点与离焦点最近点连线间的夹角，常数 p 称为半焦弦，常数 e 称为偏心率，偏心率确定了式(6.28)所表示的圆锥曲线的类型，如图 6.6 所示。

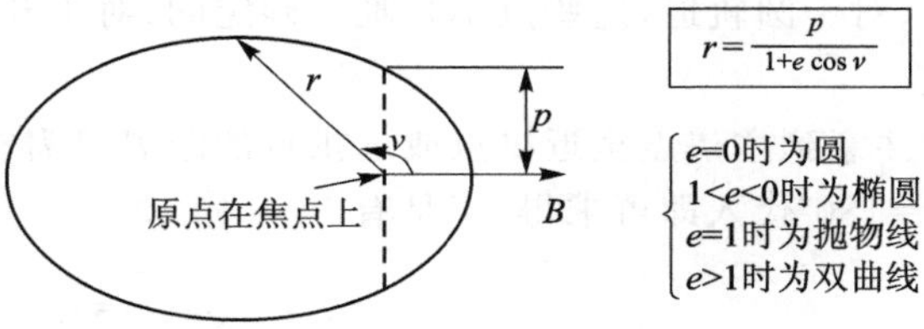

图 6.6　极坐标内任意圆锥曲线的一般方程

这一结论证明了开普勒第一定律，并将其推广到任意圆锥曲线轨道，因此圆锥曲线轨道也称为开普勒轨道。可以看出，航天器的运动轨道具有两个基本几何特征：① 二体问题中的航天器沿圆锥曲线运动；② 中心引力体中心在圆锥曲线轨道的焦点上。

2. 轨道的几何特征参数

圆锥曲线轨道包括圆、椭圆、抛物线、双曲线四种类型，如图 6.7 所示。下面讨论圆锥曲线轨道的一些重要特征参数及其相互关系。

(1) 基本参数：偏心率与半焦弦

由图 6.7 可见，所有的圆锥曲线轨道均有两个焦点 F 和 F'。主焦点 F 代表中心引力体所在的位置，第二个焦点(或称虚焦点)F'，在轨道力学中意义不大，一般不予考虑。两个焦点间的距离即焦距，以 $2c$ 表示。通过两个焦点的弦长称为轨道长轴，以 $2a$ 表示，a 称为半长轴。圆锥曲线在焦点处的宽度称为正焦弦(通径)，用 $2p$ 表示。

由此，可以将式(6.28)中决定圆锥曲线类型的偏心率和半焦弦根据下面两个式子计算出来：

$$e=\frac{c}{a}\tag{6.29}$$

$$p=a(1-e^2)\tag{6.30}$$

(2) 特殊位置：近拱点和远拱点

轨道长轴的两个端点称为拱点，离主焦点近的称为近拱点，离主焦点远的称为远拱点。根据中心引力体的不同，这些点也可称为近地点和远地点，近日点和远日点，近月点和远月点等。

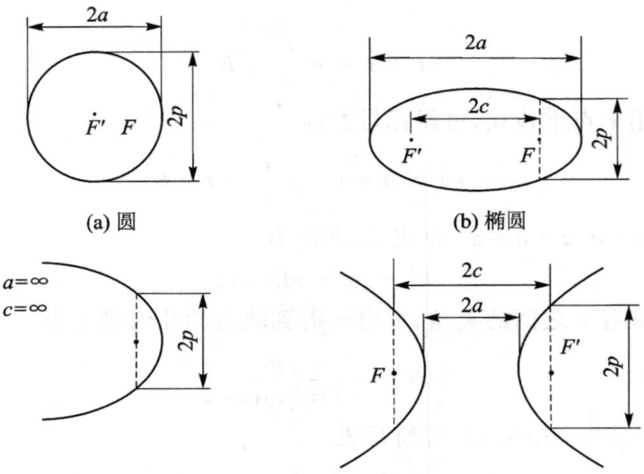

图 6.7　圆锥曲线轨道

不过，对于圆轨道，这些点不是唯一确定的；对于开曲线（如抛物线和双曲线），远拱点没有物理意义。

注意到主焦点至近拱点或远拱点的距离只需在极坐标圆锥曲线方程式(6.28)中以 $\nu=0°$ 或 $\nu=180°$ 代入即可求得，于是有

$$r_{\min}=r_{近拱点}=\frac{p}{1+e\cos 0}\overset{\text{def}}{\Rightarrow}r_p$$

$$r_{\max}=r_{远拱点}=\frac{p}{1+e\cos \pi}\overset{\text{def}}{\Rightarrow}r_a$$

将式(6.30)代入，可得

$$r_p=\frac{p}{1+e}=a(1-e) \tag{6.31}$$

$$r_a=\frac{p}{1-e}=a(1+e) \tag{6.32}$$

圆锥曲线的拱点处在特殊的轨道位置上，这时有 $\boldsymbol{r}\perp\boldsymbol{v}$，根据式(6.25)可以将拱点处的速度算出来。记两个拱点的速度分别为 v_p, v_a，由于下式成立：

$$h=r_pv_p=r_av_a$$

故

$$v_p=h/r_p,v_a=h/r_a \tag{6.33}$$

(3) 能量参数：圆锥曲线轨道的比机械能

根据航天器的能量方程式(6.23)，可以将式(6.33)代入其中，得出近拱点或远拱点（不失一般性，这里选择近拱点）处的比机械能为

$$E=\frac{v^2}{2}-\frac{\mu}{r}=\frac{h^2}{2r_p^2}-\frac{\mu}{r_p}$$

由式(6.30)和式(6.27)中的 $p=h^2/\mu$，有 $h^2=\mu a(1-e^2)$，于是

$$E=\frac{\mu a(1-e^2)}{2a^2(1-e)^2}-\frac{\mu}{a(1-e)}$$

由此可得

$$E=-\frac{\mu}{2a} \tag{6.34}$$

该式表明，航天器比机械能 E 的大小仅与轨道长半轴 a 有关。对于圆和椭圆轨道，$a>0$，航天器的比机械能 $E<0$；对于抛物线轨道，$a=\infty$，$E=0$；对于双曲线轨道，$a<0$，则 $E>0$。因此，仅由比机械能 E 的符号就可以确定航天器轨道属于哪种类型的圆锥曲线。

进一步地，将 $p=h^2/\mu$ 以及式(6.30)代入式(6.34)，可以将偏心率写为

$$e=\sqrt{1+\frac{2Eh^2}{\mu^2}} \tag{6.35}$$

以上两式说明，比机械能 E 单独决定了 a，而比角动量 h 则单独决定了 p，两者共同决定了 e，即决定了圆锥曲线轨道的具体形状。

(4) 运动参数：轨道周期与轨道速度

如图 6.8 所示，航天器速度的水平分量为 $v\cos\varphi$，也可以写成 $r\dot{\nu}$，根据式(6.25)，可将航天器的比角动量表示为

$$h=\frac{r^2\mathrm{d}\nu}{\mathrm{d}t}$$

即

$$\mathrm{d}t=\frac{r^2}{h}\mathrm{d}\nu \tag{6.36}$$

由此可知，矢径转过角度 $\mathrm{d}\nu$ 时，所扫过的面积微元 $\mathrm{d}A$（见图 6.9）可由下式得出：

$$\mathrm{d}A=\frac{1}{2}r^2\mathrm{d}\nu \tag{6.37}$$

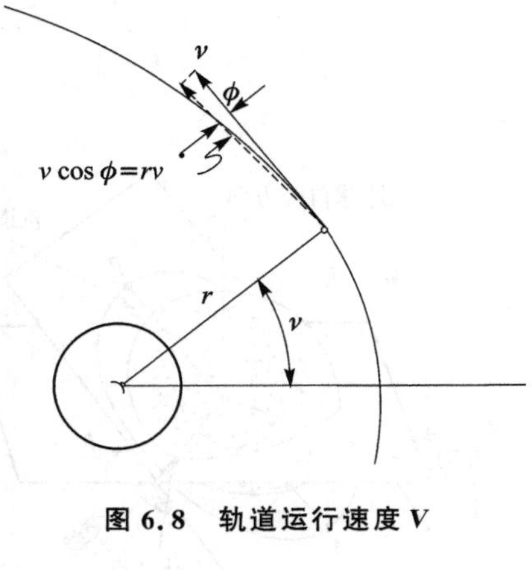

图 6.8　轨道运行速度 V

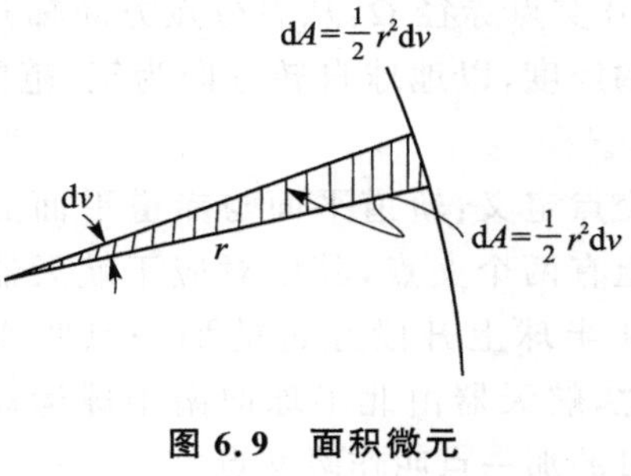

图 6.9　面积微元

将上式改写为

$$\mathrm{d}t=\frac{2}{h}\mathrm{d}A \tag{6.38}$$

由于 h 为常数，式(6.38)证明了开普勒第二定律，在一个轨道周期内，矢径扫过整个圆周。对式(6.38)在一个周期内进行积分，得出

$$T=\frac{2\pi ab}{h} \tag{6.39}$$

其中，T 为周期，而 πab 为圆周面积，b 为半短轴。根据圆锥曲线基本参数关系，由式(6.29)和式(6.30)可得

$$b=\sqrt{a^2-c^2}=\sqrt{a^2(1-e^2)}=\sqrt{ap}$$

且

$$h=\sqrt{\mu p}$$

所以

$$T=\frac{2\pi}{\sqrt{\mu}}a^{3/2} \tag{6.40}$$

由式(6.40)可以看出，轨道周期仅与半长轴的大小有关，这也从理论上证明了开普勒第三定律。

由式(6.23)和式(6.34)可求出航天器距引力体中心距离 r 时的速度 v，即

$$E=\frac{v^2}{2}-\frac{\mu}{r}=-\frac{\mu}{2a}$$

由此可得

$$v=\sqrt{2\mu\left(\frac{1}{r}-\frac{1}{2a}\right)} \tag{6.41}$$

速度方向沿该点切线方向，并与航天器运动方向一致。

6.3.2 轨道根数描述

描述航天器轨道特征，除了用几何参数之外，还可直接通过 6 个参量来进行描述，通常将这 6 个参数称为轨道要素或轨道根数。这些参数是相互独立的，而且具有十分明确的物理意义。下面就椭圆轨道进行介绍。

1. 椭圆轨道的轨道根数

从图 6.10 可以看出，这 6 个轨道根数分别如下：

① 升交点赤径 Ω：从春分点方向轴开始到升交点的经度，以地球自转方向为正，范围为 $0\leqslant\Omega\leqslant2\pi$。

升交点定义：轨道平面与赤道平面的交线在天球上有两个交点，其中对应于航天器由南半球向北半球上升段经过的那一点叫作升交点。反之，航天器由北半球向南半球运动时下降段经过的那一点叫作降交点。

② 轨道倾角 i：航天器的轨道平面通过地心，与地球赤道平面的夹角。

③ 椭圆轨道的长半轴 a。

④ 椭圆轨道的偏心率 e。

⑤ 近地点幅角 ω。

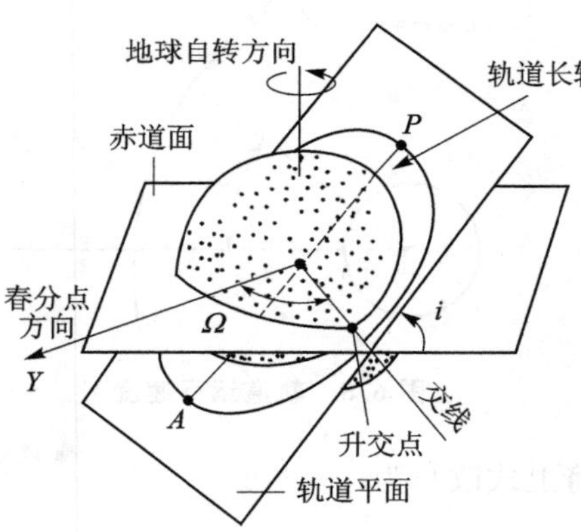

图 6.10　航天器轨道要素

近地点幅角定义：椭圆轨道近地点与升交点对引力中心所张开的角度，方向从升交点开始

沿航天器运行方向到近地点为正。

⑥ 真近点角 f 或航天器过近地点的时刻 t_p。

真近点角定义：航天器所在的位置与轨道近地点对引力中心所张开的角度，方向从近地点沿航天器运行方向到航天器所在位置为正。

当然，轨道参数不是特指上述 6 个，但作为确定轨道特征的独立基本要素，只需要 6 个就能够完整描述航天器的轨道运动，而其他轨道要素都可以由这 6 个要素转换得到。

2. 轨道根数的物理意义

① 升交点赤经 Ω 和轨道倾角 i 确定轨道平面的空间方位。

只知升交点赤径，而不知轨道倾角，轨道平面的方位是不确定的，因为升交点赤径相同的平面可以有无数个；同样，只知轨道倾角，而不知升交点赤径，轨道平面在空间的方位仍然是不确定的，轨道倾角相同的平面也有无数个。所以，只有同时给定这两个参数，轨道平面才能确定。

轨道倾角为 $i=0°$ 的轨道称为赤道轨道；倾角为 $i=90°$ 的轨道称为极轨道；在 $0°<i<90°$ 时，航天器运行方向与地球自转方向相同，称为顺行轨道，而在 $90°<i<180°$ 时，运行方向与地球自转方向相反，称为逆行轨道；当 $i=180°$ 时，航天器成为与地球自转方向相反的赤道航天器。

② 长半轴 a 和偏心率 e 确定椭圆轨道的形状和大小；

③ 近地点角距 ω 确定椭圆长轴在轨道平面上的指向；

以上 5 个独立的轨道要素确定了轨道的大小、形状和方位。为了精确地指出航天器在轨道上的位置，还需要第 6 个要素：

④ 真近点角 f 或过近地点时刻 t_p 确定航天器在轨道上的位置。

由此可见，当给出上述完整的一组轨道根数时，就可以确定航天器在任一时刻的运动状态，从而对航天器在惯性坐标系内的轨道运动进行观测和预报。

6.4 航天器的姿态运动方程

航天器的姿态运动方程包括姿态运动学方程和姿态动力学方程两部分。姿态运动学反映的是航天器绕其质心的自由转动，不涉及转动产生和变化的原因；而姿态动力学则反映航天器转动状态的变化规律，涉及状态变化背后的动力因素。这两部分可以分别用坐标变换关系和牛顿力学定律(如动量矩定律)得出。在建立这些方程的过程中，将航天器视为刚体。

6.4.1 姿态运动学方程

研究航天器的姿态运动同样需要选定适当的坐标系作为参考基准。一般情况下，采用以下 3 种典型的坐标系。

(1) 质心平动惯性坐标系 $OXYZ$

惯性坐标系是所有运动都需要参照的基本坐标系，这个坐标系与惯性坐标系同质，其 OX，OY，OZ 三个坐标轴分别与牛顿惯性系坐标轴平行，但坐标系原点 O 固定在航天器的质心上，该坐标系是描述航天器姿态的基本参照系。

(2) 本体坐标系 $Oxyz$

本体坐标系 $Oxyz$ 又称为星体坐标系，该坐标系原点 O 仍在航天器质心，而 Ox，Oy，Oz 三个轴固定在航天器本体上，如果是指向惯量主轴方向，则该坐标系称为主轴坐标系。这个坐标系是航天器本体姿态的反映。

(3) 质心轨道坐标系 $Ox_0y_0z_0$

该坐标系将航天器转动姿态与运动轨道联系起来，可用来反映姿态与轨道间的关系。如图 6.11 所示，坐标系仍以航天器质心为原点，Ox_0 轴沿轨道平面与当地水平面的交线，指向前进方向，Oz_0 轴沿当地垂线方向指向地心，Oy_0 轴则垂直于轨道平面，完成右手定则。该坐标系是转动坐标系，在空间以航天器轨道角速度 ω_0 即绕 Oy_0 轴旋转，且旋转方向与 Oy_0 轴的方向相反。

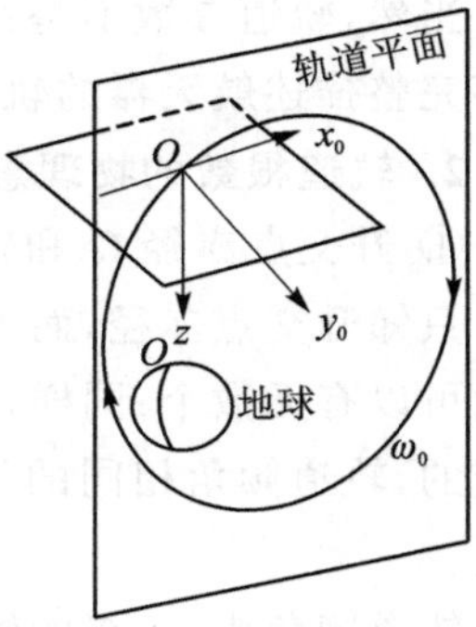

图 6.11 质心轨道坐标系

在确定了这些坐标系以后，航天器上任何一点的位置就可以在固联于星体的本体坐标系 $OXYZ$ 中表示；若要讨论自旋卫星的章动运动时，就需要用质心平动坐标系 $OXYZ$；若要描述航天器某一轴的对地定向，则要借助于质心轨道坐标系 $Ox_0y_0z_0$。坐标系之间的关系可以通过一系列旋转角度来表示，这些旋转角称为欧拉角。对于三维空间，可以通过 3 个欧拉角 ϕ，θ，ψ 来确定反映航天器当前姿态的本体坐标系 $Oxyz$ 相对于其他坐标系（如质心平动惯性坐标系 $OXYZ$）的转动位置。

下面以 $Oxyz$ 和 $OXYZ$ 为例来讨论坐标系间的转换关系。显然，$Oxyz$ 各轴的位置可通过 3 次旋转与 $OXYZ$ 重合，不过旋转顺序可以有多种形式，但不能绕一个轴连续旋转两次，这等同于绕这个轴做一次旋转。可能的旋转顺序可分为如下两类，共 12 种：

Ⅰ类：1—2—3，1—3—2，2—3—1，2—1—3，3—1—2，3—2—1；

Ⅱ类：3—1—3，2—1—2，1—2—1，3—2—3，2—3—2，1—3—1。

可以看出，Ⅰ类是每轴分别旋转一次，Ⅱ类是某一轴间歇旋转两次。其中，Ⅱ类的“3—1—3”旋转通常被称为经典欧拉转动顺序，我们在这里详细论述。

第一步：$OXYZ$ →绕 OZ 轴（“3”）转 ψ 角→$O\xi'\eta'\zeta'$，如图 6.12 所示，这两个坐标系之间的变换矩阵为

$$\begin{bmatrix}\xi'\\ \eta'\\ \zeta'\end{bmatrix}=\begin{bmatrix}\cos\psi & \sin\psi & 0\\ -\sin\psi & \cos\psi & 0\\ 0 & 0 & 1\end{bmatrix}\begin{bmatrix}X\\ Y\\ Z\end{bmatrix}=\gamma\begin{bmatrix}X\\ Y\\ Z\end{bmatrix} \tag{6.42}$$

第二步：$O\xi'\eta'\zeta'$→绕 $O\xi'$ 轴（“1”）转 θ 角→$O\xi\eta\zeta$，如图 6.13 所示，这两个坐标系之间的变换矩阵为

$$\begin{bmatrix}\xi\\ \eta\\ \zeta\end{bmatrix}=\begin{bmatrix}1 & 0 & 0\\ 0 & \cos\theta & \sin\theta\\ 0 & -\sin\theta & \cos\theta\end{bmatrix}\begin{bmatrix}\xi'\\ \eta'\\ \zeta'\end{bmatrix}=\beta\begin{bmatrix}\xi'\\ \eta'\\ \zeta'\end{bmatrix} \tag{6.43}$$

第三步：$O\xi\eta\zeta$ →绕 $O\zeta$ 轴（“3”）转过 φ 角→$Oxyz$，如图 6.14 所示，经过最后一次旋转，达到航天器的本体坐标系 $Oxyz$。两者的变换矩阵为

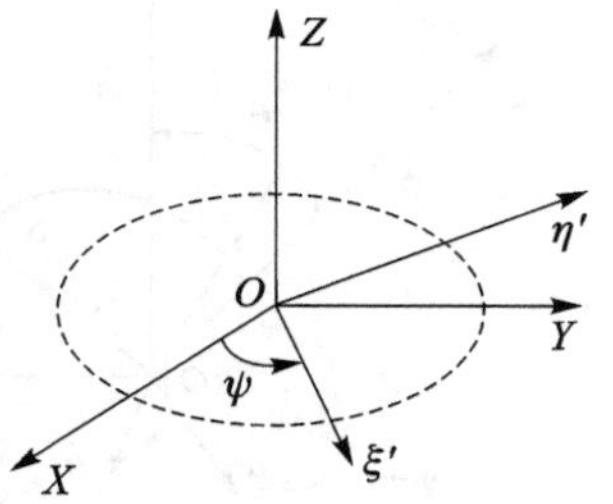

图 6.12　绕 OZ 轴旋转

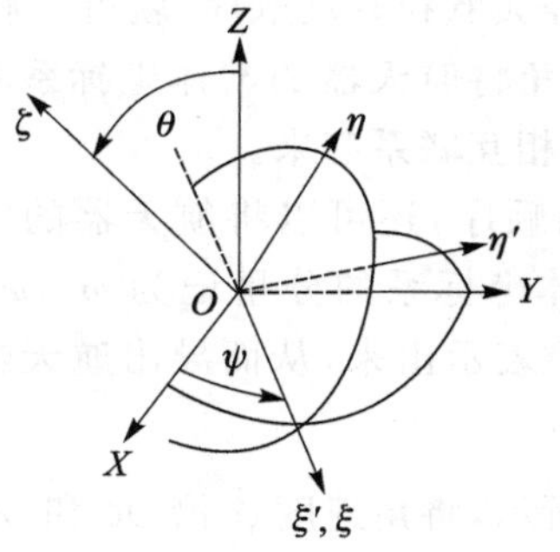

图 6.13　绕 $O\xi'$ 旋转

$$\begin{bmatrix} x \\ y \\ z \end{bmatrix} = \begin{bmatrix} \cos\phi & \sin\phi & 0 \\ -\sin\phi & \cos\phi & 0 \\ 0 & 0 & 1 \end{bmatrix} \begin{bmatrix} \xi \\ \eta \\ \zeta \end{bmatrix} = \alpha \begin{bmatrix} \xi \\ \eta \\ \zeta \end{bmatrix} \quad (6.44)$$

综合以上三步变换，可以建立 $OXYZ$ 与 $Oxyz$ 之间的直接转换关系如下：

$$\begin{bmatrix} x \\ y \\ z \end{bmatrix} = \alpha \begin{bmatrix} \xi \\ \eta \\ \zeta \end{bmatrix} = \alpha\beta \begin{bmatrix} \xi' \\ \eta' \\ \zeta' \end{bmatrix} = \alpha\beta\gamma \begin{bmatrix} X \\ Y \\ Z \end{bmatrix}$$

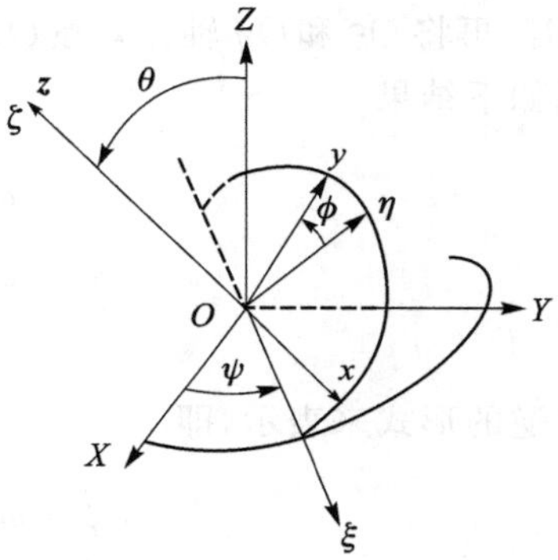

图 6.14　绕 $O\zeta$ 旋转

令 $\boldsymbol{A} = \alpha\beta\gamma$，有

$$\begin{bmatrix} x \\ y \\ z \end{bmatrix} = \boldsymbol{A} \begin{bmatrix} X \\ Y \\ Z \end{bmatrix} \quad (6.45)$$

也就是说，可通过 $\boldsymbol{A}$ 把质心平动坐标系 $OXYZ$ 的矢量变换到本体坐标系 $Oxyz$ 中。反过来，如果 $Oxyz$ 中的矢量已知，需要确定其在 $OXYZ$ 中的位置，则可通过对 $\boldsymbol{A}$ 求逆来实现。由于两个坐标系正交，$\boldsymbol{A}$ 为单位正交阵，逆等于转置，即

$$\boldsymbol{A}^{-1} = \boldsymbol{A}^{\mathrm{T}}$$

于是

$$\begin{bmatrix} X \\ Y \\ Z \end{bmatrix} = \boldsymbol{A}^{\mathrm{T}} \begin{bmatrix} x \\ y \\ z \end{bmatrix} \quad (6.46)$$

将 $\boldsymbol{A}$ 展开为如下形式：

$$\boldsymbol{A} = \begin{bmatrix} \cos\phi\cos\psi - \sin\phi\cos\theta\sin\psi & \cos\phi\sin\psi + \sin\phi\cos\theta\cos\psi & \sin\phi\sin\theta \\ -\sin\phi\cos\psi - \cos\phi\cos\theta\sin\psi & -\sin\phi\sin + \cos\phi\cos\theta\cos\psi & \cos\phi\sin\theta \\ \sin\theta\sin\psi & -\sin\theta\cos\psi & \cos\theta \end{bmatrix} \quad (6.47)$$

$$\boldsymbol{A}^{\mathrm{T}} = \begin{bmatrix} \cos\phi\cos\psi - \sin\phi\cos\theta\sin\psi & -\sin\phi\cos\psi - \cos\phi\cos\theta\sin\psi & \sin\theta\sin\psi \\ \cos\phi\sin\psi + \sin\phi\cos\theta\cos\psi & -\sin\phi\sin + \cos\phi\cos\theta\cos\psi & -\sin\theta\cos\psi \\ \sin\phi\sin\theta & \cos\phi\sin\theta & \cos\theta \end{bmatrix} \quad (6.48)$$

这样，通过经典欧拉转动顺序，就可以利用 θ，ψ，ϕ 这 3 个欧拉角将航天器的本体坐标系和质心平动惯性坐标系相互联系起来。

基于该转动顺序，还可以将航天器的空间转动角速度 ω（本体坐标系的分量记为 ω_x，ω_y，ω_z）用欧拉角 θ，ψ，ϕ 表示出来，从而导出航天器的姿态运动学方程。

如图 6.15 所示，将角速度 $\dot{\psi}$ 沿 $O\zeta$ 和 $O\eta$ 轴分解，则 $\dot{\theta}$，$\dot{\psi}$，$\dot{\phi}$ 在正交坐标系 $O\xi\eta\zeta$ 中的分量分别为：$O\xi$ 轴为 $\dot{\theta}$，$O\eta$ 轴为 $\dot{\psi}\sin\theta$，$O\zeta$ 轴为 $\dot{\phi}+\dot{\psi}\cos\theta$。再将 $O\xi$ 和 $O\eta$ 轴分量按 Ox 和 Oy 轴分解，得到如下结果：

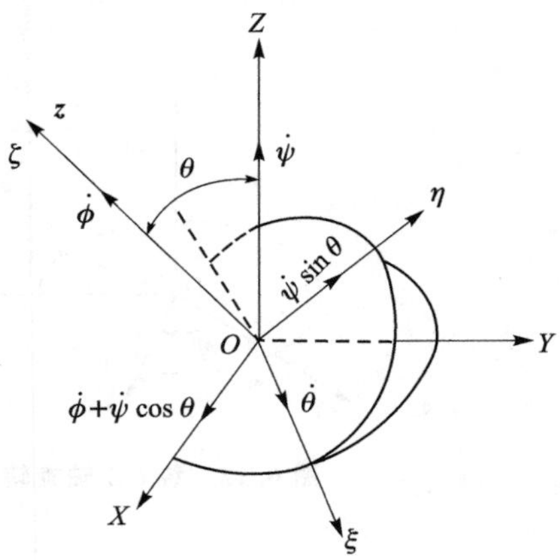

图 6.15　欧拉角的角速度

$$\left.\begin{aligned}\omega_x &= \dot{\psi}\sin\theta\sin\phi + \dot{\theta}\cos\varphi \\ \omega_y &= \dot{\psi}\sin\theta\cos\phi - \dot{\theta}\sin\varphi \\ \omega_z &= \dot{\phi} + \dot{\psi}\cos\theta\end{aligned}\right\} \tag{6.49}$$

或以逆的形式来表示，即

$$\left.\begin{aligned}\dot{\phi} &= \omega_z - (\omega_x\sin\phi + \omega_y\cos\phi)\cot\theta \\ \dot{\theta} &= \omega_x\cos\phi - \omega_y\sin\phi \\ \dot{\psi} &= (\omega_x\sin\phi + \omega_y\cos\phi)\csc\theta\end{aligned}\right\} \tag{6.50}$$

式(6.49)或式(6.50)即为航天器的一组姿态运动学方程，描述的是航天器姿态角度和姿态角速度之间的关系。

6.4.2　姿态动力学方程

在确定了参考坐标系和姿态运动学方程之后，接下来考虑姿态运动的根源，即动力学问题。航天器作为刚体，其姿态动力学是以动量矩定理为基础的，因此首先来了解刚体的动量矩定理。

考察如图 6.16 所示的质点，力 $\boldsymbol{F}$ 对点 O 的矩为

$$\boldsymbol{m}_0(F) = \boldsymbol{r} \times \boldsymbol{F} \tag{6.51}$$

其中，$\boldsymbol{r}=OA$ 为矢径，且 A 在力的作用线上，因此力矩矢量 $\boldsymbol{m}_0(F)$ 垂直于矢径 $\boldsymbol{r}$ 和力 $\boldsymbol{F}$ 所构成的平面，且指向按右手规则确定。同样，质点的动量 $m\boldsymbol{v}$ 对点 O 的矩可表示为

$$\boldsymbol{m}_0(m\boldsymbol{v}) = \boldsymbol{r} \times m\boldsymbol{v} \tag{6.52}$$

该矢量成为动量矩，它垂直于矢径 $\boldsymbol{r}$ 和动量 $m\boldsymbol{v}$ 所构成的平面，且其指向也由右手规则确定。动量矩具有量纲：

$$[\text{动量矩}] = [\text{长度}][\text{质量}]\frac{[\text{长度}]}{[\text{时间}]} = [\text{质量}][\text{长度}]^2[\text{时间}]^{-1}$$

因此，在国际单位制中，动量矩的常用单位是($\mathrm{kg \cdot m^2 \cdot s^{-1}}$)。

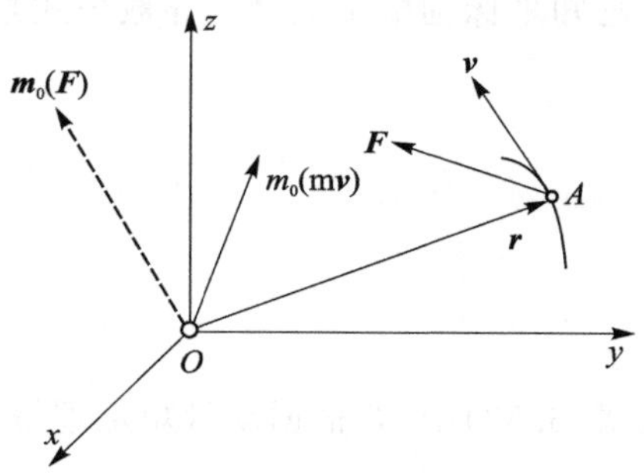

图 6.16　动量矩定理

根据牛顿运动定律，质点的动量随力的作用而改变，在力矩作用下质点的动量矩也会改变。下面我们来建立这种变化关系。在本体坐标系 $Oxyz$ 中，矢径 $\boldsymbol{r}$ 与叉乘牛顿第二定律方程，有

$$\boldsymbol{r}\times\frac{\mathrm{d}}{\mathrm{d}t}(m\boldsymbol{v})=\boldsymbol{r}\times\boldsymbol{F}$$

等号右端是力 $\boldsymbol{F}$ 对原点 O 的矩 $\boldsymbol{m}_0(F)$，左端可以改写为

$$\boldsymbol{r}\times\frac{\mathrm{d}}{\mathrm{d}t}(m\boldsymbol{v})=\frac{\mathrm{d}}{\mathrm{d}t}(\boldsymbol{r}\times mv)-\frac{\mathrm{d}r}{\mathrm{d}t}\times mv$$

注意到 $\mathrm{d}\boldsymbol{r}/\mathrm{d}t=\boldsymbol{v}$，所以上式等号右端第二项为零(平行矢量的叉积等于零)，而第一项就是质点的动量矩矢量 $\boldsymbol{m}_0(m\boldsymbol{v})$ 对时间的导数。于是得到

$$\frac{\mathrm{d}}{\mathrm{d}t}[\boldsymbol{m}_0(m\boldsymbol{v})]=\boldsymbol{m}_0(\boldsymbol{F})\tag{6.53}$$

也就是说，质点对任意固定点的动量矩对时间的导数，等于该质点所受的力对同一点的力矩。这就是质点的动量矩定理。

显然，若 $\boldsymbol{m}_0(F)=0$，则 $\boldsymbol{m}_0(m\boldsymbol{v})=$常矢量，即若质点所受的合力对某固定点的矩恒等于0，则质点对该点的动量矩守恒。这说明了质点动量矩守恒的条件。类似的结论还可以推广到质点系上。如果质点系所受的合外力对某固定点的矩的矢量和为零，则质点系对该点的动量矩守恒。这也就是质点系动量矩守恒条件。

因为刚体属于典型的质点系，动量矩定理常被用于研究刚体的转动运动。当航天器被看作刚体时，其姿态动力学方程就可以从刚体的动量矩定理导出来。

设航天器在空间以角速度 ω 旋转，其动量矩为 $\boldsymbol{H}_0$。为了方便起见，基准点选为航天器本体坐标系 $Oxyz$ 的原点，也即航天器质心 O，$\boldsymbol{M}$ 是作用在航天器相对于质心 O 的合外力矩，于是航天器的动量矩为

$$\boldsymbol{H}=\int_m \boldsymbol{r}\times\frac{\mathrm{d}r}{\mathrm{d}t}\mathrm{d}m\tag{6.54}$$

式中，矢量 $\boldsymbol{r}$ 是刚体内质量元 $\mathrm{d}m$ 相对于质心的矢径；$\mathrm{d}\boldsymbol{r}/\mathrm{d}t$ 是 $\mathrm{d}m$ 相对于质心的速度矢量；m 为航天器的总质量。于是在本体坐标系中，刚体的 ω，$\boldsymbol{H}$，$\boldsymbol{r}$ 和 $\boldsymbol{M}$ 可以分别表示如下：

$$\boldsymbol{\omega}=\omega_x\boldsymbol{i}+\omega_y\boldsymbol{j}+\omega_z\boldsymbol{k}\tag{6.55}$$

$$\boldsymbol{H}=h_x\boldsymbol{i}+h_y\boldsymbol{j}+h_z\boldsymbol{k}\tag{6.56}$$

$$\boldsymbol{r}=x\boldsymbol{i}+y\boldsymbol{j}+z\boldsymbol{k}\tag{6.57}$$

$$\boldsymbol{M}=M_x\boldsymbol{i}+M_y\boldsymbol{j}+M_z\boldsymbol{k}\tag{6.58}$$

式中，$\boldsymbol{i}$，$\boldsymbol{j}$，$\boldsymbol{k}$ 表示航天器本体坐标系各轴的单位矢量，各式右端系数是矢量沿各坐标轴的分量。将式(6.56)对时间 t 求导，求得动量矩 $\boldsymbol{H}$ 在空间的变化率：

$$\frac{\mathrm{d}\boldsymbol{H}}{\mathrm{d}t}=\dot{h}_x\boldsymbol{i}+\dot{h}_y\boldsymbol{j}+\dot{h}_z\boldsymbol{k}+h_x\frac{\mathrm{d}\boldsymbol{i}}{\mathrm{d}t}+h_y\frac{\mathrm{d}\boldsymbol{j}}{\mathrm{d}t}+h_z\frac{\mathrm{d}\boldsymbol{k}}{\mathrm{d}t}\tag{6.59}$$

可以看出，由于刚体在空间中以角速度 ω 旋转，所以与其固连的本体坐标轴各轴方向也在发生相应的变化。

已知坐标轴单位矢量的导数公式是

$$\left.\begin{aligned}\frac{\mathrm{d}i}{\mathrm{d}t}&=\boldsymbol{\omega}\times \boldsymbol{i}\\ \frac{\mathrm{d}j}{\mathrm{d}t}&=\boldsymbol{\omega}\times \boldsymbol{j}\\ \frac{\mathrm{d}k}{\mathrm{d}t}&=\boldsymbol{\omega}\times \boldsymbol{k}\end{aligned}\right\}\tag{6.60}$$

代入式(6.59)中，并根据动量矩定理得

$$\boldsymbol{M}=\frac{\mathrm{d}\boldsymbol{H}}{\mathrm{d}t}=\dot{\boldsymbol{H}}+\omega\times \boldsymbol{H}\tag{6.61}$$

由于

$$\omega\times \boldsymbol{H}=(\omega_y h_z-\omega_z h_y)\boldsymbol{i}+(\omega_z h_x-\omega_x h_z)\boldsymbol{j}+(\omega_x h_y-\omega_y h_x)\boldsymbol{k}$$

式(6.61)可以在航天器本体坐标系中展开为

$$\begin{aligned}\boldsymbol{M}=M_x\boldsymbol{i}+M_y\boldsymbol{j}+M_z\boldsymbol{k}=(\dot{h}_x+\omega_y h_z-\omega_z h_y)\boldsymbol{i}+\\ (\dot{h}_y+\omega_z h_x-\omega_x h_z)\boldsymbol{j}+(\dot{h}_z+\omega_x h_y-\omega_y h_x)\boldsymbol{k}\end{aligned}\tag{6.62}$$

那么，各轴的分量可表示为

$$\left.\begin{aligned}M_x&=\dot{h}_x+\omega_y h_z-\omega_z h_y\\ M_y&=\dot{h}_y+\omega_z h_x-\omega_x h_z\\ M_z&=\dot{h}_z+\omega_x h_y-\omega_y h_x\end{aligned}\right\}\tag{6.63}$$

或表示为矩阵矢量形式，即

$$\begin{bmatrix}M_x\\ M_y\\ M_z\end{bmatrix}=\begin{bmatrix}\dot{h}_x\\ \dot{h}_y\\ \dot{h}_z\end{bmatrix}+\begin{bmatrix}0&-\omega_z&\omega_y\\ \omega_z&0&-\omega_x\\ -\omega_y&\omega_x&0\end{bmatrix}\begin{bmatrix}h_x\\ h_y\\ h_z\end{bmatrix}\tag{6.64}$$

式(6.63)或式(6.64)被称为欧拉力矩方程。

另外，对式(6.57)求导可得

$$\frac{\mathrm{d}\boldsymbol{r}}{\mathrm{d}t}=\boldsymbol{r}+\omega\times \boldsymbol{r}$$

若刚体内各质点相对于质心的位置不变，式(6.54)描述的动量矩即为

$$\boldsymbol{H}=\int_m \boldsymbol{r}\times(\omega\times \boldsymbol{r})\mathrm{d}m\tag{6.65}$$

将叉乘展开，有

$$\begin{aligned}\boldsymbol{r}\times(\omega\times \boldsymbol{r})=&[\omega_x(y^2+z^2)-\omega_y(xy)-\omega_z(xz)]\boldsymbol{i}+\\ &[\omega_y(x^2+z^2)-\omega_x(xy)-\omega_z(yz)]\boldsymbol{j}+\\ &[\omega_z(x^2+y^2)-\omega_x(xy)-\omega_y(yz)]\boldsymbol{k}\end{aligned}$$

代入式(6.65)中，并考虑式(6.56)，则有

$$\left.\begin{aligned} h_x &= I_x\omega_x - I_{xy}\omega_y - I_{xz}\omega_z \\ h_y &= -I_{xy}\omega_z + I_y\omega_y - I_{yz}\omega_z \\ h_z &= -I_{xz}\omega_x - I_{yz}\omega_y + I_z\omega_z \end{aligned}\right\} \tag{6.66}$$

或写成

$$\begin{bmatrix} h_x \\ h_y \\ h_z \end{bmatrix} = \begin{bmatrix} I_x & -I_{xy} & -I_x \\ -I_{xy} & I_y & -I_{yz} \\ -I_{xz} & -I_{yz} & I_z \end{bmatrix} \begin{bmatrix} \omega_x \\ \omega_y \\ \omega_z \end{bmatrix} \Rightarrow \boldsymbol{I} \begin{bmatrix} \omega_x \\ \omega_y \\ \omega_z \end{bmatrix} \tag{6.67}$$

式中，$\boldsymbol{I}$ 为惯性矩阵；I_x,I_y,I_z 分别为刚体绕 Ox,Oy,Oz 的转动惯量，I_{xy},I_{yz},I_{xz} 称为惯量积。它们分别定义为

$$I_x = \int_m (y^2 + z^2)\mathrm{d}m,\qquad I_y = \int_m (x^2 + z^2)\mathrm{d}m,\qquad I_x = \int_m (y^2 + x^2)\mathrm{d}m$$

$$I_{xy} = \int_m (xy)\mathrm{d}m,\qquad I_{yz} = \int_m (yz)\mathrm{d}m,\qquad I_{zx} = \int_m (zx)\mathrm{d}m$$

惯量积可正可负，取决于所选择的坐标系。如果在某坐标系中 $I_{xy}=I_{yz}=I_{xz}=0$，该坐标系称为主轴坐标系，Ox,Oy,Oz 则称为刚体的主惯量轴。

根据式(6.66)，如果取航天器的本体坐标系为主轴坐标系，则有

$$\left.\begin{aligned} h_x &= I_x\omega_x \\ h_y &= I_y\omega_y \\ h_z &= I_z\omega_z \end{aligned}\right\} \tag{6.68}$$

代入欧拉力矩方程式(6.63)，并忽略质量变化，可以得到

$$\left.\begin{aligned} M_x &= I_x\frac{\mathrm{d}\omega_x}{\mathrm{d}t} + \omega_y\omega_z(I_z - I_y) \\ M_y &= I_y\frac{\mathrm{d}\omega_y}{\mathrm{d}t} + \omega_x\omega_z(I_x - I_z) \\ M_z &= I_z\frac{\mathrm{d}\omega_z}{\mathrm{d}t} + \omega_x\omega_y(I_y - I_x) \end{aligned}\right\} \tag{6.69}$$

式(6.69)即基于本体坐标系的航天器姿态动力学方程，也称为欧拉动力学方程。这是一组非线性微分方程，很难用解析法求解，一般需要简化计算或数字求解。

6.5 航天器的一般运动方程

6.5.1 六自由度运动方程

设视为刚体的航天器质量为 m，质心为 O，取质心轨道坐标系 $Ox_0y_0z_0$、本体坐标系 $Oxyz$、引力中心惯性坐标系 $O'XYZ$ 为参考基准。坐标轴 Ox,Oy,Oz 为航天器主惯量轴，O' 为引力中心，$\boldsymbol{F}$ 是作用在航天器上的合外力矢量，$\boldsymbol{M}$ 是作用在航天器上相对于 O 点的合外力矩矢量。

轨道运动方面，根据牛顿第二定律，在 $O'XYZ$ 中的轨道动力学方程可写为

$$\left.\begin{aligned} m\ddot{x} &= F_x \\ m\ddot{y} &= F_y \\ m\ddot{z} &= F_z \end{aligned}\right\} \tag{6.70}$$

式中，F_x，F_y，F_z 为 $\boldsymbol{F}$ 在坐标系 $O'XYZ$ 各轴上的投影。实际上，式(6.7)是 $\boldsymbol{F}$ 的完整表达，可以看出，二体运动方程式(6.21)正是式(6.70)在二体简化条件下的形式。

姿态运动方面，根据动量矩定理，航天器对质心 O 的姿态动力学方程在本体坐标系 $Oxyz$ 中的投影为式(6.69)，其中的航天器姿态角速度 ω_x，ω_y，ω_z 可根据式(6.49)由欧拉角 θ，ψ，φ 给出。

这样，联立式(6.70)和式(6.69)就得到了描述刚性航天器一般运动的运动方程组。刚性航天器在空间有 6 个运动自由度，其中：3 个为质心平动自由度，反映的是轨道运动；3 个为转动自由度，反映姿态运动。在以上两组方程中，式(6.70)描述了航天器质心平动的运动规律，即轨道运动；式(6.69)则描述了以欧拉角 θ，ψ，φ 为姿态角的航天器绕质心转动的运动规律，即姿态运动。这两组运动方程正好形成 6 个二阶微分方程，在给定 12 个初始条件(三维空间中的初始位置、初始速度、初始姿态角、初始姿态角速度)以后，就可以得到航天器 6 个自由度完整的轨道和姿态运动状态了。

6.5.2 六自由度线性化运动方程

在航天器六自由度运动方程组中，轨道运动方程式(6.70)是线性的，而姿态运动方程式(6.69)是非线性的，难以解析求解和分析，因此有必要在小角度假设下，对姿态方程进行线性化。

由刚体复合运动关系可知，航天器旋转角速度 ω 等于航天器本体坐标系 $Oxyz$ 相对于质心轨道坐标系 $Ox_0y_0z_0$ 的旋转角速度 ω_r 与质心轨道坐标系 $Ox_0y_0z_0$ 相对于惯性坐标系 $O'XYZ$ 的牵连角速度 ω_e 之和，即

$$\omega = \omega_r + \omega_e \tag{6.71}$$

将该式投影到本体坐标系 $Oxyz$ 上则有

$$\omega = \omega_r + \boldsymbol{B}\omega_e \tag{6.72}$$

其中

$$\omega = [\omega_x \quad \omega_y \quad \omega_y]^{\mathrm{T}}$$

$$\omega_r = [\varphi \quad \theta \quad \psi]^{\mathrm{T}}$$

$$\omega_e = [0 \quad -\omega_0 \quad 0]^{\mathrm{T}}$$

式中，ω_0 为航天器绕中心引力体旋转的轨道角速度，$\boldsymbol{B}$ 为轨道坐标系 $Ox_0y_0z_0$ 经“1—2—3”旋转到本体坐标系 $Oxyz$ 的变换矩阵，推导出来具有如下形式：

$$\boldsymbol{B} = \begin{bmatrix} \cos\theta\cos\psi & \sin\phi\sin\theta\cos\psi + \cos\phi\sin\psi & -\cos\phi\cos\psi\sin\theta + \sin\phi\sin\psi \\ -\cos\theta\sin\psi & -\sin\phi\sin\theta\sin\psi + \cos\phi\cos\psi & \cos\phi\sin\theta\sin\psi + \sin\phi\cos\psi \\ \sin\theta & -\sin\phi\cos\theta & \cos\phi\cos\theta \end{bmatrix} \tag{6.73}$$

考虑到对于足够小的角度 α 和 β，下列关系近似成立：

$$\sin\alpha\sin\beta \approx 0$$

$$\sin\alpha\cos\beta \approx \sin\alpha \approx \alpha$$

$$\sin\alpha\approx\alpha,\quad\cos\beta\approx1$$

于是，当航天器的姿态在小范围变化时，式(6.73)即可简化为：

$$\boldsymbol{B}=\begin{bmatrix}1&\psi&-\theta\\-\psi&1&\phi\\\theta&-\phi&1\end{bmatrix}\tag{6.74}$$

将 ω,ω_r,ω_e 和 $\boldsymbol{B}$ 代入式(6.72)中，便有

$$\begin{bmatrix}\omega_x\\\omega_y\\\omega_z\end{bmatrix}=\begin{bmatrix}\dot\phi\\\dot\theta\\\dot\psi\end{bmatrix}+\begin{bmatrix}1&\psi&-\theta\\-\psi&1&\phi\\\theta&-\phi&1\end{bmatrix}\begin{bmatrix}0\\-\omega_0\\0\end{bmatrix}$$

即

$$\left.\begin{aligned}\omega_x&=\dot\phi-\omega_0\psi\\\omega_y&=\dot\theta-\omega_0\\\omega_z&=\dot\psi+\omega_0\phi\end{aligned}\right\}\tag{6.75}$$

再将上式代入航天器的姿态动力学方程式(6.69)，就可以得到经过线性简化的航天器姿态动力学方程：

$$\left.\begin{aligned}M_x&=I_x\ddot\phi+(I_y-I_z-I_x)\omega_0\dot\psi+(I_y-I_z)\omega_0^2\phi\\M_y&=I_y\ddot\theta\\M_z&=I_z\ddot\psi-(I_y-I_z-I_x)\omega_0\dot\phi+(I_y-I_x)\omega_0^2\psi\end{aligned}\right\}\tag{6.76}$$

分析上式可知，航天器姿态动力学在俯仰轴 OY 上可以独立出来，而滚动轴 OX 和偏航轴 OZ 上的姿态是相互耦合的。当航天器各轴惯量基本相同，而且轨道角速度耦合作用可忽略时(比如 ω_0 本身很小)，则式(6.76)可简化为

$$\left.\begin{aligned}M_x&=I_x\ddot\phi\\M_y&=I_y\ddot\theta\\M_z&=I_z\ddot\psi\end{aligned}\right\}\tag{6.77}$$

这是一组解耦的姿态动力学方程。在解耦的情况下，俯仰、偏航和滚动三通道的运动互不相关，且在形式上完全相同。该式特别对于高轨道航天器其轨道角速度足够小的情况，能够很好地近似式(6.76)。

至此，式(6.70)和式(6.76)就构成了视为刚体的航天器轨道姿态六自由度的线性化运动方程。

6.6 摄动问题

前面讨论的航天器轨道和姿态运动是一种理想情况，它与实际情况有差别。这是由很多因素所引起的，包括：地球并非理想的圆球体；没有考虑大气阻力对航天器运动的影响；没有考虑其他天体对航天器的作用；没有考虑地球周围的磁场等等。这些因素使得航天器轨道参数每时每刻都在变化，使得航天器轨道运动实际上并不沿着严格的开普勒轨道，而是有所偏离，

并且这些因素如果没有作用在航天器质心则会使得航天器的姿态运动也会发生偏差，这种现象称为摄动。本节分别讨论轨道摄动和姿态摄动两个方面。

值得注意的是，广义的摄动不仅仅局限于空间自然力，航天器间的干扰作用力也可看作摄动影响，这在近些年出现的航天器编队飞行、在轨维护等空间操作任务中较为常见，但并非主要摄动力，本节考虑的是一般情况下航天器均会受到的几种典型摄动因素。

6.6.1　摄动力与轨道摄动

为了简化问题，我们通常把航天器轨道都视为理想情况下的轨道，即开普勒轨道，又叫作无摄动轨道。研究轨道运动的摄动，就是研究航天器的无摄动轨道在各种摄动因素影响下的变化规律，这些规律使得航天器运行在它们的实际轨道上，也称为受摄开普勒轨道。下面讨论引起轨道摄动的各种非理想因素。

1. 地球扁率摄动

地球扁率对卫星等航天器轨道最重要的影响是导致轨道平面产生进动。

假设地球是一个理想的、密度均匀的圆球体，轨道面平分地球为两个半球，它们对航天器引力的大小均相等，且对称于轨道面，引力的合力在轨道面上，且通过球心。然而实际上，地球是一个赤道鼓胀、质量分布不均的椭球体，赤道附近的鼓胀部分可以等效成赤道上的一圈质量环（见图 6.17），它会对轨道面产生一个力矩 M。根据陀螺进动原理，该力矩使得轨道面无法保持在固定位置，而是绕地轴转动。如果从地心引出轨道面的垂线，对轨道面进动的描述就是一个以地轴为旋转轴的角锥，进动方向与轨道倾角有关。当倾角小于 90°时，轨道面逆地球自转方向转动，升交点西移；当倾角等于 90°时，赤道质量环对航天器的引力作用在轨道面内，轨道面不转动；当倾角大于 90°时，力矩的方向就反过来，轨道面顺地球自转方向转动，升交点东移。总之，轨道面转动方向与航天器运动方向相反，也就是升交点在地球赤道上向航天器运动的相反方向移动。需要说明的是，当轨道面进动时，轨道倾角保持不变，只改变升交点赤径。

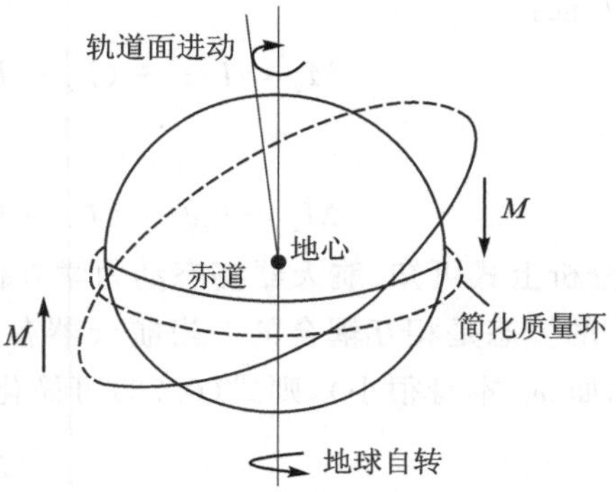

图 6.17　赤道鼓胀产生的附加力矩

这种地球扁率造成的摄动力通常是影响航天器轨道最主要的摄动力。当然，随着航天器轨道高度的增加，离开地表的距离增大，地球扁率所造成的影响就会减小。当航天器离地球的距离比地球本身大得多时，地球扁率影响即可忽略。

2. 大气阻力摄动

大气阻力是由地球大气产生的对航天器运动的摄动力，阻力大小与大气密度、航天器截面和运行速度等因素有关。根据气动力学，阻力可由下式确定：

$$D=-C_D S\,\frac{\rho v^2}{2} \tag{6.78}$$

式中，S 为航天器的特征面积，一般取为与速度方向垂直的平面内航天器的最大截面积。ρ 为大气密度，v 为航天器相对于大气的速度，C_D 为阻力系数，它与航天器形状、飞行姿态、速度有关。式中的负号表示阻力与航天器运动的方向相反。显然，D 仅作用在轨道平面内，不会改变轨道平面在惯性空间的位置。

大气阻力对航天器轨道显著的长期影响是改变轨道参数 a 和 e，使椭圆轨道不断缩小变圆，最后陨落在稠密大气层中。由于大气密度随高度的增加而衰减很快，所以大气阻力主要在航天器通过近地点附近时作用明显。在远地点，航天器受到的大气阻力最小。相对来说，近地点较之远地点是处在稠密的大气之中，大气阻力消耗了航天器的能量，航天器通过近地点后，速度减小，因此轨道远地点不断降低。在较高的远地点，航天器也会受到一些阻力，轨道近地点也会降低，不过降低的程度远小于远地点。这样，航天器每多运行一周，轨道就更接近圆轨道，周期也逐渐缩短。在 110～120 km 高度以下，由于大气密度的增加，航天器不能完成下一周的运行，而是沿螺旋线急剧下降，最后坠入稠密大气层。通常把周期为 86.5～86.7 min，高度为 110～120 km 的圆轨道，称为临界轨道，如图 6.18 所示。

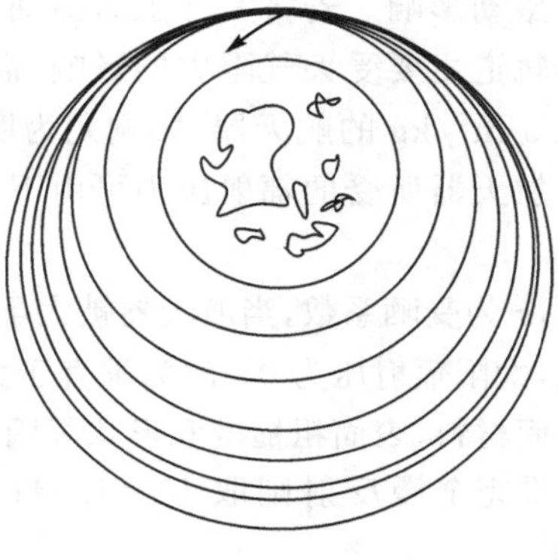

图 6.18　大气阻力对轨道的影响

实际上，随着航天器轨道高度的增加，气动力的影响急剧减弱。当高度低于 200 km 时，大气阻力是最主要的摄动力；而当高度在 1 000 km 以上时，在大多数情况下，大气阻力可以完全忽略。

3. 日月引力摄动

日月引力摄动是由于太阳和月球对航天器与对地球的引力之差而产生的。航天器轨道高度越高，摄动力越大。对于轨道高度在 1 600 km 以下的航天器，往往可以忽略，但对于更高轨道的航天器，摄动力就十分有必要加以考虑，而对于5 000 km 以上的轨道，日月摄动则会超过地球扁率摄动成为主要的摄动因素。

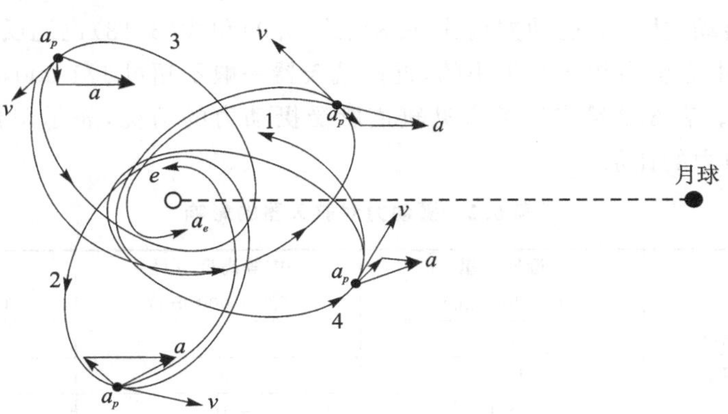

图 6.19　椭圆轨道的月球摄动

对于椭圆轨道，特别是大偏心率的椭圆轨道，日月摄动有可能导致轨道完全破坏，在椭圆轨道上各点，以远地点受到的摄动最为严重。图 6.19 描绘了月球对 4 种不同位置的同样椭圆轨道的摄动情况。在轨道 1 和 2 的远地点，摄动加速度 a_p 与航天器速度方向 v 相反，使远地点速度下降，从而引起近地点降低；在轨道 3 和 4 的远地点，摄动加速度与航天器速度方向相同，使远地点速度增加，从而引起近地点提高。近地点的提高对航天器不会带来灾难性后果，但近地点下降将会导致航天器进入稠密大气层而坠毁。

4. 辐射压摄动

绕地球运行的航天器受到太阳的直接辐射、地球反射的太阳辐照和地球本身发射出的辐射能量的共同作用。根据量子力学，光被认为是一种光子流，而光子是具有动量的。当光子流射到航天器表面时，一部分被吸收，另一部分被反射。在这个过程中，光子的部分动量传递给了航天器，从而造成辐射压。

太阳产生的辐射压又称太阳光压，它对航天器具有力的作用，所以太阳光压对航天器轨道也有摄动影响。若将大气阻力摄动与太阳光压摄动相比，可以发现在 700 km 以下的空间，航天器轨道主要受大气阻力的影响，而在更高的空间则由太阳光压主导，特别对于面积质量比大于 2.5 m^2/kg 的航天器，影响尤为明显。

航天器所受的辐射压力可由下式估算：

$$f = \sigma SKp \tag{6.79}$$

式中，σ 为受晒系数，当航天器被太阳照射时 $\sigma=1$，当航天器位于地球阴影内时 $\sigma=0$，即在地球阴影区，太阳辐射压为 0。S 为垂直于太阳光线的航天器截面；K 为航天器的表面反射性能系数，与表面材料、表面粗糙度和形状等因素有关，一般取值在 1～1.44 范围内，如果全吸收则取 $K=1$，如果完全漫反射则取 $K=1.44$；p 为地球轨道域内的光压，一般情况下取 $p=4.5\times10^{-6}$ N/m^2。

太阳辐射压力的方向严格地说是沿着太阳到航天器的矢量方向，但是由于航天器到地球的距离与地球到太阳的距离相比是一个小量，所以也可以近似将太阳辐射压力的方向简单地看作日地矢量方向。

5. 小　结

除以上几种摄动外，航天器还会受到地球磁场、地球潮汐作用、无线电射频反作用等摄动力的影响。总之，实际的航天器运动并不是简单的二体运动问题，有许多非理想的因素都会使航天器产生轨道摄动，从一般运动方程式(6.8)、式(6.9)和式(6.18)也能反映出来。不过一般情况下，摄动力和中心引力相比是很小的，近地航天器一般不超过 1/1 000，高轨的地球同步卫星则大概为 $5/10^6$。表 6.2 给出三类常见轨道所受摄动力的情况，表示单位质量航天器相对于均匀球形地球引力的比值。

表 6.2　摄动力对航天器的影响

摄动力	近地卫星（约 200 km）	中等高度卫星（约 1 000 km）	地球同步卫星（约 35 800 km）
引力场二阶带谐项	10^{-3}	10^{-3}	10^{-7}
其他全部球谐项	10^{-6}	10^{-6}	10^{-9}
大气阻力	0.4×10^{-5}	-10^{-9}	0
太阳辐射压力	0.2×10^{-8}	-10^{-9}	-10^{-9}
太阳引力	0.3×10^{-7}	0.5×10^{-7}	0.2×10^{-6}
月球引力	0.6×10^{-7}	0.1×10^{-6}	0.5×10^{-6}
太阳潮汐力	0.4×10^{-7}	0.4×10^{-7}	10^{-11}
月球潮汐力	0.5×10^{-7}	0.3×10^{-7}	0.8×10^{-11}

尽管摄动力都比较小，但它们对于航天器轨道的影响是长期的，其累积影响是十分显著的，直接关系到航天器使命能否顺利完成。因此，往往需要克服各种摄动力的影响，保持轨道运动精度，为此就必须进行轨道控制，这是确保航天器正常运行的一项重要技术。

6.6.2 摄动力矩与姿态摄动

除了轨道摄动外，航天器所受的各种力如果没有通过航天器质心，则会产生力矩，从而对航天器的姿态产生扰动，这些力矩可称为摄动力矩。作用于航天器的摄动力矩有气动力矩、重力梯度力矩、磁干扰力矩、太阳辐射力矩等，下面分别简要介绍。

(1) 气动力矩

气动力矩能够显著地干扰航天器姿态，对于 1 000 km 以下的轨道，气动力矩必须予以考虑，特别是对于 500 km 以下的轨道，气动力矩是主要的空间环境干扰力矩，需要通过姿态控制来加以抑制。

在设计航天器姿态控制系统时，气动力矩可表示为

$$\boldsymbol{M}_d = -\boldsymbol{D} \times \boldsymbol{L} \tag{6.80}$$

式中，$\boldsymbol{L}$ 为压心相对于航天器质心的矢径；$\boldsymbol{D}$ 为气动力矢量，其大小由式(6.78)表示。因此，气动力矩和航天器外形、姿态角、压心的位置以及表面性质均密切相关。

(2) 重力梯度力矩

重力梯度力矩是因航天器各部分质量受到不同引力影响而产生的，确定这个力矩需要知道引力场信息和航天器的质量分布特性。航天器由重力梯度所引起的最大力矩在本体坐标系三个轴上的投影可表示为

$$\left.\begin{aligned} M_{gx} &= \frac{3\mu}{r^3}(I_z - I_y) \\ M_{gy} &= \frac{3\mu}{r^3}(I_z - I_x) \\ M_{gz} &= \frac{3\mu}{r^3}(I_x - I_y) \end{aligned}\right\} \tag{6.81}$$

式中，r 为航天器质心到引力体中心的距离。

可以看出，把航天器尽可能设计成等惯量，即具有相同的三轴主惯量，这样就可以在任一轨道上使重力梯度力矩干扰达到最小。重力梯度力矩在低轨航天器设计中是一个重要考虑因素，特别是，它可以被加以利用作为姿态稳定力矩，这时设计航天器质量分布特性的目的在于增大而不是减小惯量之间的差。

(3) 磁干扰力矩

磁干扰力矩是由航天器本身的磁特性和环境磁场(如地磁场)相互作用而产生的。确定这个力矩需要知道环境磁场的强度和方向、航天器的磁矩，以及这个磁矩相对于当地磁场向量的方向。星体上的电流回路、永磁铁和能够产生剩磁或感生磁性的材料是主要的磁力矩源，另外航天器整体或部分在磁场中快速旋转时，通过涡流和磁滞效应也会产生一定的磁干扰力矩。这种力矩也是长期作用在航天器上的，对航天器的姿态也可能产生重要影响，因此抑制磁干扰力矩也是非常必要的。

当然，磁力矩也可作为控制姿态的力矩，这里只讨论干扰力矩。它可以粗略地表示为

$$M_M = |\boldsymbol{M}_M| = |\boldsymbol{P} \times \boldsymbol{B}| = PB\sin\beta \quad (6.82)$$

式中，$\boldsymbol{P}$ 为航天器的剩余磁矩，$\boldsymbol{B}$ 为航天器所在高度的环境磁场强度，β 为环境磁场与磁矩的夹角。

为保证磁干扰力矩作用不明显，航天器的磁矩要严加限制，在设计航天器和选择元部件时就应当加以考虑，并对整星进行实测，因为后期弥补是非常困难的，而且费用极高。

(4) 辐射力矩

辐射力矩主要是由于太阳的直接照射以及航天器质心和压心不重合所引起的。对于在地球轨道上的航天器，还存在着另外两种辐射源，即地球反射的太阳光和地球本身及其大气层的红外辐射。

决定辐射力矩的主要因素有辐射强度、频谱及方向，航天器表面形状及太阳的相对位置，辐射入射和发射表面的光学性质。

太阳辐射与太阳和航天器的距离平方成反比，因此对地球轨道航天器来说，太阳辐射力矩与轨道高度基本无关，而其他扰动力矩多是随着高度增加而减少。对于轨道高度 1 000 km 以上的航天器来说，辐射力矩的占比将显著增加。

辐射力矩可由下式计算：

$$\boldsymbol{M}_f = -\boldsymbol{f} \times \boldsymbol{L} \quad (6.83)$$

式中，$\boldsymbol{f}$ 为辐射压力矢量，可由式(6.78)得出；$\boldsymbol{L}$ 为辐射压心相对于航天器质心的矢径。

(5) 小　结

以上这些扰动力矩的大小随航天器的尺寸、形状、惯量、剩余磁矩、姿态角的不同而发生变化，图 6.20 针对同一个航天器比较了它们的变化规律。一般来说，对于低地球轨道，占优势的力矩是气动力矩，而对于高轨(1 000 km 以上)则是太阳辐射力矩。当轨道高度降至 700 km 时，太阳辐射力矩和气动力矩数量级相当，对于中高轨道(接近 1 000 km)主导扰动力矩是重力梯度力矩和磁力矩。

总之，地球轨道航天器所受扰动力矩可大体分为两类：一类是周期性的，如气动力矩、重力梯度力矩；另一类是非周期性的，如磁干扰力矩、辐射力矩。虽然它们在量值上不一定很大，特别对于高轨航天器，但是由于它们作用于航天器的时间很长，其累积的结果将会显著影响航天器的姿态精度，因此姿态控制也是必要的。它是保障航天器正常运行的又一重要技术。

6.7 本章小结

本章讨论了空间环境下的制导飞行器运动规律。空间运动同样包括两部分，反映质心位置变化的轨道运动和反映质心转动变化的姿态运动。本章介绍了轨道运动和姿态运动描述方法，建立了航天器的一般运动方程，并讨论了摄动问题。

空间运动体的相对运动即二体问题，在本质上遵循牛顿运动定律，在集中力简化假设条件下可由二体运动方程描述，反映了空间运动体轨道运行的基本特征，其中机械能守恒和角动量守恒是最基本的两个方面。空间轨道的参数化描述方法，包括几何描述和轨道根数描述方法，能够通过轨道特征参数更为直观地分析综合航天器的轨道运动，具有十分明确的物理意义。

根据欧拉角度变换和动量矩定理，可建立描述航天器姿态运动的欧拉动力学方程，该方程联立二体运动方程，共同构成了描述刚性航天器一般运动的六自由度运动方程组。该方程组

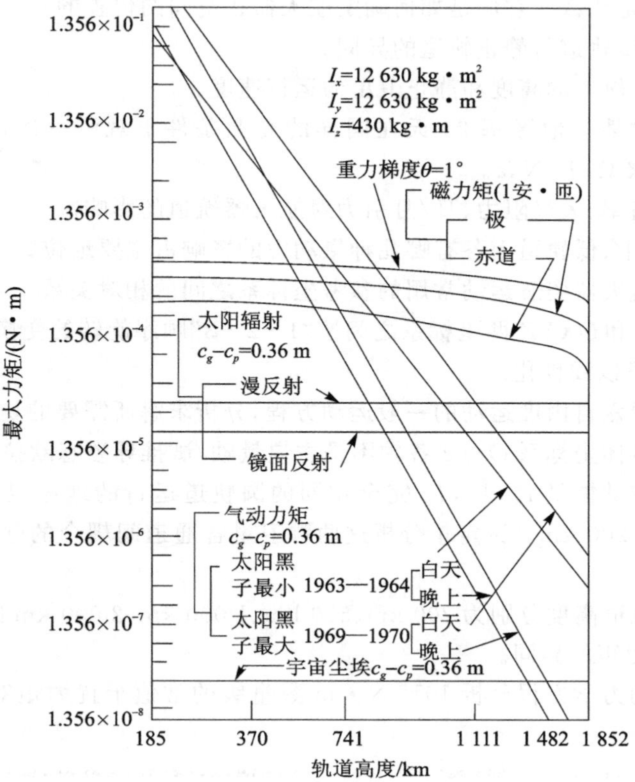

图 6.20 航天器的扰动力矩(c_g 质心,c_p 压心)

由6个非线性二阶微分方程组成,反映运动体空间位置和姿态变化状态,在小角度假设下可以实现线性化。

空间运动在实际过程中受到来自地球扁率、大气阻力、空间辐射、其他天体等多种扰动因素的影响,对轨道和姿态产生摄动力和摄动力矩,引起航天器运动偏差,在制导控制和空间操作任务中需要给予必要考虑。

思考题

1. 利用牛顿万有引力定律推导、分析航天器受 N 体引力时的运动方程,并阐述简化为二体相对运动的合理性。

2. 证明在仅有二体引力的作用下航天器的机械能守恒。

3. 证明在二体问题中,航天器的运动轨道始终处于空间的一个固定平面内。

4. 比较航天器各种圆锥曲线轨道参数 a,c,e,p 的特点,分析它们与轨道常数 h 和 E 之间的关系。

5. 利用牛顿定律证明开普勒第三定律。

6. 计算第一宇宙速度和第二宇宙速度。

7. 已知一个木星探测器在距地面 3 400 km 处的逃逸速度为 7 900 m/s,而实际速度为 11 200 m/s。试问该探测器飞至木-地距离的一半时,其速度为多少?轨道形状如何?

8. 轨道六要素是什么？它们是如何确定航天器在空间的位置的？

9. 比较地球同步轨道与静止轨道的异同。

10. 求地球静止轨道的高度和静止卫星的运行速度。

11. 如果需要对某一地区每 30 天在同样的光照条件下观测一次，观测卫星的轨道为 800 km 圆轨道，试求 $\Omega, T, N, \varepsilon$。

12. 分析地球扁率、大气阻力、日/月引力对航天器轨道的影响。

13. 分析在高、中、低轨道上各有哪几种摄动力的影响占主要地位。

14. 分析描述航天器姿态运动常用的参考坐标系之间的相对关系。

15. 推导 $Oxyz$ 和 $OXYZ$ 两坐标系之间按“1—2—3”顺序旋转的变换矩阵和逆变换矩阵，并在小角度假设下予以线性化。

16. 列写航天器六自由度运动的一般运动方程，分析求解所需要的初始条件。

17. 若航天器本体坐标系 $Oxyz$ 各轴不是主惯量轴，试推导姿态欧拉动力学方程。

18. 设有两颗转动惯量 I_x, I_y, I_z 完全相同的圆轨道运行的地球卫星，一颗轨道高度为 2 000 km，另一颗为 200 km。试定量分析这两颗卫星各通道间耦合的强弱，并阐述产生耦合的原因。

19. 分析比较轨道高度分别为 200 km、500 km、1 000 km、2 000 km 的圆轨道卫星所受的最主要的两种干扰力矩的异同。

20. 利用欧拉动力学方程分析 10^{-5} N·m 数量级的常值干扰力矩对自由飞行状态下的航天器的姿态影响。

参考阅读

- 解永春，雷拥军，郭建新，等. 航天器动力学与控制[M]. 北京：北京理工大学出版社，2018.

☞ 阅读指导

重点阅读 3.4 节《航天器轨道特性》和 3.5 节《轨道摄动方程及求解方法》，第 108～136 页。航天器轨道种类较多，重要类型有同步轨道、回归轨道、临界轨道、返回轨道、平动点轨道等。3.4 节可帮助读者在本章基础上对轨道特性有更全面的理解。处理实际问题通常要考虑摄动影响。3.5 节介绍的拉格朗日方程和高斯摄动方程是常用模型，可帮助读者理解摄动条件下的轨道运动问题。另可阅读 5.3 节《姿态动力学》(第 265～292 页)，了解刚体以及挠性、充液、多体等其他重要类型的航天器姿态运动建模问题。

第 7 章

航天器姿轨控制

思维导图

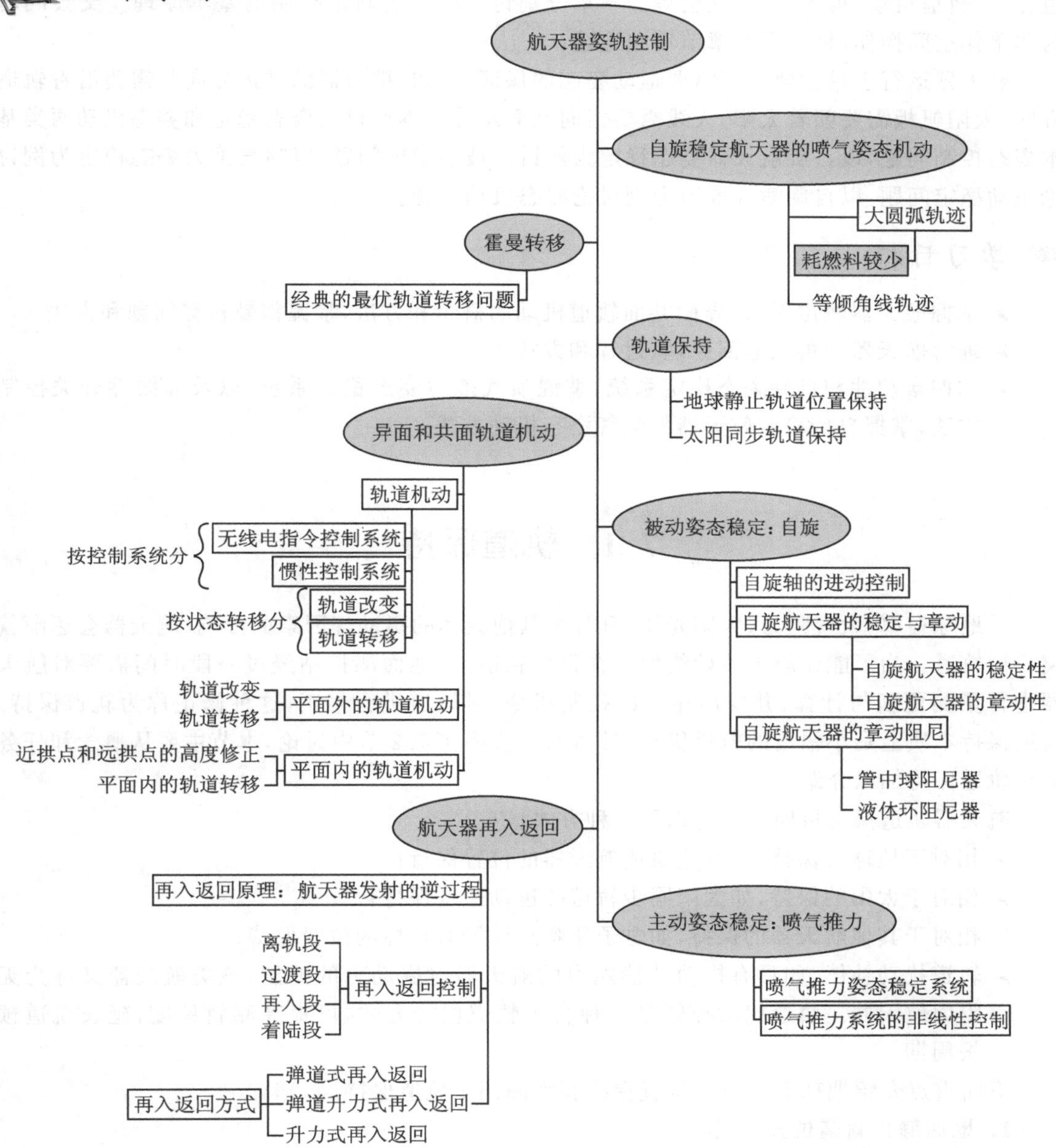

☞ 章导语

航天器控制包括轨道控制和姿态控制两方面。从航天器的运动模型可知，这两方面的耦合程度不高，可以将其分开处理。首先讨论轨道控制。航天器轨道控制的目的在于让航天器按目标轨道运动，具体地说就是控制航天器质心运动的位置和速度，使得航天器的运行轨道满足任务要求。轨道控制通常是通过控制航天器的速度来实现，一般采用下列方式产生相应的控制力：反作用推力、气动力、太阳辐射压力、磁力等。轨道控制种类很多，最基本的内容有轨道保持、轨道机动、再入返回、交会等。本章分别讨论前三类轨道控制的基本原理。交会问题为非单体空间操作，将在后续章节单独论述。

航天器运行于目标轨道还需要运动姿态的保证，比如：推力器的推进方向常需要沿着轨道方向，太阳帆板需要朝着太阳，天线需要指向地面站等。本章讨论姿态稳定和姿态机动两类基本姿态控制问题，以自旋航天器姿态稳定为例讨论被动稳定问题，以喷气推力姿态稳定为例讨论主动稳定问题，以自旋喷气推力为例讨论姿态机动问题。

☞ 学习目标

- 掌握航天器轨道保持、异面共面轨道机动的概念和方法，掌握霍曼转移问题和方法。
- 理解航天器的再入返回原理、过程和方式。
- 掌握章动性和自旋姿态稳定系统，掌握喷气推力姿态稳定系统，以及非线性开关控制方法，掌握自旋稳定航天器的喷气姿态机动方法。

7.1　轨道保持

受地球扁率、大气阻力、太阳光压、日月等其他天体的摄动等因素的影响，航天器会逐渐偏离目标轨道。为了能让航天器始终保持在目标轨道上，地面测控站经过一段时间需要对航天器进行量测更新与计算，并发出相应的控制指令，对轨道进行修正，这种修正称为轨道保持。轨道保持本质上是小幅度的轨道机动，具体的方法将在 7.2 节中讨论，本节主要从概念和任务上对轨道保持加以介绍。

航天器轨道保持目前主要有以下 4 种方式：

- 相对于地球的保持，如静止轨道航天器的位置保持；
- 相对于太阳的保持，如太阳同步轨道的进动速度保持；
- 相对于其他航天器的保持，如电子侦察航天器对目标的位置保持；
- 轨道扰动补偿，如具有扰动补偿能力的航天器对摄动力的抑制，该类航天器又称为无阻力航天器。轨道扰动补偿是一种自主轨道保持方式，可提高测轨精度，延长轨道预报周期。

下面重点介绍地球静止轨道位置保持和太阳同步轨道保持。

1. 地球静止轨道位置保持

因通信和广播的需求，很多航天器要和地球保持相对静止，这就是地球静止航天器。对理想静止轨道的要求如下：

➢ 圆形轨道,偏心率 $e=0$;

➢ 在地球赤道平面内,倾角 $i=0$;

➢ 轨道高度 = 35 786 km(半长轴 a = 42 164 km),即轨道周期等于地球自转周期(23 h 56 min 4.1 s)。

当这 3 个条件得到满足时,从地球上看航天器将是静止不动的;如果偏离了这些条件,则引起航天器与地球的相对运动。例如当倾角 $i\neq0$ 时,航天器轨道面将偏离赤道,地面上会看到航天器沿南北方向做“8”字运动,偏差越大,“8”字越长。除此之外,航天器还受到其他摄动影响,东西方向也会发生摆动。为了使航天器的位置变化能够限制在可接受的范围之内,需要加以补偿控制,这就是静止轨道航天器的位置保持。

根据姿态和轨道测量、指令发送和同步控制等的不同形式,位置保持可分为地面控制和自主保持两种类型。

地面控制的位置保持系统是由地面遥测、跟踪、指令、数据处理和控制设备,以及星上相应的测量和控制设备组成。其中以地面设备为主体,用来测量、处理航天器的姿态和轨道数据,确定全部指令参数,如点火相位、时间和次数等,并向航天器发送执行指令。目前,绝大多数通信卫星均采用地面控制方式进行位置保持,星上设备简单可靠,灵活性强。

自主位置保持系统的整个测量控制回路都设置在卫星上。这种保持方式的优点是不需要地面遥测跟踪,不需要指令站以及控制和数据处理中心,这就避免了卫星上指令接收系统受到干扰以及地面设备受到破坏的可能性,这在军用通信上是很有价值的。自主位置保持方式现在已经成为今后的发展方向。

2. 太阳同步轨道保持

轨道中比较特殊的,除了地球静止轨道以外,就要数太阳同步轨道了。它的定义是航天器轨道平面进动速度和地球对太阳的公转速度相等。由于地球存在扁率,轨道平面必然产生旋转进动,故这种旋转速度主要与轨道倾角和轨道高度有关,与轨道偏心率也有关。但是当偏心率很小时,基本上可以忽略,适当地选择轨道高度和倾角就可以实现轨道进动与太阳公转同步。

太阳同步轨道对地球观测航天器特别重要,这是因为它可以提供一个恒定的太阳方位角,使航天器对地球进行定向观测。由于能够保持太阳入射角基本不变,因此太阳帆板可以制作成固定式的。实现太阳同步轨道的保持,除了靠发射航天器时选择适当的轨道高度和倾角来保证以外,一般情况下还要在航天器在轨运行时通过星上轨道保持系统对轨道高度和倾角进行必要的补偿控制。

不论是地球静止轨道航天器还是太阳同步轨道航天器,它们进行轨道保持所需要实施的补偿控制都是通过轨道机动来实现的。

7.2 异面和共面轨道机动

7.2.1 轨道机动的概念

航天器在控制系统作用下使运行轨道发生有意的改变称为轨道机动,或者说轨道机动是让航天器由现有轨道改变到期望轨道的过程。现有轨道称为初始轨道,期望轨道称为目标轨道。轨道机动由轨道机动控制系统来实现，其系统组成如图 7.1 所示。

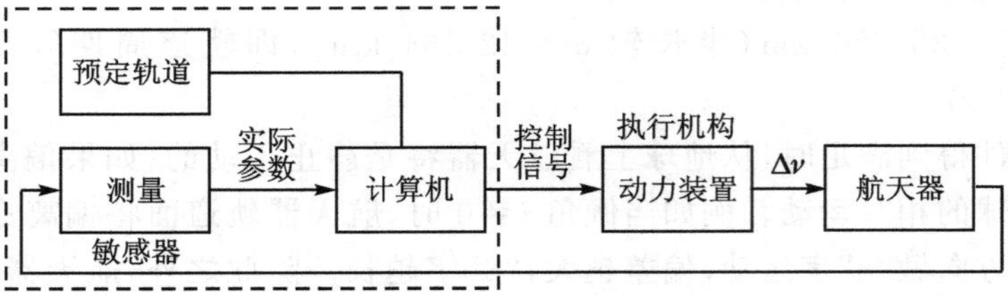

图 7.1　轨道机动控制系统

动力装置提供轨道机动所需的推力，一般为具有多次点火能力的液体火箭发动机。测量装置用来测量航天器的实际运动参数，与目标轨道信息一并输入计算机。计算机计算出航天器在某一时刻运动参数的预期值，与同一时刻的实际运动参数进行比较，求出此刻应提供的速度增量(包括大小和方向)，据此形成航天器的动力装置控制信号和相匹配的姿态控制信号。动力装置和姿态系统按控制信号工作，从而完成预定的轨道机动。

轨道机动一般有两种方式：无线电指令控制系统和惯性控制系统。

无线电指令控制系统由星上和地面站共同组成，即图 7.1 所示虚线部分安装在地面站，控制信号由地面站发出，航天器接收，姿态控制系统和动力装置按接收的信号工作。这一方式是非自主的，不过可以减少航天器上的设备数量。

惯性控制系统整个系统设备均在星上，构成自主的闭环系统，增加了星上载荷，但也增大了轨道机动的灵活性。

轨道机动还可以细分为轨道改变和轨道转移两种形式。当目标轨道与初始轨道相交时，在交点处施加一次冲量即可使航天器由初始轨道进入目标轨道，这称为轨道改变；当目标轨道与初始轨道不相交时，则至少需要两次冲量才能使航天器由初始轨道进入目标轨道，这称为轨道转移。联结两轨道的过渡轨道称为转移轨道。在轨道机动问题中，初始轨道、转移轨道和目标轨道可以是圆锥曲线中的任何一种轨道。

另外，由于火箭发动机提供的推力较大，很短的时间即可使航天器获得所需的速度增量，因此本节在讨论轨道机动时均假设发动机按冲量方式工作，也就是说在航天器位置不发生变化的情况下，航天器的速度变化瞬间完成。这一假设忽略了发动机推力的动态变化过程，可以使问题得到简化。

下面分别就平面外和平面内的两种情况来讨论轨道机动问题。

7.2.2　平面外的轨道机动

平面外的轨道机动是指初始轨道和目标轨道不在同一平面内，即轨道面需要产生旋转。对于平面外轨道机动，我们分为只需一次冲量的轨道改变和需要两次冲量的轨道转移两个方面进行讨论。

1. 平面外的轨道改变

平面外的轨道改变问题实际上就是不改变轨道形状或能量的轨道平面旋转机动问题。这类机动可以通过两种方式来实现，即轨道角动量矢量的进动或速度矢量的转向。

考虑图 7.2 所示的情况，图上两个轨道的倾角相差 Δi，航天器要从轨道 A 上机动到轨道

B上，只有使轨道 A 绕交线旋转 Δi 角度才能实现。

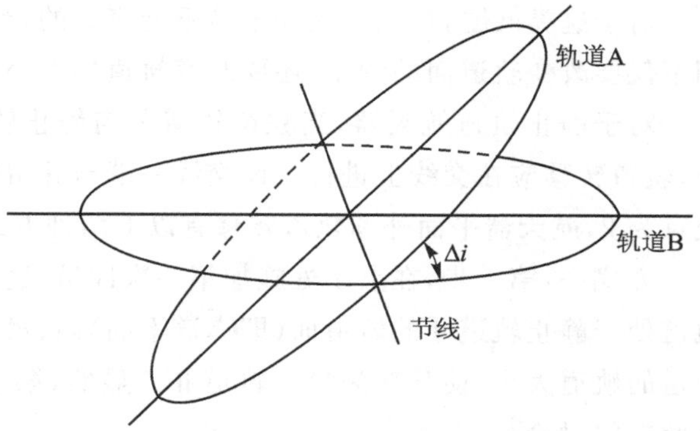

图 7.2　轨道平面的旋转

如图 7.3 所示，轨道平面旋转可以看成角动量矢量经历一个 Δi 角的进动，进动需要的冲量与角动量的变化量 Δh 有关。假设 Δi 很小，则

$$\Delta h = |\Delta h| \approx |h| \Delta i = h\Delta i \quad (7.1)$$

根据动量矩定理有 $\dot{h}=M$，其中外力矩大小 $M=Fr$，F 是推力，$r=|r|$是交线处的轨道半径，故有

$$\Delta h \approx \dot{h}\Delta t = Fr\Delta t \tag{7.2}$$

式中 Δt 为推力作用时间。由以上两式可得

$$h\Delta i = Fr\Delta t \tag{7.3}$$

实际上，$F\Delta t$ 恰好是单位质量航天器的速度增量 Δv，而 $h=rv_0$，v_0 为交线处航天器垂直于交线方向的速度分量，于是式(7.3)可写成

$$\Delta v = v_0 \Delta i \tag{7.4}$$

显然，改变相同的角度所需的 Δv 和交线处轨道速度成正比。

可以看出，式(7.4)给出了用速度矢量在交线上旋转实现轨道改变的方法，如图 7.4 所示。由于轨道速度均较大，故所需速度增量的量级要比 Δi 大得多。

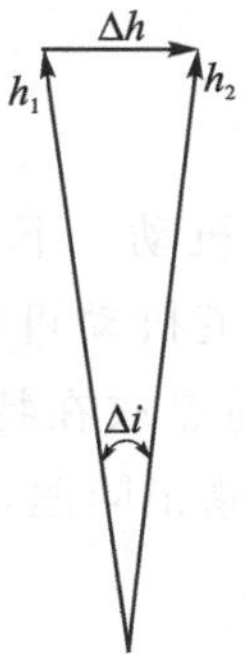

图 7.3　角动量矢量的进动

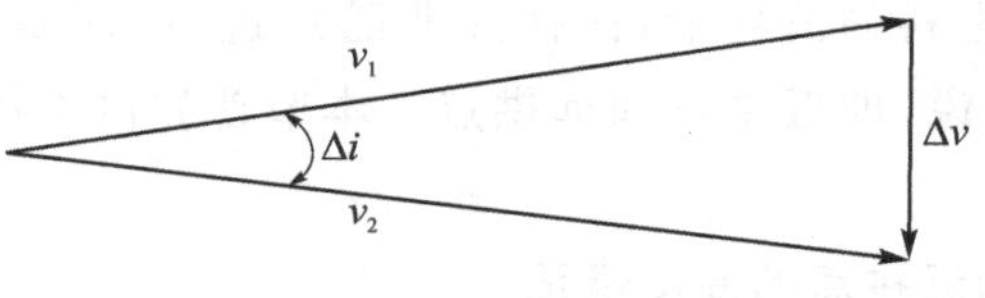

图 7.4　速度矢量在交线上旋转

2. 平面外的轨道转移

由于一般的平面外轨道转移问题较为复杂，这里先研究一种特殊情况：两个非共面圆轨道之间的转移。这种情况在将航天器送入地球静止轨道时会碰到，我们可以从中了解平面外轨道转移，即异面轨道转移的基本原理和方法。

在发射静止轨道航天器时，若发射场处于北纬 φ(°)，在发射段结束后，航天器进入第一个以 r_1 为半径的圆轨道Ⅰ(驻留轨道)运行，此圆轨道的倾角 i_1 就等于 φ。轨道转移段要使航天器沿轨道Ⅰ改变为沿轨道倾角为零、地心距为 r_2 的圆形静止轨道Ⅱ运行，这就是平面外圆轨道转移问题。

对于这类问题，显然一次冲量是不能完成的，当初始轨道与目标轨道不共面时，冲量的作用不仅要改变轨道面的倾角，还要改变轨道的大小，因此至少需要两次来完成。

对于静止轨道航天器，当驻留轨道Ⅰ与静止轨道Ⅱ不共面时，两轨道面的交线在赤道面内，轨道转移应在交线上进行。设交线一端与驻留轨道Ⅰ的交点为1，另一端与静止轨道Ⅱ的交点为2，航天器平面外圆轨道转移有以下两种方式：

方式一：第一步，在点1处施加第一次冲量，这一冲量改变驻留轨道Ⅰ的轨道倾角，使转移轨道处于静止轨道Ⅱ的轨道面(即赤道平面)内；第二步，在点2处施加第二次冲量，改变转移轨道的轨道大小，使其变为静止轨道Ⅱ。显然，第二步是平面内轨道改变问题，7.2.3小节将对此专门讨论。

方式二：第一步，在点1处在驻留轨道Ⅰ某点处给航天器施加第一次冲量，使航天器进入一个椭圆转移轨道，并且该轨道可与静止轨道Ⅱ在点2处相交，此时转移轨道仍处在初始轨道平面内；第二步，在点2处施加第二次冲量，一方面要使航天器由初始轨道平面转移至静止轨道平面，另一方面还要使椭圆转移轨道变为圆形的静止轨道Ⅱ。显然，第一步是平面内轨道改变问题。

在实际过程中，还需注意到航天器的变轨发动机与航天器本身是固连的，即推力方向相对于航天器本体坐标系是固定的。因此，在变轨发动机点火进行轨道面变化之前，必须同时进行姿态控制，使发动机的推力方向与飞行方向有一定倾角，使得轨道速度与发动机提供的速度增量的合成矢量恰好满足目标轨道要求。从这里可以看出，航天器的轨道控制与姿态控制有时也是紧密联系的。

7.2.3　平面内的轨道机动

从7.2.2小节可以看出，平面外轨道转移包含着平面内轨道机动。下面讨论同平面内的轨道机动，也称共面轨道机动问题。一般情况下，平面内的轨道机动可以发生在任意一点，然而考虑到燃料的消耗量，往往并非随意进行，而是常将机动点放在特殊位置上，对于圆锥曲线轨道来说，即近拱点和远拱点。本节首先讨论拱点高度修正问题，进而再讨论共面轨道转移问题。

1. 近拱点和远拱点的高度修正

航天器由于位置、速度和方向上的微小偏差，可能不能精确达到预定轨道，在一些精度要求较高的场合就需要对轨道进行修正。这可以采用在适当位置对速度做一次或多次增量的方式来实现。

举个例子：航天器由运载火箭送入轨道以后，经地面测控站测定，近拱点的高度及速度大小与预定运动参数有偏差 Δr_p 及 Δv_p，其结果使半长轴 a 产生偏差，偏心率 e 符合要求。现要求通过轨道机动，将近拱点或远拱点调到预定高度。

第6章已经推导了圆锥曲线轨道能量关系式，即

$$E=\frac{v^2}{2}-\frac{\mu}{2}=-\frac{\mu}{2a} \tag{7.5}$$

两边微分得到

$$v\mathrm{d}v-\frac{\mu}{r^2}\mathrm{d}r=-\frac{\mu}{2a^2}\mathrm{d}a$$

由此可以解出

$$\mathrm{d}a=\frac{2a^2}{\mu}\left(v\mathrm{d}v+\frac{\mu}{r^2}\mathrm{d}r\right)$$

因此，在偏差很小的情况下，由 Δv 和 Δr 引起的长半轴 a 的改变量 Δa 为

$$\Delta a\approx\frac{2a^2}{\mu}\left(v\Delta v+\frac{\mu}{r^2}\Delta r\right)\tag{7.6}$$

基于轨道增速瞬时完成的假设，在轨道上某点的速度 v 改变而保持 r 不变，则可忽略右边第二项，简化为

$$\Delta a\approx\frac{2a^2}{\mu}v\Delta v\tag{7.7}$$

由于轨道长轴是 $2a$，所以轨道长度的总改变量是 $2\Delta a$。

假定在近拱点改变速度 Δv，那么由此造成的长轴改变量 $2\Delta a$ 正好是远拱点高度的变化。同样，在远拱点速度改变 Δv，将导致近拱点高度的相同变化。将式(7.7)所表示的一般关系应用于在近拱点和远拱点加上微小 Δv 的情况，可得到远拱点和近拱点的高度变化为

$$\left.\begin{aligned}\Delta h_a&=\frac{4a^2}{\mu}(v_p\Delta v_p)\\\Delta h_p&=\frac{4a^2}{\mu}(v_a\Delta v_a)\end{aligned}\right\}\tag{7.8}$$

根据式(7.8)就可以通过在远/近拱点改变速度来调整近/远拱点高度。比如近拱点的高度误差 $\Delta r_p=-\Delta h_p$，为消除此偏差，在远拱点的速度增量可由式(7.8)求出。令 $\Delta h_p=-\Delta r_p$，得

$$\Delta v_a=-\frac{\mu}{4a^2v_a}\Delta r_p\tag{7.9}$$

同样的方法也可以用来修正远拱点的高度。

2. 平面内的轨道转移

在两个共面轨道间的转移是最常见的机动类型(见图 7.5)，轨道 A 与轨道 B 在同一平面内相交，为了使航天器从轨道 A 转移到轨道 B，即轨道改变，需要在两轨道的交点 Q_1 处加一个速度增量 Δv_1，并满足关系式 $v_{B1}=v_{A1}+\Delta v_1$，其中 v_{A1} 与 v_{B1} 分别是轨道 A 与轨道 B 在点 Q_1 处所对应的航天器速度矢量。而要完成两个不相交轨道间的转移，通常需要有两个速度增量，如图 7.6 所示。航天器利用速度增量通过中间轨道 C 完成从轨道 A 到轨道 B 的转移。和前面一样，速度增量必须具有相应的大小和方向，使得合成的速度矢量对应于目标轨道在给定点的预计值。一种特殊的切线转移轨道如图 7.7 所示，这里所加的速度增量与航天器的速度矢量平行，这种类型的转移往往代表一种燃料消耗最小的轨道转移。

由图 7.6 和图 7.7 可知，要实现两个不相交轨道间的转移，转移轨道必须与初始轨道和目标轨道同时存在至少一个交点，即与它们分别相交或相切。为简单起见，考虑初始轨道和目标轨道分别是半径为 r_1 和 r_2 的圆轨道，那么如果转移轨道要与两个圆轨道相接，则近拱点必须小于或等于内轨道的半径，而远拱点必须等于或大于外轨道的半径。用数学形式描述就是满足条件

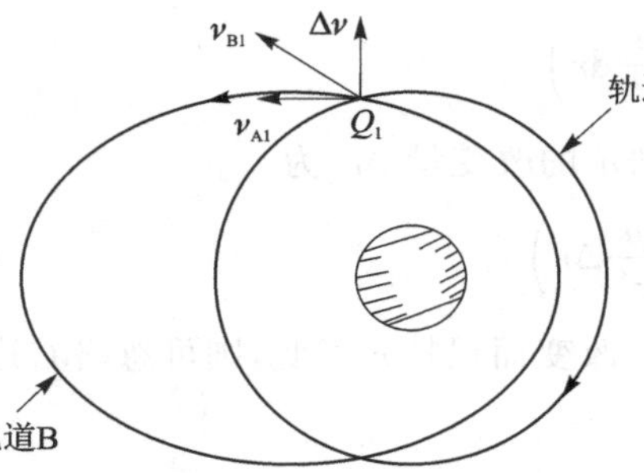

图 7.5　相交轨道的轨道改变

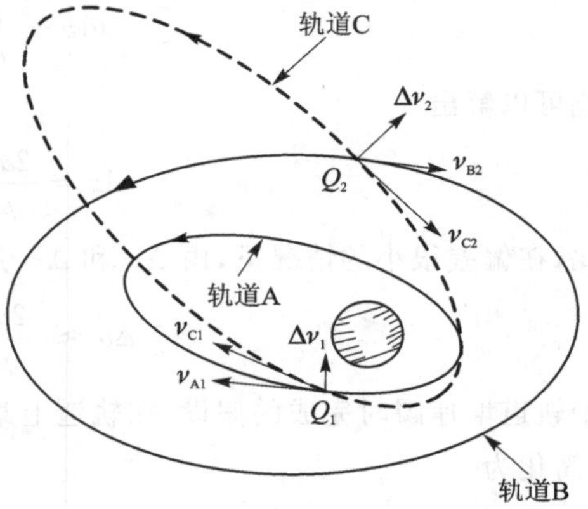

图 7.6　不相交轨道的轨道转移

$$
\left.\begin{aligned}
r_p &= \frac{p}{1+e} \leqslant \min(r_1, r_2) \\
r_z &= \frac{p}{1-e} \geqslant \max(r_1, r_2)
\end{aligned}\right\} \tag{7.10}
$$

式中，p 和 e 分别是转移轨道的参数和偏心率。只有同时满足以上两个条件，转移轨道才是可行的，等号成立表示转移轨道与内轨道或外轨道相切，这对应着两个圆轨道之间的转移轨道燃料消耗最少的情况。

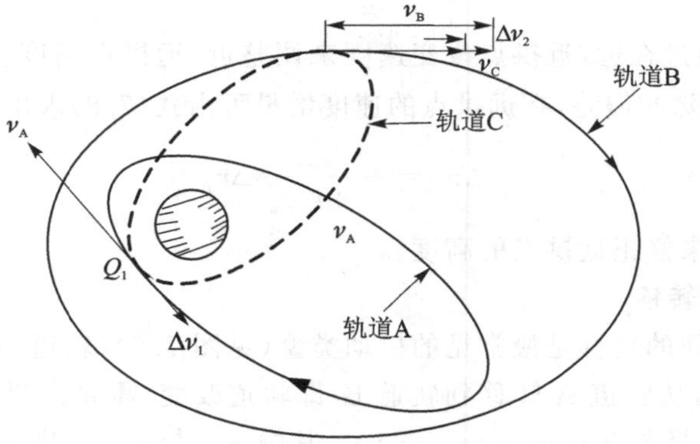

图 7.7　切线转移轨道

7.3　霍曼转移

大多数情况下，航天器的轨道机动路径并不是唯一的，可以由很多条轨迹来实现。在这些轨迹中，必定存在一个最优轨迹。这个最优轨迹的确定可以以最少燃耗为准则，还可以最合适的时间(如最短时间或给定时间)为准则。

关于最优轨道转移问题的涉及面较广，本节只讨论一种经典的最优轨道转移问题，即霍曼(Hohmann)转移。该问题通常表述如下：给定一个沿半径为 r_A 的圆轨道 A 运行的航天器，以最小的燃耗把航天器从轨道 A 转移到半径为 r_B 的圆轨道 B 所需的速度增量。

霍曼转移对于由内向外轨道转移和由外向内轨道转移都是适用的。因此,不失一般性,先讨论由内向外的情况。如图 7.8 所示,对于向外轨道转移来说,沿切线方向提供第一个冲量,以便使航天器的速度由初始圆周速度 v_A 增加 Δv_1 变为 v_1,这样就可以使航天器进入远地点距离刚好等于目标轨道半径的转移轨道,且在转移轨道远地点的速度为 v_2,然后在转移轨道远地点提供第二个切向冲量,使速度由 v_2 再增加 Δv_2,变为 v_B,使转移轨道圆化,完成整个转移过程。

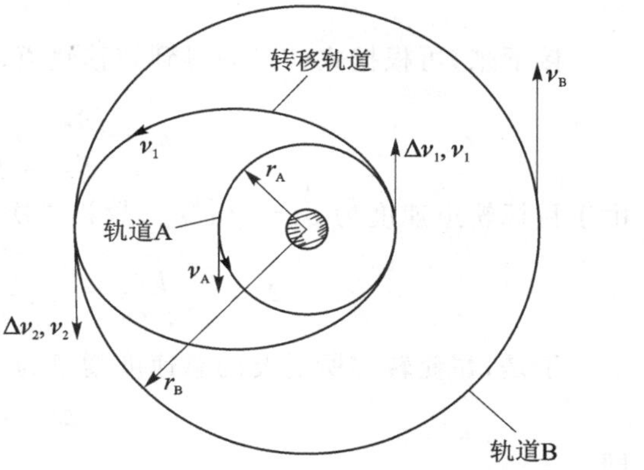

图 7.8　霍曼转移

具体地说,$v_A = |v_A|$ 和 $v_B = |v_B|$ 分别是航天器沿半径为 r_A 和 r_B 的圆轨道运行所需的速度大小,于是有

$$v_A = \sqrt{\frac{\mu}{r_A}}, \qquad v_B = \sqrt{\frac{\mu}{r_B}} \tag{7.11}$$

而椭圆转移轨道满足

$$r_A = \frac{h^2/\mu}{1+e} = \frac{p}{1+e}, \qquad r_B = \frac{h^2/\mu}{1-e} = \frac{p}{1-e} \tag{7.12}$$

式中

$$h = r_A v_1 = r_B v_2 \tag{7.13}$$

由此可以得出

$$\frac{r_A}{r_B} = \frac{1+e}{1-e} \tag{7.14}$$

因此,转移轨道的偏心率为

$$e = \frac{r_A/r_B - 1}{1 + r_B/r_A} \tag{7.15}$$

在远地点处,将式(7.13)代入式(7.12)中得 r_A 的表达式,可简化为

$$e = \frac{r_A v_1^2}{\mu} - 1 \tag{7.16}$$

联立式(7.15)和式(7.16),就可以得到

$$v_1 = \sqrt{\frac{\mu}{r_A}} \sqrt{\frac{2(r_B/r_A)}{1 + r_B/r_A}} \tag{7.17}$$

式(7.17)即为能够在远地点到达目标轨道的近地点速度。由于初始轨道 A 半径是 r_A,初始速度 $v_A = \sqrt{\mu/r_A}$,因此第一次机动所需的速度增量为

$$\Delta v_1 = v_1 - \sqrt{\frac{\mu}{r_A}} = \sqrt{\frac{\mu}{r_A}} \sqrt{\frac{2(r_B/r_A)}{1 + r_B/r_A}} - \sqrt{\frac{\mu}{r_A}}$$

或

$$\Delta v_1=\sqrt{\frac{\mu}{r_A}}\left(\sqrt{\frac{2r_B}{r_A+r_B}}-1\right) \tag{7.18}$$

接下来，再根据式(7.13)得到转移轨道远地点的速度为

$$v_2=\frac{r_A}{r_B}\sqrt{\frac{\mu}{r_A}}\sqrt{\frac{2(r_B/r_A)}{1+r_B/r_A}} \tag{7.19}$$

由于目标轨道速度为 $v_B=\sqrt{\mu/r_B}$，故第二次机动所需的速度增量为

$$\Delta v_2=\sqrt{\frac{\mu}{r_B}}-v_2=\sqrt{\frac{\mu}{r_B}}\left(1-\sqrt{\frac{2r_B}{r_A+r_B}}\right) \tag{7.20}$$

于是，霍曼转移所需要的总速度增量为

$$\Delta v=\Delta v_1+\Delta v_2 \tag{7.21}$$

即

$$\Delta v=\sqrt{\frac{\mu}{r_A}}\left[\sqrt{\frac{2(r_B/r_A)}{1+r_B/r_A}}\left(1-\frac{r_A}{r_B}\right)-\sqrt{\frac{r_A}{r_B}}-1\right] \tag{7.22}$$

向内轨道转移也是类似的，先在远地点用 Δv_2 减小初始圆周速度，然后再在近地点用 Δv_1 把速度减少到最终值，因此速度减少了两次，速度增量方向均与运动方向相反。总之，向内转移过程是向外转移的反过程。不论是哪种过程，所得的椭圆过渡轨道均称为霍曼转移轨道。

显然，霍曼转移的飞行时间刚好是转移轨道周期的一半。由于 $T=2\pi\sqrt{a^3/\mu}$ 和 $2a=r_A+r_B$ 为已知，故霍曼转移所需时间为

$$\mathrm{TOF}=\pi\sqrt{\frac{a^3}{\mu}} \tag{7.23}$$

从转移所需的速度增量 Δv 来看，霍曼转移是最经济的，然而霍曼转移所需的时间却不是最短的，它比这两个圆轨道之间的任何其他可能的转移轨道所需的时间都要长。

7.4　航天器的再入返回

航天器除了在轨运行需要进行轨道控制之外，离开轨道返回地面同样需要进行轨道控制。本节讨论航天器离轨运行的轨道控制，即再入返回问题。

7.4.1　再入返回原理

航天器的返回实际上是发射的逆过程，即要使高速飞行的航天器减速，最后安全降落在地面上。从理论上讲，航天器返回可以用与发射方向相反的火箭，沿发射轨道和发射过程进行逆向减速。但是，这需要相当大的动力装置和相当多的推进剂，而这些动力装置和推进剂又得在发射过程中成为运载火箭的有效载荷，这必然使得航天器的起飞质量大大增加，所以这个方法并不经济，在实际过程中难以采用。

较为可行的办法是利用地球表面的大气阻力来使航天器减速，这种办法要比前面的办法经济得多。它的减速过程是，首先利用小段推力，使航天器离开原来的运行轨道，转入朝向大气层的轨道，此后利用大气阻力而不再使用火箭动力来减速，直到最后以低速降落地面。这样

就可以节省大量推进剂，极大减轻动力装置的质量，使得航天器安全返回地面变得现实，如图 7.9 所示。

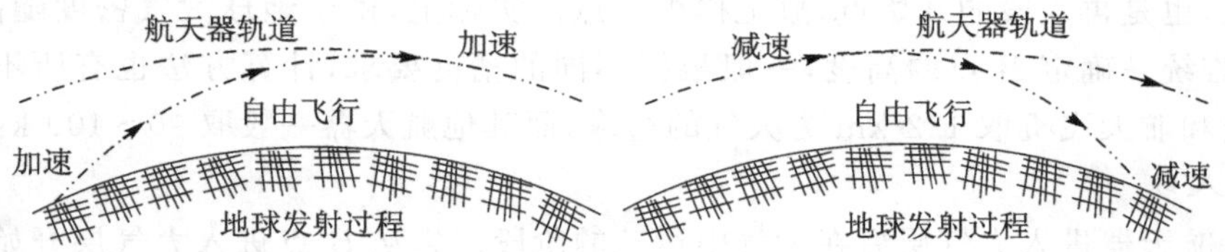

图 7.9 发射过程与返回过程比较

地球的稠密大气层有几万米，它在航天器上能够产生足够大的阻力使航天器减速。我们知道，在空气中运动的物体所受的阻力 D 是与空气的密度 ρ、物体的截面积 S 以及速度 v 的平方成正比，即

$$D=\frac{1}{2}\rho v^2 C_D S \tag{7.24}$$

式中，C_D 为阻力系数，由物体外形等因素决定。

航天器再入大气层时的速度很高，可达 7 km/s 以上，所以作用在航天器上的空气阻力很大，可以达到它本身质量的几倍到十几倍，那么航天器也就会以几倍甚至十几倍的反向重力加速度 g 进行减速，速度可以由刚进入大气层时的宇宙速度很快降到 15 km 高度以下的亚音速，即 200 m/s 左右，最后再进一步采取减速措施，如用降落伞，使航天器减到安全着陆速度。

这样，只需要用一个能量不大的制动火箭，作用很短的一段时间，使航天器离开原轨道再入大气层，在大气阻力作用下返回地面，这是目前实际过程中普遍使用的方法。当然，利用大气阻力减速也有不利的一面，那就是航天器要经受很高的气动加热。如果没有采取足够的热防护措施，那么航天器很可能会烧毁。

总之，航天器的再入返回控制大致有三项要求：① 落点控制精度；② 再入时的表面热防护；③ 安全速度和过载，载人时需要额外考虑人体承受能力。

7.4.2 再入返回控制过程

航天器从地球轨道再入大气层返回地面大致要经历离轨、过渡、再入、着陆四个阶段，如图 7.10 所示。航天器的质心运动轨迹在相应阶段分别称为离轨段、过渡段、再入段、着陆段，它们共同构成了再入返回轨道。

(1) 离轨段

该段从制动火箭发动机开始工作时起到结束工作时为止，也称为制动飞行段。在这个阶段，航天器离开原来的轨道进入一条指向地面的轨道。

如图 7.10 所示，航天器的运行速度为 v_1，在制动点 A，制动火箭提供速度增量 Δv，称调整后方向与当地水平线的夹角 φ 为制动角，使航天器以 v_1 和 Δv 的合成速度 v_2 飞行，这样航天器就脱离原轨道，沿一条椭圆过渡轨道进入大气层。

(2) 过渡段

这一阶段是从制动火箭发动机工作结束到进入地球大气层时刻的被动段。在该阶段，航天器轨道不加控制，沿过渡轨道自由下降。但有时为了保证航天器能准确、准时地进入下一阶段再入段，往往要进行几次轨道修正。

过渡段为图 7.10 中的 AB 段。其中 B 点为过渡段的结束点，它是航天器进入大气层的人为划分点，也是再入段的开始点，故也称再入点。实际上，由于地球大气密度随高度连续分布，所以很难统一确定 B 点的高度，一般根据不同的精度要求，计算方法也有所不同。例如，阿波罗飞船和航天飞机取 122 km 为大气的边缘，而其他航天器一般取 90～100 km。

(3) 再入段

该段是航天器进入大气层后在大气中运动的阶段。它从 B 点进入大气层开始，到距离地面 10～20 km 高度为止，也称为大气层内飞行段。在这一阶段，航天器要经受严重的气动加热、外压和大过载的考验，因此再入段轨道的研究是整个再入返回轨道研究的重点。

如图 7.10 所示，再入点 B 为稠密大气层的边界，高度为 100 km 左右。再入的速度方向与当地水平线的夹角为 θ，称为再入角。再入角大小直接影响航天器所受的气动热、过载和返回航程。若再入角太小，则航天器可能只在稠密大气层边缘掠过而不能进入大气层；若再入角过大，则航天器受到的空气阻力会很大，过载可能超过允许值，同时气动热也会过于严重。以载人航天器为例，最大过载一般不能超过 10 g，再入角较小，在 1°与 3°之间，于是返回航程比较远，从离轨到着陆一般在 4 000 km 以上；而不载人的航天器最大过载可以在 10 g 以上，再入角可放宽到 5°～10°，返回航程则缩短到 2 000～3 000 km。

为反映航天器的再入轨道范围，可以引入再入走廊的概念。再入走廊的大小可以由再入角的范围表示，上限对应最小再入角，是航天器能进入大气层而不再回到空间的界线；下限对应最大再入角，是航天器过载极值或气动热极值的界线，二者之间是再入角的允许范围，即 $\theta_{\min}\leqslant\theta\leqslant\theta_{\max}$，如图 7.11 所示。

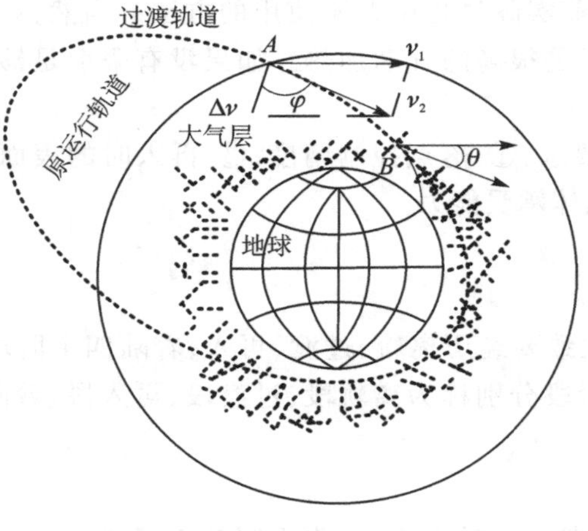

图 7.10　航天器的再入返回过程

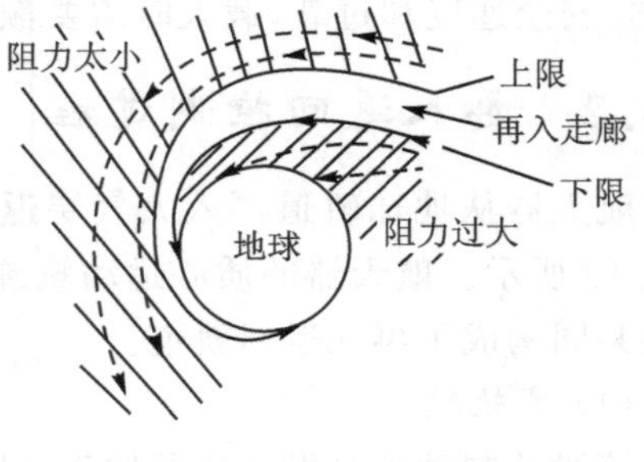

图 7.11　再入走廊

再入走廊也可用走廊宽度表示。再入角的上、下限各对应一条过渡轨道，假定在无大气层的情况下，航天器沿上、下限椭圆过渡轨道飞过近地点，这两条轨道近地点高度差就称为走廊宽度。不同的航天器有不同的气动特性、热结构和最大允许过载，因而有不同的再入走廊宽度。但一般来说，再入走廊都比较狭窄，要准确地引导航天器进入走廊，需要在此之前控制和调整好航天器的再入角。

(4) 着陆段

当航天器降到 20 km 高度以下时，进一步采取减速措施，保证其安全着陆，这一阶段称为着陆段。航天器着陆的方式有垂直着陆和水平着陆两种。

垂直着陆采用降落伞系统，从降落伞开始工作到航天器最终软着陆，这段轨道称为降落伞着陆段。降落伞着陆段一般是在航天器接近平衡速度之后继续减速到降落伞系统能够可靠工作的速度和高度时开始的，平衡速度是指航天器受到的气动阻力 D 等于它所受重力时的速度。图 7.12 给出了降落伞着陆的典型过程。

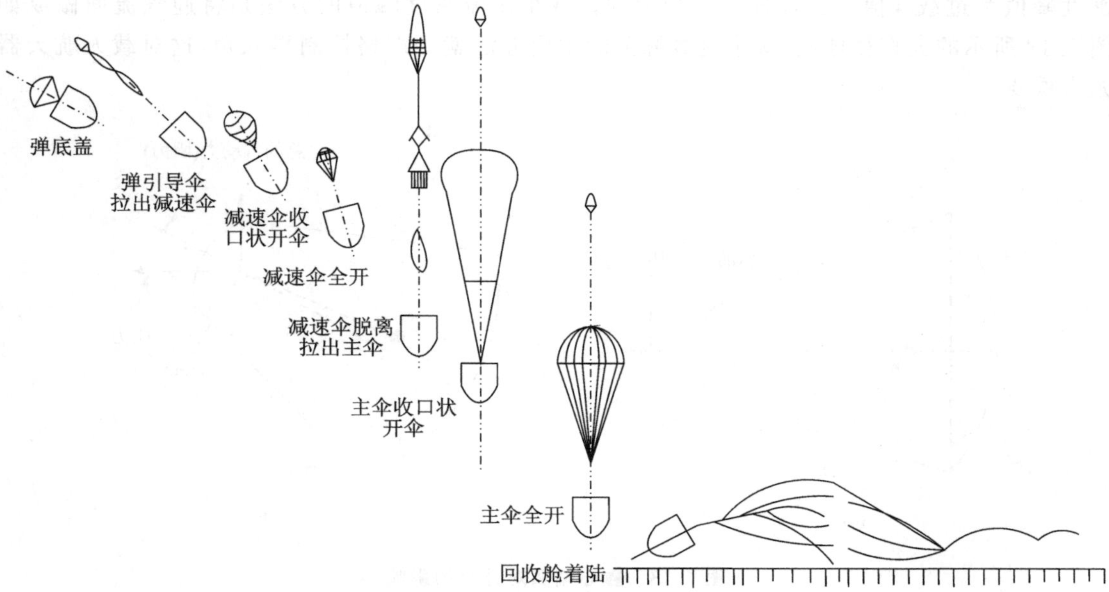

图 7.12 降落伞着陆的典型过程

水平着陆的航天器需要具有足够的升力，能够连续下滑，并在跑道上滑行着陆。在水平着陆的情况下，从航天器到达着陆导引范围并开始操纵活动翼面机动飞行时起，到航天器抵达着陆点的这段轨道称为导引着陆段。导引着陆段一般是在航天器下降到一定高度后，气动力的作用大到足以通过操纵活动翼面来控制航天器机动飞行的时候开始，以后的飞行就与飞机进场着陆相似了。世界上最早采用这种着陆方式的航天器就是美国的航天飞机，将在未来投入使用的高超声速空天飞行器 X-37B 和 X-51A 也采用这种着陆方式。

7.4.3 再入返回方式

按照再入段气动特性的不同，航天器的再入返回分为弹道式、弹道升力式、升力式三种方式，可由航天器所受的阻力 D、升力 Y 之比 Y/D 来区分，这个比值称为升阻比。一般来说，升阻比在 0.1 以下的再入返回为弹道式，在 0.1～0.5 范围内的为弹道升力式，而升阻比大于 0.5 的为升力式。所采用的返回方式不同，气动热和制动过载也不同，航天器的气动外形、结构、返回轨道等都要根据相应的再入段特性需求进行不同的设计。

1. 弹道式再入返回

弹道式再入返回的航天器升阻比为零或接近于零（$Y/D=0\sim0.1$），也就是只产生气动阻力而不产生升力，或者升力非常有限且无法调节。这种情况下，航天器一旦脱离原轨道，就沿着预定弹道无控制地返回地面。这与弹道导弹的运动方式相同，故称为弹道式再入返回。早期的返回式航天器多采用这种方式。

弹道式再入返回的优点如下：气动外形简单，通常采用钝头的轴对称旋转体外形，如圆球体、圆锥体等；大气层中经历的时间短，气动热总量相对较小，防热结构简单；技术上易于实现，美苏早期的返回式航天器均属于此类。但它的缺点也很明显：在大气层内是无控飞行，没有修正落点位置偏差的可能，落点精度低，回收区域大；弹道式再入返回减速快，热流密度峰值和过载峰值是三种方式中最大的。减小热流密度峰值的方法是将迎气流面做成如图 7.13 所示的大直径球面；减小过载峰值的主要办法就是严格控制再入角，这对载人航天器尤为重要。

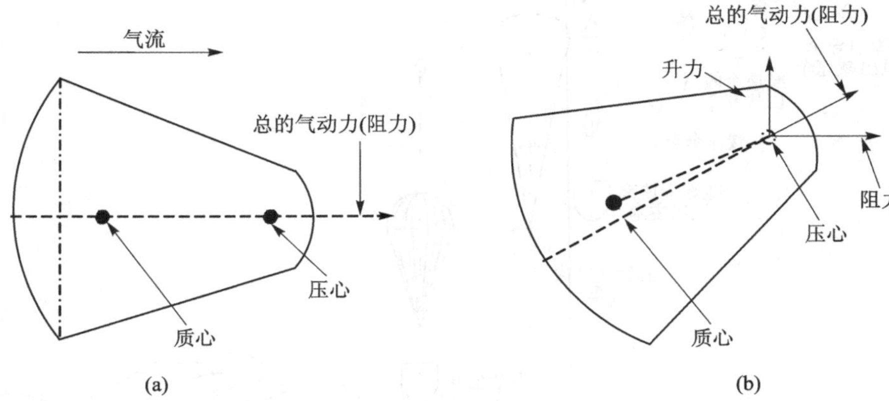

图 7.13 重心偏离对升力的影响

2. 弹道升力式再入返回

如果航天器再入时能产生一定的升力，则可以增大再入走廊宽度，改善再入条件，而且升阻比的增大还可以减小热流密度峰值和过载峰值。此外，具有升力的航天器在再入段通过它的滚动控制可以改变升力的方向，从而能在一定程度上调整航天器在大气中的运动轨道，使航天器有一定的机动飞行能力，这样可以减小落点散布范围，将航天器的着陆点控制在一定的区域之内。当然，有升力的航天器在大气层中的时间和路程均比弹道式要长，因此接收到的总热量也较大，但总的说来，利用升力可以带来更多的好处。

弹道升力式航天器既保持弹道式航天器结构简单和易于防热处理的特点，又能适当地利用升力在一定程度上克服弹道式航天器的缺点。在结构上，它将重心位置偏置一个很小的量，这样航天器能够产生一定的迎角(称为配平迎角)，相应地也会产生一定的升力，如图 7.13 所示。当然，这个升力是有限的且不超过阻力的一半。如果将航天器绕本身的中心轴转动一个角度 φ，则由配平迎角产生的升力可分解为垂直的向上分量和水平的侧向分量。控制这个滚动角 φ 就可以改变升力的垂直和水平分量，从而控制航天器在大气中的运动轨道，进而在一定的范围内控制航天器的落点位置。这种在弹道式基础上增加有限可控升力的航天器叫作弹道升力式再入航天器，其落点偏差比弹道式要小很多，可控制在几千米以内，美苏大部分返回式航天器均采用弹道升力式。

还有一种跳跃式再入返回轨道也属于弹道升力式再入返回轨道(见图 7.14),由交替的弹道式飞行段和跳跃式飞行段构成。航天器在进入大气层一段时间后调整升力,使航天器升起再次冲出大气层,先弹道式飞行一段,然后再进入大气层。也可以多次出入大气层,每进入一次大气层就利用大气进行一次减速。这种返回轨道的高度有较大起伏变化,故称为跳跃式轨道。对于进入大气层后虽不再跳出大气层,但靠升力使再入轨道高度有较大起伏变化的轨道,也称为跳跃式轨道。以接近第二宇宙速度再入大气层的航天器多采用跳跃式轨道以减小再入过载并较大范围地调整落点,这是跳跃式轨道的两大优势,使再入条件大为改善。美国阿波罗月球飞船完成月球任务后正是以跳跃式再入轨道返回地球的。

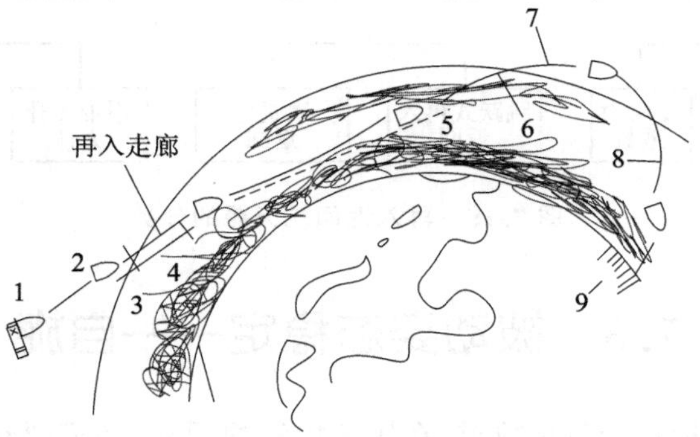

1—返回体与航天器其他部分分离开;2—返回体调整到再入姿态;3—再入(进入)走廊的边界;4—第一次再入;5—假定的第一次再入的再入轨道;6—假定的大气层上边界;7—第一次再入后又跳出大气层;8—第二次再入;9—着陆区。

图 7.14 跳跃式再入返回轨道示意图

从外形上看,弹道升力式航天器基本保持了弹道式航天器的外形和结构特点。这两种再入返回航天器没有升力或只有很有限的升力,只能垂直降落,所以在接近地面时,还需要一套降落伞系统减速来保证安全着陆。

3. 升力式再入返回

当要求航天器水平着陆时,必须让航天器能够具备足够大的升力,使得再入轨道尤其是着陆段平缓到适合水平着陆的程度。垂直着陆有两大缺点,即造成航天器与有效载荷损伤的着陆冲击过载,以及难以控制的落点分布,而航天器水平着陆可以实现载荷无损和定点着陆,为多次重复使用创造了条件。

能够实现水平着陆的升力式航天器升阻比一般都大于 1,也就是说航天器在再入段的升力大于阻力,这样大的升力不能再用重心偏置的办法获得。因此,升力式航天器不能再用旋转体,只能采用不对称的升力体。升力体又可分为带翼和不带翼两种,但是不带翼的升力体升力全靠外形产生,会增加外形尺寸和质量,对航天器而言并不适用,现有升力式航天器都是带翼的升力体,形状与飞机类似。

升力式航天器由于再入机动的灵活性和水平着陆的特点,避免了前两种再入返回方式存在的各种缺点,过载也最小,但同时还是带来了一些新问题。例如,升力式再入返回由于再入段比较平缓,航程和时间要长得多。虽然热流密度峰值和过载峰值都不大,但总的加热热量很大,加热时间很长。此外,升力式航天器比弹道式航天器复杂得多,再加上多次重复使用的要求,使得航天器的控制问题、气动问题、防热和结构问题变得更加复杂,而解决这些问题往往代价很大。

总之,再入返回方式的主要区别在于利用升力的程度不同。利用升力,可以扩大再入走廊,降低过载,提升机动飞行能力,提高着陆精度,升阻比越大,这些优点就越明显。图 7.15 归纳了各种再入返回航天器。

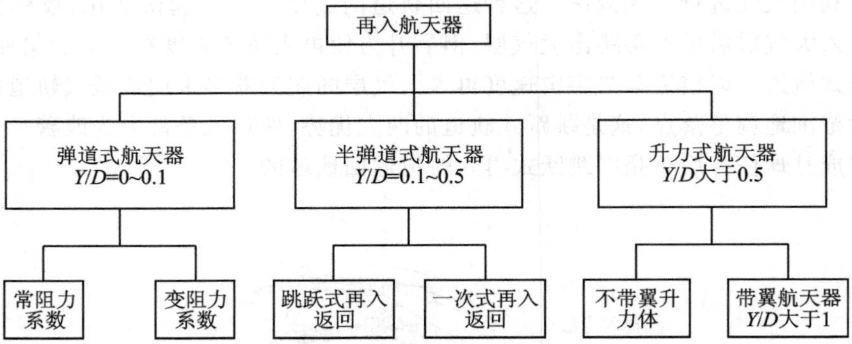

图 7.15 再入返回航天器的分类

7.5 被动姿态稳定——自旋

为保证航天器能够运行于目标轨道,在轨道控制的同时,还需要运动姿态的配合,这是通过姿态控制来实现的。姿态控制主要有姿态稳定和姿态机动两大类问题。其中,姿态稳定又分为被动和主动两种方式:被动稳定方式不消耗卫星上能源,通过外部环境的作用获得稳定,最典型的例子就是自旋航天器的稳定问题;主动稳定方式则需要耗费航天器自身能量,通过所携带推进剂的消耗来稳定姿态,例如喷气推力的姿态稳定问题。姿态机动是航天器从一个姿态变化到另一个姿态的过程,这类问题显然都是主动控制问题。从本节开始,我们分别讨论上述这几种姿态控制问题。

7.5.1 自旋航天器的稳定与章动

航天器的自旋稳定是航天器通过绕自旋轴旋转获得陀螺定轴性,使得航天器的自旋轴能够在惯性空间定向。它的主要优点在于为航天器获得规则的姿态运动提供了一种简单的手段。自旋可以很容易达到完全无源的惯性定向,并且有一定的精度,而且由于自旋体动量矩比较大,航天器也具有一定的抵抗外部干扰的能力。这是因为当自旋体受到恒定干扰力矩作用时,其自旋轴是以速度漂移,而不是以加速度漂移,也就是说它能够起到积分器的作用,具有抗扰性。自旋稳定方式特别是在早期发射的航天器中应用广泛,如图 7.16 所示。

航天器的自旋有两个方面的问题:一是自旋轴的稳定,二是自旋轴的漂移,即章动。下面逐一讨论。

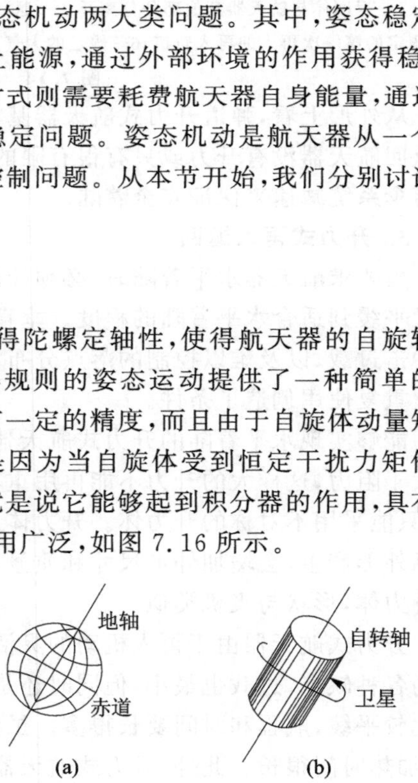

图 7.16 自旋稳定卫星

1. 自旋航天器的稳定性

令本体坐标系 $Oxyz$ 坐标轴指向航天器主惯量轴,I_x,I_y,I_z 分别为主轴惯量,惯量积为零。在没有外力矩的情况下,航天器自由转动,欧拉动力

学方程可写为

$$\left.\begin{aligned}I_x\frac{\mathrm{d}\omega_x}{\mathrm{d}t}+\omega_y\omega_z(I_z-I_y)=0\\I_y\frac{\mathrm{d}\omega_y}{\mathrm{d}t}+\omega_x\omega_z(I_x-I_z)=0\\I_z\frac{\mathrm{d}\omega_z}{\mathrm{d}t}+\omega_x\omega_y(I_y-I_x)=0\end{aligned}\right\}\tag{7.25}$$

式中，$\omega_x,\omega_y,\omega_z$ 是航天器在惯性空间的瞬时转速 ω 在 $Oxyz$ 各轴上的分量。分析自旋体的自由运动，需要从式(7.25)中解出 $\omega_x,\omega_y,\omega_z$。

假设航天器绕 Ox 轴自旋，且本体相对于自旋轴 Ox 轴对称，即 $I_y=I_z=I_t$，于是式(7.25)可简化为

$$\left.\begin{aligned}I_x\frac{\mathrm{d}\omega_x}{\mathrm{d}t}=0\\I_y\frac{\mathrm{d}\omega_y}{\mathrm{d}t}=\omega_x\omega_z(I_z-I_x)\\I_z\frac{\mathrm{d}\omega_z}{\mathrm{d}t}=\omega_x\omega_y(I_x-I_y)\end{aligned}\right\}\tag{7.26}$$

将上式中的后两个方程相互替代，有

$$\left.\begin{aligned}\omega_x=\omega_{x0}=常数\\\frac{\mathrm{d}^2\omega_y}{\mathrm{d}t^2}+\Omega^2\omega_y=0\\\frac{\mathrm{d}^2\omega_z}{\mathrm{d}t^2}+\Omega^2\omega_z=0\end{aligned}\right\}\tag{7.27}$$

式中

$$\Omega^2=-\omega_{x0}^2\frac{I_z-I_x}{I_y}\frac{I_x-I_y}{I_z}\tag{7.28}$$

显然，航天器绕自旋轴 Ox 旋转稳定要求 ω_y,ω_z 始终为微量且 $\omega_x\gg\omega_y,\omega_z$，即式(7.27)的 ω_y,ω_z 必须是李雅普诺夫稳定的。这就要求 $\Omega^2>0$，由式(7.28)分析可知，满足 $\Omega^2>0$ 的条件有以下两种：

① $I_x>I_y$ 且 $I_x>I_z$，即星体绕最大主惯量轴旋转；

② $I_x<I_y$ 且 $I_x<I_z$，即星体绕最小主惯量轴旋转；

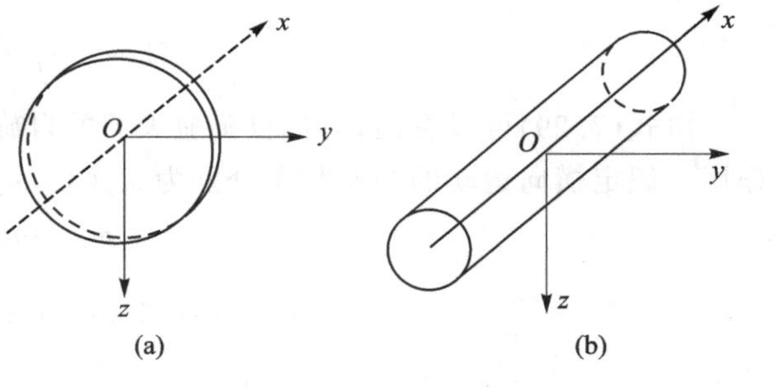

图 7.17　自旋体形状

当①或②成立时，ω_y,ω_z 将在有限值内振荡，反之将发散，并导致自旋轴翻滚。这两个条件分别对应如图 7.17 所示的自旋体形状，其中条件①的自旋轴为最大惯量轴，条件②的自旋轴为最小惯量轴，它们在理论上都是李雅普诺夫稳定的。

然而人们发现这个结论只适用于没有能量耗散的绝对刚体，在实际中任何航天器都不是绝对刚体，总有一部分能量因挠性振动而耗散，这时候只有自旋轴绕最大惯量轴旋转的航天器

才稳定，而绕最小惯量轴旋转的航天器则显示它处于临界稳定状态，能量耗散将导致不稳定。这也是美国人从1958年发射的第一颗人造地球卫星探险者1号的失败经验中发现并得出的结论，该卫星的鞭状天线产生了能量耗散，导致自旋不稳定，如图7.18所示。

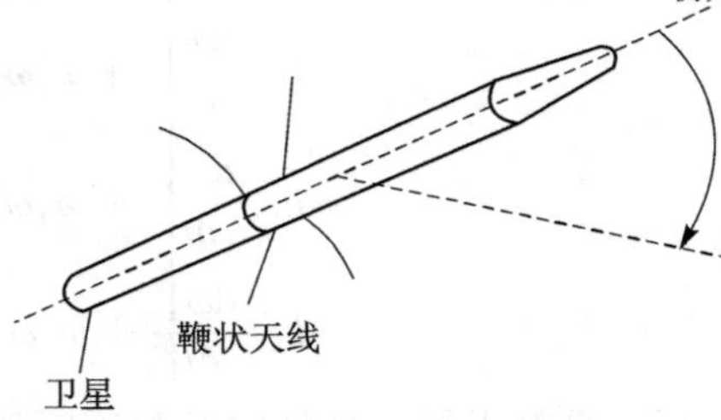

图7.18　探险者1号

综上所述，假设对称自旋航天器近似于刚体，不受外力矩作用，定义自旋轴惯量 I_x 与横向轴惯量 I_y 或 I_z 之比为惯量比 μ，即

$$\mu=\frac{I_x}{I_y}=\frac{I_x}{I_z}=\frac{I_x}{I_t}$$

那么就可以得到自旋航天器的稳定准则：若 $\mu>1$，则航天器形状短粗，自旋运动稳定；若 $\mu<1$，则航天器形状细长，自旋运动不稳定。

2. 自旋航天器的章动性

在航天器只绕自旋轴旋转的理想情况下，只要满足稳定条件，自旋就是稳定的，然而实际过程中很难保证航天器在非自旋轴（横向）上的转动速率严格为0，这就产生了航天器自旋运动之外的摆动，称为章动。下面我们对航天器的章动运动的特性进行分析讨论。

不失一般性，考虑航天器关于自旋轴 Ox 对称的情况，即 $I_y=I_z=I_t<I_x$，则欧拉动力学方程可线性化为

$$\left.\begin{aligned}&\omega_x=\omega_{x0}=\text{常数}\\&\frac{\mathrm{d}\omega_y}{\mathrm{d}t}+\Omega\omega_z=0\\&\frac{\mathrm{d}\omega_z}{\mathrm{d}t}-\Omega\omega_y=0\end{aligned}\right\}\tag{7.29}$$

式中

$$\Omega=\frac{I_x-I_t}{I_t}\omega_{x0}\tag{7.30}$$

由式(7.29)可以看出，对称自旋航天器的自旋运动是独立的，它和横向运动之间没有耦合作用。假定横向运动的初始状态分别为 $\omega_y(0)$，$\omega_z(0)$，$\dot{\omega}_y(0)$，$\dot{\omega}_z(0)$，求解式(7.29)可得

$$\omega_x=\omega_{x0}$$

$$\omega_y=\omega_y(0)\cos\Omega t+\frac{\dot{\omega}_y(0)}{\Omega}\sin\Omega t\tag{7.31}$$

$$\omega_z=\omega_z(0)\cos\Omega t+\frac{\dot{\omega}_z(0)}{\Omega}\sin\Omega t\tag{7.32}$$

从以上两式可以看出，对称自旋航天器在本体坐标中，除了按常值转速 ω_x 自旋外，还存在周期变化的横向转动角速度 ω_y，ω_z，周期为 $2\pi/\Omega$，幅值取决于初值。

将式(7.29)的第二个方程乘以 ω_y，第三个方程乘以 ω_z，相加可得

$$\omega_y\frac{\mathrm{d}\omega_y}{\mathrm{d}t}+\omega_z\frac{\mathrm{d}\omega_z}{\mathrm{d}t}=\frac{1}{2}\frac{\mathrm{d}}{\mathrm{d}t}(\omega_y^2+\omega_z^2)=0$$

这表明 $\omega_y^2+\omega_z^2$ 为常数。定义合成角速率

$$\omega_t=(\omega_y^2+\omega_z^2)^{\frac{1}{2}}=常值 \tag{7.33}$$

于是，航天器在本体坐标系的转速矢量 ω 可表示为

$$\omega=\omega_x\boldsymbol{i}+\omega_y\boldsymbol{j}+\omega_z\boldsymbol{k}=\omega_x\boldsymbol{i}+\omega_t \tag{7.34}$$

式中，$\omega_t=\omega_y\boldsymbol{j}+\omega_z\boldsymbol{k}$ 是 ω_y,ω_z 的合成角速度矢量，它们处在和自旋轴垂直的平面内，也将其称为横向角速度。由于 ω_y,ω_z 周期性变化，因此在 $Oxyz$ 坐标平面内，ω_t 绕 Ox 轴以速率 Ω 旋转而幅值恒定。由此可见，航天器的瞬时转速 ω 绕自旋轴 Ox 做圆锥运动，如图 7.19 所示。

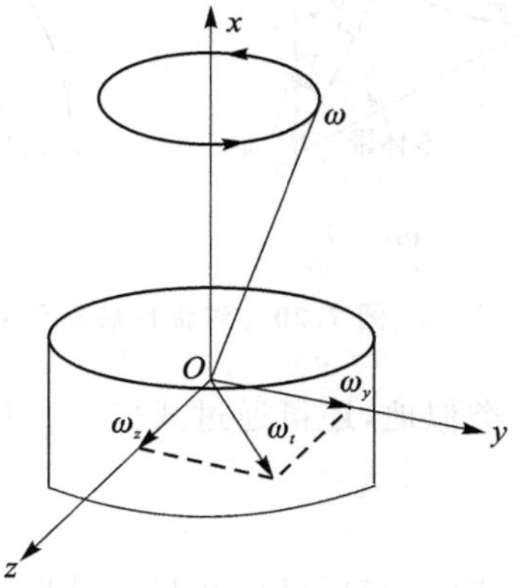

图 7.19　绕自旋轴的圆锥运动

在没有外力矩的作用下，航天器动量距是守恒的，根据式(7.34)，动量矩 $\boldsymbol{H}$ 在本体坐标系中能够表示为

$$\begin{aligned}\boldsymbol{H}&=h_x\boldsymbol{i}+h_y\boldsymbol{j}+h_z\boldsymbol{k}\\&=I_x\omega_x\boldsymbol{i}+I_y\omega_y\boldsymbol{j}+I_z\omega_z\boldsymbol{k}=I_x\omega_x\boldsymbol{i}+I_t\omega_t\end{aligned} \tag{7.35}$$

可以看出，$\boldsymbol{H}$ 也由横向和轴向两部分组成。由于 ω_t 绕 Ox 轴旋转，因此 Ox 也必须要做圆锥运动才能使它们的合矢量 $\boldsymbol{H}$ 在空间中保持定向。从式(7.34)中解出 ω_t 再代入式(7.35)，可得

$$\boldsymbol{\omega}=\frac{1}{I_t}\boldsymbol{H}-\frac{I_x-I_t}{I_t}\omega_x\boldsymbol{i}=\frac{H}{I_t}\left(\frac{\boldsymbol{H}}{H}\right)-\Omega\boldsymbol{i} \tag{7.36}$$

其中，H 为 $\boldsymbol{H}$ 的模，$(\boldsymbol{H}/H)$ 即为 $\boldsymbol{H}$ 方向的单位矢量。

由式(7.36)可以得出两条重要结论：① 航天器动量矩 $\boldsymbol{H}$，瞬时转速 ω 和自旋轴 Ox 这三个矢量必定在同一平面内；② ω 在空间的运动由两种圆锥运动合成，一是绕自旋轴 Ox 即 $\boldsymbol{i}$ 方向的圆锥运动，由等号右边第二项反映，转速速率为 Ω；二是绕动量矩的圆锥运动，由第一项反映，其转速速率为 $\Omega_r=H/I_t$。

瞬时转速 ω 包含的这两种圆锥运动称为章动。其中，ω 绕自旋轴的圆锥运动为本体章动，轨迹所形成的圆锥称为本体锥，Ω 为本体章动速率；ω 绕 $\boldsymbol{H}$ 的圆锥运动为空间章动，所形成的圆锥称为空间锥，Ω_r 为空间章动速率。由于 $\boldsymbol{H}$ 固定不变，空间锥在空间也是固定的。于是，自旋航天器姿态运动可以描述如下：航天器绕自旋轴旋转，同时本体锥在空间锥上滚动，两锥切线方向即为实际转动方向，如图 7.20 所示。由于本体锥在空间锥上滚动，所以星体自旋轴 Ox 也绕 $\boldsymbol{H}$ 做圆锥运动，且其速率就是 Ω_r，如图 7.21 所示。

自旋轴 Ox 与动量矩 $\boldsymbol{H}$ 之间的夹角 θ 称为章动角。由式(7.35)包含的矢量间的几何关系以及 $Ox\perp\omega_t$，容易得出

$$\tan\theta=\frac{I_t\omega_t}{I_x\omega_x} \tag{7.37}$$

$$\cos\theta=\frac{I_x\omega_x}{H} \tag{7.38}$$

可见，对称自旋航天器由于 ω_x 恒定，故章动角 θ 也是常值，且 $0°\leqslant\theta<90°$。

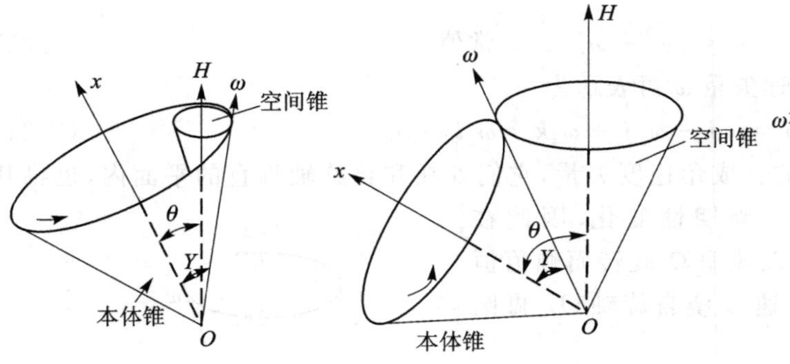

(a) $I_x>I_t$　　(b) $I_x<I_t$

图 7.20　对称自旋航天器的本体锥与空间锥

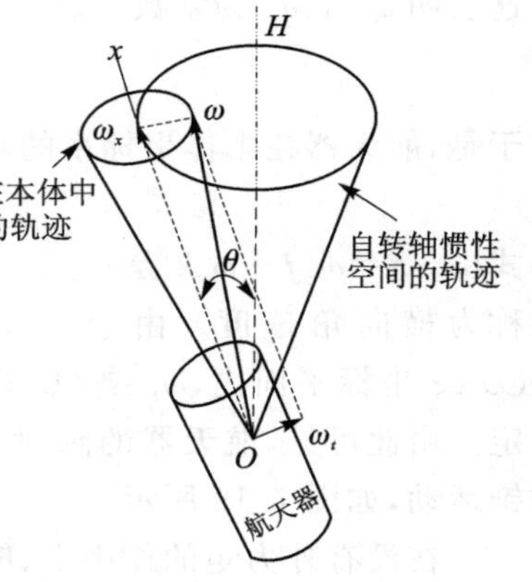

图 7.21　自旋轴的圆锥运动

类似地，还可通过式(7.34)包含的几何关系确定 ω 与 Ox 之间的夹角 γ 为

$$\tan\gamma=\frac{\omega_t}{\omega_x} \tag{7.39}$$

代入式(7.37)，可得 θ 与 γ 满足

$$\tan\theta=\frac{I_t}{I_x}\tan\gamma \tag{7.40}$$

此外，将式(7.38)代入 Ω_r，可得

$$\Omega_r=\frac{H}{I_t}=\frac{I_x\omega_x}{I_t\cos\theta} \tag{7.41}$$

由式(7.30)解出 ω_x，代入式(7.41)，便得到本体章动速率与空间速率之间的关系：

$$\Omega=\frac{I_x-I_t}{I_t}\Omega_r\cos\theta,\qquad 0°\leqslant\theta<90° \tag{7.42}$$

利用式(7.30)、式(7.40)和式(7.42)可以讨论自旋航天器在不同惯量情况下的章动运动。

情况 1：$I_x>I_t$，星体为扁粗形，自旋轴为最大惯量轴，见图 7.17(a)。

- $\Omega>0$，与 ω_x 同号，表明 ω 绕自旋轴本体锥旋转方向和自旋方向同向；
- Ω 与 Ω_r 同号，表明本体锥与空间锥旋转的方向相同；
- $\theta<\gamma$，$\boldsymbol{H}$ 在 ω 与 Ox 之间，空间锥在本体锥之内。

情况 2：$I_x<I_t$，星体为细长形，自旋轴为最小惯量轴，见图 7.17(b)。

- $\Omega>0$，与 ω_x 异号，表明 ω 绕自旋轴本体锥旋转方向和自旋方向相反；
- Ω 与 Ω_r 异号，表明本体锥与空间锥旋转的方向相反；
- $\theta>\gamma$，ω 在 $\boldsymbol{H}$ 与 Ox 之间，空间锥在本体锥之外。

总之，只要横轴存在初始角速度 $\omega_y(0)$ 和 $\omega_z(0)$ 或角加速度 $\dot{\omega}_y(0)$ 和 $\dot{\omega}_z(0)$，航天器就会具有不衰减的横向角速度 ω_t，即 ω_y 和 ω_z，使得 $\theta\neq0$，$\gamma\neq0$，从而导致章动，影响自旋航天器的定向精度。为此，消除章动成为自旋稳定航天器设计的基本任务。

7.5.2　自旋航天器的章动阻尼

在外力矩作用下，动量矩的方向产生进动，同时产生章动；外力矩消失后，进动停止，但章动还将持续。引起章动的因素有很多，如星箭分离、起旋消旋、太阳帆板展开、轨道修正时所实施的外部力矩以及空间环境中的各种扰动力矩。这些都会造成航天器横轴初始角速度和角加速度的存在，航天器不严格绕自旋轴旋转，则必然产生章动。

章动引起自旋轴的圆锥摆动，使得航天器上各种探测器不能平稳扫描和正常工作。为此，消除章动，使自旋轴 Ox、转速 ω 和动量矩 $\boldsymbol{H}$ 三者重合，这就是让自旋航天器重新获得姿态稳定的主要任务，而最为简单有效的手段就是在航天器上制造章动阻尼。

章动阻尼按是否使用星载能源分为被动和主动两种方式。被动章动阻尼通过被动阻尼器来吸收衰减章动能量，主动章动阻尼则是在航天器上设置章动角闭环控制系统。主动章动阻尼的章动控制精度更高，但由于消耗星载能量，且系统也更为复杂，导致航天器载荷增加，因此结构简单的被动章动阻尼反而更经常被采用。下面重点介绍被动章动阻尼方式。

被动章动阻尼是通过阻尼器来实现的。在阻尼器内装有阻尼块，此阻尼块与航天器壳体保持悬浮或弹性连接。当航天器自旋轴产生圆锥摆动时，航天器内各点的离心力不断地变化，阻尼块将在阻尼器内部产生相对运动。被动章动阻尼器的工作原理就是利用阻尼块的相对运动耗散星体章动的动能，起到阻尼航天器的横向角速度，从而达到抑制章动角的目的。

被动章动阻尼器的种类很多：按阻尼块的形式分，有固体（球状、块状）或液体等；按阻尼块支撑的形式分，有轴承、悬挂或封闭容器等；按阻尼的介质分，有利用黏性气体内部摩擦、黏性液体内部摩擦、机械摩擦或磁涡流等；按恢复力的方式分，有利用离心力或机械弹簧等。

下面介绍两种最为典型的被动章动阻尼器——管中球阻尼器、液体环阻尼器。

1. 管中球阻尼器

管中球阻尼器由一对圆弧形弯管组成，若弯管装在星体的子午面内，则称为子午面阻尼器（见图 7.22）；若弯管装在平行于赤道面的平面内，则称为赤道面阻尼器。弯管的凹面朝向自旋轴，并且圆弧的等分线垂直于自旋轴并与自旋轴相交。管内有一球，作为阻尼块，球的直径略小于管子的内径。当星体只有自旋时，球停留在管子的对称中心；当星体有章动时，球将被迫来回滚动。阻尼介质是黏性液体或气体。利用阻尼力所做的功来耗散章动的功能，使章动角逐渐衰减。管中球阻尼器主要缺点是有剩余章动角，这是滚动摩擦造成的。

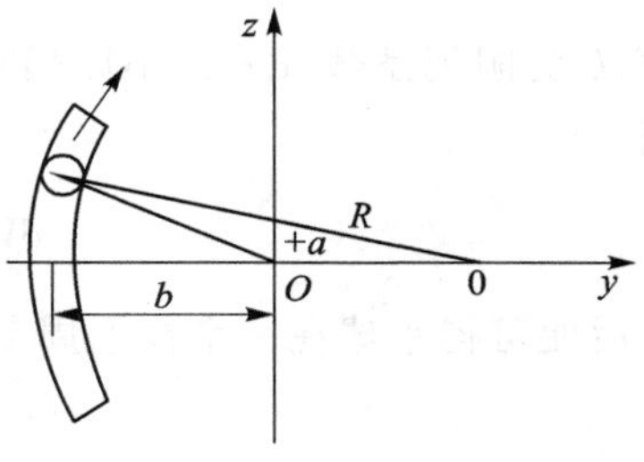

图 7.22　管中球阻尼器(子午面)

下面我们从能量的角度来分析管中球阻尼器对章动的阻尼作用。自旋航天器的转动动能可写为

$$E_k=\frac{1}{2}\boldsymbol{H\omega}=\frac{1}{2}(I_x\omega_x\boldsymbol{i}+I_t\omega_t)(\omega_x\boldsymbol{i}+\omega_t)=\frac{1}{2}(I_x\omega_x^2+I_t\omega_t^2) \tag{7.43}$$

利用式(7.37)、式(7.38)和式(7.39)所包含的几何关系，得

$$\cos\theta=\frac{I_x\omega_x}{H},\qquad \sin\theta=\frac{I_t\omega_t}{H},\qquad \cos\gamma=\frac{\omega_x}{\omega},\qquad \sin\gamma=\frac{\omega_t}{\omega}$$

对式(7.43)进行变换，得

$$E_k=\frac{1}{2}H\omega\left(\frac{I_x\omega_x^2}{H\omega}+\frac{I_t\omega_t^2}{H\omega}\right)=\frac{1}{2}H\omega\left(\frac{I_x\omega_x}{H}\ \frac{\omega_x}{\omega}+\frac{I_t\omega_t}{H}\ \frac{\omega_t}{\omega}\right)$$

$$=\frac{1}{2}H\omega(\cos\theta\cos\gamma+\sin\theta\sin\gamma)$$

故有

$$E_k=\frac{H^2}{2I_x}\left(1+\frac{I_x-I_t}{I_t}\sin^2\theta\right) \tag{7.44}$$

对上式求导，即可得到自旋航天器转动能量的耗散速率

$$\dot{E}_k=\frac{\mathrm{d}E_k}{\mathrm{d}t}=\frac{H^2}{I_x}\frac{I_x-I_t}{I_t}\dot{\theta}\sin\theta\cos\theta \tag{7.45}$$

显然，若 $\dot{E}_k<0$，即当 $I_x>I_t$ 时，必有 $\dot{\theta}<0$，这样章动角 θ 将会减小，直到章动消失（$\theta=0°$），此时对应最小能量状态。这也证明了对称自旋航天器绕最大惯量轴旋转时，被动章动阻尼是能够消除章动的。反之，当 $I_x<I_t$ 时，必有 $\dot{\theta}>0$，即章动角 θ 将不断增大，直到绕横轴旋转（平旋，$\theta=90°$），到达最小能量状态。这也正好从理论上说明了航天器在存在能量耗散时绕最小惯量轴旋转是不稳定的，并且此时被动章动阻尼无法消除章动。因此，我们只针对 $I_x>I_t$ 的情况来分析管中球阻尼器的章动阻尼效果。

如图 7.22 所示，Ox 为自旋轴。当航天器章动时，小球在管内发生移动，则小球对航天器所做的微功为

$$\mathrm{d}W=-k\dot{x}\,\mathrm{d}x \tag{7.46}$$

阻尼力的幅值为

$$f=k\dot{x} \tag{7.47}$$

式中，k 为阻尼系数，$\mathrm{d}x$ 为小球相对于平衡位置的微位移，$\dot{x}$ 为小球瞬时速度。将式(7.46)改写成

$$\mathrm{d}W=-k\dot{x}\frac{\mathrm{d}x}{\mathrm{d}t}\mathrm{d}t=-k\dot{x}^2\mathrm{d}t \tag{7.48}$$

积分后便可得小球在一个往返周期内的平均做功为

$$W_{av}=-\frac{k}{T}\int_0^T\dot{x}^2\mathrm{d}t \tag{7.49}$$

式中，T 为阻尼块的运动周期。

显然，每个周期的平均做功量等于动能改变率，即 $W_{av}=\dot{E}_k$，当 $|\theta|\to 0$ 时，据式(7.45)有

$$\dot{E}_k=\frac{H^2}{I_x}\frac{I_x-I_t}{I_t}\dot{\theta}\sin\theta\cos\theta\approx\frac{H^2}{I_x}\frac{I_x-I_t}{I_t}\dot{\theta}\theta \tag{7.50}$$

为了能从上式中解得 θ 的时间函数，必须先知道式(7.49)中 $\dot{x}$ 的显式表达式。为此，需要做一些简化处理。对式(7.48)积分后，W_{av} 通常可一般化地表达为

$$W_{av}=-\theta^2F(\alpha_1,\alpha_2,\cdots,\alpha_n) \tag{7.51}$$

式中的 $F(\alpha_1,\alpha_2,\cdots,\alpha_n)$ 是一般化的系统参数函数，记为 F。这时式(7.50)可变为

$$\frac{H^2}{I_x}\frac{I_x-I_t}{I_t}\theta\dot{\theta}+\theta^2F=0 \tag{7.52}$$

进一步改写为

$$\dot{\theta}+\frac{F\theta}{\dfrac{H^2}{I_x}\dfrac{I_x-I_t}{I_t}}=0 \tag{7.53}$$

而上式可简写成

$$\dot{\theta}+\frac{\theta}{r}=0 \tag{7.54}$$

式中

$$r=\frac{H^2}{FI_x}\frac{I_x-I_t}{I_t}$$

称为系统的阻尼时间常数。记 θ_0 为初始章动角，于是式(7.54)的解具有如下形式：

$$\theta=\theta_0 e^{-t/r}$$

注意到管中球阻尼器并不是通过借助外力矩来消除章动的，而是让航天器的章动能量在内部进行转移，最终使得章动能量耗散完毕，即 $\omega_t=0$。根据动量矩守恒，显然这时候航天器的自旋角速度将增加，下面将证明这一结论。

设初始自旋角速度为 ω_{x0}，初始横向角速度为 ω_{t0}，那么初始动量距的大小 H 可表示为

$$H=[(I_x\omega_{x0})^2+(I_t\omega_{t0})^2]^{\frac{1}{2}}$$

在章动消除后，自旋角速度 $\omega_t=0$，于是

$$H=I_x\omega_f=[(I_x\omega_{x0})^2+(I_t\omega_{t0})^2]^{\frac{1}{2}}$$

故有

$$\omega_f=\left(\omega_{x0}^2+\frac{I_t}{I_x}\omega_{t0}^2\right)^{\frac{1}{2}}>\omega_{x0}$$

上式表明，在章动阻尼完成后，航天器的自旋角速度将增大。

2. 液体环阻尼器

液体环阻尼器采用黏性液体作为阻尼介质，根据安装方式的不同也分为两种，一种是环面垂直于自旋轴，另一种是平行于自旋轴。前者曾用于早期高速自旋的航天器上，但由于稳定性等诸多因素，自旋速率不宜过高，故后来多采用环面平行于自旋轴的阻尼器，以提高阻尼效率。环的形状有圆形、方形或 U 字形，环内充满或部分充满黏性液体。自旋章动时液体在环内周期性地来回流动，阻尼器则利用液体内部的黏滞剪切力矩来耗散章动能量。图 7.23 给出的是一种圆环形阻尼器，内径为 $2a$ 的圆管被弯成圆环形，管内全部充满液体，环半径为 R，$R\gg a$。

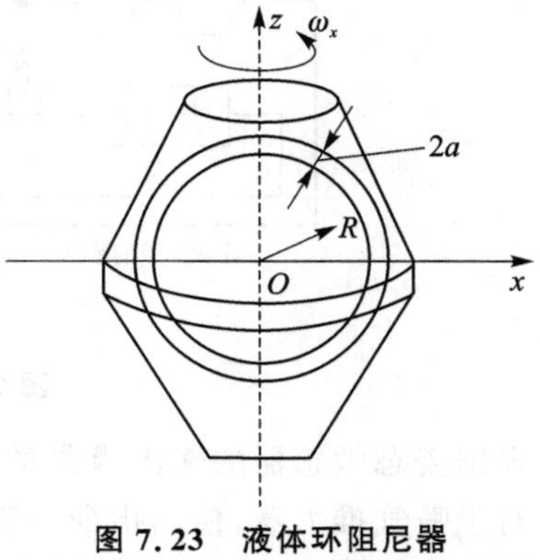

图 7.23　液体环阻尼器

液体环阻尼器没有弹簧特性，不能储存能量，因此没有谐振特性，阻尼效率较差，只能用于激励频率较高的场合。但由于阻尼器内部没有机械活动部件，可靠性很高，故剩余章动角也很小，这是最显著的优点，并且这种阻尼器的安装位置比较灵活，易于实现，只要求球面与自旋轴平行即可。

从上述两种阻尼器可以总结出，被动章动阻尼器的设计应满足下列要求：① 阻尼器单位质量产生阻尼效果要大；② 剩余章动角要小；③ 自旋转速变化和其他物理量如质量与温度的变化对阻尼效果影响要小；④ 阻尼器要便于安装，对安装位置和精度要求要低；⑤ 具有线性

阻尼特性。

当然,一种阻尼器不可能全部具备上述所有性能,要根据航天器具体情况(如惯量、自旋转速、阻尼时间、剩余章动角以及飞行程序等综合因素)来设计阻尼器,从而尽可能实现这些性能要求。

7.6 主动姿态稳定——喷气推力

为了保证航天器姿态相对于平衡点的稳定性,除了采用被动稳定方式以外,也可以直接利用控制系统进行主动姿态稳定控制。主动姿态稳定系统由敏感器、控制器和执行机构组成,敏感器的作用是测量星体的姿态角或角速度,可利用红外地平仪、太阳敏感器、陀螺仪等实现;执行机构的作用是产生影响航天器姿态运动的力矩;控制器综合敏感器的测量信息,产生执行机构工作所需的控制律以保证系统的稳定性。与被动稳定方式相比,主动姿态稳定的优点是能够达到更高的精确度和快速性,缺点在于结构复杂,可靠性降低,并且消耗星载能源,因此一般只用于精度要求高和扰动力矩大的情形。

主动姿态稳定系统根据执行机构的不同有很多种,并且均可实现姿态的三轴稳定,包括喷气三轴稳定系统、飞轮三轴稳定系统、磁力矩器三轴稳定系统等。本节重点介绍目前最常用的基于喷气推力的三轴姿态稳定系统。

7.6.1 喷气推力姿态稳定系统

喷气姿态稳定本质上是利用喷气排出的质量产生反作用推力,以此作为控制力矩来稳定姿态。图 7.24 所示为典型的喷气姿态稳定控制系统,由推力器、姿态敏感器和控制器组成,其反馈控制回路包括三个姿态角控制通道。

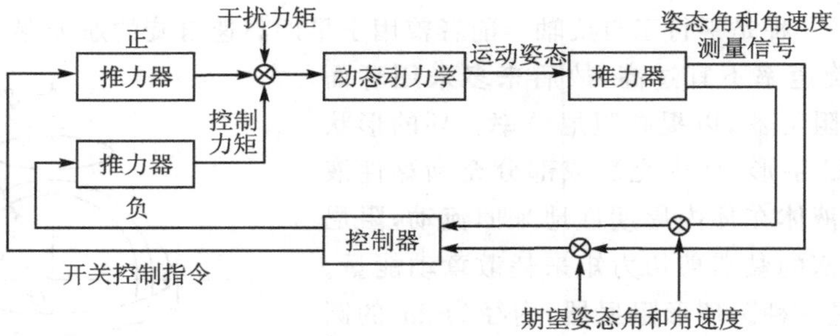

图 7.24 喷气姿态稳定控制系统

根据姿态敏感器的输出提供的信息,控制器进行实时姿态测定、控制计算并产生控制指令。对于喷气推力器,控制指令一般是开关式的,控制喷嘴的开合。喷嘴位置与航天器质心保持一定距离对称安装,它们以喷气速度 $\boldsymbol{v}_e$ 排出工质流 $\dot{m}$,从而产生推力 $\boldsymbol{F}=\dot{m}\boldsymbol{v}_e$。这样产生的喷气推力就形成一个控制力矩 $\boldsymbol{M}=\boldsymbol{F}\times\boldsymbol{l}$,其中 $\boldsymbol{l}$ 为力臂。喷嘴的开启时刻、推力方向和持续时间完全由控制器控制指令所规定的控制律来确定。

显然,一个喷嘴只能产生一个方向的推力,因此每个旋转方向要有一对喷嘴形成力偶,两个旋转方向即需要两对(见图 7.25),那么对航天器进行三轴主动控制,至少应对称安装六对喷嘴。

假设各轴喷嘴大小和喷射速度 v 相同,三轴喷嘴所产生的控制力矩可写为

$$
\left.\begin{aligned}
M_{ex} &= \pm 2\dot{m}_y v_e l \\
M_{ey} &= \pm 2\dot{m}_z v_e l \\
M_{ez} &= \pm 2\dot{m}_x v_e l
\end{aligned}\right\} \tag{7.55}
$$

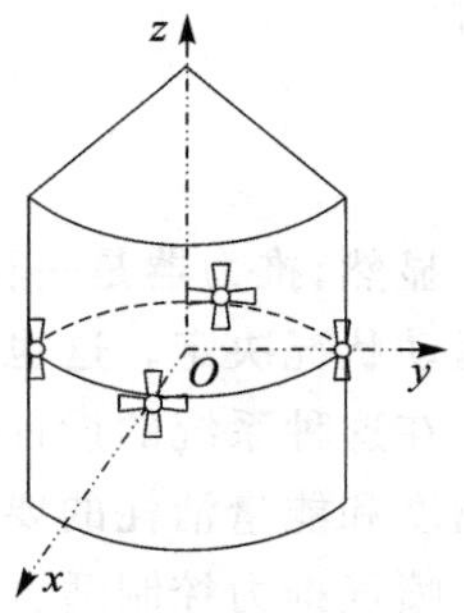

图 7.25　三轴喷嘴排列

注意喷嘴是成对安装的,式(7.55)中力矩为 2 倍,符号根据姿态偏差由控制律决定。将喷嘴所产生的控制力矩矢量 $\boldsymbol{M}_e$ 投影到本体坐标系,有

$$
\boldsymbol{M}_e = M_{ex}\boldsymbol{i} + M_{ey}\boldsymbol{j} + M_{ez}\boldsymbol{k} \tag{7.56}
$$

当本体坐标系为主轴坐标系时,可以得到航天器在控制力矩作用下的姿态动力学方程,即

$$
\left.\begin{aligned}
I_x\omega_x + (I_z - I_y)\omega_z\omega_y &= M_{ex} + M_{dx} \\
I_y\omega_y + (I_x - I_z)\omega_x\omega_z &= M_{ey} + M_{dy} \\
I_z\omega_z + (I_y - I_x)\omega_y\omega_x &= M_{ez} + M_{dz}
\end{aligned}\right\} \tag{7.57}
$$

式中,$\boldsymbol{M}_d = M_{dx}\boldsymbol{i} + M_{dy}\boldsymbol{j} + M_{dz}\boldsymbol{k}$ 为作用在航天器上的环境干扰力矩。

采用喷气推力的三轴姿态稳定系统一般是按非线性控制律来设计,这是因为喷气流量难以连续均匀地根据姿态偏差来调节,喷嘴一旦启动,推力即为常值,所以当采用线性控制时,喷嘴一旦工作就要到推进剂耗尽为止,使得工质流大得无法容忍。因此,喷气推力控制一般采用断续的非线性开关控制,这是由推力器的工作特性所决定的。

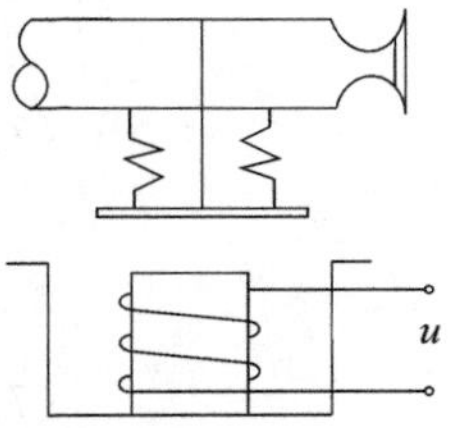

图 7.26　喷嘴原理

喷嘴的工作原理如图 7.26 所示,气路挡板在弹簧拉力的作用下关闭气路。当航天器姿态角出现偏离时,偏离信号经过处理转换成驱动电磁铁的信号 u,使它对衔铁产生吸力,若吸引力超过了弹簧拉力,则衔铁带动挡板把气路打开,气体通过喷嘴产生推力,进而形成控制力矩;反之,则关闭气路。由此可见,喷气阀门在姿态角驱动信号 u 作用下,只有全开或全关两种状态,因此喷射推力不是零就是某一常值。

如图 7.27 所示,当驱动信号 u 较小时,不足以吸引衔铁,所以挡板继续关闭。设挡板开启的驱动信号为 u_0,当驱动信号 $u<u_0$ 时,推力 $\boldsymbol{F}=0$;而当 $u \geqslant u_0$ 时,挡板被打开,推力 $\boldsymbol{F}$ 等于常数。

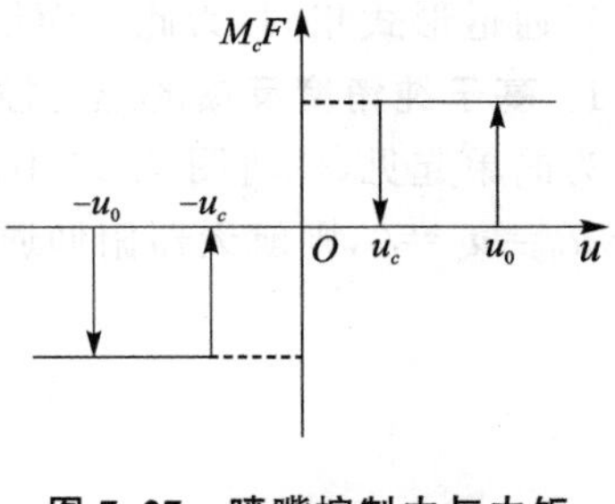

图 7.27　喷嘴控制力与力矩

喷嘴挡板开启后,航天器姿态角速率开始向减小方向变化,继而姿态角偏差也开始减小,驱动信号 u 也由大变小。当 $u<u_0$ 时,如果电磁铁内的剩磁仍足以吸引衔铁,那么推力 $\boldsymbol{F}$ 仍然等于当前常值。直到 $u<u_c$,衔铁才被释放,切断气路,推力 $\boldsymbol{F}$ 切回到零。因此,u_c 才是释放衔铁的信号,u_0 与 u_c 之差称为滞宽。

按照推力 $\boldsymbol{F}$ 的形成原理,可以写出推力器的控制力矩 $\boldsymbol{M}_c$,即

$$
\boldsymbol{M}_c = \begin{cases} -\boldsymbol{M}, & -u_0 > u \\ 0, & -u_c < u < +u_c \\ \boldsymbol{M}, & u_0 < u \end{cases} \tag{7.58a}
$$

同时

$$\boldsymbol{M}_c=\begin{cases}-\boldsymbol{M}\mathrm{sgn}(u), & \mathrm{sgn}(u\dot{u})<0\\0, & \mathrm{sgn}(u\dot{u})>0\end{cases}\tag{7.58b}$$

显然，推力器是一种继电系统，其控制力矩的变化分为正开、关闭、负开三档，由航天器姿态运动状况决定。这也表明了推力器的非线性工作方式。继电系统的稳定状态是极限环自振荡。在这种系统的设计中，重要的是选择自振荡频率和振幅，即极限环参数，使它们最佳地满足精度和能量消耗的要求。

喷气推力控制适合于抵消具有常值分量的扰动力矩，即非周期性扰动力矩(如气动力矩)，这正是低轨航天器所需重点考虑的扰动力矩，因此喷气推力控制在低地球轨道是最主要的控制方式。

7.6.2　喷气推力系统的非线性控制

下面讨论继电特性的喷气推力器非线性控制律设计。研究非线性系统最常用也是最基本的分析方法就是相平面法。所谓相平面在控制理论中是指由系统状态和状态变化率所构成的平面，对于姿态运动系统来说，即姿态角和姿态角速度所构成的平面，相平面法就是研究系统状态在相平面中的运动轨迹。这种方法对于低阶非线性系统，如二阶的姿态控制系统，具有简单和直观的优点，可以研究过渡过程、极限环等动态和稳态性能指标。

考虑三轴稳定航天器姿态角偏差很小的情况，此时三个通道的姿态运动可以视作独立无耦合，有

$$\omega_x=\dot{\phi},\qquad \omega_y=\dot{\theta},\qquad \omega_z=\dot{\psi}\tag{7.59}$$

于是，航天器的姿态角欧拉动力学方程可简写为

$$\left.\begin{aligned}I_x\ddot{\phi}&=M_{ex}+M_{dx}\\I_y\ddot{\theta}&=M_{ey}+M_{dy}\\I_z\ddot{\psi}&=M_{ez}+M_{dz}\end{aligned}\right\}\tag{7.60}$$

可见三通道形式相同，为此下面仅讨论俯仰通道，偏航和滚转通道以此类推。

1. 基于纯角度反馈的继电控制律

为简单起见，先将图 7.27 中的喷气推力或推力力矩的输出特性简化为单纯的继电特性，即令 $u_0=u_c=0$，则航天器俯仰通道动力学方程和基于纯角度反馈的继电控制律可写为

$$I_y\ddot{\theta}=M_{ey}+M_{dy}\tag{7.61}$$

$$u=\begin{cases}-\boldsymbol{M}, & \theta>0\\+\boldsymbol{M}, & \theta<0\end{cases}\tag{7.62}$$

式(7.62)说明，只要姿态角有偏差 $\theta\neq 0$，喷嘴即产生恒定的推力力矩 $\boldsymbol{M}$，并且力矩方向由偏差的正反向所决定，如图 7.28 所示。

暂不考虑扰动力矩，令 $M_{dy}=0$，把式(7.62)代入式(7.61)，得

$$\ddot{\theta}=\pm\frac{M}{I_y}\overset{\text{def}}{\Rightarrow}\pm A\tag{7.63}$$

其中，$A=\boldsymbol{M}/I_y$，上式有解为

$$\dot{\theta}=\dot{\theta}_0+At\tag{7.64}$$

$$\theta=\theta_0+\dot{\theta}_0 t\pm\frac{1}{2}At^2 \tag{7.65}$$

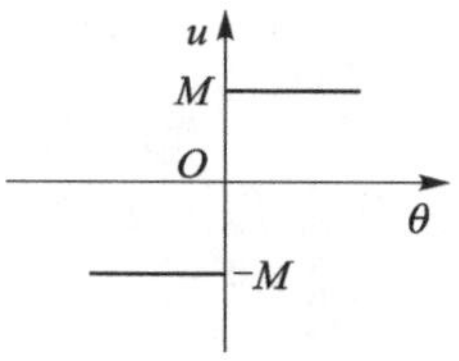

图 7.28 喷气推力开关特性

式中，θ_0，$\dot{\theta}_0$ 为初始姿态角度和初始姿态角速度。

若消去上面两式的时间变量 t，就可得到相轨迹方程为

$$\theta-\theta_0=\pm\frac{1}{2A}(\dot{\theta}^2-\dot{\theta}_0^2) \tag{7.66}$$

这个式子说明，相平面上的相轨迹由一簇抛物线所构成，且这些抛物线的轴线与坐标轴横轴平行，当 $\dot{\theta}=0$ 时，相轨迹为直线。图 7.29 表示了这些抛物线簇，可以看出系统的姿态运动在控制律式(7.62)的作用下，相轨迹呈现无衰减的振荡，如图中心部分实线所示。显然，这样的振荡在李雅普诺夫意义下是稳定的。

然而在实际过程中，由于系统惯性的存在，相轨迹振荡并非严格无衰减的，在切换发生的时刻，运动状态的变化不会瞬间完成，而是产生一个动态的过渡过程。在过渡过程的影响下，姿态运动的相轨迹将产生偏移，从而有可能出现图中虚线所示的情况，相轨迹是发散的，系统也将呈现不稳定。如果这时候没有任何校正措施，那么这种基于纯角度反馈的非线性控制显然是不可靠的。

2. 基于角度和角速度反馈的死区继电控制律

下面在上述纯角度反馈控制系统中引入角速度反馈，并考虑喷气推力或推力力矩输出特性中存在死区特性，即在图 7.27 中令 $u_0=u_c\neq 0$，此时 $u_0=u_c$ 对应的角度偏差为 θ_1，如图 7.30 所示。相应地，采用姿态角和角速度敏感器的继电型控制系统结构如图 7.31，图中的姿态角度敏感器可采用红外地平仪等，角速度敏感器可以选用速率陀螺。此时，基于角度和角速度反馈的控制律可写为

$$u(\theta,\dot{\theta})=\begin{cases}-\boldsymbol{M}, & \theta>\theta_1,\dot{\theta}>-\dot{\theta}_1\\ 0, & |\theta|<|\theta_1|,|\dot{\theta}|>|\dot{\theta}_1|\\ +\boldsymbol{M}, & \theta<-\theta_1,\dot{\theta}<\dot{\theta}_1\end{cases} \tag{7.67}$$

在这种控制律的作用下，姿态运动的相轨迹将呈现如下规律：从初始状态点 1($-\theta_0$,θ_0)开始，经过若干次轨迹切换，最后使姿态角进入极限环自振荡模式，如图 7.32 所示。

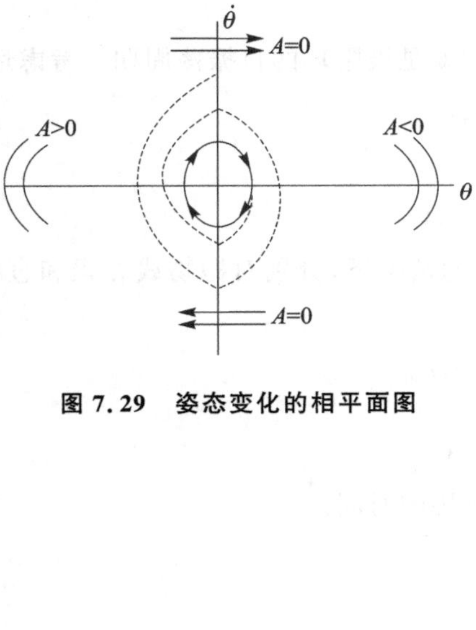

图 7.29 姿态变化的相平面图

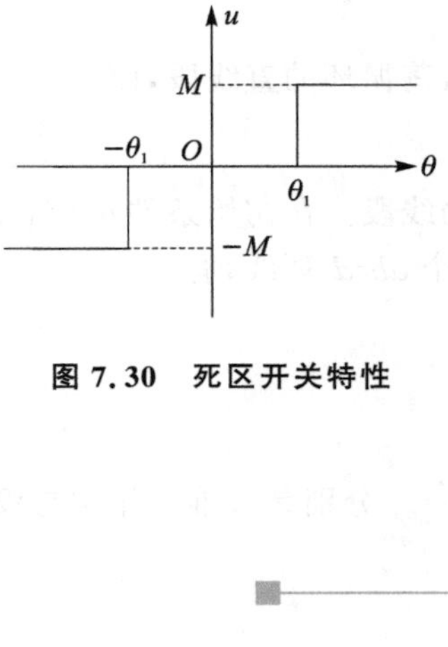

图 7.30 死区开关特性

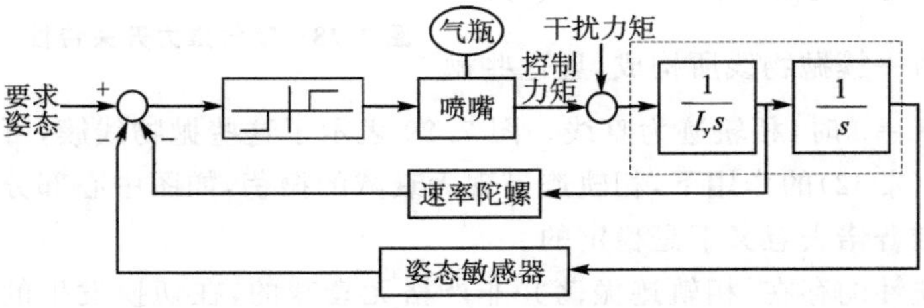

图 7.31　姿态角和角速度反馈控制系统

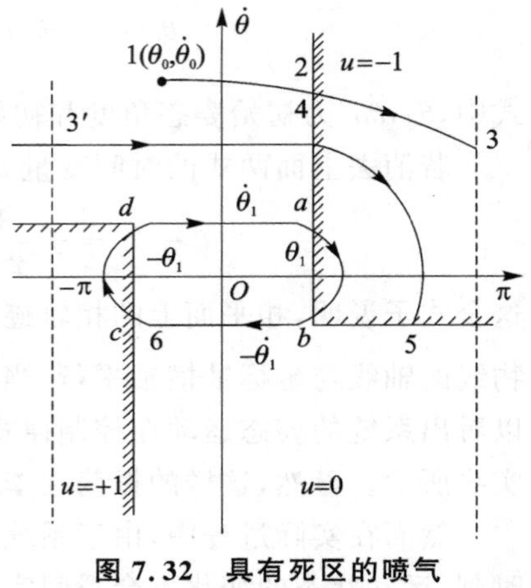

图 7.32　具有死区的喷气推力系统相平面图

分析可知，图中点 1～点 2 段上的点不受控制作用，在原有角速度的作用下，将沿着平行于横坐标的直线运动。

在点 2 上，推力器点火，实施阻尼角速度 $\dot{\theta}_1$，到点 3 为止，该段运动为一条抛物线，可根据式(7.61)和式(7.67)得出

$$\dot{\theta}^2-\dot{\theta}_1^2=2A(\theta-\theta_1) \tag{7.68}$$

认为航天器姿态角度从 $\theta=\pi$ 过渡到 $\theta=-\pi$，即点 3 出现在点 3′处。

从点 3′开始，航天器再次不受控，沿切换方向均匀地持续旋转一直到点 4。

在点 4 上，推力器再次点火，航天器角速度受阻尼作用继续减小。如果角速度敏感器没有死区，则相轨迹在遇到横轴时推力器应熄火。但由于死区的存在，故相轨迹到点 5 时推力器才熄火，也就是说姿态角速度 $\dot{\theta}=-\dot{\theta}_1$。此时，航天器将作反方向的均匀旋转，直到相平面图中的点 6。

这样便说明了姿态角最终进入的极限环自振荡过程，这个过程在相平面图上对应着封闭的 abcd 环线，是一个稳态过程。相轨迹点 1～点 5 则定义了相轨迹的暂态过程。与稳态过程相比，暂态过程时间不长，因此研究死区继电系统时，极限环自振荡模式是系统状态的主要变化规律。

下面讨论极限环的关键特征参数，最重要的就是极限环的自振荡周期。考虑运动方程

$$\ddot{\theta}=0$$

对应于自振荡循环的直线段，而

$$\ddot{\theta}=\pm A$$

对应于抛物线段。在初始条件 $\theta=\theta_1$ 且 $\dot{\theta}=\dot{\theta}_1$ 的情况下，分别对抛物线方程和直线段方程积分，对于一个 $abcd$ 环线，有

$$4\theta_1=\dot{\theta}_1 t_{\text{off}}$$

和

$$4\theta_1=At_{\text{on}}$$

其中，t_{on} 和 t_{off} 分别是有推力作用与没有推力作用的时间。

显然,极限环的自振荡周期 t_a 为

$$t_a = t_{\mathrm{off}} + t_{\mathrm{on}}$$

即

$$t_a = 4\left(\frac{\theta_1}{\dot{\theta}_1} + \frac{\theta_1}{A}\right) \tag{7.69}$$

值得一提的是,反作用喷气推力器推力的建立和撤销不可能在瞬间完成。实验表明,对于大多数推力器来说,在点火和关机时,推力的建立和撤销是存在滞后的,这种推力的变化一般可按指数规律描述。如果要考虑推力的这种特性,那么上述相平面(见图 7.32)还会发生相应的变化。

从图 7.32 中还可以看到,极限环的宽度由喷气推力器的不灵敏区(死区)决定,而极限环的高度由姿态角速度敏感器(速率陀螺)的不灵敏区决定,同时极限环的高度段是有阻尼的,阻尼大小由角速度反馈增益所决定。总之,角度和角速度同时反馈的继电型控制系统是稳定的,并且稳定性与死区大小无关。

7.7 自旋稳定航天器的喷气姿态机动

姿态机动控制是研究航天器从一个初始姿态转变到另一个姿态的再定向过程。特别地,如果初始姿态未知,例如当航天器刚与运载工具分离时,航天器还处在未控状态,或者由于受到干扰影响,航天器姿态不能预先完全确定等,那么把这种从未知姿态机动到目标姿态的过程专门称为姿态捕获。这里只考虑两个已知姿态间的机动控制问题。

姿态机动最典型的要算自旋航天器姿态机动,也就是自旋轴的进动控制,而实现自旋轴进动控制最常用的方法是采用喷气推力机动的方式。

下面具体介绍自旋航天器的喷气姿态机动问题。

利用喷气推力器对航天器姿态进行机动控制,若航天器为非自旋稳定,则机动控制与 7.6 节所介绍的喷气推力姿态稳定控制基本相同,只要姿态基准按机动要求进行改变。现在着重讨论自旋稳定航天器的自旋轴机动,即利用装在航天器上的喷气推力器产生横向控制力矩,使航天器的动量矩矢量产生进动,从而调整航天器自旋轴在空间中的方向。

喷气推力器在自旋航天器上的固联安装方式如图 7.33(a)所示。推力器的反作用推力方向与自旋轴平行,使得产生的横向控制力矩与自旋轴能够始终保持垂直,并且推力方向和自旋轴之间有尽量大的距离以增大力臂。

自旋稳定航天器相当于一个自由陀螺,其自旋动量矩矢量在垂直力矩的作用下将沿着最短路径向力矩方向发生进动,且进动角速度正比于外力矩。此外,自旋轴还会发生章动振荡,其振幅和频率取决于外力矩和航天器的固有参数。

令喷气推力力矩为 $\boldsymbol{M}_c$,航天器的自旋转速为 ω,自旋动量矩为 $\boldsymbol{H}$。在初始时刻,航天器处于纯自旋状态,如果喷气力矩很小,并且配置了章动阻尼器,则可忽略章动振荡。在航天器自旋到某相位角的前后 $\Delta T/2$ 时间内,喷气推力控制产生的动量矩增量 $\Delta\boldsymbol{H}$ 为

$$\Delta\boldsymbol{H} = \int_{-\Delta T/2}^{\Delta T/2} M_c \cos \omega t = M_c \Delta t \frac{\sin \dfrac{\omega \Delta T}{2}}{\dfrac{\omega \Delta T}{2}} \tag{7.70}$$

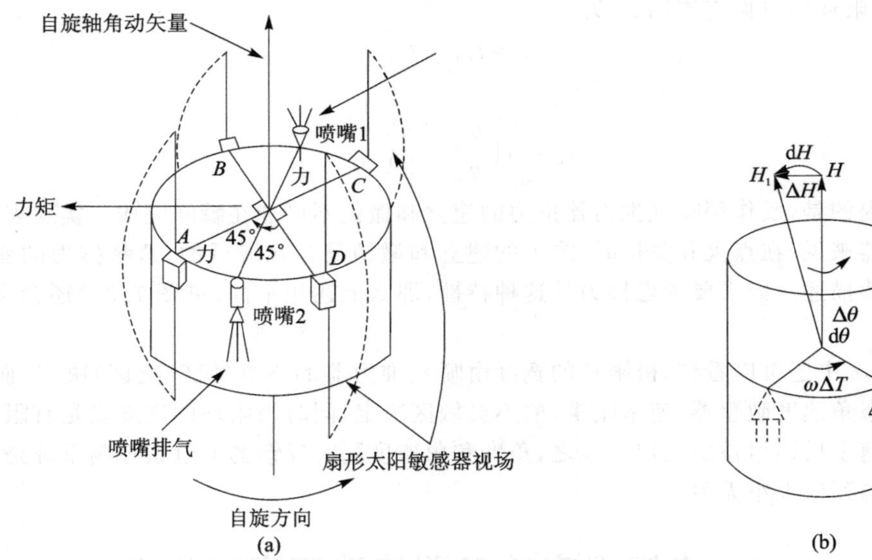

图 7.33　自旋航天器喷气推力机动

$\Delta \boldsymbol{H}$ 垂直于初始动量矩 $\boldsymbol{H}_0$。由于喷气时航天器在自旋，带动控制力矩 $\boldsymbol{M}_c$ 在惯性空间旋转，使得动量矩从初始状态 $\boldsymbol{H}_0$ 沿圆弧进动到 $\boldsymbol{H}_1$，见图 7.33(b)。

如果喷气推力器随着航天器自旋一周而采用连续喷气，即 $\Delta T=2\pi/\omega$，由上式可得 $\Delta \boldsymbol{H}=0$。这表明若采用连续喷气，其长期的结果是自旋动量矩并不发生改变，自旋航天器的姿态在理论上也是固定不变的，当然在实际中可能会出现小幅的摆动，但这样并不能达到自旋轴进动的目的。如果喷气推力器工作方式是脉冲式的，即 $\Delta T \to 0$，则动量矩增量可表示为

$$\Delta \boldsymbol{H}=\boldsymbol{M}_c \Delta T \tag{7.71}$$

也就是说，动量矩沿直线从 $\boldsymbol{H}_0$ 进动到 $\boldsymbol{H}_1$。

由此可以明白，要想将自旋航天器自旋轴机动到所要求的方向，喷气推力器工作方式只能是断续的。通过适当地选择喷气推力器工作的相位角，就可以决定控制力矩在空间中的方向；与此同时，通过适当选择喷气持续时间和喷气次数，就可以决定控制冲量的大小，这样就可以将自旋动量矩矢量机动到任意方向。

按照姿态机动过程中自旋轴在天球上划过的轨迹，如由 OA_0 方向机动到 OA_F 方向，可分为两种情况：大圆弧轨迹和等倾角线轨迹。假定喷气冲量很小，姿态机动过程中自旋轴与动量矩矢量基本一致，于是确定推力器喷气的相位就成了主要问题。

1. 大圆弧轨迹

若要求自旋轴在天球上描绘的轨迹是大圆弧 A_0AA_F，那么自旋轴必须在同一平面内从初始方向 OA_0 机动到目标方向 OA_F，所以每次喷气产生的横向控制力矩必须在此平面内，即推力器喷气的相位相对于空间惯性坐标系是固定的。然而，实际计算喷气相位的参考基准只能由星上姿态敏感器给出，例如自旋过程中敏感器扫过太阳或地球时输出的脉冲，因此推力器喷气的相位相对于本体坐标系是变化的。在以太阳为北极的天球上，大圆弧轨迹如图 7.34 所示。太阳敏感器的视场穿过经度平面 OSA 的时刻为计算喷气相位的基准，控制力矩应在 OA_0A_F 平面内，那么这两个平面之间的夹角 β 即为推力器的喷气相位角。为了确定该喷气相

位角，不仅需要自旋轴初始方向、目标方向和太阳方向的信息，还需要自旋轴的实时信息，并且喷气相位不是固定的，与姿态有关，所以每次喷气前都须重新计算相位角。不过，大圆弧轨迹的优点在于自旋轴机动的路径最短，耗费的燃料是最优的。

2. 等倾角线轨迹

在实际应用中，更希望能够易于实现，因此希望每次喷气的相位在本体坐标系中是固定的，即喷气时间间隔与自旋周期同步。如图 7.35 所示，在以太阳为北极的天球图上，同步脉冲控制力矩 $\boldsymbol{M}_c$ 始终与自旋轴 OA 所在的经度面夹同等角度，机动过程中自旋轴在天球上描绘的轨迹与各经度线夹同等角度 β，自旋轴沿等倾角线从初始方向 OA_0 机动到目标方向 OA_F，这样一种机动方法产生的轨迹 OA_0A_F 就是等倾角线轨迹。

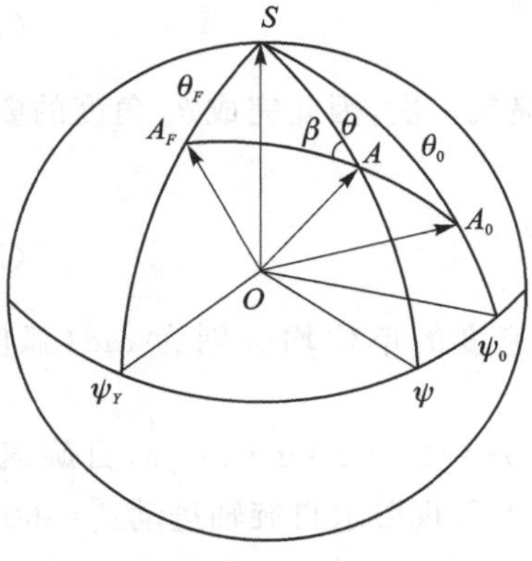

图 7.34　大圆弧轨迹

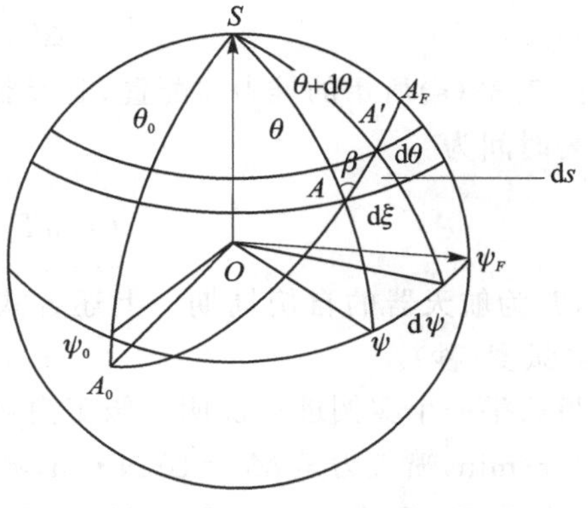

图 7.35　等倾角线轨迹

从工程实现的角度来看，等倾角线轨迹的姿态机动控制方法要比大圆弧轨迹机动控制方法简单，更容易实现。分析计算表明，在自旋轴机动范围比较小的情况下，两种方法所消耗的燃料基本相等，并且在两种状态下，两者的轨迹是重合的，即当初始姿态 OA 和目标姿态 OB 都在赤道平面时，等倾角为 90°的情况，以及当初始姿态 OA 和目标姿态 OB 都在子午面上时，等倾角为 0°的情况。出于以上考虑，在实际工程中大都采用等倾角线轨迹机动方法。

自旋航天器机动的推力器喷气相位可由上述两种方法确定，它决定了自旋轴的机动方向。但机动完成需要多少时间，则取决于推力器每次喷气持续的时间和产生的冲量。由式(7.70)和式(7.71)可知，推力器工作时间即喷气脉冲宽度，应当尽可能短($\Delta T\to 0$)，这是因为持续时间越短，产生的侧向冲量就越小，效率就越高。不过，推力器工作时间过短也会带来一些困难，这是因为喷气时间短脉冲就很窄，推力器在技术上难以实现，并且喷气重复性会变差。如果每次喷气的冲量很小，那么机动时间也会变得很长。

因此，如果定义推力器喷气时间 ΔT 和航天器自旋角速度 ω 的乘积为喷气角度区间，那么工程中综合各方面的因素，在足够精确的前提下，一般取喷气角度 γ 为 40°～50°。下面就等倾角线轨迹机动方法，讨论自旋轴机动所需要的喷气次数和机动时间。

设自旋航天器的动量矩为 H，自旋角速度为 ω，推力器喷气产生的力矩为 M_c，喷气角为 γ。根据动量矩定理有

$$\mathrm{d}H = M_c\,\mathrm{d}t \tag{7.72}$$

这意味着在推力器喷气 dt 时间内，自旋航天器动量矩将产生 dH 的变化。图 7.33(b)所示的自旋轴将发生 $d\theta$ 角度的进动，即 $dH=H\,d\theta=M_c\,dt$，所以

$$d\theta=\frac{M_c}{H}dt \tag{7.73}$$

考虑到推力器喷气角为 γ，则每次喷气区间宽度为 $\Delta T=\gamma/\omega$，并非无限小的时间微元 dt，于是根据式(7.73)，可将每次喷气产生的自旋轴进动角度 $\Delta\theta$ 近似表示为

$$\Delta\theta=\frac{M_c}{H}\Delta t=\frac{M_c\gamma}{H\omega} \tag{7.74}$$

那么，若要求自旋航天器机动 θ_c 角度，需要推力器喷气的次数 n 为

$$n=\frac{\theta_c}{\Delta\theta}=\frac{H\theta_c}{M_c\Delta T}=\frac{H\omega\theta_c}{M_c\gamma} \tag{7.75}$$

按照图 7.33(a)所示的推力器配置，航天器自旋一周只能喷气一次，因此完成 θ_c 角度的姿态机动所需时间为

$$t=nT=\frac{2\pi n}{\omega}=\frac{2\pi H\theta_c}{M_c\gamma} \tag{7.76}$$

式中，T 为航天器的自旋周期。上述各式所有角度和角速度的单位均分别为 rad(弧度)和 rad/s(弧度/秒)。

最后举一个实例进行说明。假定自旋航天器动量矩 $H=2\ 000\ \text{kg}\cdot\text{m}^2/\text{s}$，自旋速度为 $\omega=75\ \text{r/min}$，喷气力矩 $M_c=10\ \text{N}\cdot\text{m}$，喷气角度选为 $\gamma=45°$，现要求自旋轴进动 $\theta_c=60°$。那么，由式(7.75)和式(7.76)可分别计算得出，推力器需要喷气 2 094 次，共需 1 675 s 来完成此次机动。

7.8　本章小结

本章讨论了航天器的轨道控制和姿态控制问题，包括轨道保持、轨道机动、再入返回三类轨道控制基本问题，以及被动姿态稳定、主动姿态稳定、姿态机动三类姿态控制基本问题。

受摄动等因素影响，航天器长期驻轨会发生轨道偏离，需要进行轨道修正，即轨道保持，其本质是小幅度的轨道机动。轨道机动是通过控制系统和动力装置让航天器由现有轨道改变到期望轨道的过程，可细分为相交轨道的轨道改变和不相交轨道的轨道转移两种形式。轨道机动路径并不唯一，往往存在最优轨迹，霍曼转移即为共面圆轨道间最小燃耗转移形式，其代价为需要最大的转移时间。当目标转移轨道指向稠密大气和地面时，航天器离轨运行，轨道控制表现为再入返回问题。再入返回过程由离轨、过渡、再入、着陆四个阶段构成，根据升阻比不同，分为弹道式、弹道升力式、升力式三种方式，可根据任务类别采取不同的再入方式。

被动姿态稳定不消耗星上能源，通过外部环境作用获得稳定，如自旋航天器稳定问题。自旋稳定是航天器通过绕自旋轴旋转获得陀螺定轴性，使得航天器的自旋轴能够在惯性空间定向。非自旋轴的偏移导致自旋体的章动，表现为自旋轴的圆锥摆动，可用章动阻尼加以消除。主动稳定方式则利用主动姿态稳定的闭环控制系统来实现，精度高但结构复杂且消耗星上能源。喷气推力控制即为典型的非线性主动控制方式，对于低阶系统可通过相平面法进行控制律设计。姿态机动是航天器姿态按需转移的过程，这类问题均属于主动控制，常根据任务需要

设计相适应的控制策略。

思考题

1. 航天器轨道控制包括哪些基本问题?

2. 对于共面轨道机动,为什么通常采用拱点轨道修正的方式?其轨道速度增量和轨道长轴变化量之间存在什么样的关系?

3. 什么是霍曼转移?为什么说霍曼转移是一种最优的转移方式?霍曼转移的周期如何确定?

4. 平面外轨道转移有几种方式?比较各种方式的优劣。

5. 航天器再入返回过程分为几个阶段?详细叙述其离轨转移的过程。

6. 航天器再入返回的方式有几种?这些方式有什么异同?

7. 证明航天器自旋稳定原理,分析航天器绕最大惯量轴旋转不稳定的原因。

8. 从动力学方程出发,分析证明章动的运动特性和形式。

9. 主动章动阻尼和被动章动阻尼的区别是什么?

10. 试述管中球阻尼器和液体环阻尼器的基本工作原理和结构。

11. 给出一种典型的推力器三轴姿态稳定系统中的推力器配置方案,并分析为什么推力器一般工作在开关状态而不是线性状态。

12. 当推力器具有死区继电推力输出特性时,航天器俯仰轴转动惯量为 I,试用相平面法分析稳定极限环的高度、宽度和周期。设推力器的比推力为 I_{sp},最小脉宽为 Δt,求航天器的理想平均工质消耗量。

13. 自旋稳定卫星喷气姿态机动的原理是什么?喷气角为什么不能过小?

14. 自旋稳定航天器的大圆弧轨迹机动和等倾角线机动的原理是什么?各有什么特点?为什么通常采用等倾角线机动方式?

15. 设自旋卫星动量矩 $H=2\ 500\ \text{kg}\cdot\text{m}^2/\text{s}$,自旋速度 $\omega=60\ \text{r/min}$,喷气力矩 $M_c=20\ \text{N}\cdot\text{m}$,喷气角选为 $\gamma=45°$,要求自旋轴进动 $\theta_c=90°$。求:每次喷气自旋轴进动多少?总共需要喷气多少次、花费多长时间才能完成进动?

参考阅读

• 解永春,雷拥军,郭建新,等. 航天器动力学与控制[M]. 北京:北京理工大学出版社,2018.

阅读指导

重点阅读 4.3 节《近地轨道航天器轨道控制》和 7.3 节《基于角动量管理装置的姿态控制》,第 167~198 页和第 398~414 页。实际轨道控制中的一类重要问题是轨道的摄动保持问题,在本章内容的基础上,4.3 节的内容能够帮助读者理解摄动条件下的轨道控制分析方法,为理解更加复杂的轨道控制问题奠定基础。此外,基于角动量转移的姿态控制是另一种重要的姿态控制方式,7.3 节的内容可以作为本章推力器姿态控制的补充,从而能够更全面地理解航天器姿态控制问题。

第 8 章

航天器相对运动控制

思维导图

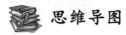

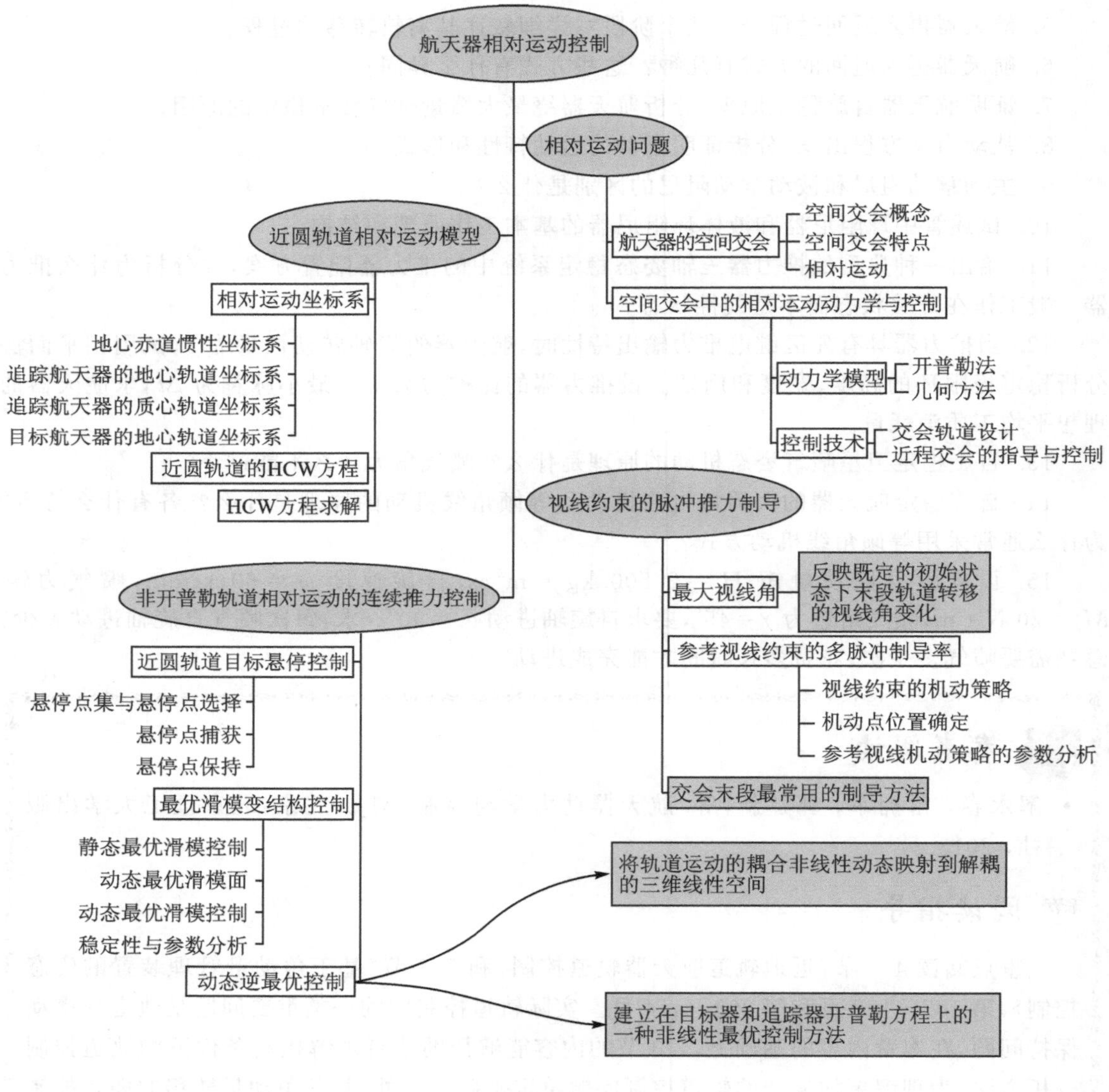

☞ 章导语

随着航天技术的发展，航天器空间操作能力大幅度提升，越来越有能力完成复杂动作的空间任务，如空间交会、轨道拦截、编队、抓捕、在轨维护等。这些任务均为非单体任务，涉及至少两个航天器，即除本体以外，往往还存在目标航天器。完成该类任务，实际上是要保证两个或多个航天器之间的相对运动能够在制导与控制的作用下满足特定的需求。因此，航天器之间的相对运动问题成为该类空间操作任务的基本问题。

处理航天器相对运动问题的基础在于轨道相对运动的力学模型与控制原理，其最典型的应用就是空间交会技术。本章以空间交会为任务背景，先对所涉及的相对运动概念、问题与解决途径进行概述，再针对圆轨道情况，讨论一种基本的相对运动模型，即 HCW 方程。完成空间交会离不开对航天器轨道的制导与控制，本章还就脉冲推力机动和连续推力机动两种方式讨论交会末段的制导控制问题。

☞ 学习目标

- 理解航天器空间交会的概念、特点以及相对运动问题，理解相对运动的动力学建模和控制技术的发展概况。
- 掌握相对运动坐标系，近圆轨道的 HCW 方程及其解。
- 理解最大视线角的概念以及参考视线约束的多脉冲制导律设计。
- 理解非开普勒轨道相对运动的连续推力控制方法，包括近圆轨道目标悬停控制、最优滑模变结构控制、动态逆最优控制等。

8.1 相对运动问题

空间交会技术是航天器制导与控制最为典型的应用之一，其内容主要涉及两个航天器之间的相对运动以及运动控制问题。严格来说，还包括相对运动的制导问题，但考虑到航天器的推力机动方式和推力器工作的空间环境，不存在如导弹一样的舵面回路和执行器的动态过程，制导和控制几乎同时完成，因此在一般情况下，往往将航天器的制导和控制视为同一个问题。

8.1.1 航天器的空间交会

1. 空间交会的概念

航天器的空间交会最初是以对接为目的发展起来的。交会对接是 20 世纪 60 年代中期发展起来的一项具有战略意义的空间技术。它不仅是航天技术从试验型到应用型转变的重要标志，而且是一个国家航天技术发展水平的重要标志，从其诞生起就备受各航天大国的青睐。该项技术与工程应用结合非常紧密，已经实现各种交会对接任务三百余次，目前正朝着自主交会对接的方向发展。

空间交会在广义上可理解如下：在给定时间内让航天器从初始运动状态机动到任何指定区域，并满足终止时刻的位置和速度等运动状态指标要求的空间技术，如航天器与自然天体、人造天体或虚拟目标的交会等。根据交会目的和实现方式上的区别，终止位置、速度和交会时间可以有不同的精度，例如：交会对接要求航天器与目标的终止位置与速度均要非常接近，达到相对静止；交会拦截则要求两者的终止位置相同，但一定要具备足够的速度差。随着航天技术的发展，自主空间交会开始在空间交会任务中扮演越来越重要的角色。所谓自主空间交会，是指不依赖地面系统而仅靠航天器自身设备就可以完成任务的交会技术。与地面参与的空间交会相比，自主空间交会，对星载设备、控制技术和系统可靠性的要求更高。

2. 空间交会的特点

空间交会涉及两个甚至多个航天器之间的近距离操作，除了具有单一航天器的运动特征外，还在技术和应用方面表现出更为丰富的特点。

首先，空间交会任务是一个涵盖多个学科的复杂系统工程，与数学、物理、力学等基础学科有着直接联系，同时又与控制、计算机、信息、仿真等系统技术学科紧密相关；其次，空间交会的动力学系统复杂程度高，涉及两个飞行器之间的绝对运动和相对运动，是一个包含相对位置和姿态的 12 维运动状态的控制问题；同时，空间交会由于涉及两个飞行器的相对运动，对安全性要求很高，为了完成特定任务，对制导和控制精度、状态约束和系统可靠性要求都很高；另外，对于自主交会系统，由于不依赖于地面测控系统，故在航天器处于地面测控盲区时仍然要求能够实施交会，这时候交会过程仍要满足所涉及的各种操作的约束条件，这对航天器的制导和控制系统提出了更高的要求。

从上述特点不难看出，空间交会航天器的复杂度是很高的，研制过程需经过基础理论研究、关键技术研究、系统开发及飞行试验等阶段。不过，为保证满足不断发展的应用需求，空间交会技术正推动整个空间技术朝着“更大、更远、更强”的方向发展。“更大”表现在航天器组装、空间平台的配置及空间编队等方面；“更远”表现在各类深空探测任务方面；“更强”则表现在可以快速、大范围、高精度地进行空间运输、维护和营救等任务。空间交会技术的应用范围非常广，但它的复杂性也给具体的实现带来了许多现实问题，尤其是具有自主性的空间交会技术投入实际应用的难度仍然很大。

3. 空间交会中的相对运动

空间交会问题一般只涉及两个航天器，其中：一个按既定轨道保持在轨运行，称为目标航天器，简称目标器(Target)；另一个则通过轨道机动最终实现与目标交会，称为追踪航天器，简称追踪器(Chaser)。交会目标可能是己方的航天器，也可能是对方航天器，可能是参数已知并且可控的，或称合作目标，也可能是参数未知并且不可控的，或称非合作目标。不过在多数情况下，交会目标一般为己方合作目标，在轨运行时不做轨道机动，仅通过追踪器来实现两航天器的交会。

交会过程按两航天器的相对距离大致分为远程交会、近程交会、接近操作段三个阶段。远程交会是交会过程的早期阶段，包括追踪器从发射入轨到与目标建立相对导航为止，在此阶段追踪器以绝对导航方式接近目标，由地面导引完成，而具有自主交会能力的航天器则可通过自身携带的导航、制导及控制系统来完成远程交会，地面仅用于监控。近程交会阶段开始涉及两个航天器的相对运动，是交会过程的后期阶段，该阶段运用相对导航或制导的方式接近目标，设备包括相对 GPS、激光雷达等。接近操作段是追踪器与目标处于超近距离的飞行阶段，不同任务对这一阶段的操作要求不同，如拦截、对接、悬停、绕飞等，有时会非常复杂，像交会对接在工程实现上除了要经过接近操作阶段外，还需要有一个专门的对接段，而对接完成后分离时则需要一个专门的撤离段。

远程交会最早源于二体问题中的霍曼变轨，可以用来解决追踪器远距离接近目标的问题。然而追踪器在进入近程交会范围后，要根据具体任务需求进行各种不同的空间操作，这就需要研究两个航天器之间的近距离空间运动，相应的轨道控制问题就会变得非常复杂。解决这一问题的方法将不得不依赖航天器相对运动轨道动力学及其控制理论的发展。

8.1.2 空间交会中的相对运动动力学与控制

随着航天器空间交会技术的发展，航天器之间的相对运动动力学与控制问题开始受到广泛关注，目前已经形成了比较丰富的研究成果，包括圆轨道、椭圆轨道相对运动的动力学问题，摄动力作用下的相对运动动力学问题，以及相对运动控制问题等。

1. 相对运动的动力学模型

在二体问题假设下，两个航天器之间的相对运动即成为一个双二体问题，而相对运动模型则是研究轨道特性分析、摄动分析、相对运动控制问题的理论基础。相对运动的两航天器分别称为追踪航天器和目标航天器，当然不同的任务背景往往也会采用不同的命名规则。对于空间交会任务来说，通常将追踪航天器运行轨道称为参考轨道，两航天器位置和速度之差称为相对运动状态，而轨道根数之差称为相对轨道根数（Differential Orbital Element，DOE）。在这些概念的基础上，建立相对运动模型可分为开普勒方法和几何方法两种。

（1）基于开普勒方法的相对运动模型

空间交会的相对运动问题作为双二体问题通常采用以开普勒方程为基础的相对运动模型来描述。该模型将相对运动状态变量映射在参考轨道的坐标系中，并用线性化传递矩阵来表述相对轨道运动的变化规律。这些年来，人们为提高其精确性和通用性做了大量研究。

关于该模型的早期研究在 1954 年开始出现，Lawden 提出主矢量理论，用于描述两椭圆轨道相对运动规律，但并没有给出一个闭合形式的解析解。1960 年，Clohessy 和 Wiltshire 运用 Hill 的一个方程通过近距离假设对引力项进行一阶近似，建立了适用于近距离圆轨道的 HCW（Hill-Clohessy-Wiltshire）线性化模型（详见 8.2 节）。

不过，HCW 模型线性化程度较大，只能描述小范围的近圆轨道相对运动，并且 Shulman 和 Scott 证实一阶近似模型解的适用范围不超过 0.25 个轨道周期。为此，人们逐渐开始考虑偏心率、高阶引力项、J2 摄动项等非线性因素，运用各种手段对模型及其解的精度进行改善。在 1965 年，Tschauner 和 Hempel 基于 Lawden 的主矢量方程保留偏心率二阶项，导出了以真近点角为独立变量的椭圆轨道相对运动模型解的解析形式，建立了能够适用于任意偏心率椭圆轨道的 LTH（Lawden-Tschauner-Hempel）模型。因其中包含的 Lawden 积分带来不便，后来又将独立变量更换为另一个轨道根数偏近点角。Euler 和 Shulman 给出了保留二阶引力项的解析解。Carter 对上述将时间作为隐变量处理的方法进行了综述并导出了 LTH 模型的一个闭合解析表达式。

在时间显变模型方面，DeVries 最早将 HCW 方程拓展到椭圆轨道，建立了适用于小偏心率椭圆轨道的相对运动模型，并得到其近似解，而 Lancaster 给出了任意共面椭圆轨道的相对模型解析解。Melton 用模型非线性引力项对偏心率进行二阶泰勒展开，得到非共面轨道的模型近似解。Karlgaard 和 Lutze 则对极坐标变量模型采取了相似的手段得到相对运动状态的多分辨率近似解。此外，Pluym 和 Damaren 还考虑了地球扁率引起的 J2 摄动和三阶引力摄动项，建立了相对运动扰动方程，进一步逼近了真实环境。

(2) 基于几何方法的相对运动模型

开普勒方法是建立在对双二体开普勒方程直接推导的基础上的，在考虑非线性因素后，形式会变得非常复杂。为了能得到更为简单直观的模型及其解析解，人们近年来提出了几何方法并迅速引起重视。

几何方法通常以轨道根数为状态变量建立相对轨道根数模型。其优势在于，推导过程较为直观，并且能够在模型中同时考虑相对轨道运动存在的多个不同的非线性特征，从而能够进一步提高模型精度，扩大适用范围。2002 年，Vadali 提出一种基于 Euler 参数的单位球几何投影法，用以描述椭圆轨道间的相对运动。Broucke 引入轨道根数的变分作为时变参数，导出了椭圆轨道模型解的另一种表述，但没有考虑轨道面与法向的耦合，Lane 和 Axelrad 后来弥补了这一不足。在此基础上，Gim 和 Alfriend 利用直角坐标状态变量与相对轨道根数的转换关系以及相对轨道根数间的传递函数给出了更为精确的相对运动解析表达式，而 Lee 等再次进行了改进，降低了该式状态转移矩阵求逆的运算量。此外，Schaub 用几何方法导出了以真近点角为变量的相对运动模型，而 Hamel 和 Lafontaine 则采用了平近点角作为独立变量。

为了能对不同的相对运动模型进行评价，Junkins 等在 1996 年建立了模型线性化误差的评价指标，初步得到以轨道根数为状态变量要优于直角坐标和极坐标变量的结论。Alfriend 考虑到其未能有效覆盖模型非线性误差，又提出针对非线性模型误差的评价函数，并对直角坐标、极坐标、相对轨道根数三种不同的状态变量对多种相对轨道模型的影响程度量化分析，为状态变量和相对模型的选择提供了判断依据。

综上所述，开普勒方法和几何方法所建立的相对运动模型对于近地圆轨道、近距离的椭圆轨道、远距离的小偏心率圆轨道上的交会任务，其精度都是有充分保证的，并且这些模型的实现难度并不大。

2. 相对运动控制技术

当涉及航天器相对运动控制问题时，需要明确具体的控制对象和控制目标，要求结合任务背景和实际需求提炼航天器相对控制问题。与相对运动动力学不同，在应用控制理论解决问题时，不同的背景虽然有许多共性问题，但更多的是具体任务背景下的个性问题。下面从航天器未来自主交会的任务背景出发来讨论航天器相对运动控制中所涉及的关键技术问题。

过去几十年的交会任务是比较单一的，而未来的自主交会技术则会变得复杂多样。一般情况下，将交会策略与交会控制、对接机构、测量系统、交会对接仿真系统列为传统交会的四大关键技术。在未来的新需求下，自主信息获取技术、自主控制技术、自治与人工智能技术、GNC 系统、软件集成将会成为自主交会的关键技术。各种理论及应用显示，制导与控制技术是自主交会任务的核心，更要体现自主、安全、精确、快速、大范围机动、优化等特征，以应对交会任务中的燃料消耗大、时间长、安全性低、自主性差等问题。

自主性尤其在深空探测应用方面表现为一种使能技术。以航天器与小行星交会为例，由于小行星离地球有长达数光秒的距离，依赖地面控制系统实施末段轨道修正几乎是不可能的，上行和下行通信导致航天器软件失效的概率特别高，接近一半，因此自主性在深空探测以及其他类似任务中的意义是十分明显的。

安全性是空间交会任务的必然要求，是自主交会对接的基本特点。安全性需要通过轨道设计、向导算法、健康管理及故障管理等措施来实现：一方面在设计阶段引入安全性指标，另一方面在轨运行期间对故障进行监控、发现并排除，因此多重安全策略是自主交会的特点。

精确性是由安全性和飞行任务要求决定的。自主交会不依赖地面监控，当在自治模式下实施交会时，航天器制导与控制精度是保证航天器交会安全的重要指标。另外，在军事应用上，制导精度决定作战效能，与作战结果直接相关。随着地面精确打击技术向空间的延伸，高精度将使空间作战能力大幅提升。

快速性更多地体现在军事应用和空间营救上。如何提高武器系统的快速反应能力，如何使空间平台按“需”进入空间，以达到实施空间营救、维护、战斗与防御的目的，这些问题需要具备快速反应能力的空间交会技术来解决。因此，快速性体现了空间应用平台或武器系统对时间的要求。

大范围空间交会包括不同类型轨道间、不同距离范围内的交会。目前的空间交会大多采用近地圆轨道的方式，如何实现椭圆轨道、大椭圆轨道及大范围转移条件下的空间交会是交会任务面临的另一难题。

优化主要体现在风险、耗能、费效比等方面。随着空间交会任务日趋频繁，交会技术日益成熟，优化技术必将对交会任务起到积极的作用，包括降低风险、减小燃耗及降低每次交会任务的费效比。

以上特性可以有效地提高航天器的机动性、可靠性及生存能力，是空间交会任务对制导与控制系统的要求，其所运用的相对运动控制技术则主要表现为以下几方面的研究内容。

(1) 交会轨道的最优设计

对于空间相对运动控制，轨道设计是优化控制特性的前提。为了实现方案的快速设计，通常在设计阶段采用冲量机动假设和简化动力学模型。优化设计方法包括函数极值理论、最优控制理论及非线性规划等，基于这些方法所建立的最优变轨理论可降低燃耗、减轻总质量并提高飞行性能。

Carter 等基于 HCW 方程研究了近程圆轨道四冲量最优交会问题，并得到了四冲量最优解求解公式。Hablanr 等从工程实现的角度给出了一种滑移制导方法，给出了近程交会速度控制的一种解决思路。Rusnak 基于线性化随机动力学模型，研究了时间不定最优交会制导律。朱仁璋利用 HCW 方程深入研究了不同接近任务的实现问题，包括从 V-Bar 方向到停泊点、R-Bar、H-Bar 方向的轨道转移问题，给出了不同模式下的转移方法（如近程导引段的轨迹制导法和终端制导法）以及采用指数型与等速型的逼近段分段制导策略等。

Carter 还将经典的近圆轨道推广到椭圆轨道，研究了一种与椭圆轨道最优交会的应用问题。Prussing 采用主矢量理论和邻近共面、近圆轨道间的线性化相对运动方程，研究了 2 次冲量、3 次冲量、4 次冲量下固定时间与圆轨道最优交会问题。Jezewski 采用同样的方法研究了 N 次冲量最优交会问题。Stern 等和 Neustadt 则分别用两种不同的线性化方法，不需要计算全部飞行时段内的主矢量，仅需要知道一些特殊点的主矢量值即可确定多冲量交会解。

总之，交会轨道设计方法大多基于 HCW 方程开展研究，尤其对多冲量交会的研究较多，包括多约束条件的情况（如视线约束、时间约束）等。

(2) 近程交会的制导与控制

空间近程交会段由于动力学模型、操作方式、指标要求都与远程交会不同，另外在逼近段还要对轨道与姿态运动同时进行控制，加上近程交会相对测量设备的多样性，测量系统输出参数的复杂性，因此需要针对近程交会的特点专门研究制导与控制方法，以确保在安全、精确、优化等条件下实现近程交会任务。

研究人员采用极大值原理给出了近圆轨道的最优交会解，后来又采用 HCW 方程和拉格朗日乘子法研究了近圆轨道两航天器的最优交会问题。雷勇利用极大值原理推导四冲量近程交会最优解，并在有限推力条件下，给出了变轨点燃能耗最小的发动机启动策略。朱仁章等对近程交会冲量型、连续型和 N 次推力三类沿径向施加推力策略的性能进行比较，指出 N 次推力机动策略具有较优的综合性能。

陈根社在对近程交会模型简化的基础上给出了一种非线性反馈制导律。Bell 等在近程接近操作中研究了适用于没 R-Bar、V-Bar 方向的最大切线弧和零终端制导律，并将其用于自主 GNC 地面仿真系统。工程应用中，俄罗斯多采用比例/平行导引律。该方法没有利用动力学模型，故在燃耗等性能指标上难以达到最优。美国则多采用基于 HCW 方程的制导方法，可以实现性能指标上的最优，但由于是开环控制，扰动抑制能力比较弱。张淑琴对已经实现的几种经典近程制导方法进行了总结，包括两冲量交会、平行接近法、渐近接近法、最优控制法等。后来，于绍华又提出了一种有别于单纯 HCW 方法的末端交会距离速率闭环控制算法，可以对接近方向和速度进行控制，并可以实现悬停和绕飞等操作。

近些年很多学者还采用现代控制理论对近程交会问题进行了研究，包括预测控制、变结构、H_∞控制、模糊控制、神经网络控制等。吴涛采用 H_∞理论设计了一种鲁棒控制器，利用遗传算法和变分不等式等优化工具对近程交会的轨迹进行优化。王颖等给出了一种非线性滑模控制律，并证明了其稳定性。Richards 和 How 提出了一种用于能量优化的模型预测控制方法。Ortega 采用模糊控制研究了接近操作问题，仿真验证了该算法的鲁棒性和适应性。

综上，除脉冲推力外，近程交会的有限连续推力制导控制问题近些年也受到很大关注，已经从经典的 HCW 控制发展为多种现代控制技术共存的局面，但这些方法对工程应用中的具体实际考虑仍显不足，包括发动机连续推力的实现、算法在各种误差因素下鲁棒性、多约束条件下的安全性等问题仍有待解决。

8.2　近圆轨道相对运动模型

本节考虑相对运动的一种典型情况，即近地圆轨道的相对运动。近地轨道的高度一般在 200～1 500 km 之间，由于轨道高度低，偏心率也小，与圆轨道十分接近，相对于大椭圆轨道、地球同步轨道等其他轨道，近地轨道应用更为广泛，故大多数航天器（如侦察卫星、导航卫星、空间站等）都采用这种轨道，而且航天器的空间交会、空间交会、编队飞行等空间操作任务也是最先在近地轨道上实现的，以至于近地轨道的相对运动问题最早得到研究，其理论体系相对成熟。

8.1.2 小节中提到，研究相对运动模型主要存在两种方法：一种是开普勒方法，用相对运动动力学分析来描述相对运动特征；另一种是几何方法，用相对轨道根数的变化规律来解释相对运动。几何方法在近些年发展起来，对中高轨道特别是椭圆轨道特别有效，但推导过程和方程形式非常复杂，所以这里仅考虑较为直观、简便的开普勒方法，从动力学的角度来讨论近地轨道的相对运动建模问题。

8.2.1 相对运动坐标系

描述航天器之间的相对运动通常使用四个重要的参考坐标系：地心赤道惯性坐标系 $O-XYZ$、追踪航天器的地心轨道坐标系 $O-x_cy_cz_c$、追踪航天器的质心轨道坐标系 $C-xyz$、目标航天器的地心轨道坐标系 $O-x_dy_dz_d$。这四个坐标系的空间位置关系如图 8.1 所示。

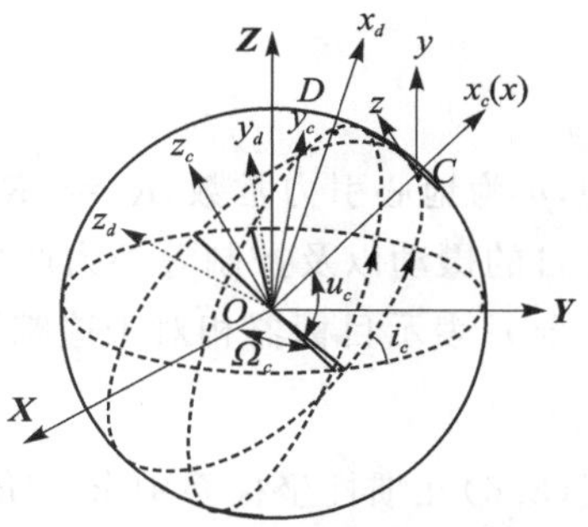

图 8.1 坐标系空间位置关系

(1) 地心赤道惯性坐标系 $O-XYZ$（坐标系 E）

原点 O 位于地球中心，XY 平面与地球赤道平面重合。X 轴指向春分点，Z 轴垂直于赤道面且指向北极，Y 轴由右手法则确定。

(2) 追踪器的地心轨道坐标系 $O-x_cy_cz_c$（坐标系 C）

原点 O 位于地球中心，x_c 轴与追踪航天器地心矢量 $\vec{r}_c$ 重合，指向质心 C；z_c 轴沿轨道平面正法线方向，与动量矩矢量 $\vec{H}_c$ 一致；y_c 轴在轨道平内，垂直于矢径 $\vec{r}_c$，且指向运动方向。

(3) 追踪器的质心轨道坐标系 $C-xyz$（坐标系 T）

与追踪器地心轨道坐标系 $O-x_cy_cz_c$ 平行，三轴指向相同，但原点平移到追踪航天器的质心 C。

(4) 目标器的地心轨道坐标系 $O-x_dy_dz_d$（坐标系 D）

原点 O 位于地球中心，x_d 轴与目标航天器地心矢量 $\vec{r}_d$ 重合，指向质心 D；z_d 轴沿轨道平面正法线方向，与动量矩矢量 $\vec{H}_d$ 一致；y_d 轴在轨道面内，垂直于矢径 $\vec{r}_d$，指向运动方向。

参考坐标系建立起来以后，坐标系之间的转换关系也能够得以确立。例如，从地心赤道惯性坐标系 E 到追踪航天器和目标航天器的地心轨道坐标系 C 和 D 的转移矩阵 M_{CE} 和 M_{DE} 可分别写成

$$M_{CE}=M_Z(u_c)M_X(i_c)M_Z(\Omega_c) \tag{8.1}$$

$$M_{DE}=M_Z(u_d)M_X(i_d)M_Z(\Omega_d) \tag{8.2}$$

其中，$M_m(\theta)$表示绕 m 轴转过角度 θ 的转换矩阵函数，具体可表示为

$$M_X(\theta)=\begin{bmatrix}1 & 0 & 0\\ 0 & \cos\theta & \sin\theta\\ 0 & -\sin\theta & \cos\theta\end{bmatrix},\quad M_Z(\theta)=\begin{bmatrix}\cos\theta & \sin\theta & 0\\ -\sin\theta & \cos\theta & 0\\ 0 & 0 & 1\end{bmatrix} \tag{8.3}$$

8.2.2 近圆轨道的 HCW 方程

近圆轨道相对动力学分析需要做如下几点假设：① 认为地球是均匀球体，且不考虑其他任何摄动因素；② 地球和航天器视为质点；③ 航天器不施加任何主动控制；④ 两航天器的轨道偏心率均为 0 或接近于 0；⑤ 两航天器相对距离远小于它们的轨道半径。在这样的假设条件下，近圆轨道的相对运动模型可以通过以下分析建立起来。

令 $\vec{R}_c$ 和 $\vec{R}_d$ 分别表示追踪航天器和目标航天器的地心距矢量，惯性坐标系 E 中的开普勒方程可写为

$$\frac{\mathrm{d}^2\vec{R}_c}{\mathrm{d}t^2}=-\mu\frac{\vec{R}_c}{R_c^3}+\vec{a}_c \tag{8.4}$$

$$\frac{\mathrm{d}^2\vec{R}_d}{\mathrm{d}t^2}=-\mu\frac{\vec{R}_d}{R_d^3}+\vec{a}_d \tag{8.5}$$

式中，μ 为地心引力常数，$R_c=|\vec{R}_c|$ 和 $R_d=|\vec{R}_d|$ 分别为两航天器的地心距，$\vec{a}_c$ 和 $\vec{a}_d$ 表示它们各自的摄动以及控制等外力产生的加速度。

令 $\vec{r}$ 表示目标器相对于追踪器的相对位置矢量，即

$$\vec{r}=\vec{R}_d-\vec{R}_c \tag{8.6}$$

对式(8.6)在惯性坐标系中求二阶导数可得

$$\frac{\mathrm{d}^2\vec{r}}{\mathrm{d}t^2}=\frac{\mathrm{d}^2\vec{R}_d}{\mathrm{d}t^2}-\frac{\mathrm{d}^2\vec{R}_c}{\mathrm{d}t^2} \tag{8.7}$$

将式(8.7)左边在追踪器的质心轨道旋转坐标系 T 中展开，有

$$\frac{\mathrm{d}^2\vec{r}}{\mathrm{d}t^2}=\frac{\delta^2\vec{r}}{\delta t^2}+2\vec{\omega}\times\frac{\delta\vec{r}}{\delta t}+\vec{\omega}\times(\vec{\omega}\times\vec{r})+\dot{\vec{\omega}}\times\vec{r} \tag{8.8}$$

式中的 $\vec{\omega}$ 和 $\dot{\vec{\omega}}$ 分别为坐标系 T 相对于坐标系 E 的旋转角速度和角加速度矢量。

将式(8.4)和式(8.5)代入式(8.8)，即可得到相对运动的动力学方程为

$$\ddot{\vec{r}}=-2\vec{\omega}\times\dot{\vec{r}}-\vec{\omega}\times(\vec{\omega}\times\vec{r})-\dot{\vec{\omega}}\times\vec{r}+\mu\left(\frac{\vec{R}_c}{R_c^3}-\frac{\vec{R}_d}{R_d^3}\right)+(\vec{a}_d-\vec{a}_c) \tag{8.9}$$

其中，$\dot{\vec{r}}=\frac{\delta\vec{r}}{\delta t}$，$\ddot{\vec{r}}=\frac{\delta^2\vec{r}}{\delta t}$。显然，该式为矢量形式，其分量形式可将式中的各矢量在追踪器质心轨道坐标系 T 中进行分解，即

$$\vec{r}=x\vec{e}_x+y\vec{e}_y+z\vec{e}_z \tag{8.10}$$

$$\dot{\vec{r}}=\dot{x}\vec{e}_x+\dot{y}\vec{e}_y+\dot{z}\vec{e}_z \tag{8.11}$$

$$\ddot{\vec{r}}=\ddot{x}\vec{e}_x+\ddot{y}\vec{e}_y+\ddot{z}\vec{e}_z \tag{8.12}$$

$$\vec{R}_c=R_c\vec{e}_x \tag{8.13}$$

$$\vec{R}_d=(R_c+x)\vec{e}_x+y\vec{e}_y+z\vec{e}_z \tag{8.14}$$

$$\omega=\sqrt{\frac{\mu(1+e_c\cos f_c)}{R_c^3}}\vec{e}_z\triangleq\omega\vec{e}_z \tag{8.15}$$

$$\dot{\omega}=\frac{2\mu e_c\sin f_c}{R_c^3}\vec{e}_z\triangleq\dot{\omega}\vec{e}_z \tag{8.16}$$

上述各式中的 e_c 和 f_c 分别表示追踪航天器的偏心率和真近角点。

将式(8.10)～式(8.16)代入式(8.9)，可得相对运动动力学方程的分量形式：

$$\begin{bmatrix}\ddot{x}\\ \ddot{y}\\ \ddot{z}\end{bmatrix}=-2\begin{bmatrix}0&-\omega&0\\ \omega&0&0\\ 0&0&0\end{bmatrix}\begin{bmatrix}\dot{x}\\ \dot{y}\\ \dot{z}\end{bmatrix}-\begin{bmatrix}0&-\omega&0\\ \omega&0&0\\ 0&0&0\end{bmatrix}\begin{bmatrix}-y\omega\\ x\omega\\ 0\end{bmatrix}-$$

$$\begin{bmatrix}0 & -\dot{\omega} & 0\\ \dot{\omega} & 0 & 0\\ 0 & 0 & 0\end{bmatrix}\begin{bmatrix}x\\ y\\ z\end{bmatrix}+\frac{\mu}{R_c^3}\left(\begin{bmatrix}R_c\\ 0\\ 0\end{bmatrix}-\frac{R_c^3}{[(R_c+x)^2+y^2+z^2]^{3/2}}\begin{bmatrix}R_c+x\\ y\\ z\end{bmatrix}\right)+\left(\begin{bmatrix}a_{dx}\\ a_{dy}\\ a_{dz}\end{bmatrix}-\begin{bmatrix}a_{cx}\\ a_{cy}\\ a_{cz}\end{bmatrix}\right) \tag{8.17}$$

可以看出，式(8.17)给出的相对运动描述方程较为复杂。为了进一步简化模型，下面对这个矩阵方程进行线性化。

首先，利用前面所述的第①、③条外力假设，不考虑任何摄动力 a_d 和控制力 a_c，略去式(8.17)等号右边的最后一项。

其次，利用第 5 条相对距离假设，即 $|r|/R_c \ll 1$，将地球引力项(等号右边第四项)线性化，方程可变为

$$\begin{bmatrix}\ddot{x}\\ \ddot{y}\\ \ddot{z}\end{bmatrix}=-2\begin{bmatrix}0 & -\omega & 0\\ \omega & 0 & 0\\ 0 & 0 & 0\end{bmatrix}\begin{bmatrix}\dot{x}\\ \dot{y}\\ \dot{z}\end{bmatrix}-\begin{bmatrix}0 & -\omega & 0\\ \omega & 0 & 0\\ 0 & 0 & 0\end{bmatrix}\begin{bmatrix}-y\omega\\ x\omega\\ 0\end{bmatrix}-\begin{bmatrix}0 & -\dot{\omega} & 0\\ \dot{\omega} & 0 & 0\\ 0 & 0 & 0\end{bmatrix}\begin{bmatrix}x\\ y\\ z\end{bmatrix}+\frac{\mu}{R_c^3}\begin{pmatrix}2x\\ -y\\ -z\end{pmatrix} \tag{8.18}$$

然后，再利用第 4 条偏心率假设，即 $e_c \ll 1$，对上式进一步线性化。若令 a_c 为追踪航天器的半长轴，那么可将追踪航天器的地心距采用轨道根数表示为

$$R_c=\frac{a_c(1-e_c^2)}{1+e_c\cos f_c}\approx a_c \tag{8.19}$$

代入式(8.18)右端，线性化后可得

$$\left.\begin{aligned}\ddot{x}&=2n\dot{y}+3n^2x\\ \ddot{y}&=-2n\dot{x}\\ \ddot{z}&=-n^2z\end{aligned}\right\} \tag{8.20}$$

式中，$n=\sqrt{\mu/a_c^3}$，为追踪器的平均轨道角速度。

容易知道，在追踪器近圆轨道不变的情况下，n 可视为常值，因此式(8.20)是线性的，这个线性方程即通常所说的 HCW 方程，或简称为 Hill 方程。

8.2.3 HCW 方程的解

1. 解析表达形式

对于线性化后的相对运动方程式(8.20)，我们可以方便地求出相对运动状态的解析表达形式，这样就能够根据起始状态对任意时刻的相对运动状态进行准确预报。对于初始时刻 $t_0=0$，初始状态为

$$\left.\begin{aligned}x(t_0)=x_0,\quad y(t_0)=y_0,\quad z(t_0)=z_0\\ \dot{x}(t_0)=\dot{x}_0,\quad \dot{y}(t_0)=\dot{y}_0,\quad \dot{z}(t_0)=\dot{z}_0\end{aligned}\right\} \tag{8.21}$$

求解线性方程组式(8.20)即可得到其解析解：

$$\left.\begin{aligned}x(t)&=\frac{\dot{x}_0}{n}\sin nt+\left(-3x_0-\frac{2\dot{y}_0}{n}\right)\cos nt+2\left(2x_0+\frac{\dot{y}_0}{n}\right)\\y(t)&=2\left(3x_0+\frac{2\dot{y}_0}{n}\right)\sin nt+\frac{2\dot{x}_0}{n}\cos nt-3(2nx_0+y_0)t+\left(-\frac{2\dot{x}_0}{n}+y_0\right)\\z(t)&=\frac{\dot{z}_0}{n}\sin nt+z_0\cos nt\end{aligned}\right\}\tag{8.22}$$

$$\left.\begin{aligned}\dot{x}(t)&=(3nx_0+2\dot{y}_0)\sin nt+\dot{x}_0\cos nt\\\dot{y}(t)&=2(3nx_0+2\dot{y}_0)\cos nt-2\dot{x}_0\sin nt-3(2nx_0+\dot{y}_0)\\\dot{z}(t)&=z_0\cos nt-nz_0\sin nt\end{aligned}\right\}\tag{8.23}$$

由以上两式可知，相对运动可以分解为轨道平面（xy 平面）和垂直于轨道平面（法向 z 方向）的两个相互独立的运动，其中法向 z 方向的运动为简谐运动。

下面我们讨论一下 xy 平面内的相对运动。将式(8.22)的前两个方程联立可得

$$\left(\frac{x-x_{c0}}{a}\right)^2+\left(\frac{y-y_{c0}+\frac{3}{2}x_{c0}nt}{2a}\right)^2=1\tag{8.24}$$

式中

$$x_{co}=4x_0+2\,\frac{\dot{y}_0}{n}$$

$$y_{co}=y_0-2\,\frac{\dot{x}_0}{n}$$

$$a=\sqrt{\left(\frac{\dot{x}_0}{n}\right)^2+\left(3x_0+2\,\frac{\dot{y}_0}{n}\right)^2}\tag{8.25}$$

可以看出，xy 平面内的相对运动轨迹就是一个由初始条件决定的椭圆，椭圆的中心在点（x_{c0}，y_{c0}，$-\frac{3}{2}x_{c0}nt$）处，半长轴与短半轴之比为 2∶1，半长轴沿 y 轴方向。

不同的初始条件，相对运动轨迹对应不同的椭圆。比如令 $x_{c0}=0$，有

$$\dot{y}_0=-2nx_0\tag{8.26}$$

那么 xy 平面内的相对运动轨迹为一个中心在（0，y_{c0}）的椭圆。若令 $y_{c0}=0$，有

$$y_0=\frac{2\dot{x}_0}{n}\tag{8.27}$$

那么 xy 平面内的轨迹就是一个中心在坐标原点，即在追踪航天器质心的椭圆。在式(8.26)和式(8.27)的条件下，式(8.22)和式(8.23)的解析解变为

$$\left.\begin{aligned}x(t)&=\frac{\dot{x}_0}{n}\sin nt+x_0\cos nt\\y(t)&=-2x_0\sin nt+\frac{2\dot{x}_0}{n}\cos nt\\z(t)&=\frac{\dot{z}_0}{n}\sin nt+z_0\cos nt\end{aligned}\right\}\tag{8.28}$$

$$\left.\begin{aligned}\dot{x}(t)&=\dot{x}_0\cos nt-nx_0\sin nt\\\dot{y}(t)&=-2nx_0\cos nt-2\dot{x}_0\sin nt\\\dot{z}(t)&=z_0\cos nt-nz_0\sin nt\end{aligned}\right\}\tag{8.29}$$

2. 状态空间形式

为便于在控制上的应用，一般情况下都把 HCW 方程式(8.20)改写成状态空间形式。取相对运动状态 $\boldsymbol{X}=[x,y,z,v_x,v_y,v_z]^{\mathrm{T}}$ 为状态变量，追踪航天器的机动量 $\boldsymbol{U}=[a_{cx},a_{cy},a_{cz}]^{\mathrm{T}}$ 为控制变量，不考虑 a_d，那么 HCW 方程可以变为状态空间方程

$$\dot{\boldsymbol{X}}=\boldsymbol{AX}-\boldsymbol{BU}\tag{8.30}$$

其中

$$\boldsymbol{A}=\begin{bmatrix}O_{3\times3} & I_{3\times3}\\ A_{21} & A_{22}\end{bmatrix},\quad \boldsymbol{B}=\begin{bmatrix}O_{3\times3}\\ I_{3\times3}\end{bmatrix},\quad \boldsymbol{C}=\begin{bmatrix}I_{3\times3} & O_{3\times3}\end{bmatrix}$$

$$\boldsymbol{A}_{21}=\begin{bmatrix}3n^2 & 0 & 0\\ 0 & 0 & 0\\ 0 & 0 & -n^2\end{bmatrix},\quad \boldsymbol{A}_{22}=\begin{bmatrix}0 & 2n & 0\\ -2n & 0 & 0\\ 0 & 0 & 0\end{bmatrix}$$

根据线性系统理论的时域分析方法，可以得到自由系统的状态转移方程为

$$\boldsymbol{X}(t)=\boldsymbol{\Phi}(t,t_0)\boldsymbol{X}(t_0)+\boldsymbol{\Psi}(t,t_0)\boldsymbol{U}\tag{8.31}$$

其中

$$\boldsymbol{\Phi}(t,t_0)=\begin{bmatrix}\Phi_{11} & \Phi_{12}\\ \Phi_{21} & \Phi_{22}\end{bmatrix},\quad \boldsymbol{\Psi}(t,t_0)=\begin{bmatrix}\Psi_1\\ \Psi_2\end{bmatrix},\quad \tau=t-t_0$$

$$\boldsymbol{\Phi}_{11}=\begin{bmatrix}4-3\cos n\tau & 0 & 0\\ 6(\sin n\tau-n\tau) & 1 & 0\\ 0 & 0 & \cos(n\tau)\end{bmatrix},$$

$$\boldsymbol{\Phi}_{12}=\frac{1}{n}\begin{bmatrix}\sin n\tau & 2(1-\cos n\tau) & 0\\ 2(\cos n\tau-1) & 4\sin n\tau-3n\tau & 0\\ 0 & 0 & \sin n\tau\end{bmatrix}$$

$$\boldsymbol{\Phi}_{21}=n\begin{bmatrix}3\sin n\tau & 0 & 0\\ 6(\cos n\tau-1) & 0 & 0\\ 0 & 0 & -s(n\tau)\end{bmatrix}$$

$$\boldsymbol{\Phi}_{22}=\begin{bmatrix}\cos n\tau & 2\sin n\tau & 0\\ -2\sin n\tau & 4\cos n\tau-3 & 0\\ 0 & 0 & \cos n\tau\end{bmatrix}$$

$$\boldsymbol{\Psi}_1=\frac{1}{n^2}\begin{bmatrix}1-\cos n\tau & -2(\sin n\tau-n\tau) & 0\\ 2(\sin n\tau-n\tau) & 4(1-\cos n\tau)-3n^2\tau^2/2 & 0\\ 0 & 0 & 1-\cos n\tau\end{bmatrix}$$

$$\boldsymbol{\Psi}_2=\frac{1}{n}\begin{bmatrix}\sin n\tau & 2(1-\cos n\tau) & 0\\ -2(1-\cos n\tau) & 4\sin n\tau-3n\tau & 0\\ 0 & 0 & \sin n\tau\end{bmatrix}$$

为简单起见，取 $\boldsymbol{X}'=[x,y,v_x,v_y]^{\mathrm{T}}$，仅考虑轨道平面内的相对运动，此时的状态转移方

程变为

$$\boldsymbol{X}'(t)=\boldsymbol{\Phi}'(t,t_0)\boldsymbol{X}'(t_0)+\boldsymbol{\Psi}'(t,t_0)\boldsymbol{U} \tag{8.32}$$

其中

$$\boldsymbol{\Phi}'(t,t0)=\begin{bmatrix}\Phi'_{11} & \Phi'_{12}\\ \Phi'_{21} & \Phi'_{22}\end{bmatrix},\qquad \boldsymbol{\Psi}(t,t_0)=\begin{bmatrix}\Psi'_1\\ \Psi'_2\end{bmatrix}$$

$$\boldsymbol{\Phi}'_{11}=\begin{bmatrix}4-3\cos n\tau & 0\\ 6(\sin n\tau-n\tau) & 1\end{bmatrix},\qquad \boldsymbol{\Phi}'_{12}=\frac{1}{n}\begin{bmatrix}\sin n\tau & 2(1-\cos n\tau)\\ 2(\cos n\tau-1) & 4\sin n\tau-3n\tau\end{bmatrix}$$

$$\boldsymbol{\Phi}'_{21}=n\begin{bmatrix}3\sin n\tau & 0\\ 6(\cos n\tau-1) & 0\end{bmatrix},\qquad \boldsymbol{\Phi}'_{22}=\begin{bmatrix}\cos n\tau & 2\sin n\tau\\ -2\sin n\tau & 4\cos n\tau-3\end{bmatrix}$$

$$\boldsymbol{\Psi}'_1=\frac{1}{n^2}\begin{bmatrix}1-\cos n\tau & -2(\sin n\tau-n\tau)\\ 2(\sin n\tau-n\tau) & 4(1-\cos n\tau)-3n^2\tau^2/2\end{bmatrix}$$

$$\boldsymbol{\Psi}'_2=\frac{1}{n}\begin{bmatrix}\sin n\tau & 2(1-\cos n\tau)\\ -2(1-\cos n\tau) & 4\sin n\tau-3n\tau\end{bmatrix}$$

状态空间形式的 HCW 方程有利于从系统和控制的角度对相对运动问题进行系统状态分析以及制导与控制综合。

8.3 视线约束的脉冲推力制导

相对运动模型建立以后，就可以利用相对运动模型进行近程交会段的制导与控制设计了。当然，对于航天器来说，由于推力执行器不存在如同气动舵面那样的动态过渡过程，因此一般情况下并不对制导和控制加以区分。本节讨论采用脉冲推力机动方式的制导方法，也是交会末段最常用的制导方法。该方法以两个航天器间的视线角度为约束，使得交会末段的相对飞行轨道能够满足可视需求。

8.3.1 最大视线角

追踪器与目标器为了实现交会任务，目标器要始终处于追踪器的视场范围内。为简单起见，这里只考虑共面交会，即交会末段两者处于同一个轨道平面，要求追踪器对目标的视线角小于最大视线角 $\alpha_{\max}$ 约束，如图 8.2 所示。下面先研究交会末段轨道转移过程中最大视线角出现的时间和大小。

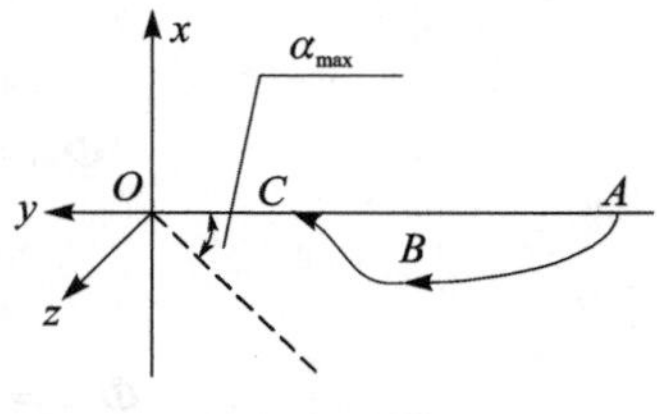

图 8.2 视线角约束下的末段交会

根据 8.2.3 小节得到的 HCW 方程的解析表达式(8.22)，对于共面交会情况，追踪器在给定初始状态条件下的视线角满足

$$\tan\alpha=\frac{(4-3\cos n\tau)nx_0+\sin n\tau v_{x0}+2(1-\cos n\tau)v_{y0}}{6n(\sin n\tau-\omega\tau)x_0+ny_0+2(\cos n\tau-1)v_{x0}+(4\sin n\tau-3n\tau)v_{y0}} \tag{8.33}$$

其中，$\tau=t-t_0$，方便起见取初始时刻 $t_0=0$。

为了计算出现最大视线角的时刻 t^* 和最大视线角 α^*，需要对式(8.33)求取极值。这一极值可以用来判断末段交会过程中视线角是否超出最大视线角的约束，也可以作为追踪器施加推力机动的一个约束条件。不失一般性，下面讨论 $x_0=0$ 及 $x_0=0, v_{y0}=0$ 的两种典型情况。

假设初始状态 $x_0=0$，对式(8.33)求导可得

$$\frac{\mathrm{d}(\tan\alpha)}{\mathrm{d}t}=(k_1+k_2t)\cos nt+(k_3+k_4t)\sin nt+k_5 \tag{8.34}$$

其中

$$k_1=-nv_{x0}y_0+2v_{x0}^2+14v_{y0}^2,\qquad k_2=3nv_{x0}v_{y0}$$

$$k_3=-(3v_{x0}+2ny_0)v_{y0},\qquad k_4=6nv_{y0}^2,\qquad k_5=-2v_{x0}^2-14v_{y0}^2$$

由于 $\tan\alpha$ 在定义范围内是单调递增的，所以可以通过求解上式来计算零点 t^*。如果假设 $x_0=0$ 且 $v_{y0}=0$，则可让求解过程变得简单，通过代数计算即可确定出最大视线角出现的时间为

$$t^*=\frac{1}{n}\cos^{-1}\frac{2v_{x0}^2}{2v_{x0}^2-ny_0v_{x0}} \tag{8.35}$$

代入式(8.34)即可得到此时的视线角 α^*，并且达到最大。

最大视线角反映的是既定的初始状态下末段轨道转移的视线角变化情况，不代表实际的视线角变化，但是它可以作为施加推力机动的一个导引约束，以建立各种不同的推力制导方法。推力制导主要分为脉冲推力和连续推力两类，下面先介绍一种脉冲推力机动的视线制导方法。

8.3.2 参考视线约束的多脉冲制导律

1. 视线约束的机动策略

如图 8.3(a)所示，追踪航天器在相对运动视线坐标系中从 A 转移到 C，受到了视线角 $\alpha_{\max}$ 的约束，如果只采用双冲量机动(起始机动和终止机动)会使视线角大于 $\alpha_{\max}$，使得目标飞出追踪航天器的可视范围。为了降低轨道转移过程中的视线角，可以缩短双冲量转移的时间间隔，但这又会增加转移后与目标间的距离，延长交会任务执行的时间，最终导致机动所需燃耗的增加。

为了保证在给定时间内使转移轨道在视线约束范围内，同时能量消耗较少，多冲量机动是一种更为灵活有效的策略。一般而言，轨道机动的执行时间由飞行任务确定，但中间变轨位置可以灵活选择，考虑到这一点，图 8.3(b)、(c)、(d)分别给出了三种不同的机动策略。图中仅给出三冲量的策略，严格来说，多冲量包括三次及以上次数冲量的策略，这里旨在说明问题。

图 8.3 中，虚线表示如果不进行变轨情况下的后续轨道，实线为实际飞行轨道。其中，图 8.3(b)所示为一种沿着 y 轴严格按照指定时间和位置实现的基于 HCW 方程的机动策略，该方法对时间控制较为严格，可以很好地实现预定的交会轨道，但是每个机动点都需要经过先减速后加速的过程，能量消耗较大。图 8.3(c)所示为一种虚拟目标点多冲量机动策略，后一次机动在前一次 HCW 机动过程中实施，机动时间通常是在前一次转移轨道转入下降段后进行。这种策略的后一次机动可利用前一次机动的剩余能量，所以消耗的能量较小，然而视线角的控制和机动的最佳时机不容易设计，应用并不方便。图 8.3(d)所示为一种参考视线机动策略，这种方法利用一条参考视线作为相对运动状态转移的约束轴，并且参考视线角要比最大视线角小，如图中的参考视线角 α_{ref}。A，B'和 C 是设计的机动位置，B'处的速度也可以设计，为了研究方便也可以直接取零。当各段机动时间和位置给定时，就可以确定出每次机动所需的

速度增量。

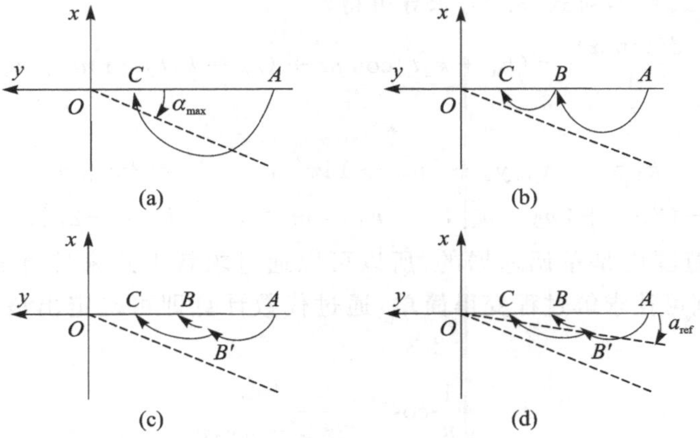

图 8.3 视线约束的状态转移策略

图 8.3 中的后三种策略计算都比较简单，无须迭代，在做出中间一次机动的位置选择后，都可以降低相对运动的最大视线角。在这几种方法中，以参考视线机动策略的相对运动状态转移特性为最好，不仅可以在视线约束条件下实现状态转移，而且易于设计和实现。下面对这一策略进行讨论。

2. 机动点位置确定

确定机动点的位置是实施多冲量机动策略的前提。取瞄准点 $\boldsymbol{X}=[\boldsymbol{r}_f^{\mathrm{T}},\boldsymbol{v}_f^{\mathrm{T}}]^{\mathrm{T}}$，中间机动点的位置为

$$\left.\begin{aligned}\boldsymbol{y}&=\boldsymbol{y}_f+\tilde{\boldsymbol{I}}\\ \boldsymbol{x}&=\boldsymbol{x}_f+\Delta x,\quad \Delta x=\tilde{\boldsymbol{I}}\tan\alpha_{\text{ref}}\end{aligned}\right\}\tag{8.36}$$

其中，$\boldsymbol{y}_f$ 为以 y_f 为元素的 n 维列矢量，$\boldsymbol{x}_f$ 为以 x_f 为元素的 n 维列矢量，$\tilde{\boldsymbol{I}}$ 为以点 $(0,y_f)$ 为起点的机动位置沿 y 轴的间隔点矢量。当瞄准点为原点时，机动点位置为

$$\left.\begin{aligned}\boldsymbol{y}&=\tilde{\boldsymbol{I}}\\ \boldsymbol{x}&=y\tan\alpha_{\text{ref}}\end{aligned}\right\}\tag{8.37}$$

在式(8.36)和式(8.37)中，机动点位置矢量 $\tilde{\boldsymbol{I}}$ 需要通过设计得到。如果 $\tilde{\boldsymbol{I}}$ 取等间隔点，则终端速度会过大，不满足安全性要求。故通常采用前端机动间隔大，后端机动间隔小的策略，利用这种策略给出一种函数变换，将间隔点映射为间隔由大到小的点，并满足初端和终端点位置约束，如下：

$$\left.\begin{aligned}\tilde{\boldsymbol{I}}(1)&=L=y_0-y_f\\ \tilde{\boldsymbol{I}}(n)&=0\end{aligned}\right\}\tag{8.38}$$

分别取指数函数变换和幂函数变换，有

$$\tilde{\boldsymbol{I}}=q(a^{pl}-1),\qquad q=L/(a^{pL}-1),\qquad a>1\tag{8.39}$$

$$\tilde{\boldsymbol{I}}=\boldsymbol{l}^{2k+1}/L^{2k},\qquad k\in\mathrm{N}\tag{8.40}$$

其中，$\boldsymbol{I}$ 为从 t_0 到 t_1 时刻的 n 个等间隔点，且

$$l=\begin{bmatrix}L & \frac{n-2}{n-1}L & \cdots & \frac{0}{n-1}L & 0\end{bmatrix}^{\mathrm{T}} \tag{8.41}$$

指数函数变换和幂函数变换中的参数取值可以调节,合理选取可调参数能够对末段交会过程中的燃耗进行优化。

3. 参考视线机动策略的参数分析

下面就参考视线机动策略对机动点位置参数关系进行简要分析。假设已计算出双冲量交会的最大视线角为 70 °,一般情况下相对测量设备的视场角是达不到的,为此需要采用参考视线机动方法来设计视线约束的三冲量交会轨道机动。要求机动过程中最大视线角 $\alpha_{\max}=30°$,取参考视线角 $\alpha_{\text{ref}}=18°$。分别采用式(8.39)和式(8.40)的机动点位置确定方法,由式(8.36)计算出中间机动的位置。

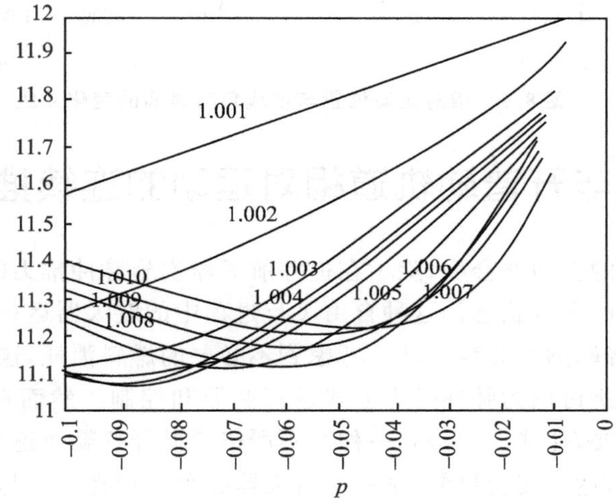

图 8.4 燃耗随机动点位置参数 a 和 p 的变化关系

图 8.4 所示为参数 a 给定条件下燃耗 p 的变化情况。由图可知,参数取值的不同组合都可以得到燃耗最低的值,但这并不表示交会过程中追踪航天器飞行状态参数的动态性能好,因为不同的组合对应着不同的相对运动轨迹。

如果指数函数中取 $a=1.01$,$p=-0.04$,幂函数中取 $k=1$,相对运动位置与视线角的变化关系如图 8.5 所示。可以看出,参数给定后相对位置的变化可以让最大视线角实现先大后小的设想,并满足终端约束,且最大视线角小于 30°。

表 8.1 给出了指数函数变换和幂函数变换下的三冲量机动速度增量的统计结果。显然,这两种方法都可以有效地实现末段交会的脉冲推力制导。与幂函数变换相比,指数函数变换所需能量更少,但它的第三次速度增量较大。如果希望减小终端速度,那么可通过调节参数 a 和 p 使第三次速度增量进一步降低。

表 8.1 指数/幂函数变换下的参考视线三冲量机动燃耗

$\mathrm{m\cdot s^{-1}}$

参数	Δv_1	Δv_2	Δv_3	$\lvert\Delta v_1\rvert+\lvert\Delta v_2\rvert+\lvert\Delta v_3\rvert$
Δv_x	−5.92/−6.42	−2.77/−3.24	−1.71/−0.90	11.09/11.22
Δv_y	1.79/2.29	0.17/−0.71	−1.17/−0.61	

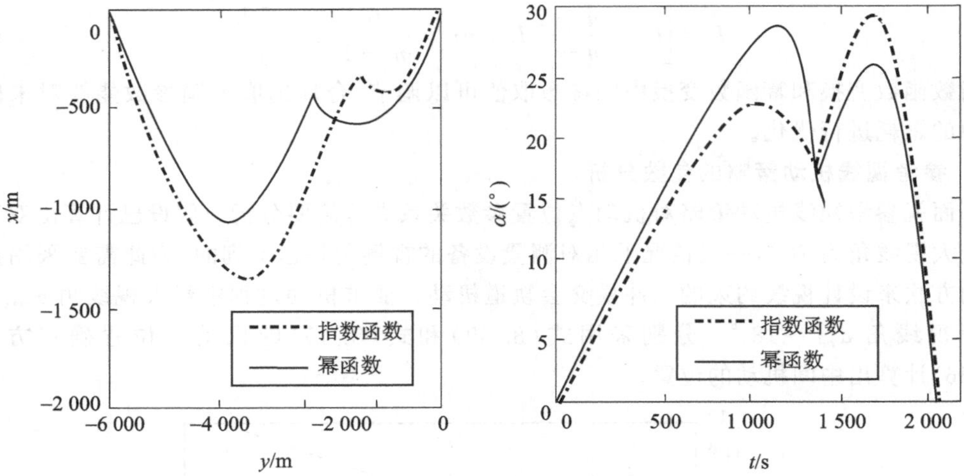

图 8.5　相对运动位置与视线角随时间的变化曲线

8.4　非开普勒轨道相对运动的连续推力控制

在 8.3 节所讨论的空间交会中，除了在追踪航天器实施脉冲推力的时刻之外，其余时刻均保持不施加控制的自由飞行状态。这种自由飞行过程中的航天器运行轨道通常称作开普勒轨道，遵循无约束的开普勒圆锥曲线运动。考虑到不必要的燃料消耗，这种基于开普勒轨道的相对运动通常采用之前所讨论的脉冲推力方式进行制导和控制。然而在实际过程中，基于空间环境和操作任务的需要，往往还会碰到一种并不严格遵循开普勒轨道的航天器间的交会问题。比如为完成交会任务，达到交会目的，某一方航天器必须运行在一个与任何开普勒圆锥曲线都不吻合的轨道上，这种轨道称为非开普勒轨道，这种情况的交会称为非开普勒轨道的空间交会。

非开普勒轨道交会是以非开普勒轨道相对运动为基础的，由于非开普勒轨道并不是无推力控制的自由飞行轨道，因此不同于前述的脉冲推力方式，非开普勒轨道的相对运动需要施加连续的推力机动进行控制，燃耗自然更大，但能够完成更为复杂的交会任务，具有更为灵活的空间操作执行能力。

最为典型的一种非开普勒轨道交会问题就是悬停问题。悬停问题要求追踪航天器相对于目标器保持在固定的或特定的相对位置上，使得相对距离和视角保持不变。如果对目标航天器轨道没有特殊要求，即为自由飞行的开普勒轨道目标，那么追踪航天器就必须得运行在一个偏置于目标航天器轨道的非开普勒轨道上。实现相对运动的悬停不仅能够更大程度地满足对空间目标长期监视的任务需求，还能够增强追踪航天器轨道的隐蔽性和空间操作的灵活性。本节就交会悬停问题对近圆轨道相对运动的连续推力控制进行了讨论，内容主要包括悬停点确定和悬停控制两个方面，并讨论了两种最优的非线性控制方法。

8.4.1　近圆轨道目标悬停控制

悬停的主要任务是对空间目标进行近距离的跟踪监视，这里并不考虑目标的内部结构、形状和转动对悬停运动的影响。另外，由于大约 99%的 2 000 km 以下的近地轨道目标均采用圆轨道或近圆轨道,所以圆轨道目标的悬停问题具有普遍意义。下面运用 8.2 节给出的 HCW 模型,从悬停点的选取、捕获和保持三个方面,针对圆轨道目标给出应用面较广的连续有限推力悬停控制方法,可使追踪航天器悬停在非开普勒偏置轨道上,并具备预定的观测距离和观测角度。

追踪航天器的悬停操作可分为三个主要步骤:首先,根据指标要求选择合适并且可达的悬停状态,即悬停点选取;其次,从初始相对状态向悬停状态转移,即悬停点捕获;最后,达到悬停状态后进行悬停状态的维持,即悬停点保持。

1. 悬停点集与悬停点选择

假设要求在 $\bar{t}$ 时刻到达预定的悬停位置,且相对速度分量为零。在相对运动状态模型即式(8.30)的状态空间中,显然悬停状态的取值并不是任意的。在机动方式和初始机动时刻给定的前提约束下,仅有部分状态点能够满足悬停的要求,把在这些约束下所有能够到达悬停状态的点的集合称为悬停点集,表现为一条空间曲线。不同的初始机动时刻形成一簇悬停点曲线,悬停点即可依据指标要求在曲线簇中选取。对于不同的推力机动方式,具有不同的悬停点曲线簇。

不失一般性,仅考虑连续推力机动以及初始机动时刻既定的情况,此时悬停位置选择范围在一条悬停点曲线上。记悬停的相对运动状态为 $\bar{\boldsymbol{X}}=[\bar{X}_R\ \bar{X}_V]^{\mathrm{T}}$,其中 $\bar{\boldsymbol{X}}_R=[\bar{x}\ \bar{y}\ \bar{z}]^{\mathrm{T}}$,$\bar{X}_V=O_{1\times 3}$。令初始机动时刻为 t_0,根据式(8.31),在 $\bar{t}$ 时刻满足

$$\bar{\boldsymbol{X}}(\bar{t})=\boldsymbol{\Phi}(t,t_0)\boldsymbol{X}(t_0)+\boldsymbol{\Psi}(t,t_0)\boldsymbol{U} \tag{8.42}$$

经推导可得

$$\bar{\boldsymbol{X}}_R(\bar{t})=\begin{bmatrix}\boldsymbol{I}_{3\times 3} & \bar{\boldsymbol{H}}(\bar{t}-t_0)\end{bmatrix}\boldsymbol{X}(t_0) \tag{8.43}$$

其中

$$\bar{\boldsymbol{H}}=\frac{1}{n}\begin{bmatrix}\dfrac{(4\sin n\tau-3n\tau)(1-\cos n\tau)}{8(1-\cos n\tau)-3n\tau\sin n\tau} & \dfrac{4(1-\cos n\tau)-2n\tau\sin n\tau}{8(1-\cos n\tau)-3n\tau\sin n\tau} & 0\\ -\dfrac{2(3n^2\tau^2\cos n\tau-7n\tau\sin n\tau+12-16\cos n\tau+4\cos^2 n\tau)}{8(1-\cos n\tau)-3n\tau\sin n\tau} & \dfrac{n\tau}{2} & 0\\ 0 & 0 & \dfrac{1-\cos n\tau}{\sin n\tau}\end{bmatrix}$$

上式即为连续推力机动下针对 $X(t_0)$ 的悬停点曲线。值得注意的是,式(8.42)不难推广到一个特例,即脉冲推力机动的情况,它在 t_0 时刻的悬停点曲线与自由飞行的相对运动轨迹重合。

2. 悬停点捕获

悬停点捕获指的是追踪航天器在初始时刻 t_0 进行连续机动并在 $\bar{t}$ 时刻以零相对速度到达悬停点,满足悬停的要求。那么,由式(8.42)的速度分量方程可以得到该阶段所需机动量

$$\boldsymbol{U}_1=(\boldsymbol{\Psi}^{\mathrm{T}}\boldsymbol{\Psi})^{-1}\boldsymbol{\Psi}^{\mathrm{T}}\left[\bar{\boldsymbol{X}}(\bar{t})-\boldsymbol{\Phi}\boldsymbol{X}(t_0)\right] \tag{8.44}$$

整理得

$$\boldsymbol{U}_1=\begin{bmatrix}\boldsymbol{H}_1 & \boldsymbol{H}_2(\bar{t}-t_0)\end{bmatrix}\boldsymbol{X}(t_0) \tag{8.45}$$

其中

$$\boldsymbol{H}_1=n^2\begin{bmatrix}-3 & 0 & 0\\ 0 & 0 & 0\\ 0 & 0 & 1\end{bmatrix}$$

$$\boldsymbol{H}_2=n\begin{bmatrix}\dfrac{3\theta\cos n\tau-4\sin n\tau}{81-\cos n\tau)-3n\tau\sin n\tau} & \dfrac{2(1-\cos n\tau)}{8(1-\cos n\tau)-3n\tau\sin n\tau}-2 & 0\\ 0 & -\dfrac{s}{8(1-\cos n\tau)-3n\tau\sin n\tau} & 0\\ 0 & 0 & -\dfrac{\cos n\tau}{\sin n\tau}\end{bmatrix}$$

3. 悬停点保持

追踪航天器到达悬停点后，仍需要持续推力机动以保持悬停状态。悬停保持控制可以采用开环或闭环两种控制方式，下面分别讨论。

(1) 开环控制律

在悬停保持阶段，对于 $\forall\, t\geqslant\bar{t}$ 均有 $X(t)=\bar{X}(\bar{t})$。代入式(8.31)，得到该阶段机动量 U_2 满足

$$U_2=(\boldsymbol{\Psi}^{\mathrm{T}}\boldsymbol{\Psi})^{-1}\boldsymbol{\Psi}^{\mathrm{T}}(I-\boldsymbol{\Phi})\bar{X}(\bar{t}) \tag{8.46}$$

整理得

$$U_2=[H_1\quad O_{3\times3}]\,X(\bar{t}) \tag{8.47}$$

式(8.45)和式(8.47)表明，在捕获阶段的机动由两项组成：后者为动态项，用以对消初始状态的相对速度，保证捕获时刻以零相对速度到达悬停位置；前者为稳态项，对该过程中的相对运动状态的自由偏移进行补偿。而在保持阶段，初始速度偏差已经消除，仅存稳态项，该项加在径向和横向上，径向分量作目标轨道平面的共面补偿，横向分量则作异面补偿，并且均与目标轨道的平均角速度平方成正比。由于轨道越高角速率越低，因此对高轨道目标悬停更为经济。另外，由式(8.47)可知，悬停点位置也是影响燃耗的重要因素，悬停轨道与目标轨道的高度差和异面偏置程度越小，则燃耗越低。反映燃耗的绝对速度总增量为

$$\Delta V_{\text{open}}=\|U_1\|\cdot(\bar{t}-t_0)+\|U_2\|\cdot(t-\bar{t}) \tag{8.48}$$

(2) 闭环控制律

由于所采用的 HCW 方程是一个线性化近似模型，故方程本身是存在模型误差的，对于精度要求较高的场合，开环保持控制的效果难以长期维系。下面借助相对导航或目标跟踪信息对相对运动状态进行实时反馈，使得实际状态在每个反馈周期内均得到修正，从而确保追踪航天器能够长期准确地驻留在悬停位置，代价是需要消耗更多的燃料。

记 t 时刻相对导航结果 $\hat{X}(t)$，输出周期 Δt。对于 $\forall\, t\geqslant\bar{t}$ 均有 $\hat{X}(t+\Delta t)=\bar{X}(\bar{t})$，运用式(8.31)对左边进行周期递推，得到该阶段机动量：

$$U_2'=(\boldsymbol{\Psi}^{\mathrm{T}}\boldsymbol{\Psi})^{-1}\boldsymbol{\Psi}^{\mathrm{T}}[\bar{X}(\bar{t})-\boldsymbol{\Phi}\hat{X}(t)] \tag{8.49}$$

整理得

$$U_2'=[H_1\ H_2(\Delta t)]\cdot\hat{X}(t) \tag{8.50}$$

上式与式(8.47)相比，除了引入相对运动状态的实时反馈之外，还多出了 $H_2(\Delta t)$项，其意义在于在每一个反馈时刻对实际状态的偏差进行抑制，使其在 Δt 内重新回到悬停点上。闭环保持下的绝对速度总增量为

$$\Delta V_{\text{closed}}=\|U_1\|(\bar{t}-t_0)+\sum\nolimits_k\|U_2'(\bar{t}+k\Delta t)\|\Delta t \tag{8.51}$$

其中 k 表示第 k 个反馈周期。

根据上面几个步骤可以看出，整个悬停的操作过程可总结为图 8.6。

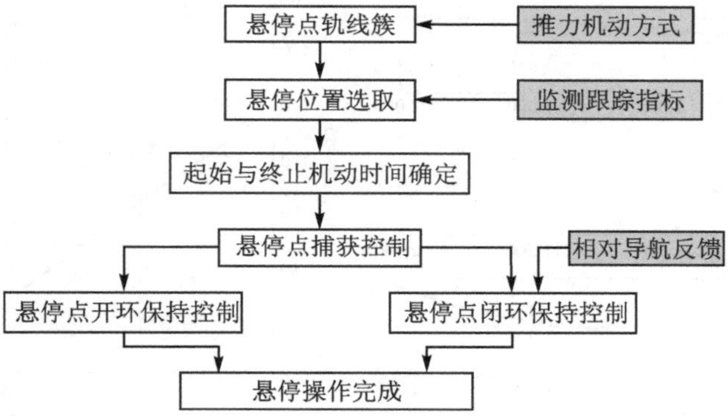

图 8.6　悬停操作过程示意图

4. 仿真实例

下面举例对悬停过程进行说明。

设定目标航天器 T 和追踪航天器 C 的初始时刻轨道根数以及相应的惯性空间初始状态如表 8.2 所列。追踪器采用连续推力机动方式。相对导航信息的反馈周期为 1 s，仿真持续 2 000 s。

表 8.2　目标器和追踪器的初始运动状态

参数	Ω/(°)	i/(°)	a/km	E	u/(°)	f/(°)
T	45	28.5	6 688.137	0	0	315.5
C	45	30	6 678.137	0	0	315
参数	x/km	y/km	z/km	$Vx/(\mathrm{km\cdot s})^{-1}$	$Vy/(\mathrm{km\cdot s})^{-1}$	$Vz/(\mathrm{km\cdot s})^{-1}$
T	6 286.190 265	460.056 336	−2 236.8139 50	0.404 460 332	7.247 859 367	2.627 370 158
C	6 230.786 646	447.350 354	−2 361.077 979	0.517 527 804	7.208 232 428	2.731 468 725

在该初始状态下计算出的悬停点曲线如图 8.7 所示。图 8.8 为每个悬停点的相对距离曲线。根据这两个图选取悬停点，若无法满足指标要求则需要变动初始机动时刻及其相应状态，在曲线簇的其他曲线上查询。

设定第 600 s 处悬停距离和悬停位置满足指标要求，追踪航天器将停泊在目标的异面偏置轨道上。捕获和保持阶段的位置误差和速度误差分别如图 8.9 和图 8.10 所示，图中虚线采用的是开环控制，实线是闭环控制。可以看出，由于模型误差的存在，两种控制均不能完全与悬停点重合，始终存在与模型误差相关的位置偏移。另外，闭环控制趋于稳态前，在捕获与保持交接时刻存在一个短暂的过渡过程，该过程抑制了捕获阶段的状态偏差，是闭环控制性能优于开环的关键。

追踪航天器全程机动曲线如图 8.11 和图 8.12 所示。在捕获阶段，控制不受实时信息的影响，是开环的，由初始状态和悬停状态决定，为恒值。在保持阶段，开环保持同样为恒值，仅与悬停位置相关，而闭环保持实时引入导航信息，机动幅值是有界的连续时变曲线，且过渡阶段的机动相对较大。

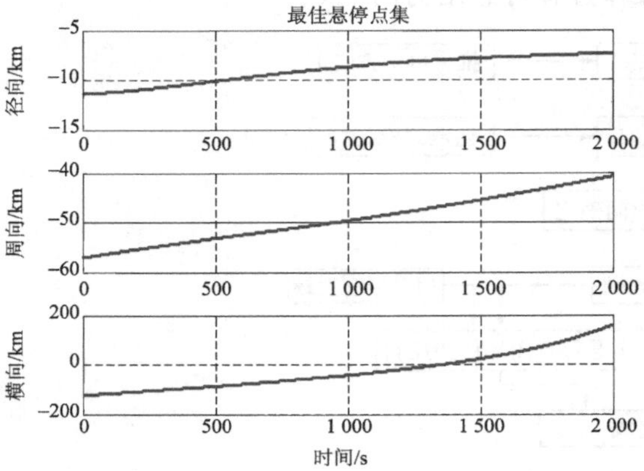

图 8.7　连续推力机动下的悬停点曲线

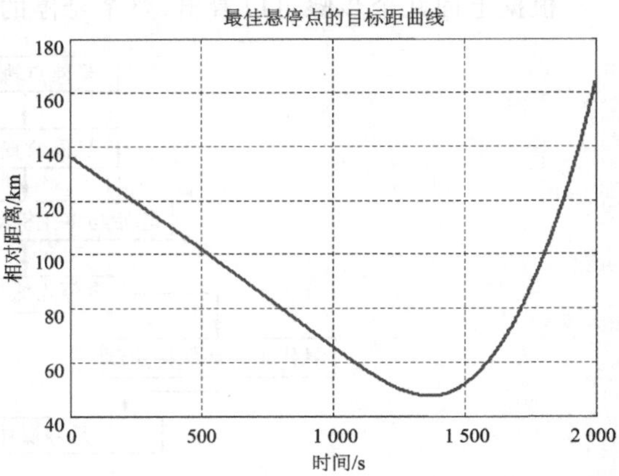

图 8.8　悬停点相对距离

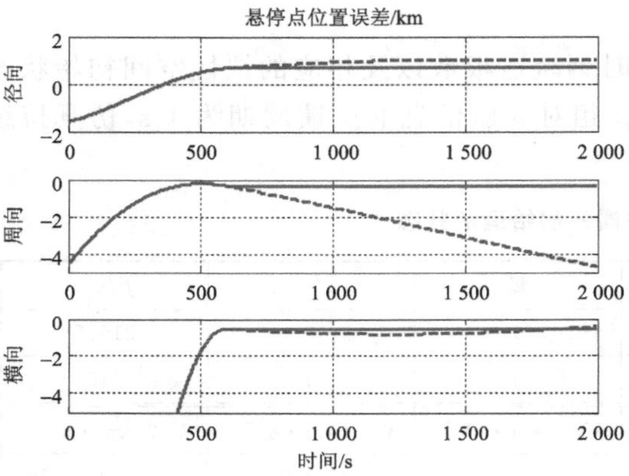

图 8.9　悬停位置误差

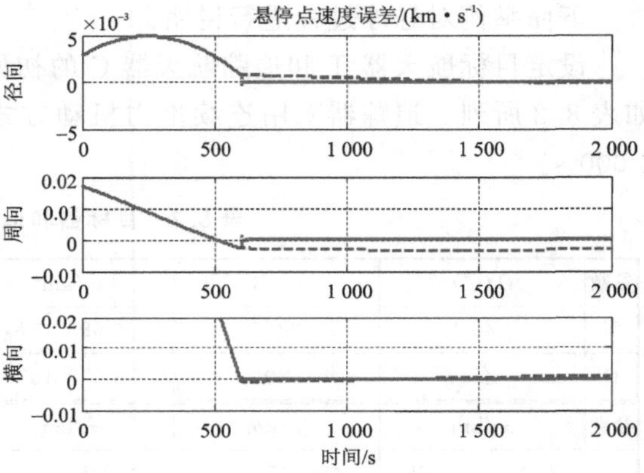

图 8.10　悬停速度误差

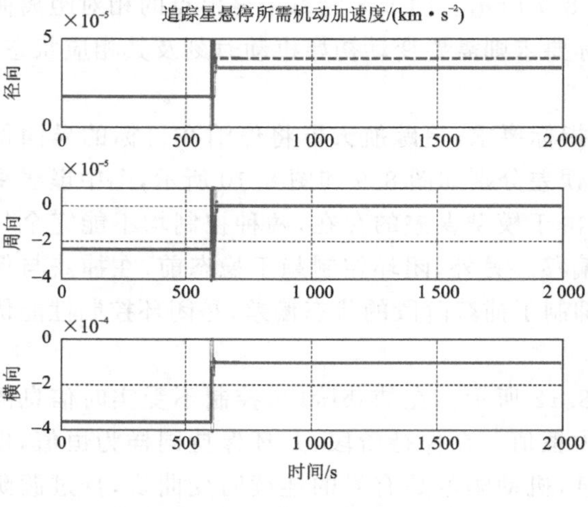

图 8.11　追踪航天器推力加速度

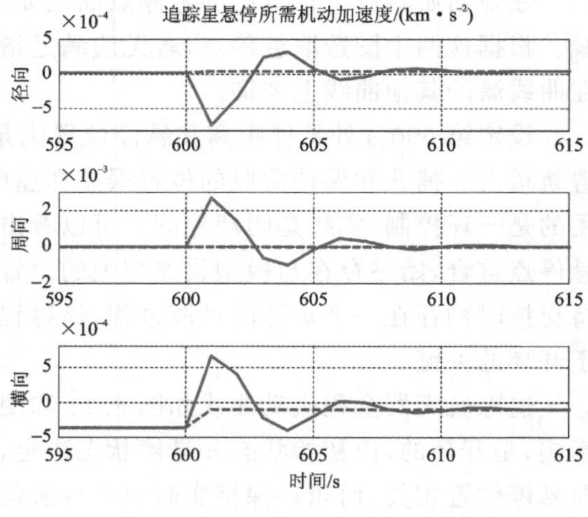

图 8.12　过渡阶段的推力加速度

图 8.13 所示为开闭环两种控制策略的绝对速度总增量比较,这两种情况下燃耗均基本呈线性增加态势,且闭环所需燃耗略高于开环。图 8.14 所示为闭环与开环的绝对速度总增量之差,闭环控制在捕获保持的过渡阶段会引起一定程度的额外燃耗,然而随时间推移,额外总燃耗呈线性下降趋势,这意味着悬停保持达到稳态后,闭环控制反而会比开环更节省燃耗。

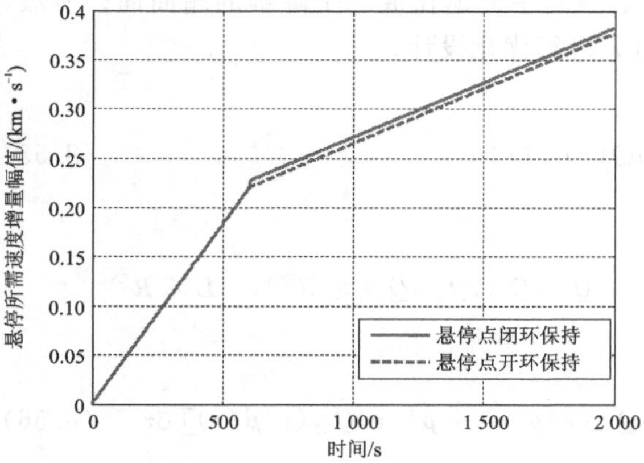

图 8.13 追踪航天器速度总增量

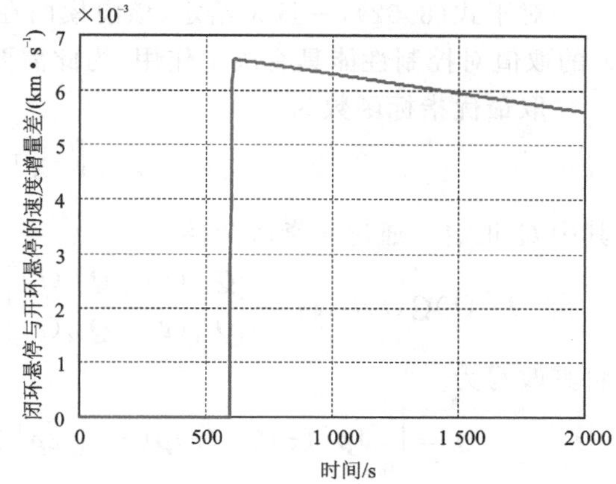

图 8.14 开闭环速度总增量差

8.4.2 最优滑模变结构控制

空间环境不可避免地会存在一些不确定扰动因素,例如来自外部的自然力摄动、自身通信或测量设备故障导致的信号缺失等,将会给相对运动控制精度带来一定程度的损失,剧烈的扰动还有可能造成系统的不稳定。为尽量降低这种不确定因素所带来的影响,人们提出了许多具有鲁棒性的方法,能够让被控系统对一定强度有界扰动具有承受能力,保持系统鲁棒稳定。其中,滑模变结构方法无疑是设计较为简洁且应用较广的一种。该方法在趋近律的约束下,能够通过非线性切换函数将受扰系统状态引导并限制在所设定的滑模面上,从而有效抑制外部扰动对系统状态所产生的偏移。滑模面通常设定为状态空间中的一个流形,该流形可限定系统状态轨迹的变化趋势,这就是滑模控制的突出特征所在,即不仅对外部扰动不敏感,还能对系统状态的变化进行全程监控。

考虑到空间操作环境对燃耗的需求,仅关注系统对扰动的鲁棒性是不够的,然而传统的滑模控制方法在获得良好的鲁棒性的同时一般并不考虑燃耗的优化。为此,下面介绍一类最优滑模控制方法,该类方法通过指标函数的设计能够建立最优的滑模面,让系统在获得鲁棒性的同时,实现相关性能的优化,这对于空间环境中的相对运动控制是十分有意义的。最优滑模控制按滑模面类型的不同可以分为静态最优和动态最优两种,其中前者用以优化系统状态变化规律,后者可以实现燃耗的优化。

1. 静态最优滑模控制

定义相对运动状态误差为 $\tilde{\boldsymbol{X}}=\boldsymbol{X}-\bar{\boldsymbol{X}}$,记 $\boldsymbol{X}=[\rho \quad \dot{\rho}]^{\mathrm{T}}$,滑模切换面常设计为

$$\boldsymbol{S}=\tilde{\dot{\boldsymbol{\rho}}}+\boldsymbol{\lambda}\tilde{\boldsymbol{\rho}} \tag{8.52}$$

其中,权系数矩阵 $\boldsymbol{\lambda}\in\Re^{3\times 3}$ 为正定对角阵。到达律为具有常值增益的切换函数:

$$\dot{\boldsymbol{S}}=\varepsilon\,\mathrm{sgn}(\boldsymbol{S}) \tag{8.53}$$

考虑相对运动的状态空间模型式(8.30),追踪航天器的控制律可表示为

$$\boldsymbol{U}=\boldsymbol{A}_{21}\tilde{\boldsymbol{\rho}}+(\boldsymbol{A}_{22}+\lambda)\tilde{\dot{\boldsymbol{\rho}}}+\boldsymbol{A}_{21}\dot{\boldsymbol{\rho}}+\boldsymbol{A}_{22}\bar{\dot{\boldsymbol{\rho}}}+\bar{\ddot{\boldsymbol{\rho}}}+\varepsilon\,\mathrm{sgn}(\boldsymbol{S}) \tag{8.54}$$

其中 $\varepsilon\geqslant\|a_d\|$,系统得以鲁棒稳定。

对于式(8.52),一旦 λ 给定,该滑模面在状态空间中即退化成一个降维的超曲面。显然,λ 的取值对控制性能具有决定作用,为此需要对 λ 进行优化设计。

取最优指标函数为

$$J=\int_{t_0}^{t}X^{\mathrm{T}}(\tau)Q(\tau)X(\tau)\mathrm{d}\tau \tag{8.55}$$

其中 Q 正定。通过非奇次变换

$$\boldsymbol{L}^{\mathrm{T}}(t)\boldsymbol{Q}(t)\boldsymbol{L}(t)=\begin{bmatrix}\boldsymbol{Q}_{11}(t) & \boldsymbol{Q}_{12}(t)\\ \boldsymbol{Q}_{21}(t) & \boldsymbol{Q}_{22}(t)\end{bmatrix};\quad \boldsymbol{Q}_{11},\boldsymbol{Q}_{12},\boldsymbol{Q}_{21},\boldsymbol{Q}_{22}\in\Re^{3\times3},\quad \boldsymbol{L}\in\boldsymbol{R}^{6\times6}$$

将其改写为

$$\boldsymbol{J}=\int_{t_0}^{t}\left[\boldsymbol{\rho}^{\mathrm{T}}(\tau)\boldsymbol{Q}_{11}(\tau)\boldsymbol{\rho}(\tau)+2\boldsymbol{\rho}^{\mathrm{T}}(\tau)\boldsymbol{Q}_{12}(\tau)\dot{\boldsymbol{\rho}}(\tau)+\dot{\boldsymbol{\rho}}^{\mathrm{T}}(\tau)\boldsymbol{Q}_{22}(\tau)\dot{\boldsymbol{\rho}}(\tau)\right]\mathrm{d}\tau \tag{8.56}$$

根据最优 LQR 原理,最优 λ 可由下式导出:

$$\lambda(t)=\boldsymbol{Q}_{22}^{-1}(t)\left[\boldsymbol{A}_{12}^{\mathrm{T}}(t)\boldsymbol{P}'(t)+\boldsymbol{Q}_{12}^{\mathrm{T}}(t)\right] \tag{8.57}$$

P'满足黎卡提方程

$$\dot{\boldsymbol{P}}'+\boldsymbol{P}'\boldsymbol{A}'+\boldsymbol{A}'^{\mathrm{T}}\boldsymbol{P}'-\boldsymbol{P}'\boldsymbol{B}'\boldsymbol{R}'\boldsymbol{B}'^{\mathrm{T}}\boldsymbol{P}'+\boldsymbol{Q}'=0 \tag{8.58}$$

其中 $\boldsymbol{A}'=\boldsymbol{A}_{11}-\boldsymbol{A}_{12}\boldsymbol{Q}_{22}^{-1}\boldsymbol{Q}_{12}^{\mathrm{T}}$,$\boldsymbol{B}'=\boldsymbol{A}_{12}$,$\boldsymbol{Q}'=\boldsymbol{Q}_{11}-\boldsymbol{Q}_{12}\boldsymbol{Q}_{22}^{-1}\boldsymbol{Q}_{12}^{\mathrm{T}}$,$\boldsymbol{R}'=\boldsymbol{Q}_{22}$。

显然,滑模切换面式(8.52)中的权系数矩阵通过最小化代价函数式(8.55)得到了优化,系统状态因此可以被约束在一个最优滑模面上。然而,由于式(8.56)中并没有对控制矢量加以考虑,因此并不是燃耗最优的。并且,对于式(8.30)来说,只要 Q 是时不变的,最优权系数 λ 即为一常值矩阵,这使得滑模面仍然是一个降维的超曲面,而燃耗最优的滑模面在状态空间中必然是全维的,因此该滑模面不可能将系统状态约束在燃耗最优的状态轨迹线上。这为建立可优化燃耗的动态最优滑模控制方法提出了必然需求。

2. 动态最优滑模面

基于以上考虑,现将控制输入变量考虑到优化指标中,重新进行滑模切换面的优化。在这种情况下,优化后的滑模切换面将同时具有动态滑模和最优滑模的性质,故称其为动态最优滑模面。其具体方法如下。

将一个名义最优 LQR 控制器作用在不考虑扰动的参考模型上,其具有代价函数

$$\boldsymbol{J}=\int_{t_t}^{t}\left[\tilde{\boldsymbol{X}}^{\mathrm{T}}(\tau)\boldsymbol{Q}(\tau)\tilde{\boldsymbol{X}}(\tau)+\boldsymbol{U}_c^{\mathrm{T}}(\tau)\boldsymbol{R}(\tau)\boldsymbol{U}_c(\tau)\right]\mathrm{d}\tau \tag{8.59}$$

其中 $\boldsymbol{R}\in\Re^{3\times3}$ 正定。对于系统模型式(8.30),选取自治系统

$$\dot{\boldsymbol{X}}(t)=\boldsymbol{A}\boldsymbol{X}(t)+\boldsymbol{B}\boldsymbol{U}^{*}(t) \tag{8.60}$$

为参考模型,其中 $\boldsymbol{U}^{*}$ 为该二次型最优调节器,表示为

$$\boldsymbol{U}^{*}(t)=-\boldsymbol{K}(t)\left[\boldsymbol{X}(t)-\bar{\boldsymbol{X}}\right] \tag{8.61}$$

最优增益矩阵为

$$\boldsymbol{K}=\left[\boldsymbol{K}_p,\boldsymbol{K}_d\right]=\boldsymbol{R}^{-1}\boldsymbol{B}^{\mathrm{T}}\boldsymbol{P} \tag{8.62}$$

$$\dot{\boldsymbol{P}}+\boldsymbol{PA}+\boldsymbol{A}^{\mathrm{T}}\boldsymbol{P}-\boldsymbol{PBRB}^{\mathrm{T}}\boldsymbol{P}+\boldsymbol{Q}=0 \tag{8.63}$$

式(8.61)是一个最优 PD 控制器,其比例和微分增益矩阵为 $\boldsymbol{K}_p,\boldsymbol{K}_d\in\Re^{3\times3}$。

于是,在 U^* 的控制下,式(8.60)的状态矢量为

$$\boldsymbol{X}^*(t,t_0)=\boldsymbol{\Phi}(t,t_0)\boldsymbol{X}^*(t_0)+\int_{t_0}^{t}\boldsymbol{\Phi}(t,\tau)\boldsymbol{BU}^*(\tau)\mathrm{d}\tau \tag{8.64}$$

其中,参考模型的初始状态 $X^*(t_0)$ 和实际初始状态 $X(t_0)$ 等价。该式描述的是最小化式(8.59)的所产生的理想的状态轨迹,表明了位置和速度矢量的最优关系并非静态的,而是随外部控制的实施而不断变化。因此,该式所表示的状态轨迹是全维并具有动态最优意义的。于是,我们取这条超曲线作为动态最优滑模切换面。

3. 动态最优滑模控制

将上述动态最优滑模面写为如下一般形式:

$$\boldsymbol{S}=\tilde{\boldsymbol{X}}-\tilde{\boldsymbol{X}}^* \tag{8.65}$$

记 $\boldsymbol{S}=[(\boldsymbol{S}^{\rho})^{\mathrm{T}},(\boldsymbol{S}^{\dot{\rho}})^{\mathrm{T}}]^{\mathrm{T}}$,将式(8.61)代入式(8.60),有

$$\dot{\tilde{\boldsymbol{X}}}^*(t)=\tilde{\boldsymbol{A}}\tilde{\boldsymbol{X}}^*(t) \tag{8.66}$$

$$\tilde{\boldsymbol{A}}=\begin{bmatrix}\tilde{\boldsymbol{A}}_{11} & \tilde{\boldsymbol{A}}_{12}\\ \tilde{\boldsymbol{A}}_{21} & \tilde{\boldsymbol{A}}_{22}\end{bmatrix} \tag{8.67}$$

其中,$\tilde{\boldsymbol{A}}_{11}=O_{3\times3}$,$\tilde{\boldsymbol{A}}_{12}=I_{3\times3}$,$\tilde{\boldsymbol{A}}_{21}=\boldsymbol{A}_{21}-\boldsymbol{K}_p$,$\tilde{\boldsymbol{A}}_{22}=\boldsymbol{A}_{22}-K_d$。选取如下趋近律:

$$\dot{\boldsymbol{S}}=-\alpha\tilde{\boldsymbol{A}}\boldsymbol{S}-\varepsilon\boldsymbol{K}\,\mathrm{sgn}(\boldsymbol{S}) \tag{8.68}$$

$\alpha\geqslant0$ 为可调因子,用于控制状态向滑模面趋近的速度。最优增益矩阵则用来补偿各正交方向的差异性。

根据系统模型式(8.30)、式(8.65)和式(8.68),动态最优滑模控制律可表达如下:

$$\boldsymbol{U}(t)=\boldsymbol{U}^*(t)+(1-\alpha)\hat{\boldsymbol{U}}(t)+\varepsilon\boldsymbol{K}_d\,\mathrm{sgn}(\boldsymbol{S}^{\dot{\rho}}) \tag{8.69}$$

其中

$$\hat{\boldsymbol{U}}(t)=\tilde{\boldsymbol{A}}_{21}(\tilde{\rho}-\tilde{\rho}^*)+\tilde{\boldsymbol{A}}_{22}(\dot{\tilde{\rho}}-\dot{\tilde{\rho}}^*) \tag{8.70}$$

显然,当 $\alpha=1$ 时,式(8.69)的等价控制部分与最优 LQR 相同,因此可认为是最优控制的一种考虑了扰动抑制的扩展形式,并且在扰动因素不存在的情况下,退化为一般的最优 LQR 控制。

4. 稳定性与参数分析

式(8.69)所表述的动态最优滑模控制律具有全局鲁棒性,并且在其作用下的扰动系统在参数满足一定条件后是鲁棒稳定的。证明如下。

由于 $\dot{\boldsymbol{S}}$ 存在且有界,并且

$$\boldsymbol{S}\,|_{t\to0}=(\tilde{\boldsymbol{X}}-\tilde{\boldsymbol{X}}^*)\,|_{t\to0}=0$$

和

$$\boldsymbol{S}\,|_{t\to\infty}=(\tilde{\boldsymbol{X}}-\tilde{\boldsymbol{X}}^*)\,|_{t\to\infty}=0$$

同时成立,因此式(8.69)所表述的动态最优滑模控制律具有全局鲁棒稳定性。

取

$$V=\frac{1}{2}S^{\mathrm{T}}S$$

为李雅普诺夫函数，有

$$\dot{V}=S^{\mathrm{T}}\dot{S}=-|S^{\mathrm{T}}|(\varepsilon K+a_d\,\mathrm{sgn}(S))-\alpha S^{\mathrm{T}}\tilde{A}\tag{8.71}$$

既然系统式(8.66)稳定，$\tilde{A}$ 负定，于是满足 $\varepsilon\geqslant\|K_d^{-1}\|\|a_d\|$ 即可保证 $\dot{V}\leqslant 0$。然而考虑到控制律受到推力加速度上限 U_m 的饱和约束，于是经推导可得，切换常数需满足

$$\|K_d^{-1}\|\|a_d\|\leqslant\varepsilon\leqslant\|K_d^{-1}\|[U_m-\|U^*\|-(1-\alpha)\|\hat{U}\|]\tag{8.72}$$

才能保证饱和约束下系统的鲁棒稳定。

另外，在滑模趋近律方面，为保证有限的到达时间，取

$$\alpha(S^{\dot{\rho}},s)=\begin{cases}0, & S^{\dot{\rho}}\leqslant s\\ 1, & S^{\dot{\rho}}>s\end{cases}\tag{8.73}$$

其中，$s\in\Re^{3\times1}$ 为自定义门限。如果滑模小于该门限，说明扰动较弱，需要选择小的 α 值来抬升趋近速度，反之就需要一个大值来保证控制律接近最优，以利于节省燃耗。

为抑制滑模控制过程中的抖振，用连续饱和函数

$$\mathrm{sat}(S,\eta)=\begin{cases}S/\eta, & S\leqslant\eta\\ \mathrm{sgn}(S), & S>\eta\end{cases}\tag{8.74}$$

取代式(8.69)中的符号函数。$\eta\in\Re^{3\times1}$ 为饱和边界宽度。

综上所述，对于系统模型式(8.30)，动态最优滑模控制律由式(8.69)和式(8.70)表示。其中的变量由式(8.61)～式(8.65)以及式(8.67)所决定，而参数则由式(8.72)～式(8.74)所决定。

该方法具有如下几个特点：① 动态最优滑模控制律的滑模切换面随名义控制所产生的动态最优状态解的变化而变化，是时变的，这使其具有动态滑模的特性，可将系统状态约束在理想最优控制作用下的系统状态轨迹上；② 由于名义控制的最优指标包含控制变量，因此不论扰动是否存在，该状态轨迹均是优化了燃耗的状态轨迹；③ 该控制律具有全局鲁棒稳定性，可以避免从任意初始状态到滑模面的到达时间无界的问题；④ 所设计的滑模切换结构能够通过调节趋近速度来保证有限的到达时间。正是以上这些特性，动态最优滑模控制律的运用能够同时达到两个目的：一是通过引入燃耗相关的指标函数优化了燃耗；二是通过建立动态滑模切换面和自调节到达律改善了鲁棒性。

5. 仿真实例

设定目标航天器和追踪航天器运行在近圆轨道上，初始轨道参数如表 8.3 所列。目标自由飞行，追踪航天器从 $t_0=0$ 时刻即具有机动能力，且机动加速度上限 $U_m=0.001\ \mathrm{m/s^2}$，控制指标为让追踪航天器悬停在与目标的初始相对位置上。外部扰动考虑星载传感器或通信链路故障所导致的信号缺失，设定从第 50 s 开始，持续 100 s。在这个过程中，相对运动状态的反馈停留在扰动前的最后传送值上。分别取滑模面式(8.52)不做优化的传统滑模控制(Sliding Mode Control，SMC)、静态最优滑模控制(Optimal SMC，OSMC)、动态最优滑模控制(Dynamic Optimal SMC，DOSMC)三种方法作为悬停控制方法进行比较。

表 8.3　目标器和追踪器的初始轨道参数

参　数	a/km	E	i/(°)	Ω/(°)	ω/(°)	f/(°)
T	6 678.137	0.05	28.5	45	0.5	133.912
C	6 678.137	0.05	28.5	45	0	133.912

取参数 $s=[10^{-7}\quad 10^{-7}\quad 10^{-7}]^{\mathrm{T}}$，$\eta=[10^{-3}\quad 10^{-3}\quad 10^{-3}]^{\mathrm{T}}$，$Q=I_{6\times6}$，$R=I_{3\times3}$。SMC 的参数 λ 任意取为 $10^{-1}I_{3\times3}$，OSMC 的参数 λ 则按式(8.57)计算得出。

图 8.15 给出了 SMC、OSMC、DOSMC 三种方法的悬停位置误差和速度误差。结果表明，SMC 到达期望悬停位置所花费的时间最长，而另外两种方法几乎相同。扰动发生后，SMC 的状态对期望悬停位置的偏移最大，其次是 OSMC，而 DOSMC 的稳定性最好，说明 DOSMC 具有更好的鲁棒性。

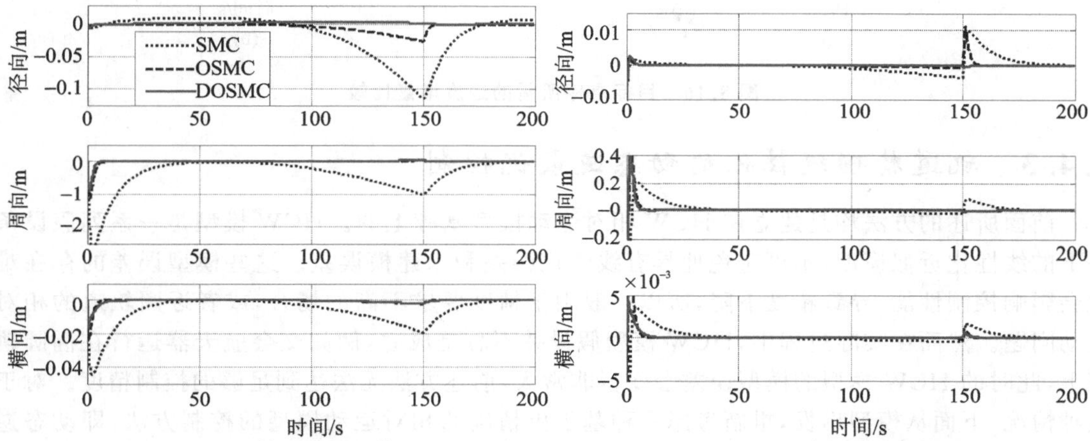

(a) 相对位置误差　　(b) 相对速度误差

图 8.15　目标悬停的位置误差和速度误差

图 8.16 比较了三种方法的燃耗。该图中，燃耗用速度矢量幅值的总增量来衡量。为方便起见，将其进行归一化处理：

$$g(\boldsymbol{U},t)=\frac{G(\boldsymbol{U},t)}{G(\boldsymbol{U}^{*},t)} \tag{8.75}$$

其中，速度总增量定义为

$$G(\boldsymbol{U},t)=\int_{t_0}^{t}\|\boldsymbol{U}(\tau)\|\,\mathrm{d}\tau \tag{8.76}$$

这里将 U^{*} 作为基准是因为它没有考虑任何的外部扰动和假设。

图 8.16(a)说明，SMC 的控制量不足，致使其悬停状态误差较大。OSMC 虽然降低了悬停误差，但消耗了过多的燃料。DOSMC 是最接近燃耗最优控制的标准的，因此相较于 SMC 和 OSMC，DOSMC 能够同时降低燃耗和提高控制精度。图 8.16(b)比较了这三种方法为克服所设定的扰动所需要的燃耗情况。显然，SMC 的代价最大，其次是 OSMC，而 DOSMC 的代价最小。

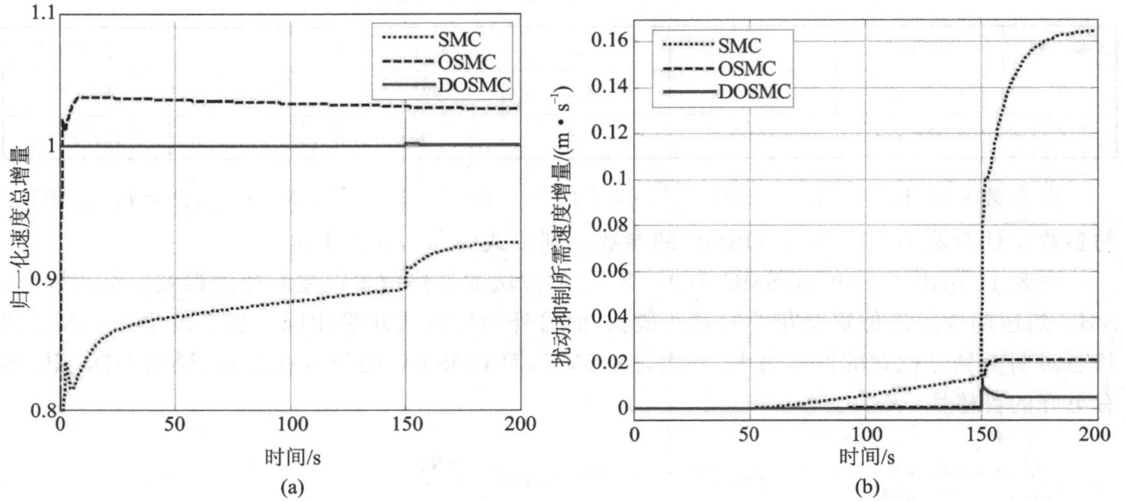

图 8.16　目标悬停所需的速度增量比较

8.4.3　轨道精确线性化的动态逆最优控制

前面所述的方法均是建立在 HCW 相对运动模型基础上的。HCW 模型是一系列假设条件下的线性化近似模型，不可避免地具有线性化误差和未建模误差。这些模型误差的存在难免会影响控制性能，导致精度下降，所以一般用于精度要求不高的场合，或者近圆轨道的相对运动问题。然而在实际过程中，HCW 模型假设并不总是成立，例如交会航天器运行在椭圆轨道上，此时的 HCW 模型的模型误差会变得非常大，前述方法无法达到足够的控制精度。对于这种情况，下面从模型出发，重新考虑一种基于更精确的相对运动模型的控制方法，即动态逆最优控制（Optimal Dynamic Inversion Control，ODIC）。

动态逆最优控制是直接建立在目标器和追踪器开普勒方程上的一种非线性最优控制方法。在保证追踪器自身导航信息和相对量测信息供给的前提下，开普勒方程并不引入任何线性化误差，可以对相对运动进行精确描述，这避免了 HCW 模型的线性化假设，对大偏心率的椭圆轨道也是适用的。开普勒方程是非线性的，而对于非线性系统，动态逆控制因其精确的解析形式通常被优先考虑，并且已经被广泛应用在航天器控制领域，如上升段和再入段控制、编队控制、深空探测等。因此，动态逆最优控制方法对于解决相对运动控制问题更具普遍性。

动态逆控制的主要思路是将轨道运动的耦合非线性动态映射到解耦的三维线性空间，使得各通道能够方便地进行独立线性控制。为了能对外部扰动具有鲁棒性，可以对映射后的系统在最优 PD 控制的基础上加入积分控制，提升系统稳态过程的稳定性。模型和控制律都具有非线性解析形式，没有任何线性化误差的引入，这极大地降低了燃料的消耗和控制误差，并且易于实施。

1. ODIC 控制律设计

考虑方程式(8.4)和式(8.5)，记追踪航天器在惯性空间中的轨道运动状态为 $\boldsymbol{X}_C=[\boldsymbol{\rho}_C,\dot{\boldsymbol{\rho}}_C]^{\mathrm{T}}$，$\boldsymbol{\rho}_C$ 和 $\dot{\boldsymbol{\rho}}_C$ 为位置和速度向量。追踪航天器的开普勒方程可写为

$$\dot{\boldsymbol{X}}_C=-\mu\boldsymbol{\rho}_C/R_C^3+\boldsymbol{U}=\boldsymbol{f}_C(\boldsymbol{X}_C)+\boldsymbol{U} \tag{8.77}$$

为便于描述，将三维矢量空间压缩映射到标量空间，即 $y_C=\boldsymbol{\rho}_C$，$y_C\in\Re$。取其动态逆变换式

$$V_C=\boldsymbol{U}_C-\mu\boldsymbol{\rho}_C/R_C^3 \tag{8.78}$$

则式(8.77)具有线性形式：

$$\dot{\boldsymbol{z}}_C=\boldsymbol{A}\boldsymbol{z}_C+\boldsymbol{B}V_C \tag{8.79}$$

其中

$$\boldsymbol{z}_C=\begin{bmatrix}y_C\\ \dot{y}_C\end{bmatrix},\quad \boldsymbol{A}=\begin{bmatrix}0&1\\0&0\end{bmatrix},\quad \boldsymbol{B}=\begin{bmatrix}0\\1\end{bmatrix}$$

考虑追踪器在轨道运动状态满足相对运动所需要的期望状态 $\bar{\boldsymbol{X}}_C$ 时停止机动，令此时

$$\bar{V}_C=-\mu\bar{\boldsymbol{\rho}}_C/\bar{R}_C^3 \tag{8.80}$$

于是有

$$\dot{\bar{\boldsymbol{z}}}_C=\boldsymbol{A}\bar{\boldsymbol{z}}_C+\boldsymbol{B}\bar{V}_C \tag{8.81}$$

式中，短横顶标变量表示其相应的期望值。追踪器期望状态$\bar{\boldsymbol{X}}_C$ 可通过下式得到：

$$\bar{\boldsymbol{X}}_C=\boldsymbol{X}_C+\boldsymbol{X}-\bar{\boldsymbol{X}} \tag{8.82}$$

其中 $\boldsymbol{X}$ 和 $\bar{\boldsymbol{X}}$ 为目标与追踪器间的实际状态和期望状态，即 $\boldsymbol{X}=\boldsymbol{X}_T-\boldsymbol{X}_C$，$\bar{\boldsymbol{X}}=\boldsymbol{X}_T-\bar{\boldsymbol{X}}_C$。显然，对于悬停控制问题，$\bar{\boldsymbol{X}}$ 为常值。

由式(8.79)和式(8.81)可得偏差模型：

$$\dot{\boldsymbol{e}}_C=\boldsymbol{A}e_C+\boldsymbol{B}V_e \tag{8.83}$$

其中，$\boldsymbol{e}_C=\boldsymbol{z}_C-\bar{\boldsymbol{z}}_C$，$V_e=V_C-\bar{V}_C$。由式(8.82)有 $\boldsymbol{e}_C=\bar{\boldsymbol{X}}-\boldsymbol{X}$，为增强抗扰能力，引入积分方程

$$\dot{\boldsymbol{e}}_C^i=\boldsymbol{e}_C \tag{8.84}$$

于是，记 $\boldsymbol{E}_C=\left[\int(y_C-\bar{y}_C)\,\mathrm{d}t,\boldsymbol{e}_C\right]^{\mathrm{T}}$，开普勒方程式(8.77)的线性化误差模型可由式(8.83)和式(8.84)导出，形如

$$\dot{\boldsymbol{E}}_C=\boldsymbol{A}_e\boldsymbol{E}_C+\boldsymbol{B}_e\boldsymbol{V}_e \tag{8.85}$$

其中，$\boldsymbol{A}_e$ 和 $\boldsymbol{B}_e$ 是简单的常值可控型矩阵：

$$\boldsymbol{A}_e=\begin{bmatrix}0&1&0\\0&0&1\\0&0&0\end{bmatrix},\quad \boldsymbol{B}_e=\begin{bmatrix}0\\0\\1\end{bmatrix}$$

选取如下指标函数进行最小化：

$$\boldsymbol{\Lambda}_C=\int(\boldsymbol{E}_C^{\mathrm{T}}Q_C\boldsymbol{E}_C+\boldsymbol{V}_e^{\mathrm{T}}\boldsymbol{R}_CV_e)\,\mathrm{d}t \tag{8.86}$$

即可得到式(8.85)的积分最优控制律，映射回三维矢量空间有

$$\boldsymbol{V}_e=-\boldsymbol{R}_C^{-1}\boldsymbol{B}_e^{\mathrm{T}}(\boldsymbol{P}_C\otimes I_3)\boldsymbol{E}_C \tag{8.87}$$

其中，对称正定阵 $\boldsymbol{P}_C$ 满足

$$\boldsymbol{P}_C\boldsymbol{A}_e+\boldsymbol{A}_e^{\mathrm{T}}P_C-P_C\boldsymbol{B}_e\boldsymbol{R}_C^{-1}\boldsymbol{B}_e^{\mathrm{T}}\boldsymbol{P}_C+\boldsymbol{Q}_C=0 \tag{8.88}$$

加权矩阵 $\boldsymbol{Q}_C\in\Re^{3\times3}$，$\boldsymbol{R}_C\in\Re$。将式(8.78)和式(8.80)代入式(8.87)，即可得到追踪航天器的动态逆最优控制律：

$$U=\frac{\mu}{\boldsymbol{R}_C^3}\boldsymbol{\rho}_C-\frac{\mu}{\bar{R}_C^3}\bar{\boldsymbol{\rho}}_C-\boldsymbol{R}_C^{-1}\boldsymbol{B}_e^{\mathrm{T}}(P_C\otimes I_3)\boldsymbol{E}_C \tag{8.89}$$

在上述 ODIC 的控制下，交会航天器在中心引力场的非线性相对运动实际上被线性化为平行引力场的相对运动，然后运用积分二次型调节器实现性能特别是燃耗的优化。可以看出，整个过程没有误差引入，因此与基于 HCW 方程的近圆轨道控制方法相比，控制精度能够得到大幅提升。另外，ODIC 方法对于自然摄动力（如 J_2 摄动）的影响，考虑起来非常方便，只需在开普勒模型中反映出其相关项，而对相对运动模型来说则十分困难。ODIC 在结构上也较为简单，没有任何需要预先设定的参数，系统因控制律导致不稳定的风险很小。综上所述，ODIC 方法对于空间交会中不具特殊性假设条件的一般相对运动控制问题来说是非常简单实用的。

2. 仿真实例

两航天器的初始轨道根数参见表 8.3。考虑一种常见的外部扰动，即目标机动。假设目标器从第 1 000 s 到第 7 000 s 在径向和周向上以 0.001 m/s² 的加速度做机动飞行，其他时刻保持自由飞行。现欲控制追踪航天器以初始时刻的相对位置为期望状态实现与目标航天器的悬停。

追踪器采用动态逆最优控制方法，取 $Q_C=10^{-9}I_3$，$R_C=1$，期望悬停位置与追踪器的相对运动轨迹如图 8.17 所示。可以看到，追踪器在 ODIC 控制律作用下相对于悬停点的位置偏差不超过 2 m。

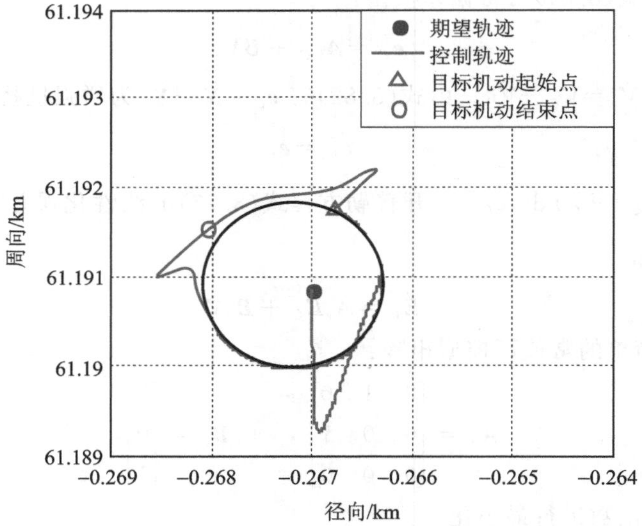

图 8.17 期望悬停位置与相对运动轨迹

图 8.18 给出了追踪航天器径向和周向的机动加速度和相对运动状态偏差。当目标航天器机动时，追踪航天器产生一个小幅的超调量以补偿相对运动状态的偏移，在此过程中产生了额外的位置和速度偏差，然而由于积分控制的存在，偏差回落非常迅速，这也说明在 ODIC 的作用下，系统表现出良好的抗扰性能。

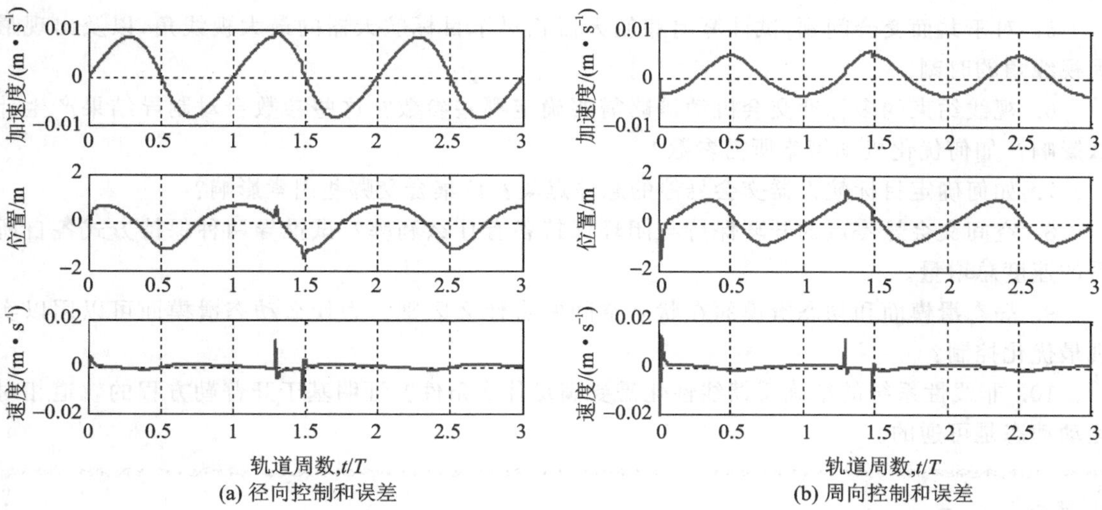

图 8.18 追踪器径向和周向机动加速度与相对运动状态偏差

8.5 本章小结

本章就航天器空间交会运动讨论了空间运动体间的相对运动模型及其制导控制问题,建立了近圆轨道的相对运动 HCW 模型及其解析解,讨论了几种典型的脉冲推力制导方法和连续推力控制方法。

在满足外力假设、偏心率假设、距离假设等一系列近似假设的前提下,能够建立线性化的近圆轨道相对运动模型,即 HCW 方程。该方程具有闭合解析解,其状态空间形式解有利于对相对运动进行系统动态分析与制导控制综合。

航天器制导飞行均基于轨道相对运动模型,受到有限机动能力和有限视线角的约束。本章以交会逼近为背景,设计了视线约束下的多脉冲制导律,确定了多脉冲机动策略和机动点位置。脉冲推力机动制导是交会末段最常用的制导方式,该制导律可以让交会末段的相对轨道满足可视基本要求。另外,本章以交会悬停为背景,设计了近圆轨道相对运动的连续推力控制律,可分为悬停点选取、捕获和保持三个主要步骤,并讨论了基于动态滑模面和基于动态逆的两种非线性最优控制方法,能够极大降低燃料消耗和控制误差,且易于实施。

思考题

1. 空间交会的概念是什么?叙述航天器交会对接的过程。

2. 近圆轨道航天器的相对运动方程需要具备哪些前提假设?试推导处近圆轨道 HCW 方程。若参考坐标系分别选定在追踪航天器和目标航天器上,则其方程形式会产生什么样的变化?

3. 对于共面轨道相对运动,HCW 方程会呈现什么样的运动形态?其线性化误差对相对运动的径向和周向会产生什么样的影响?

4. 根据给定轨道相对运动的相对位置和相对速度初值,试求解 HCW 方程,导出相对运动状态参数的解析形式和状态空间表达形式。

5. 对于共面交会问题，试计算追踪航天器相对于目标航天器的最大视线角，以及出现最大视线角的时刻。

6. 视线约束的多脉冲交会机动策略需要确定哪些参数？这些参数会对制导结果产生什么影响？如何优化机动策略所需参数？

7. 如何确定目标航天器交会悬停的悬停点集？该集合受哪些因素影响？

8. 空间交会悬停点的开环保持与闭环保持各有什么利弊？试推导两种保持方式各自所需的速度总增量。

9. 静态滑模面和动态滑模面在状态空间中有什么区别？为什么动态滑模面可以用以实现最优化控制？

10. 非线性系统的精确反馈线性化需要满足什么条件？证明基于开普勒方程的轨道相对运动动态是可逆的。

参考阅读

- 袁建平，李俊峰，和兴锁，等. 航天器相对运动轨道动力学[M]. 北京：中国宇航出版社，2013.

☞ 阅读指导

重点阅读 2.2 节《相对运动的动力学建模方法》、2.3 节《相对运动的动力学模型》（第 16～62 页），以及 3.3 节《基于相对轨道要素的相对运动描述方法》（第 75～88 页）。作为本章的扩展阅读，能够帮助读者深入理解航天器相对运动建模的动力学方法和运动学方法。在运动学方法中，基于相对轨道要素的方法是描述星间运动的直接方法，也是现代航天器自主操作任务中常用的基本方法。

第四部分
跨大气层飞行器制导控制综合设计

第 9 章

再入飞行器制导与控制

思维导图

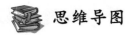

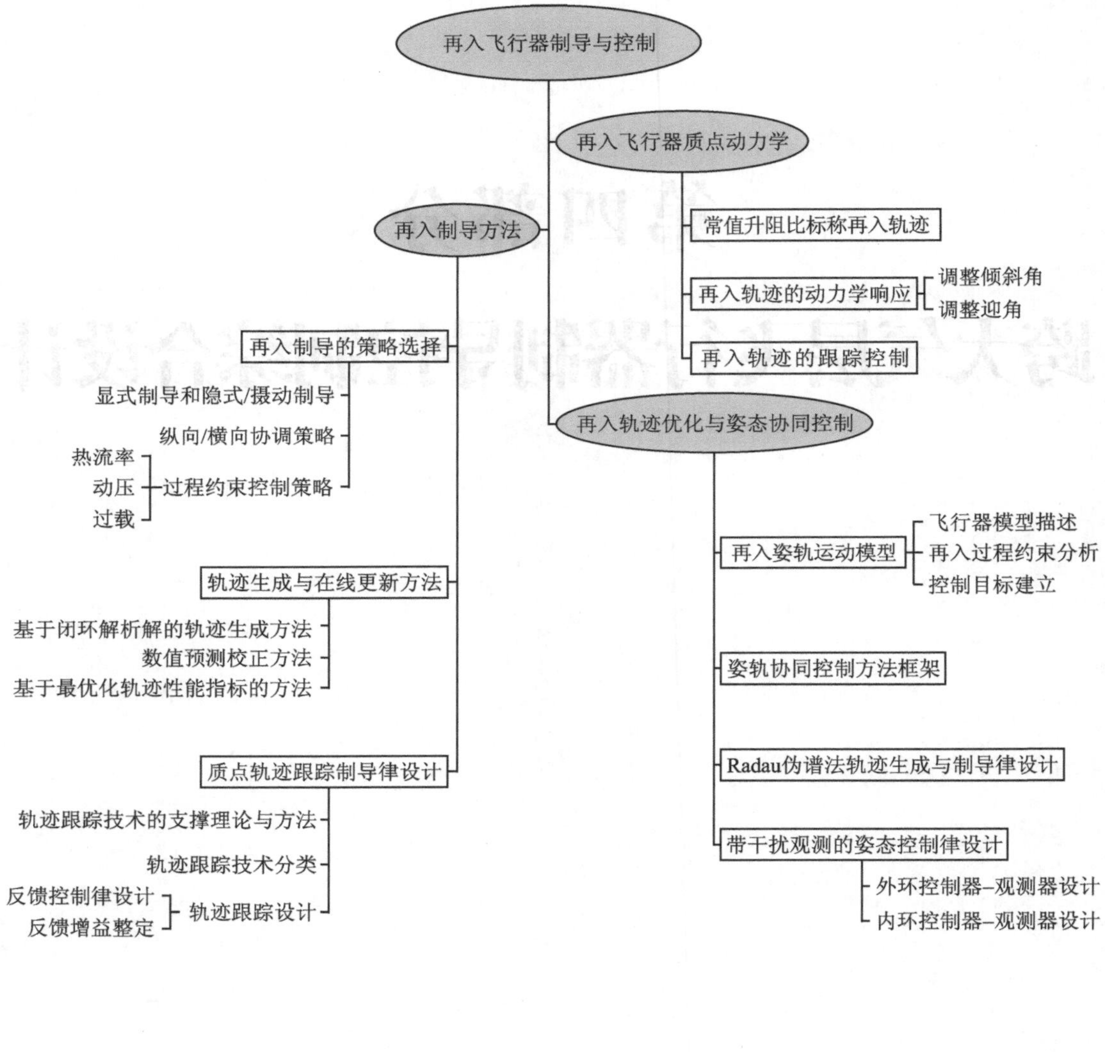

☞ 章导语

在飞行过程中具有从轨道或亚轨道高度穿越大气层进入气动飞行阶段的飞行器均可称为再入飞行器。再入飞行是可返回式航天器、远程导弹、高超声速飞行器等跨大气层飞行器所具备的典型特征，而再入制导控制是该飞行阶段的一项核心关键技术。飞行器跨大气层飞行时，压力、密度、温度、电离作用等大气环境参数变化剧烈，其变化的不确定性和复杂性对飞行器的气动特性影响很大，众多因素如稀薄气体动力学特性、电离作用等影响很难测量、估计和预测，给再入飞行轨迹设计、制导与控制问题带来很大的挑战。

再入制导方法目前主要有两类，一类是跟踪预先设计好的标称轨迹制导法，另一类是利用预测能力对落点航程进行预测，并实时校正控制量的预测校正制导法。标称轨迹制导法控制简单、计算量低，易于实现，但其落点控制精度低，受再入初始条件和扰动因素影响大；预测校正制导法控制计算较为复杂，但能根据实际状态在线调整控制指令，对再入误差具有更强修正能力及鲁棒性，能够满足先进制导的技术需求。对于复杂多变的再入飞行环境，再入实现往往还要综合考虑中心引力体、路径约束、模型不确定动态对再入轨迹和姿态控制的影响，基于离线轨迹的控制是难以胜任的，因此当前发展趋势下的再入制导往往与姿轨协同控制，即以实时最优再入轨迹设计为基础，并通过有限时间再入姿态控制方法来实现。

本章首先讨论再入飞行器质点动力学方程，给出标称再入轨迹描述及其动力学特性分析，然后讨论再入制导的主要可选策略、轨迹生成以及轨迹跟踪制导方法，最后给出基于自适应Raudu伪谱法的再入轨迹优化方法、反馈制导律以及姿态协同控制律设计方法。

☞ 学习目标

- 理解常值升阻比标称再入轨迹运动方程、动力学响应及跟踪控制方式。
- 理解再入制导策略、轨迹生成与在线更新、质点轨迹跟踪制导方法。
- 理解再入姿轨运动模型和协同控制框架，理解自适应 Radau 伪谱法再入轨迹优化、反馈制导律与姿态控制律设计方法。

9.1 再入飞行器质点动力学

再入制导控制首先关注的是再入飞行轨迹，而质点动力学是各类轨迹跟踪控制研究的基础，因此须首先了解再入质点动力学理论。本节以升力体再入过程为例，讨论再入制导控制涉及的轨迹描述及动力学特性分析基本问题。

9.1.1 常值升阻比标称再入轨迹

再入动力学关注飞行器标称轨迹附近的稳定性，即当飞行器运动受到扰动偏离标称轨迹时，能否保持与标称轨迹小幅偏离的开环稳定。传统航空器飞行动力学主要关心平衡点附近的稳定性。下面介绍如何将标称轨迹的开环稳定性问题转化为平衡点的稳定性问题，再利用李雅普诺夫线性化方法完成开环稳定性分析。

考虑再入轨迹运动方程

$$\dot{\bar{x}} = \bar{f}(\bar{x}, \bar{u}) \tag{9.1}$$

式中，设 $\bar{x}^*(t)$ 为状态初值 $\bar{x}^*(0)=\bar{x}_0^*$、控制量 $\bar{u}^*(t)$ 下的解，即标称轨迹。假设状态初值和控制量都带有扰动，即 $\bar{x}_0=\bar{x}_0^*+\delta\bar{x}_0$，$\bar{u}=\bar{u}^*+\delta\bar{u}$，则有状态误差

$$\bar{e}(t)=\bar{x}(t)-\bar{x}^*(t) \tag{9.2}$$

由于 $\bar{x}(t)$、$\bar{x}^*(t)$ 均为轨迹方程(9.1)的解，因此 $\bar{e}(t)$ 满足如下非自治微分方程：

$$\dot{\bar{e}}=\bar{f}(\bar{x}^*+\bar{e},\bar{u}^*+\delta\bar{u})-\bar{f}(\bar{x}^*,\bar{u}^*)=\bar{g}(\bar{e},\delta\bar{u},t) \tag{9.3}$$

式中，$\bar{e}(0)=\delta\bar{x}_0$，且有

$$\bar{g}(0,0,t)=0 \tag{9.4}$$

于是，得到以 $\bar{e}$ 为状态变量的动态系统 g，其原点即是平衡点。可通过判断式(9.3)在平衡点附近的稳定性等价判断原系统状态 $\bar{x}$ 相对于标称运动 $\bar{x}^*(t)$ 的偏离情况。显然，式(9.3)是非自治系统，其稳定性分析需要更复杂的稳定性理论。在实际问题中，考虑到轨迹动态变化较慢，合理忽略轨迹动态的时变性对实际误差影响很小，因此可将其看作自治系统，即

$$\dot{\bar{x}}=\bar{g}(\bar{x},\bar{u}) \tag{9.5}$$

式中，$\bar{x}$ 为偏离标称运动的偏差；$\bar{u}$ 为偏离标称控制的偏差。

假定非线性系统 $\bar{g}$ 连续可微，通过泰勒展开将式(9.5)线性化为

$$\dot{\bar{x}}=\bar{g}(0,0)+\left(\frac{\partial\bar{g}}{\partial\bar{x}}\right)_{\bar{x}=0,\bar{u}=0}\bar{x}+\left(\frac{\partial\bar{g}}{\partial\bar{u}}\right)_{\bar{x}=0,\bar{u}=0}\bar{u}+\bar{g}_{\text{高阶}}(\bar{x},\bar{u}) \tag{9.6}$$

考虑 $\bar{g}(0,0)=0$，并忽略高阶项，可进一步简化为

$$\dot{\bar{x}}=\left(\frac{\partial\bar{g}}{\partial\bar{x}}\right)_{\bar{x}=0,\bar{u}=0}\bar{x}+\left(\frac{\partial\bar{g}}{\partial\bar{u}}\right)_{\bar{x}=0,\bar{u}=0}\bar{u}=A\bar{x}+B\bar{u} \tag{9.7}$$

该式即为轨迹动态系统在平衡点的线性化形式。

在标称轨迹上选择若干特征点，计算与之对应的动态系统式(9.7)的特征值，并使用以下判据：

① 若线性化系统严格稳定，则非线性系统的平衡点渐进稳定；

② 若线性化系统不稳定，则非线性系统的平衡点不稳定；

③ 若线性系统临界稳定，则线性化系统无法判定非线性系统稳定性，由系统线性化高阶项决定。

某升力式飞行器再入轨迹如图 9.1 所示，实线是以常值升阻比再入的轨迹，虚线是升力、重力和离心力平衡时铅垂平面的滑翔轨迹。可以看出，图中再入轨迹稳定，并出现了小幅的阻尼振荡。

下面对再入轨迹进行线性化处理，得到二阶轨迹动态，然后进行定量分析。首先采用简化的查普曼闭环解析式作为分析模型：

$$Z''-\frac{Z'}{\bar{u}}+\frac{Z}{\bar{u}^2}-\frac{1-\bar{u}^2}{\bar{u}^2 Z}=-\frac{\sqrt{\beta r}(\tilde{L}/\tilde{D})}{\bar{u}} \tag{9.8}$$

式中，$\bar{u}$ 为归一化相对速度在垂直于位置矢量方向的投影；Z 为速度 $\bar{u}$ 的函数，$Z=\rho\bar{u}$

$\left(\frac{C_D S}{2m}\right)\sqrt{\frac{r}{\beta}}$；$Z'$，$Z''$为对速度 $\bar{u}$ 的一阶与二阶导数；β 为指数大气的高度常数；r 为飞行高度；$\tilde{L}$ 为气动升力；$\tilde{D}$ 为气动阻力；C_D 为阻力系数；ρ 为大气密度；S 为参考面积；m 为飞行器质量。

查普曼公式虽然没有直接给出状态的闭环解析表达式，但是在很大程度上简化了再入运动的微分方程组，当初始状态已知时，可通过数值积分获得再入过程的闭环解。

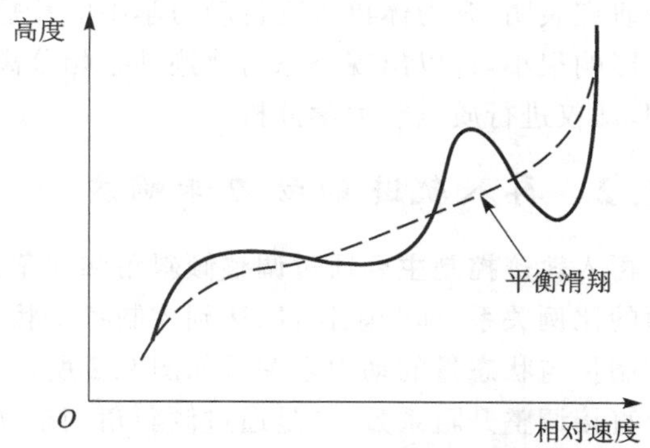

图 9.1　常值升阻比再入轨迹示意图

平衡滑翔轨迹的特性可表示为以下两式：

$$Z''_{\text{ref}} = Z'_{\text{ref}} = 0 \tag{9.9}$$

$$D_{\text{ref}} \approx -\frac{1-\bar{u}^2}{(L/D)_{\text{ref}}} \tag{9.10}$$

式中，D_{ref} 为参考阻力加速度。以平衡滑翔轨迹作为标称轨迹，对应的常值升阻比再入轨迹的线性化模型，则有

$$\Delta Z'' - \frac{\Delta Z'}{\bar{u}} + \left(\frac{1}{\bar{u}^2} + \frac{1-\bar{u}^2}{\bar{u}^2 Z_{\text{ref}}^2}\right)\Delta Z$$
$$= -Z''_{\text{ref}} + \frac{Z'_{\text{ref}}}{\bar{u}} - \left(\frac{1}{\bar{u}^2} - \frac{1-\bar{u}^2}{\bar{u}^2 Z_{\text{ref}}^2}\right) Z_{\text{ref}} - \frac{\sqrt{\beta r}}{\bar{u}}(\tilde{L}/\tilde{D})_{\text{ref}} - \frac{\sqrt{\beta r}}{\bar{u}}\Delta(\tilde{L}/\tilde{D}) \tag{9.11}$$

上式等号右边含有标称轨迹动态，对于假设 $1/\bar{u}^2 = (1-\bar{u}^2)/\bar{u}^2 Z_{\text{ref}}^2$，可简化为

$$\Delta Z'' - \frac{\Delta Z'}{\bar{u}} + \frac{1-\bar{u}^2}{\bar{u}^2 Z_{\text{ref}}^2}\Delta Z = -\frac{\sqrt{\beta r}}{\bar{u}}\Delta(\tilde{L}/\tilde{D}) \tag{9.12}$$

由于实际轨迹为常值升阻比，$\Delta(\tilde{L}/\tilde{D}) = 0$ 成立，利用 $-\sqrt{\beta r}\,\bar{u} Z_{\text{ref}} = (\tilde{L}/\tilde{D})_{\text{ref}}$，上式可变换为

$$\Delta Z'' - \frac{\Delta Z'}{u} + \frac{\beta r(1-\bar{u}^2)}{(\tilde{D}/G)_{\text{ref}}^2}\Delta Z = -\frac{\sqrt{\beta r}}{\bar{u}}\Delta(\tilde{L}/\bar{D}) \tag{9.13}$$

式中，G 为飞行器质量。

至此，轨迹动态已转化为二阶系统，可利用经典控制理论完成对轨迹动态的稳定性和暂态特性的分析。以速度 $\bar{u}$ 作为独立变量，在频域中有如下表达式：

阻尼特性：

$$2\xi\omega_n \approx \frac{1}{\bar{u}} \tag{9.14}$$

自然频率：

$$\omega_n^2 \approx \beta r\, \frac{1-\bar{u}^2}{(\tilde{D}/G)^2} \tag{9.15}$$

从式(9.15)中可以看出，当速度 $\bar{u}<1$ 时，$\omega_n^2>0$ 成立，轨迹动态是静态稳定的；阻尼特性与速度成反比关系，随着飞行器速度的减慢，阻尼特性增加，图 9.1 也能直观反映出来。

研究表明，升力体再入飞行动力学中的长短周期时间常数相差较大，姿态动力学对轨迹动力学影响很小，得以出现姿态与轨迹动态相分离的现象。因此，处理再入姿轨耦合问题可解耦处理，即仅进行质点动力学分析。

9.1.2 再入轨迹的动力学响应

再入轨迹控制主要通过调整倾斜角和迎角获得相应的升力与阻力，同时也调整了升力与阻力的比例关系，即升阻比，以达到控制各个状态变量的目的。以纵向运动为例，在时域中，轨迹控制量与状态量的动力学关系如图 9.2 所示。轨迹控制量主要有两种控制方式，一是通过迎角直接调整升阻系数，二是通过倾斜角调整动压。

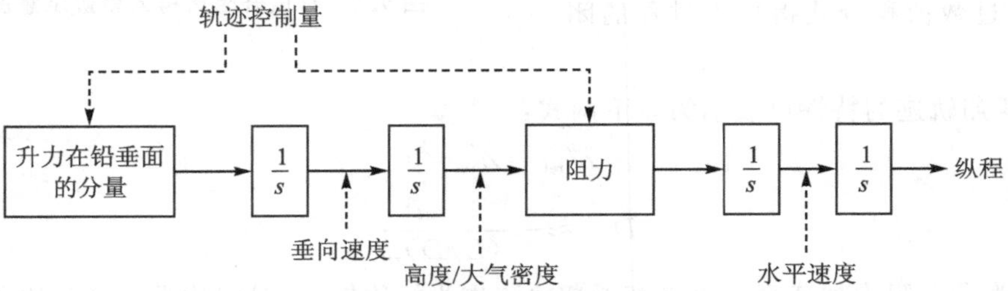

图 9.2 轨迹控制量与状态量的动力学关系

纵向运动的系统阶数为四阶：纵程偏差由水平速度的偏差积分得到；水平速度的偏差由阻力加速度的偏差积分得到；阻力加速度主要受大气密度影响，而大气密度的变化与高度直接相关；高度偏差由垂向速度的偏差积分得到，而垂向速度的偏差可由升力在铅垂面内的加速度偏差积分得到。

飞行器升力再入时，纵平面内状态变量与标称轨迹偏差的动态响应如图 9.3 所示。由图中各偏差量最大值的出现时刻，可明显看出各个状态变量响应的时间先后顺序，由此可反映出由积分效应产生的不同阶数：垂向速度为 1 阶，高度为 2 阶，水平速度为 3 阶，纵程为 4 阶。以上四阶构成了再入轨迹的纵向运动。

根据经典控制理论可以得出，对于可控系统，可通过全状态反馈修正系统的开环动力学特性获得满意的系统响应。然而实际中难以理想地获得所有状态变量，为了获得满意的系统响应，需要保证控制量中包含各个阶数的状态量。由于各阶状态量都可用相应的物理量来表征，因此在设计轨迹跟踪控制律时，需要结合实际选择合理的物理量作为状态反馈变量。

对于纵向轨迹动态，反映其各阶状态的反馈变量所对应的物理量如下：

1 阶反馈：垂向速度、阻力加速度微分、机体表面温度变化率、气压变化率；

2 阶反馈：高度、阻力加速度、机体表面温度、大气压力；

3 阶反馈：水平速度、阻力加速度积分；

4 阶反馈：纵程。

9.1.3 再入轨迹的跟踪控制

下面以弹道-升力式再入轨迹跟踪控制律设计为例，介绍基于质点动力学的再入制导律。以查普曼线性化公式(9.12)作为制导控制律设计模型，首先将该模型的线性化关系用框图表示，如图 9.4 所示。该线性化模型是关于归一化速度的三阶动力学系统。由图中可以看出，当

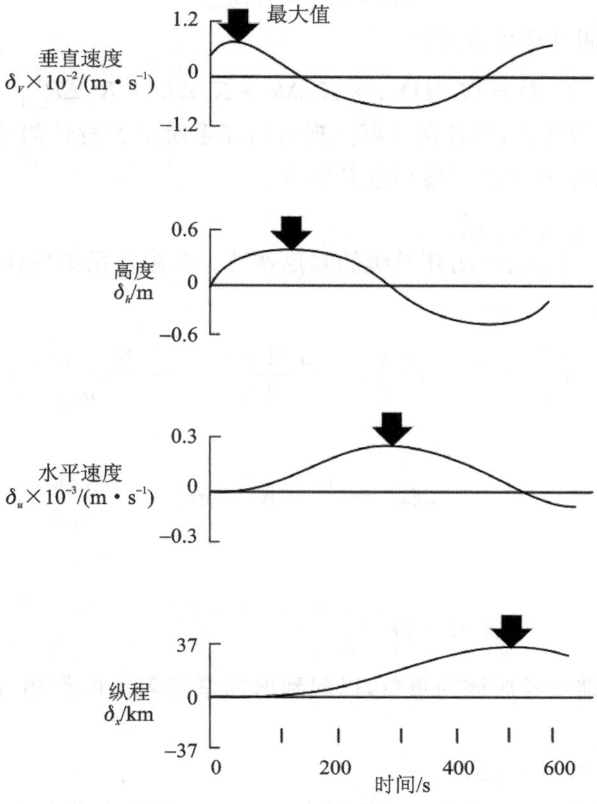

图 9.3　与标称轨迹的状态偏差随时间变化曲线

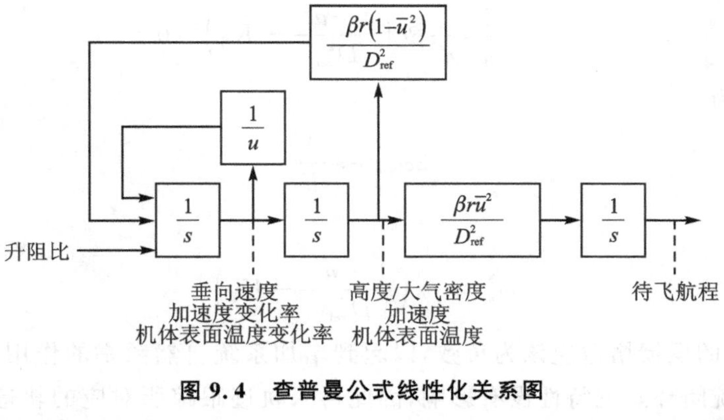

图 9.4　查普曼公式线性化关系图

速度小于第一宇宙速度时，外环是稳定的，即“阻力-速度”回路稳定。轨迹动力学的内环主要对轨迹起阻尼作用，抑制再入轨迹的长周期振荡。为了使该系统在再入过程中具有满意的指令响应品质，需要在轨迹控制量 $\Delta(\tilde{L}/\tilde{D})$ 中包含系统每一阶的状态反馈信息。考虑到实际情况，采用的一阶反馈为垂向速度 $\Delta\dot{h}$，二阶反馈量为阻力加速度 ΔD，三阶反馈量为待飞航程 ΔR。

跟踪的标称轨迹可描述如下：

$$(\tilde{L}/\tilde{D})_{\text{ref}}=K_1\dot{h}_{\text{ref}} \tag{9.16}$$

根据轨迹动力学分析，制导律可设计为

$$\tilde{L}/\tilde{D}=(\tilde{L}/\tilde{D})_{\text{ref}}+K_1\Delta\dot{h}+K_2\Delta D+K_3\Delta R \tag{9.17}$$

式中，K_1，K_2，K_3 为反馈增益，对其调节可实现对闭环系统动态特性的修正，使其具有理想的标称轨迹跟踪性能。式中各反馈项物理意义如下。

(1) 高度变化率反馈项 $K_1\Delta\dot{h}$

该项反馈的主要作用是增加闭环系统的阻尼特性。单独使用该项作为反馈构成的闭环系统，具有如下特征方程：

$$s^2+\left(\frac{1}{\bar{u}}-K_1\sqrt{gr}\right)s+\frac{\beta r(1-\bar{u}^2)}{D_{\text{ref}}^2}-\frac{K_1\sqrt{gr}}{\bar{u}}=0 \tag{9.18}$$

对应的阻尼特性为

$$2\xi\omega_n=\frac{1}{\bar{u}}-K_1\sqrt{gr} \tag{9.19}$$

自然频率为

$$\omega_n^2=\beta r\frac{1-\bar{u}^2}{D_{\text{ref}}^2}-\frac{K_1\sqrt{gr}}{u} \tag{9.20}$$

因此，高度变化率的反馈增益应该为负数，以起到增加系统阻尼的作用，同时还可增加系统的自然频率。

(2) 阻力加速度反馈项 $K_2\Delta D$

阻力加速度反馈项 $K_2\Delta D$ 保证状态量阻力加速度能够跟上参考阻力加速度。单独使用该项作为反馈构成的闭环系统，具有如下系统特征方程：

$$s^2+\frac{1}{\bar{u}}s+\beta r\left(\frac{1-\bar{u}^2}{D_{\text{ref}}^2}-K_2\right)=0 \tag{9.21}$$

对应的阻尼特性为

$$2\xi\omega_n\approx\frac{1}{\bar{u}} \tag{9.22}$$

自然频率为

$$\omega_n^2\approx\beta r\left(\frac{1-u^2}{D_{\text{ref}}^2}-K_2\right) \tag{9.23}$$

因此，阻力加速度的反馈增益应该为负数，以起到增加系统自然频率的作用。此外，由于阻力加速度反馈对系统闭环阻尼特性没有影响，因此再入轨迹跟踪所对应的轨迹动力学系统阻尼特性较差。所以，不能单独使用阻力加速度反馈，而应与高度变化率反馈一起实现阻力加速度的跟踪控制，航天飞机制导律正是采用该种反馈控制策略。

(3) 待飞航程反馈项 $K_3\Delta R$

如果飞行器在再入过程中，能够实时根据航程误差生成新的标称轨迹，则这时将不需要待飞航程反馈项。如果再入过程中使用的标称轨迹一经确定不再更新，则需要依靠待飞航程反馈来保证飞行器的终端着陆点精度，这时的闭环系统需要基于三阶系统进行分析。为了保证标称轨迹的跟踪性能，一般不建议单独使用待飞航程反馈项，而是采用全阶反馈量。

需要注意的是，当速度小于第一宇宙速度时，如果待飞航程反馈增益设置得不合理，则将导致系统不稳定。因此，应该在保证系统稳定性的前提下，应用各种高阶系统稳定性判据进行增益调节规律的分析，调整其他增益以保证整个闭环系统的动态跟踪特性，从而构成理想动力学特性的三阶闭环系统。

由于飞行器机动能力有限，在含有全阶反馈量的制导律增益调节中，需要注意合理分配控制作用，以避免某一项作用过于显著而削弱其他反馈项的动力学修正作用，或出现其他不利的轨迹现象。当实际待飞航程小于参考轨迹对应的待飞航程时，航程反馈作用将使飞行器轨迹下压，进入稠密大气层，以增加阻力并减小待飞航程变化率。此外，过大的反馈增益可能导致下边界约束不满足，并削弱高度变化率反馈项的阻尼作用。

9.2 再入制导方法

再入制导律依据导航系统提供的飞行器加速度、速度和位置信息进行实时计算，为姿态控制系统提供制导指令。该制导指令应在尽可能大的干扰（如传感器测量误差）与不确定飞行环境下（如大气扰动、飞行器模型误差），将再入飞行器准确地从再入点导引到目标状态，并保证再入飞行轨迹不违背热流率、热载荷、过载、动压等过程约束。在此基础上，制导律的设计工作应考虑姿态控制系统能力，减小姿态控制系统负担，提高再入轨迹质量，保证飞行器能够到达由自身能力决定的可达区中的任意目标点，提高再入飞行器的任务适应性。制导律应在满足现有机载计算机技术水平的条件下，提高算法运算效率并减小算法的资源占用率。

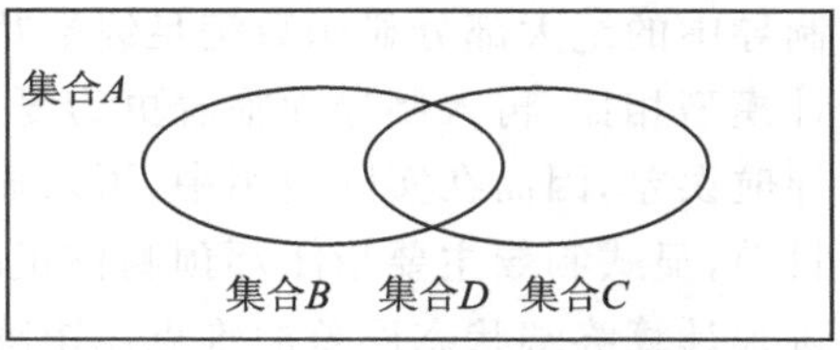

图 9.5　再入轨迹集合示意图

设计再入制导律最基本的目的是在不违背过程约束的条件下，将再入飞行器导引至目标状态。如图 9.5 所示，集合 A 表示在给定的再入点状态下，所有满足再入动力学约束条件的飞行轨迹，集合 B 表示满足过程约束条件的飞行轨迹，集合 C 表示满足目标点轨迹状态的飞行轨迹，集合 B 和集合 C 的交集 D 即为满足再入制导律基本需求的可行轨迹。为了进一步提高制导律的总体性能，还可能加入其他各类指标或约束，比如减轻其他专业（如防隔热、结构、姿控等）负担、增加覆盖能力等，这就需要在集合 D 中选择满足其他额外指标的轨迹。此外，在实际应用中，为了保证能够在机载计算机环境下执行，还要确保制导算法满足计算机的计算能力。

为了实现上述制导目标，需要结合再入飞行器的实际气动力特性（主要是升阻比）、飞行任务需求（飞行试验、作战任务、是否可重复使用等），在合理任务规划的基础上选择相应的制导策略和制导方法，完成再入制导律的设计。制导策略是制导律设计的总体指导思想，是制导算法的内在协调逻辑，包括显式/隐式指令计算方式及横、纵向通道的协调控制方式等；制导方法是实现制导策略的具体手段，需要基于制导策略选择适合的制导方法。明确制导策略是制导律设计和评估的基础，是直接决定飞行器制导系统设计成败的关键因素。

9.2.1　再入制导的策略选择

1. 显式制导和隐式制导

从制导指令生成的闭环策略出发，制导策略分为显式制导和隐式/摄动制导。显式制导利用显式指标函数表达式实时计算制导指令，导引飞行器到目标状态；隐式制导是利用飞行器实际状态与标称轨迹的小扰动偏差来计算制导律，也称为摄动制导。采用隐式制导时，过程约束以及终端指标由标称轨迹合理性和制导技术有效性予以保证。与隐式制导相比，显式制导可以对制导律提出更多的性能指标要求，制导策略具有任务适应性好、制导精度高等优点，但对机载计算能力要求较高。

(1) 显式制导律

显式制导律在线实时预测飞行轨迹，通过比较预测轨迹与期望制导目标的偏差来计算显式指标函数，从而得到制导指令。为了实现显式制导，需要首先计算轨迹的实时闭环解，即预测轨迹，主要有两种途径：

① 利用简化的闭环解析解，该方法一般只能得到航程闭环解，很难获得其他过程状态的轨迹闭环解，且无法判断是否满足过程约束；

② 利用数值积分算法求解，与闭环解析解相比较，该方法既能得到轨迹终端的所有状态，也能得到轨迹的过程状态，可以判断并处理轨迹不满足过程约束的情况。

在得到预测轨迹的实时解后，需要根据制导目标的显函数表达式进行实时计算，这里的制导目标通常是指同时满足目标状态和过程约束的基本制导需求。需要指出的是，运载火箭上升段的显式制导指标通常含有性能泛函，可以应用最优控制的相关理论显式计算制导指令；而再入制导中的绝大部分显函数满足终端状态的条件而无性能泛函，这主要是因为与运载火箭的设计模型相比，再入制导面临着更为复杂的动力学模型和更严峻的过程约束，有可能存在较大的导航误差，因而在实际应用中，再入显式制导很少考虑性能泛函。

目前，显式制导主要指闭环预测校正制导律。该类制导律的指令解算主要是通过实时预测轨迹来计算终端状态误差的雅克比矩阵，然后应用各种迭代方法(如牛顿割线法)直接获得实时的全阶反馈量制导指令。

(2) 隐式制导律

隐式制导律采用标称轨迹来实时构建制导策略，包括标称轨迹生成和基于标称轨迹的制导两部分，其中标称轨迹生成方法较多，需要根据制导律的设计需求进行选择。隐式制导律的主要任务是协调标称轨迹生成和基于标称轨迹的制导两部分工作，应确保两者的设计思路相匹配。例如，生成的标称轨迹需要给标称轨迹跟踪控制留有足够裕量，以补偿建模偏差和大气扰动等不确定因素对制导性能的影响。目前，主要有以下三种隐式制导策略。

① 一次生成标称轨迹。这种制导策略适用于如再入制导中段对航程控制精度等要求不高的应用场景，确保终端指定状态满足要求，但不要求所有终端状态都等于标称值。然而由于不关注标称轨迹的过程状态，因此容易出现违背过程约束的情况，需要加入额外的过程约束控制机制。

② 周期更新标称轨迹。整个制导过程中不断根据航程误差在线更新参考剖面，如标称阻力加速度剖面，完成对参考剖面的跟踪控制。该制导策略能够很好地满足过程约束和终端航程约束，但对其他终端状态约束尚缺乏具有针对性的控制手段。

③ 再入点标称轨迹。再入点在线生成标称轨迹，随后再入过程不再进行更新。该策略既要保证标称轨迹各个状态的跟踪性能，也要确保终端航程精度，因此通常采用在线轨迹生成技术，对初始再入点误差具有很好的适应性，同时采用预测校正方法，能够得到满足更多终端状态的可行解，使得再入轨迹不仅能满足过程约束，还能满足终端航程状态。

(3) 显式制导律和隐式制导律的对比

在再入制导领域中，显式制导律主要有闭环预测校正制导律，而隐式制导律主要有“离线轨迹生成＋标称轨迹跟踪”制导律、“一次轨迹生成＋标称轨迹跟踪”制导律、“在线轨迹生成＋标称轨迹跟踪”制导律等，其制导性能各有不同。表 9.1 列出了各种制导策略在任务适应性、初始再入点适应性、模型误差鲁棒性、导引约束(目标状态和过程约束)、实现难度、机载计算需求 6 个方面的对比结果。

表 9.1 显式制导和隐式制导对比

性 能	显式制导	隐式制导		
	闭环预测校正	离线轨迹生成	一次轨迹生成	在线轨迹生成
任务适应性	很好	一般	好	好
初始再入点适应性	很好	一般	好	好
模型误差鲁棒性	一般	好	好	好
导引约束	一般	低	低	好
实现难度	一般	很容易	容易	一般
机载计算需求	一般	很低	低	低

2. 纵向与横向协调策略

再入飞行器质点运动可分为纵向和横向两个平面的运动。进行制导律设计时，通常分为纵向制导和横向制导两部分。纵向制导通道负责再入能量的管理，实现再入轨迹长度的控制；横向制导通道负责飞行轨迹的航向控制，实现再入轨迹的横程控制。

本质上，纵向运动和横向运动是耦合的，尤其对于以倾斜角作为主要控制量的制导律。要完成飞行任务，需要横向通道和纵向通道同时满足技术指标要求。因此制导律设计时，首先需要根据设计需求选择合理的纵向/横向协调控制策略。如果飞行任务对横向机动要求不高，且飞行器升阻比较低，通常将这两个通道分开设计，然后采用数值仿真分析两个通道间的相互影响，通过调整制导常数并有针对性地设计控制策略来抑制耦合带来的不利影响，如阿波罗和航天飞机制导律。对于具有大横程机动需求的高升阻比飞行器，这种纵横通道分开设计的协调控制策略是不合理的。例如，在执行大横程机动任务时，较大的升阻比必然导致飞行轨迹产生较大的弯曲，对于采用轨迹长度进行能量管理的纵向制导显然是不利的。

(1) 再入轨迹长度定义

再入制导解决的是三维空间轨迹问题，一般在进行横向/纵向协调控制策略分析之前，先给出几种描述再入轨迹的特征长度。如图 9.6 所示，A 为再入点，B 为再入点 A 在地球表面的投影，D 为再入段终点，实线 AD 为再入轨迹，点线 BD 为再入轨迹在球面上的投影，过 D 点在球面上作与初始速度矢量所在铅垂平面垂直的弧线 BC。定义点线 BD 的长度为再入轨迹在水平方向的轨迹长度，点划线 BD 的长度为再入点投影与着陆点之间的大圆弧距离，BC

为纵程，CD 为横程。

轨迹长度点线 BD 的计算公式为

$$L_{点线BD}=\int V\cos\gamma \mathrm{d}t \tag{9.24}$$

而 BD 两点大圆弧距离的计算公式为

$$L_{点划线BD}=\int V\cos\gamma\cos\Delta\psi \mathrm{d}t \tag{9.25}$$

许多制导律为了简化设计忽略了轨迹弯曲的影响，认为轨迹长度和大圆弧距离近似相等。对于小升阻比且横向机动要求较小的飞行任务，这种假设对终端制导精度影响不大；但对于中高升阻比且需要进行大横程机动的飞行任务，这种假设将不再成立。

(2) 纵向/横向协调控制机理

再入轨迹控制量通常是迎角和倾斜角。考虑到再入轨迹需要兼顾热防护、姿态控制等要求，大部分再入制导律采用倾斜角作为主控制量，迎角仅在标称剖面附近进行小范围调整。这种控制策略要求一个控制量完成两个控制目标，即利用倾斜角控制量完成纵向/横向两个通道的协调控制。其具体实现是以倾斜角的幅值作为纵向通道的控制输入，以倾斜角符号作为横向通道的控制输入。其本质是利用升力在铅垂平面的分量变化调整飞行器动压，进而影响能量耗散率，调整待飞轨迹长度；同时利用升力在水平面内的分量变化调整航向。在不考虑控制动态的理想情况下，若轨迹长度相同，则倾斜角幅值剖面相同。

图 9.7 给出了利用倾斜角实现纵向/横向协调控制的基本机理，图中的虚线形成的集合为飞行器的覆盖区。通过在不同时刻进行一次倾斜角反转机动，可以得到具有相同轨迹长度的不同再入轨迹，其再入终点形成曲线 BC。通过调整轨迹长度和倾斜角反转时刻，能够使飞行器到达覆盖区中的任意位置。

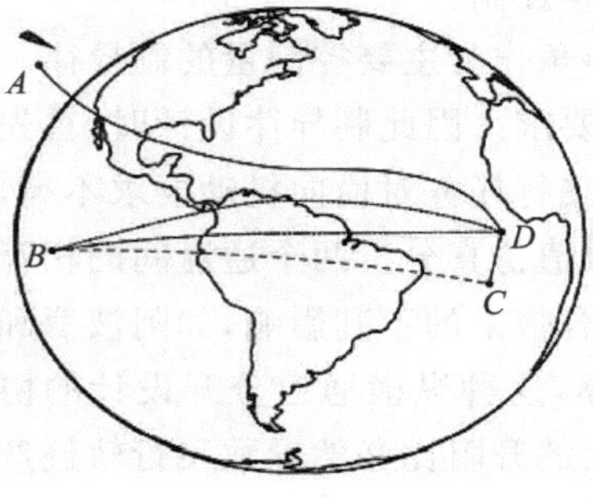

图 9.6 再入轨迹长度示意图

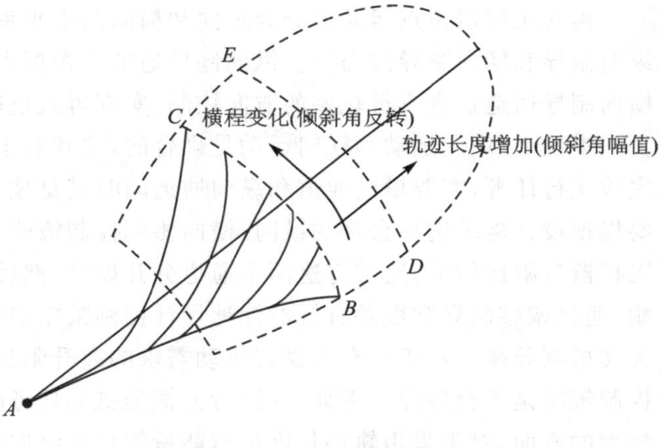

图 9.7 倾斜角控制机理

在进行纵向/横向协调控制策略设计时，首先需要了解覆盖区的作用。飞行器的覆盖区反映了飞行器能量状态和升阻比特性，即能量状态决定了飞行器的轨迹长度，升阻比特性决定了飞行器的横程能力。纵向通道的制导任务是调整飞行器能量耗散率，达到能量管理的目的；横向通道的制导任务是调整飞行器的航向，确保目标点位于覆盖区内。

随着飞行器再入过程的能量消耗，覆盖区逐渐减小，协调控制策略还应该保证目标点始终在覆盖区内，并尽量使目标点始终位于覆盖区的中间位置，使控制裕度最大。如图 9.8 所示，飞行器从 A 点开始再入，通过调整倾斜角符号保证覆盖区包含目标点，通过在不同位置进行倾斜角反转保证目标点在覆盖区内。有些飞行任务失败并不是因为能量不够，达不到足够的覆盖区，而是因为横向制导存在问题不能保证覆盖区覆盖目标点，如图 9.8(a)所示。正常的制导律如图 9.8(b)所示，通过不断进行倾斜角反转来始终保持目标点在覆盖区内，并且在再入后期，目标点应明显位于覆盖区的中间区域。

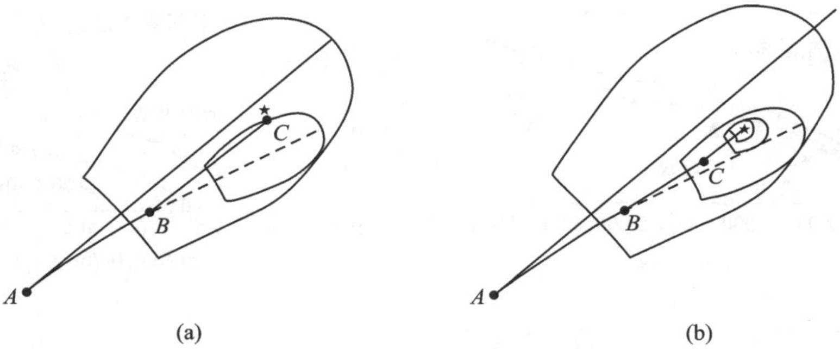

图 9.8 纵向/横向协调控制实例

3. 过程约束控制策略

再入制导律要在飞行器结构完整、人员安全及机载设备正常工作的前提下将飞行器导引至规定的终端状态。飞行器防隔热、机体结构、姿控系统、人员与机载设备等要求再入轨迹满足热流率、动压、过载等非时变约束，以及气动加热总量等时变约束。这些约束与再入轨迹具体形式密切相关。下面介绍热流率、动压、过载这三个典型过程约束的控制策略。

(1) 过程约束最优控制

再入制导律设计中，热流率、动压、过载属于轨迹状态量的不等式约束，表示如下：

$$S(\bar{x}) \leqslant 0 \tag{9.26}$$

假设 $S(\bar{x})$ 为轨迹状态空间 $\bar{x}$ 中的光滑矢量场，对时间连续求导，直至表达式 $S^{(q)}$ 中显含控制量 u，则称该不等式约束为 q 阶状态变量不等式约束。

利用最优控制得相应的哈密顿函数

$$H = L + \lambda^{\mathrm{T}} f + \mu S^{(q)} \tag{9.27}$$

式中，当 $S=0$ 时 $S^{(q)}=0$，当 $S<0$ 时 $\mu=0$；除去无过程约束的最优必要条件外，还包括当 $S=0$ 时，$\mu(t)\geqslant 0$。

如果仅通过 $S^{(q)}$ 得到控制量实现过程约束控制，则要保证当轨迹一旦进入约束弧后存在可行的控制量，使轨迹在约束弧上运行，还需要满足几何相切的等式约束：

$$N(\bar{x}) \triangleq \begin{bmatrix} S(\bar{x}) \\ S^{(1)}(\bar{x}) \\ \vdots \\ S^{(q-1)}(\bar{x}) \end{bmatrix} = 0 \tag{9.28}$$

通常情况下，该等式约束只需要在约束弧段的进入点处满足即可。如果在原来的最优问题基础上加入一个内点约束，就会导致最优再入轨迹通常由约束和非约束等不同类型弧段构成。在求解过程中，两点边值问题会变为多点边值问题，在内点上会存在控制量不连续的可能性。

(2) 参数化剖面

参数化剖面方法是指将热流率、动压与过载最大值组成的函数关系在不同空间内表示出来，图 9.9 给出了几种典型的空间，包括图(a)的速度-高度空间，图(b)的阻力加速度-速度空间，图(c)的阻力加速度能量空间，图(d)的航程变化率-能量空间。再入走廊的设计与飞行任务密切相关，在由过程约束和平衡滑翔条件形成的再入走廊内，选择合理的函数形式描述再入轨迹剖面作为标称轨迹，确保其在走廊内即可保证再入轨迹始终满足过程约束。

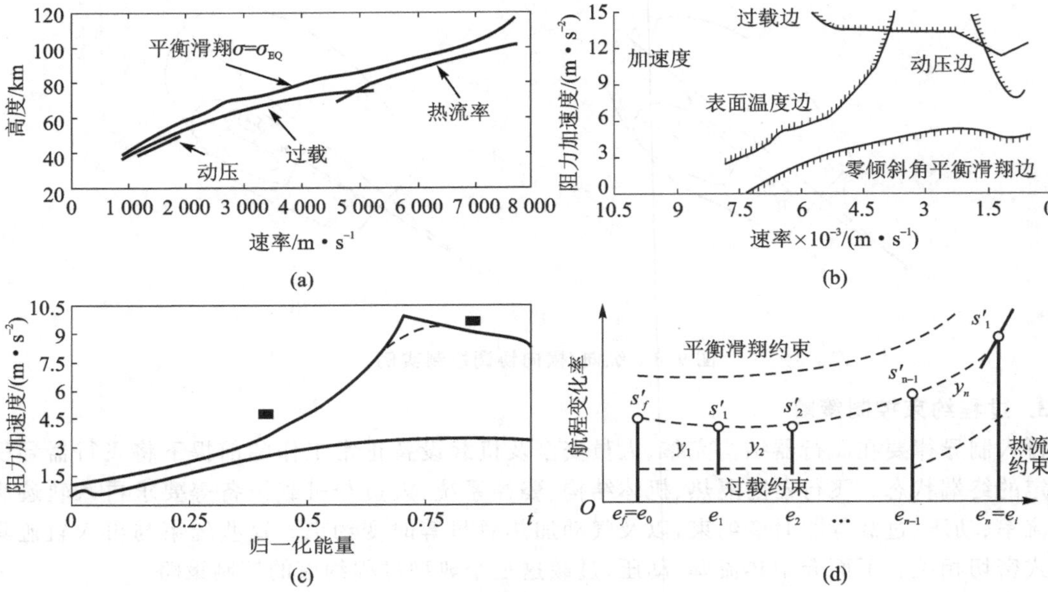

图 9.9　再入走廊的典型空间

描述再入剖面的函数形式一般由约束走廊的边界外形确定。图 9.10 所示为欧洲宇航防务集团 EADS 为某升力体飞行器设计的再入走廊及参考剖面，可以看出该参考剖面的形状是根据过程约束边界的外形确定的。之后选择合理的参数化形式来描述该参考剖面，比如多段二次函数组合、三次样条插值等方式。

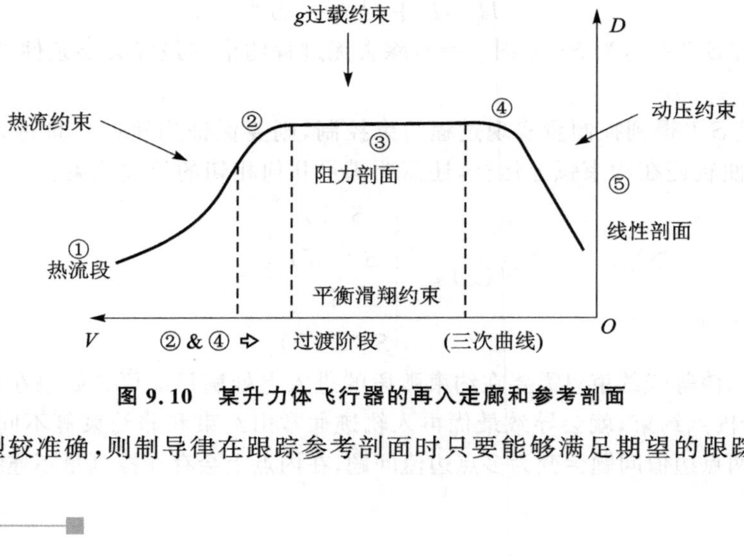

图 9.10　某升力体飞行器的再入走廊和参考剖面

若设计模型较准确，则制导律在跟踪参考剖面时只要能够满足期望的跟踪性能就不会违背过程约束。为减小设计模型不准确对约束控制策略性能的影响，在飞行任务允许的情况下，参考剖面应尽量设计在走廊的中间区域(如图 9.11 所示)，以最大化控制裕量。

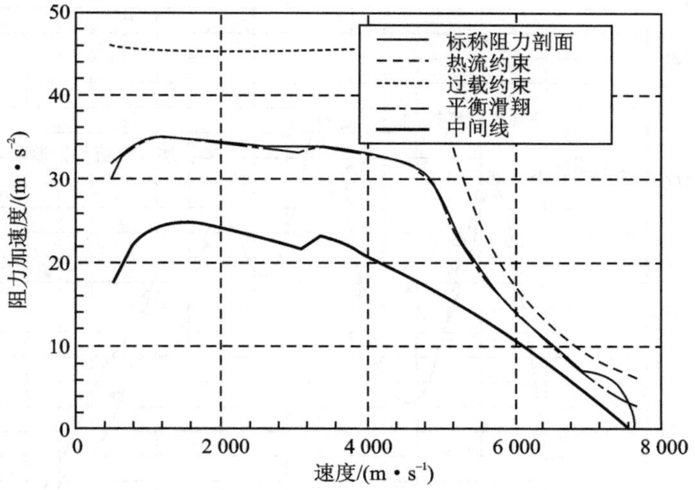

图 9.11　某飞行器阻力加速度参考剖面的设计

(3) 遇约束走约束

遇约束走约束方法主要用于数值预测校正制导中，对于覆盖区内的大部分目标点，飞行轨迹所对应的热流率只有很少一部分超出过程约束的上限，短时间跟踪常值过程约束对应的参考剖面不会对整个再入轨迹产生明显的影响，因此该方法通常采用数值预测校正和过程约束控制两个通道解耦的处理方式。例如在整个再入过程中，两个回路同时运行，当过程约束控制通道输出的指令要求飞行器高度下降以进入稠密大气时，制导律选择数值预测通道的指令作为输出，当过程约束控制通道输出的指令要求飞行器高度爬升以进入稀薄大气时，制导律选择热流率控制通道的指令作为输出。图 9.12 所示为某再入飞行器的热流率约束控制效果，在加入过程约束控制后，再入热流率到达热流率约束的上限，即启动常值热流率跟踪律，保证再入轨迹满足热流率约束。

值得注意的是，过程约束控制通常采用倾斜角控制，能够避免因迎角控制热流率而引起较大的能量变化率，致使飞行器迅速偏离原飞行轨迹。从热防护方面考虑，在高热流区域内需要限制迎角变化范围，以降低热防护系统负担。

遇约束走约束方法实际上借鉴了最优控制的进入约束弧段策略，其优势是采用闭环反馈实现约束控制，对模型的不确定性及外界大气扰动等干扰具有鲁棒性。其不足在于，通道解耦的工作方式适用于大航程飞行任务，但对于小航程飞行任务，频繁切换不利于预测校正通道的稳定性。

(4) 准平衡滑翔条件

准平衡滑翔条件(Quasi - Equilibrium Glide Condition, QEGC)方法依据简化的动力学关系，将高度-速度空间内的过程约束反解，求出对应的倾斜角，从而将过程约束转化为倾斜角约束，以实现过程约束控制。图 9.13 中的图(a)即为高度-速度空间内的走廊，而利用 QEGC 得到的倾斜角上、下限如图 9.13(b)所示。

该方法与遇约束走约束方法类似，均采用遇到过程约束便跟踪过程约束的方式，区别在于

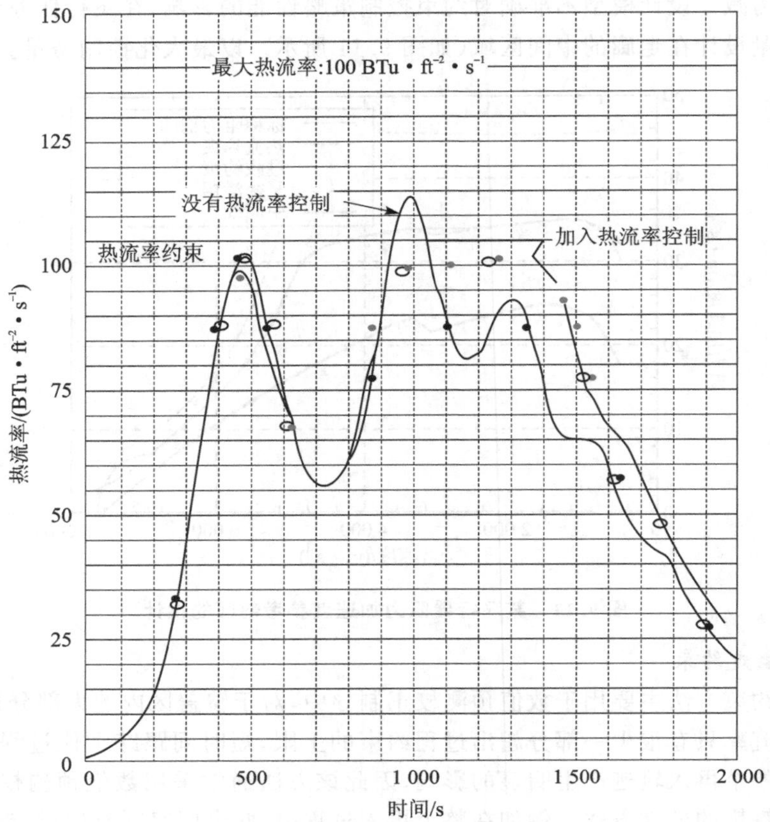

图 9.12　某飞行器再入过程的热流率约束控制效果

遇约束走约束属于闭环策略，对模型误差具有鲁棒性，而该方法属于开环策略，对气动力模型、大气扰动等不确定因素影响较为敏感。

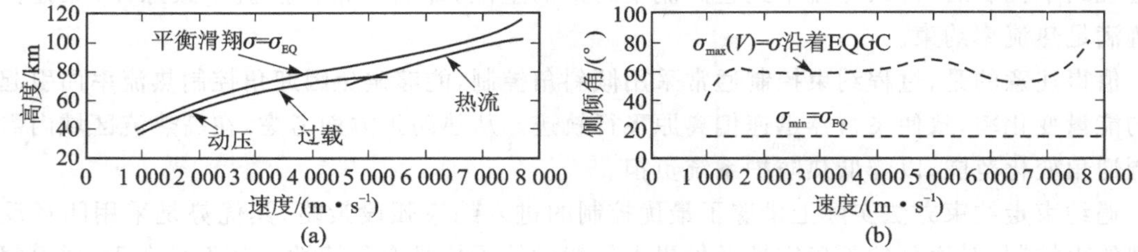

图 9.13　QEGC 过程约束控制

9.2.2　轨迹生成与在线更新方法

基于上述再入制导策略，现有再入制导律可分为以下三类：① 标称轨迹法，以标称轨迹为参考，基于实际轨迹状态与标称轨迹状态的偏差计算制导指令，完成再入飞行导引；② 预测轨迹法，通过闭环解析式或快速数值积分方法获得预测轨迹，基于预测信息与期望制导目标的偏差计算制导指令，从而实现再入飞行导引；③ 兼有上述两种制导策略的混合制导律。

再入制导律涉及两项关键技术：一是轨迹生成与在线更新，二是轨迹跟踪。例如标称轨迹法首先需要采用轨迹生成与在线更新技术产生标称轨迹，再利用轨迹跟踪技术实现状态跟踪，而预测轨迹法仅需要轨迹生成与在线更新技术。下面分别介绍这两项技术。

轨迹生成与在线更新技术指在满足过程约束与终端状态约束的情况下，以给定的性能指标生成满足动力学约束的可飞轨迹，例如标称轨迹法的标称轨迹和预测轨迹法实时生成的预测轨迹，并根据性能泛函对可飞轨迹进行在线更新。轨迹生成与在线更新方法主要包括基于闭环解析解的轨迹生成方法、基于快速数值积分的数值预测校正方法，以及基于最优化轨迹性能指标的方法等，通常根据实际研制需求进行选择。

1. 解析轨迹生成

基于闭环解析解的轨迹生成，一般需要将再入轨迹分段，对应不同形式的轨迹剖面，并根据预设的剖面运动模式推导近似解，利用近似解预测待飞轨迹，然后根据预测轨迹状态与期望状态的偏差进行修正。各段的轨迹剖面形式一般采用具有明确物理意义的典型再入轨迹运动模式，如常值热流率段、常值阻力加速度段、常值升阻比的平衡滑翔段、常值高度段等形式的标称剖面。

该方法对机载计算的效率和存储要求相对较低，对于充分规划的飞行任务具有很好的制导性能。其主要问题在于，由于采用多个轨迹运动模式的假设，制导律的适应性较差，依赖于规划的轨迹形式，因此当实际飞行轨迹与规划的任务轨迹出现较大偏差时制导性能急剧下降。

(1) 典型再入运动模式的闭环解析解

再入制导发展初期，导航信号误差较大且机载计算能力有限，使得闭环解析轨迹生成方式得到广泛应用。下面给出三种由查普曼公式推导所得的经典闭环解析解。

① 对于不变阻力加速度 D/G，对应的航程近似解为

$$\frac{x}{r}\approx\frac{\bar{u}_i-\bar{u}_f}{2\dfrac{D}{G}} \tag{9.29}$$

式中，$\bar{u}_i$，$\bar{u}_f$ 分别为初始速度和终端速度。

② 对于不变高度，对应的航程近似解为

$$\frac{x}{r}\approx\frac{\bar{u}_i}{(D/G)_i}\ln\frac{\bar{u}_i}{\bar{u}_f} \tag{9.30}$$

③ 对于常值升阻比 L/D 下的平衡滑翔，对应的航程近似解为

$$\frac{x}{r}\approx\frac{1}{2}\frac{L}{D}\ln\frac{1-\bar{u}_f^2}{1-\bar{u}_i^2} \tag{9.31}$$

这类近似解只考虑轨迹动态中某几个变量的变化，而忽略了其他变量对闭环解析解的影响，导致闭环解析解存在较大的误差。若充分考虑其他变量的影响则会使闭环解析式复杂化，甚至难以显式表达，此时可以考虑采用预测校正方法。

(2) 基于阻力加速度的待飞航程闭环解析解

航天飞机制导律中利用阻力加速度来预测待飞航程的闭环解析表达式：

$$R=-\int\frac{V}{D}\mathrm{d}V \quad 或 \quad R=-\int\frac{\mathrm{d}E}{D} \tag{9.32}$$

式中，R 为待飞航程，D 为阻力加速度，E 为能量。

如果给定阻力加速度的函数表达式，则可利用式(9.32)直接得到对应的待飞航程。在此

基础上，利用待飞航程对阻力加速度剖面参数的灵敏度$\partial R/\partial D$或采用数值迭代算法，如牛顿迭代法，便可得到标称轨迹并在线更新。

基于上述阻力加速度和待飞航程的简单闭环解析关系，产生了许多实用的再入制导律。该方法的问题在于，在轨迹可飞的情况下如何合理选择阻力加速度剖面的参数化形式使搜索变量最少，从而保证算法的收敛性并提高计算效率，得到最优轨迹。

(3) 标称轨迹剖面的更新频率

标称阻力加速度剖面采用实时更新策略，主要是因为实际跟踪性能不理想。通过实时更新剖面，可以减小局部调整量，有利于剖面更新算法收敛性。如果剖面的更新频率较低，则长时间积累的航程误差可能需要较大的轨迹校正量，进而降低迭代算法的收敛性，甚至可能导致无解。例如，过大的航程误差累积导致目标点偏离飞行器覆盖区。

2. 数值预测校正

数值预测校正方法指以参数化轨迹控制量作为输入，应用数值积分方法得到预测轨迹，根据预测轨迹与期望轨迹终端目标偏差校正轨迹控制量，当终端误差满足给定条件时，即得到所需的轨迹控制量以及对应的预测轨迹。该方法主要由快速数值积分和校正算法两部分组成，需要数值计算理论方法作支撑，受制于迭代收敛性和运算效率，其本质是在设定的参数化空间中寻找满足制导需求的可行解，对轨迹控制量的参数搜索和校正策略是保证算法收敛性并提高实时运算效率的关键。

(1) 轨迹控制量参数搜索

轨迹控制量的参数搜索是指根据制导律设计指标要求，结合具体飞行任务对轨迹控制量进行参数化，并设计相应的数值积分算法将搜索可行解问题转化为多元非线性方程组的求解问题。为保证算法收敛，要求搜索模型具有单调性，主要涉及两个问题：轨迹控制量参数化、快速数值积分。

① 轨迹控制量参数化之前应首先确定控制量，如倾斜角或倾斜角与迎角组合，然后根据制导律设计需求确定搜索终端条件，如横程和纵程、纵程和航向误差角等，再根据具体的飞行任务进行离线轨迹设计与优化，提炼轨迹控制量基本特征，并对控制量进行参数化后得到搜索变量。目前主要采用常值和线性化（见图 9.14）两种方式，可减小搜索变量，提高运算效率，保证算法收敛性。

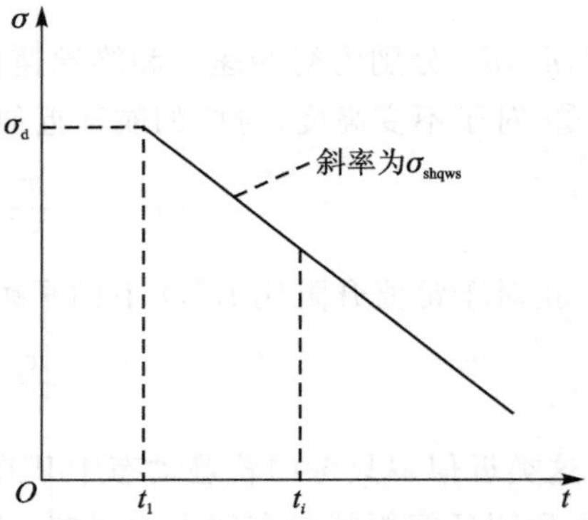

图 9.14　倾侧角关于时间的线性化剖面

② 进行快速数值积分，首先要根据制导律设计需求合理选择轨迹的终端停机条件，如终端时间、终端能量、终端速度等。例如为满足终端高度和速度，可将终端速度作为积分停机条件，而将终端高度作为纵向搜索模型的终端条件。数值积分在整个数值预测校正方法中所占计算资源最多、耗时最长，合理选择积分步长是缩短运算时间和减小内存占用率的关键因素。再入初期通常可取大积分步长，随着待飞距离的缩短，积分步长逐渐减小。在横向终端条件选择方面，对于具有较小升阻比的再入飞行器，一般将横程作为搜索终端条件，对于大升阻比飞行器，则可采用航向瞄准误差作为搜索终端条件以避免轨迹螺旋。

(2) 轨迹控制量的校正

轨迹控制量校正策略主要有两种，一种是在制导周期内多次迭代计算得到期望的控制量和预测轨迹，另一种是在每个制导周期内，根据雅克比矩阵进行一次迭代计算，多个制导周期后完成可行解的迭代收敛。两种制导律的本质区别在于，前者制导指令一定是可行解序列，而后者在某些制导周期内的制导指令可能只是中间迭代量，而非可行解。在计算性能需求上，前者远大于后者，因此早期的数值预测校正算法通常采用后者。

实际的轨迹控制量校正应综合考虑飞行器具体轨迹动力学变化情况、数值积分算法效率及校正策略等因素，在机载计算能力范围内合理选择制导周期。

3. 轨迹性能优化

上述两种轨迹生成方法均是在满足性能需求的可行集合中获得某一可行解。为进一步提高制导性能，如减小再入过程总气动加热量、增大覆盖能力、减小再入轨迹气动载荷及增加轨迹控制裕量等，需要基于最优化轨迹性能指标的方法获得满足某性能指标的次优轨迹。

根据优化方法对计算性能的需求，该方法可分为离线和在线两种方式：

① 离线方式主要用于总体任务规划，以得到满足任务需求的标称轨迹。该类方法得到了深入研究与广泛应用，已产生了众多商用软件。

② 在线方式则是在闭环解析方法的基础上增加再入轨迹性能泛函，例如通过线性函数的方式离散阻力加速度-能量剖面，将减小总气动加热的优化问题转化为非线性规划问题，再采用序列二次规划算法获得次优剖面；或者通过三次样条函数离散航程变化率能量剖面，以最大化轨迹控制裕量作为性能指标，采用拟牛顿法获得次优解等现有的方法。

这些方法存在两个问题：一是采用离散标称轨迹的方式，约束条件或性能泛函中没有考虑动力学约束，所得次优轨迹可飞性存疑；二是为了实现最优化求解，采用大量的简化处理，导致次优解准确性存疑。为了改进这些问题，在美国空军实验室集成自适应制导控制（Integrated Adaptive Guidance and Control, IAG&C）等研究计划的牵引下，研究人员提出了新的待飞最优轨迹方法。该方法采用变分法离线求解轨迹优化问题，得到轨迹数据库，再利用多项式神经网络对离线最优轨迹数据库进行编码，通过在线选择数据库与当前飞行条件相同的最优轨迹，实现轨迹在线重构。该方法用于轨道公司的 X-34 及波音的 X-37 演示平台，验证了有效性和实际应用价值。此外，研究人员还以 X-33 亚轨道再入为对象，采用伪谱法并基于优化软件 DIDO 实现再入轨迹的实时在线生成，表明该方法具有重要意义。

由于再入轨迹优化属于复杂约束下的多准则优化问题，直接求解计算量大且对初值非常敏感，可能出现算法不收敛的情况，而且要满足在线运行要求就需要对轨迹优化问题进行简化，但会因此出现次优解不满足指标要求的情况。虽然现有的一系列伪谱法能在一定程度上克服模型简化带来的问题，但仍存在计算量大和迭代不收敛等风险。因此，目前基于最优化轨迹性能指标的方法仍难以实际应用。

9.2.3 质点轨迹跟踪制导律设计

轨迹跟踪是指以离线或在线生成的轨迹作为参考轨迹的一类隐式制导方法。其制导指令以参考跟踪量或参考状态形成的控制量作为前馈，以实际状态偏差作为反馈，保证在大气环境扰动、飞行器建模不确定等不利因素下，构建满足性能要求的参考轨迹跟踪控制器，或者通过在标称轨迹附近重新生成轨迹的方法构建满足性能要求的终端状态跟踪控制器。

轨迹跟踪技术是再入制导的关键技术之一，影响制导律总体效能。例如，再入制导对于大气环境、气动力等建模误差的鲁棒性本质上由轨迹跟踪控制器的鲁棒性决定；航天飞机再入制导的终端性能则主要由参考阻力加速度剖面的跟踪效果决定。再入制导面临大包线、复杂约束等问题以及对任务适应性、成本和可靠性等方面的需求，因此轨迹跟踪技术是再入制导研究的重点和难点。

轨迹跟踪的主要目标是依据总体制导策略，从再入飞行器的具体特点和飞行任务出发，选择合适的反馈控制与参数整定方法，最终得到满足要求的制导律。本小节首先介绍轨迹跟踪基础理论，然后根据不同的分类方式进行轨迹跟踪技术分类，最后介绍两种重要的设计策略。

1. 轨迹跟踪基本方法

利用标称轨迹实现制导任务，需要考虑飞行器气动特性、制导律设计需求、飞行任务类型等因素，基础理论方法主要涉及外弹道学、最优化理论及控制理论。

(1) 影响因子整定

影响因子法是弹道-升力式航天器再入制导律设计的典型数学工具，其特点是只能对轨迹终端状态实现精确控制，一般情况下是实现对终端着陆点航程的控制。当制导律中的标称轨迹不能在线更新时，该方法能够提高着陆点的航程控制精度。

下面以某再入飞行器的剩余航程控制为例进行介绍。

对于时域动力学模型，以升阻比作为控制量的制导指令为

$$(L/D)_C=(L/D)_{\mathrm{ref}}+K\frac{\partial(L/D)}{\partial R}(R-R_f)\tag{9.33}$$

式中，K 为过控因子；$\dfrac{\partial(L/D)}{\partial R}$为影响因子；$R$ 为实际轨迹对应的剩余航程；R_f 为基于标称轨迹进行一阶泰勒展开后预测得到的剩余航程，且有

$$R_f=R^0_{\mathrm{ref}}+\frac{\partial R}{\partial V}(V-V_{\mathrm{ref}})+\frac{\partial R}{\partial \gamma}(\gamma-\gamma_{\mathrm{ref}})+\frac{\partial R}{\partial r}(r-r_{\mathrm{ref}})\tag{9.34}$$

其中，R^0_{ref} 为标称轨迹所对应的待飞航程，系数$\dfrac{\partial R}{\partial V}$，$\dfrac{\partial R}{\partial \gamma}$，$\dfrac{\partial R}{\partial r}$分别为待飞航程对速度、轨迹倾角和高度的影响因子。

若采用速度作为独立变量，则 R_f 计算公式为

$$R_f=R^1_{\mathrm{ref}}+\frac{\partial R}{\partial \dot r}(\dot r-\dot r_{\mathrm{ref}})+\frac{\partial R}{\partial D}(D-D_{\mathrm{ref}})\tag{9.35}$$

式中影响因子可通过纵向动力学小扰动线性化计算得到，具体过程如下：

假定再入初始状态变量为

$$\bar{x}(t)=\begin{bmatrix}R(t)\\V(t)\\\gamma(t)\\r(t)\\L/D\end{bmatrix}\tag{9.36}$$

再入运动方程组为

$$\dot{\bar{x}}(t)=\begin{bmatrix} V\cos\gamma \\ -D-g\sin\gamma \\ \dfrac{L}{V}-\left(\dfrac{g}{V}-\dfrac{V}{r}\right)\cos\gamma \\ V\sin\gamma \\ 0 \end{bmatrix}\triangleq \bar{f}[\bar{x}(t)] \tag{9.37}$$

为了确定待飞航程关于速度、轨迹倾角、高度及升阻比的影响因子，需要对上式在参考轨迹附近线性化，得到描述再入轨迹动态的小扰动线性系统：

$$\delta\dot{\bar{x}}(t)=A(t)\delta\bar{x}(t)+\bar{u}(t) \tag{9.38}$$

其中

$$A(t)=\left\{\frac{\partial\bar{f}\,[\bar{x}(t)]}{\partial\bar{x}(t)}\right\}_{\text{标称轨道}}$$

一般地，线性系统的伴随方程为

$$\dot{\bar{\lambda}}(t)=-A^{\mathrm{T}}(t)\cdot\bar{\lambda}(t) \tag{9.39}$$

由伴随定理得到伴随函数矢量 $\bar{\lambda}(t)$ 与状态矢量 $\delta x(t)$ 有如下关系：

$$\lambda^{\mathrm{T}}(t_f)\Delta\bar{x}(t_f)=\bar{\lambda}^{\mathrm{T}}(t_0)\Delta\bar{x}(t_0) \tag{9.40}$$

假设只有终端航程存在误差，选择待飞航程误差作为终端边界条件，则上式可简化为

$$\lambda_1(t_f)\Delta x_1(t_f)=\bar{\lambda}^{\mathrm{T}}(t_0)\Delta\bar{x}(t_0) \tag{9.41}$$

其中，$\Delta x_1(t_f)=[\lambda_1\Delta R+\lambda_2\Delta V+\lambda_3\Delta\gamma+\lambda_4\Delta r+\lambda_5\Delta(L/D)]\big|_{t=t_f}$。该式可以看作待飞终端时间 t_f 的泰勒级数展开式，λ_i 表示待飞对各状态变量的一阶偏导数，即

$$\bar{\lambda}(t)=\begin{bmatrix} \partial R/\partial R \\ \partial R/\partial V \\ \partial R/\partial\gamma \\ \partial R/\partial r \\ \partial R/\partial(L/D) \end{bmatrix} \tag{9.42}$$

为了计算标称轨迹所对应的影响因子 $\bar{\lambda}(t)$，首先从轨迹初始点对标称轨迹进行积分，得到轨迹终端状态 $\bar{x}(t_f)$，然后选定终端影响因子为

$$\bar{\lambda}(t_f)=\begin{bmatrix} 1 \\ 0 \\ 0 \\ \cot(\gamma_f) \\ 0 \end{bmatrix} \tag{9.43}$$

式中，γ_f 为标称轨迹的终端轨迹倾角。

以 $\bar{\lambda}(t_f)$ 作为初值并以标称轨迹作为参考轨迹对式(9.39)进行反向积分，可得标称轨迹在每一时刻的影响因子，进而根据式(9.33)得到最终制导指令。该方法是在标称轨迹小扰动线性假设下得到的，实际过程中很可能出现与标称轨迹偏差较大的情况，此时若不调整影响因子则可能出现较大的终端制导误差，此时往往通过引入过控因子 K 来处理该问题。图 9.15

为不同过控因子对应的航程误差。当 $K=1$ 时，过控因子不起作用，这时终端航程误差较大；当 $K=2$ 和 $K=10$ 时，终端航程误差减小，在一定程度上改善了制导性能。

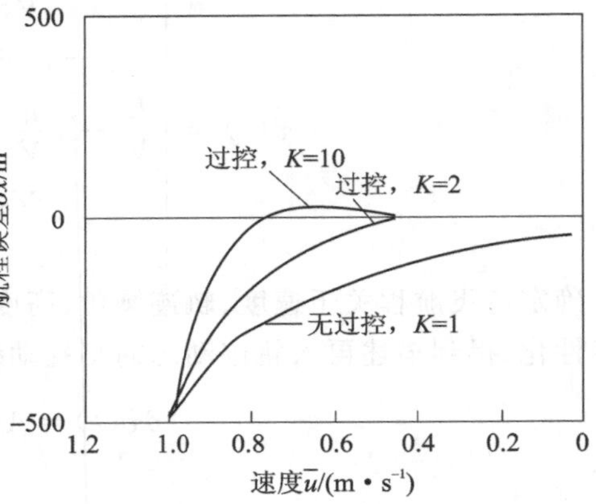

图 9.15 不同过控因子对应的航程

(2) 性能指标最优化

作为解决标称轨迹跟踪控制问题的关键基础理论，最优控制方法广泛应用于再入制导领域，随着最优控制理论的发展，制导律优化也经历了不同的阶段。

早期的优化制导通常以 Bryson 提出的通过最小化控制量的二次型为指标，利用伴随函数与变分法中拉格朗日乘子的等价关系进行求解，得到依据最小控制能量取得终端状态目标的制导指令。其性能指标可表示为

$$J=\int_{t_0}^{t_i}\Delta\boldsymbol{U}^{\mathrm{T}}\boldsymbol{R}\Delta\boldsymbol{U}\mathrm{d}t \tag{9.44}$$

式中，$\Delta\boldsymbol{U}$ 为控制量的偏差。在最小化性能泛函的同时，还要保证满足轨迹的终端约束条件，于是后来产生了以最小化轨迹跟踪过程偏差和控制量偏差的二次型指标，表示为

$$J=\frac{1}{2}\Delta\boldsymbol{X}_{t_i}^{\mathrm{T}}\boldsymbol{P}\Delta\boldsymbol{X}_{t_I}+\frac{1}{2}\int_{t_0}^{t_4}(\Delta\boldsymbol{X}^{\mathrm{T}}\boldsymbol{Q}\Delta\boldsymbol{X}+\Delta\boldsymbol{U}^{\mathrm{T}}\boldsymbol{R}\Delta\boldsymbol{U})\,\mathrm{d}t \tag{9.45}$$

该类方法的性能指标为有限时域的线性二次型，设计人员可以根据实际指标要求设置不同的权重矩阵，自由度大，通用性好。

20 世纪 90 年代涌现了许多有限时域的线性二次型制导律的应用研究，具有代表性的是研究人员针对乘员返回飞行器 ACRV 的应用研究。该制导律的设计模型以时间为独立变量，将高度 r、相对速度 v、轨迹倾角 γ 及剩余航程 s 组成的四阶动力学系统进行线性化，以倾斜角为控制量，具体形式为

$$\mathrm{d}\dot{x}_1=A(t)\delta\boldsymbol{x}_1+B(t)\delta\boldsymbol{\sigma} \tag{9.46}$$

其中，$\delta\boldsymbol{x}_1=[r-r_R,v-v_R,\gamma-\gamma_R,s-s_R]$，$\delta\boldsymbol{\sigma}=\boldsymbol{\sigma}-\boldsymbol{\sigma}_R$。性能指标取为

$$J=\delta\boldsymbol{x}_1^{\mathrm{T}}(t_f)\boldsymbol{P}\delta\boldsymbol{x}_1^{\mathrm{T}}(t_f)+\int_{t_0}^{t_f}[\delta\boldsymbol{x}_1^{\mathrm{T}}(\tau)\boldsymbol{Q}\delta\boldsymbol{x}_1^{\mathrm{T}}(\tau)+\boldsymbol{R}\delta\boldsymbol{\sigma}^2(\tau)]\,\mathrm{d}(\tau) \tag{9.47}$$

式中可调权重矩阵 $\boldsymbol{P}$、$\boldsymbol{Q}$ 非负定，$\boldsymbol{R}$ 正定。

前述方法主要用于解决有限时间状态调节器问题，考虑系统初始过渡过程，而在实际再入轨迹跟踪中，除保证有限时间内初始误差响应对最优性的影响外，还要求具有很好的平衡状态保持能力。针对这种既有动态最优性要求又有稳态最优性要求的情况，人们提出了无限时间调节器理论及其轨迹跟踪控制方法。该类方法的性能指标一般为

$$J=\frac{1}{2}\int_{t_0}^{+\infty}(\Delta\boldsymbol{X}^{\mathrm{T}}\boldsymbol{Q}\Delta\boldsymbol{X}+\Delta\boldsymbol{U}^{\mathrm{T}}\boldsymbol{R}\Delta\boldsymbol{U})\,\mathrm{d}t \tag{9.48}$$

考虑系统动力学模型以时间作为独立变量，对轨迹纵向运动的三个快变量，即高度 r、相对速度 v、轨迹倾角 γ 进行小扰动线性化，有

$$\dot{\boldsymbol{x}}=A(t)\delta\boldsymbol{x}+B(t)\delta\boldsymbol{\sigma} \tag{9.49}$$

其中，$\delta\boldsymbol{x}=[r-r_{\mathrm{R}},v-v_{\mathrm{R}},\gamma-\gamma_{\mathrm{R}}]$，$\delta\boldsymbol{\sigma}=\boldsymbol{\sigma}-\boldsymbol{\sigma}_{\mathrm{R}}$。最小化二次型性能指标可为

$$J=\int_{t_0}^{+\infty}(q_1\delta r^2+q_2\delta v^2+q_3\delta\gamma^2+q_6\delta\sigma^2)\,\mathrm{d}t \tag{9.50}$$

对于该二次型最优问题，应确保上式可控且权重 q_1,q_2,q_3 非负，$q_4>0$。由于上式为慢时变过程，为了得到时变线性系统的最优反馈控制律，需要根据轨迹的实际动态变化情况在标称轨迹上选择特征点，并假设特征点附近为线性时不变系统，分别计算每个特征点 t_k 对应的常值最优反馈增益 $F(t_k)$，进而可得该时刻对应的反馈制导律：

$$\delta\boldsymbol{\sigma}=-F(t_k)\delta x \tag{9.51}$$

严格地说，一组反馈增益只针对特定的标称轨迹有效。但数值分析发现，当标称轨迹存在小扰动时，该组反馈增益仍然有效。对于采用在线轨迹生成的制导律，当生成的标称轨迹与离线设计的标称轨迹偏差不大时，制导反馈增益可以在离线计算后存入机载计算机，从而减小在线计算量。

无限时域二次型状态跟踪器还存在其他形式，例如以能量为独立变量，其线性化模型是以高度 r、轨迹倾角 γ 及待飞航程 R 组成的三阶纵向运动，控制量为迎角和倾斜角，性能指标为

$$J=\int_{t_0}^{+\infty}(Q_1\delta R^2+Q_2\delta r^2+Q_3\delta\gamma^2+R_1\delta\sigma^2+R_2\delta\alpha^2)\,\mathrm{d}t \tag{9.52}$$

通过数值仿真发现，该制导律的反馈增益具有不依赖于标称轨迹的优良性质，即同一组反馈增益能够适应不同飞行任务的标称轨迹。不过，当标称轨迹偏离较大时，这样的反馈制导律已然失去了最优性，只能保证时变系统的稳定性，因此该性能存在的前提是，飞行器任务轨迹所对应的动力学特征相差不大，线性模型有效。

当然，随着最优控制理论的发展，还出现了伪谱法等其他最优问题直接求解方法。研究表明，基于合理的控制模型，直接法同样可以实现轨迹跟踪，具有很强的实用性，后面将具体介绍。

(3) 轨迹动力学特性校正

轨迹动力学特性校正是指通过合理设计反馈控制律校正开环系统的动力学特性，使闭环系统达到所需线性系统响应品质。

轨迹动力学校正的典型用例是航天飞机制导律中标称阻力加速度剖面跟踪控制律，它使用二阶系统响应特性来修正轨迹跟踪误差的瞬态品质，将制导律反馈增益的调节转换为对二阶系统特征量的整定。其二阶系统

$$\delta\ddot{D}+2\xi\omega_n\delta\dot{D}+\omega_n^2\delta D=0 \tag{9.53}$$

采用阻力加速度为独立变量，根据飞行器实际机动能力设置自然频率 ω_n 的调参律，阻尼比 ξ 通常取 0.7，即可计算反馈控制增益，得到期望的轨迹跟踪误差的动态响应。

轨迹动力学校正的另一典型途径是采用极点配置方法。将纵向运动状态空间从以时间为独立变量的 $[r,v,\gamma]$ 转换为以能量为独立变量的 $[D,\dot{D},v]$，制导运动模型如下：

$$\delta\dot{\boldsymbol{x}}=A(e)\delta\boldsymbol{x}+B(e)\partial\boldsymbol{u} \tag{9.54}$$

借鉴航天飞机制导策略，取标称轨迹为以能量为独立变量的阻力加速度剖面，但并不直接跟踪阻力加速度标称轨迹，而是将输出跟踪问题转化为状态调节器问题，再基于阻力加速度剖面 $D_{\mathrm{R}}(e)$ 进一步得到 $\dot{D}_{\mathrm{R}}(e)$、$v_{\mathrm{R}}(e)$ 和 $u_{\mathrm{R}}(e)$。

配置极点时，在标称轨迹上选择特征点 e_k，得到对应的 $A(e_k)$、$B(e_k)$，并计算各特征点对应的特征根。图 9.16 所示为某升力式再入飞行器不同特征点下的极点情况。式(9.54)所示

线性系统的极点由一对复根和一个实根组成，复根反映阻力加速度及其一阶导数特性，实根反映速度特性。从图 9.16 中可以看出，当阻力加速度较小时，线性系统的根都位于右半平面，系统是不稳定的。随着阻力加速度的增加，反映阻力加速度变量的极点开始向左半平面移动，而反映速度变量的实根始终处于右半平面。

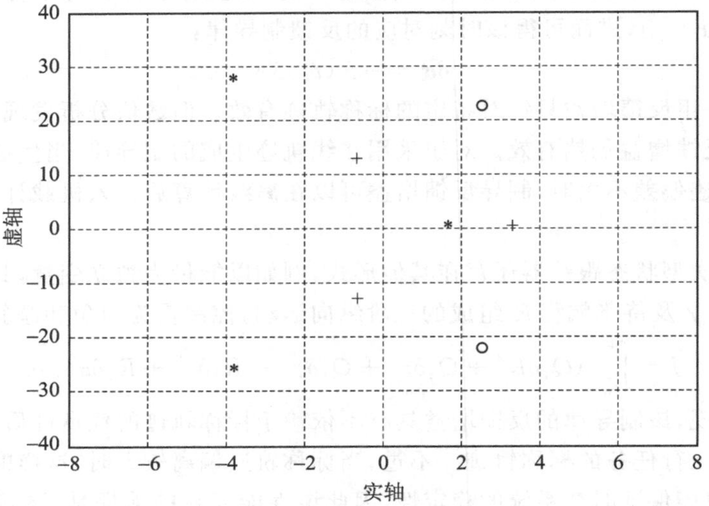

图 9.16　不同特征点对应的极点分布：* (D=1.1)，○ (D=0.7)，+ (D=0.3)

由上述分析中可以看出，系统开环特性并不理想，需要采用反馈的方式进行闭环校正，以改善飞行器自身的轨迹动力学特性。闭环反馈可采用如下形式：

$$\partial \boldsymbol{u} = -F(e_k)\delta \boldsymbol{x} \tag{9.55}$$

而对每一个特征点上反馈增益的整定，则可选用 Butterworth 方法进行极点配置，得到理想的误差动态，以满足制导律对标称轨迹跟踪的指标要求。

（4）输入/输出反馈线性化

输入/输出反馈线性化是再入制导的另一种重要方法，可基于微分几何理论设计具有全局跟踪性能的阻力加速度跟踪律。麦克唐纳-道格拉斯公司的 RLV 即采用近似反馈线性化方法设计了三维空间预测/跟踪制导律，可以根据实时导航信息在线更新标称轨迹，并以纵程角和横程角为纵向和横向标称轨迹控制变量。当以能量为独立变量时，系统由六阶降为五阶，而输入/输出反馈线性化不改变系统阶数，因此不存在内动态问题。可参照轨迹动力学特性校正方法，对得到的伪线性系统模型进行误差动态校正，并最终得到非线性轨迹跟踪控制律。

（5）预测控制

预测控制同样有效应用于轨迹跟踪控制问题。可采用预测控制的滚动时域优化策略，以固定步长将轨迹跟踪过程划分成若干时间段，在每个时段内求解有限时域的最优控制问题，并将得到的最优解序列中的第一个控制动作作为该制导周期内的制导指令。

早期的设计模型为非线性三自由度运动方程组：

$$\dot{\boldsymbol{x}} = f(x) + G(x)\boldsymbol{u} \tag{9.56}$$

最小化性能指标

$$J[u(t)]=\frac{1}{2}[\boldsymbol{x}(t+h)-\boldsymbol{x}_{\mathrm{ref}}(t+h)]^{\mathrm{T}}\boldsymbol{Q}[\boldsymbol{x}(t+h)-\boldsymbol{x}_{\mathrm{ref}}(t+h)]+\frac{1}{2}\boldsymbol{u}^{\mathrm{T}}(t)\boldsymbol{R}\boldsymbol{u}(t) \tag{9.57}$$

即可得出制导指令。式中，h 为预测控制计算周期，$x_{\mathrm{ref}}(t)$为满足系统动态约束的标称轨迹，$\boldsymbol{u}(t)$为系统的控制量。

后来，为了将预测控制应用到再入标称轨迹跟踪问题，可设计阻力加速度剖面跟踪控制律。阻力加速度跟踪误差表示为

$$e(\tau)=\Delta D\dot{D}+2\xi\omega_n\Delta D+\omega_n^2\int_0^{\tau}\Delta D[x(\mu)]\mathrm{d}\mu \tag{9.58}$$

进而得到

$$\dot{e}(\tau)=a_D(x)+b_D(x)u+2\xi\omega_n\Delta\dot{D}+\omega_n^2\Delta D-\ddot{D}_R \tag{9.59}$$

式中，a_D 和 b_D 满足动力学关系 $\ddot{D}=a_D(x)+b_D(x)u$。

对于性能指标

$$J=\frac{1}{2}e^2(\tau+T) \tag{9.60}$$

近似展开式中有

$$e(\tau+T)\approx e(\tau)+T\dot{e}(\tau) \tag{9.61}$$

求解式(9.60)对应的最优控制序列即可得到制导指令。

为了满足再入段对轨迹跟踪指标的要求，还可将预测控制应用于轨迹状态调节器问题中，针对基于标称轨迹得到的线性时变系统设计状态调节器，得到跟踪 6 个轨迹状态量的制导律。该制导律所采用的性能指标如下：

$$J=\int_t^{t+T}[\boldsymbol{x}^{\mathrm{T}}(\tau)\boldsymbol{Q}\boldsymbol{x}^{\mathrm{T}}(\tau)+\boldsymbol{u}^{\mathrm{T}}(\tau)\boldsymbol{R}\boldsymbol{u}(\tau)]\,\mathrm{d}\tau \tag{9.62}$$

式中，$\boldsymbol{x}$ 为与标称状态的偏差，$\boldsymbol{u}$ 为与标称控制律的偏差，其所得到的轨迹控制策略采用迎角和倾斜角协调控制的方法。

2. 轨迹跟踪技术分类

在上述基本方法的基础上，产生了多类轨迹跟踪技术。以制导律设计模型为标准，可分为基于小扰动线性化模型的制导律和基于非线性模型的制导律；以控制任务为标准，可分为轨迹状态调节制导律和轨迹输出跟踪制导律；以控制目标为标准，可分为轨迹过程跟踪制导律和轨迹端点跟踪制导律。

(1) 小扰动线性化模型/非线性化模型的制导律

若标称轨迹通过在线方式生成，则应采用能够准确反映系统动态的非线性化模型方法进行制导律设计。对于在线生成的标称轨迹，如果状态量变化范围较大，那么小扰动线性化模型会与轨迹实际动态特性产生较大偏差，并且由于制导律的反馈增益与实际飞行动态紧密相关，故通过在线方式很难计算出合理的反馈增益，最终将严重影响线性化模型制导律性能。

如果标称轨迹通过离线方式获得并存入弹载计算机，则可选择使用基于小扰动线性化模型的制导律，通过离线方式得到特征工作点的线性化模型，并依据给定的性能指标设计反馈增益，从而获得满意的制导性能。虽然标称轨迹由离线方式生成，但由于初始状态或者任务类型相差较小、标称轨迹的包线范围相对固定，其对应的动力学相差不大，因此可采用基于小扰动

线性化模型的制导方法。目前的大部分再入制导方法均属于该类情况。

表 9.2 给出了基于设计模型分类的轨迹跟踪技术所对应的方法。

表 9.2　基于设计模型分类的轨迹跟踪技术所对应的方法

轨迹跟踪基本方法	小扰动线性化模型	非线性化模型
影响因子整定	√	—
性能指标最优化	√	—
轨迹动力学特征校正	√	—
输入输出反馈线性化	—	√
预测控制	√	√

(2) 轨迹状态调节器/轨迹输出跟踪器制导律

轨迹状态调节器制导律是通过状态反馈构成闭环系统，来保证轨迹的状态量被镇定到标称轨迹附近。通常采用标称轨迹小扰动线性化模型作为设计模型，需要保证该模型可控，如果不可控则应确保不可控状态的极点位于左半平面。

轨迹输出跟踪器制导律是通过输出反馈构成闭环系统，实现期望标称轨迹跟踪。该制导律须考虑系统输出量与控制量的维数问题，应保证控制输入维数不小于输出维数，并且在输入/输出反馈线性化时，要保证系统内动态保持稳定。表 9.3 给出了基于控制任务分类的轨迹跟踪技术所对应的方法。

表 9.3　基于控制任务分类的轨迹跟踪技术所对应的方法

轨迹跟踪基本方法	轨迹状态调节	轨迹输出跟踪
影响因子整定	—	—
性能指标最优化	√	—
轨迹动力学特征校正	√	√
输入/输出反馈线性化	—	√
预测控制	√	√

(3) 轨迹过程跟踪/轨迹端点跟踪制导律

轨迹过程跟踪制导律的设计指标是整个再入过程的跟踪性能，需保证实际轨迹尽量跟踪标称轨迹，轨迹端点跟踪制导律则更关注实际飞行轨迹终端是否满足终端约束条件，而不要求在过程中能否始终跟上标称轨迹。图 9.17 给出了两类制导律的区别。

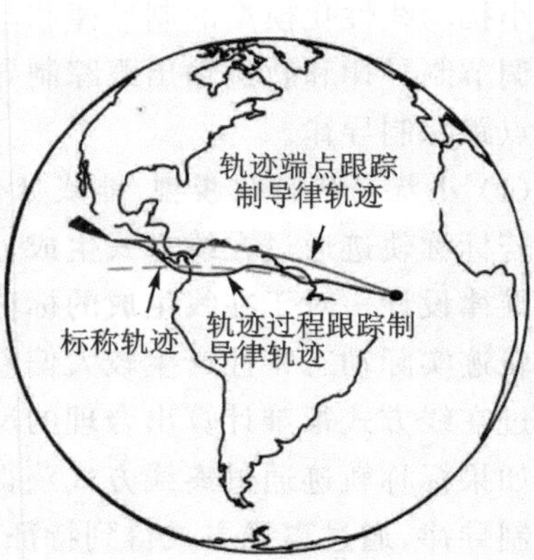

图 9.17　轨迹过程跟踪制导律和轨迹端点跟踪制导律的轨迹对比

选择轨迹过程跟踪制导律还是轨迹端点跟踪制导律，取决于制导律设计的整体策略。例如，阿波罗制导律的关注点是航程着陆精度，因此可采用轨迹端点跟踪制导律，而航天飞机制导律由于存在标称轨迹实时更新机制，其航程性能主要取决于标称阻力加速度剖面的跟踪效果，此时应采用轨迹过程跟踪制导律。

在实际中，对于轨迹过程跟踪制导律，对过程状态的跟踪效果是不能反映实际制导性能的。例如在纵向平面内，即使理想跟踪上标称轨迹对应的高度、相对速度和轨迹倾角，然而当大气密度扰动较大时航程误差也会增大。如果要保证航程的准确性，需在制导律中加入航程误差的反馈项，则当终端航程精度满足指标要求时，实际轨迹高度与标称轨迹将会存在一定偏差，用以补偿大气密度扰动对阻力加速度的影响。

因此，制导律选取主要取决于具体飞行任务需求下的制导策略，轨迹过程跟踪性能并非越精确越好，需要综合考虑飞行器的气动性能、飞行环境及总体对制导提出的技术指标。表 9.4 给出了基于控制目标分类的轨迹跟踪技术所对应的方法。

表 9.4　基于控制目标分类的轨迹跟踪技术所对应的方法

轨迹跟踪基本方法	轨迹过程跟踪	轨迹端点跟踪
影响因子整定	—	√
性能指标最优化	√	√
轨迹动力学特征校正	√	—
输入/输出反馈线性化	—	√
预测控制	√	—

3. 轨迹跟踪设计综合

通常情况下，标称轨迹设计过程是基于简化的质点运动模型，很难全面地考虑飞行器实际运行中遇到大气扰动、气动力模型不确定性、量测噪声等干扰因素，且姿态控制系统响应并不理想。因此，实现期望的轨迹跟踪状态不能仅依靠开环控制，还需要引入反馈控制以提高制导系统控制精度及对内/外干扰的鲁棒性。大部分基于标称轨迹的制导方法本质上均为反馈控制，因此制导律在设计上类似于反馈控制综合，需要考虑反馈控制律构建以及反馈增益整定，以使闭环系统动态性能、稳定性、鲁棒性等均能满足制导系统指标要求。

(1) 反馈控制律设计

反馈控制律设计需综合考虑质点动力学、制导策略、反馈变量选择、实际条件等因素，合理选择控制律中的反馈变量。

a. 质点动力学

反馈控制律设计基于轨迹动力学，其首要问题是如何选择独立变量。常用的独立变量有时间、速度/能量和待飞航程，不同的独立变量可以得到不同阶的动力学系统，进而影响反馈控制律中反馈变量。如果以时间作为独立变量，则纵向轨迹运动为四阶，应设计四阶全状态变量反馈；如果以速度/能量作为独立变量，则应设计三阶状态变量反馈。

b. 制导策略

在设计制导律反馈项时，应明确标称轨迹跟踪控制目标，不同的控制目标应采取不同的制导策略。

对于阿波罗制导律，在阿波罗的拉起段，制导律只需要保证拉起段的终点（即弹道段的起点）与标称轨迹对应的速度和高度变化率的轨迹状态一致，就能够保证弹道飞行段的航程接近标称航程，故反馈项中只须包含这两个变量，并且可以采用轨迹终端状态跟踪制导律。

对于航天飞机制导律，其通过闭环解析式预测航程，并根据实时导航信息更新标称轨迹，只要达到期望的阻力加速度跟踪性能，终端航程误差就能满足设计要求。在这种制导策略下，反馈制导律只需要设计轨迹跟踪器制导律跟踪阻力加速度标称轨迹，而不需要在反馈中加入航程误差信息。

对于线性二次型调节器制导律，标称轨迹不进行在线更新，航程精度只能通过反馈控制律来保证，因此反馈项中除高度和轨迹倾角外，还需要加入航程反馈来保证最终的航程精度要求。

c. 反馈变量选择

高度和阻力加速度均可作为反馈变量，其选取可分为两种情况。

当纵向制导的反馈控制律中不含有航程误差反馈项时，应选择阻力加速度作为二阶反馈信号。若选择高度作为反馈信号，则将因大气密度的建模误差而产生较大的航程误差。

当纵向制导的反馈控制律中含有航程误差反馈项时，两种反馈变量对终端航程的影响基本一致，其选取可由其他因素决定。如果选择高度变量，则当航程误差较小时，实际高度与标称高度将会存在偏差，反映出大气密度扰动对航程的影响。

d. 实际条件

制导律反馈变量选择还应考虑实际实现条件，例如应考虑导航条件，尽量选择测量精度高、可靠且获得成本低的反馈信号，选择与惯导系统测量精度相匹配的制导律。考虑到测量噪声问题，应将反馈项中阻力加速度的一阶导更换为高度变化率，还可引入阻力加速度跟踪误差的积分反馈消除稳态跟踪误差。

早期制导律设计为了降低存储标称轨迹的资源占用率并尽量减少传感器数量，通常采用校正器代替某些反馈项。例如对于四阶系统，可采用如下反馈形式：

$$L/D=(L/D)_{\mathrm{ref}}+\left(K_1 s+K_2+\frac{K_3}{s}+\frac{K_4}{s^2}\right)\Delta D \tag{9.63}$$

显然该制导律只需阻力加速度反馈信号以保持阻力加速度标称轨迹。

(2) 反馈增益整定

在完成反馈项的选择后，需要确定反馈项的系数，即反馈增益整定。其本质是根据飞行器气动性能、任务轨迹的动力学特点等实际情况确定合适的反馈增益参数值，以满足动态响应、稳定性、鲁棒性等制导性能要求。

目前，制导律的反馈增益主要有两种，即常值增益和时变增益。常值增益通常很少被应用，因为忽略了再入轨迹动力学的变化，会严重降低飞行器制导性能；时变增益则考虑了再入轨迹动力学的变化，将标称轨迹跟踪问题转化为线性时变系统调节器/跟踪器问题，并基于再入轨迹动态的长周期特点，用增益调度思想进行反馈系数整定，在实际应用中获得了满意的制导性能。

很多增益整定方法均能满足先进制导策略要求，是因为不同飞行任务对应的轨迹动力学相差不大。若要求的飞行任务对应的轨迹动力学特性相差较大，则反馈增益整定方法不具有任务适应性。

9.3　再入轨迹优化与姿态协同控制

对于再入飞行呈现出的复杂飞行特性，如强耦合、高不确定性、多约束等，传统离线轨迹跟踪制导控制方法往往不具有适应性，此时需要对再入轨迹进行在线优化。本节重点讨论在引力体、路径、模型不确定等多约束下基于自适应 Radau 伪谱法的再入轨迹实时优化问题，并给出姿态协同的再入制导控制具体设计方法。

9.3.1 再入姿轨运动模型

对于多约束条件下实时再入轨迹与姿态协同控制问题，主要包括再入飞行运动建模、再入过程约束分析、控制问题建立三个方面。

1. 再入轨迹模型

仅考虑纵向平面内的无动力再入运动，由于不受推力影响，再入飞行器的质量变化率为零。假设飞行器再入过程采用地球平面参考系，忽略地球自转，则三自由度再入运动模型可表示为

$$\dot{x} = v\cos\gamma \tag{9.64}$$

$$\dot{h} = v\sin\gamma \tag{9.65}$$

$$\dot{v} = \frac{-D}{m} - g\sin\gamma \tag{9.66}$$

$$\dot{\gamma} = \frac{L}{mv} - \frac{g\cos\gamma}{v} \tag{9.67}$$

$$\dot{\theta} = q \tag{9.68}$$

$$\bar{q} = \frac{M_{yy}}{I_{yy}} \tag{9.69}$$

其中，再入飞行器受到的升力 L 和阻力 D 可由以下经典气动力公式得出：

$$\bar{q} = \frac{1}{2}\rho v^2 \tag{9.70}$$

$$D = \bar{q}sC_d \tag{9.71}$$

$$L = \bar{q}sC_l \tag{9.72}$$

$$M_{yy} = \bar{q}scC_m \tag{9.73}$$

2. 约束条件分析

飞行器再入过程中由于其自身结构和材料的限制，为了保证安全稳定再入飞行，因此再入过程中要严格满足一些约束条件，主要包括动压、过载、端点和控制量约束。

(1) 动压约束

飞行器再入过程中，速度和高度的剧烈变化使动压产生较大的变化幅值，动压的变化将直接对飞行器的受力产生影响，过大的幅值变化加剧了姿态控制系统的设计难度。此外，限制动压可以减轻飞行器结构质量和控制舵承受的载荷，有利于最终实现飞行器的姿态控制。根据动压定义，再入过程中动压满足

$$120\ \text{kPa} \leqslant q = \frac{1}{2}\rho v^2 \leqslant 600\ \text{kPa} \tag{9.74}$$

(2) 过载约束

飞行器再入过程中，由于受到自身结构强度的限制，故飞行器的轴向过载和法向过载必须限定在一定的范围内，达到保证飞行器安全飞行的目的。此外，限制过载可以降低结构承受的

载荷。因此，定义飞行器的总过载满足

$$1 \leqslant n_y = \frac{\sqrt{L^2 + D^2}}{mg} \leqslant 6 \tag{9.75}$$

(3) 端点约束

飞行器从高空落地的过程中，为了使其顺利地完成攻击任务，需要对起始端状态和终端状态进行约束。端点约束一般包括初始时间、高度、速度、航迹角、位置和末端高度、速度、航迹角、位置等约束。

(4) 控制量约束

受机动性能及飞行器执行机构等因素的影响，飞行器再入过程中，要满足一定的控制量约束，以保证执行器结构能够对机动飞行做出相应的反应。因此，建立如下的控制量约束式：

$$-5° \leqslant \alpha \leqslant 5° \tag{9.76}$$

3. 控制问题描述

再入飞行器的六自由度模型是一个集多变量、强耦合、非线性、不确定、多约束及潜在执行器故障影响的复杂被控对象，其高自主性、高可靠性、高安全性和高灵活性的制导控制系统设计面临巨大挑战。据统计，美国、日本及欧洲各国自 1990 年以来的各类飞行事故中，有近一半的事故可通过轨迹实时重构与姿态协同控制方法解决。因此，需要对飞行器实时轨迹与姿态协同控制问题进行研究。具体而言，针对上述再入模型，综合考虑动压约束、过载约束、端点约束、控制量约束以及模型不确定对再入过程的影响，研究基于实时再入轨迹的制导控制方法，在给定再入点及落点的情况下，通过设计再入制导律和再入姿态控制器，完成不确定多约束下的实时再入轨迹与姿态协同控制。

9.3.2　姿轨协同控制方法框架

再入飞行器实时轨迹与姿态协同控制方法结构如图 9.18 所示，由三个核心环节构成。第一环节是在给定飞行任务的情况下，研究基于全局 Radau 伪谱法的离线轨迹设计；第二环节是将离线设计的轨迹作为实时再入轨迹优化求解的初值，设计基于自适应 Radau 伪谱法的实时最优反馈再入制导律，为姿态控制系统提供可行的再入制导指令；第三环节是基于飞行器的多时间尺度特性，将再入姿态模型划分为内外双环，研究基于控制器-观测器综合的设计方法，完成对给定制导指令的高精度快速跟踪。在上述三个环节基础上，构建如图 9.18 所示的先进制导控制一体化结构，实现不确定多约束下的实时轨迹与姿态协同控制。

9.3.3　Radau 伪谱法轨迹生成与制导律设计

设计步骤如下：首先考虑采用全局 Radau 伪谱法对多约束条件下再入轨迹优化问题进行离散化处理，将其转化为非线性规划问题，然后进行非线性规划问题求解，最后引入自适应区间分配策略，建立自适应 Radau 伪谱法优化再入制导律。

1. 基于全局 Radau 伪谱法的离线轨迹设计

在全局 Radau 伪谱法最优控制问题求解过程中，正交多项式正交区间为 $\tau \in [-1,1]$，因此需要将最优控制的时间区间由 $t \in [t_0, t_f]$ 转换到 $\tau \in [-1,1]$，如下：

$$\tau = \frac{2t}{t_f - t_0} - \frac{t_f + t_0}{t_f - t_0} \tag{9.77}$$

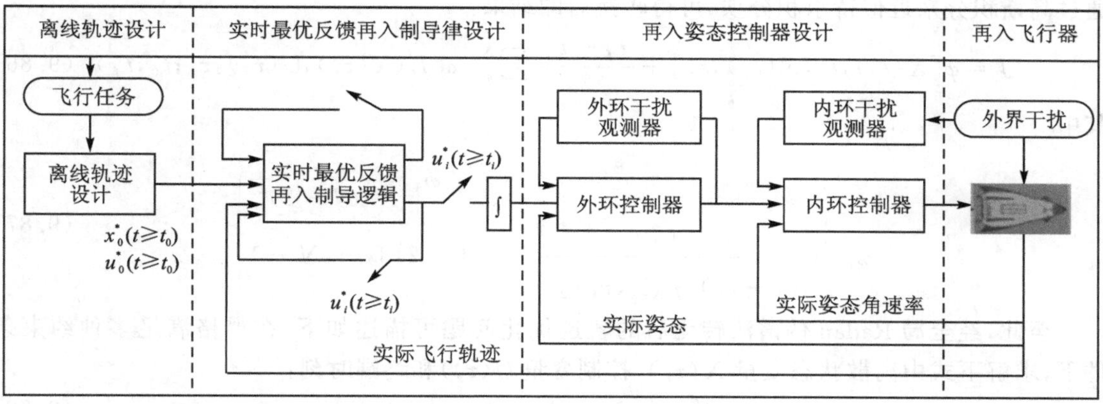

图 9.18　再入飞行器实时轨迹与姿态协同控制方法结构

伪谱法涉及两个概念，即配点和节点。配点一般选用正交多项式的根，节点为用来近似状态变量的离散点，节点除了包含配点外，还可包含其他点。Radau 伪谱法的配点可以选择多项式 $P_k(\tau)+P_{k-1}(\tau)$ 或者 $P_k(\tau)-P_{k-1}(\tau)$ 的根，前者的根位于区间[−1,1)，后者的根位于区间(−1,1]。这里以后者为例描述，其中

$$P_k(\tau)=\frac{1}{2^k k!}\frac{d^k}{d_{\tau}{}^k}(\tau^2-1)^k \tag{9.78}$$

全局 Radau 伪谱法的节点包括配点和初始点 $\tau_0=-1$。如果设定节点的数量为 N，那么配点选取 $N-1$ 阶对数点。通过拉格朗日插值法逼近状态变量，可得

$$x(\tau)\approx X(\tau)=\sum\nolimits_{i=0}^{N-1}L_i(\tau)X(\tau_i) \tag{9.79}$$

其中，τ_i 为 RPM 的插值节点，$L_i(\tau)$为插值基函数：

$$L_i(\tau)=\prod\nolimits_{j=0,j\neq i}^{N-1}\frac{\tau-\tau_j}{\tau_i-\tau_j} \tag{9.80}$$

对式(9.79)进行求导，可以求得状态变量在配点 τ_k 处的导数为

$$\dot{x}(\tau_k)\approx\dot{X}(\tau_k)=\sum\nolimits_{i=0}^{N-1}\dot{L}_i(\tau_k)X(\tau_i)=\sum\nolimits_{i=0}^{N-1}D_{ki}X(\tau_i) \tag{9.81}$$

其中

$$D_{ki}=\begin{cases}\dfrac{\dot{q}(\tau_k)}{(\tau_k-\tau_i)\dot{q}(\tau_i)}, & k\neq i\\[2ex] \dfrac{\dot{q}(\tau_i)}{2\dot{q}(\tau_i)}, & k=i\end{cases} \tag{9.82}$$

$$q(\tau_i)=(1+\tau_i)[p_{N-1}(\tau_i)-p_{N-2}(\tau_i)]\qquad i=0,1,\cdots,N-1 \tag{9.83}$$

此时，微分方程约束便顺利转换成代数方程约束，即

$$\sum\nolimits_{i=0}^{N-1}D_{\mathrm{ki}}X(\tau_i)-\frac{t_f-t_0}{2}f[X(\tau_k),U(\tau_k),\tau_k;t_0,t_f]=0 \tag{9.84}$$

控制变量也通过拉格朗日插值近似获得，即

$$u(\tau)\approx U(\tau)=\sum_{i=1}^{N-1}\bar{L}_i(\tau)U(\tau_i) \tag{9.85}$$

通过高斯积分来近似待求积分项，可得转换后的结果：

$$J=\varphi[X(t_0),t_0,X(t_f),t_f]+\frac{t_f-t_0}{2}\sum_{k=1}^{N-1}\omega_k L(X(\tau_k),U(\tau_k),\tau_k;t_0,t_f) \tag{9.86}$$

其中

$$\left.\begin{aligned}\omega_1&=\frac{2}{(N-2)^2}\\ \omega_k=\frac{1}{(1-\tau_k)[p_{N-2}(\tau_k)]^2},\qquad &k=2,3,\cdots,N-1\end{aligned}\right\} \tag{9.87}$$

至此，经全局 Radau 伪谱法转化后的轨迹优化问题可描述如下：在严格满足多种约束条件下，求解下式中离散状态变量 $X(\tau_k)$、控制变量 $U(\tau_k)$ 和终端时刻：

$$\psi[X(t_0),t_0,X(t_f),t_f]=0 \tag{9.88}$$

$$C[X(\tau_k),U(\tau_k),\tau_k;t_0,t_f]\leqslant 0 \tag{9.89}$$

以达到性能指标最优条件。

2. 非线性规划问题的求解

序列二次规划算法基于可行方向法，可以直接对约束优化问题进行处理，应用于轨迹优化问题，因其高效的收敛性成为目前应用最广泛的算法。该方法在求解非线性规划问题的过程中，每一次迭代都会求解子问题，从而得到一个下降方向，以降低代价函数来获取当前迭代点的移动步长，经过多次迭代直到达到设定的精度，停止迭代，从而获得最优解。

一般形式约束优化问题的序列二次规划算法步骤如下：

① 参数赋值，设置初始点 (x_0,μ_0,λ_0)，正定对称矩阵 B_0，计算 $A_0^E=\nabla g(x_0)$，$A_0^I=\nabla h(x_0)^{\mathrm{T}}$，$A_0=[A_0^E,A_0^I]^{\mathrm{T}}$，设定参数 $\rho\in(0,1)$，$\eta\in(0,0.5)$，设判定误差准则 $0\leqslant\varepsilon_1,\varepsilon_2\leqslant 1$，令 $k=0$。

② 求解如下子问题，获取最优解 d_k：

$$\left.\begin{aligned}\min\frac{1}{2}d^{\mathrm{T}}B_k d+\nabla f(x_k)^{\mathrm{T}}d\\ g(x_k)+A_k^E d=0\\ h(x_k)+A_k^I d\leqslant 0\end{aligned}\right\} \tag{9.90}$$

③ 如果 $\|d_k\|_1\leqslant\varepsilon_1$ 且 $\|h_k\|_1+\|g_k\|_1\leqslant\varepsilon_2$，则停止计算，得到原问题的近似 KT 点 (x_k,μ_k,λ_k)。

④ 选择罚函数 σ_k，使 d_k 是价值函数 $\phi(x,\sigma)$ 在 x_k 处的下降方向。

⑤ 搜索完成后，计算 m_k 使其成为下式成立的最小非负整数 m：

$$\phi(x_k+\rho^m d_k,\sigma_k)-\phi(x_k,\sigma_k)\leqslant\eta\rho^m\phi'(x_k,\sigma_k,d_k) \tag{9.91}$$

⑥ 令 $\alpha_k=\rho^m$，$x_{k+1}=x_k+\alpha_k d_k$，计算

$$A_{k+1}^E=\nabla g(x_{k+1})^{\mathrm{T}},\qquad A_{k+1}^I=\nabla h(x_{k+1})^{\mathrm{T}},\qquad A_{k+1}=\begin{bmatrix}A_{k+1}^E\\ \hline A_{k+1}^I\end{bmatrix} \tag{9.92}$$

以及最小二乘因子

$$\begin{bmatrix}\mu_{k+1}\\ \hline \lambda_{k+1}\end{bmatrix}=(A_{k+1}A_{k+1}^{\mathrm{T}})^{-1}A_{k+1}\nabla f x_{k+1} \tag{9.93}$$

⑦ 根据下式对矩阵 B_k 时间更新，并令 $k=k+1$，转步骤②：

$$s_k = \alpha_k d_k, y_k = \nabla_x L(x_{k+1}, \mu_{k+1}, \lambda_{k+1}) \nabla_x L(x_k, \mu_{k+1}, \lambda_{k+1}) \tag{9.94}$$

$$z_k = \theta_k y_k + (1-\theta_k) B_k s_k \tag{9.95}$$

$$B_{k+1} = B_k - \frac{B_k s_k s_k^{\mathrm{T}} B_k}{s_k^{\mathrm{T}} B_k s_k} + \frac{z_k z_k^{\mathrm{T}}}{s_k^{\mathrm{T}} z_k} \tag{9.96}$$

$$\theta_k = \begin{cases} 1, & s_k^{\mathrm{T}} y_k \geqslant 0.2 s_k^{\mathrm{T}} B_k s_k \\ \dfrac{0.8 s_k^{\mathrm{T}} B_k s_k}{s_k^{\mathrm{T}} B_k s_k - s_k^{\mathrm{T}} y_k}, & s_k^{\mathrm{T}} y_k < 0.2 s_k^{\mathrm{T}} B_k s_k \end{cases} \tag{9.97}$$

3. 基于自适应 Radau 伪谱法的实时最优反馈再入制导律设计

通过数值方法的伪谱法求解轨迹优化问题时，高精度和高效率是求解此类问题的一贯目标，对于简单的或者约束条件较少的情况，全局 Radau 伪谱法即可得到较满意结果，但是对于高阶复杂的约束条件较多的轨迹优化问题，使用全局 Radau 伪谱法会大幅增加计算代价和成本。为此，尤其是轨迹部分平滑的情况，可以引入自适应 Radau 伪谱法，即在每次迭代过程中，通过自适应策略合理分配总的区间数量和子区间的宽度，并有效配置区间节点的数量。

在再入飞行器持续航行过程中，假设飞行轨迹被分为 S 个区间，每一区间$[t_{k-1}, t_k]$配点的数量设为 M。选择相邻两个配点中点$(\bar{t}_1, \cdots, \bar{t}_{M-1}) \in [t_{k-1}, t_k]$作为取样点，即

$$\bar{t}_i = (t_i + t_{i+1})/2, \quad i = 1, 2, \cdots, M-1 \tag{9.98}$$

通过拉格朗日插值，可以得到区间$[t_{k-1}, t_k]$内中点处状态变量的近似值：

$$\bar{\boldsymbol{X}} = \begin{bmatrix} X(\bar{t}_1) \\ \vdots \\ X(\bar{t}_{M-1}) \end{bmatrix}, \quad \bar{\boldsymbol{U}} = \begin{bmatrix} U(\bar{t}_1) \\ \vdots \\ U(\bar{t}_{M-1}) \end{bmatrix} \tag{9.99}$$

设置状态方程取样点残差作为迭代的误差判定策略，同时设定相邻两配点中点的残差矩阵 $\boldsymbol{R}$ 为

$$\boldsymbol{R} = |\dot{\boldsymbol{X}}(\bar{t}_i) - (t_k - t_{k-1}) \boldsymbol{F}(\bar{\boldsymbol{X}}, \bar{\boldsymbol{U}}, \bar{t}_i; t_{k-1}, t_k)/2| \tag{9.100}$$

并设 ε 为迭代过程的误差判定值。若矩阵 $\boldsymbol{R}$ 中的任意一个元素均小于 ε，则被判定为符合设定精度的条件，否则对这部分区间进一步细分，提高求解精度。不同的区间是否需要进一步细分以及区间内插值多项式的维数是否有必要增加，还可通过中点 $\bar{t}_i$ 对应的状态变量和控制变量对方程组约束的满足程度来决定。

定义列向量 r 如下，通过残差矩阵 $\boldsymbol{R}$ 中每一行最大的元素组合而成：

$$r = [r(\bar{t}_1), \cdots, r(\bar{t}_{M-1})]^{\mathrm{T}} \tag{9.101}$$

先求出列向量 r 中所有元素的算数平均值 $\bar{r}$，然后完成对 r 的范化：

$$\beta = [\beta(\bar{t}_1), \cdots, \beta(\bar{t}_{M-1})]^{\mathrm{T}} = [r(\bar{t}_1)/\bar{r}, \cdots, r(\bar{t}_{M-1})/\bar{r}]^{\mathrm{T}} \tag{9.102}$$

据此选择具体的自适应策略。

根据曲率在单区间的表现，可有效利用 h - Radau 与 p - Radau 伪谱法两者的优势。考虑两种情况：一是当 β 中所有元素都比 ρ 小时，说明此区间的轨迹相对平滑，有必要增加配点数，以此来提高算法的精度，同时在迭代过程中总配点数的最大值必须设置一个上限；二是当 β 中存在比 ρ 大的元素时，说明区间内轨迹相对非平滑，需要细化坐标区间来加快求解速度。

具体策略如下。记第 k 个坐标子区间内的状态轨迹为 $x_{(k)}$，该优化轨迹依据拉格朗日插

值获取，那么该轨迹的曲率函数可表示为

$$\kappa^{(k)}(\tau) = |\ddot{x}(k)| / |(1+\dot{x}_{(k)}{}^2)^{\frac{3}{2}}| \tag{9.103}$$

密度函数结合曲率函数形成曲率密度函数，如下：

$$\rho(\tau) = n\kappa(\tau)^{\frac{1}{3}} \tag{9.104}$$

其中，n 为常数且满足

$$\int_{-1}^{+1}\rho(\tau)\mathrm{d}\tau = \int_{-1}^{+1} n\kappa(\tau)^{\frac{1}{3}}\mathrm{d}\tau = 1 \tag{9.105}$$

式(9.104)对应的累积分布函数为

$$F(\tau) = \int_{-1}^{\tau}\rho(\zeta)\mathrm{d}\zeta \qquad \tau \in [-1, +1] \tag{9.106}$$

而新增加的区间坐标点的位置可以根据下式来确定：

$$F(\tau_i) = (i-1)/n_k \qquad 1 \leqslant i \leqslant n_k + 1 \tag{9.107}$$

其中，n_k 可以是任意大于 1 的整数，新增加子区间内配点的数量设置为 M。

基于上述定义，自适应离散策略的迭代求解过程如下：

① 给定迭代过程的误差判定值 ε，选择具体自适应 hp 策略的标准 ρ，初始值 X_0，设置子区间的总个数为 S 个，任意一个单独区间内的配点数量为 M。

② 根据设定的初始条件和约束条件求解该轨迹优化问题。

③ 根据式(9.100)计算残差矩阵 R 并与判定值 ε 对比分析，如果 R 中任意一个数值都比 ε 小，则表示达到设定的精度条件，暂停迭代；否则，转步骤④。

④ 如果式(9.102)中 β 的所有元素都比 ρ 小，则为提高求解精度，增加配点数量；如果 β 中存在比 ρ 大的元素，则为加快收敛速度，对单元进行细化。

⑤ 整个单元所有区间完成计算后，返回步骤②。

综合以上论述，基于自适应 Radau 伪谱法的实时最优反馈再入制导律设计步骤可归纳如下：

① 将离线获得再入轨迹求解精度定为实时轨迹优化默认求解精度，设置飞行器实时轨迹优化计算的初始时刻为 t_1，令 $i=1$。

② 读取当前飞行器实际飞行轨迹 $x_{t=t_i}$，将其作为第 i 次优化求解再入初值，综合飞行任务、优化目标及路径约束，完成第 i 次优化求解时的再入模型修正。

③ 设计自适应 Radau 伪谱离散策略，将出现约束违背的配点和路径点作为伪谱离散的新起点，使得其附近被安置较多的离散点，从而实现离散点的有效配置，进而确保再入轨迹满足所有约束条件。

④ 在离散策略基础上，将第 i 次实时轨迹优化问题转化为非线性规划问题，利用序列二次规划算法对其进行求解，得到第 i 次实时再入轨迹。

⑤ 保存第 i 次的实时轨迹数据，并记录第 i 次实时轨迹优化计算所需时间 Δt_i，确定第 $i+1$ 次实时轨迹优化计算的起始时刻 $t_{i+1}=t_i+\Delta t_i$，并令 $i=i+1$。

⑥ 判断当前飞行状态是否满足预设再入落点精度，若满足，则计算终止，再入过程结束，否则重复步骤②～⑤。

9.3.4　带干扰观测的姿态控制律设计

在实时最优反馈再入制导轨迹的基础上，即可利用再入飞行器多时间尺度特性，考虑姿态控制问题。将再入姿态模型划分为内外双环的形式，即姿态角为外环，姿态角速率为内环，并利用基于干扰观测器进行内外双环的姿态控制器设计，实现对制导指令的高性能跟踪。

1. 基于观测的外环姿态控制器

定义再入姿态误差 $E_\Theta=\Theta-\Theta^*=[\alpha-\alpha^*,\beta-\beta^*,\sigma-\sigma^*]^{\mathrm{T}}$，满足动态方程

$$\dot{E}_\Theta=R_\omega-\Theta\dot{E}^*+\Delta_F \tag{9.108}$$

式中，$\beta^*=0$，α^* 和 σ^* 为由制导轨迹决定的期望姿态。为便于描述，定义变量 $E_\Theta=[E_{\theta1},E_{\theta2},E_{\theta3}]^{\mathrm{T}}$，$F_\theta=-\dot{\Theta}^*=[F_{\theta1},F_{\theta2},F_{\theta3}]^{\mathrm{T}}$，$U_\theta=R_\omega=[U_{\theta1},U_{\theta2},U_{\theta3}]^{\mathrm{T}}$。上式可转换为如下标量形式：

$$\dot{E}_{\theta j}=U_{\theta j}+F_{\theta j}+\Delta f_j;\qquad j=1,2,3 \tag{9.109}$$

式中，干扰 Δ_{f_j} 满足 $|\Delta\dot{f}_j|\leqslant L_j$，$L_j$ 为已知正常量。

于是，对于系统(9.108)，设计控制器为

$$\begin{aligned}U_{\theta j}&=-\Delta\hat{f}_j-F_{\theta j}-k_{p\theta}^j|E_{\theta j}|^{\frac{m}{m+1}}\mathrm{sgn}(E_{\theta j})+\omega_{\theta j},\dot{\omega}_{\theta j}\\&=-k_{I\theta}^j|E_{\theta j}|^{(m-1)/(m+1)}\mathrm{sgn}\ (E_{\theta j})\end{aligned} \tag{9.110}$$

其中，$k_{p\theta}^j$ 和 $k_{I\theta}^j$ 为正常值，$m\geqslant2$。干扰估计 $\Delta\hat{f}_j=z_1^j$ 通过以下干扰观测器获得：

$$\begin{aligned}\dot{z}_0^j&=v_0+U_{\theta j}+F_{\theta j},v_0=-3L_j^{1/3}|z_0^j-E_{\theta j}|^{2/3}\mathrm{sgn}\ (z_0^j-E_{\theta j})+z_1^j\\\dot{z}_1^j&=v_1,v_1=-1.5L_j^{1/2}|z_1^j-v_0|^{1/2}\mathrm{sgn}\ (z_1^j-v_0)+z_2^j\\\dot{z}_2^j&=-1.1L_j^{1/3}\mathrm{sgn}\ (z_2^j-v_1)\end{aligned} \tag{9.111}$$

且姿态跟踪误差 $E_{\theta j}$ 可在有限时间收敛到零。

证明如下。观测器状态 z_0^j、z_1^j、z_2^j 将在有限时间内实现对 $E_{\theta j}$、Δf_j 和 $\Delta\dot{f}_j$ 的在线观测。将式(9.110)代入式(9.109)，可得

$$\begin{aligned}\dot{E}_{\theta j}&=E_1^j-k_{p\theta}^j|E_{\theta j}|^{m/(m+1)}\mathrm{sgn}\ (E_{\theta j})+\omega_{\theta j},\dot{\omega}_{\theta j}\\&=-k_{I\theta}^j|E_{\theta j}|^{(m-1)/(m+1)}\mathrm{sgn}\ (E_{\theta j})\end{aligned} \tag{9.112}$$

式中，$E_1^j=\Delta_{f_j}-\Delta\hat{f}_j$，为证明式(9.109)的稳定性，构造李雅普诺夫函数

$$V=\frac{1}{2}\omega_{\theta j}^2+\frac{m+1}{2m}k_I^jE_{\theta j}^{2m/(m+1)} \tag{9.113}$$

对其求导可得

$$\begin{aligned}\dot{V}=&-k_I^j\omega_{\theta j}|E_{\theta j}|^{(m-1)/(m+1)}\mathrm{sgn}\ (E_{\theta j})+\\&k_I^j|E_{\theta j}|^{(m-1)/(m+1)}\mathrm{sgn}\ (E_{\theta j})\ [-E_1^j-k_p^j|E_{\theta j}|^{m/(m+1)}\mathrm{sgn}\ (E_{\theta j})+\omega_{\theta j}]=\\&-k_I^jk_p^j|E_{\theta j}|^{(2m-1)/(m+1)}-k_I^jE_1^j|E_{\theta j}|^{(m-1)/(m+1)}\mathrm{sgn}\ (E_{\theta j})\leqslant k_I^j|E_1^j||E_{\theta j}|^{(m-1)/(m+1)}\end{aligned} \tag{9.114}$$

如果 $|E_{\theta j}|\leqslant1$，则上式中李雅普诺夫函数的导数满足 $\dot{V}\leqslant k_I^j|E_1^j|$；如果 $|E_1^j|\geqslant1$，则有 $\dot{V}\leqslant k_I^j|E_1^j||E_{\theta j}|^{(m-1)/(m+1)}\leqslant k_I^j|E_1^j||E_{\theta j}|^{m/(m+1)}\leqslant\sqrt{2mk_I^j/(m+1)}|E_1^j|V^{1/2}$。干扰估计误差 E_1^j 有界且最终收敛到零，因此式(9.108)状态不能有限时间发散。在 E_1^j 收敛到零后，式(9.108)等效为 $\dot{E}_{\theta j}=-k_{p\theta}^j|E_{\theta j}|^{m/(m+1)}\mathrm{sgn}\ (E_{\theta j})+\omega v,\dot{\omega}v=-k_{I\theta}^j|E_{\theta j}|^{(m-1)/(m+1)}\mathrm{sgn}\ (E_{\theta j})$。容易验证，此时李雅普诺夫函数导数满足 $V\leqslant-k_I^jk_p^j|E_{\theta j}|^{(2m-1)/(m+1)}\leqslant0$，且系统具有负齐次度，因此

姿态跟踪误差 $E_{\theta j}$ 可在有限时间内收敛到零，得证。

2. 基于观测的内环姿态控制器

内环控制的主要任务是设计控制器使再入姿态角速率 ω 在有限时间内实现对参考指令 ω_{ref} 的稳定跟踪。考虑再入姿态角速率满足

$$I\dot{\omega}-I\dot{\omega}_{\text{ref}}=-\Omega I\omega-I\dot{\omega}_{\text{ref}}+M+\Delta_M \tag{9.115}$$

定义 $E_\omega=I(\dot{\omega}-\dot{\omega}_{\text{ref}})=[E_{\omega1},E_{\omega2},E_{\omega3}]^{\mathrm{T}}$，$F_\omega=-\Omega I\omega-I\dot{\omega}_{\text{ref}}=[F_{\omega1},F_{\omega2},F_{\omega3}]^{\mathrm{T}}$，上式可改写为

$$\dot{E}_{\omega j}=M_j+F_{\omega j}+\Delta D_j,\qquad j=1,2,3 \tag{9.116}$$

与外环控制方法类似，可设计如下内环控制器：

$$\begin{aligned}M_j&=-\Delta\hat{D}_j-F_{\omega j}-k_{p\omega}^{j}\left|E_{\omega j}\right|^{m/(m+1)}\operatorname{sgn}(E_{\omega j})+\omega_{\omega j}\\ \dot{\omega}_{\omega j}&=-k_{I_\omega}^{j}\left|E_{\omega j}\right|^{(m-1)/(m+1)}\operatorname{sgn}(E_{\omega j})\end{aligned} \tag{9.117}$$

式中，$k_{p\omega}^{j}$ 和 $k_{I_\omega}^{j}$ 为正常值，$m\geqslant 2$。干扰估计 $\Delta\hat{D}_j$ 同理可通过类似式(9.111)的干扰观测器得出，内环控制稳定性证明与外环类似，因此不再赘述。

9.4　本章小结

飞行器再入过程中环境因素存在较多复杂性与不确定性，高速再入会产生强热流率、热载荷过载及动压，使得再入轨迹设计以及制导控制问题具有很大的挑战性。目前再入制导方法通常有标称轨迹制导法和预测校正制导法两类，包含轨迹生成与轨迹跟踪两部分关键技术，在再入控制实现上，还须进行轨迹优化与姿态协同。

本章讨论了再入飞行器的质点动力学方程，给出了标称再入轨迹的动力学响应与控制方式，阐述了再入制导的显式/隐式、纵向/横向、过程约束等策略，论述了轨迹生成与在线更新方法，以及质点轨迹跟踪制导律设计方法。对控制实现问题，给出了一种基于自适应 Raudu 伪谱法的再入轨迹优化方法，讨论了相应的实时反馈制导律以及姿态协同控制律。

思考题

1. 再入动力学建模需要考虑哪些特殊因素？如何建立常值升阻比标称再入轨迹运动方程？对再入轨迹线性化处理通常需要满足什么条件？对于线性化的二阶系统如何进行系统动态和稳态性能分析？

2. 在再入过程中，纵向和横向两个通道的制导目标分别是什么？如何进行再入制导的纵向和横向协调控制？参数化剖面如何定义？列举若干常用的参数空间，并讨论各空间内的过程约束对再入制导律会产生怎样的影响？

3. 讨论再入制导律设计通常采用的标称轨迹法和预测轨迹法的区别和各自优势。为什么说预测轨迹法不需要进行轨迹跟踪？

4. 轨迹跟踪有哪些基本控制方法？可以产生哪些制导技术类型？对于轨迹过程跟踪制导律和轨迹端点跟踪制导律，分别可以采用哪些基本控制方法？请说明原因。

5. 作再入飞行器实时轨迹姿态协同控制逻辑结构框图，说明其工作原理和各环节功能，

以及姿态控制器对再入制导性能可以产生怎样的影响。

6. 试述基于伪谱法的再入轨迹制导律设计步骤，讨论伪谱法优化在制导律中的作用，思考如何进一步提升再入轨迹优化性能。

参考阅读

- 张冉，李惠峰. 再入飞行器制导律设计与评估技术[M]. 北京：中国宇航出版社，2017.

☞ 阅读指导

重点阅读第4章《再入制导律评估技术与方法》。再入飞行器制导律设计质量非常重要。读者在理解再入制导和控制基本原理的基础上，可以进一步了解再入制导律的评估流程、评估指标体系、定性定量评估方法等实际问题及其相应的解决方案。

第 10 章 远程导弹制导与控制

思维导图

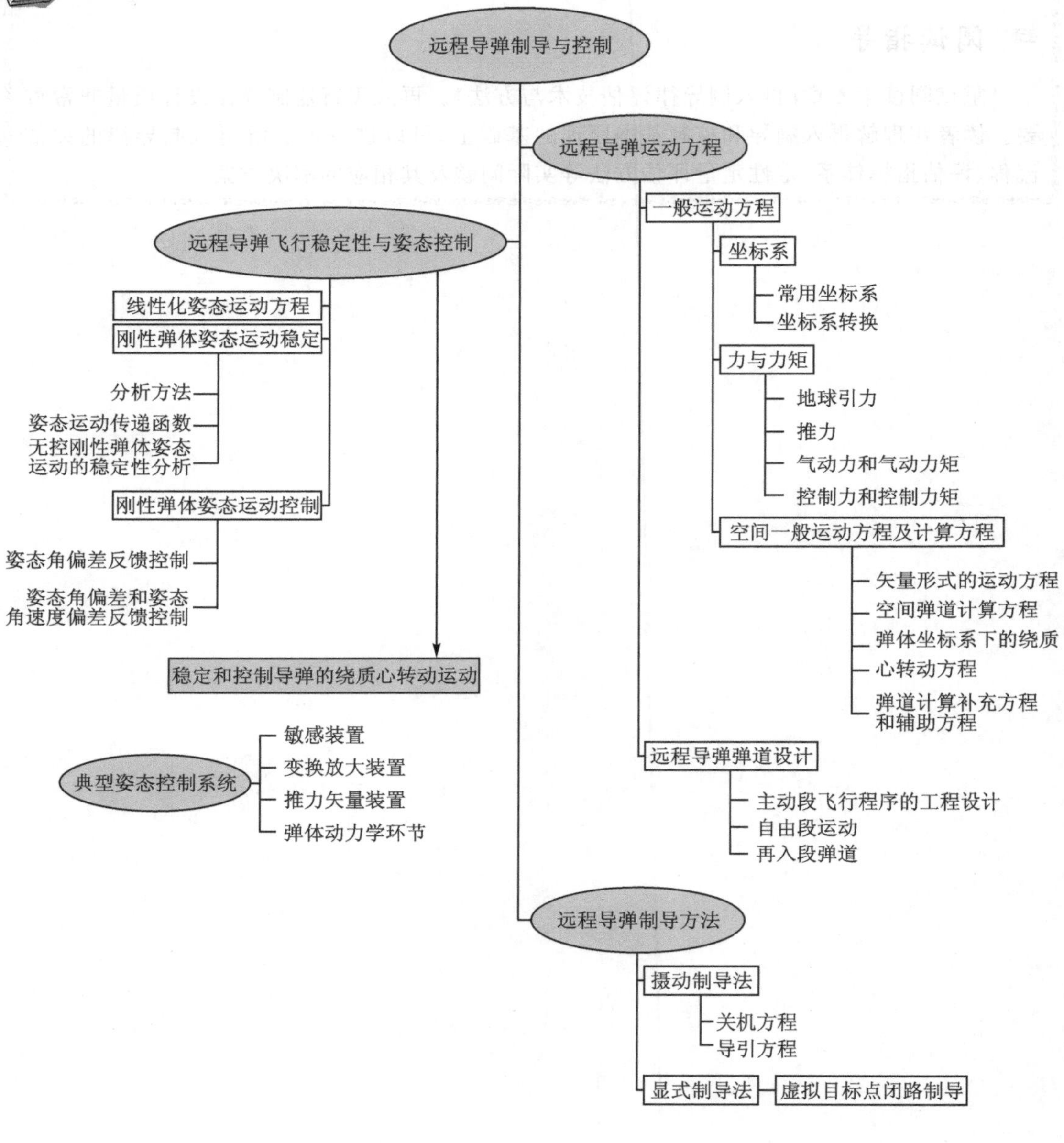

☞ 章导语

远程导弹是以火箭发动机为动力，在控制系统作用下，按预定轨迹把带有一定威力的战斗部弹头运送到离发射点几千到上万公里以外目标区域的作战武器系统。传统的远程导弹按弹道式飞行，助推火箭发动机仅在飞行的初始段工作，当达到一定位置和速度时，发动机关机，弹头与助推器分离，此后弹头主要靠惯性作用飞行至目标点。这种惯性飞行有很长一段时间是在大气层外，导弹仅受到地球引力作用。在导弹再次进入大气层后，才同时受到气动力的作用。我们通常把起飞到助推火箭发动机关机的飞行段称为主动段，而关机点到再入大气层前这一段称为自由段，再入大气层到命中目标这一段则称为再入段。

远程导弹主动段飞行特点是垂直起飞，而后按照预定程序飞行。如果飞行条件都在标称状态，那么导弹将按主动段标准弹道飞行，并达到预定的关机点位置和速度，再经被动段命中目标。然而，导弹实际飞行过程会受到各种干扰，例如发动机秒耗量偏差、推力偏差、气动系数偏差、大气密度偏差以及风场干扰、结构干扰等因素，这些扰动使得导弹实际飞行弹道偏离标准弹道，因此有必要对导弹进行制导控制，使其在存在各种扰动的情况下能够以一定精度命中目标。传统远程导弹弹头与助推器分离后依靠惯性飞行，因此远程导弹的制导控制都是指主动段的制导控制。现代导弹为提高命中精度和突防能力，也会对自由段和再入段采用制导控制技术，例如自由段变轨控制、再入段地图匹配末制导等，这里不做讨论。

本章给出远程导弹的一般运动方程、计算方程和弹道设计方法，然后介绍远程导弹制导基本方法与原理，包括摄动制导和显式制导，最后阐述导弹姿态控制系统功能、典型状态的姿态稳定性分析和控制系统设计方法。

☞ 学习目标

- 理解远程导弹的运动坐标系、远程运动的受力与力矩、一般运动方程，理解主动段、自由飞行段、再入段的弹道设计。
- 理解摄动制导方法和显式制导方法。
- 理解远程导弹的姿态稳定和姿态运动控制问题。

10.1 远程导弹运动方程

10.1.1 一般运动方程

1. 远程导弹运动坐标系

(1) 描述远程导弹运动的常用坐标系

a. 地心惯性坐标系 $O_E-X_IY_IZ_I$

地心惯性坐标系可以用来描述远程导弹、运载火箭、人造卫星等航天器在惯性空间中的运动。

地心惯性的原点为地心 O_E，O_EX_I 轴在赤道平面内指向平春分点，O_EZ_I 轴与赤道平面垂直且指向北极，O_EY_I 轴在赤道平面内与 O_EX_I 轴、O_EZ_I 轴构成右手正交直角坐标系。

b. 地心坐标系 $O_E-X_EY_EZ_E$

地心坐标系是随地球一起转动的非惯性坐标系，用于描述远程导弹相对于地球的运动。

地心坐标系的原点在地 O_E，O_EX_E 轴在赤道平面指向某时刻 t_0 的起始子午线，O_EZ_E 轴与赤道平面垂直指向北极，O_EY_I 轴在赤道平面内与 O_EX_E 轴、O_EZ_E 轴构成右手正交直角坐标系。

c. 发射坐标系 $O-xyz$

发射坐标系是与远程导弹/火箭发射位置、发射方向相关的非惯性坐标系。该坐标系下适于描述远程导弹/火箭在射面方向和垂直射面方向的运动，可以建立远程火箭相对于地面的运动方程。

发射坐标系的原点与发射点固连。Ox 轴在发射点水平面内，指向瞄准方向。Oy 轴垂直于发射点水平面指向上方，Oz 轴与 Ox 轴、Oy 轴构成右手正交直角坐标系。发射点随地球一起旋转，因此发射坐标系为一动坐标系。

通常在建立远程导弹运动方程时，考虑两种地球模型，即圆球模型和椭球模型。对于不同的地球模型，当地水平面即过发射点的切平面不同。当地球为圆球模型时，Oy 轴与过地心的地球半径重合，且与赤道平面的夹角称为发射点地心纬度(φ_0)，Ox 轴与子午线切线正北方向夹角称为地心方位角(a_0)，见图 10.1(a)；当地球为椭球模型时，Oy 轴与椭圆过 O 点的主法线重合，且与赤道平面的夹角为发射点地理纬度(B_0)，Ox 轴与子午切线正北方向的夹角称为发射方位角(A_0)，见图 10.1(b)。

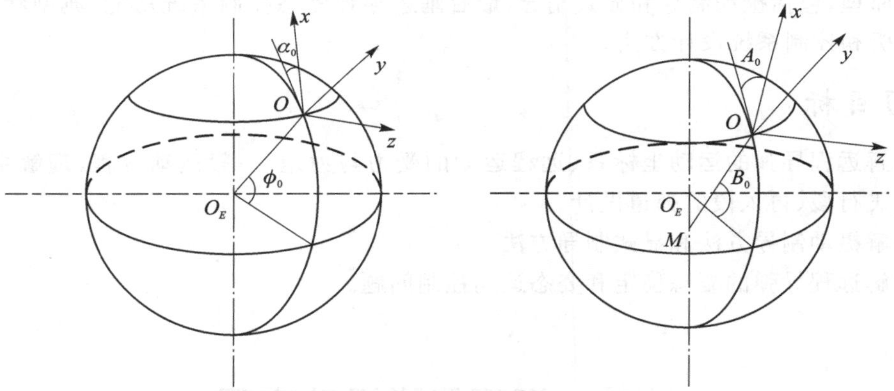

(a) 圆球模型下的发射坐标系　　(b) 椭球模型下的发射坐标系

图 10.1　发射坐标系

d. 发射惯性坐标系 $O-XYZ$

发射惯性坐标系是用来建立远程导弹在惯性空间中的运动方程。

发射惯性系的定义：发射惯性系与导弹发射瞬间的发射坐标系重合，而后在惯性空间中定位定向。

e. 弹体坐标系 $O_1-X_bY_bZ_b$

弹体坐标系与导弹固连，用于描述导弹相对于空间的姿态。

弹体坐标系的定义：坐标原点 O_1 为导弹质心，O_1X_b 轴沿导弹的纵向对称轴并指向弹体头部方向，O_1Y_b 轴在弹体的主对称面内与 O_1X_b 轴垂直且指向上方，O_1Z_b 轴与 O_1X_b 轴、

O_1Y_b 轴构成右手正交直角坐标系。

f. 速度坐标系 $O_1-X_vY_vZ_v$

速度坐标系是与导弹速度矢量相关联的坐标系，该坐标系与弹体坐标系、发射坐标系的相对关系可以反映出远程导弹的飞行速度矢量状态。

速度坐标系的定义：坐标原点 O_1 为导弹质心，O_1X_v 轴沿导弹的飞行速度方向，O_1Y_v 轴在弹体的主对称面内与 O_1X_v 轴垂直且指向上方，O_1Z_v 轴与 O_1X_v 轴、O_1Y_v 轴构成右手正交直角坐标系。

(2) 常用坐标系的转换关系

a. 地心惯性系 $O_E-X_IY_IZ_I$ 到地心系 $O_E-X_EY_EZ_E$ 的方向余弦矩阵

根据地心惯性系和地心系的定义可知，将地心惯性系绕 O_EZ_I 旋转一个角度（记为 Ω_G），即可转到地心系。该角度可以通过天文年历表查算得到。因此从地心惯性系到地心系的转换关系为

$$\begin{bmatrix} X_E \\ Y_E \\ Z_E \end{bmatrix} = \boldsymbol{C}_I^E \begin{bmatrix} X_I \\ Y_I \\ Z_I \end{bmatrix} \tag{10.1}$$

其中

$$\boldsymbol{C}_I^E = \boldsymbol{M}_z(\Omega_G) \tag{10.2}$$

b. 地心坐标系 $O_E-X_EY_EZ_E$ 到发射坐标系 $O-xyz$ 的方向余弦矩阵地心坐标系和发射坐标系都是随地球一起转动的动坐标系，其转换关系与发射点位置相关。

由于发射坐标系定义随地球模型不同而不同，首先考虑地球为圆球模型时两个坐标系的转换关系。记发射点的经度为 λ_0，地心纬度为 ϕ_0，发射地心方位角为 a_0。要从地心坐标系 $O_E-X_EY_EZ_E$ 转到发射坐标系 $O-xyz$，首先绕 O_EX_E 轴逆时针转动 $(\lambda_0-90°)$，再绕新的 OX 轴逆时针转动 ϕ_0，此时新的 OY 轴就与发射坐标系的 Oy 轴平行，再绕 Oy 轴顺时针转动 $(a_0+90°)$，即可转到发射坐标系，两坐标系的位置关系见图 10.2。因此，从地心系到发射系的方向余弦矩阵为

$$\boldsymbol{C}_E = \boldsymbol{M}_y[-(a_0+90°)]\boldsymbol{M}_x(\phi_0)\boldsymbol{M}_z[(\lambda_0-90°)] \tag{10.3}$$

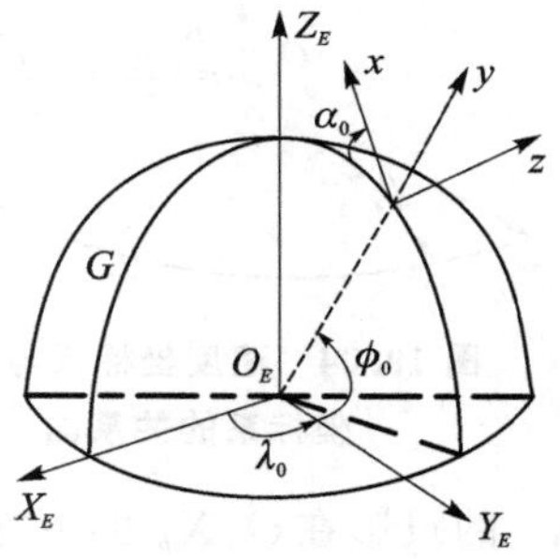

图 10.2 地心坐标系与发射坐标系的关系图

当考虑地球为椭球模型时，两个坐标系的转换余弦矩阵为

$$\boldsymbol{C}_E = \boldsymbol{M}_y[-(A_0+90°)]\boldsymbol{M}_x(B_0)\boldsymbol{M}_z[(\lambda_0-90°)] \tag{10.4}$$

即用发射方位角 A_0 替换发射地心方位角 a_0，用发射点地理纬度 B_0 替换发射点地心纬度 ϕ_0。

c. 发射坐标系 $O-xyz$ 到弹体坐标系 $O_1-X_bY_bZ_b$ 的方向余弦矩阵

从发射坐标系到弹体系的转换矩阵反映了导弹相对发射系的姿态角。对于远程导弹，一般采用下列转动顺序：绕 Oz 轴正向转动 φ 角，然后绕新的 Oy 轴正向转动 ψ 角，最后绕 O_1X_b 轴转 γ 角，图 10.3 绘出了两坐标系的关系。这种转动顺序通常称为 3-2-1 顺序，常用于航天类坐标系转换中。不难写出从发射系到弹体系的转换的方向余弦矩阵为

$$\boldsymbol{C}_G^b = \boldsymbol{M}_x(\gamma)\boldsymbol{M}_y(\psi)\boldsymbol{M}_z(\varphi) \tag{10.5}$$

三个欧拉角的物理意义描述如下：

角 φ 为俯仰角，为导弹纵轴 O_1X_b 在射击平面 XOY 上的投影与 OX 轴的夹角，投影在 OX 上方为正；角 ψ 为偏航角，为导弹纵轴 O_1X_b 与射击平面 XOY 的夹角；角 γ 为滚动角，为导弹绕纵轴 O_1X_b 旋转的角度，当旋转角速度矢量与 O_1X_b 轴方向一致时，该角为正值。

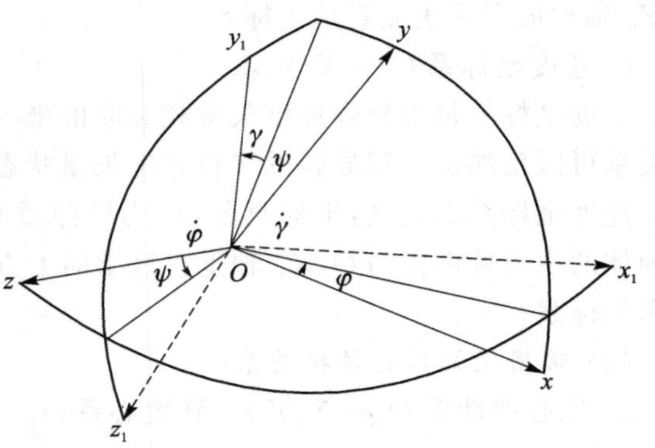

图 10.3　发射坐标系与弹体坐标系欧拉角的关系图

d. 发射惯性系 $O-XYZ$ 到弹体坐标系 $O_1-X_bY_bZ_b$ 的方向余弦矩阵

从发射惯性系到弹体系的转换矩阵反映了导弹在惯性空间的姿态角，且与发射系到弹体系的转换顺序相同。定义导弹的姿态角由俯仰角 φ_T、偏航角 ψ_T 和滚动角 γ_T 三个欧拉角来描述。这两个坐标系的转换采用 3－2－1 顺序，即先绕 OZ 轴转 φ_T 角，再绕新的 OY 轴转动 ψ_T 角，最后绕 O_1X_b 轴转 γ_T 角。

因此两个坐标系的方向余弦矩阵为

$$\boldsymbol{C}_{GI}^{b}=\boldsymbol{M}_x(\gamma_T)\boldsymbol{M}_y(\psi_T)\boldsymbol{M}_z(\varphi_T) \tag{10.6}$$

e. 速度坐标系 $O_1-X_vY_vZ_v$ 到弹体坐标系 $O_1-X_bY_bZ_b$ 的方向余弦矩阵

根据两个坐标系的定义，速度坐标系 O_1Y_v 轴和弹体系的 O_1Y_b 轴均在弹体纵向对称面内，因此只需转动两个欧拉角即可实现坐标转换。图 10.4 绘出了两坐标系的关系。

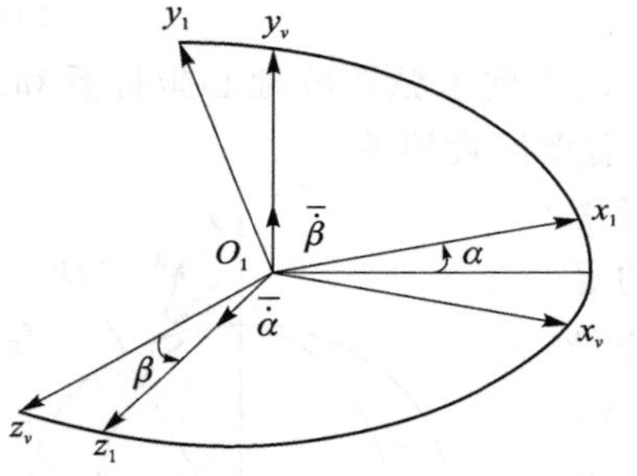

图 10.04　速度坐标系与弹体坐标系的关系图

定义侧滑角 β 为速度轴 O_1X_v 与弹体主对称面的夹角，沿着 O_1X_b 看去，O_1-X_v 在主对称面右方为正。定义迎角 α 为速度轴 O_1X_v 在弹体主对称面的投影与 O_1X_b 轴的夹角，沿着 O_1X_b 看去，速度轴 O_1X_v 的投影在 O_1X_b 的下方为正。迎角和侧滑角是影响导弹所受气动力的主要因素之一。

将速度坐标系绕 O_1Y_v 轴转动角度 β，再绕新的 O_1Y_b 轴转动角度 α，即可实现从速度坐标系到弹体系的转换，因此这两个坐标系的转换方向余弦矩阵为

$$\boldsymbol{C}_{v}^{b}=\boldsymbol{M}_z(\alpha)\boldsymbol{M}_y(\beta) \tag{10.7}$$

f. 发射坐标系 $O-xyz$ 到速度坐标系 $O_1-X_vY_vZ_v$ 的方向余弦矩阵

从发射坐标系到弹体系的转换矩阵反映了导弹飞行轨迹与射面的关系。从发射坐标系到速度坐标系的转换仍采用“3—2—1”顺序，即首先绕 Oz 轴正向转动 θ 角（速度倾角），再绕新的 Oy 轴转动 σ 角（称为航迹偏角），最后再绕 O_1X_v 轴转动 ν 角（称为侧倾角），即可实现从发射系到速度系的转换，其方向余弦矩阵为

$$\boldsymbol{C}_{G}^{v}=\boldsymbol{M}_x(\nu)\boldsymbol{M}_y(\sigma)\boldsymbol{M}_z(\theta) \tag{10.8}$$

g. 发射惯性系 $O-XYZ$ 到发射坐标系的方向余弦矩阵

根据定义，发射惯性系在发射瞬时与发射坐标系重合，只是由于地球旋转，使与地球固连的发射坐标系与发射惯性系在惯性空间的位置发生变化。这两个坐标系的转换方向余弦推导

过程较为烦琐，可以本书参考文献[13]，这里直接给出发射惯性系到发射系转换矩阵 $\boldsymbol{C}_{GI}^{G}$。

记从发射瞬时到所讨论时刻的时间间隔为 t，此时发射坐标系绕地球转动的角度为 $\omega_e t$，ω_e 为地球自转角速度大小。由于转换矩阵涉及 $\omega_e t$ 的正弦、余弦函数展开的幂级数，因此有不同精度的余弦矩阵形式：

① 准确至 $\omega_e t$ 二次方的形式：

$$\boldsymbol{C}_{GI}^{G}=\begin{bmatrix}1-\frac{1}{2}(\omega_e^2-\omega_{ex}^2)t^2 & \omega_{ex}t+\frac{1}{2}\omega_{ex}\omega_{ey}t^2 & -\omega_{ey}t+\frac{1}{2}\omega_{ex}\omega_{ez}t^2\\ -\omega_{ez}t+\frac{1}{2}\omega_{ex}\omega_{ey}t^2 & 1-\frac{1}{2}(\omega_e^2-\omega_{ey}^2)t^2 & \omega_{ex}t+\frac{1}{2}\omega_{ey}\omega_{ez}t^2\\ \omega_{ey}t+\frac{1}{2}\omega_{ex}\omega_{ez}t^2 & -\omega_{ex}t+\frac{1}{2}\omega_{ey}\omega_{ez}t^2 & 1-\frac{1}{2}(\omega_e^2-\omega_{ex}^2)t^2\end{bmatrix} \tag{10.9}$$

② 近似至 $\omega_e t$ 一次项的形式：

$$\boldsymbol{C}_{GI}^{G}=\begin{bmatrix}1 & \omega_{ez}t & -\omega_{ey}t\\ -\omega_{ez}t & 1 & \omega_{ex}t\\ \omega_{ey}t & -\omega_{ex}t & 1\end{bmatrix} \tag{10.10}$$

两个转换矩阵中的 ω_{ex}，ω_{ey}，ω_{ez} 为地球自转角速度矢量在发射坐标系的分量。当考虑地球为圆球模型时有

$$\begin{bmatrix}\omega_{ex}\\ \omega_{ey}\\ \omega_{ez}\end{bmatrix}=\omega_e\begin{bmatrix}\cos\phi_0\cos a_0\\ \sin\phi_0\\ -\cos\phi_0\sin a_0\end{bmatrix} \tag{10.11}$$

而当考虑地球为椭球模型时，将发射点地心纬度 ϕ_0 由大地纬度 B_0 代替，发射地心方位角 a_0 由发射大地方位角 A_0 代替即可。

2. 作用在导弹上的力和力矩

为建立远程导弹运动方程，需对导弹所受力和力矩进行数学描述。这里将远程导弹看作变质量质点系，讨论远程导弹在地球上空运动中受到的力和力矩。

(1) 地球引力

远程导弹弹道始于地球表面也止于地球表面，整个飞行过程受地球引力作用。真实的地球是一个形状复杂的非匀质物体，在地球上空的物体所受引力需要对引力势函数积分求解。然后在远程导弹运动方程的相关计算中，一般进行适当简化，可以较为方便地计算出地球引力，同时也满足远程导弹弹道计算的精度要求。

假设地球为匀质椭球体，考虑地球扁率系数 J_2 为止，地球上任意一点处单位质点所受到的地球引力加速度的矢量表达式为

$$\boldsymbol{g}=g_r\boldsymbol{r}^0+g_\Omega\boldsymbol{\omega}_e^0 \tag{10.12}$$

$$g_r=-\frac{f_M}{r^2}\left[1+\frac{3}{2}J_2\frac{a_e^2}{r^2}(1-5\sin^2\phi)\right]$$

$$g_\Omega=-\frac{f_M}{r^2}\cdot\frac{a_e^2}{r^2}3J_2\sin\phi \tag{10.13}$$

其中，$a_e=6\ 378\ 140$ m，为地球参考椭球的长半轴长度；$f_M=3.986\ 005\times10^{14}\ \mathrm{m^3/s^2}$，为万有引力常数与地球质量之积，即地球引力系数；$J_2=1.082\ 630\times10^{-3}$，为地球一阶扁率系数；$\boldsymbol{r}^0$

为地心至该点矢径 $\boldsymbol{r}$ 的单位矢量，$\boldsymbol{\omega}_e^0$ 为地球自转角速度矢量 $\boldsymbol{\omega}$ 的单位矢量；ϕ 为地心纬度。

(2) 推力

远程导弹主动段采用火箭助推。火箭根据所携带的推进剂的物理状态分类，用于远程导弹助推的主要包括液体火箭和固体火箭两种类型。以洲际导弹为例，一般采用液体火箭助推，射程小于 5 000 km 的导弹，一般采用固体火箭助推。

一台发动机的推力，定义为相对力 $-\dot{m}\boldsymbol{u}_e$ 和静推力之和 $\boldsymbol{P}_{st}$：

$$\boldsymbol{P} = -\dot{m}\boldsymbol{u}_e + \boldsymbol{P}_{st} \tag{10.14}$$

式中，$\dot{m}$ 为质量秒耗量，$\boldsymbol{u}_e$ 为平均排气速度。

火箭具有轴对称外形，其静推力在轴向方向表示为

$$\boldsymbol{P}_{st} = S_e(p_e - p_H)\boldsymbol{x}_b^0 \tag{10.15}$$

其中，S_e 为发动机喷口截面积；p_e 为喷口截面上燃气静压平均值；p_H 为火箭试车台所在高度大气压；$\boldsymbol{x}_b^0$ 为弹体坐标系 x 轴单位矢量。由于排气速度 $\boldsymbol{u}_e$ 指向 $\boldsymbol{x}_b^0$ 的反方向，那么在弹体坐标系描述推力为

$$\boldsymbol{P} = \begin{bmatrix} \dot{m}u_e + S_e(p_e - p_H) \\ 0 \\ 0 \end{bmatrix} = \begin{bmatrix} P_t \\ 0 \\ 0 \end{bmatrix} \tag{10.16}$$

在远程导弹弹道计算中，通常是由发动机专业给出发动机推力性能数表，飞行过程的推力大小 P_t 可由该数表插值计算获得。

(3) 气动力和气动力矩

远程导弹的主动段和再入段均在稠密地球大气中飞行，其所受气动力是影响远程导弹运动轨迹的主要因素之一。确定作用在导弹上的理论空气动力是一个颇为复杂的问题，一般由空气动力专家通过数值计算以及风洞试验的方法综合给出气动力系数和力矩系数，用于计算远程导弹运动过程中所受到的气动力和力矩。

a. 气动力 $\boldsymbol{R}$

在远程导弹运动方程解算时，空气动力一般在弹体系和速度系中分解。

气动力 $\boldsymbol{R}$ 在弹体系 $o_1-x_by_bz_b$ 分解时

$$\boldsymbol{R} = \boldsymbol{X}_1 + \boldsymbol{Y}_1 + \boldsymbol{Z}_1 \tag{10.17}$$

$\boldsymbol{X}_1$、$\boldsymbol{Y}_1$、$\boldsymbol{Z}_1$ 分别为轴向力、法向力和横向力，其方向分别沿弹体系的 x 轴负方向、y 轴和 z 轴，其数值大小的计算公式为

$$\left.\begin{aligned} X_1 &= C_{x1}\rho V^2 S/2 = C_{x1} q S_M \\ Y_1 &= C_{y1}\rho V^2 S/2 = C_{y1} q S_M \\ Z_1 &= C_{z1}\rho V^2 S/2 = C_{z1} q S_M \end{aligned}\right\} \tag{10.18}$$

其中：C_{x1}，C_{y1}，C_{z1} 分别为轴向力系数、法向力系数和横向力系数，均为无因次量；ρ 为大气密度，可查标准大气表或采用近似公式计算；V 导弹相对于大气的速度；S_M 为气动参考面积；$q = \dfrac{\rho V^2}{2}$ 称为动压或速度头。

气动力 $\boldsymbol{R}$ 在速度系 $o_1-x_vy_vz_v$ 分解时有

$$\boldsymbol{R} = \boldsymbol{X} + \boldsymbol{Y} + \boldsymbol{Z} \tag{10.19}$$

$\boldsymbol{X},\boldsymbol{Y},\boldsymbol{Z}$ 分别为阻力、升力和侧力，其方向分别沿速度系的 x 轴负方向、y 轴和 z 轴，其数值大小的计算公式为

$$\left.\begin{aligned} X &= C_x \rho V^2 S/2 = C_x q S_M \\ Y &= C_y \rho V^2 S/2 = C_y q S_M \\ Z &= C_z \rho V^2 S/2 = C_z q S_M \end{aligned}\right\} \tag{10.20}$$

其中 C_x,C_y,C_z 分别为阻力系数、升力系数和侧力系数，其余符号的含义同式(10.18)。

根据弹体系和速度系的坐标转换方向余弦阵，气动力在两个坐标系下具有如下关系：

$$\begin{bmatrix} -X_1 \\ Y_1 \\ Z_1 \end{bmatrix} = C_v^b \begin{bmatrix} -X \\ Y \\ Z \end{bmatrix} \tag{10.21}$$

b. 气动力矩

在研究远程导弹质心运动时，往往将气动力合力 $\boldsymbol{R}$ 简化到导弹质心上，而质心一般与气动力作用点压心不重合，因此就会产生一个气动力矩，该力矩称为稳定力矩，记为 $\boldsymbol{M}_{st}$。当导弹飞行过程中相对大气转动时，大气对其将产生阻尼作用，该作用力矩称为阻尼力矩，记为 $\boldsymbol{M}_d$。

对于轴对称导弹，压心和质心均位于体坐标 x 轴，用 x_p 和 x_g 分别表示压心、质心至火箭头部理论尖端的距离(均为正值)，则稳定力矩 $\boldsymbol{M}_{st}$ 为

$$\boldsymbol{M}_{st} = \boldsymbol{R} \times (x_p - x_g)\boldsymbol{x}_b^0 = Z_1(x_p - x_g)\boldsymbol{y}_b^0 - Y_1(x_p - x_g)\boldsymbol{z}_b^0 \tag{10.22}$$

式中，$\boldsymbol{x}_b^0,\boldsymbol{y}_b^0,\boldsymbol{z}_b^0$ 为弹体坐标系 x 轴、y 轴和 z 轴的单位矢量，轴对称导弹的稳定力矩可以表示为

$$\boldsymbol{M}_{st} = \begin{bmatrix} 0 \\ M_{y1st} \\ M_{z1st} \end{bmatrix} = \begin{bmatrix} 0 \\ Z_1(x_p - x_g) \\ -Y_1(x_p - x_g) \end{bmatrix} = \begin{bmatrix} 0 \\ m_{y1st} q S_M l_k \\ m_{z1st} q S_M l_k \end{bmatrix} \tag{10.23}$$

对于更一般的情况：

$$\boldsymbol{M}_{st} = \begin{bmatrix} M_{x1st} \\ M_{y1st} \\ M_{z1st} \end{bmatrix} = \begin{bmatrix} m_{x1st} q S_M l_k \\ m_{y1st} q S_M l_k \\ m_{z1st} q S_M l_k \end{bmatrix} \tag{10.24}$$

式(10.23)和式(10.24)中，l_k 为气动参考长度，$M_{x1st},M_{y1st},M_{z1st}$ 分别为滚动力矩、偏航力矩和俯仰力矩，而 $m_{x1st},m_{y1st},m_{z1st}$ 分别为滚动力矩系数、偏航力矩系数和俯仰力矩系数。在计算远程导弹弹道时，这些系数通过插值计算得到，插值的数表一般由气动专业按照飞行状态给出。

远程导弹飞行过程中有转动时，存在有大气阻尼，表现为阻止转动的气动力矩，即阻尼力矩。该力矩的方向与转动方向相反，其大小为

$$\left.\begin{aligned} M_{x1d} &= m_{x1d}^{\bar{\omega}_{x1}} q S_M l_k \bar{\omega}_{x1} \\ M_{y1d} &= m_{y1d}^{\bar{\omega}_{y1}} q S_M l_k \bar{\omega}_{y1} \\ M_{z1d} &= m_{z1d}^{\bar{\omega}_{z1}} q S_M l_k \bar{\omega}_{z1} \end{aligned}\right\} \tag{10.25}$$

称 $\bar{\omega}_{x1}=\dfrac{\omega_{x1}l_k}{V}$，$\bar{\omega}_{y1}=\dfrac{\omega_{y1}l_k}{V}$，$\bar{\omega}_{z1}=\dfrac{\omega_{z1}l_k}{V}$ 为绕弹体系 x 轴、y 轴和 z 轴的无因次角速度，$m_{x1d}^{\bar{\omega}_{x1}}$，$m_{y1d}^{\bar{\omega}_{y1}}$，$m_{z1d}^{\bar{\omega}_{z1}}$ 分别为滚动阻尼力矩系数导数、偏航阻尼力矩系数导数和俯仰阻尼力矩系数导数，三个导数也为无因次量。阻尼力矩系数导数一般为负值，大小与飞行器气动外形相关。对轴对称远程导弹，滚动阻尼力矩系数一般很小，甚至可以忽略，阻尼力矩可以表示为

$$\boldsymbol{M}_d=\begin{bmatrix} m_{x1d}^{\bar{\omega}_{x1}} & 0 & 0 \\ 0 & m_{y1d}^{\bar{\omega}_{y1}} & 0 \\ 0 & 0 & m_{z1d}^{\bar{\omega}_{z1}} \end{bmatrix}\begin{bmatrix} \bar{\omega}_{x1} \\ \bar{\omega}_{y1} \\ \bar{\omega}_{z1} \end{bmatrix} qS_M l_k \tag{10.26}$$

对于更一般的飞行器，当其绕体轴系各轴转动时，除了引起对对应轴的阻尼力矩外，还会引起交叉阻尼力矩。一般考虑影响较大的四个交叉力矩：

➢ 由滚动角速度 ω_{x1} 引起的俯仰力矩 $m_{z1d}^{\bar{\omega}_{x1}}qS_M l_k \bar{\omega}_{x1}$；

➢ 由滚动角速度 ω_{x1} 引起的偏航力矩 $m_{y1d}^{\bar{\omega}_{x1}}qS_M l_k \bar{\omega}_{x1}$；

➢ 由偏航角速度 ω_{y1} 引起的滚动力矩 $m_{x1d}^{\bar{\omega}_{y1}}qS_M l_k \bar{\omega}_{y1}$；

➢ 由俯仰角速度 ω_{z1} 引起的滚动力矩 $m_{x1d}^{\bar{\omega}_{z1}}qS_M l_k \bar{\omega}_{z1}$。

三个阻尼力矩系数导数 $m_{x1d}^{\bar{\omega}_{x1}}$、$m_{y1d}^{\bar{\omega}_{y1}}$、$m_{z1d}^{\bar{\omega}_{z1}}$ 和四个交叉力矩系数导数 $m_{z1d}^{\bar{\omega}_{x1}}$，$m_{y1d}^{\bar{\omega}_{x1}}$，$m_{x1d}^{\bar{\omega}_{y1}}$，$m_{x1d}^{\bar{\omega}_{z1}}$ 统一称为气动力矩动导数，这些符号的下标表示对体轴系哪一个轴的导数，上标表示是绕哪个轴转动的角速度引起的力矩。动导数一般是导弹气动外形以及飞行马赫数 Ma、高度 H、迎角 α 和侧滑角 β 的函数，也是由气动专业给出。动导数的精确计算是气动计算的一个难点，往往给出的数值与真实值误差较大的。动导数误差主要影响导弹运动的姿态动力学方程的解算，在实际应用中就要求控制系统设计具有较好的抗气动误差能力。一般情况下，由转动角速度引起的阻尼力矩表示为

$$\boldsymbol{M}_d=\begin{bmatrix} M_{x1d} \\ M_{y1d} \\ M_{z1d} \end{bmatrix}=\begin{bmatrix} m_{x1d}^{\bar{\omega}_{x1}} & m_{x1d}^{\bar{\omega}_{y1}} & m_{x1d}^{\bar{\omega}_{z1}} \\ m_{y1d}^{\bar{\omega}_{x1}} & m_{y1d}^{\bar{\omega}_{y1}} & 0 \\ m_{z1d}^{\bar{\omega}_{x1}} & 0 & m_{z1d}^{\bar{\omega}_{z1}} \end{bmatrix}\begin{bmatrix} \bar{\omega}_{x1} \\ \bar{\omega}_{y1} \\ \bar{\omega}_{z1} \end{bmatrix} qS_M l_k \tag{10.27}$$

(4) 控制力和控制力矩

a. 控制力 $\boldsymbol{F}_c$

控制力 $\boldsymbol{F}_c$ 的计算跟执行机构的类别和在导弹上的配置方式有关。执行机构是根据要求的姿态偏转角提供导弹控制力和控制力矩的装置，比如燃气舵、空气舵、摇摆发动机和姿控发动机等。这里给出控制力的一般表达式用于建立远程导弹空间运动方程，即给出控制力在弹体系的分量为

$$\boldsymbol{F}_c=[F_{cx1}\quad F_{cy1}\quad F_{cz1}]^{\mathrm{T}} \tag{10.28}$$

b. 控制力矩 $\boldsymbol{M}_c$

控制力矩 $\boldsymbol{M}_c$ 的计算与控制力类似，即与产生力矩的机构和安装方式相关，在远程导弹运动方程中仅给出控制力矩的一般表达式，即在弹体坐标系中表示控制力矩为

$$\boldsymbol{M}_c=\begin{bmatrix}M_{x1c}\\M_{y1c}\\M_{z1c}\end{bmatrix}\tag{10.29}$$

3. 空间一般运动方程及计算方程

为了严格准确地描述远程导弹的运动规律，根据上述坐标系定义和导弹所受作用力及力矩的分析，可以建立导弹空间运动的矢量方程和计算方程。由理论力学可知，远程导弹运动可以由导弹质心的平移运动和绕质心转动运动合成，因此描述导弹运动的方程由质心运动方程和绕质心转动方程组成。

(1) 矢量形式的运动方程

远程导弹在惯性坐标系的质心动力学方程为

$$m\frac{\mathrm{d}^2 r}{\mathrm{d}t^2}=\boldsymbol{P}_{st}+\boldsymbol{R}+\boldsymbol{F}_c+m\boldsymbol{g}+\boldsymbol{F}'_{rel}+\boldsymbol{F}'_k\tag{10.30}$$

式中，$\boldsymbol{P}_{st}$，$\boldsymbol{R}$，$\boldsymbol{F}_c$，$m\boldsymbol{g}$ 分别为静推力、气动力、控制力和重力，即 10.1.2 小节所描述的导弹所受外力，$\boldsymbol{F}'_k$为附加哥氏力，其计算式为

$$\boldsymbol{F}'_k=-2\dot{m}\boldsymbol{\omega}_T\times\boldsymbol{\rho}_e\tag{10.31}$$

式中，$\dot{m}$ 为质量秒耗量，且 $\dot{m}=\left|\frac{\mathrm{d}m}{\mathrm{d}t}\right|$；$\boldsymbol{\omega}_T$ 为导弹相对惯性坐标系的角速度矢量；$\boldsymbol{\rho}_e$ 为导弹质心到喷口截面中心的矢量。

$\boldsymbol{F}'_{rel}$为附加相对力，将附加相对力与发动机静推力合成推力 $\boldsymbol{P}$，见式(10.14)。质心动力学方程可以表示为

$$m\frac{\mathrm{d}^2 r}{\mathrm{d}t^2}=\boldsymbol{P}+\boldsymbol{R}+\boldsymbol{F}_c+m\boldsymbol{g}+\boldsymbol{F}'_k\tag{10.32}$$

依据变质量质点系的绕质心运动方程，远程导弹在惯性坐标系以矢量形式描述的绕质心转动动力学方程为

$$\boldsymbol{I}\frac{\mathrm{d}\boldsymbol{\omega}_T}{\mathrm{d}t}+\boldsymbol{\omega}_T\times(\boldsymbol{I}\cdot\boldsymbol{\omega}_T)=\boldsymbol{M}_{st}+\boldsymbol{M}_d+\boldsymbol{M}_c+\boldsymbol{M}'_{rel}+\boldsymbol{M}'_k\tag{10.33}$$

$$\boldsymbol{I}=\begin{bmatrix}I_x & -I_{xy} & -I_{xz}\\-I_{yx} & I_y & -I_{yz}\\-I_{zx} & -I_{zy} & I_z\end{bmatrix}\tag{10.34}$$

其中，$\boldsymbol{I}$ 为惯量张量，其对角线上的元素为导弹转动惯量，其他元素为惯量积。$\boldsymbol{M}_{st}$，$\boldsymbol{M}_d$，$\boldsymbol{M}_c$ 即为 10.1.2 小节描述的气动稳定力矩、气动阻尼力矩和控制力矩。$\boldsymbol{M}'_{rel}$为作用在导弹上的附加相对力矩矢量。$\boldsymbol{M}'_k$为作用在导弹上的哥氏力矩矢量，且有

$$\boldsymbol{M}'_{rel}=-\dot{m}\boldsymbol{\rho}_e\times\boldsymbol{u}_e\tag{10.35}$$

$$\boldsymbol{M}'_k=-\frac{\delta\bar{\boldsymbol{I}}}{\delta t}\boldsymbol{\omega}_T-\dot{m}\boldsymbol{\rho}_e\times(\boldsymbol{\omega}_T\times\boldsymbol{\rho}_e)\tag{10.36}$$

(2) 空间弹道计算方程

弹道方程的解算需要将矢量形式的动力学方程投影到某个坐标系中。对远程导弹，通常在发射坐标系或发射惯性系中对质心动力学方程进行投影，而绕质心转动方程则在弹体系进行投影。

a. 发射坐标系下的质心动力学方程

发射坐标系是固连与地球的非惯性坐标系，且该坐标系相对于惯性系以角速度 $\boldsymbol{\omega}_e$ 转动，由矢量导数法则可知

$$m\frac{\mathrm{d}^2\boldsymbol{r}}{\mathrm{d}t^2}=m\frac{\delta^2 r}{\delta t^2}+2m\boldsymbol{\omega}_e\times\frac{\delta r}{\delta t}+m\boldsymbol{\omega}_e\times(\boldsymbol{\omega}_e\times\boldsymbol{r}) \tag{10.37}$$

结合式(10.32)可得

$$m\frac{\delta^2 r}{\delta t^2}=\boldsymbol{P}+\boldsymbol{R}+\boldsymbol{F}_c+m\boldsymbol{g}+\boldsymbol{F}'_k-m\boldsymbol{\omega}_e\times(\boldsymbol{\omega}_e\times\boldsymbol{r})-2m\boldsymbol{\omega}_e\times\frac{\delta r}{\delta t} \tag{10.38}$$

下面将该矢量方程在发射系中投影。

b. 相对加速度项

方程的左边为相对加速度项，用 v_x, v_y, v_z 分别表示导弹在发射系中的速度矢量沿三个坐标轴的分量，可以写出相对加速度为

$$\frac{\delta^2 r}{\delta t^2}=\begin{bmatrix}\dfrac{\mathrm{d}v_x}{\mathrm{d}t}\\ \dfrac{\mathrm{d}v_y}{\mathrm{d}t}\\ \dfrac{\mathrm{d}v_z}{\mathrm{d}t}\end{bmatrix} \tag{10.39}$$

c. 导弹所受外力 $\boldsymbol{P}$、$\boldsymbol{R}$、$\boldsymbol{F}_c$、$m\boldsymbol{g}$

导弹所受到的推力、气动力、控制力和重力已在 10.1.2 小节给出表达式，只需将它们转换到发射坐标系中即可。

发射坐标系的推力、气动力和控制力分别表示为

$$\boldsymbol{P}=\begin{bmatrix}P_x\\ P_y\\ P_z\end{bmatrix}=C_b^G\begin{bmatrix}P_t\\ 0\\ 0\end{bmatrix} \tag{10.40}$$

$$\boldsymbol{R}=\begin{bmatrix}R_x\\ R_y\\ R_z\end{bmatrix}=C_b^G\begin{bmatrix}C_{x1}qS_M\\ C_{y1}qS_M\\ C_{z1}qS_M\end{bmatrix}\qquad \boldsymbol{R}=\begin{bmatrix}R_x\\ R_y\\ R_z\end{bmatrix}=C_b^GC_v^b\begin{bmatrix}C_xqS_M\\ C_yqS_M\\ C_zqS_M\end{bmatrix} \tag{10.41}$$

$$\boldsymbol{F}_c=\begin{bmatrix}F_{cx}\\ F_{cy}\\ F_{cz}\end{bmatrix}=C_b^G\begin{bmatrix}F_{cx1}\\ F_{cy1}\\ F_{cz1}\end{bmatrix} \tag{10.42}$$

其中，C_b^G 为弹体系到发射系的转换矩阵，$C_b^G=[C_G^b]^{\mathrm{T}}$，$C_v^b$ 为速度系到弹体系的转换矩阵。

由于地球引力是在地心矢径 $\boldsymbol{r}^0$ 和地球自转角速度 ω_e^0 两个方向表示的，因此，将其表达式转换为发射系中的转换矩阵与前面不同。首先要写出发射点地心矢径 $\boldsymbol{R}_0$ 在发射系的表达式，再由下式：

$$\boldsymbol{r}=\boldsymbol{R}_0+\boldsymbol{\rho} \tag{10.43}$$

求解 $\boldsymbol{r}^0$ 在发射系的表达式。$\boldsymbol{\rho}$ 为发射点到弹道上任意一点的矢径，在发射坐标系的分量记为 $\boldsymbol{\rho}=[x\quad y\quad z]^{\mathrm{T}}$，由图 10.1 可知

$$\boldsymbol{R_0}=\begin{bmatrix}R_{0x}\\R_{0y}\\R_{0z}\end{bmatrix}=\begin{bmatrix}-R_0\sin\mu_0\cos A_0\\R_0\cos\mu_0\\R_0\sin\mu_0\sin A_0\end{bmatrix}\tag{10.44}$$

且 $\mu_0=B_0-\phi_0$，$R_0=\dfrac{a_eb_e}{\sqrt{a_e{}^2\sin^2\phi_0+b_e{}^2\cos^2\phi_0}}$。其中，$B_0$，$\phi_0$，$A_0$ 分别为发射点地理纬度、地心纬度和发射方位角。a_e，b_e 分别为地球参考椭球的长半轴和短半轴，a_e 的值在 10.1.3 小节中已给出，b_e=6 356 775.3 m。根据式(10.43)和式(10.44)给出地心矢径 $\boldsymbol{r}^0$ 在发射坐标系的分量：

$$\boldsymbol{r}^0=\begin{bmatrix}\dfrac{x+R_{0x}}{r}\\\dfrac{y+R_{0y}}{r}\\\dfrac{z+R_{0z}}{r}\end{bmatrix}\tag{10.45}$$

地球自转角速度矢量在发射系内投影可以按下列步骤求取：首先在过发射点 o 的子午面内将 $\boldsymbol{\omega}_e$ 分解为 oy 轴方向和垂直于 oy 的水平方向，再将水平方向的分量在 oxz 平面内分别投影到 ox 轴和 oz 轴，由此可得 $\boldsymbol{\omega}_e$ 在发射坐标系的投影分量：

$$\boldsymbol{\omega}_e=\begin{bmatrix}\omega_{ex}\\\omega_{ey}\\\omega_{ez}\end{bmatrix}=\omega_e\begin{bmatrix}\cos B_0\cos A_0\\\sin B_0\\\cos B_0\cos A_0\end{bmatrix}\tag{10.46}$$

那么

$$\boldsymbol{\omega}_e^0=\frac{1}{\omega_e}\begin{bmatrix}\omega_{ex}\\\omega_{ey}\\\omega_{ez}\end{bmatrix}\tag{10.47}$$

因此，根据式(10.12)、式(10.45)和式(10.47)可以写出引力在发射系的表达式：

$$m\begin{bmatrix}g_x\\g_y\\g_z\end{bmatrix}=m\frac{g_r}{r}\begin{bmatrix}x+R_{0x}\\y+R_{0y}\\z+R_{0z}\end{bmatrix}+m\frac{g_\Omega}{\omega_e}\begin{bmatrix}\omega_{ex}\\\omega_{ey}\\\omega_{ez}\end{bmatrix}\tag{10.48}$$

d. 附加哥氏力 $\boldsymbol{F}_k'$

由式(10.31)附加哥氏力为

$$\boldsymbol{F}_k'=-2\dot{m}\boldsymbol{\omega}_T\times\boldsymbol{\rho}_e\tag{10.49}$$

将导弹相对于惯性系的自转角速度 $\boldsymbol{\omega}_T$ 分解到弹体系，即

$$\boldsymbol{\omega}_T=\begin{bmatrix}\omega_{Tx1}\\\omega_{Ty1}\\\omega_{Tz1}\end{bmatrix}\tag{10.50}$$

记 x_{1e} 为导弹质心到喷管出口中心的距离，将矢量 $\boldsymbol{\rho}_e$ 也投影到弹体系：

$$\boldsymbol{\rho}_e=\begin{bmatrix}-x_{1e}\\0\\0\end{bmatrix}\tag{10.51}$$

因此，根据式(10.49)和弹体系到发射系的转换矩阵，可以得到发射系下的哥氏力：

$$\boldsymbol{F}'_k=\begin{bmatrix}F'_{kx}\\F'_{ky}\\F'_{kz}\end{bmatrix}=C_b^G\begin{bmatrix}0\\2\dot{m}x_{1e}\omega_{Tz1}\\-2\dot{m}x_{1e}\omega_{Ty1}\end{bmatrix} \tag{10.52}$$

e. 离心惯性力$-m\boldsymbol{\omega}_e\times(\boldsymbol{\omega}_e\times\boldsymbol{r})$

根据式(10.45)，地心矢径 $\boldsymbol{r}$ 在发射系的分量为

$$\boldsymbol{r}=[x+R_{0x}\quad y+R_{0y}\quad z+R_{0z}]^{\mathrm{T}} \tag{10.53}$$

那么

$$\boldsymbol{\omega}_e\times\boldsymbol{r}=\begin{bmatrix}\omega_{ey}r_z-\omega_{ez}r_y\\\omega_{ez}r_x-\omega_{ex}r_z\\\omega_{ex}r_y-\omega_{ey}r_x\end{bmatrix}=\begin{bmatrix}0&-\omega_{ez}&\omega_{ey}\\\omega_{ez}&0&-\omega_{ex}\\-\omega_{ey}&\omega_{ex}&0\end{bmatrix}\begin{bmatrix}x+R_{0x}\\y+R_{0y}\\z+R_{0z}\end{bmatrix} \tag{10.54}$$

因此，牵连加速度 $\boldsymbol{a}_e$ 在发射系的分量可以表示为

$$\boldsymbol{\omega}_e\times(\boldsymbol{\omega}_e\times\boldsymbol{r})=\begin{bmatrix}a_{ex}\\a_{ey}\\a_{ez}\end{bmatrix}=\begin{bmatrix}a_{11}&a_{12}&a_{13}\\a_{21}&a_{22}&a_{23}\\a_{31}&a_{32}&a_{33}\end{bmatrix}\begin{bmatrix}x+R_{0x}\\y+R_{0y}\\z+R_{0z}\end{bmatrix} \tag{10.55}$$

其中

$$\left.\begin{aligned}a_{11}&=\omega_{ex}^2-\omega_e^2\\a_{12}=a_{21}&=\omega_{ex}\omega_{ey}\\a_{22}&=\omega_{ey}^2-\omega_e^2\\a_{23}=a_{32}&=\omega_{ey}\omega_{ez}\\a_{33}&=\omega_{ez}^2-\omega_e^2\\a_{13}=a_{31}&=\omega_{ex}\omega_{ez}\end{aligned}\right\} \tag{10.56}$$

f. 哥氏惯性力$-2m\boldsymbol{\omega}_e\times\dfrac{\delta r}{\delta t}$

记哥氏加速度 $\boldsymbol{a}_k=2\boldsymbol{\omega}_e\times\dfrac{\delta r}{\delta t}$，$\dfrac{\delta r}{\delta t}$为导弹相对于发射系的加速度，且有

$$\frac{\delta\boldsymbol{r}}{\delta t}=[\dot{x}\quad\dot{y}\quad\dot{z}]^{\mathrm{T}} \tag{10.57}$$

根据式(10.54)可以推出

$$\boldsymbol{a}_k=\begin{bmatrix}a_{kx}\\a_{ky}\\a_{kz}\end{bmatrix}=\begin{bmatrix}0&-2\omega_{ez}&2\omega_{ey}\\2\omega_{ez}&0&-2\omega_{ex}\\-2\omega_{ey}&2\omega_{ex}&0\end{bmatrix}\begin{bmatrix}\dot{x}\\\dot{y}\\\dot{z}\end{bmatrix} \tag{10.58}$$

将式(10.39)～式(10.42)、式(10.48)、式(10.55)、式(10.58)代入式(10.32)，得到远程导弹在发射坐标系下的质心动力学方程：

$$m\begin{bmatrix}\dfrac{\mathrm{d}v_x}{\mathrm{d}t}\\\dfrac{\mathrm{d}v_y}{\mathrm{d}t}\\\dfrac{\mathrm{d}v_z}{\mathrm{d}t}\end{bmatrix}=C_b^G\begin{bmatrix}P_t-X_{1c}\\Y_{1c}+2\dot{m}x_{1e}\omega_{Tz1}\\Z_{1c}-2\dot{m}x_{1e}\omega_{Ty1}\end{bmatrix}+C_b^GC_v^b\begin{bmatrix}C_xqS_M\\C_yqS_M\\C_zqS_M\end{bmatrix}+m\frac{g_r}{r}\begin{bmatrix}x+R_{0x}\\y+R_{0y}\\z+R_{0z}\end{bmatrix}+$$

$$m\frac{g_\Omega}{\omega_e}\begin{bmatrix}\omega_{ex}\\\omega_{ey}\\\omega_{ez}\end{bmatrix}-m\begin{bmatrix}a_{11}&a_{12}&a_{13}\\a_{21}&a_{22}&a_{23}\\a_{31}&a_{32}&a_{33}\end{bmatrix}\cdot\begin{bmatrix}x+R_{0x}\\y+R_{0y}\\z+R_{0z}\end{bmatrix}-m\begin{bmatrix}0&-2\omega_{ez}&2\omega_{ey}\\2\omega_{ez}&0&-2\omega_{ex}\\-2\omega_{ey}&2\omega_{ex}&0\end{bmatrix}\begin{bmatrix}\dot{x}\\\dot{y}\\\dot{z}\end{bmatrix}\tag{10.59}$$

(3) 弹体系下的绕质心转动方程

将矢量形式的绕质心转动方程(10.33)在弹体系中进行分解，其中作用在导弹上的力矩在弹体坐标系的表达式已在10.1.2小节给出。下面分析附加相对力矩 $\boldsymbol{M}'_{rel}$ 和哥氏力矩 $\boldsymbol{M}'_k$ 在弹体系的分解。

根据式(10.35)，附加相对力矩矢量 $\boldsymbol{M}'_{rel}=-\dot{m}\boldsymbol{\rho}_e\times\boldsymbol{u}_e$。那么，在标准安装条件下，即推力轴与弹体系 x 轴平行，附加相对力矩 $\boldsymbol{M}'_{rel}=0$。根据式(10.36)，哥氏力矩 $\boldsymbol{M}'_k=-\dfrac{\delta\bar{\boldsymbol{I}}}{\delta t}\boldsymbol{\omega_T}-\dot{m}\boldsymbol{\rho}_e\times(\boldsymbol{\omega_T}\times\boldsymbol{\rho}_e)$。再将 $\boldsymbol{\rho}_e$ 分解在弹体系，即

$$\boldsymbol{\rho}_e=-x_{1e}\boldsymbol{x}_b^0\tag{10.60}$$

那么根据矢量叉乘法则不难得出

$$\boldsymbol{M}'_k=\begin{bmatrix}M'_{x1k}\\M'_{y1k}\\M'_{z1k}\end{bmatrix}=-\begin{bmatrix}\dot{I}_x\omega_{Tx1}\\\dot{I}_y\omega_{Ty1}\\\dot{I}_z\omega_{Tz1}\end{bmatrix}+\dot{m}\begin{bmatrix}0\\-x_{1e}{}^2\omega_{Ty1}\\-x_{1e}{}^2\omega_{Tz1}\end{bmatrix}\tag{10.61}$$

将式(10.34)、式(10.24)、式(10.27)、式(10.29)、式(10.61)代入绕质心转动方程(10.33)，得到弹体系下的绕质心转动方程：

$$\begin{bmatrix}I_x&-I_{xy}&-I_{xz}\\-I_{yx}&I_y&-I_{yz}\\-I_{zx}&-I_{zy}&I_z\end{bmatrix}\begin{bmatrix}\dfrac{\mathrm{d}\omega_{Tx1}}{\mathrm{d}t}\\\dfrac{\mathrm{d}\omega_{Ty1}}{\mathrm{d}t}\\\dfrac{\mathrm{d}\omega_{Tz1}}{\mathrm{d}t}\end{bmatrix}=-\boldsymbol{\omega_T}\times(\boldsymbol{I}\cdot\boldsymbol{\omega_T})+$$

$$\begin{bmatrix}M_{x1st}\\M_{y1st}\\M_{z1st}\end{bmatrix}+\begin{bmatrix}M_{x1d}\\M_{y1d}\\M_{z1d}\end{bmatrix}+\begin{bmatrix}M_{x1c}\\M_{y1c}\\M_{z1c}\end{bmatrix}+\begin{bmatrix}M'_{x1k}\\M'_{y1k}\\M'_{z1k}\end{bmatrix}=\begin{bmatrix}d_1\\d_2\\d_3\end{bmatrix}\tag{10.62}$$

其中

$$
\begin{aligned}
d_1 &= M_{x1st} + M_{x1d} + M_{x1c} + M'_{x1k} - I_{xy}\omega_{Tx1}\omega_{Tz1} - I_{yz}(\omega_{Tz1}^2 - \omega_{Ty1}^2) + \\
&\quad I_{zx}\omega_{Tx1}\omega_{Ty1} - (I_z - I_y)\omega_{Tz1}\omega_{Ty1} \\
d_2 &= M_{y1st} + M_{y1d} + M_{y1c} + M'_{y1k} - I_{yz}\omega_{Tx1}\omega_{Ty1} - I_{zx}(\omega_{Tx1}^2 - \omega_{Tz1}^2) + \\
&\quad I_{xy}\omega_{Ty1}\omega_{Tz1} - (I_x - I_z)\omega_{Tx1}\omega_{Tz1} \\
d_3 &= M_{z1st} + M_{z1d} + M_{z1c} + M'_{z1k} - I_{xz}\omega_{Ty1}\omega_{Tz1} - I_{xy}(\omega_{Ty1}^2 - \omega_{Tx1}^2) + \\
&\quad I_{yz}\omega_{Tx1}\omega_{Tz1} - (I_y - I_x)\omega_{Ty1}\omega_{Tx1}
\end{aligned}
\tag{10.63}
$$

因此，有

$$
\begin{bmatrix} \dfrac{\mathrm{d}\omega_{Tx1}}{\mathrm{d}t} \\ \dfrac{\mathrm{d}\omega_{Ty1}}{\mathrm{d}t} \\ \dfrac{\mathrm{d}\omega_{Tz1}}{\mathrm{d}t} \end{bmatrix} = \begin{bmatrix} I_x & -I_{xy} & -I_{xz} \\ -I_{yx} & I_y & -I_{yz} \\ -I_{zx} & -I_{zy} & I_z \end{bmatrix}^{-1} \begin{bmatrix} d_1 \\ d_2 \\ d_3 \end{bmatrix}
\tag{10.64}
$$

将式(10.64)展开，可以得到弹体系的绕质心转动方程：

$$
\begin{bmatrix} \dfrac{\mathrm{d}\omega_{Tx1}}{\mathrm{d}t} \\ \dfrac{\mathrm{d}\omega_{Ty1}}{\mathrm{d}t} \\ \dfrac{\mathrm{d}\omega_{Tz1}}{\mathrm{d}t} \end{bmatrix} = \frac{1}{E} \begin{bmatrix} E_1 \\ E_2 \\ E_3 \end{bmatrix}
\tag{10.65}
$$

$$
\left.
\begin{aligned}
E &= I_x I_y I_z - 2I_{xy}I_{xz}I_{yz} - I_x I_{yz}^2 - I_y I_{xz}^2 - I_z I_{xy}^2 \\
E_1 &= (I_y I_z - I_{yz}^2)d_1 + (I_z I_{xy} + I_{yz}I_{xz})d_2 + (I_y I_{xz} + I_{xy}I_{yz})d_3 \\
E_2 &= (I_z I_{xz} - I_{yz}I_{xz})d_1 + (I_x I_z - I_{xz}^2)d_2 + (I_x I_{yz} + I_{xy}I_{xz})d_3 \\
E_3 &= (I_y I_{xz} - I_{xy}I_{yz})d_1 + (I_{xy}I_{xz} + I_x I_{yz})d_2 + (I_x I_y - I_{xy}^2)d_3
\end{aligned}
\right\}
\tag{10.66}
$$

对于具有轴对称特性的远程导弹，该方程可以进一步简化。轴对称导弹弹体系的三个坐标轴为惯性主轴，且有 $I_{xy} = I_{yz} = I_{xz} = 0$，从而使转动方程简化为

$$
\begin{bmatrix} I_x & 0 & 0 \\ 0 & I_y & 0 \\ 0 & 0 & I_z \end{bmatrix} \begin{bmatrix} \dfrac{\mathrm{d}\omega_{Tx1}}{\mathrm{d}t} \\ \dfrac{\mathrm{d}\omega_{Ty1}}{\mathrm{d}t} \\ \dfrac{\mathrm{d}\omega_{Tz1}}{\mathrm{d}t} \end{bmatrix} + \begin{bmatrix} (I_z - I_y)\omega_{Tz1}\omega_{Ty1} \\ (I_x - I_z)\omega_{Tx1}\omega_{Tz1} \\ (I_y - I_x)\omega_{Ty1}\omega_{Tx1} \end{bmatrix} = \begin{bmatrix} M_{x1st} \\ M_{y1st} \\ M_{z1st} \end{bmatrix} + \begin{bmatrix} M_{x1d} \\ M_{y1d} \\ M_{z1d} \end{bmatrix} + \begin{bmatrix} M_{x1c} \\ M_{y1c} \\ M_{z1c} \end{bmatrix} + \begin{bmatrix} M'_{x1k} \\ M'_{y1k} \\ M'_{z1k} \end{bmatrix}
\tag{10.67}
$$

(4) 弹道计算补充方程和辅助方程

除了上述质心动力学方程和绕质心转动方程，还须添加补充方程和辅助方程，使得远程导弹的空间计算弹道方程实现封闭计算。

a. 运动学方程

运动学方程用于描述导弹质心在发射系中的速度和位置的关系：

$$\left.\begin{aligned}\frac{\mathrm{d}x}{\mathrm{d}t}&=v_x\\\frac{\mathrm{d}y}{\mathrm{d}t}&=v_y\\\frac{\mathrm{d}z}{\mathrm{d}t}&=v_z\end{aligned}\right\}\tag{10.68}$$

导弹绕平移坐标系的转动角速度 $\boldsymbol{\omega_T}$ 与欧拉角 $\varphi_T,\psi_T,\gamma_T$ 有如下关系：

$$\boldsymbol{\omega_T}=\dot{\gamma}_T\boldsymbol{x}_b^0+\dot{\psi}_T\boldsymbol{y}_b^0+\dot{\varphi}_T\boldsymbol{z}_b^0\tag{10.69}$$

进而不难得到以下关系：

$$\left.\begin{aligned}\omega_{Tx1}&=\dot{\gamma}_T-\dot{\varphi}_T\sin\psi_T\\\omega_{Ty1}&=\dot{\psi}_T\cos\gamma_T+\dot{\varphi}_T\cos\psi_T\sin\gamma_T\\\omega_{Tz1}&=\dot{\varphi}_T\cos\psi_T\cos\gamma_T-\dot{\psi}_T\sin\gamma_T\end{aligned}\right\}\tag{10.70}$$

利用上式可以求解欧拉角 $\varphi_T,\psi_T,\gamma_T$。

另外，导弹相对于地球的转动角速度 $\boldsymbol{\omega}$ 与导弹相对于惯性系的转动角速度 $\boldsymbol{\omega_T}$ 以及地球自转角速度 $\boldsymbol{\omega_e}$ 之间存在以下关系：

$$\boldsymbol{\omega_T}=\boldsymbol{\omega}+\boldsymbol{\omega_e}\tag{10.71}$$

则将上式在弹体系投影有

$$\begin{bmatrix}\omega_{x1}\\\omega_{y1}\\\omega_{z1}\end{bmatrix}=\begin{bmatrix}\omega_{Tx1}\\\omega_{Ty1}\\\omega_{Tz1}\end{bmatrix}-C_G^b\begin{bmatrix}\omega_{ex}\\\omega_{ey}\\\omega_{ez}\end{bmatrix}\tag{10.72}$$

其中 C_G^b 为发射系到弹体系的转换矩阵，$\omega_{ex}\omega_{ey}\omega_{ez}$ 为地球自转角速度在发射系的分量，见式(10.46)。

b. 欧拉角联系方程

弹体系与发射坐标系的方向余弦阵 C_G^b 有三个欧拉角 φ,ψ,γ，而弹体系与发射惯性系的方向余弦阵也有三个欧拉角 $\varphi_T,\psi_T,\gamma_T$，它们之间的关系可由转换矩阵递推性求解，可以得到如下关系式：

$$C_b^{GI}=C_G^{GI}C_b^G\tag{10.73}$$

其中，$C_b^{GI}=[C_b^{GI}]^{\mathrm{T}}$，$C_b^{GI}$ 见式(10.6)；$C_G^{GI}=[C_{GI}^G]^{\mathrm{T}}$，$C_{GI}^G$ 见式(10.9)；$C_b^G=[C_G^b]^{\mathrm{T}}$，$C_G^b$ 见式(10.5)。

将坐标转换方向余弦阵代入式(10.73)，并将 $\psi,\gamma,\psi_T,\gamma_T,\omega_e t$ 看作小量，且将它们的正弦、余弦展开成泰勒级数取至一阶微量，可以得到以下欧拉角联系方程(参考文献[13])：

$$\left.\begin{aligned}\varphi_T&=\varphi+\omega_{ex}t\\\psi_T&=\psi+(\omega_{ey}\cos\varphi-\omega_{ex}\sin\varphi)t\\\gamma_T&=\gamma+(\omega_{ey}\sin\varphi-\omega_{ex}\cos\varphi)t\end{aligned}\right\}\tag{10.74}$$

上式中欧拉角的差值是由于地球旋转影响地面固连坐标系方向轴的变化引起的。

类似地，根据坐标转换递推关系，从发射系到速度系的转换矩阵：

$$C_G^v=C_b^vC_G^b\tag{10.75}$$

且有 $C_b^v = [C_v^b]^{-1}$，将转换矩阵的表达式(10.6)～式(10.8)代入式(10.75)展开，可以得到欧拉角的联系方程

$$\left.\begin{aligned} \sin\sigma &= \cos\alpha\cos\beta\sin\psi + \sin\alpha\cos\beta\cos\psi\sin\gamma - \sin\beta\cos\psi\cos\gamma \\ \cos\sigma\sin\nu &= -\sin\psi\sin\alpha + \cos\alpha\cos\psi\sin\gamma \\ \cos\theta\cos\sigma &= \cos\alpha\cos\beta\cos\varphi\cos\psi - \sin\alpha\cos\beta(\cos\varphi\sin\psi\sin\gamma - \sin\phi\cos\gamma) + \\ &\quad \sin\beta(\cos\varphi\sin\psi\cos\gamma + \sin\varphi\sin\gamma) \end{aligned}\right\} \tag{10.76}$$

由速度倾角 θ 和航迹偏航角 σ 的定义可知

$$\left.\begin{aligned} \theta &= \arctan\frac{v_y}{v_x} \\ \sigma &= -\arcsin\frac{v_x}{v} \end{aligned}\right\} \tag{10.77}$$

根据式(10.76)和式(10.77)，弹体系、速度系以及发射坐标系的 8 个欧拉角已知 8 个，就可以求解其余 3 个。

c. 附加方程

速度 v 的计算式为

$$v = \sqrt{{v_x}^2 + {v_y}^2 + {v_z}^2} \tag{10.78}$$

远程导弹在主动段有发动机燃料质量消耗，因此空间弹道计算方程须加入质量变化方程，即

$$m = m_0 - \dot{m}t \tag{10.79}$$

其中，m_0 为导弹初始质量，$\dot{m}$ 为助推器发动机工作单位时间的质量消耗量。

高度计算公式为

$$\left.\begin{aligned} h &= r - R \\ r &= \sqrt{(x+R_{ox})^2 + (y+R_{oy})^2 + (z+R_{oz})^2} \\ R &= \frac{a_e b_e}{\sqrt{{a_e}^2\sin^2\phi + {b_e}^2\cos^2\phi}} \\ \sin\phi &= \frac{(x+R_{ox})\omega_{ex} + (y+R_{oy})\omega_{ey} + (z+R_{oz})\omega_{ez}}{r\omega_e} \end{aligned}\right\} \tag{10.80}$$

d. 控制方程

为使弹道计算方程闭合，还需增加控制方程。导弹上俯仰、偏航和滚动三个通道的输入信号与执行机构偏转角之间的函数关系称为该通道的控制方程，其一般表达式为

$$\left.\begin{aligned} F_\varphi(\delta_\varphi, x, y, x, v_x, v_y, v_z, \varphi_T, \dot{\varphi}_T, \cdots) &= 0 \\ F_\psi(\delta_\psi, x, y, x, v_x, v_y, v_z, \psi_T, \dot{\psi}_T, \cdots) &= 0 \\ F_\gamma(\delta_\gamma, x, y, x, v_x, v_y, v_z, \gamma_T, \dot{\gamma}_T, \cdots) &= 0 \end{aligned}\right\} \tag{10.81}$$

综合 10.1.3 小节所讨论的计算方程，可以得到远程导弹在发射系中的一般计算方程：

$$
\left.\begin{aligned}
& m\begin{bmatrix}\dfrac{\mathrm{d}v_x}{\mathrm{d}t}\\ \dfrac{\mathrm{d}v_y}{\mathrm{d}t}\\ \dfrac{\mathrm{d}v_z}{\mathrm{d}t}\end{bmatrix} = C_b^G\begin{bmatrix}P_t - X_{1c}\\ Y_{1c}+2\dot{m}x_{1e}\omega_{Tz1}\\ Z_{1c}-2\dot{m}x_{1e}\omega_{Ty1}\end{bmatrix} + C_b^G C_v^b\begin{bmatrix}C_x q S_M\\ C_y q S_M\\ C_z q S_M\end{bmatrix} + m\frac{g_r}{r}\begin{bmatrix}x+R_{0x}\\ y+R_{0y}\\ z+R_{0z}\end{bmatrix} + m\frac{g_\Omega}{\omega_e}\begin{bmatrix}\omega_{ex}\\ \omega_{ey}\\ \omega_{ez}\end{bmatrix} - \\
& \qquad m\begin{bmatrix}a_{11} & a_{12} & a_{13}\\ a_{21} & a_{22} & a_{23}\\ a_{31} & a_{32} & a_{33}\end{bmatrix}\cdot\begin{bmatrix}x+R_{0x}\\ y+R_{0y}\\ z+R_{0z}\end{bmatrix} - m\begin{bmatrix}0 & -2\omega_{ez} & 2\omega_{ey}\\ 2\omega_{ez} & 0 & -2\omega_{ex}\\ -2\omega_{ey} & 2\omega_{ex} & 0\end{bmatrix}\begin{bmatrix}\dot{x}\\ \dot{y}\\ \dot{z}\end{bmatrix} \\
& \begin{bmatrix}\dfrac{\mathrm{d}\omega_{Tx1}}{\mathrm{d}t}\\ \dfrac{\mathrm{d}\omega_{Ty1}}{\mathrm{d}t}\\ \dfrac{\mathrm{d}\omega_{Tz1}}{\mathrm{d}t}\end{bmatrix} = \frac{1}{E}\begin{bmatrix}E_1\\ E_2\\ E_3\end{bmatrix} \\
& \frac{\mathrm{d}x}{\mathrm{d}t}=v_x,\qquad \frac{\mathrm{d}y}{\mathrm{d}t}=v_y,\qquad \frac{\mathrm{d}z}{\mathrm{d}t}=v_z \\
& \omega_{Tx1}=\dot{\gamma}_T-\dot{\varphi}_T\sin\psi_T \\
& \omega_{Ty1}=\dot{\psi}_T\cos\gamma_T+\dot{\varphi}_T\cos\psi_T\sin\gamma_T \\
& \omega_{Tz1}=\dot{\varphi}_T\cos\psi_T\cos\gamma_T-\dot{\psi}_T\sin\gamma_T \\
& \begin{bmatrix}\omega_{x1}\\ \omega_{y1}\\ \omega_{z1}\end{bmatrix} = \begin{bmatrix}\omega_{Tx1}\\ \omega_{Ty1}\\ \omega_{Tz1}\end{bmatrix} - C_G^b\begin{bmatrix}\omega_{ex}\\ \omega_{ey}\\ \omega_{ez}\end{bmatrix} \\
& \varphi_T=\varphi+\omega_{ex}t \\
& \psi_T=\psi+(\omega_{ey}\cos\varphi-\omega_{ex}\sin\varphi)t \\
& \gamma_T=\gamma+(\omega_{ey}\sin\varphi-\omega_{ex}\cos\varphi)t \\
& \theta=\arctan\frac{v_y}{v_x},\qquad \sigma=-\arcsin\frac{v_z}{v} \\
& \sin\sigma=\cos\alpha\cos\beta\sin\psi+\sin\alpha\cos\beta\cos\psi\sin\gamma-\sin\beta\cos\psi\cos\gamma \\
& \cos\sigma\sin\nu=-\sin\psi\sin\alpha+\cos\alpha\cos\psi\sin\gamma \\
& \cos\theta\cos\sigma=\cos\alpha\cos\beta\cos\varphi\cos\psi-\sin\alpha\cos\beta(\cos\varphi\sin\psi\sin\gamma-\sin\varphi\cos\gamma)+ \\
& \qquad \sin\beta(\cos\varphi\sin\psi\cos\gamma+\sin\varphi\sin\gamma) \\
& v=\sqrt{v_x^{\,2}+v_y^{\,2}+v_z^{\,2}} \\
& r=\sqrt{(x+R_{ox})^2+(y+R_{oy})^2+(z+R_{oz})^2} \\
& \sin\phi=\frac{(x+R_{ox})\omega_{ex}+(y+R_{oy})\omega_{ey}+(z+R_{oz})\omega_{ez}}{r\omega_e} \\
& R=\frac{a_e b_e}{\sqrt{a_e^{\,2}\sin^2\phi+b_e^{\,2}\cos^2\phi}} \\
& h=r-R,\qquad m=m_0-\dot{m}t \\
& F_\varphi(\delta_\varphi,x,y,x,v_x,v_y,v_z,\varphi_T,\dot{\varphi}_T,\cdots)=0 \\
& F_\psi(\delta_\psi,x,y,x,v_x,v_y,v_z,\psi_T,\dot{\psi}_T,\cdots)=0 \\
& F_\gamma(\delta_\gamma,x,y,x,v_x,v_y,v_z,\gamma_T,\dot{\gamma}_T,\cdots)=0
\end{aligned}\right\}\quad (10.82)
$$

以上方程组有 32 个未知量，32 个解算方程，在控制系统给出控制方程的具体形式后，可由初始条件解算远程导弹的弹道参数和姿态。

10.1.2　远程导弹弹道设计

根据远程导弹的飞行特点，远程导弹弹道设计主要内容是主动段飞行程序设计和标准弹道生成，自由段和再入段都是依靠惯性飞行，自由段弹道可按照开普勒轨道生成，且再入段须考虑空气动力作用，通过对再入运动方程积分得到弹道。本小节包括三部分内容：一是主动段飞行程序的工程设计方法，在飞行程序和一般运动方程的基础上，便可以生成主动段标准弹道；二是自由段的 Kepler 轨道方程；三是再入段导弹运动方程。

1. 主动段飞行程序的工程设计

远程导弹的弹道设计在总体设计中是非常重要的环节。导弹的总体方案、设计参数以及性能分析等都与弹道密切相关。而主动段飞行程序设计是弹道设计的重要组成部分。下面讨论一种工程适用的远程导弹主动段飞行程序设计方法。

远程导弹的飞行程序通常是指主动段飞行时指令俯仰角的变化规律。飞行程序的选择关系到导弹的战术性能能否实现。根据远程导弹主动段飞行特点，飞行程序的选择在工程上通常将其分为大气层飞行段与真空飞行段两部分进行。一般来说，远程导弹第一级在稠密大气层飞行，第二级及以上都在稀薄大气中飞行。在设计飞行程序角时，近似认为导弹在二级及以上的飞行都为真空段。下面介绍一种在基本设计参数选定后飞行程序的工程设计方法。

(1) 一级飞行程序角

远程导弹主动段飞行程序角可以采用近似公式表示，那么选择飞行程序角的问题则变成近似公式的参数选择问题。这里给出一种工程上常用的俯仰程序角 φ_{pr} 的近似公式：

$$\varphi_{pr}=\begin{cases}\varphi_0, & 0\leqslant t\leqslant t_1\\ \alpha(t)+\theta(t)+\omega_{ez}t, & \Delta t_1<t\leqslant t_2\\ \theta(t)+\omega_{ez}t, & t_2<t\leqslant t_3\\ \varphi(t_3), & \Delta t_3<t<t_4\end{cases} \tag{10.83}$$

其中，$\alpha(t)$ 为当前迎角，ω_{ez} 为地球自转角速度在发射系 z 方向的分量，其计算方法见式(10.46)。φ_0 为起飞时刻的俯仰角，对垂直发射的导弹，可以取 $\phi_0=90°$。$\theta(t)$ 为导弹当地速度倾角，设导弹在发射坐标系的速度为 $\boldsymbol{v}=[v_x \quad v_y \quad v_z]^{\mathrm{T}}$，则速度倾角的计算式为

$$\theta=\arcsin\frac{v_y}{\sqrt{{v_x}^2+{v_y}^2}} \tag{10.84}$$

参数 t_1,t_2,t_3,t_4 为一级各飞行段分段时间点，各个飞行段分别描述如下：

a. 垂直上升段($0\sim t_1$)

从导弹起飞到垂直段结束时刻(t_1)。垂直起飞段时间应合理选择。如果此段时间过长，会增大速度的重力损失，并使转弯时因速度过大而需要火箭发动机提供较大的法向力；而如果此段时间过短，很可能导致发动机未达到额定工作状态，从而使控制系统的执行机构还不能产生足够的控制力而影响弹道性能。工程上，垂直段时间可以根据其与助推火箭推重比的经验

关系确定。火箭的推重比 N_{01} 为火箭起飞质量与火箭发动机的地面额定推力之比。

近似有

$$t_1=\sqrt{40/(N_{01}-1)} \tag{10.85}$$

b. 亚声速段($t_1 \sim t_2$)

此段为亚声速转弯段,从垂直段结束时间(t_1)开始到气动力急剧变化的跨声速(t_2)之前结束。在亚声速段转弯可以减少气动载荷和气动干扰。该段结束的马赫数一般取 0.7～0.8。亚声速转弯段,导弹以负迎角飞行,实施有迎角转弯。该段的指令迎角由以下关系式给出:

$$\alpha(t)=-4\alpha_m \mathrm{e}^{-a(t-t_1)}(1-\mathrm{e}^{-a(t-t_1)}) \tag{10.86}$$

其中,α_m 为亚声速段迎角绝对值的最大值,a 为可调节参数,该参数可根据经验选取为某一常值。式(10.86)描述的迎角 $\alpha(t)$ 变化规律如下:$\alpha(t)$ 从 t_1 时刻开始迅速达到负极致 $-\alpha_m$,然后绝对值开始变小,以指数率趋向于零,且趋向零的速度由参数 a 决定。参数 a 的值越大,迎角达到极值 α_m 的时间就越短,弹道转弯就越快。因此,通过调整参数 a 的值,可以调整亚声速段弹道转弯快慢。

c. 弹道转弯段($t_2 \sim t_3$)

弹道转弯段导弹依靠重力的法向分量缓慢转弯,且以接近零的迎角飞行穿越大气层。

d. 关机分离段($t_3 \sim t_k$)

关机分离段也称为瞄准段或常值段,在此段程序角采用常值姿态角飞行,即 $\varphi_{pr}=\varphi(t_3)$。

从一级飞行程序角的模型来看,对于某个型号的导弹而言,t_1,t_2,t_3,a 均可取为常值,对于耗尽关机的导弹,关机时间 t_k 固定,那么取不同的转弯段迎角绝对值最大值 α_m 将对应导弹不同的射程。

(2) 真空飞行段程序角

远程导弹二级及其以上各级已处于稀薄大气层中飞行,这时空气动力对俯仰程序角选择的影响可以忽略不计,因此称为真空飞行段。该段仍采用零迎角飞行,考虑地球旋转,根据迎角与俯仰角的关系,给出飞行程序角为

$$\varphi_{pr}=\theta(t)+\omega_{ez}t, \qquad t \geqslant t_4$$

上述飞行程序的模型已经将远程导弹主动段程序角参数化了,即

$$\varphi_{pr}(t)=f(\alpha_m, a, \varphi_0, \dot{\varphi}_0) \tag{10.87}$$

为确定最终的飞行程序角,一方面可以根据经验,采取试算的方法确定少数参数,另一方面也可以根据导弹飞行任务进行飞行程序角优化设计,把程序角设计问题转换为参数优化问题。例如,当需要设计最大射程弹道时,可以将 α_m 和 a 作为设计参数进行优化,来获得针对特定飞行任务的主动段飞行程序角,这在工程上也经常被采用。

2. 自由飞行段运动

远程导弹的载荷在经过动力飞行段达到关机点位置和速度后,进入大气层外的无动力自由飞行段。对于传统远程导弹来说,大约 90%以上的飞行是大气层外飞行的自由段。自由段所受的气动力微乎其微,在解算自由段弹道时一般忽略不计,可以认为导弹在真空飞行;同时认为载荷只受到匀质圆球的引力作用。本节在上述假设下推导自由段运动方程的简化形式,

这种简化形式的运动方程可以应用于导弹制导计算、射击诸元确定和轨道预测中的快速自由段弹道计算。

设导弹动力飞行段关机点具有绝对位置矢量 $\boldsymbol{r}$ 和速度矢量 $\boldsymbol{V}$，根据前面的假设和 10.1.1 小节中“3.空间一般运动方程及计算方程”的内容可知，导弹在自由段所受引力为

$$\boldsymbol{F}_T=-\frac{fM\cdot m}{r^3}\boldsymbol{r}=-\frac{\mu\cdot m}{r^3}\boldsymbol{r} \tag{10.88}$$

记地球引力系数 $\mu=fM=3.986\ 005\times10^{14}\ \mathrm{m^3/s^2}$。根据牛顿第二定律

$$\boldsymbol{F}_T=m\frac{\mathrm{d}^2\boldsymbol{r}}{\mathrm{d}t^2} \tag{10.89}$$

将其代入式(10.88)，有

$$\frac{\mathrm{d}^2\boldsymbol{r}}{\mathrm{d}t^2}=-\frac{\mu}{r^3}\boldsymbol{r} \tag{10.90}$$

在上式的基础上，可以通过以下四步求解标量形式的自由段轨道方程：

(1) 方程式(10.90)与速度矢量 $\boldsymbol{V}$ 点乘

首先点乘矢量 $\boldsymbol{V}$

$$\boldsymbol{V}\cdot\frac{\mathrm{d}\boldsymbol{V}}{\mathrm{d}t}=-\frac{\mu}{r^3}\boldsymbol{V}\cdot\boldsymbol{r}$$

$$\frac{1}{2}\frac{\mathrm{d}\boldsymbol{V}^2}{\mathrm{d}t}=-\frac{\mu}{r^3}\frac{1}{2}\frac{\mathrm{d}\boldsymbol{r}^2}{\mathrm{d}t} \tag{10.91}$$

然后将上式化为标量方程

$$\frac{1}{2}\frac{\mathrm{d}v^2}{\mathrm{d}t}=-\frac{\mu}{r^2}\frac{\mathrm{d}r}{\mathrm{d}t}=\frac{\mathrm{d}\left(\frac{\mu}{r}\right)}{\mathrm{d}t} \tag{10.92}$$

再将其两边积分得

$$\frac{1}{2}v^2=\frac{\mu}{r}+E \tag{10.93}$$

其中 E 为积分常数，且有

$$E=\frac{1}{2}v^2-\frac{\mu}{r} \tag{10.94}$$

得到 E 即为导弹单位质量所具有的机械能，自由段轨道上各点参数 r、v 满足机械能守恒。

(2) 方程式(10.90)与位置矢量 $\boldsymbol{r}$ 叉乘

将式(10.90)两边叉乘 $\boldsymbol{r}$ 有

$$\boldsymbol{r}\times\frac{\mathrm{d}^2r}{\mathrm{d}t^2}=0$$

$$\frac{\mathrm{d}}{\mathrm{d}t}\left(\boldsymbol{r}\times\frac{\mathrm{d}r}{\mathrm{d}t}\right)=0 \tag{10.95}$$

记 $\boldsymbol{h}=\boldsymbol{r}\times\frac{\mathrm{d}\boldsymbol{r}}{\mathrm{d}t}=\boldsymbol{r}\times\boldsymbol{V}$，为动量矩。导弹在自由段飞行动量矩守恒，即 $\boldsymbol{h}$ 为常矢量。

(3) 方程式(10.90)与动量矩矢量 $\boldsymbol{h}$ 叉乘

将式(10.90)两边叉乘 $\boldsymbol{h}$,有

$$\frac{\mathrm{d}^2 \boldsymbol{r}}{\mathrm{d}t^2} \times \boldsymbol{h} = -\frac{\mu}{r^3}\boldsymbol{r} \times \boldsymbol{h} \tag{10.96}$$

将上式右端的动量矩 $\boldsymbol{h}$ 表达式展开并简化可得

$$\frac{\mathrm{d}}{\mathrm{d}t}\left(\frac{\mathrm{d}\boldsymbol{r}}{\mathrm{d}t} \times \boldsymbol{h}\right) = \mu \frac{\mathrm{d}}{\mathrm{d}t}\left(\frac{\boldsymbol{r}}{r}\right) \tag{10.97}$$

将上式两边积分可以得到矢量形式的轨道方程,即

$$\frac{\mathrm{d}\boldsymbol{r}}{\mathrm{d}t} \times \boldsymbol{h} = \mu\left(\frac{\boldsymbol{r}}{r} + \boldsymbol{e}\right) \tag{10.98}$$

其中 $\boldsymbol{e}$ 为待定积分常矢量。

(4) 方程式(10.98)与位置矢量 $\boldsymbol{r}$ 点乘

为获得标量形式的轨道方程,将位置矢量 $\boldsymbol{r}$ 点乘方程式(10.98)的两端,有

$$\boldsymbol{r} \cdot \left(\frac{\mathrm{d}\boldsymbol{r}}{\mathrm{d}t} \times \boldsymbol{h}\right) = \mu\left[r + re\cos\,(\hat{\boldsymbol{r}}\boldsymbol{e})\right] \tag{10.99}$$

方程式(10.99)左端可以变换为

$$\boldsymbol{r} \cdot \left(\frac{\mathrm{d}\boldsymbol{r}}{\mathrm{d}t} \times \boldsymbol{h}\right) = \boldsymbol{h} \cdot \left(\boldsymbol{r} \times \frac{\mathrm{d}\boldsymbol{r}}{\mathrm{d}t}\right) = h^2 \tag{10.100}$$

再将上式代入式(10.99),得到标量形式的自由段轨道方程:

$$r = \frac{h^2/\mu}{1 + e\cos\,(\hat{\boldsymbol{r}}\boldsymbol{e})} \tag{10.101}$$

记 $P = \dfrac{h^2}{\mu}$,$f = \hat{\boldsymbol{r}}\boldsymbol{e}$,并定义 f 为由 $\boldsymbol{e}$ 矢量作为起始极轴,顺飞行器飞行方向到 $\boldsymbol{r}$ 矢量为正角,且称 f 为真近点角。代入 P,f 后,轨道方程可以表示为

$$r = \frac{p}{1 + e\cos f} \tag{10.102}$$

其中 e,P 的大小由自由段起点的运动参数 r_k,v_k,Θ_k 决定,r_k,v_k 分别为自由段起始点的地心矩和速度大小,Θ_k 为速度矢量 $\boldsymbol{V}_k$ 与当地水平面的夹角,且有

$$\left.\begin{aligned} e &= \sqrt{1 + \xi_k(\xi_k - 2)\cos^2\Theta_k} \\ \xi_k &= \frac{v_k^2}{\mu/r_k} \\ P &= r_k^2 v_k^2 \cos^2\Theta_k \\ f &= \arccos(\boldsymbol{r} \cdot \boldsymbol{e}) \\ \boldsymbol{e} &= (\xi_k\cos^2\Theta_k - 1)\boldsymbol{i} - \xi_k\sin\Theta_k\cos\Theta_k\boldsymbol{j} \end{aligned}\right\} \tag{10.103}$$

其中,ξ_k 称为能量参数,表示轨道上一点的动能的两倍与势能的绝对值之比;矢量 $\boldsymbol{i}$,$\boldsymbol{j}$ 在轨道平面内,$\boldsymbol{i}$ 矢量与 $\boldsymbol{r}$ 矢量同向,$\boldsymbol{j}$ 与 $\boldsymbol{i}$ 垂直且指向飞行方向;e,P 的物理意义是自由段圆锥轨道曲线的偏心率和半通径,其值可由导弹主动段关机点运动参数决定。

3. 再入段弹道

在研究远程导弹运动规律时，有时只关注再入段运动参数，那么，我们可以在再入坐标系建立弹头运动方程，以便更直观地描述再入段运动。

首先，给出远程导弹弹头再入运动的矢量方程。参考导弹空间运动方程的一般形式，同时考虑再入段运动时间较短，可以忽略附加哥氏力，得到再入段导弹质心运动方程：

$$m\frac{\mathrm{d}^2 r}{\mathrm{d}t^2}=\boldsymbol{P}_{st}+\boldsymbol{R}+\boldsymbol{F}_c+m\boldsymbol{g} \tag{10.104}$$

同时，忽略哥氏力矩矢量和附加相对力矩矢量，得到再入弹头绕质心转动矢量方程

$$\boldsymbol{I}\frac{\mathrm{d}\omega_T}{\mathrm{d}t}+\boldsymbol{\omega_T}\times(\boldsymbol{I}\cdot\boldsymbol{\omega_T})=\boldsymbol{M}_{st}+\boldsymbol{M}_d+\boldsymbol{M}_c \tag{10.105}$$

将质心运动方程在再入坐标系中分解，可以得到再入弹道计算方程。由于再入坐标系的定义类似于发射坐标系，只是原点由发射点变为再入时刻飞行器质心地心矢径与地球表面的交点。参考方程式(10.59)，直接给出再入段在再入坐标系的运动方程：

$$\begin{aligned} m\begin{bmatrix}\dfrac{\mathrm{d}v_x}{\mathrm{d}t}\\ \dfrac{\mathrm{d}v_y}{\mathrm{d}t}\\ \dfrac{\mathrm{d}v_z}{\mathrm{d}t}\end{bmatrix}=&\,C_b^G\begin{bmatrix}P_t-X_{1c}\\ Y_{1c}\\ Z_{1c}\end{bmatrix}+C_b^GC_v^b\begin{bmatrix}C_xqS_M\\ C_yqS_M\\ C_zqS_M\end{bmatrix}+m\frac{g_r}{r}\begin{bmatrix}x+R_{0x}\\ y+R_{0y}\\ z+R_{0z}\end{bmatrix}+m\frac{g_\Omega}{\omega_e}\begin{bmatrix}\omega_{ex}\\ \omega_{ey}\\ \omega_{ez}\end{bmatrix}-\\ &m\begin{bmatrix}a_{11}&a_{12}&a_{13}\\ a_{21}&a_{22}&a_{23}\\ a_{31}&a_{32}&a_{33}\end{bmatrix}\cdot\begin{bmatrix}x+R_{0x}\\ y+R_{0y}\\ z+R_{0z}\end{bmatrix}-m\begin{bmatrix}0&-2\omega_{ez}&2\omega_{ey}\\ 2\omega_{ez}&0&-2\omega_{ex}\\ -2\omega_{ey}&2\omega_{ex}&0\end{bmatrix}\begin{bmatrix}\dot{x}\\ \dot{y}\\ \dot{z}\end{bmatrix}\end{aligned} \tag{10.106}$$

对于远程导弹，再入段一般无动力飞行，因此通常有 $P_t=0$，其所受外力仅仅为重力、气动力和控制力。

同理，根据式(10.62)得到导弹再入段在弹体系分解的绕质心转动方程：

$$\begin{bmatrix}I_x&-I_{xy}&-I_{xz}\\ -I_{yx}&I_y&-I_{yz}\\ -I_{zx}&-I_{zy}&I_z\end{bmatrix}\begin{bmatrix}\dfrac{\mathrm{d}\omega_{Tx1}}{\mathrm{d}t}\\ \dfrac{\mathrm{d}\omega_{Ty1}}{\mathrm{d}t}\\ \dfrac{\mathrm{d}\omega_{Tz1}}{\mathrm{d}t}\end{bmatrix}=-\boldsymbol{\omega_T}\times(\boldsymbol{I}\cdot\boldsymbol{\omega_T})+\begin{bmatrix}M_{x1st}\\ M_{y1st}\\ M_{z1st}\end{bmatrix}+\begin{bmatrix}M_{x1d}\\ M_{y1d}\\ M_{z1d}\end{bmatrix}+\begin{bmatrix}M_{x1c}\\ M_{y1c}\\ M_{z1c}\end{bmatrix}=\begin{bmatrix}d'_1\\ d'_2\\ d'_3\end{bmatrix} \tag{10.107}$$

其他附加方程、辅助方程与式(10.82)中的计算方程相同。

10.2 远程导弹制导方法

传统的远程导弹依靠主动段制导实现对导弹命中精度的控制。本节主要讨论远程导弹(火箭)主动段制导理论与方法，即从远程导弹的飞行特点出发，给出制导系统的一般组成，再

分别介绍摄动制导和显式制导的基本方法。

远程导弹主动段制导系统的主要功能包括 3 项：

① 导航，即根据导航设备的测量输出实时解算导弹在制导计算中所需的位置和速度；

② 导引，即根据导弹的当前状态(位置和速度)和其控制的终端状态，按照某种导引规律，实时给出导弹能达到终端状态的姿态控制指令。

③ 发出发动机点火、关机与控制指令。

为了实现上述功能，制导系统应由测量装置、弹载计算机、姿态控制系统组成，如图 10.5 所示。测量装置用于测量导航计算需要的状态参数。弹载计算机执行以下任务：

① 测量数据的采集和处理；

② 导航计算，给出导弹位置和速度；

③ 姿态角解算；

④ 根据导引规律进行导引解算，给出指令姿态角；

⑤ 根据关机条件计算关机指令。

姿态控制系统的任务是将当前姿态角通过姿控装置调整到指令姿态角，从而使导弹按照导引要求的轨迹飞行，并使其在干扰条件下能够命中目标。

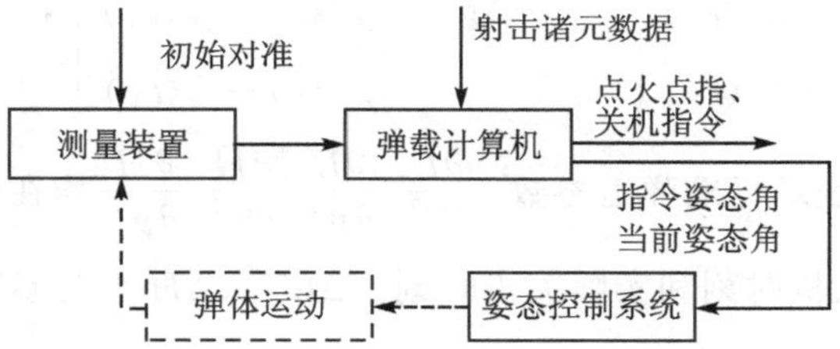

图 10.5 制导系统组成

10.2.1 摄动制导法

摄动制导也叫标称轨道制导，其基本思想是导弹发射前，设计出一条标称状态下满足命中目标点要求的弹道。然而，在实际飞行中，导弹的推力、燃料单位消耗量可能偏离标准值，结构质量、装药量存在偏差，大气密度、压力、地球引力均会偏离标准模型，上述偏差因素会使许多参数偏离计算标准弹道的标准条件，这些偏差被视为导弹飞行过程中作用在导弹上的干扰。摄动制导法是对弹道进行微调纠偏，消除干扰，使实际弹道在标准弹道附近摄动，同时使关机点参数偏差和落点参数偏差调整在允许的精度范围以内。

摄动制导方法的主要内容是给出关机方程和导引方程。关机方程是确定导弹主动段关机时刻运动参数与被动段终端命中条件之间联系的关系式。如果满足了关机方程，也基本保证被动段终端满足命中条件。导引方程则是给出横向、法向导引信号，用以控制横向偏差。根据摄动理论可以确定关机点参数偏差与落点偏差之间的关系。将导弹落点偏差分为射向偏差和横向偏差，使射向偏差为零可以推导出关机方程；使落点横向偏差最小和关机点参数偏差最小作为性能指标可以给出导引方程。下面介绍摄动制导基本方法的数学描述。

(1) 关机方程

为推导关机方程，首先根据摄动理论确定关机点参数与导弹落点偏差之间的关系。用 L、H 分别表示设纵向射程、横向射程，用 ΔL、ΔH 分别表示纵向、横向射程偏差，用 $\boldsymbol{V}=[v_x \quad v_y \quad v_z]^{\mathrm{T}}$，$\boldsymbol{p}=[x \quad y \quad z]^{\mathrm{T}}$ 分别表示速度矢量和位置矢量。假设被动段偏差为零，那么导弹落点偏差可以展开为关机点偏差的泰勒级数：

$$\left.\begin{aligned}\Delta L&=\frac{\partial L}{\partial \boldsymbol{V}^{\mathrm{T}}}\Delta \boldsymbol{V}+\frac{\partial L}{\partial \boldsymbol{p}^{\mathrm{T}}}\Delta \boldsymbol{p}+\frac{\partial L}{\partial t}\Delta t+\Delta L^{(R)}\\ \Delta H&=\frac{\partial H}{\partial \boldsymbol{V}^{\mathrm{T}}}\Delta \boldsymbol{V}+\frac{\partial H}{\partial \boldsymbol{p}^{\mathrm{T}}}\Delta \boldsymbol{p}+\frac{\partial H}{\partial t}\Delta t+\Delta H^{(R)}\end{aligned}\right\} \tag{10.108}$$

其中

$$\frac{\partial L}{\partial \boldsymbol{V}^{\mathrm{T}}}=\left.\begin{pmatrix}\frac{\partial L}{\partial v_x} & \frac{\partial L}{\partial v_y} & \frac{\partial L}{\partial v_z}\end{pmatrix}\right|_{t=\bar{t}_k},\qquad \frac{\partial L}{\partial \boldsymbol{p}^{\mathrm{T}}}=\left.\begin{pmatrix}\frac{\partial L}{\partial x} & \frac{\partial L}{\partial y} & \frac{\partial L}{\partial z}\end{pmatrix}\right|_{t=\bar{t}_k}$$

$$\frac{\partial H}{\partial \boldsymbol{V}^{\mathrm{T}}}=\left.\begin{pmatrix}\frac{\partial H}{\partial v_x} & \frac{\partial H}{\partial v_y} & \frac{\partial H}{\partial v_z}\end{pmatrix}\right|_{t=\bar{t}_k},\qquad \frac{\partial H}{\partial \boldsymbol{p}^{\mathrm{T}}}=\left.\begin{pmatrix}\frac{\partial H}{\partial x} & \frac{\partial H}{\partial y} & \frac{\partial H}{\partial z}\end{pmatrix}\right|_{t=\bar{t}_k}$$

$$\Delta \boldsymbol{V}=\begin{bmatrix}v_x(t_k)-\bar{v}_x(\bar{t}_k)\\ v_y(t_k)-\bar{v}_y(\bar{t}_k)\\ v_z(t_k)-\bar{v}_z(\bar{t}_k)\end{bmatrix},\qquad \Delta \boldsymbol{p}=\begin{bmatrix}x(t_k)-\bar{x}(\bar{t}_k)\\ y(t_k)-\bar{y}(\bar{t}_k)\\ z(t_k)-\bar{z}(\bar{t}_k)\end{bmatrix},\qquad \Delta t=t_k-\bar{t}_k$$

带上标“—”参数的表示标准弹道参数，$\frac{\partial L}{\partial \boldsymbol{V}^{\mathrm{T}}}\frac{\partial L}{\partial \boldsymbol{p}^{\mathrm{T}}}\frac{\partial H}{\partial \boldsymbol{V}^{\mathrm{T}}}\frac{\partial H}{\partial \boldsymbol{p}^{\mathrm{T}}}$ 均在标准弹道关机点处取值。$\bar{t}_k$、t_k 分别为标准弹道关机时刻和实际关机时刻。$\Delta L^{(R)}$、$\Delta H^{(R)}$ 为泰勒级数的高次项。纵向、横向航程偏差变化率为

$$\left.\begin{aligned}\Delta \dot{L}&=\frac{\partial L}{\partial \boldsymbol{V}^{\mathrm{T}}}\dot{\boldsymbol{V}}+\frac{\partial L}{\partial \boldsymbol{p}^{\mathrm{T}}}\boldsymbol{V}+\frac{\partial L}{\partial t}\\ \Delta \dot{H}&=\frac{\partial H}{\partial \boldsymbol{V}^{\mathrm{T}}}\dot{\boldsymbol{V}}+\frac{\partial H}{\partial \boldsymbol{p}^{\mathrm{T}}}\boldsymbol{V}+\frac{\partial H}{\partial t}\end{aligned}\right\} \tag{10.109}$$

对于传统的远程导弹，一般在标准弹道附近做摄动，即在射面附近运动，其纵向射程变换率远大于横向射程变化率，因此选取纵向射程偏差为零作为关机条件，即

$$\Delta L=\frac{\partial L}{\partial \boldsymbol{V}^{\mathrm{T}}}\Delta \boldsymbol{V}+\frac{\partial L}{\partial \boldsymbol{p}^{\mathrm{T}}}\Delta \boldsymbol{p}+\frac{\partial L}{\partial t}\Delta t=0 \tag{10.110}$$

根据关机条件，写出如下关机方程：

$$J(t_k)=K(t_k)-\bar{K}(\bar{t}_k) \tag{10.111}$$

其中

$$\left.\begin{aligned}K(t_k)&=\frac{\partial L}{\partial \boldsymbol{V}^{\mathrm{T}}}\boldsymbol{V}(t_k)+\frac{\partial L}{\partial \boldsymbol{p}^{\mathrm{T}}}\boldsymbol{p}(t_k)+\frac{\partial L}{\partial t}t_k\\ K(\bar{t}_k)&=\frac{\partial L}{\partial \boldsymbol{V}^{\mathrm{T}}}\bar{\boldsymbol{V}}(\bar{t}_k)+\frac{\partial L}{\partial \boldsymbol{p}^{\mathrm{T}}}\bar{\boldsymbol{p}}(\bar{t}_k)+\frac{\partial L}{\partial t}\bar{t}_k\end{aligned}\right\} \tag{10.112}$$

式(10.112)中的参数 $\bar{\boldsymbol{V}}(\bar{t}_k)$、$\bar{\boldsymbol{p}}(\bar{t}_k)$、$\bar{t}_k$ 为标准弹道值，这些值可在导弹发射前预先计算好标

准弹道并装订在弹上，而偏导数$\dfrac{\partial L}{\partial \boldsymbol{V}^{\mathrm{T}}}\dfrac{\partial L}{\partial \boldsymbol{p}^{\mathrm{T}}}\dfrac{\partial L}{\partial t}$可以采用有限差分法基于标准弹道数据计算，也是提前装订在弹上计算机上。导弹当前的位置速度$\boldsymbol{p}$、$\boldsymbol{V}$参数则由导航计算输出。关机方程的使用是在预定的时刻开启计算关机方程，直到满足方程时给出关机指令。

(2) 导引方程

关机方程只考虑了射程偏差为零，但满足了关机方程不能保证横向偏差ΔH也为零，此时需要引入导引方程，以使落点横向偏差满足精度要求。另外，当高阶项$\Delta L^{(R)}$引起的偏差较大时，也需要通过导引来消除偏差。

导引就是以制导计算周期向姿态控制系统提供姿态控制指令：$\Delta\varphi_c(=\varphi-\varphi_c)$，$\Delta\psi_c(=\psi-\psi_c)$，$\Delta\gamma_c(=\gamma-\gamma_c)$。其中，$\varphi_c$，$\psi_c$，$\gamma_c$为导引的指令姿态角，即姿控所要达到的姿态角，$\varphi$，$\psi$，$\gamma$为导弹当前姿态角。10.1.2小节介绍了主动段飞行程序的设计，给出了固定俯仰程序角的变化规律。对于摄动制导导弹，在主动段取指令姿态角为程序角，即$\varphi_c=\varphi_{pr}$，$\psi_c=0$，$\gamma_c=0$。

a. 法向导引

法向导引用于消除关机方程中忽略的纵向偏差高阶项$\Delta L^{(R)}$。由于$\Delta L^{(R)}$对关机点速度倾角偏差$\Delta\theta=\theta(t_k)-\bar{\theta}(\bar{t}_k)$较为敏感，因此采取如下形式的法向导引规律：

$$\Delta\varphi_c=K_\varphi\left[\arctan(v_{yg}/v_{xg})-\bar{\theta}(\bar{t}_k)\right] \tag{10.113}$$

其中，v_{xg}，v_{yg}为导弹在发射坐标系的速度分量，$\bar{\theta}(\bar{t}_k)$为标准弹道关机时刻的相对速度倾角，K_φ为导引系数。法向导引通常在导弹飞出大气层后加入。

b. 横向导引

远程导弹相较于中近程导弹，其关机点参数偏差的纵横交联影响较大，被动段受扰动后偏离射面较大，如果横向导引也如纵向导引，那么仅消除关机点处的横向位置、速度偏差是不够的。因此，提出横向偏差预测导引方案，该方案的基本思想是：根据实际飞行弹道与标准弹道的等时偏差$\delta\boldsymbol{V}(t)$，$\delta\boldsymbol{p}(t)$（等时偏差即t时刻之前作用在导弹上的所有干扰造成的偏差）预测其造成的落点横向偏差，并根据此偏差进行横向导引，以消除其横向偏差。根据t时刻$\delta\boldsymbol{V}(t)$，$\delta\boldsymbol{p}(t)$预测的落点横向偏差为

$$\Delta H^*=\left(\frac{\partial H}{\partial \boldsymbol{V}^{\mathrm{T}}}-\frac{\dot{H}}{\dot{L}}\frac{\partial L}{\partial \boldsymbol{V}^{\mathrm{T}}}\right)\delta\boldsymbol{V}(t)+\left(\frac{\partial H}{\partial \boldsymbol{p}^{\mathrm{T}}}-\frac{\dot{H}}{\dot{L}}\frac{\partial L}{\partial \boldsymbol{p}^{\mathrm{T}}}\right)\delta\boldsymbol{p}(t) \tag{10.114}$$

那么，根据横向偏差预测导引的基本思想，同时考虑到弹载计算机容易输出的位置速度信息为视速度和视速度积分，工程上可以采用如下横向导引方程：

$$\left.\begin{aligned}\Delta\psi_c&=\bar{k}_1^{\psi}w_x+\bar{k}_2^{\psi}w_y+\bar{k}_3^{\psi}w_z+\bar{k}_4^{\psi}\underset{\cdot}{w}_x+\bar{k}_5^{\psi}\underset{\cdot}{w}_y+\bar{k}_6^{\psi}\underset{\cdot}{w}_z-\hat{k}_{u\psi}\\ \hat{k}_{u\psi}&=\bar{k}_1^{\psi}\bar{w}_x+\bar{k}_2^{\psi}\bar{w}_y+\bar{k}_3^{\psi}\bar{w}_z+\bar{k}_4^{\psi}\underset{\cdot}{\bar{w}}_x+\bar{k}_5^{\psi}\underset{\cdot}{\bar{w}}_y+\bar{k}_6^{\psi}\underset{\cdot}{\bar{w}}_z\end{aligned}\right\} \tag{10.115}$$

其中

$$\bar{k}_j^{\psi}=\frac{\partial H}{\partial \xi_j}-\frac{\dot{\bar{H}}}{\dot{\bar{L}}}\frac{\partial L}{\partial \xi_j},\qquad j=1,2,3,4,5,6;\quad \xi_j=v_x,v_y,v_z,x,y,z \tag{10.116}$$

式中，w_x,w_y,w_z 为导航输出的导弹沿发射坐标系三个坐标轴方向的视速度，$\dot{w}_x,\dot{w}_y,\dot{w}_z$ 则为三个方向的视速度积分；$\bar{w}_x,\bar{w}_y,\bar{w}_z$ 为设计的标准弹道三个方向的视速度，$\dot{\bar{w}}_x,\dot{\bar{w}}_y,\dot{\bar{w}}_z$ 则为标准弹道三个方向的视速度积分。绝对导数 $\dot{\bar{H}}$ 和 $\dot{\bar{L}}$ 根据标准弹道参数计算：

$$\left.\begin{aligned}\dot{\bar{H}}&=\frac{\partial H}{\partial v_x}\dot{\bar{v}}_x+\frac{\partial H}{\partial v_y}\dot{\bar{v}}_y+\frac{\partial H}{\partial v_z}\dot{\bar{v}}_z+\frac{\partial H}{\partial x}\bar{v}_x+\frac{\partial H}{\partial y}\bar{v}_y+\frac{\partial H}{\partial z}\bar{v}_z+\frac{\partial H}{\partial t}\\ \dot{\bar{L}}&=\frac{\partial L}{\partial v_x}\dot{\bar{v}}_x+\frac{\partial L}{\partial v_y}\dot{\bar{v}}_y+\frac{\partial L}{\partial v_z}\dot{\bar{v}}_z+\frac{\partial L}{\partial x}\bar{v}_x+\frac{\partial L}{\partial y}\bar{v}_y+\frac{\partial L}{\partial z}\bar{v}_z+\frac{\partial L}{\partial t}\end{aligned}\right\} \tag{10.117}$$

偏导数 $\frac{\partial H}{\partial \xi_j},\frac{\partial L}{\partial \xi_j}(\xi_j=v_x,v_y,v_z,x,y,z),\frac{\partial H}{\partial t},\frac{\partial L}{\partial t}$ 可以采用求差法计算预先并存储于弹上计算机，扰动变量取主动段关机点参数扰动，例如：

$$\frac{\partial H}{\partial v_x}=\frac{H^+(v_x+\Delta v_x,v_y,v_z,x,y,z)-H^-(v_x-\Delta v_x,v_y,v_z,x,y,z)}{2\Delta v_x} \tag{10.118}$$

综合上述计算方程，横向导引方程就可以根据导航输出参数和预先存储在弹上的标准弹道参数以及导引系数在主动段实时解算。

10.2.2　显式制导法

如果作用在导弹上的干扰较大则摄动制导的线性假设就不成立了，如果仍按摄动制导的方程关机则将造成较大的落点偏差。因此提出导弹的显式制导，以应对飞行过程存在较大干扰的情况。所谓显式制导，就是根据导弹当前运动参数和目标点参数，按控制泛函的显函数表达式进行实时计算的制导方法，显式制导也称闭路制导。

摄动制导是控制导弹的在预先设计的标准弹道附近飞行，它的控制泛函是以 $\Delta L,\Delta H$ 或 $\Delta\theta(t_k)$ 为零作为基础的；而显式制导是以“需要速度”为控制泛函。“需要速度”的定义为：假定导弹在当前位置关机，经自由段飞行和再入段飞行而命中目标所需要的速度。或者说，需要速度是保证能命中目标所需要的速度。任意瞬时导弹的需要速度均是实时确定的，显式制导就是导弹根据需要速度进行导引和关机控制。

基于虚拟目标点闭路制导方法是一种先进的且可以工程应用的显式制导方法，这里以基于虚拟目标点的闭路制导方法为利介绍远程导弹的显式制导方法。

(1) 迭代计算需要速度和速度增量

由于从导航方程获得的导弹当前位置和速度通常是在惯性系中描述，而目标是与地球固连，随地球旋转，因此当按照地球不旋转条件计算需要速度导弹落地时，地球已转过了一个角度 $(t_k+t_f)\omega_e$，综上需要采用迭代方法计算需要速度。

当给定速度倾角时，计算需要速度的迭代公式如下：

$$\left.\begin{aligned}
\lambda_{KT,j}^{A} &= \lambda_{oT} - \lambda_{oK,j}^{A} + (t_k + t_{f,j})\omega_e \\
\beta_j &= \arccos(\sin\phi_k \sin\phi_T + \cos\phi_k \cos\phi_T \cos\lambda_{KT,j}^{A}) \\
\theta_{H,j} &= \begin{cases} \dfrac{1}{2}\arctan\dfrac{\sin\beta_j}{\dfrac{r_K}{r_T} - \cos\beta_j} & (\text{最小能量轨道}) \\ \theta_H & (\text{根据需要给定}) \end{cases} \\
p_j &= \frac{r_T(1-\cos\beta_j)}{1 - \dfrac{r_T}{r_K}(\cos\beta_j - \sin\beta_j \tan\theta_{H,j})} \\
\xi_{K,j} &= \arctan\frac{\tan\theta_{H,j}}{1 - \dfrac{r_K}{p_i}} \\
\xi_{T,j} &= \beta_j + \xi_{K,j} \\
e_j &= \left(1 - \frac{p_j}{r_K}\right)/\cos\xi_{T,j} \\
\gamma_{T,j} &= 2\arctan\left(\sqrt{\frac{1+e_j}{1-e_j}}\tan\frac{\xi_{T,j}}{2}\right) \\
\gamma_{K,j} &= 2\arctan\left(\sqrt{\frac{1+e_j}{1-e_j}}\tan\frac{\xi_{K,j}}{2}\right) \\
t_{f,j+1} &= \frac{1}{\sqrt{fM}}\left(\frac{p_j}{1-e_j^{\ 2}}\right)^{3/2}[\gamma_{T,j} - \gamma_{K,j} + e_j(\sin\gamma_{T,j} - \sin\gamma_{K,j})]
\end{aligned}\right\} \tag{10.119}$$

其中，ϕ_K，ϕ_T 分别为当前的地心纬度和目标点地心纬度，λ_{oT} 为目标点与发射点 o 之间的经差，$\lambda_{oK,j}^{A}$ 为当前点与发射点 o 之间的经差，t_k 为当前飞行时间。p，ξ，e 的物理意义同椭圆轨道方程 $r=\dfrac{p}{1-e\cos\xi}$。当 $|p_{j+1}-p_j|\leqslant\varepsilon$ 时，结束迭代，ε 为要求的射击精度。然后取 $\beta=\beta_{j+1}$，$p=p_{j+1}$，$\lambda_{KT}^{A}=\lambda_{KT,j+1}^{A}$，$\theta_H=\theta_{H,j+1}$，并根据下式求解需要速度 v_R 的大小：

$$v_R = \frac{\sqrt{fM}}{r_K\cos\theta_H}\sqrt{p} \tag{10.120}$$

需要速度与当前地心矢径 $\boldsymbol{r}_K$ 所在平面与当地子午面的夹角 $\hat{\alpha}$ 可由下式确定：

$$\left.\begin{aligned}
\sin\hat{\alpha} &= \cos\phi_T\frac{\sin\lambda_{KT}^{A}}{\sin\beta} \\
\cos\hat{\alpha} &= (\sin\phi_T - \cos\beta\sin\phi_K)/(\cos\phi_K\sin\beta)
\end{aligned}\right\} \tag{10.121}$$

由此，需要速度可以完全确定，即由式(10.120)确定需要速度的大小，$\hat{\alpha}$ 和 θ_H 确定需要速度的方向。需要速度在当地地平坐标系中的投影为

$$\boldsymbol{V}_R = \begin{bmatrix} v_R\cos\theta_H\cos\hat{\alpha} \\ v_R\sin\theta_H \\ v_R\cos\theta_H\sin\hat{\alpha} \end{bmatrix} \tag{10.122}$$

(2) 确定导引信号与关机方程

采用闭路制导的远程导弹的主动段导引与控制分为两段：第一段是大气层内飞行段，导弹

采用固定俯仰程序角飞行，飞行程序工程设计方法见 10.1.2 小节；第二段是导弹飞出大气层后的闭路导引段，此时导弹不再受结构强度的限制，可以做较大机动，该段采用闭路制导产生导引信号，再根据导引信号控制导弹姿态。

求解闭路导引信号的思路较多，下面介绍应用较多的一类方法的基本思路。首先定义待增速度为需要速度 $\boldsymbol{V}_R$ 与导弹实际速度 $\boldsymbol{V}$ 之差，即

$$\boldsymbol{V}_g(t)=\boldsymbol{V}_R(t)-\boldsymbol{V} \tag{10.123}$$

待增速度的物理含义如下：由导弹当前状态给其瞬时增加速度增量 $\boldsymbol{V}_g$，而后导弹惯性飞行便可命中目标。实际上速度不能瞬时增加，而是通过推力矢量控制实现。为能够尽快实现需要速度，一般是使加速度方向 $\dot{V}$ 与待增速度方向 $\boldsymbol{V}_g$ 一致，可以使 $\boldsymbol{V}_g$ 迅速减小。由此产生导引信号，直至发动机推力终止，从而当给定 $\boldsymbol{V}_g$ 后，可以确定闭路导引信号。

为了使推力方向与待增速度方向一致，必须确定这两个矢量方向的夹角。发动机推力方向可以分别由偏航角 ψ 和俯仰角 φ 导引控制确定。因此，姿态角导引信号为

$$\left.\begin{aligned}\varphi&=\arctan(v_{gy}/v_{gx})\\ \psi&=\arctan\left(-v_{gz}/\sqrt{v_{gx}^2+v_{gx}^2}\right)\end{aligned}\right\} \tag{10.124}$$

(3) 虚拟目标点的确定和需要速度的修正

当考虑地球扁率、再入阻力时，按照开普勒椭圆轨道计算落点就会引起一定的偏差。通常在采用闭路制导时，可以进行地球引力的扁率影响修正和再入阻力影响修正。

a. 地球引力的扁率影响修正

在导弹总体参数确定之后，可以计算若干条闭路制导的弹道，并将关机点坐标 x_k，y_k 拟合成射程 L 的函数 $x_k(L)$，$y_k(L)$，用于确定虚拟目标。考虑地球扁率时，首先根据发射点和目标点经纬度，求出发射点至目标点的球面射程 τ 和球面方位角 $\hat{\alpha}$；然后取发射方位角 $A=\hat{\alpha}$，关机点参数为

$$\left.\begin{aligned}x_k&=x_k(\tau)\\ y_k&=y_k(\tau)\\ z_k&=0\end{aligned}\right\} \tag{10.125}$$

再根据球面射程 τ 选定 θ_H 并计算需要速度，采用自由段解析解而不是椭圆轨道求解再入弹道；最后根据上述方法确定需要速度及 x_k，y_k，z_k 求出的椭圆轨道落点就是修正扁率影响的虚拟目标位置。

b. 再入阻力影响的修正

记导弹射程为 L，再入阻力引起的导弹纵向射程偏差为 ΔL_x。首先通过数值仿真，建立阻力对再入射程影响曲线，即 ΔL_x-L 曲线，然后根据给定射程插值计算对应的射程偏差 ΔL_x。那么根据椭圆轨道的落点在纵向射程上修正 ΔL_x 就可以得到修正虚拟目标点位置，再由修正虚拟目标位置求解出的需要速度即考虑大气阻力的修正需要速度。

10.3　远程导弹飞行稳定性与姿态控制

姿态控制系统是导弹飞行控制系统的重要组成部分，其功能是稳定和控制导弹的绕质心转动运动。姿态控制系统的稳定作用在于克服干扰，使导弹姿态相对于预定姿态的偏差控制

在允许范围内，而姿态控制作用是按照制导系统发出的指令，调整导弹姿态到指令姿态角，实现要求的运动状态。

典型的姿态控制系统是由敏感装置、变换放大装置、推力矢量装置和弹体动力学环节组成的闭环系统，如图 10.6 所示。

由于姿态控制系统的作用对象，弹体动力学环节是非线性时变模型，在进行飞行稳定与姿态控制设计时，往往需要对弹体动力学模型进行线性化，才能应用传统的稳定性分析工具以及控制系统设计理论。姿态动力学方程的线性化将在10.3.1 小节介绍。在弹体动力学模型小扰动线性化的基础上，远程导弹的飞行稳定性分析与姿态控制系统设计中，一种“固化系数法”法被广泛应用，其基本思想是对预先选定的若干特征时刻“固化”系统参数，在每个特征时刻把系统看作常参数系统分析和设计。基于“固化系数法”的姿态稳定与控制系统设计原理将分别在10.3.2 小节和 10.3.3 小节介绍。

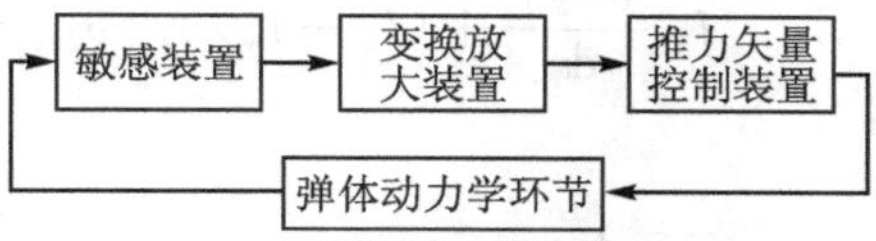

图 10.6　姿态控制系统逻辑简图

10.3.1　线性化姿态运动方程

10.1 节给出的导弹运动方程是一组非线性、变系数方程，多应用于导弹六自由度仿真计算。然而，在研究导弹姿态稳定与姿态控制问题时，为了能够应用经典的稳定性和控制系统分析与设计理论，我们可以从工程观点出发，对运动方程进行一定的简化，推导适用的方程组，这在工程应用中是完全允许的。这些简化包括以下 3 种：

① 对传统的远程导弹，一般认为其结构上是绕纵轴对称的。通常把弹体在射击平面内的运动称为纵向运动，把弹体偏离射击平面的运动称为侧向运动，同时忽略纵向运动与侧向运动的交连影响，可将导弹姿态运动分解为俯仰、偏航、滚动三个通道。

② 研究绕质心运动是为了分析导弹的姿态稳定性和控制问题。导弹在标准弹道附近飞行，干扰造成的偏差可以视为小扰动，即扰动作用下的飞行状态参数偏差都在某一小量之内，因此可以对导弹动力学方程组在标准弹道附近进行线性化，提供控制系统分析与设计的小扰动线化方程组。

③ 在研究姿态控制系统的弹体响应过程时，认为导弹运动方程组的系数固化不变(即前面提到的“系数冻结法”)，从而可将描述导弹运动的变系数微分方程组简化为常系数微分方程组。

综上所述，当研究导弹姿态控制系统设计时，首先要建立单通道、线性化摄动方程组，然后求取传递函数，进行分析计算。该方法一般是在导弹飞行的特征时刻进行控制系统稳定性分析与控制反馈回路设计。如果需要考察整个飞行过程中控制系统的性能，那么工程上还会采用全弹道六自由度仿真对所设计控制系统进行全方位的验证。

考虑平面运动的情况，将质心运动方程投影到速度系，绕质心转动方程投影到弹体系。简化后运动方程组如下：

a. 方程组

$$m\dot{V} = -mg\sin\theta\cos\sigma + P\cos\alpha\cos\beta - C_X qS_M + F_X \tag{10.126}$$

$$mV\dot{\theta}\cos\sigma = -mg\cos\theta + P\cos\beta\sin\alpha + C_Y qS_M + \frac{P}{2}\delta_\varphi + 2m_R l_R \ddot{\delta}_\varphi + F_y \tag{10.127}$$

$$-mV\dot{\sigma}=-mg\sin\theta\sin\sigma-P\sin\beta+C_ZqS_M-\frac{P}{2}\delta_{\psi}-2m_Rl_R\ddot{\delta}_{\psi}+F_z \tag{10.128}$$

$$-mV\dot{\sigma}=-mg\sin\theta\sin\sigma-P\sin\beta+C_ZqS_M-\frac{P}{2}\delta_{\psi}-2m_Rl_R\ddot{\delta}_{\psi}+F_z \tag{10.129}$$

$$I_x\frac{d\omega_{Tx1}}{dt}+(I_z-I_y)\omega_{Ty1}\omega_{Tz1}=-m_{x1d}^{\bar{\omega}_{x1}}qS_Ml_k{}^2\omega_{Tx1}/V-PZ_P\delta_r-4J_R\ddot{\delta}_{\gamma}-$$

$$4m_Rl_RZ_p\ddot{\delta}_{\gamma}+M_X \tag{10.130}$$

$$I_y\frac{d\omega_{Ty1}}{dt}+(I_x-I_z)\omega_{Tz1}\omega_{Tx1}=-m_{y1}^{\beta}qS_Ml_k\beta-m_{y1d}^{\bar{\omega}_{y1}}qS_Ml_k{}^2\omega_{Ty1}/V-$$

$$\frac{P}{2}(X_R-X_z)\delta_{\psi}-2J_R\ddot{\delta}_{\psi}-2m_Rl_R(X_R-X_z)\ddot{\delta}_{\psi}-2m_R\dot{W}_{x1}l_R\delta_{\psi}+M_Y \tag{10.131}$$

$$I_z\frac{d\omega_{Tz1}}{dt}+(I_y-I_x)\omega_{Tx1}\omega_{Ty1}=-m_{z1}^{\alpha}qS_Ml_k\alpha-m_{z1d}^{\bar{\omega}_{z1}}qS_Ml_k{}^2\omega_{Tz1}/V-$$

$$\frac{P}{2}(X_R-X_z)\delta_{\varphi}-2J_R\ddot{\delta}_{\varphi}-2m_Rl_R(X_R-X_z)\ddot{\delta}_{\varphi}-2m_R\dot{W}_{x1}l_R\delta_{\varphi}+M_Z \tag{10.132}$$

运动方程参数说明如下：

b. 状态参数

式(10.126)～式(10.132)中，状态参数包括 $V,\theta,\sigma,\omega_{Tx1},\omega_{Ty1},\omega_{Tz1}$ 和 m。V 为速度大小。θ 是弹道倾角，是速度矢量 $\boldsymbol{v}$ 在惯性系 XO_1Y 平面上的投影与 O_1X 轴的夹角。σ 是航向角，它是速度矢量 $\boldsymbol{v}$ 与惯性系 XO_1Y 平面的夹角。$\omega_{Tx1}\omega_{Ty1}\omega_{Tz1}$ 分别为体坐标系下绕 x,y,z 轴的旋转角速度。m 为飞行器质量，且有

$$m=m_0-\int_0^t\dot{m}\,dt \tag{10.133}$$

其中，m_0 为导弹起飞质量，$\dot{m}$ 为发动机燃料秒消耗量。

c. 气动力和力矩参数

C_X,C_Y,C_Z 是速度系下的气动系数，即阻力系数、升力系数和侧向力系数。q 是动压头，且$q=\frac{1}{2}\rho V^2$，ρ 是大气密度。升力系数、侧向力系数在运动方程小扰动线化时可写成如下形式：

$$C_Y=C_Y^{\alpha}\alpha,\qquad C_Z=-C_Z^{\beta}\beta \tag{10.134}$$

那么，速度系下的气动力可以表示为

$$\left.\begin{aligned}F_{Ax_c}&=-C_XqS_M\\F_{Ay_c}&=-C_Y^{\alpha}qS_M\alpha\\F_{Az_c}&=-C_Z^{\beta}qS_M\beta\end{aligned}\right\} \tag{10.135}$$

其中 S_M 为导弹气动参考面积。由于采用了导弹轴对称假设，有 $C_Y^{\alpha}=C_Z^{\beta}$，因此有气动力不产生滚动力矩，只产生俯仰力矩和偏航力矩。

记 X_d 为导弹理论尖端至气动压心的距离，X_z 为导弹理论尖端至质心的距离。为计算气动力产生的俯仰和偏航力矩，首先计算气动力在弹体系的分量，根据速度系和弹体系的坐标转换关系，有

$$\left.\begin{aligned} F_{A_{Z_1}} &= F_{Az_c}\cos\beta + F_{Ax_c}\cos\alpha\sin\beta \\ F_{A_{Y_1}} &= F_{Ay_c}\cos\alpha - F_{Ax_c}\sin\alpha \end{aligned}\right\} \tag{10.136}$$

在导弹主动段，考虑 α，β 均为小角度，上式可简化为

$$\left.\begin{aligned} F_{A_{Z_1}} &= F_{Az_c} + F_{Ax_c}\beta \\ F_{A_{Y_1}} &= F_{Ay_c} - F_{Ax_c}\alpha \end{aligned}\right\} \tag{10.137}$$

代入气动力的计算式，可得

$$\left.\begin{aligned} F_{A_{Z_1}} &= C_Z^{\beta} qS_M\beta + C_X qS_M\beta \\ F_{A_{Y_1}} &= C_y^{\alpha} qS_M\alpha + C_X qS_M\alpha \end{aligned}\right\} \tag{10.138}$$

那么气动力产生的气动力矩在弹体坐标系的三个分量为

$$\left.\begin{aligned} M_{A_{X_1}} &= 0 \\ M_{A_{Y_1}} &= -(C_Z^{\beta} + C_X)qS_M\beta(X_d - X_Z) \\ M_{A_{Z_1}} &= -(C_Y^{\alpha} + C_X)qS_M\alpha(X_d - X_Z) \end{aligned}\right\} \tag{10.139}$$

令 $C_Z^{\beta} + C_X = C_{Z1}^{\beta}$，$C_Y^{\alpha} + C_X = C_{Y1}^{\alpha}$，则有

$$\left.\begin{aligned} M_{A_{X_1}} &= 0 \\ M_{A_{Y_1}} &= -C_{Z1}^{\beta} qS_M\beta(X_d - X_Z) \\ M_{A_{Z_1}} &= -C_{Y1}^{\alpha} qS_M\alpha(X_d - X_Z) \end{aligned}\right\} \tag{10.140}$$

定义气动力矩系数 m_{y1}^{β}、m_{z1}^{α} 为

$$m_{y1}^{\beta} = C_{Z1}^{\beta}(X_d - X_Z)/l_k, \qquad m_{z1}^{\alpha} = C_{Y1}^{\alpha}(X_d - X_Z)/l_k$$

其中，l_k 为气动参考长度。那么气动力矩就可以写成方便于小扰动线性化的形式，即

$$\left.\begin{aligned} M_{A_{X_1}} &= 0 \\ M_{A_{Y_1}} &= -m_{y1}^{\beta} qS_M l_k\beta \\ M_{A_{Z_1}} &= -m_{z1}^{\alpha} qS_{Mk}\alpha \end{aligned}\right\} \tag{10.141}$$

另外，还有三个与气动力矩相关的导数，即 $m_{x1d}^{\bar{\omega}_{x1}}$，$m_{y1d}^{\bar{\omega}_{y1}}$，$m_{z1d}^{\bar{\omega}_{z1}}$，它们分别为滚动阻尼力矩系数导数、偏航阻尼力矩系数导数和俯仰阻尼力矩系数导数。这三个导数也为无因次量，用于计算气动阻尼力矩。

d. 推力、控制力和控制力矩参数

用 P 表示发动机推力，当发动机偏转角度为 0 时，推力沿纵向对称轴方向，不产生转矩，推力在速度系三个轴的分量为

$$\left.\begin{aligned} F_{P_{x_c}} &= P\cos\alpha\cos\beta \\ F_{P_{y_c}} &= P\sin\alpha\cos\beta \\ F_{P_{z_c}} &= -P\sin\beta \end{aligned}\right\} \tag{10.142}$$

控制力、力矩的具体表达式与执行机构形式和安装方式相关。本章给出的方程组式(10.126)～式(10.132)中的控制力和控制力矩是假定执行机构为四台单摆发动机且“十”字形安装综合控制三个通道的姿态。四台发动机的总推力为 P，单台发动机推力为 p，且有 $P=4p$。

记俯仰、偏航、滚转三个方向的等效舵偏角为 $\delta_\varphi,\delta_\psi,\delta_\gamma$，那么在弹体系的控制力和控制力矩分别为

$$\left.\begin{aligned}F_{C_{X_1}}&=2p\cos\delta_\varphi+2p\cos\delta_\psi-P\\F_{C_{Y_1}}&=2p\sin\delta_\varphi\\F_{C_{Z_1}}&=-2p\sin\delta_\psi\end{aligned}\right\}\tag{10.143}$$

$$\left.\begin{aligned}M_{C_{X_1}}&=-4pZ_P\sin\delta_\gamma\\M_{C_{Y_1}}&=F_{C_{Z_1}}(X_R-X_Z)=-2p(X_R-X_Z)\sin\delta_\psi\\M_{C_{Z_1}}&=-F_{C_{Y_1}}(X_R-X_Z)=-2p(X_R-X_Z)\sin\delta_\varphi\end{aligned}\right\}\tag{10.144}$$

其中，Z_P 为发动机摆动点到弹体纵轴的距离；X_R 为发动机摆动点到弹体理论尖端的距离。小扰动线性化时将三个通道的效舵偏角 $\delta_\varphi,\delta_\psi,\delta_\gamma$ 视为小角度，式(10.143)和式(10.144)分别可以简化为

$$\left.\begin{aligned}F_{C_{X_1}}&=2p+2p-P=0\\F_{C_{Y_1}}&=2p\delta_\varphi=\frac{P}{2}\delta_\varphi\\F_{C_{Z_1}}&=-2p\delta_\psi=-\frac{P}{2}\delta_\psi\end{aligned}\right\}\tag{10.145}$$

$$\left.\begin{aligned}M_{C_{X_1}}&=-PZ_P\delta_\gamma\\M_{C_{Y_1}}&=-\frac{P}{2}(X_R-X_Z)\delta_\psi\\M_{C_{Z_1}}&=-\frac{P}{2}(X_R-X_Z)\delta_\varphi\end{aligned}\right\}\tag{10.146}$$

将方程组(10.145)表示的控制力投影到速度系有

$$\left.\begin{aligned}F_{C_{x_c}}&=F_{C_{X_1}}\cos\beta\cos\alpha-F_{C_{Y_1}}\sin\alpha+F_{C_{Z_1}}\sin\beta=-\frac{P}{2}\sin\alpha\delta_\varphi-\frac{P}{2}\sin\beta\delta_\psi\\F_{C_{y_c}}&=F_{C_{X_1}}\cos\beta\sin\alpha+F_{C_{Y_1}}\cos\alpha=\frac{P}{2}\cos\alpha\delta_\varphi\\F_{C_{z_c}}&=-F_{C_{X_1}}\sin\beta+F_{C_{Z_1}}\cos\beta=-\frac{P}{2}\cos\beta\delta_\psi\end{aligned}\right\}\tag{10.147}$$

再取 α,β 均为小角度并忽略二阶小量，速度系的控制力分量式(10.147)可以进一步简化为

$$\left.\begin{aligned} F_{C_{x_c}} &= 0 \\ F_{C_{y_c}} &= \frac{P}{2}\delta_\varphi \\ F_{C_{z_c}} &= -\frac{P}{2}\delta_\psi \end{aligned}\right\} \tag{10.148}$$

另外，控制系统执行机构还要产生惯性力和惯性力矩，分别为

$$\left.\begin{aligned} F_{I_{x_c}} &= 0 \\ F_{I_{y_c}} &= 2m_R l_R \ddot{\delta}_\varphi \\ F_{I_{z_c}} &= -2m_R l_R \ddot{\delta}_\psi \end{aligned}\right\} \tag{10.149}$$

$$\left.\begin{aligned} M_{I_{X1}} &= -4J_R\delta_\gamma - 4m_R l_R Z_R \ddot{\delta}_\gamma \\ M_{I_{Y1}} &= -2J_R\ddot{\delta}_\psi - 2m_R l_R (X_R - X_Z)\ddot{\delta}_\psi - 2m_R \dot{W}_{X_1} l_R \delta_\psi \\ M_{I_{Z1}} &= -2J_R\ddot{\delta}_\varphi - 2m_R l_R (X_R - X_Z)\ddot{\delta}_\varphi - 2m_R \dot{W}_{X_1} l_R \delta_\varphi \end{aligned}\right\} \tag{10.150}$$

式中，m_R 为单台发动机摆动部分的质量，J_R 单台发动机摆动部分的转动惯量，$\dot{W}_{X_1}$ 导弹纵向视加速度。

e. 干扰力和干扰力矩参数

导弹在飞行过程中可能受到气流干扰、结构干扰，运动方程先给出干扰力和力矩的符号，即速度系的三轴方向受到的干扰力为 F_x, F_y, F_z，弹体系绕三个坐标轴的干扰力矩为 M_x, M_y, M_z。

方程式(10.126)～式(10.132)为一个多维、非线性、变系数运动方程组无法直接用于稳定性分析和控制系统设计。基于前面提到的假设条件，可以将运动方程组简化为相互独立的三个通道，即俯仰、偏航和滚动通道。一般应先对运动方程组进行扰动线性化，才能把空间运动分解为相互对立的平面运动。利用远程导弹是轴对称弹体的假设，可以首先把空间运动分解为独立通道，再进行线性化。

(1) 三个单独通道的运动方程组

a. 俯仰通道

$$\left.\begin{aligned} & mV\dot{\theta}\cos\sigma = -mg\cos\theta + P\cos\beta\sin\alpha + C_Y q S_M + \frac{P}{2}S_\varphi + 2m_R l_R \ddot{\delta} + F_y \\ & I_z \frac{d\omega_{Tz1}}{dt} + (I_y - I_x)\omega_{Tx1}\omega_{Ty1} = -m_{z1}^\alpha q S_M l_k \alpha - m_{z1d}^{\bar{\omega}_{z1}} q S_M l_k{}^2 \omega_{Tz1}/V - \\ & \frac{P}{2}(X_R - X_z)\delta_\varphi - 2J_R\ddot{\delta}_\varphi - 2m_R l_R (X_R - X_z)\ddot{\delta}_\varphi - 2m_R \dot{W}_{x1} l_R \delta_\varphi + M_Z \\ & \varphi = \theta + \alpha \end{aligned}\right\} \tag{10.151}$$

b. 偏航通道

$$\left.\begin{aligned}-mV\dot{\sigma}&=-mg\sin\theta\sin\sigma-P\sin\beta+C_ZqS_M-\frac{P}{2}\delta_\psi-2m_Rl_R\ddot{\delta}_\psi+F_z\\I_y\frac{\mathrm{d}\omega_{Ty1}}{\mathrm{d}t}+(I_x-I_z)\omega_{Tz1}\omega_{Tx1}&=-m_{y1}^{\beta}qS_Ml_k\beta-\frac{m_{y1d}^{\bar{\omega}_{y1}}qS_Ml_k^{\ 2}\omega_{Ty1}}{V}-\frac{P}{2}(X_R-X_z)\delta_\psi-\\&\quad 2J_R\ddot{\delta}_\psi-2m_Rl_R(X_R-X_z)\ddot{\delta}_\psi-2m_R\dot{W}_{x1}l_R\delta_\psi+M_Y\\\psi&=\sigma+\beta\end{aligned}\right\}\tag{10.152}$$

c. 滚动通道

$$I_x\frac{\mathrm{d}\omega_{Tx1}}{\mathrm{d}t}+(I_z-I_y)\omega_{Ty1}\omega_{Tz1}=-m_{x1d}^{\bar{\omega}_{x1}}qS_Ml_k^{\ 2}\omega_{Tx1}/V-PZ_P\delta_r-4J_R\ddot{\delta}_\gamma-4m_Rl_RZ_p\ddot{\delta}_\gamma+M_X\tag{10.153}$$

(2) 扰动线性化假设条件

假设俯仰通道的参数在标准弹道附近摄动，而偏航、滚动通道标准弹道参数为零，即

$$\left.\begin{array}{llll}\theta=\theta_0+\Delta\theta, & \alpha=\alpha_0+\Delta\alpha, & \varphi=\varphi_0+\Delta\varphi, & \delta_\varphi=\delta_{\varphi_0}+\Delta\delta_\varphi\\\sigma=\Delta\sigma, \quad \beta=\Delta\beta, & \psi=\Delta\psi, & \gamma=\Delta\gamma, \quad \delta_\psi=\Delta\delta_\psi, & \delta_\gamma=\Delta\delta_\gamma\end{array}\right\}\tag{10.154}$$

(3) 三个通道的扰动线性化方程组

基于摄动理论，分别对三个通道的运动方程进行小扰动线性化得到线性化方程组如下：

a. 俯仰通道

$$\left.\begin{aligned}\Delta\ddot{\varphi}+b_1\Delta\dot{\varphi}+b_2\Delta\alpha+b_3\delta_\varphi+b''_3\ddot{\delta}_\varphi&=\bar{M}_{b_Z}\\\Delta\dot{\theta}=c_1\Delta\alpha+c_2\Delta\theta+c_3\delta_\varphi+c''_3\ddot{\delta}_\varphi&+\bar{F}_{b_Y}\\\Delta\varphi&=\Delta\theta+\Delta\alpha\end{aligned}\right\}\tag{10.155}$$

其中，$c_1=\dfrac{1}{mV}(P\cos\alpha_0+57.3C_y^{\alpha}qS_M)$，$c_2=\dfrac{g}{V}\sin\theta_0$，$c_3=\dfrac{P/2}{mV}$，$c''_3=\dfrac{2m_Rl_R}{mV}$，$b_1=\dfrac{57.3}{I_zV}m_{z1d}^{\bar{\omega}_{z1}}qS_M\,l_k^{\ 2}$，$b_2=\dfrac{57.3}{I_z}m_{z1}^{\alpha}qS_Ml_k$，$b_3=\dfrac{1}{I_z}\left[\dfrac{P}{2}(X_R-X_z)+2m_R\dot{W}_{x1}l_R\right]$，$b''_3=\dfrac{1}{I_z}[2J_R+2m_Rl_k(X_R-X_z)]$，$\bar{M}_{b_Z}=\dfrac{M_z}{I_z}$，$\bar{F}_{b_y}=\dfrac{F_Y}{mV}$。

b. 偏航通道

$$\left.\begin{aligned}\dot{\sigma}=c_1\beta+c_2\sigma+c_3\delta_\psi+c''_3\ddot{\delta}_\psi&+\bar{F}_{b_Z}\\\ddot{\psi}+b_1\dot{\psi}+b_2\beta+b_3\delta_\psi+b''_3\ddot{\delta}_\psi&=\bar{M}_{b_Y}\\\psi&=\sigma+\beta\end{aligned}\right\}\tag{10.156}$$

其中，$\bar{M}_{b_y}=\dfrac{M_y}{I_z}$，$\bar{F}_{b_z}=\dfrac{F_z}{mV}$。

c. 滚动通道

$$\ddot{\gamma}+d_1\dot{\gamma}+d_3\delta_\gamma+d''_3\ddot{\delta}_\gamma=\bar{M}_{b_X} \tag{10.157}$$

其中，$d_1=\dfrac{57.3m_{x1d}^{\bar{\omega}_{x1}}qS_Ml_k^2}{J_{X_1}V}$，$d_3=\dfrac{PZ_P}{I_x}$，$d''_3=\dfrac{4}{I_x}(J_R+m_Rl_kR_R)$，$\bar{M}_{b_X}=\dfrac{M_x}{I_x}$。

10.3.2 刚性弹体姿态运动稳定

1. 分析方法

式(10.155)～式(10.157)所示的小扰动线性方程组的系数是随时间变化的，在导弹的标准弹道确定以后，由标准弹道参数可以计算这些系数。然而，对变系数微分方程组，原则上不能应用拉氏变换。对于远程导弹，绕质心运动的暂态过程比起方程系数变化快得多，因此可以近似认为绕质心转动方程系数在姿态角暂态过程为常数，这样把方程系数“固化”在相应飞行状态上，即所谓的“固化系数法”。

2. 姿态运动传递函数

设考虑风干扰引起的附加迎角为 α_w、附加侧滑角为 β_w。在小扰动线化方程中引入附加迎角和附加侧滑角，略去了舵偏角的二阶导数项后，三个通道线化运动方程为

$$\left.\begin{aligned}\Delta\ddot{\varphi}+b_1\Delta\dot{\varphi}+b_2\Delta\alpha+b_3\delta_\varphi&=-b_2\alpha_w+\bar{M}_{b_Z}\\ \Delta\dot{\theta}&=c_1\Delta\alpha+c_2\Delta\theta+c_3\delta_\varphi+c'_1\alpha_w+\bar{F}_{b_Y}\\ \Delta\theta&=\Delta\varphi-\Delta\alpha\end{aligned}\right\} \tag{10.158}$$

$$\left.\begin{aligned}\dot{\sigma}&=c_1\beta+c_2\sigma+c_3\delta_\psi+c'_1\beta_w+\bar{F}_{b_Z}\\ \ddot{\psi}+b_1\dot{\psi}+b_2\beta+b_3\delta_\psi&=-b_2\beta_w+\bar{M}_{b_Y}\\ \sigma&=\psi-\beta\end{aligned}\right\} \tag{10.159}$$

$$\ddot{\gamma}+d_1\dot{\gamma}+d_3\delta_\gamma=\bar{M}_{b_X} \tag{10.160}$$

其中增加的系数为

$$c'_1=\frac{57.3c_y^\alpha qS_M}{mV}$$

附加迎角 α_w 和附加侧滑角 β_w 可以根据相对气流的迎角和侧滑角来计算：

$$\left.\begin{aligned}\alpha_w&=\arcsin\left(-\frac{\tilde{v}_{y1}}{\tilde{V}}\right)-\alpha\\ \beta_w&=\arcsin\left(\frac{\tilde{v}_{z1}}{\sqrt{\tilde{v}_{x1}^{\,2}+\tilde{v}_{z1}^{\,2}}}\right)-\beta\end{aligned}\right\} \tag{10.161}$$

其中，α，β 是相对静止大气的迎角和侧滑角，且速度分量 $[\tilde{v}_{x1}\quad\tilde{v}_{y1}\quad\tilde{v}_{z1}]^{\mathrm{T}}$ 为弹体坐标系下考虑风场干扰的速度分量，即由弹体系下的相对静止大气的速度分量与风速在弹体系的分量 $[u_{x1}\quad u_{y1}\quad u_{z1}]^{\mathrm{T}}$ 之和，从而有

$$\begin{bmatrix}\tilde{v}_{x1}\\ \tilde{v}_{y1}\\ \tilde{v}_{z1}\end{bmatrix}=\begin{bmatrix}v_{x1}\\ v_{y1}\\ v_{z1}\end{bmatrix}+\begin{bmatrix}u_{x1}\\ u_{y1}\\ u_{z1}\end{bmatrix} \tag{10.162}$$

那么根据线性化运动方程式(10.158)，可以将俯仰通道的状态方程写成矩阵形式，即

$$\begin{bmatrix}\Delta\dot{\theta}\\ \Delta\dot{\varphi}\\ \Delta\ddot{\varphi}\end{bmatrix}=\begin{bmatrix}c_2-c_1 & c_1 & 0\\ 0 & 0 & 1\\ b_2 & -b_2 & -b_1\end{bmatrix}\begin{bmatrix}\Delta\theta\\ \Delta\varphi\\ \Delta\dot{\varphi}\end{bmatrix}+\begin{bmatrix}c_3\\ 0\\ -b_3\end{bmatrix}\delta_\varphi+\begin{bmatrix}c_1'\\ 0\\ -b_2\end{bmatrix}\alpha_2+\begin{bmatrix}\bar{F}_{b_Y}\\ 0\\ \bar{M}_{b_Z}\end{bmatrix}\tag{10.163}$$

为了将式(10.163)表示为矩阵形式，令

$$[\boldsymbol{A}(t)]=\begin{bmatrix}c_2-c_1 & c_1 & 0\\ 0 & 0 & 1\\ b_2 & -b_2 & -b_1\end{bmatrix},\quad [\boldsymbol{B}(t)]=\begin{bmatrix}c_3\\ 0\\ -b_3\end{bmatrix},\quad [\boldsymbol{C}(t)]=\begin{bmatrix}c_1'\\ 0\\ -b_2\end{bmatrix}$$

$$[\boldsymbol{X}_\varphi]=\begin{bmatrix}\Delta\theta\\ \Delta\varphi\\ \Delta\dot{\varphi}\end{bmatrix},\quad m_\varphi=\delta_\varphi,\quad [\bar{\boldsymbol{F}}_\varphi(t)]=\begin{bmatrix}\bar{F}_{b_Y}\\ 0\\ \bar{M}_{b_Z}\end{bmatrix}$$

那么，俯仰通道的状态方程可以表示为

$$[\dot{\boldsymbol{X}}_\varphi]=[\boldsymbol{A}(t)]\,[\boldsymbol{X}_\varphi]+[\boldsymbol{B}(t)]\,m_\varphi+[\bar{\boldsymbol{F}}_\varphi(t)]+[\boldsymbol{C}(t)]\,\alpha_w\tag{10.164}$$

类似地，偏航通道的状态方程为

$$\left.\begin{aligned}&[\dot{\boldsymbol{X}}_\psi]=[\boldsymbol{A}(t)]\,[\boldsymbol{X}_\psi]+[\boldsymbol{B}(t)]\,m_\psi+[\bar{\boldsymbol{F}}_\psi(t)]+[\boldsymbol{C}(t)]\,\beta_w\\ &[\boldsymbol{X}_\psi]=\begin{bmatrix}\sigma\\ \psi\\ \dot{\psi}\end{bmatrix},\quad m_\psi=\delta_\psi,\quad [\bar{\boldsymbol{F}}_\psi(t)]=\begin{bmatrix}\bar{F}_{b_Z}\\ 0\\ \bar{M}_{b_Y}\end{bmatrix}\end{aligned}\right\}\tag{10.165}$$

滚动通道的状态方程为

$$\left.\begin{aligned}&[\dot{\boldsymbol{X}}_\gamma]=[\boldsymbol{A}_\gamma(t)]\,[\boldsymbol{X}_\gamma]+[\boldsymbol{B}_\gamma(t)]\,m_\gamma+[\bar{\boldsymbol{F}}_\gamma],\quad [\boldsymbol{X}_\gamma]=\begin{bmatrix}\gamma\\ \dot{\gamma}\end{bmatrix}\\ &[\boldsymbol{A}_\gamma(t)]=\begin{bmatrix}0 & 1\\ 0 & d_1\end{bmatrix},\quad m_\gamma=\delta_\gamma\quad [\boldsymbol{B}_\gamma(t)]=\begin{bmatrix}0\\ -d_3\end{bmatrix},\quad [\bar{\boldsymbol{F}}_\gamma]=\begin{bmatrix}0\\ \bar{M}_{b_X}\end{bmatrix}\end{aligned}\right\}\tag{10.166}$$

采用固化系数法后，运动方程式(10.158)～式(10.160)在各飞行时刻可视为常系数方程，而状态方程式(10.164)～式(10.166)中的矩阵就可视为常数阵。那么对状态方程进行拉氏变换可求取相关的传递函数，具体推导过程见文献[4]，这里直接给出各通道的传递函数。

设俯仰通道状态变量对控制变量、风干扰和结构干扰的传递函数矩阵分别为$[\boldsymbol{W}_{\boldsymbol{\delta}}^{\boldsymbol{X}_\varphi}(s)]$、$[\boldsymbol{W}_{\boldsymbol{\alpha}_w}^{\boldsymbol{X}_\varphi}(s)]$、$[\boldsymbol{W}_{\boldsymbol{F}}^{\boldsymbol{X}_\varphi}(s)]$，则有

$$[\boldsymbol{W}_{\boldsymbol{\delta}}^{\boldsymbol{X}_\varphi}(s)]=\begin{bmatrix}W_\delta^\theta(s)\\ W_\delta^\varphi(s)\\ W_\delta^{\dot{\varphi}}(s)\end{bmatrix}=\begin{bmatrix}\dfrac{c_3s^2+b_1c_3s+b_2c_3-b_3c_1}{s^3+(b_1+c_1-c_2)s^2+[b_2+b_1(c_1-c_2)]s-b_2c_2}\\ \dfrac{-[b_3s+b_3(c_1-c_2)-b_2c_3]}{s^3+(b_1+c_1-c_2)s^2+[b_2+b_1(c_1-c_2)]s-b_2c_2}\\ \dfrac{-s[b_3s+b_3(c_1-c_2)-b_2c_3]}{s^3+(b_1+c_1-c_2)s^2+[b_2+b_1(c_1-c_2)]s-b_2c_2}\end{bmatrix}\tag{10.167}$$

$$[\boldsymbol{W}_{\alpha_w}^{X_\varphi}(s)]=\begin{bmatrix}W_{\alpha_w}^{\theta}(s)\\ W_{\alpha_w}^{\varphi}(s)\\ W_{\alpha_w}^{\dot\varphi}(s)\end{bmatrix}=\begin{bmatrix}\dfrac{c_1's^2+b_1c_1's+b_2c_1'-b_2c_1}{s^3+(b_1+c_1-c_2)s^2+[b_2+b_1(c_1-c_2)]s-b_2c_2}\\ \dfrac{-[b_2s+b_2(c_1-c_2)-b_2c_1']}{s^3+(b_1+c_1-c_2)s^2+[b_2+b_1(c_1-c_2)]s-b_2c_2}\\ \dfrac{-s[b_2s+b_2(c_1-c_2)-b_2c_1']}{s^3+(b_1+c_1-c_2)s^2+[b_2+b_1(c_1-c_2)]s-b_2c_2}\end{bmatrix} \tag{10.168}$$

$$[\boldsymbol{W}_{F}^{X_\varphi}(s)]=\begin{bmatrix}W_{F_b}^{\theta}(s)\\ W_{F_b}^{\varphi}(s)\\ W_{F_b}^{\dot\varphi}(s)\end{bmatrix}=\begin{bmatrix}\dfrac{s^2+b_1s+b_2}{s^3+(b_1+c_1-c_2)s^2+[b_2+b_1(c_1-c_2)]s-b_2c_2}\\ \dfrac{b_2}{s^3+(b_1+c_1-c_2)s^2+[b_2+b_1(c_1-c_2)]s-b_2c_2}\\ \dfrac{b_2s}{s^3+(b_1+c_1-c_2)s^2+[b_2+b_1(c_1-c_2)]s-b_2c_2}\end{bmatrix} \tag{10.169}$$

偏航通道的传递函数矩阵与俯仰通道相同,这里不再赘述。

设滚动通道状态变量对控制和干扰的传递函数分别为 $[\boldsymbol{W}_{\delta}^{X_\gamma}(s)]$,$[\boldsymbol{W}_{M_b}^{X_\gamma}(s)]$,有

$$[\boldsymbol{W}_{\delta}^{X_\gamma}(s)]=\begin{bmatrix}W_{\delta}^{\gamma}(s)\\ W_{\delta}^{\dot\gamma}(s)\end{bmatrix}=\begin{bmatrix}\dfrac{d_3}{s^2-d_1s}\\ \dfrac{-d_3s}{s^2-d_1s}\end{bmatrix} \tag{10.170}$$

$$[\boldsymbol{W}_{M_b}^{X_\gamma}(s)]=\begin{bmatrix}W_{M_b}^{\gamma}(s)\\ W_{M_b}^{\dot\gamma}(s)\end{bmatrix}=\begin{bmatrix}\dfrac{1}{s^2-d_1s}\\ \dfrac{1}{s^2-d_1s}\end{bmatrix} \tag{10.171}$$

3. 无控刚性弹体姿态运动的稳定性分析

根据线性控制系统原理,分析导弹为刚性体且无控条件下的稳定性时,主要看弹体姿态运动方程的特征根分布情况。如果特征根分布在S平面的右半平面,则无控弹体是不稳定的。下面以俯仰通道中俯仰姿态角对发动机摆角的传递函数为例,讨论远程导弹主动段典型时刻的弹体姿态稳定性问题。

(1) 起飞时刻

首先,对起飞时刻的俯仰姿态角对发动机摆角的传递函数 $W_{\delta}^{\varphi}(s)$ 进行简化,传递函数的 $W_{\delta}^{\varphi}(s)$ 的表达式见式(10.167)。考虑到起飞时刻速度 V 的值较小,那么质心运动方程系数较大,绕质转动运动方程系数很小,而阻尼项 b_1 值更小,从而忽略 b_1,得到简化后的传递函数:

$$W_{\delta}^{\varphi}(s)=\frac{\Delta\varphi(s)}{\delta_{\varphi}(s)}\approx\frac{-[b_3s+b_3(c_1-c_2)-b_2c_3]}{s^3+(c_1-c_2)s^2+b_2s-b_2c_2}$$
$$\approx\frac{-b_3\left[s+\dfrac{b_3(c_1-c_2)-b_2c_3}{b_3}\right]}{(s+c_1-c_2)\left[s^2+\dfrac{b_2c_1}{(c_1-c_2)^2}s-\dfrac{b_2c_2}{c_1-c_2}\right]} \tag{10.172}$$

传递函数 $W_{\delta}^{\varphi}(s)$ 的特征方程为

$$D(s)=s^3+(c_1-c_2)s^2+b_2s-b_2c_2 \tag{10.173}$$

当 $b_2<0$ 时，式(10.173)可分解为

$$D(s)\approx(s+c_1-c_2)(s^2+2\xi\omega s+\omega^2) \tag{10.174}$$

其中，$\omega=\sqrt{-\dfrac{b_2c_2}{c_1-c_2}}$，$\xi\omega=\dfrac{b_2c_1}{2(c_1-c_2)^2}<0$。此时，有一对复根在 s 平面的右半平面，弹体姿态运动震荡发散。

当 $b_2>0$ 时，式(10.173)可分解为

$$D(s)=(s+c_1-c_2)\left[s+\frac{b_2c_1}{2(c_1-c_2)^2}+\sqrt{\frac{b_2c_2}{c_1-c_2}}\right]\cdot\left[s+\frac{b_2c_1}{2(c_1-c_2)^2}-\sqrt{\frac{b_2c_2}{c_1-c_2}}\right] \tag{10.175}$$

(2) 气动力矩系数最大时刻

在气动力矩系数最大时刻，$|b_2|$ 最大，同时此时速度大小 V 也很大，因而质心运动方程的系数很小，因此从俯仰舵偏到俯仰角的传递函数可以简化为

$$\begin{aligned}
W_\delta^\varphi(s)&=\frac{\Delta\varphi(s)}{\delta_\varphi(s)}\\
&=\frac{-[b_3s+b_3(c_1-c_2)-b_2c_3]}{s^3+(b_1+c_1-c_2)s^2+[b_2+b_1(c_1-c_2)]s-b_2c_2}\\
&=\frac{-b_3\left[s+\dfrac{b_3(c_1-c_2)-b_2c_3}{b_3}\right]}{(s-c_2)[s^2+b_1s+b_2]}
\end{aligned} \tag{10.176}$$

此时，特征方程为

$$D(s)\approx(s-c_2)(s^2+b_1s+b_2) \tag{10.177}$$

由上式可以看出至少有一个实根 c_2 在 s 平面的右半平面。其余是否还有特征根分布在 s 平面的右半平面，是由 b_2 的符号决定。

当 $b_2>0$ 时

$$s^2+b_1s+b_2=s^2+2\xi\omega s+\omega^2$$

$$\omega=\sqrt{b_2}$$

$$\xi\omega=\frac{b_1}{2}>0$$

此时，弹体俯仰姿态运动只有一个实根在 s 平面的右半平面，姿态运动单调发散。

当 $b_2<0$ 时

$$\begin{aligned}
s^2+b_1s+b_2&=\left(s+\frac{b_1}{2}-\sqrt{|b_2|}\right)\cdot\left(s+\frac{b_1}{2}+\sqrt{|b_2|}\right)\\
&\approx(s-\sqrt{|b_2|})\cdot(s+\sqrt{|b_2|})
\end{aligned}$$

此时，弹体姿态运动有两个实根在 s 平面的右半平面，姿态运动迅速地单调发散。

根据上述情况，弹体在气动力矩最大时刻且无控时，对于静稳定情况，弹体姿态在重力作用下慢速单调发散；对于静不稳定情况，弹体姿态在气动力矩作用下快速单调发散。

(3) 关机时刻(含高空飞行段)

由于主动段关机时刻以及高空飞行段的空气非常稀薄，气动力矩系数 b_1，b_2 接近为零，于是

$$W_{\delta}^{\varphi}(s)=\frac{\Delta\varphi(s)}{\delta_{\varphi}(s)}\approx\frac{-[b_3 s+b_3(c_1-c_2)]}{s^3+(c_1-c_2)s^2}=-\frac{-b_3}{s^2} \tag{10.178}$$

此时，特征方程为

$$D(s)\approx s^2(s+c_1-c_2) \tag{10.179}$$

由该方程可以看出，在原点处有两个特征根，这种情况属于结构不稳定的，即当有外界干扰时姿态角就有逐渐增大，即便干扰消失，姿态角也无法恢复到初始状态。

综上所述，远程导弹主动段典型时刻的刚性无控弹体都是不稳定的，即在无控条件下不能稳定飞行。在静稳定情况下，弹体姿态角在重力作用下单调发散；在静不稳定情况下，弹体姿态角在气动力矩作用下单调发散或者振荡发散。即便在关机时刻和高空飞行段，气动力矩几乎为零的情况下，弹体受到扰动后的姿态也会发散，不能自动恢复初值。因此，为了保证弹体稳定飞行，必须进行姿态控制。

10.3.3 刚性弹体姿态运动控制

本小节讨论刚性弹体俯仰通道姿态控制问题。式(10.158)已给出俯仰通道姿态运动方程。在研究导弹姿态控制律时，可以只考虑短周期运动即绕质心转动，而忽略长周期运动即质心运动。因此，俯仰通道的线性化姿态运动方程可以简化为

$$\left.\begin{aligned}\Delta\ddot{\varphi}+b_1\Delta\dot{\varphi}+b_2\Delta\alpha&=-b_3\delta_{\varphi}-b_2\alpha_w+\bar{M}_{b_{Z_1}}\\ \Delta\varphi&=\Delta\alpha\end{aligned}\right\} \tag{10.180}$$

从10.3.2小节的稳定性分析可以看出，无控弹体姿态运动是不稳定的，如果能够根据偏差产生一个控制力矩，以平衡不稳定力矩并产生一个与姿态角偏差相反的角运动，即可消除姿态角偏差，使弹体的姿态运动稳定。产生控制力矩的反馈回路可以采用不同的形式。这里介绍两种常用的反馈控制，即姿态角偏差反馈控制，以及姿态角偏差和姿态角速度偏差反馈控制。

1. 姿态角偏差反馈控制

姿态角偏差反馈控制，就是根据当前时刻的姿态角偏差产生一个控制力矩，用来平衡静不稳定力矩，消除姿态角偏差，稳定弹体姿态。

姿态角偏差反馈控制的控制方程为

$$\delta_{\varphi}=a_0^{\varphi}\Delta\varphi \tag{10.181}$$

其中，a_0^{φ} 为控制系统姿态角偏差静态放大系数，$\Delta\varphi$ 为俯仰姿态角偏差，δ_{φ} 是为消除偏差需要的俯仰舵偏角。

当气动力矩最大时，即 $b_2<0$，且 $|b_2|$ 最大，无控弹体姿态运动迅速单调发散，此时弹体不稳定情况最严重。这里分析此种情况下增加反馈控制后的弹体稳定性。为分析引入姿态角反馈控制后的弹体稳定性，首先要获得闭环姿态运动方程。将式(10.181)代入式(10.180)，可以得到采用姿态角偏差反馈控制后弹体俯仰通道闭环姿态角运动方程：

$$\Delta\ddot{\varphi}+b_1\Delta\varphi+(b_2+a_0^{\varphi}b_3)\Delta\varphi=-b_2\alpha_w+\bar{M}_{b_{Z_1}} \tag{10.182}$$

该闭环系统的特征方程为

$$D(s)=s^2+b_1 s+b_2+a_0^{\varphi}b_3 \tag{10.183}$$

为使闭环姿态运动达到稳定条件，要求方程 $D(s)=0$ 在右半平面无根，其充分必要条件是

$$b_2+a_0^{\varphi}b_3>0 \tag{10.184}$$

当满足式(10.184)时,带姿态角反馈的闭环姿态角运动是稳定的。同时,该条件还表明,反馈回路产生的控制力矩必须大于同一偏差产生的静不稳定力矩,以保证弹体能够从任一初始偏差 $\Delta\varphi$ 处控制回来。另外,从闭环系统特征方程可以看出,由于 b_1 很小,即使满足稳定条件式(10.184),方程式(10.183)的根在 s 平面的左半平面也很接近虚轴,因此姿态角运动仍呈现衰减极慢的振荡特性。

2. 姿态角偏差和姿态角速度偏差反馈控制

根据前面的分析可知,只有姿态角反馈的闭环姿态角运动固有阻尼太小,姿态角运动呈现衰减极慢的振荡特性。为了增大阻尼,通常在反馈回路中引入姿态角速度 $\Delta\dot{\varphi}$ 信号,即增加所谓的超前控制。如果考虑伺服系统的惯性,只有姿态角偏差的反馈控制回路,弹体姿态是不稳定。因此,这里采用姿态角偏差和姿态角速度偏差反馈控制,一方面可以增加弹体姿态运动的阻尼,另一方面可以保证系统的稳定性。

姿态角偏差和姿态角速度偏差反馈控制的控制方程为

$$\delta_{\varphi}=a_0^{\varphi}\Delta\varphi+a_1^{\varphi}\Delta\dot{\varphi} \tag{10.185}$$

其中,a_0^{φ} 为控制系统姿态角偏差静态放大系数,a_1^{φ} 为姿态角速度偏差放大系数,$\Delta\varphi$ 为俯仰姿态角偏差,$\Delta\dot{\varphi}$ 为俯仰姿态角速度偏差,δ_{φ} 是为消除偏差需要的俯仰舵偏角。

这里仍考虑气动力矩最大时刻姿态运动的稳定问题,把控制方程式(10.185)代入式(10.180),得到弹体俯仰通道闭环姿态角运动方程:

$$\Delta\ddot{\varphi}+(a_1^{\varphi}b_3+b_1)\Delta\dot{\varphi}+(b_2+a_0^{\varphi}b_3)\Delta\varphi=-b_2a_w+\bar{M}_{b_{z_1}} \tag{10.186}$$

该闭环系统的特征方程为

$$D(s)=s^2+(a_1^{\varphi}b_3+b_1)s+b_2+a_0^{\varphi}b_3 \tag{10.187}$$

同样,为使闭环系统稳定,也要求方程 $D(s)=0$ 在右半平面无根,其充分必要条件为

$$\begin{aligned}&a_0^{\varphi}b_3+b_2>0\\&a_1^{\varphi}b_3+b_1\approx a_1^{\varphi}b_3>0\end{aligned} \tag{10.188}$$

该稳定条件是在略去力的平衡方程,仅考虑俯仰姿态角运动的条件下得到的。如果要把力平衡方程也考虑进来,则引入姿态角和角速度反馈的闭环特征方程为

$$\begin{aligned}D(s)=\ &s^3+(a_1^{\varphi}b_3+b_1+c_1-c_2)s^2+[a_0^{\varphi}b_3+b_2+(a_1^{\varphi}b_3+b_1)(c_1-c_2)-a_1^{\varphi}b_2c_3]s-\\&a_0^{\varphi}b_3(c_1-c_2)-b_2(a_0^{\varphi}c_3+c_2)\end{aligned} \tag{10.189}$$

气动力矩最大时刻的 b_1、c_1、c_2 值都很小,因而有

$$D(s)\approx(s^2+a_1^{\varphi}b_3s+a_0^{\varphi}b_3+b_2)\cdot\left[s+\frac{a_0^{\varphi}b_3(c_1-c_2)-b_2(a_0^{\varphi}c_3+c_2)}{a_0^{\varphi}b_3+b_2}\right] \tag{10.190}$$

上式表明,只要 $a_0^{\varphi}b_3+b_2>0$,则 $\dfrac{a_0^{\varphi}b_3(c_1-c_2)-b_2(a_0^{\varphi}c_3+c_2)}{a_0^{\varphi}b_3+b_2}>0$。因此,考虑力平衡的方程后,姿态运动的稳定条件仍为式(10.188)。

对式(10.185)进行拉氏变换后,控制方程可以写成

$$\delta_{\varphi}(s)=a_0^{\varphi}\left(\frac{a_1^{\varphi}}{a_0^{\varphi}}s+1\right)\Delta\varphi(s)=a_0^{\varphi}(T_1s+1)\Delta\varphi(s) \tag{10.191}$$

从而有 $T_1=\dfrac{a_1^{\varphi}}{a_0^{\varphi}}$。这相当于在系统中引入一个零点。加入姿态角偏差和角速度偏差后的姿态控制系统框图如图 10.7 所示。

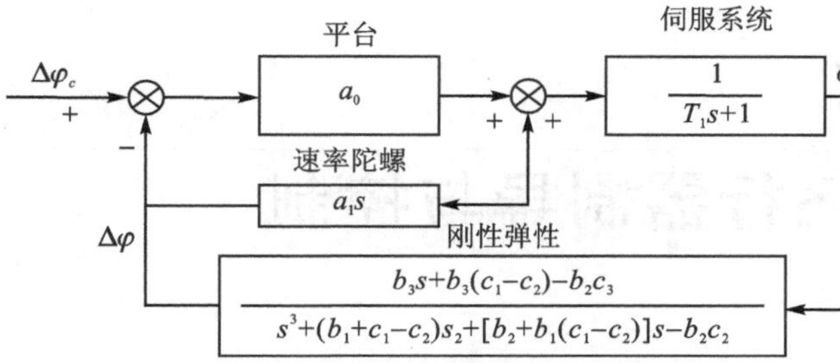

图 10.7 姿态控制系统结构框图

10.4 本章小结

远程导弹是一种跨大气层的制导飞行器。它以火箭发动机为动力，能够在控制系统作用下按预定轨迹精确飞行到几千到上万公里外的目标区域。远程导弹的飞行全程一般由主动段、自由段、再入段构成，是气动飞行和空间飞行的融合。其制导控制一般指主动段。现代导弹为提高命中精度和突防能力，也会对自由段和再入段使用制导控制技术。

本章讨论了远程导弹的一般运动方程和三个飞行段的弹道设计方法，具体阐述了远程导弹的两种重要制导方法，即摄动制导法和显式制导法，并阐述了远程导弹飞行的线性化姿态运动模型，以及基于系数固化的姿态稳定与姿态控制系统分析与设计方法。

思考题

1. 列出远程导弹的一般运动方程，分析与近程导弹运动方程各项的异同，并论述方程各项的物理意义。

2. 远程导弹弹道包括哪几个阶段？对于主动段一级飞行程序角往往采用分段设计方法，试给出一种典型设计，并叙述各段角度变化的物理意义。

3. 分别论述摄动制导法和显示制导法的基本原理，讨论两种方法各自的特点和应用场合。

4. 列出远程导弹的姿态扰动运动方程组，推导俯仰通道系统状态对控制变量的传递函数。

5. 根据俯仰通道线性化运动方程，画出带有姿态角速度反馈的俯仰通道姿态控制系统逻辑结构图。

参考阅读

• 陈克俊，刘鲁华，孟云鹤. 远程火箭飞行动力学与制导[M]. 北京：国防工业出版社，2014.

阅读指导

重点阅读第 9 章《再入段的制导方法》。高速远程打击飞行器快速发展，使得再入段制导的重要性逐步提升，在理解主动段制导和控制的基础上，阅读这部分内容可以帮助读者补充了解远程导弹弹道式再入打击通常考虑的关键问题，包括再入动力学、再入轨道预测、机动末制导等。

第 11 章

高超声速飞行器制导与控制

思维导图

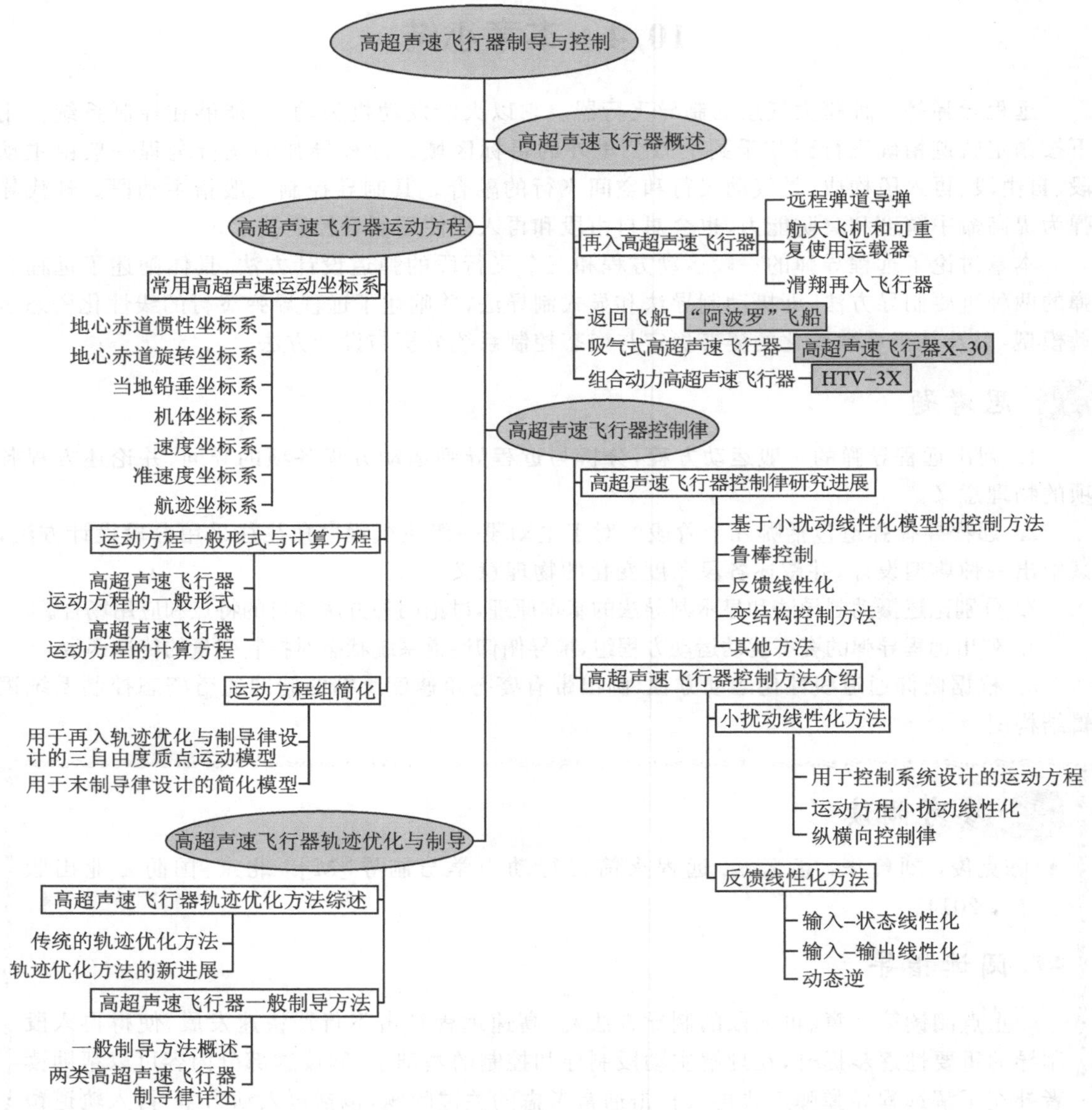

高超声速飞行器制导与控制
高超声速飞行器概述
再入高超声速飞行器
远程弹道导弹
航天飞机和可重复使用运载器
滑翔再入飞行器
返回飞船
“阿波罗”飞船
吸气式高超声速飞行器
高超声速飞行器X-30
组合动力高超声速飞行器
HTV-3X
高超声速飞行器运动方程
常用高超声速运动坐标系
地心赤道惯性坐标系
地心赤道旋转坐标系
当地铅垂坐标系
机体坐标系
速度坐标系
准速度坐标系
航迹坐标系
运动方程一般形式与计算方程
高超声速飞行器运动方程的一般形式
高超声速飞行器运动方程的计算方程
运动方程组简化
用于再入轨迹优化与制导律设计的三自由度质点运动模型
用于末制导律设计的简化模型
高超声速飞行器控制律
高超声速飞行器控制律研究进展
基于小扰动线性化模型的控制方法
鲁棒控制
反馈线性化
变结构控制方法
其他方法
高超声速飞行器控制方法介绍
小扰动线性化方法
用于控制系统设计的运动方程
运动方程小扰动线性化
纵横向控制律
反馈线性化方法
输入–状态线性化
输入–输出线性化
动态逆
高超声速飞行器轨迹优化与制导
高超声速飞行器轨迹优化方法综述
传统的轨迹优化方法
轨迹优化方法的新进展
高超声速飞行器一般制导方法
一般制导方法概述
两类高超声速飞行器制导律详述

☞ 章导语

高超声速飞行器泛指飞行马赫数大于5的飞行器，本章所讨论的高超声速飞行器主要包括再入飞行器、返回飞船、吸气式高超声速飞行器以及组合动力高超声速飞行器等近年来各国大力发展的几类高超声速飞行器。武器类或平台类高超声速飞行器具有速度快、航程大和高机动性等特点，是未来空天作战的必备武器，而可重复使用运载器、返回飞船等民用类高超声速飞行器，是实现天地往返或航天运输的重要载体，对人类探索太空具有重要意义。因此，各类高超声速飞行器被认为是未来航空航天领域的战略制高点，其巨大的军事价值和潜在的商用价值受到当今世界航空航天各强国的广泛关注和持续深入研究。

高超声速飞行器，特别是近几十年发展的新型高超声速飞行器兼具航天器和航空器的特点，其关键技术涉及飞行器研制的各个领域，又不能照搬传统航空器或航天器的成熟技术，因此各军事强国在高超声速飞行器推进技术、结构材料、空气动力和制导控制等关键技术上开展了大量研究并积累了丰富的经验，美、俄等国已经从概念和原理探索阶段进入了先期技术开发和演示验证阶段。

本章介绍高超声速飞行器的制导控制技术。首先以美俄高超声速飞行器的发展为主线，介绍几类热点高超声速飞行器发展概况，然后给出描述高超声速飞行器运动的坐标系和运动方程，进而对高超声速飞行器轨迹优化方法和制导方法进行综述，并详述两种高超声速飞行器制导律，最后介绍高超声速飞行器控制律设计方法的研究进展，并给出两种高超声速飞行器控制律设计方法。

☞ 学习目标

- 理解超高声速飞行器的类型和发展概况。
- 理解高超声速运动坐标系和运动方程。
- 理解高超声速飞行器轨迹优化方法的发展概况和一般的制导方法。
- 理解高超声速飞行器控制方法发展概况和控制方法。

11.1 高超声速飞行器概述

11.1.1 再入高超声速飞行器

1. 远程弹道导弹

在20世纪中后期，飞行器要达到高超声速飞行速度，只有靠火箭助推到一定的高度和速度后再入大气层来实现。当时的远程弹道导弹特别是洲际导弹是再入高超声速飞行器的代表。在俄、美等军备发达国家，一枚洲际导弹可以携带数枚核弹头，飞跃数千公里，在卫星导航和计算机精确计算下能准确地攻击目的地。著名的俄罗斯“白杨”洲际弹道导弹，是苏联研制的第五代地地战略导弹，有标准型和改进型两种，最大射程为1.05×10^4 km，命中精度小于90 m。民兵Ⅱ导弹是美国第二代路基洲际弹道导弹，于1962年开始研制，20世纪60年代中后期开始装备美国空军，曾是美国路基战略和力量中的一支重要力量。“民兵Ⅱ”导弹具有较小的投掷质量(680 kg)和中部直径(0.95 m)，不能满足美国空军进一步的需求，美国在1966

年又推出了改进型洲际导弹"民兵Ⅲ",其最大射程在 13 000 km 左右。弹道导弹制导控制技术已在前面章节进行阐述,其目的是确保主动段准确关机,保证其命中精度。

2. 航天飞机和可重复使用运载器(Reusable Launch Vehicle,RLV)

航天飞机是 20 世纪 70 年代发展起来的一种载人且可以在天地间往返的航天器。美国经过十几年的经营,依靠雄厚的财力和先进的技术,研制出世界上唯一能够投入使用的航天飞机,它们共计 5 架,组成了一个航天飞机"豪门大家族"。1981 年"哥伦比亚"号航天飞机首次点火成功,继而又有"挑战者"号"发现"号、"亚特兰蒂斯"号、"奋进"号航天飞机进行了多次太空飞行。航天飞机由助推器、轨道飞行器和外燃料箱三部分组成,图 11.1 为"发现"号航天飞机。航天飞机起飞时由助推器垂直发射,被送至 180 km 的预定轨道,最高离地高度不超过 800 km,一般可在轨道上运行 7～30 天。完成太空任务后,航天飞机启动变轨发动机,减速离轨,下降返回大气层,下降约 50 min,在 24 km 高度上,航天飞机变成一个巨型滑翔机,由宇航员操作,在预定机场水平着陆。航天飞机返回再入段也是以高超声速飞行,其制导控制问题相较弹道导弹要复杂得多,航天飞机再入制导律已成功应用,在再入制导律发展史上具有里程碑意义。

图 11.1　"发现"号航天飞机

虽然航天飞机已经有数十次成功飞行,然而航天飞机过高的运营成本和几次事故透露出的安全性问题,迫使美国政府开始第二代可重复使用运载器的研制计划。NASA 及其工业合作伙伴开展了一系列可重复使用运载器技术演示项目,旨在演示论证"高效操作、安全、廉价"的第二代 RLV 关键技术;同时 NASA 与国防部、空军开展联合研究,开发具有军事意义的 RLV 及其关键技术。这些 RLV 技术演示项目与测试活动主要包括一系列 X-飞行器演示论证以及执行空间任务的空间机动飞行器概念研究。

X-33 项目是 NASA 空间运载技术的一个演示平台。它采用垂直起飞,亚轨道飞行,其飞行试验可验证单级入轨、可重复使用运载器所需要的一系列技术,其外形见图 11.2。但 X-33 存在诸多难以突破的技术难关(如线性气塞式发动机),NASA 已经取消耗资 13 亿美元的 X-33 项目。X-37 无人可重复使用航天飞行器是由波音公司的"鬼怪工程队"研制完成的,被称为小型航天飞机(见图 11.3),它可以在轨飞行,也可以做再入飞行。设计的 X-37 可以在轨运行 21 天,返回地球后能在常规飞机跑道着陆。

3. 滑翔再入飞行器

最早的"跳跃滑翔"概念由德国科学家 Eugen Saenger 于 20 世纪 30 年代提出。他构想了一种有翼空间飞行器,并取名为"银鸟"。"银鸟"能以飞行马赫数为 10 的高超声速滑翔。他设计的滑翔轰炸机是由助推火箭送到亚轨道高度,然后沿大气层边缘跳跃飞行,当飞到目标上空时投放制导炸弹。然而,由于战争的巨大消耗,此时的德国已没有足够的资金、物力和时间来实现 Saenger 的"银鸟"设想。

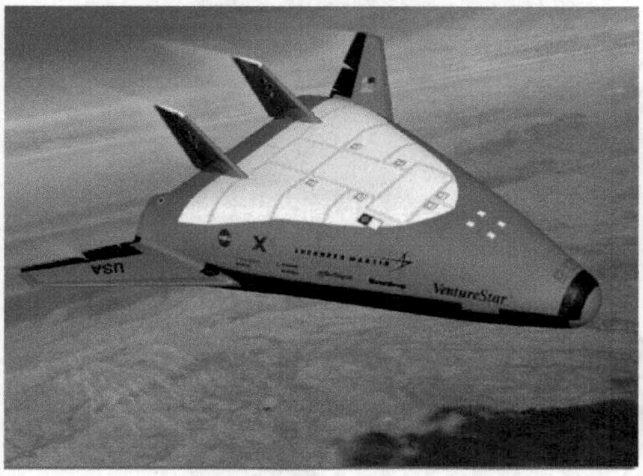

图 11.2　X-33 可重复使用运载器

图 11.3　X-37 天地往返可重复使用航天器

1957 年，美国航空咨询委员会提出了"Dyna-Soar"(Dynamic Soaring)计划，这是一项"轨道再入滑翔机"的研究计划。该计划由"大力神"运载火箭发射三角翼动力滑翔机，"Dyna-Soar"依靠气动力绕地球滑翔飞行。实际上，它可以看作是航天飞机的雏形。1963 年 10 月，该计划被取消，主要原因是与美国空军的"空天飞机计划"重复。

1948 年秋天，钱学森教授在美国火箭学会举行的年会上报告了一种可以完成洲际飞行的火箭助推-再入大气层滑翔机动飞行的高速运输系统，其弹道就是后来被称为"钱学森弹道"的助推-滑翔弹道。

通用航空飞行器(Common Aero Vehicle，CAV)是美国空军航天司令部在论证军用太空飞机(MSP)概念时提出的一种新概念飞行器。伊拉克战争后，美国空军对远程快速精确打击能力产生了迫切的需求。2003 年 6 月，美国国防高级研究计划局(DAPPA)和美国空军联合制订了"猎鹰"计划，即 FALCON(从美国本土投送和应用兵力)计划。CAV 是"猎鹰"计划的一部分。根据美国军方的相关研究可知 CAV 是一种升力体再入飞行器，采用气动力辅助控制技术实现跨大气层滑翔飞行。同时 CAV 是一种天基对地打击武器，它可以由空间作战飞行器投放，也可由洲际弹道导弹助推到预定高度，如图 11.4 所示。其大升阻比外形如图 11.5 所示，决定了它在大气中飞行时具有良好的机动能力。

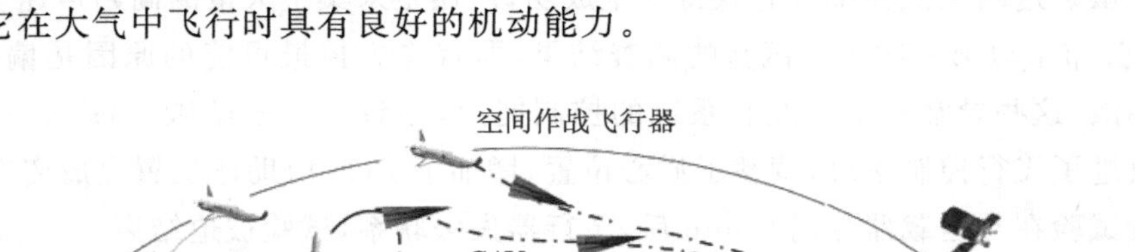

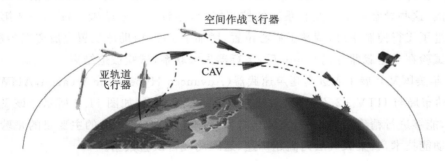

图 11.4　CAV 基本作战方案示意图

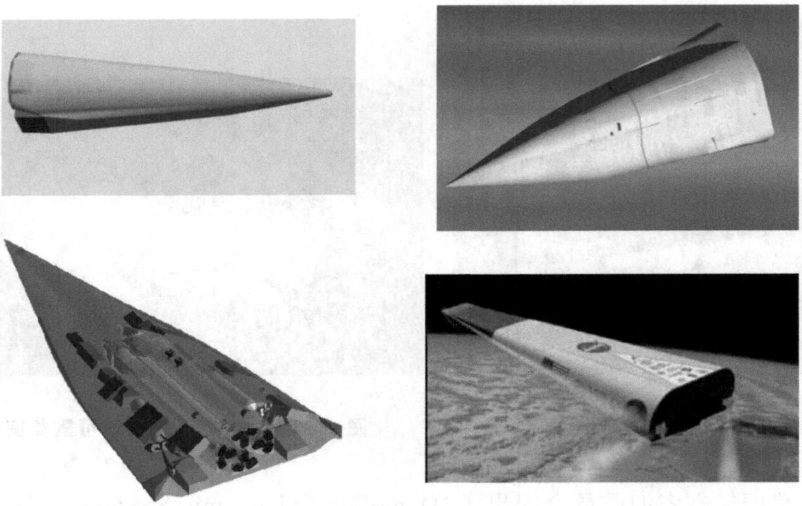

图 11.5　CAV 大升阻比外形

美国军方在 CAV 的早期概念研究中，提出 CAV 是一种基于多任务能力的全球准确输运物资或武器的再入系统。它由四个分系统组成：① 弹体和热防护系统；② 推进系统；③ GNC 系统；④ 有效载荷释放系统。

2004 年，美国国会将 FALCON（从美国本土投送和应用兵力）计划中的 CAV 重新命名为高超声速技术飞行器 HTV（Hypersonic Technology Vehicle，HTV）。HTV 的研制经历了四个阶段：HTV－1、HTV－2、HTV－3X、HCV。HTV－1 由于存在制造困难而被取消。HTV－2 为高超声速滑翔再入飞行器，由洛克希德-马丁公司研制了两架验证机。HTV－2 采用优化的乘波体外形以提高升阻比，官方给出的概念图见图 11.6，据称其最大升阻比高达 3～4。HTV－2 由牛头怪Ⅳ型火箭助推，发射到大气层边缘，然后以 21 000 km/h 的速度再入大气层，做有控滑翔飞行，计划航程为 8 000 km。为验证运载器性能、飞行器气动预测性能、热防护性能以及先进的导航制导控制技术，HTV－2 在 2010 年和 2011 年分别进行了两次飞行试验。虽然这两次试验都没有获得完全成功，但还是采集了大量的高超声速飞行试验数据。DAPPA 公布了对第一次飞行试验的调查结果，即首飞失控最可能的原因是偏航超出预期同时伴随翻滚，这些异常超出了控制系统的控制能力，导致飞行器坠毁。HTV－2 第二次飞行试验前改进了飞行控制系统，调整了质心位置，增加了 RCS 协助体襟翼完成姿态控制，但是第二次飞行试验在与运载器分离 9 min 后，飞行器失去联系，试验被迫结束。

2011 年美国又开展了先进高超声速武器（Advanced Hypersonic Weapon，AHW）的试验。AHW 气动布局与 HTV－2 不同，采用较为传统的双锥布局，如图 11.7 所示。该飞行器在接近目标时，能够进行精确制导控制，完成打击目标任务。AHW 试验的主要目的是验证助推滑翔技术和动能技术，收集大气层内高超声速、远距离飞行试验数据。

图 11.6　HTV－2 高超声速飞行器

图 11.7　先进高超声速武器 AHW

11.1.2　返回飞船

下面介绍一类典型的返回飞船，即弹道-升力式返回飞船。这类飞船的升阻比比纯弹道式返回飞船的稍大，可以通过控制侧倾角(绕速度轴滚转角)来控制升力方向，并控制返回飞船的运动轨迹，减小落点散布，同时控制最大过载与峰值热流在允许范围内。

弹道-升力式返回飞船的典型代表当属美国的“阿波罗”号飞船。20 世纪 60 年代初，美国开展了“阿波罗登月计划”。“阿波罗”号飞船由指令舱、服务舱和登月舱组成。登月飞行结束后，返回地面的为指令舱，即返回飞船，如图 11.8 所示。登月返回飞船以接近第二宇宙速度的高速再入地球大气层，通过调节升力方向，其着陆点可以在很大范围内调整。“阿波罗”号飞船再入还采用了跳跃式弹道，通过两次进入大气层以实现利用大气阻力来减速。

2004 年，美国又提出了乘员探险飞行器(Crew Exploration Vehicle，CEV)计划。CEV 飞行器的任务是为国际空间站运送航天员。NASA 将这种飞行器命名为“猎户座”飞船，其外形如图 11.9 所示。2014 年，德尔塔 4H 运载火箭发射了“猎户座”飞船，开展无人轨道飞行试验。

图 11.8　“阿波罗”号飞船返回舱

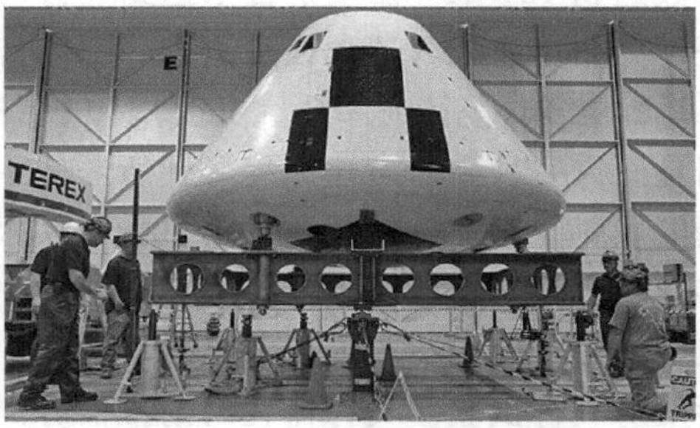

图 11.9　“猎户座”飞船

火箭把“猎户座”飞船发射到地球椭圆轨道上，绕地球飞行两圈，然后再入大气层。NASA 原计划于 2021 年发射载有宇航员的“猎户座”飞船并进行绕月飞行，在此之前进行两项无人飞行试验。作为美国新一代航天器，“猎户座”飞船采用了各项先进技术，能够在太阳系内进行更复杂、更富挑战性的载人空间探索任务。然而 2010 年，由于经济原因，奥巴马政府取消了“星座计划”，“猎户座”飞船更名为“多用途乘员飞行器”(Multi－Purpose Crew Vehicle，MPCV)，并用于美国下一代载人航天器。另外，美国太空探索技术公司在NASA的“商业轨道运输服务”计划背景下研发了“龙”飞船。“龙”飞船是一种可重复使用航天器，包含加压舱和非加压舱两个舱段。“龙”飞船体现了当今最先进的科技，它从概念提出到执行第一次任务只用了4年时间。该飞船是作为载人飞船设计的，未来的载人型“龙”飞船将具有运载7名乘员的能力。

从20世纪60年代开始，苏联开始研制“联盟号”系列载人飞船，它是目前世界上服役时间最长、发射频率最高的载人飞船，其最初的设计目的是作为苏联载人登月计划的返回舱，然而由于其登月计划的取消，目前该飞船主要任务是向国际空间站运输宇航员和物资。

11.1.3　吸气式高超声速飞行器

吸气式高超声速飞行器技术的发展始于20世纪50年代，早期工作主要集中在超燃冲压发动机技术研究，主要包括超燃冲压发动机理论研究与试验研究。

早在20世纪80年代，美国就提出了高超声速飞行器X-30。它是以吸气式超燃冲压推进系统为动力的单级入轨飞行器，也是美国国家空天飞机计划(National Aerospace Plane, NASP)的高超声速概念飞行器。X-30采用尖头狭身大后掠三角翼单垂尾布局，以减小高速飞行时的阻力。该飞行器的研制目标是在30 km的巡航高度以5倍声速飞行12 000 km。但由于其研制目标和研制费用过高，故该项目仅停留在缩比模型研究阶段。通过该计划，美国积累了大量高超声速技术的工程经验。

1994年11月，美国政府取消了耗资庞大的空天飞机(NASP)项目，X-30试验机也随即下马。同时，美国高超声速试验计划(Hyper-X)应运而生，X-43飞行器是Hyper-X计划的核心。该计划的主要目的是演示可用于高超声速飞行器的超燃冲压发动机技术和一体化设计技术。X-43共有X-43A、X-43B、X-43C、X-43D四个型号，其设，计目标速度为飞行马赫数7～10。其中，X-43A与X-30在外形上十分相似(如图11.10所示)，且其发动机方案也是采用机身一体化的超声速燃烧冲压发动机。X-43A分别在2004年3月和11月成功进行了飞行试验，从助推器分离的X-43A靠自身的超燃冲压发动机工作了约10 s，最高飞行马赫数达到10。X-43A是首个达到飞行马赫数为10的吸气式高超声速飞行器，其成功试飞验证了高超声速飞行器的设计概念、设计方法和地面试验结果。

2002年，美国海军研究办公室和DARPA启动了一项重要的高超声速HyFly计划。该计划是研究一种高超声速巡航导弹所需的一些关键技术，力求通过数次飞行试验，表明采用常规碳氢燃料的双燃烧室冲压发动机能够实现最大巡航马赫数6，同时将验证导弹的各种结构能够承受高超声速状态下持续飞行所产生的高温。2005年12月，HyFly计划团队的研制队伍在Wallops岛成功实现了HyFly子项目——自由飞行大气层超燃冲压发动机试验计划的地面发射飞行试验。飞行器在与助推器分离后，飞行马赫数达到5.5时超燃冲压发动机工作约15 s，然后以可控方式坠入大西洋。这是采用碳氢燃料的超燃冲压发动机为动力的飞行器的全球首次飞行，并为HyFly计划的空中发射奠定了基础。2007年9月，HyFly验证弹进行了飞行试验，其主要目的是验证双燃烧室冲压发动机、燃油控制和爬升、加速到飞行马赫数为5等性能。然而在发射测试中，助推器分离后，验证弹由于燃油控制系统出现故障，速度只达到飞行马赫数为3.5，因此这次试验只取得了部分成功。

2005年，美国空军正式将代号X-51A授予空军研究实验室(AFRL)的超燃冲压发动机验证飞行器，见图11.11。X-51A是美国空军为验证吸热型碳氢燃料的超燃冲压发动机性能而设计的无人试验飞行器。X－51A采用乘波体外形，比X－43A更适合巡航飞行，其最大飞行马赫数为6，最大飞行高度为30 km。X－51A共进行了4次飞行试验，第4次试验基本成功，并收集到了相关试验数据。X－51A的成功飞行标志着临近空间高超声速飞行器动力系统超燃冲压发动机关键技术已经基本解决。

图11.10　X－43A

图11.11　机载的X－51A

俄罗斯也在超燃冲压发动机的研制上进行了大量的相关试验，并且积累了丰富的经验。其中比较著名的是“鹰”计划和“彩虹”计划。“鹰”计划由俄罗斯中央航空发动机研究院和中央空气动力研究院共同开展。“鹰”飞行器采用翼身组合体气动布局，其发动机采用三模态超燃冲压发动机。“鹰”飞行器综合了高超声速再入式与高超声速巡航两种弹道，具有更强的突防能力。其飞行剖面为：由SS－19洲际导弹将飞行器送到约80 km高度，飞行速度达5 900 m/s后，试飞器与运载器分离，然后依靠升力体外形在亚轨道高度滑翔飞行，当达到给定飞行条件时，试飞器的超燃冲压发动机点火并进入巡航状态，巡航结束后进入末段飞行。

11.1.4　组合动力高超声速飞行器

目前，化学火箭发动机和航空发动机是航空航天飞行器的主要动力来源，以火箭发动机为动力的飞行器在工程上已广泛应用，但其在大气层内飞行阶段无法利用空气中的氧气，并且动力效率较低；而航空发动机虽然动力效率较高，但较难应用于20 km以上高度或飞行马赫数在3以上的动力系统。近年来，各国开始研究冲压发动机相关技术。冲压发动机虽具有较高的飞行效率和马赫数，但其机动性较差且无法在低马赫数和在大气层外提供动力。考虑到上述原因，综合不同动力推进方式的特点，发展组合循环动力技术以及组合动力高超声速飞行器是目前各国研究的新方向和研究热点。组合循环动力技术可以利用不同动力方式的优点，为飞行器在更广泛空域和速域飞行提供更好的动力推进性能。目前，典型的组合循环动力技术包括三类：火箭基组合循环（Rocket Based Combined Cycle，RBCC）、涡轮基组合循环（Turbine Based Combined Cycle，TBCC）、空气涡轮冲压（Air Turbine Ramjet，ATR）组合循环动力形式。

2008年，在美国国防预先研究计划局与空军联合开展的FALCON计划下开始研制高超声速技术验证机HTV－3X，旨在开发一种长航时、使用碳氢燃料的可重复使用高超声速巡航试验飞行器，并用于演示验证涡轮冲压组合动力技术，其外形如图11.12所示。该飞行器可以从普通跑道起飞，加速到飞行马赫数为6后进行巡航，巡航结束后可以水平着陆。HTV－3X是一个高度一体化飞行试验平台，可验证TBCC推进技术、高升阻比气动外形、可重复使用高温材料、高超声速制导控制技术等多项高超声速关键技术。同年9月，由于经费预算大幅削减，该项目被迫停止。

近期，美国空军结合技术发展和未来军事能力需求，提出了对高速飞行平台发展路线中更高速度的需求，要求高速飞行平台的巡航马赫数不低于 5。美国洛克希德-马丁公司、波音公司和 Astrox 公司分别提出了 SR－72(巡航马赫数大于 6)、Manta2025(巡航马赫数为 5～7)、Single－stage ISR/Strike(马赫数大于 6)3 种高超声速平台方案。三家公司的方案都是提出发展侦察打击一体化的高超声速平台。SR－72 由洛马公司牵头，旨在设计具备情报/监视/侦察和打击能力的高超声速作战平台，主要执行区域情报、监视和侦察任务，能够实现对移动目标的快速即时打击。SR－72 采用高长细比、单垂尾的翼身融合气动外形，以 TBCC 发动机为动力，巡航马赫数达 6，巡航高度在 25～30 km，航程约 4 800 km，能够水平起降，其概念图如图 11.13 所示。从美国官方公布的信息可以看出，SR－72 目前的进展主要在两个方面：一是 TBCC 关键技术取得进展；二是已经研究出了一种能够实现涡轮发动机模式和冲压发动机模式相互转换的方法。目前三家公司提出这三种飞行器的只是概念方案，以争取得到政府资金支持，距离最终目标实现还有 15 年以上的时间，相关技术还处于先期研究阶段。另外，SR－72 消息的发布并没有出现在军方或政府网站上，一定程度上说明该项目只是单纯的企业行为，尚未得到国家的支持，也从侧面证实了美国基于涡轮冲压组合动力的高超声速平台技术距离目标还有很长的一段路要走。

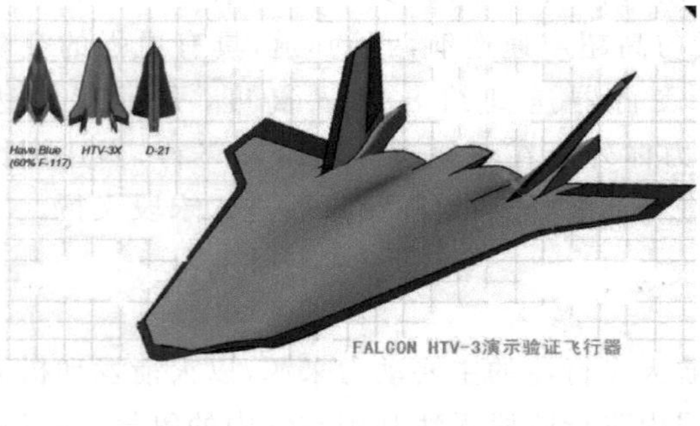

图 11.12　HTV－3 外形图

图 11.13　SR－72 概念图

11.2　高超声速飞行器运动方程

本节介绍高超声速飞行器运动方程以及其简化形式。从理论上讲，第 9 章介绍的远程导弹的运动方程也适用于描述高超声速飞行器运动规律，而本章针对近年来发展的各种新型高超声速飞行器特点给出不同坐标定义下的飞行器运动方程，主要基于以下几点考虑：

① 部分高超声速飞行器是水平起飞和降落的，因此适用于该类高超声速飞行器运动方程所定义的坐标系与垂直发射的远程导弹不同；

② 第 9 章介绍了远程导弹运动方程在苏式坐标系中的描述，该类坐标系常应用于航天领域；本章给出高超声速飞行器运动方程在欧美坐标系中的描述，该类坐标系常应用于航空领域，可以与第 9 章的内容互补。同时，近年来发展的高超声速飞行器通常具有面对称外形特性，气动布局具有航空器的特点，在欧美坐标系描述的方程更加适合于飞行控制问题的研究。另外，为了便于阅读相关文献，本章采用的符号也遵从欧美坐标系的习惯。

③ 为了便于研究高超声速飞行器制导控制问题,还给出不同程度简化条件下的坐标系和运动方程。

11.2.1 高超声速运动坐标系

1. 常用坐标系

(1) 地心赤道惯性坐标系 $O_E x_i y_i z_i$

假定地球为旋转圆球,且本章定义的坐标系均采用该假设。地心赤道惯性坐标系,简称地心惯性系,其原点 O_E 为地心,$O_E x_i$ 轴在赤道平面内指向春分点,$O_E z_i$ 轴与赤道平面垂直且指向地理北极 N,$O_E y_i$ 轴在赤道平面内与 $O_E x_i$ 轴、$O_E z_i$ 轴构成右手正交直角坐标系,见图 11.14。

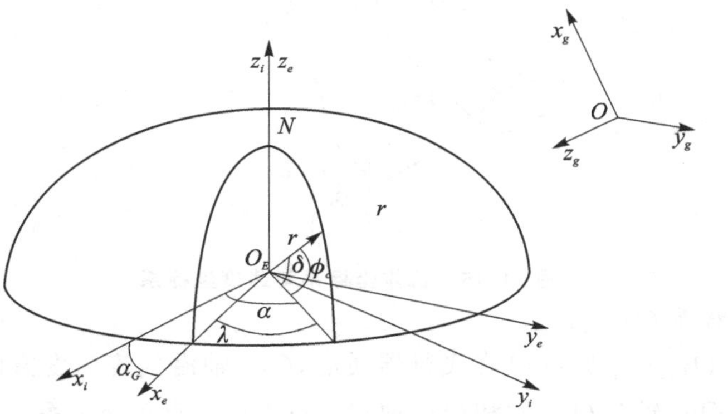

图 11.14 地心赤道惯性系、地心赤道旋转系和当地铅垂坐标系

该坐标系与第 9 章的地心惯性系定义类似,只是在圆球假设下定义的。

(2) 地心赤道旋转坐标系 $O_E x_e y_e z_e$

地心赤道旋转坐标系 $O_E x_e y_e z_e$ 与地球固连,又称为地球固连坐标系(见图 11.14)。该坐标系原点 O_E 在地心,$O_E z_e$ 轴垂直于赤道平面指向北极,$O_E x_e$ 轴在赤道平面内与格林尼治子午面相交,$O_E y_e$ 轴与 $O_E x_e$ 轴和 $O_E z_e$ 轴构成右手正交直角坐标系。

利用该坐标系,可以描述飞行器在地球上空的位置,位置参数既可以采用直角坐标 x_e,y_e,z_e 表示,也可以采用球坐标 r,λ,φ 表示。这两种坐标变量关系为

$$\left.\begin{aligned} r^2 &= x_e{}^2 + y_e{}^2 + z_e{}^2 \\ \tan\lambda &= y_e/x_e \\ \sin\varphi &= z_e/r \end{aligned}\right\} \tag{11.1}$$

(3) 当地铅垂坐标系 $Ox_g y_g z_g$

当地铅垂坐标系 $Ox_g y_g z_g$ 与地球固连,其原点 O 在飞行器的质心,Ox_g 轴在当地水平面内指向北方,Oy_g 也在当地水平面内且指向东方,Oz_g 轴铅垂面向下并指向地心。

(4) 机体坐标系 $Ox_b y_b z_b$

机体坐标系 $Ox_b y_b z_b$ 与飞行器固连。坐标原点 O 在飞行器质心;Ox_b 轴沿飞行器纵轴指向前;Oz_b 轴在飞行器纵向对称面内,垂直于 Ox_b 且指向下;Oy_b 轴与 Ox_b 轴和 Oz_b 轴构成右手正交直角坐标系,见图 11.15。

（5）速度坐标系 $Ox_v y_v z_v$

速度坐标系 $Ox_v y_v z_v$ 原点 O 在飞行器质心，Ox_v 轴沿气流速度方向，指向前；Oz_v 轴在飞行器纵向对称面内，垂直于速度方向，指向下；Oy_v 轴与 Ox_v 轴和 Oz_v 轴构成右手正交直角坐标系。

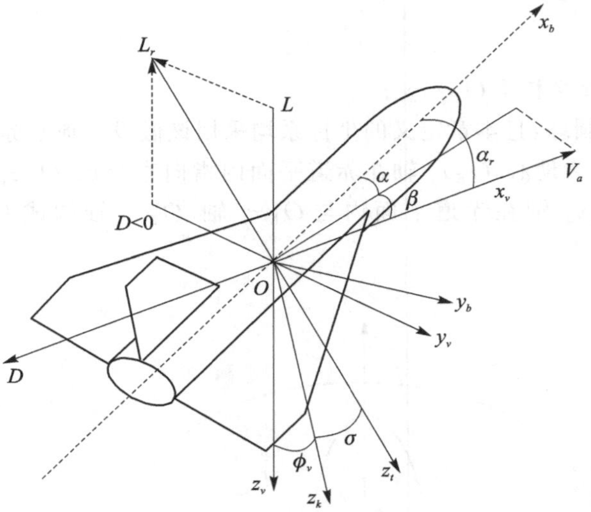

图 11.15　机体坐标系与速度坐标系

（6）准速度坐标系 $Ox_t y_t z_t$

准速度坐标系 $Ox_t y_t z_t$ 原点 O 在飞行器质心，Ox_t 轴沿气流速度方向，指向前；Oz_t 沿总升力方向，指向下；Oy_t 轴与 Ox_t 轴和 Oz_t 轴构成右手正交直角坐标系。

（7）航迹坐标系 $Ox_k y_k z_k$

航迹坐标系 $Ox_k y_k z_k$ 原点 O 在飞行器质心，Ox_k 轴沿航迹速度方向；Oz_k 轴在通过航迹速度矢量的铅垂平面内，垂直于航迹速度矢量，指向下；Oy_k 轴与 Ox_k 轴和 Oz_k 轴构成右手正交直角坐标系。

2. 常用坐标系的转换关系

（1）当地铅垂坐标系到机体坐标系的转换

从当地铅垂坐标系到机体坐标系的转换矩阵由三个欧拉角确定，定义如下：

俯仰角 θ——Ox_b 轴与当地水平面 $x_g O y_g$ 的夹角，当 Ox_b 轴位于水平面上方时，俯仰角为正。

偏航角 ψ——Ox_b 轴在当地水平面 $x_g O y_g$ 的投影与 Ox_g 轴的夹角，该投影偏向 Ox_g 轴右方时该偏航角为正。

滚转角 ϕ——飞行器纵向对称面 $x_b O y_b$ 与过 Ox_b 轴的铅垂面 $x_g O z_g$ 之间的夹角，沿 Ox_b 轴看去，从铅垂平面顺时针转向纵向对称面时，滚转角为正。

从铅垂坐标系到机体坐标系的转换顺序是先绕 Oz_g 轴旋转一个偏航角 ψ，再绕新的 oy 轴旋转一个俯仰角 θ，最后再绕 Ox_b 轴旋转一个滚转角 ϕ，两坐标系的欧拉角如图 11.16 所示，从而得到铅垂坐标系到机体系的转换阵为

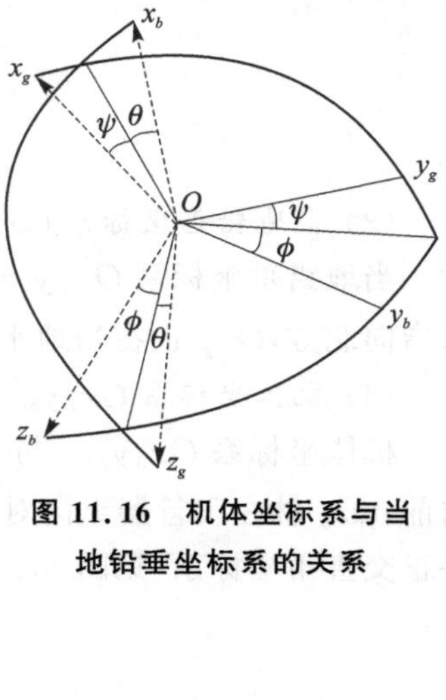

图 11.16　机体坐标系与当地铅垂坐标系的关系

$$
\begin{aligned}
\boldsymbol{G}_g^b &= \boldsymbol{M}_x(\phi)\boldsymbol{M}_y(\theta)\boldsymbol{M}_z(\psi) \\
&= \begin{bmatrix} \cos\theta\cos\psi & \cos\theta\sin\psi & -\sin\theta \\ \sin\phi\sin\theta\cos\psi-\cos\phi\sin\psi & \sin\phi\sin\theta\sin\psi+\cos\phi\cos\psi & \sin\phi\cos\theta \\ \cos\phi\sin\theta\cos\psi+\sin\phi\sin\psi & \cos\phi\sin\theta\sin\psi-\sin\phi\cos\psi & \cos\phi\cos\theta \end{bmatrix}
\end{aligned} \tag{11.2}
$$

(2) 机体坐标系到速度坐标系的转换

从机体坐标系到速度坐标系的转换由两个欧拉角决定，其定义如下：

迎角 α——气流速度 $\mathbf{V}$ 在纵向对称面的投影与 Ox_b 轴之间的夹角，当投影偏向 Ox_b 轴下方时，迎角为正。

侧滑角 β——气流速度 $\mathbf{V}$ 与纵向对称面之间的夹角，当气流速度偏向对称面的右侧时，侧滑角为正。

从机体系到速度系是先绕 Oy_b 轴转 $(-\alpha)$ 角，再绕 Oz_v 轴旋转 β 角，因此机体系到速度系的转换矩阵为

$$
\begin{aligned}
\boldsymbol{G}_b^v &= \boldsymbol{M}_z(\beta)\boldsymbol{M}_y(-\alpha) \\
&= \begin{bmatrix} \cos\beta\cos\alpha & \sin\beta & \cos\beta\sin\alpha \\ -\sin\beta\cos\alpha & \cos\beta & -\sin\beta\sin\alpha \\ -\sin\alpha & 0 & \cos\alpha \end{bmatrix}
\end{aligned} \tag{11.3}
$$

(3) 当地铅垂坐标系到航迹坐标系的转换

从当地铅垂坐标系到航迹坐标系的转换矩阵由两个欧拉角确定，定义如下：

航迹倾斜角 γ——航迹速度矢量与当地水平面的夹角，当航迹速度矢量在水平面上方时，航迹倾斜角 γ 为正；

航迹方位角 χ——航迹速度在当地水平面的投影与 Ox_g 轴的夹角，当该投影位于 Ox_g 轴右侧时，航迹方位角为正。

从当地铅垂坐标系到航迹坐标系是先绕 Oz_g 轴旋转 χ 角，再绕 oy_k 轴旋转 γ 角，两个坐标系的关系如图 11.17 所示，因此其转换矩阵为

$$
\begin{aligned}
\boldsymbol{G}_g^k &= \boldsymbol{M}_y(\gamma)\boldsymbol{M}_z(\chi) \\
&= \begin{bmatrix} \cos\gamma\cos\chi & \cos\gamma\sin\chi & -\sin\gamma \\ -\sin\chi & \cos\chi & 0 \\ \sin\gamma\cos\chi & \sin\gamma\sin\chi & \cos\gamma \end{bmatrix}
\end{aligned} \tag{11.4}
$$

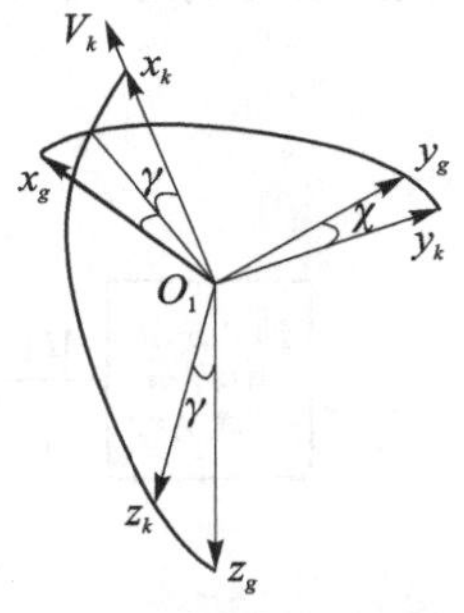

图 11.17　航迹坐标系与当地铅垂坐标系的关系

(4) 航迹坐标系到速度坐标系的转换

当不考虑风场时，航迹速度与气流速度重合，因此 Ox_k 轴与 Ox_v 轴重合，航迹系到速度系的转换矩阵由侧倾角（也叫倾侧角）φ_v 决定。侧倾角的定义是速度绕 Ox_k 轴（或 Ox_v 轴）的旋转角度，正负号与滚转角一致。那么，从航迹坐标系到速度坐标系的转换矩阵为

$$
\begin{aligned}
\boldsymbol{G}_k^v &= \boldsymbol{M}_x(\phi_v) \\
&= \begin{bmatrix} 1 & 0 & 0 \\ 0 & \cos\phi_v & \sin\phi_v \\ 0 & -\sin\phi_v & \cos\phi_v \end{bmatrix}
\end{aligned} \tag{11.5}
$$

(5) 航迹坐标系到准速度坐标系的转换

根据坐标系定义，航迹坐标系与准速度坐标系之间的转换通过倾斜角 σ 实现，航迹坐标系

绕 Ox_k 轴旋转 σ 即可转到准速度坐标系，因此其转换矩阵为

$$\boldsymbol{G}_k^t = \boldsymbol{M}_x(\sigma) = \begin{bmatrix} 1 & 0 & 0 \\ 0 & \cos\sigma & \sin\sigma \\ 0 & -\sin\sigma & \cos\sigma \end{bmatrix} \tag{11.6}$$

(6) 机体系到准速度坐标系的转换

根据坐标系定义，机体系到准速度坐标系的转换通过总迎角 α_T 实现。机体系绕 Oy_b 轴旋转 $(-\alpha_T)$ 角则可以转到准速度坐标系，因此其转换矩阵为

$$\boldsymbol{G}_b^t = \boldsymbol{M}_y(-\alpha_T) = \begin{bmatrix} \cos\alpha_T & 0 & \sin\alpha_T \\ 0 & 1 & 0 \\ -\sin\alpha_T & 0 & \cos\alpha_T \end{bmatrix} \tag{11.7}$$

(7) 地心赤道旋转坐标系到当地铅垂坐标系的转换

根据两个坐标系的定义可知，从地心赤道旋转坐标系到当地铅垂坐标系的转换可以先绕 O_Ex_e 旋转角度 λ，再绕新的 O_Ey_e 轴旋转角度 $\left(-\phi_c-\dfrac{\pi}{2}\right)$，再将两个坐标系的原点平移到一起。其中，$\lambda$、$\phi_c$ 分别为飞行器当前位置的经度与地心纬度。那么坐标转换矩阵为

$$\begin{aligned} \boldsymbol{G}_e^g &= \boldsymbol{M}_y(-\phi_c-\pi/2)\boldsymbol{M}_z(\lambda) \\ &= \begin{bmatrix} -\sin\phi_c\cos\lambda & -\sin\phi_c\sin\lambda & \cos\phi_c \\ -\sin\lambda & \cos\lambda & 0 \\ -\cos\phi_c\cos\lambda & -\cos\phi_c\sin\lambda & -\sin\phi_c \end{bmatrix} \end{aligned} \tag{11.8}$$

上述各坐标系的转换关系可用图 11.18 表示。

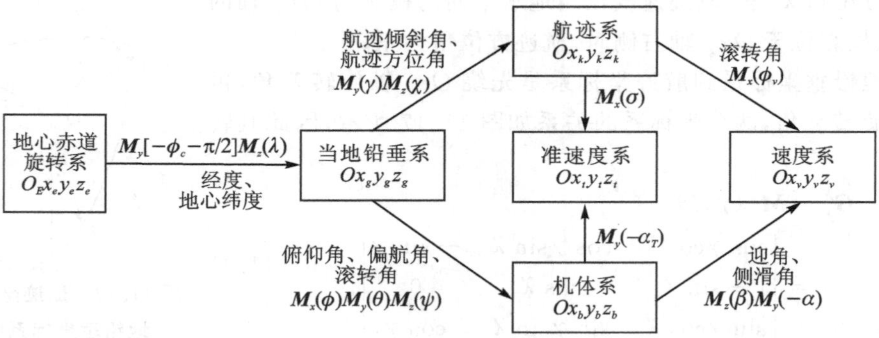

图 11.18　坐标系转换关系

11.2.2　运动方程的具体描述

1. 高超声速飞行器运动方程的一般形式

(1) 质心动力学方程

设飞行器质量为 m，飞行器所受外力包括推力 $\boldsymbol{T}$、气动力 $\boldsymbol{A}$、重力 $m\boldsymbol{g}$，那么根据牛顿力学原理，飞行器质心在惯性空间的运动方程为

$$m\boldsymbol{a}_i = \boldsymbol{T} + \boldsymbol{A} + m\boldsymbol{g} \tag{11.9}$$

设高超声速飞行器相对地球的速度矢量为 $\boldsymbol{V}$，飞行器所在位置的地心矢径为 $\boldsymbol{r}$，地球自转

角速度矢量为 $\boldsymbol{\omega}_E$，那么飞行器在惯性空间的加速度可以表示为

$$\boldsymbol{a}_i=\frac{\mathrm{d}\boldsymbol{V}}{\mathrm{d}t}+\boldsymbol{\omega}_E\times(\boldsymbol{\omega}_E\times\boldsymbol{r})+2\boldsymbol{\omega}_E\boldsymbol{V} \tag{11.10}$$

其中，$\boldsymbol{\omega}_E\times(\boldsymbol{\omega}_E\times\boldsymbol{r})$ 为牵连加速度，$2\boldsymbol{\omega}_E\boldsymbol{V}$ 为哥氏加速度。将式(11.10)代入式(11.9)可以得到飞行器相对地球的相对运动矢量方程：

$$\frac{\mathrm{d}\boldsymbol{V}}{\mathrm{d}t}=\frac{\boldsymbol{T}+\boldsymbol{A}}{m}+\boldsymbol{g}-\boldsymbol{\omega}_E\times(\boldsymbol{\omega}_E\times\boldsymbol{r})-2\boldsymbol{\omega}_E\boldsymbol{V} \tag{11.11}$$

(2) 绕质心转动方程

设高超声速飞行器具有旋转角速度 $\boldsymbol{\omega}_T$，在惯性坐标系以矢量形式描述的绕质心转动动力学方程为

$$\boldsymbol{I}\,\frac{\mathrm{d}\boldsymbol{\omega}_T}{\mathrm{d}t}+\boldsymbol{\omega}_T\times(\boldsymbol{I}\cdot\boldsymbol{\omega}_T)=\boldsymbol{M}$$

$$\boldsymbol{I}=\begin{bmatrix} I_x & -I_{xy} & -I_{zx} \\ -I_{xy} & I_y & -I_{yz} \\ -I_{zx} & -I_{yz} & I_z \end{bmatrix} \tag{11.12}$$

其中，$\boldsymbol{I}$ 为飞行器惯性张量，其对角线上的元素为飞行器转动惯量，非对角线元素为惯量积；$\boldsymbol{M}$ 是作用在飞行器上的力矩矢量。

2. 高超声速飞行器运动方程的计算方程

(1) 航迹坐标系下的质心动力学方程

在航迹坐标系下表示高超声速飞行器的运动方程，可以直接给出航迹速度的大小和方向的变化规律，有利于飞行器航迹控制问题的分析。

矢量方程式(11.11)在航迹坐标系下表示为

$$\frac{\mathrm{d}\boldsymbol{V}}{\mathrm{d}t}=-\boldsymbol{\omega}_k\times\boldsymbol{V}+\frac{\boldsymbol{T}+\boldsymbol{A}}{m}+\boldsymbol{g}-\boldsymbol{\omega}_E\times(\boldsymbol{\omega}_E\times\boldsymbol{r})-2\boldsymbol{\omega}_E\boldsymbol{V} \tag{11.13}$$

其中，$\boldsymbol{\omega}_k$ 为航迹坐标系相对地球的旋转角速度。

那么把方程式(11.13)的各项在航迹系中分解为如下组成部分：

a. 飞行器相对地球的速度矢量在航迹系中的分量

$$\boldsymbol{V}=[v\quad 0\quad 0]^{\mathrm{T}} \tag{11.14}$$

b. 航迹坐标系相对地球的旋转角速度 $\boldsymbol{\omega}_k$ 在航迹系中的分量

航迹坐标系相对地球的旋转角速度可以由航迹系相对当地铅垂系的角速度与当地铅垂坐标系相对地心赤道旋转坐标系的角速度合成，即

$$\boldsymbol{\omega}_k=\boldsymbol{\omega}_{kg}+\boldsymbol{\omega}_{ge} \tag{11.15}$$

航迹系相对当地铅垂系的角速度 $\boldsymbol{\omega}_{kg}=\dot{\chi}\boldsymbol{z}_g^0+\dot{\gamma}\boldsymbol{y}_k^0$，而当地铅垂系相对于地心赤道旋转坐标系的角速度 $\boldsymbol{\omega}_{ge}=\dot{\lambda}\boldsymbol{z}_e^0-\dot{\phi}_c\boldsymbol{y}_g^0$。那么航迹坐标系相对地球的旋转角速度在航迹系的分量为

$$\boldsymbol{\omega}_k=G_g^k\left\{G_e^g\begin{bmatrix}0\\0\\\dot{\lambda}\end{bmatrix}+\begin{bmatrix}0\\-\dot{\phi}_c\\\dot{\chi}\end{bmatrix}\right\}+\begin{bmatrix}0\\\dot{\gamma}\\0\end{bmatrix}$$

$$= \begin{bmatrix} \dot{\lambda}\cos\phi_c\cos\gamma\cos\chi - \dot{\phi}_c\cos\gamma\sin\chi + \dot{\lambda}\sin\phi_c\sin\gamma - \dot{\chi}\sin\gamma \\ -\dot{\lambda}\cos\phi_c\sin\chi - \dot{\phi}_c\cos\chi + \dot{\gamma} \\ \dot{\lambda}\cos\phi\sin\gamma\cos\chi - \dot{\phi}_c\sin\gamma\cos\phi_c\sin\chi - \dot{\lambda}\sin\phi_c\cos\gamma + \dot{\chi}\cos\gamma \end{bmatrix} \tag{11.16}$$

c. 地心引力和地心矢径在航迹系的分量

地心矢径为

$$\boldsymbol{r} = G_g^k(0 \quad 0 \quad -r)^{\mathrm{T}} = [r\sin\gamma \quad 0 \quad -r\cos\gamma]^{\mathrm{T}} \tag{11.17}$$

其中，r 为飞行器地心距。

同时考虑地球为旋转圆球模型时，引力在航迹系的分量为

$$\boldsymbol{g} = -\frac{\mu}{r^3}\boldsymbol{r} = \frac{\mu}{r^2}[-\sin\gamma \quad 0 \quad \cos\gamma]^{\mathrm{T}} \tag{11.18}$$

其中，$\mu = 3.986\ 005 \times 10^{14}\ \mathrm{m^3/s^2}$ 为地球引力常数。

d. 地球自转角速度在航迹系的分量

$$\boldsymbol{\omega}_E = G_g^k G_e^g \omega_E \begin{bmatrix} 0 \\ 0 \\ 1 \end{bmatrix} = \omega_E \begin{bmatrix} \cos\phi_c\cos\gamma\cos\chi + \sin\phi_c\sin\gamma \\ -\cos\phi_c\sin\chi \\ \cos\phi_c\sin\gamma\cos\chi - \sin\phi_c\cos\gamma \end{bmatrix} \tag{11.19}$$

其中，$\omega_E = 7.292\ 116 \times 10^{-15}\ \mathrm{rad/s}$ 为地球自转角速度。

e. 推力在航迹系的分量

$$\boldsymbol{T} = G_v^k G_b^v \begin{bmatrix} T \\ 0 \\ 0 \end{bmatrix} = T \begin{bmatrix} \cos\beta\cos\alpha \\ \sin\phi_v\sin\alpha - \cos\phi_v\sin\beta\cos\alpha \\ -\sin\phi_v\sin\beta\cos\alpha - \cos\phi_v\sin\alpha \end{bmatrix} \tag{11.20}$$

f. 气动力在航迹系下的分量

$$\boldsymbol{A} = G_g^k G_b^g G_v^b \begin{bmatrix} -D \\ Y \\ -L \end{bmatrix} = \begin{bmatrix} -D \\ Y\cos\phi_v + L\sin\phi_v \\ Y\sin\phi_v - L\cos\phi_v \end{bmatrix} \tag{11.21}$$

将式(11.14)～式(11.21)代入方程式(11.13)，可以得到高超声速飞行器在航迹坐标系下的质心动力学方程：

$$\begin{bmatrix} \dot{v} \\ \dot{\chi}v\cos\gamma \\ -\dot{\gamma}v \end{bmatrix} = \frac{v^2}{r}\begin{bmatrix} 0 \\ \tan\phi_c\cos^2\gamma\sin\chi \\ -\cos\gamma \end{bmatrix} + \frac{\mu}{r^2}\begin{bmatrix} -\sin\gamma \\ 0 \\ \cos\gamma \end{bmatrix} +$$

$$\frac{1}{m}\left(T\begin{bmatrix} \cos\beta\cos\alpha \\ \sin\phi_v\sin\alpha - \cos\phi_v\sin\beta\cos\alpha \\ -\sin\phi_v\sin\beta\cos\alpha - \cos\phi_v\sin\alpha \end{bmatrix} + \begin{bmatrix} -D \\ Y\cos\phi_v + L\sin\phi_v \\ Y\sin\phi_v - L\cos\phi_v \end{bmatrix} \right) +$$

$$2\omega_E v\begin{bmatrix} 0 \\ -\cos\phi_c\sin\gamma\cos\chi + \sin\phi_c\cos\gamma \\ -\cos\phi_c\sin\chi \end{bmatrix} + \omega_E^2 r\begin{bmatrix} \cos\phi_c(-\sin\phi_c\cos\gamma\cos\chi + \cos\phi_c\sin\gamma) \\ \sin\phi_c\cos\phi_c\sin\chi \\ \cos\phi_c(-\sin\phi_c\sin\gamma\cos\chi - \cos\phi_c\cos\gamma) \end{bmatrix}$$

(11.22)

(2) 航迹坐标系下的质心运动学方程

飞行器相对地球的速度矢量在航迹系中的分量 $\boldsymbol{V}=[v\quad 0\quad 0]$，那么速度 $\boldsymbol{V}$ 在铅垂系下的分量为

$$\boldsymbol{V}=G_k^g\begin{bmatrix}v\\0\\0\end{bmatrix}=\begin{bmatrix}v\cos\gamma\cos\chi\\v\cos\gamma\sin\chi\\-v\sin\gamma\end{bmatrix}\tag{11.23}$$

飞行器位置矢量 $\boldsymbol{r}$ 在铅垂系的分量为

$$\boldsymbol{r}=-r\boldsymbol{z}_g^0\tag{11.24}$$

速度矢量可以由位置矢量求导得到，即

$$\frac{\mathrm{d}r}{\mathrm{d}t}=-\frac{\mathrm{d}r}{\mathrm{d}t}\boldsymbol{z}_g^0-r\frac{\mathrm{d}\boldsymbol{z}_g^0}{\mathrm{d}t}=-\frac{\mathrm{d}r}{\mathrm{d}t}\boldsymbol{z}_g^0-r(\boldsymbol{\omega}_{ge})\times\boldsymbol{z}_g^0\tag{11.25}$$

其中 $\boldsymbol{\omega}_{ge}$ 为铅垂坐标系相对地心赤道旋转系的角速度，且有

$$\boldsymbol{\omega}_{ge}=\dot{\lambda}\boldsymbol{z}_e^0-\dot{\phi}_c\boldsymbol{y}_g^0\tag{11.26}$$

那么铅垂坐标系相对地心赤道旋转系的角速度在铅垂系的分量为

$$\boldsymbol{\omega}_{ge}=G_e^g\begin{bmatrix}0\\0\\\dot{\lambda}\end{bmatrix}+\begin{bmatrix}0\\\dot{\phi}_c\\0\end{bmatrix}=\begin{bmatrix}\dot{\lambda}\cos\phi_c\\-\dot{\phi}_c\\-\dot{\lambda}\sin\phi_c\end{bmatrix}\tag{11.27}$$

将式(11.27)代入式(11.25)可以得到飞行器相对地球速度矢量在铅垂坐标系的分量：

$$\boldsymbol{V}=\frac{\mathrm{d}r}{\mathrm{d}t}=\begin{bmatrix}r\dot{\phi}_c\\r\dot{\lambda}\cos\phi_c\\-\dot{r}\end{bmatrix}\tag{11.28}$$

根据式(11.23)和式(11.28)中的分量相等的原则，得到圆形地球假设下的质心运动学方程：

$$\begin{bmatrix}r\dot{\phi}_c\\r\dot{\lambda}\cos\phi_c\\-\dot{r}\end{bmatrix}=\begin{bmatrix}v\cos\gamma\cos\chi\\v\cos\gamma\sin\chi\\-v\sin\gamma\end{bmatrix}\tag{11.29}$$

(3) 机体坐标系下的绕质心转动方程

将式(11.12)投影在机体坐标系可得飞行器绕质心转动方程的计算方程。这里考虑到高超声速飞行器一般具有面对称外形，即

$$I_{xy}=I_{yz}=0\tag{11.30}$$

同时忽略哥氏力矩矢量，展开式(11.12)得到飞行器本体系的绕质心转动方程：

$$\left.\begin{aligned}I_x\dot{\omega}_x-I_{zx}\dot{\omega}_z&=-(I_z-I_y)\omega_y\omega_z+I_{zx}\omega_x\omega_y+M_{Ax}+M_{Tx}\\I_y\dot{\omega}_y&=-(I_x-I_z)\omega_x\omega_z-I_{zx}(\omega_x{}^2-\omega_z{}^2)+M_{Ay}+M_{Ty}\\I_z\dot{\omega}_z-I_{zx}\dot{\omega}_x&=-(I_y-I_x)\omega_x\omega_y-I_{zx}\omega_y\omega_z+M_{Az}+M_{Tz}\end{aligned}\right\}\tag{11.31}$$

其中，$\omega_x,\omega_y,\omega_z$ 为飞行器角速度在机体坐标系下的分量，M_{Ax},M_{Ay},M_{Az} 分别为滚转力矩、俯仰力矩和偏航力矩，M_{Tx},M_{Ty},M_{Tz} 是由推力偏心引起的绕机体系三个轴的力矩。

(4) 机体坐标系下的绕质心转动运动学方程

飞行器旋转运动学方程表征飞行器姿态角的变化率与其角速度分量之间的关系。飞行器的绝对角速度 $\boldsymbol{\omega}$ 是由三部分组成：地球旋转角速度 $\boldsymbol{\omega}_E$、铅垂系相对地心旋转系的角速度 $\boldsymbol{\omega}_{ge}$ 和机体系相对铅垂系的角速度 $\boldsymbol{\omega}_{bg}$，因此有

$$\boldsymbol{\omega}=\boldsymbol{\omega}_E+\boldsymbol{\omega}_{ge}+\boldsymbol{\omega}_{bg} \tag{11.32}$$

设机体系相对铅垂系的角速度 $\boldsymbol{\omega}_{bg}$ 为相对角速度 $\boldsymbol{\omega}_r$，则相对角速度为

$$\boldsymbol{\omega}_r=\boldsymbol{\omega}-\boldsymbol{\omega}_E-\boldsymbol{\omega}_{ge} \tag{11.33}$$

将式(11.33)投影在机体坐标系，并根据式(11.27)和式(11.8)有

$$\begin{bmatrix}\omega_{rx}\\ \omega_{ry}\\ \omega_{rz}\end{bmatrix}=\begin{bmatrix}\omega_x\\ \omega_y\\ \omega_z\end{bmatrix}-G_g^b\left(G_e^g\begin{bmatrix}0\\ 0\\ \omega_E\end{bmatrix}+\begin{bmatrix}\dot{\lambda}\cos\phi_c\\ -\dot{\phi}_c\\ -\dot{\lambda}\sin\phi_c\end{bmatrix}\right) \tag{11.34}$$

相对姿态角变化率与相对角速度分量的关系为

$$\begin{bmatrix}\mathrm{d}\phi/\mathrm{d}t\\ \mathrm{d}\theta/\mathrm{d}t\\ \mathrm{d}\psi/\mathrm{d}t\end{bmatrix}=\begin{bmatrix}\omega_{rx}+\tan\theta(\omega_{ry}\sin\phi+\omega_{rz}\cos\phi)\\ \omega_{ry}\cos\phi-\omega_{rz}\sin\phi\\ (\omega_{ry}\sin\phi+\omega_{rz}\cos\phi)/\cos\theta\end{bmatrix} \tag{11.35}$$

联立式(11.34)和式(11.35)可以得到绕质心转动的运动学方程。

(5) 补充方程

a. 几何关系方程

前面给出的坐标转换关系定义了 8 个欧拉角，包括 3 个姿态角(θ、ψ、ϕ)、2 个航迹角(χ、γ)、2 个气流角(α、β)和 1 个速度倾角 ϕ_v。这 8 个欧拉角并不完全独立，存在一定几何关系。它们之间的关系式可以通过坐标转换矩阵的传递性得到，即

$$\begin{gathered}G_b^k=G_g^kG_b^g=G_v^kG_b^v\\ G_b^g=[G_g^b]^{-1}\qquad G_v^k=[G_k^v]^{-1}\end{gathered} \tag{11.36}$$

将式(11.2)～式(11.5)代入式(11.36)可得欧拉角几何关系方程：

$$\left.\begin{aligned}\sin\beta&=\cos\gamma\,[\sin\phi\sin\theta\cos(\psi-\chi)-\cos\phi\sin(\psi-\chi)]-\sin\gamma\sin\phi\cos\theta\\ \sin\alpha&=\frac{\cos\gamma\,[\cos\phi\sin\theta\cos(\psi-\chi)+\sin\phi\sin(\psi-\chi)]-\sin\gamma\cos\phi\cos\theta}{\cos\beta}\\ \sin\phi_v&=\{\sin\gamma\,[\sin\phi\sin\theta\cos(\psi-\chi)-\cos\phi\sin(\psi-\chi)]+\cos\gamma\sin\phi\cos\theta\}\end{aligned}\right\} \tag{11.37}$$

b. 质量、推力、气动力特性方程

对于有动力高超声速飞行器，还须增加质量方程，即

$$\frac{\mathrm{d}m}{\mathrm{d}t}=-Q(\delta_p) \tag{11.38}$$

其中，Q 是燃料消耗率，它是油门开度 δ_p 的函数。

推力特性方程为

$$T=T(Ma,h,\alpha,\delta_p,\cdots) \tag{11.39}$$

即发动机推力是马赫数 Ma、飞行高度 h、迎角 α、油门开度 δ_p 等参数的函数，具体推力随状态的变化值由发动机专业给出相关数表或函数。

作用在飞行器上的气动力在速度系下可以分解为阻力 D、升力 L、侧力 Y(见式(11.21)),其计算式为

$$D=qC_DS,\quad L=qC_LS,\quad Y=qC_YS,\quad q=\frac{1}{2}\rho v^2 \tag{11.40}$$

其中,q 为动压头,S 为飞行器气动参考面积,ρ 为大气密度,v 为飞行器相对地球的速度大小。阻力系数、升力系数和侧力系数由气动专业以数表或拟合函数的形式给出,它们通常为迎角 α、侧滑角 β、马赫数 Ma 及三个舵偏角($\delta_e,\delta_r,\delta_a$)等参数的函数。

作用在飞行器上的气动力矩通常在机体系下描述,包括滚转力矩 M_{Ax}、俯仰力矩 M_{Ay} 和偏航力矩 M_{Az},其计算式为

$$M_{Ax}=qC_lSb,\quad M_{Ay}=qC_mSc_{\text{A}},\quad M_{Az}=qC_nSb \tag{11.41}$$

其中,b,c_{A} 分别为机翼展长、机翼平均气动弦长;C_l,C_m,C_n 分别为滚转力矩系数、俯仰力矩系数和偏航力矩系数,其值也是由气动专业以数据表格或拟合公式的形式给出。

11.2.3 运动方程组的简化

六自由度刚体模型可以全面描述高超声速飞行器的刚体运动状态,而在研究某些特定问题时,可以适当简化。

1. 用于再入轨迹优化与制导律设计的三自由度质点运动模型

将气动力分解为总升力 L_T 和气动阻力,在准速度系描述气动力并投影到航迹系有

$$\boldsymbol{A}=G_t^k\begin{bmatrix}-D\\0\\-L_T\end{bmatrix}=[G_t^k]^{-1}\begin{bmatrix}-D\\0\\-L_T\end{bmatrix}=\begin{bmatrix}-D\\L_T\sin\sigma\\-L_T\cos\sigma\end{bmatrix} \tag{11.42}$$

为了统一形式,将推力投影到航迹系也采用总迎角和倾斜角,即

$$\boldsymbol{T}=G_b^tG_t^k=\begin{bmatrix}T\\0\\0\end{bmatrix}=T\begin{bmatrix}\cos\alpha_T\\\sin\sigma\sin\alpha_T\\-\cos\sigma\sin\alpha_T\end{bmatrix} \tag{11.43}$$

将式(11.42)和式(11.43)代入方程(11.22),并结合运动学方程(11.29),可以得到用于高超声速飞行器制导与轨迹优化设计的简化三自由度运动方程组为

$$\left.\begin{array}{l}\begin{bmatrix}r\dot{\phi}_c\\r\dot{\lambda}\cos\phi_c\\-\dot{r}\end{bmatrix}=\begin{bmatrix}v\cos\gamma\cos\chi\\v\cos\gamma\sin\chi\\-v\sin\gamma\end{bmatrix}\\[2em]\begin{bmatrix}\dot{v}\\\dot{\chi}v\cos\gamma\\-\dot{\gamma}v\end{bmatrix}=\dfrac{v^2}{r}\begin{bmatrix}0\\\tan\phi_c\cos^2\gamma\sin\chi\\-\cos\gamma\end{bmatrix}+\dfrac{\mu}{r^2}\begin{bmatrix}-\sin\gamma\\0\\\cos\gamma\end{bmatrix}+\dfrac{1}{m}\left\{T\begin{bmatrix}\cos\alpha_T\\\sin\sigma\sin\alpha_T\\-\cos\sigma\sin\alpha_T\end{bmatrix}+\begin{bmatrix}-D\\L_T\sin\sigma\\-L_T\cos\sigma\end{bmatrix}\right\}+\\[2em]\quad 2\omega_Ev\begin{bmatrix}0\\-\cos\phi_c\sin\gamma\cos\chi+\sin\phi_c\cos\gamma\\-\cos\phi_c\sin\chi\end{bmatrix}+\omega_E^2r\begin{bmatrix}\cos\phi_c(-\sin\phi_c\cos\gamma\cos\chi+\cos\phi_c\sin\gamma)\\\sin\phi_c\cos\phi_c\sin\chi\\\cos\phi_c(-\sin\phi_c\sin\gamma\cos\chi-\cos\phi_c\cos\gamma)\end{bmatrix}\end{array}\right\} \tag{11.44}$$

2. 用于末制导律设计的简化模型

高超声速飞行器末制导段航程较短，飞行速度快，通常在研究末制导问题时可将地球模型简化为平面大地模型，同时忽略地球自转引起的哥氏加速度和牵连加速度。

采用平面大地模型，定义末制导坐标系：坐标原点位于目标点 O_T，O_Tx 轴指向北，O_Tz 轴指向东，O_Ty 轴指向上。参考三自由度运动方程(11.44)得到平面大地假设系下的质点运动方程组：

$$\left.\begin{aligned}\begin{bmatrix}\dot{x}_g\\ \dot{y}_g\\ \dot{z}_g\end{bmatrix}&=\begin{bmatrix}v\cos\gamma\sin\chi\\ v\cos\gamma\cos\chi\\ v\sin\gamma\end{bmatrix}\\ \begin{bmatrix}\dot{v}\\ \chi v\cos\gamma\\ -\dot{\gamma}v\end{bmatrix}&=\frac{v^2}{r}\begin{bmatrix}0\\ \tan\phi_c\cos^2\gamma\sin\chi\\ -\cos\gamma\end{bmatrix}+g\begin{bmatrix}-\sin\gamma\\ 0\\ \cos\gamma\end{bmatrix}+\frac{1}{m}\left(T\begin{bmatrix}\cos\alpha_T\\ \sin\sigma\sin\alpha_T\\ -\cos\sigma\sin\alpha_T\end{bmatrix}+\begin{bmatrix}-D\\ L_T\sin\sigma\\ -L_T\cos\sigma\end{bmatrix}\right)\end{aligned}\right\}\tag{11.45}$$

其中，$[x_g \quad y_g \quad z_g]^{\mathrm{T}}$ 为地球固连坐标系的位置坐标，其他符号定义同 11.2.1 小节。

11.3　高超声速飞行器制导律

11.3.1　高超声速飞行器轨迹优化方法综述

飞行器轨迹优化问题一般为非线性、带有状态约束和控制约束的最优控制问题。由于高超声速飞行器运动的复杂性，使得越接近其真实运动，动力学方程的形式就越复杂，且一般为高维非线性时变微分方程。在这样的条件下，很难直接从轨迹最优化理论推导出轨迹优化问题的解析解。随着计算机技术的迅速发展，基于轨迹优化理论的数值方法被广泛应用于各种轨迹优化问题。数值方法可以将连续时间的最优控制问题通过某种途径转换为近似的、有限空间的、一定精度范围内的优化问题。

采用数值方法求解轨迹优化问题的一般数学描述形式如下：

寻找轨迹优化控制变量 $\boldsymbol{u}(t)\in\mathbb{R}^m$，最小化具有一般性的 Bolza 型性能指标

$$J=\Phi(\boldsymbol{x}(t_0),t_0,\boldsymbol{x}(t_f),t_f)+\int_{t_0}^{t_f}L(x(t),\boldsymbol{u}(t),t)\mathrm{d}t\tag{11.46}$$

其中，状态变量 $\boldsymbol{x}(t)\in\mathbb{R}^n$、初始时间 t_0 和终端时间 t_f(自由或固定)满足动力学微分方程约束：

$$\dot{\boldsymbol{x}}(t)=\boldsymbol{f}(x(t),\boldsymbol{u}(t),t)\qquad \Delta t\in[t_0,t_f]\tag{11.47}$$

边界条件

$$\phi(\boldsymbol{x}(t_0),t_0,\boldsymbol{x}(t_f),t_f)=0\tag{11.48}$$

以及等式和(或)不等式约束

$$\boldsymbol{C}(\boldsymbol{x}(t),\boldsymbol{u}(t),t)\leqslant 0\tag{11.49}$$

同时考虑控制约束 $\boldsymbol{u}\in U\subset\mathbb{R}^m$，$U=\{\boldsymbol{u}\in\mathbb{R}^m:\boldsymbol{u}_L\leqslant\boldsymbol{u}\leqslant\boldsymbol{u}_R\}$，其中 $\boldsymbol{u}_L$，$\boldsymbol{u}_R$ 分别为控制变量的下边界和上边界。

式(11.46)～式(11.49)中,函数 $\Phi,L,\boldsymbol{f},\varphi,\boldsymbol{C}$ 定义为

$$\Phi:\mathbb{R}^n\times\mathbb{R}\times\mathbb{R}^n\times\mathbb{R}\to\mathbb{R}$$

$$L:\mathbb{R}^n\times\mathbb{R}^m\times\mathbb{R}\to\mathbb{R}$$

$$\boldsymbol{f}:\mathbb{R}^n\times\mathbb{R}^m\times\mathbb{R}\to\mathbb{R}^n$$

$$\varphi:\mathbb{R}^n\times\mathbb{R}\times\mathbb{R}^n\times\mathbb{R}\to\mathbb{R}^q$$

$$\boldsymbol{C}:\mathbb{R}^n\times\mathbb{R}^m\times\mathbb{R}\to\mathbb{R}^c$$

1. 传统的轨迹优化方法

(1) 间接法

间接法是基于 Pontryagin 极小值原理将最优控制问题式(11.46)～式(11.49)转换为 Hamilton 边值问题(Hamilton Boundary Value Problem,HBVP)。首先须引入 Hamilton 函数:

$$H[\boldsymbol{x}(t),\boldsymbol{u}(t),\boldsymbol{\lambda}(t),t]=L[\boldsymbol{x}(t),\boldsymbol{u}(t),t]+\boldsymbol{\lambda}^{\mathrm{T}}(t)\boldsymbol{f}[\boldsymbol{x}(t),\boldsymbol{u}(t),t] \tag{11.50}$$

其中,$\boldsymbol{\lambda}^{\mathrm{T}}(t)=[\lambda_1(t),\lambda_2(t),\cdots,\lambda_n(t)]$,称为状态 $\boldsymbol{x}(t)$ 的伴随矢量或协调矢量。为了适用于极小值原理,将边界条件(11.48)分解为初始条件 $\boldsymbol{x}(t_0)=\boldsymbol{x}_0$ 和终端约束 $N[x(t_f),t_f]=0$,则 u^* 为最优控制的必要条件是存在非零矢量函数 $\boldsymbol{\lambda}^*(t)$,$(t\in[t_0,t_f])$,使 $\boldsymbol{u}^*(t),\boldsymbol{\lambda}^*(t)$,$x^*(t),t_f^*$ 满足下列条件:

① Hamilton 方程组

$$\dot{\boldsymbol{x}}^*=\frac{\partial H[x^*(t),\boldsymbol{u}^*(t),\boldsymbol{\lambda}^*(t),t]}{\partial\boldsymbol{\lambda}} \tag{11.51}$$

$$\dot{\boldsymbol{\lambda}}^*=-\frac{\partial H[\boldsymbol{x}^*(t),\boldsymbol{u}^*(t),\boldsymbol{\lambda}^*(t)]}{\partial\boldsymbol{x}} \tag{11.52}$$

② 极小值条件

$$H[\boldsymbol{x}^*(t),\boldsymbol{u}^*(t),\boldsymbol{\lambda}^*(t),t]=\min_{u\subset U}H[\boldsymbol{x}^*(t),\boldsymbol{u}(t),\boldsymbol{\lambda}^*(t),t] \tag{11.53}$$

③ 终端横截条件

$$\boldsymbol{\lambda}^*(t_f^*)=\left\{\frac{\partial\Phi}{\partial\boldsymbol{x}}+\frac{\partial N^{\mathrm{T}}}{\partial\boldsymbol{x}}v\right\}_{t=t_f^*} \tag{11.54}$$

④ 终端约束条件

$$N[\boldsymbol{x}(t_f^*),t_f^*]=0 \tag{11.55}$$

$$\left\{H+\frac{\partial\Phi}{\partial t_f}+\frac{\partial N^{\mathrm{T}}}{\partial t_f}v\right\}_{t=t_f^*}=0 \tag{11.56}$$

间接法一般先由式(11.53)求出最优控制变量的表达式,它们是关于伴随变量和状态变量的函数。再求解由 Hamilton 方程组、终端横截条件和约束构成的两点边值问题,从而获得最优轨迹 $\boldsymbol{x}^*$ 和相应最优控制 $\boldsymbol{u}^*$ 的数值解。

间接法具有以下优点:① 解的精度较高;② 最优解满足一阶最优性必要条件。其不足之处在于:① 基于极大(极小)值原理推导最优解的过程较为复杂和烦琐;② 求解两点边值问题时的收敛域很小,对未知边界条件的初值估计精度要求很高,而且很多间接法求解的问题都要求估计协调变量的初值,而这些变量无物理意义,从而进一步增大了初值估计的难度;③ 对于有路径约束的最优控制问题,采用间接法存在一定困难,可能的解决方法是将过程约束通过数

学变换转化为等价的终端约束，或者是具备约束和非约束弧段的先验信息或切换结构。

(2) 直接法

直接法无须求解最优性必要条件，而是将连续最优控制问题离散并参数化，直接应用数值方法对性能指标寻优。

传统的直接法包括仅离散控制变量和同时离散控制与状态变量的两种方法。

a. 离散控制变量的直接法(又称直接打靶法)

参数化是将连续时间最优控制问题转化为非线性规划问题求解的途径之一。连续时间的离散如式(11.57)所示。以离散时间点上的控制变量式(11.58)为设计变量，时间节点之间的控制变量的值由基函数 ϕ_u 近似，见式(11.59)。一般采用分段线性插值式(11.60)来近似节点间的控制变量的值就可获得较高的精度。从而，当给定一组设计变量的值，即节点控制变量时，就可对轨迹方程积分求解目标函数。上述离散过程的数学描述为

$$t_0 = t_1 < t_2 < \cdots < t_N = t_f \tag{11.57}$$

$$\boldsymbol{y} = (\boldsymbol{u}_1, \boldsymbol{u}_2, \cdots, \boldsymbol{u}_N) \tag{11.58}$$

$$u_k(t) = \phi_u(t, u_{k1}, u_{k2}, \cdots, u_{kp}), \qquad k = 1, 2, \cdots, m \tag{11.59}$$

$$u_k(t) = u_{k(i)} + \frac{u_{k(i)} - u_{k(i-1)}}{t_i - t_{i-1}}(t - t_{i-1}), \qquad t_{i-1} \leqslant t \leqslant t_i \tag{11.60}$$

离散的时间变量不一定是实际时间，也可以是量纲为 1 的时间参数或能量参数，它由描述飞行器运动的相对独立变量决定。对于终端时间不固定问题，将终端时刻 t_f 也作为设计变量，因此需要在优化过程中动态离散时间历程。

b. 同时离散控制变量和状态变量的直接法(又称为配点法)

将控制变量和状态变量同时离散的方法通常被称为配点法(Collocation)，也称作直接配点非线性规划(Direct Collocation with Nonlinear Programming, DCNLP)。与仅离散控制变量的直接法类似，配点法首先将时间离散，对控制变量参数化。不同之处在于状态变量不是通过积分系统动力学方程(11.47)获得的，而是采用 Gauss－Lobatto 多项式族来表示节点间状态变量随时间的变化关系的。选择配点，以使得多项式求导得到的 $\dot{\boldsymbol{x}}$ 与飞行器运动方程右函数求得的 $\dot{\boldsymbol{x}}$ 在一定精度条件下匹配，从而将动力学微分方程约束转换为一组代数约束。再以节点(node)处的状态变量和控制变量以及配点处的控制变量作为优化设计变量，从而转换为一般的非线性规划 (Non－Iinear Planning, NLP)问题。

图 11.19 描述了两种直接法的基本原理。两种直接法的区别在于参数化变量不同，相同点是最终均转化为 NLP 问题，即

$$\begin{aligned} &\min_{\boldsymbol{y} \in \mathbb{R}^M} F(\boldsymbol{y}) \\ &\text{s.t. } g_j(\boldsymbol{y}) \geqslant 0, \quad j = 1, 2, \cdots, p \\ &\quad\;\; h_j(\boldsymbol{y}) = 0, \quad j = 1, 2, \cdots, l \end{aligned} \tag{11.61}$$

其中，$\boldsymbol{y}$ 表示设计变量，它可以是离散时间点上的控制变量、状态变量和终端时刻；F 表示目标函数；$g_j(\boldsymbol{y})$和 $h_j(\boldsymbol{y})$分别表示非线性规划的不等式约束和等式约束，轨迹优化问题中的终端约束和过程约束式(11.48)、式(11.49)都可由它们来描述。

直接法具有以下优点：① 不需要推导一阶最优性条件；② 其收敛域相对于间接法更宽

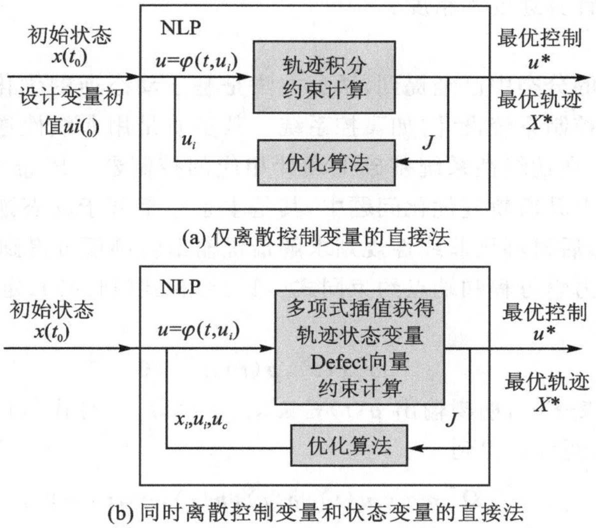

图 11.19 两种直接法原理图

广,对初值估计精度要求不高,不需要猜测协调变量的初值,不需要切换结构的先验信息。其不足之处在于:① 许多直接法不提供主矢量信息(Costate Information),因此并不能保证获得的非线性规划解是原最优控制问题的解;② 仅离散控制变量的直接法容易收敛到局部最优解,即解依赖于控制变量参数初始猜测值。考虑到遗传算法的全局寻优能力,一些学者将遗传算法用于求轨迹优化的 NLP 问题,但采用遗传算法的计算量较大。另外,对高超声速飞行器,飞行轨迹对控制参数高度敏感,使得基于非线性规划的轨迹优化存在困难。相较于直接打靶法,配点法对初始猜测值更不敏感。

(3) 动态规划

动态规划是解决多阶段决策过程最优化的一种数学方法。20 世纪 50 年代,Bellman 等人根据研究的一类多阶段决策问题,提出了动态规划最优性原理并作为动态规划的理论基础。其最优性原理如下:最优策略的子策略总是最优的。

为将动态规划最优性原理用于轨迹优化,可以将第一类直接法求解的轨迹优化问题看作由各时间段$[t_{i-1}-t_i]$组成的子问题,即

$$\min_{\boldsymbol{u}_1}\min_{\boldsymbol{u}_2}\cdots\min_{\boldsymbol{u}_N} J(\boldsymbol{u}_1,\boldsymbol{u}_2,\cdots,\boldsymbol{u}_N)$$

$$\text{s.t.:}\quad \dot{\boldsymbol{x}}=\boldsymbol{f}(\boldsymbol{x},\boldsymbol{u},t)$$

$$\boldsymbol{x}(t_0)=\boldsymbol{x}_0 \tag{11.62}$$

则用仅离散控制变量的直接法得到的轨迹优化问题也可由动态规划方法求解,其数学表示和基本方程可以参考 Bellman 的相关文献。

动态规划法的优点是计算原理简单,计算精确度相对较高,有严格理论支持。Betts 在他的综述文章中引用了《Applied Optimal Control》一书中的描述能够说明该方法的不足正如 Bellman 自己所说,“该方法最大的不足是维数灾难现象”。即便是稍复杂的问题,计算结果的记录都需要大量的存储量。如果我们只是想从已知初始点寻找最优路径,那么用动态规划方法寻找全局极值点的过程就显得过于烦琐。另外,动态规划法离散格式的选择无统一标准,离

散化程度直接影响计算速度和精度。

(4) 微分方法

轨迹优化方法的分类中已经提到,微分方法是基于动态逆的优化方法。动态逆方法早期主要应用于非线性控制系统设计,如飞控系统。其实质是用非线性逆和非线性函数对消被控对象的非线性,然后在伪线性系统基础上设计相应的控制器。Ping Lu 首次将动态逆方法拓展应用到航天飞机上升段轨迹优化问题中,其基本思想是基于动态逆变换可求出期望的轨迹对应的控制变量,然后再利用非线性规划求解最优输出轨迹便可得到相应的最优控制变量。

采用飞行器动力学方程和端点约束同式(11.48)和式(11.49),定义期望输出 $\boldsymbol{p}(t)$ 满足代数约束

$$\boldsymbol{\omega}[\boldsymbol{x}(t),\boldsymbol{p}(t),t]=\boldsymbol{0} \tag{11.63}$$

其中,$\boldsymbol{\omega}:\mathbb{R}^n\times\mathbb{R}^b\times\mathbb{R}\rightarrow\mathbb{R}^b$,期望输出 $\boldsymbol{p}(t)\in\mathbb{R}^b$,$t_0\leqslant t\leqslant t_f$。对式(11.63)不断微分,直到出现显式的控制变量 $\boldsymbol{u}$,便可以得到

$$\boldsymbol{\Omega}[\boldsymbol{x}(t),\boldsymbol{u}(t),\boldsymbol{p}(t),\dot{\boldsymbol{p}}(t),\cdots,t]=\boldsymbol{0} \tag{11.64}$$

方程式(11.63)和式(11.64)构成关于状态变量和控制变量的代数方程。一般动态逆方法求解控制问题的是针对给定输出 $\boldsymbol{p}(t)$ 求出需要的控制变量 $\boldsymbol{u}(t)$,那么如果求出最优输出 $\boldsymbol{p}^*(t)$,相应的最优控制 $\boldsymbol{u}^*(t)$ 可由方程(11.64)确定。基于动态逆的轨迹优化方法正是基于这种思想,选择与描述轨迹相关的状态变量作为输出,并定义实际输出与期望输出的关系,即式(11.63),通过求解最优输出求出最优控制变量。相关文献提出对输出函数式(11.63)选择的建议:即尽量选择最有影响的变量作为输出,同时应使利用式(11.64)求解控制变量时尽可能简单。动态逆方法的基本原理如图 11.20 所示。

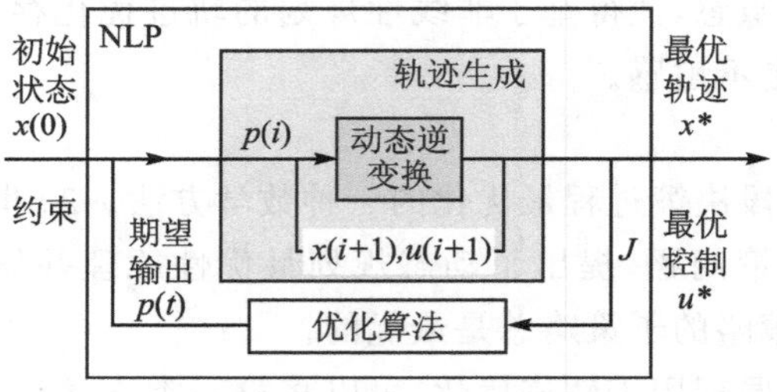

图 11.20　动态逆轨迹优化方法原理图

动态逆方法通过逆变换,不直接优化控制变量,而是优化期望的输出从而间接设计控制变量。相对直接法,动态逆方法可以缓解参数敏感问题。特别是对高超声速飞行器,控制变量的微小变化将导致轨迹发生很大变化,即轨迹对控制参数十分敏感。同时动态逆方法对期望输出的初值估计比直接法对控制变量的初值估计更容易。

动态逆方法涉及对连续期望输出 $\boldsymbol{p}(t)$ 的参数化问题,同时可能用到期望输出的前几阶导数信息(一般为一、二阶导数),因此在参数化时比直接法的控制变量参数化要求更高的精度,同时还要获得更精确的导数信息。一般采用高阶多项式或分段三次样条插值来对期望输出 $\boldsymbol{p}(t)$ 参数化。作者研究发现,对于较为平缓的轨迹,如火箭上升段轨迹,采用三次多项式,就可以获得较高精度的期望输出的一、二阶导数。然而当期望轨迹存在多次跳跃时,则须采用分段三次样条插值才能对期望输出的各阶导数较精确地近似,且精度与划分网格点的密度相关。

因此，动态逆在解决这一类轨迹优化问题时还需进一步从方法上改进和完善。

2. 轨迹优化方法的新进展

(1) 伪谱法

近年来，一类离散控制变量和状态变量的伪谱方法(Pseudospectral Method,PM)，也称为正交配点方法(Orthogonal Collocation)备受关注。该方法采用全局插值多项式的有限基，在一系列离散点上近似状态变量和控制变量。对多项式求导来近似动力学方程中的状态变量对时间的导数，且在一系列配点上满足动力学方程右函数约束，从而将微分方程约束转换为代数约束。配点一般选择正交多项式的根。离散点称为节点，它们可能与配点一致，也可能是配点再加上初始时刻和(或)终端时刻点。对光滑问题，伪谱方法具有很快的收敛性。对非光滑问题，一般将最优控制问题分段，在每段利用正交配点法求解。

应用于航空航天领域常见的伪谱方法包括 Chebyshev 伪谱法(CPM)、Legendre 伪谱法(LPM)、Gauss 伪谱法(GPM) 以及 Radau 伪谱法(RPM)。各种伪谱法的不同在于所选取的插值基函数、配点和节点类型不同，如表 11.1 所列。

表 11.1　各种伪谱方法插值多项式及配点类型

方　法	插值多项式基函数	配　点	节点取值范围
CPM	Chebyshev	Chebyshev-Gauss-Lobatto 点	[−1,1]
LPM	Lagrange	Legendre-Gauss-Lobatto 点	[−1,1]
GPM	Lagrange	Legendre-Gauss-Lobatto 点	(−1,1)
RPM	Lagrange	Legendre-Gauss-Radau 点	[−1,1]

一些文献将传统直接法中的离散状态变量和控制变量的方法称为局部(local)法，而伪谱方法称为全局(global)方法。这是因为前者是将时间历程分段，在每一段用多项式近似状态变量和控制变量，而后者以全局插值多项式为基函数，在整个时间历程近似状态变量和控制变量。最近关于伪谱方法的大量研究表明，传统的多项式分段拟合的配点法相对其他直接法，可能既不是最精确的，也不是计算效率最高的方法。而伪谱方法因其较少的参数和较高的精度的优势，被认为具有应用于实际系统的实时最优控制问题的潜力。

(2) 快速搜索随机树法 (Rapidly - Exploring Random Tree Algorithm，RRT)

最近，一类用于机器人轨迹规划的方法被引入飞行器轨迹在线规划与制导问题。RRT 方法是针对在线轨迹规划/优化需求而引入的一种快速轨迹规划方法。该方法的基本原理如下：建立两个状态树，一个以初始状态为起点，向前积分，另一个以目标(终端)状态为起点，向后积分。状态树每一步增长过程都是对飞行器动力学进行前向或后向积分。相应的控制变量由使两个状态树以更快的速度接近的 RRT 算法决定。一旦两个状态树接近到一定的空间距离，就可连接起来作为一条可行轨迹。图 11.21 显示了 RRT 方法的基本原理。

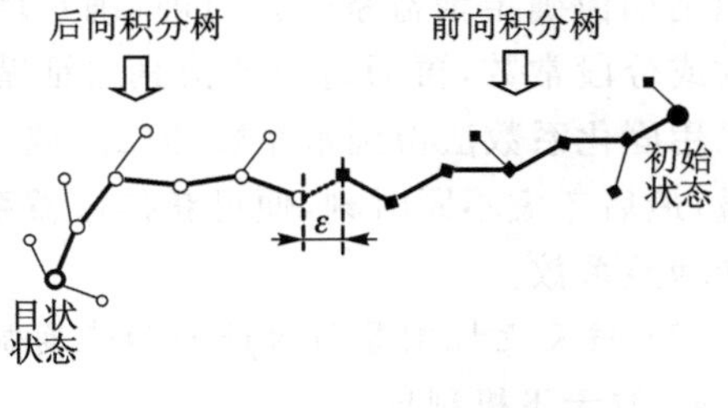

图 11.21　RRT 方法原理图

由于控制变量是由 RRT 算法在各种控制约束，如最大侧倾角变化率、最大加速度等约束决定的控制空间中计算出来的，且超过状态变量约束的状态树分支会自动去除，因此计算出的轨迹可自动满足状态变量和控制变量约束。这是 RRT 方法最显著的优点。同时它也存在我们不期望的特性,即随机性。对于在线应用问题,随机过程可能使在特定时间区间内无法得到可行的轨迹。当问题规模增大时,其难度急剧增加。该方法的瓶颈是对那些复杂动力学系统如何确定 RTT 算法的收敛标准。例如,在再入问题中有两个状态变量——航迹角和速度,除非知道如何从每个状态变量将飞行器控制到目标点,否则很难判断哪个状态更接近目标。

(3) 滚动时域优化方法

滚动时域优化方法是借鉴预测控制的思想,对飞行器轨迹进行在线的有限时段优化。预测控制是针对传统最优控制在工业过程中的不适用性而提出的一种优化控制算法,其重要思想是利用滚动的有限时段优化取代一成不变的全局优化。

将预测控制思想引入飞行器轨迹优化问题时,还需要考虑终端价值函数最优,因此在应用滚动时域优化时,还必须解决剩余时间价值函数(cost-to - go function)的描述问题。一般的方法是采用某种近似模型来描述该函数。

在预测控制领域已出现多种方法来解决该问题。Jadbabaie 等人提出一种控制 Lyapunov 函数来计算终端价值函数。对基于滚动时域的轨迹优化问题,一般采用近似轨迹模型求解剩余价值函数。例如,Bellingham 用多项式表示二维地形模型,用近似距目标最短距离作为 RH 规划器的终端价值函数,而该近似模型可由地形和目标信息离线计算。

实际轨迹优化问题往往存在一定程度的不确定性,比如飞行器到达目的地之前或许目标已发生变化,且环境参数的详细信息也很难预先准确获知,轨迹越长,不确定性就越大。滚动优化在有限时段优化轨迹,因此在应对不确定性上具有优势,同时有利于实现轨迹的实时规划。

11.3.2　高超声速飞行器一般制导方法

1. 一般制导方法概述

(1) 标准轨道制导

标准轨道制导方法可以应用于处于上升段、巡航段或者再入段的高超声速飞行器。标准轨道制导是根据实际飞行状态与标准飞行状态的偏差对轨道进行控制,其基本过程如下:在机载计算机内预先写入标准最优轨迹参数,并由导航系统计算飞行器实时运动参数,并与标准轨道参数比较,获得误差信号。将误差信号输入制导方程,得到需要姿态角信号,然后由姿控系统调姿,改变飞行器受到的气动力或推力的方向,使实际飞行轨迹跟踪标准轨迹。标准轨道制导一般分为纵向制导和横向制导,且以纵向制导为主,其原因是高超声速飞行器所受气动热和过载主要取决于下降速度,而下降速度主要取决于总升力在纵向的投影。纵向制导律的主要问题是如何确定增益系数。目前,确定增益系数的方法有三种:① 根据经验选取增益系数为常数或分段常数,再通过数值仿真验证精度;② 将系统线性化,并简化为二阶或三阶系统,然后采用固化系数法得到常系数的二阶或三阶系统,再根据对过程的要求,确定该固化点的最佳增益,最后考虑不同时刻,便可获得增益系数随时间的变化规律;③ 从二次性能指标出发选择最佳增益系数。

(2) 航天飞机制导与改进的加速度制导

a. 航天飞机制导

这里讨论的航天飞机制导为再入段制导方法。航天飞机再入制导综合了解析预测、标准轨道制导和飞行剖面在线生成的思想，其基本原理如下：以阻力加速度-速度剖面（D-V剖面）为参考飞行剖面，该参考剖面分为独立的四段，即两个二次曲线段，一个拟平衡滑翔段和一个线性段。每一段参考剖面具有解析表达式，且预先设计以满足再入走廊要求，从而保证再入轨迹满足各种过程约束和航程要求。纵向轨迹的控制通过调节侧倾角的大小和迎角以跟踪标准D-V剖面实现。侧倾角大小为主要调节变量，迎角在事先设计的标准迎角曲线附近微调。跟踪D-V剖面的同时，在一定制导周期对纵向航程进行解析预测并更新D-V剖面，以逐步消除航程误差。设计参考轨迹时未考虑横向航程，而是假设飞行器沿连接再入点的大圆弧飞行至目标点。航天飞机通过跟踪阻力剖面确定侧倾角大小，由侧倾反转逻辑控制航向误差在一定范围内，从而控制横向轨迹。Harpold最早公开发表关于航天飞机的制导原理与算法。航天飞机再入制导关键技术可以总结如下：

① 标准飞行剖面设计；

② 轨迹跟踪控制；

③ 航程预测与航程误差的动态消除。

许多再入制导方法都受航天飞机再入制导的影响，采用规划/跟踪阻力加速度剖面的思路，这类方法一般称为加速度制导。

阻力加速度制导在阿波罗计划和航天飞机计划中被证明是有效的。阻力加速度适于被跟踪，这是因为它可以由加速度计准确测量。通过阻力剖面规划纵向运动的优势：过程约束和零侧倾平衡滑翔条件分别可转换为阻力剖面的上、下边界。

由于未考虑设计轨迹的曲率，航天飞机再入制导律在大横程情况下的精度会降低，因此需要大量的事先规划工作。虽然可以在线调整参考阻力剖面，但与再入条件相关的跟踪增益不能自动生成。在大圆弧假设基础上设计参考飞行剖面，使该制导方法对再入横向射程能力有一定的限制。

b. 改进的加速度制导

改进的加速度再入制导（Evolved Acceleration Guidance Logic for Entry，EAGLE）是航天飞机纵向加速度制导的直接扩展，即由二维制导扩展到三维制导。EAGLE由两个模块组成，一个参考轨迹规划函数（生成阻力参考剖面和横向加速度剖面），另一个计算侧倾角和迎角指令的跟踪函数。轨迹规划器周期性更新参考轨迹，以消除阻力和航向角跟踪误差的累积效应。跟踪函数的核心是基于反馈线性化的以侧倾角为控制变量的阻力加速度的跟踪。参考航向角也是以侧倾角为控制变量，最终的侧倾角指令是这两个跟踪控制闭环指令的加权和。早期的EAGLE在某些情况，特别是亚轨道再入时，制导精度不高，这就限制了EAGLE的应用。一些学者针对该问题对EAGLE做了改进，同时减少了需要手动调节的制导参数。

扩展的航天飞机再入制导技术在飞行剖面的优化与设计、跟踪控制律以及航程更新技术等方面有所改进。

(3) 在线生成与跟踪制导技术

轨迹在线生成与跟踪制导包括以下两方面关键技术：

① 轨迹的在线生成；

② 轨迹的跟踪制导。

与阻力加速度制导不同，在线生成的轨迹一般在非加速度剖面描述。由于再入轨迹具有强非线性且受到各种严格的过程约束，故轨迹在线生成是其中的难点。

马歇尔太空飞行中心(Marshall Space Flight Center, MSFC)的Dukeman研究了基于线性状态反馈的纵向跟踪律,以能量为参数的反馈增益由LQR (Linear Quadratic Regulater)方法离线获得,该方法的优点是反馈增益系数基本独立于参考轨迹。在该跟踪律的基础上,Dukeman还给出了一种轨迹规划器,求解时将再入轨迹分为两段。一是刚进入大气层的亚轨道高度阶段:在该阶段假设热流密度为常值,由气动升力来控制轨迹,可获得解析的侧倾角控制律。二是大气中的飞行阶段,假设侧倾角大小为速度的线性函数,侧倾角符号由反转点控制。侧倾角参数以满足航程和终端高度、航向角的约束来设计。

美国爱荷华州立大学陆平研究了一种可有效满足多约束的三自由度再入轨迹在线生成方法。基于拟平衡滑翔(Quasi-Equilibrium Glide, QEG)假设,将飞行器再入的各种过程约束转换为控制变量侧倾角的约束。再入轨迹划分为初始下降段、拟平衡滑翔段和预能量管理段。后来陆平又将这种轨迹在线生成方法扩展到亚轨道再入的情况,且采用类似于MSFC的跟踪律实现纵向轨迹跟踪,侧倾角反转逻辑采用类似于航天飞机的方法,只是用横向航程误差代替航向角偏差作为反转依据。

(4) 数值预测-校正制导方法

随着计算机性能的不断提升,数值预测-校正制导方法在线实施成为可能,一些学者开始研究这种制导方法。该方法一般需要解决以下几个问题:

① 轨迹的在线预测;

② 控制变量参数化方法;

③ 迭代校正算法;

④ 路径约束的施加。

轨迹在线预测涉及用于预测的再入运动数学模型、计算轨迹的数值积分方法和积分步长。控制变量参数化是为了减少待求参数,从而实现轨迹的在线规划。一般的迭代校正算法采用基于梯度的方法,如牛顿迭代法对初值较好的情况能够很快收敛。轨迹规划的同时需考虑路径约束的施加,这也是再入预测-校正制导方法的难点之一。

近年来关于数值预测-校正再入制导的公开发表的文献并不多见。

洛克希德-马丁公司的Youssef提出了一种预测-校正制导,旨在解决再入初始条件存在大范围散布的问题。假设侧倾角和迎角均为分段常数形式,制导参数为侧倾角大小、侧倾角反转时间以及迎角大小。事先计算纵向航程误差和航向角误差关于制导参数的误差敏感矩阵。因而对设计变量,可插值求得各终端误差,避免了梯度矩阵的在线解算,提高了计算速度。以各误差的L_2范数最小为目标,采用优化算法求解制导参数,同时考虑各种弹道约束。以X-33为对象,针对各种再入初始参数散布情况,对该方法在Matlab平台上进行了概念验证,还未讨论算法的实时性;且这种制导方法将侧倾角反转次数指定为一次,对于航程较远或大横程的情况是否适用还须进一步探讨。

印度理工学院的Sivan提出了一般RLV预测-校正再入制导算法,其制导参数为标准迎角曲线的微调参数$\Delta\alpha$和线性侧倾角模型中初始时刻的侧倾角大小σ_d,横向运动仍采用侧倾反转逻辑。控制变量参数化减小了在线数值预测-校正的计算量。Sivan对标准情况下制导性能进行了仿真验证。该学院的Joshi Ashok还提出了一种考虑路径约束的数值预测-校正制导算法,将路径约束控制律在预测-校正的同时施加,即当预测的飞行轨迹超出阻力边界时调整侧倾角,其调整量由控制律决定。修正后的控制变量用于迭代校正,从而保证预测的轨迹是可行的，迭代计算收敛的同时保证终端约束满足。在事先计算控制变量初值的情况下，所实现的算例在一个制导周期内迭代次数一般不会超过三次。

另外，数值预测-校正制导技术还应用于行星探测器的轨道捕获和着陆制导问题中，采用该方法可提高制导方法对较大环境参数误差的适用性。

(5) 制导与控制一体化技术

制导控制一体化设计思想是将制导系统和姿控系统综合设计，发挥协作优势，提高系统性能。

一般飞行器制导律的设计是基于三自由度质点弹道完成的。该方法有两个重要的基本假设：

① 飞行器在飞行过程中处于瞬时平衡状态，忽略其绕质心转动运动；

② 姿态控制系统理想，能瞬时达到制导指令要求的姿态。因此，控制系统的动态特性成为影响制导系统快速性的主要因素，而控制系统的稳态特性是影响制导精度的主要因素。将制导与控制系统一体化设计能充分发挥相互协作的优势，提供快速的动力学响应。

再入制导控制一体化技术将再入轨道、制导与姿态控制综合设计，研究飞行器控制能力下降的情况下，如何利用先进的制导与控制技术重新配置控制单元或改变制导规律，以适应各种失效、异常情况下的安全再入问题。其关键技术包括以下几方面：

① 再入轨迹在线生成技术；

② 制导系统重构与自适应技术；

③ 控制系统重构与自适应技术；

④ 在线参数辨识技术。

美国空军研究所(AFRL)的综合自适应制导与控制(IAG&C)研究计划致力于研究再入系统的重构能力。该方法的不足是仍需调整控制增益，且对某些故障情况，控制重构和自适应制导可能达不到完全恢复控制系统的要求。

2. 两类高超声速飞行器制导律详述

高超声速飞行器制导方法因不同类型的高超声速飞行器而存在较大差异。制导主要控制飞行器的运动轨迹，当飞行时间越长，航程越大，飞行速度越快时，精确控制飞行轨迹的难度就越大，因此高超声速飞行器制导技术的难点和相关研究主要集中在以下两类航程较大的高超声速飞行器：再入高超声速飞行器和返回飞船。下面结合作者的工作，阐述近年来相关研究中具有代表性的两类高超声速飞行器制导律，即滑翔式再入飞行器轨迹在线生成与跟踪制导律；探月返回飞船数值预测-校正律。

(1) 高超声速滑翔再入飞行器的轨迹在线生成与跟踪制导律

a. 问题描述

高超声速滑翔再入飞行器的轨迹在线生成与跟踪制导是利用飞行器再入前的一小段时间，快速生成一条可行的再入轨迹，并对其进行跟踪制导，满足高超声速再入飞行器制导任务要求。

为了方便滑翔式再入飞行器制导问题的研究，这里给出一套极坐标描述的无动力再入运动方程。与 11.2 节介绍的运动模型不同，该方程是建立在地心固连坐标系中建立，考虑地球为旋转圆球，并将状态变量变为量纲为 1，即

$$\frac{\mathrm{d}z}{\mathrm{d}\tau}=u\sin\gamma \tag{11.65}$$

$$\frac{\mathrm{d}\theta}{\mathrm{d}\tau}=\frac{u\cos\gamma\sin\psi}{z\cos\varphi} \tag{11.66}$$

$$\frac{\mathrm{d}\phi}{\mathrm{d}\tau}=\frac{u\cos\gamma\cos\psi}{z} \tag{11.67}$$

$$\frac{\mathrm{d}u}{\mathrm{d}\tau}=-\bar{D}-\frac{\sin\gamma}{z^2}+\Omega^2 z\cos\varphi(\sin\gamma\cos\varphi-\cos\gamma\sin\varphi\cos\psi) \tag{11.68}$$

$$\frac{\mathrm{d}\gamma}{\mathrm{d}\tau}=\frac{1}{u}\left[\bar{L}\cos\sigma+\frac{\cos\gamma}{z}\left(u^2-\frac{1}{z}\right)+2\Omega u\cos\varphi\sin\psi+\Omega^2 z\cos\varphi(\cos\gamma\cos\varphi+\sin\gamma\cos\psi\sin\varphi)\right] \tag{11.69}$$

$$\frac{\mathrm{d}\psi}{\mathrm{d}\tau}=\frac{1}{u}\left[\frac{\bar{L}\sin\sigma}{\cos\gamma}+\frac{u^2}{z}\cos\gamma\sin\psi\tan\varphi-2\Omega u(\tan\gamma\cos\varphi\cos\psi-\sin\varphi)+\frac{\Omega^2 z}{\cos\gamma}\sin\varphi\cos\varphi\sin\psi\right] \tag{11.70}$$

其中，量纲为 1 的地心距 z、速度 u、飞行时间 τ 和地球自转角速度 Ω 的定义分别如下：

$$z=\frac{r}{R_0},\qquad u=\frac{V}{\sqrt{g_0R_0}},\qquad \tau=\frac{t}{\sqrt{\dfrac{R_0}{g_0}}},\qquad \Omega=\frac{\omega}{\sqrt{\dfrac{g_0}{R_0}}} \tag{11.71}$$

θ,φ 分别表示经度和纬度，ψ,γ 分别表示航向角和航迹角，σ 表示侧倾角。$\bar{L},\bar{D}$ 分别为量纲为 1 的升力和阻力，表示为

$$\bar{L}=\rho(uV_c)^2 S_{\mathrm{ref}}C_L/(2mg_0)$$

$$\bar{D}=\rho(uV_c)^2 S_{\mathrm{ref}}C_D/(2mg_0)$$

轨迹在线生成问题描述为以迎角 α 和侧倾角 σ 为控制变量，在线计算一条以再入点为初始状态，满足再入走廊约束和终端条件的三自由度轨迹。再入走廊是根据飞行方案事先离线计算。再入段的终端约束条件为在一定高度范围 Δz 和距目标点一定航程范围 Δs 的空间区域，且满足一定的速度约束。另外，根据不同的任务要求还可能有终端航向角的约束等，即

$$|z(\tau_f)-z_f|\leqslant\Delta z,\qquad |s(\tau_f)-s_f|\leqslant\Delta s,\quad u(\tau_f)=u_f,\quad |\Delta\psi(\tau_f)|\leqslant\Delta\psi_f \tag{11.72}$$

b. 纵向参考轨迹的在线规划

利用再入飞行器纵向运动（由关于 z,γ,u 的方程描述）只与 σ 的大小相关而与 σ 的符号无关的特点（不考虑地球旋转项），这里将纵、横向轨迹分开设计。通过设计侧倾角大小随速度的变化曲线 $|\sigma(u)|$，使纵向参考轨迹（在 $z-u$ 平面）位于再入走廊内且满足终端高度、速度和航程约束。横向轨迹规划由改变侧倾角 σ 的符号，将航向角误差控制在一定范围内实现。

建立考虑哥氏加速度影响的改进的拟平衡滑翔条件（Improved Quasi - Equilibrium Glide Condition，IQEGC），即

$$\frac{1}{z}\left(\frac{1}{z}-u^2\right)-\bar{L}\cos\sigma-2\Omega u=0 \tag{11.73}$$

利用改进的拟平衡滑翔条件，可将纵向多约束参考轨迹设计问题转化为一维空间的单参数搜索问题，同时利用航向角误差走廊规划横向轨迹。

纵向平面参考轨迹的状态变量包括量纲为1的地心距 $z(s_{\text{to-go}})$、速度 $u(s_{\text{to-go}})$ 和航迹角 $\gamma(s_{\text{to-go}})$，计算中把它们存储为剩余航程 $s_{\text{to-go}}$（距目标点的航程）的函数，控制变量包括侧倾角 $|\sigma(u)|$ 和迎角 α。迎角由预先设计好的迎角曲线确定。因而，纵向轨迹规划的设计变量为侧倾角的大小 $|\sigma(u)|$。

规划纵向参考轨迹时将再入轨迹分为初始下降段和拟平衡滑翔段两部分，原因是这两个飞行段动态特性差异较大。再入点一般都位于再入走廊之外。在初始下降段，侧倾角 σ 的设计目标是使再入轨迹转换到拟平衡滑翔状态，并进入再入走廊。初始下降段的高度约在40～100 km的范围，大气密度在这个范围内很小，再入热流、动压和过载较小，因此除末端达到拟平衡滑翔条件外不考虑其他各种路径约束。气动力控制能力在这个高度范围也很有限，为减小计算量，不妨设初始下降段的侧倾角为常值 σ_0。σ_0 的符号根据再入点速度方向与到目标点的视线方向的偏差角 $\Delta\psi_0$ 的符号确定，即

$$\operatorname{sgn}(\sigma_0) = -\operatorname{sgn}(\Delta\psi_0) \tag{11.74}$$

其中，$\Delta\psi_0 = \psi_0 - \Psi_0$，$\psi_0$ 为再入点航向角，Ψ_0 为再入点到目标点的视线方位角。

初始下降段侧倾角的大小 $|\sigma_0|$ 通过迭代计算，迭代准则是使初始下降段的纵向轨迹进入再入走廊并满足IQEGC，即

$$\left| \frac{\mathrm{d}z}{\mathrm{d}u} - \left(\frac{\mathrm{d}z}{\mathrm{d}u}\right)_{\text{IQEGC}} \right| < \delta \tag{11.75}$$

其中，δ 为给定小量，$\frac{\mathrm{d}z}{\mathrm{d}u}$，$\left(\frac{\mathrm{d}z}{\mathrm{d}u}\right)_{\text{IQEGC}}$ 分别为高度-速度平面内当前状态变量和IQEGC对应的速度点的斜率。$\frac{\mathrm{d}z}{\mathrm{d}u}$ 由运动方程的近似表达式计算，即忽略方程式(11.68)中的哥氏加速度项，并除方程式(11.65)，可得近似表达式

$$\frac{\mathrm{d}z}{\mathrm{d}u} = \frac{u\sin\gamma}{-\bar{D} - \sin\gamma/z^2} \tag{11.76}$$

$\left(\frac{\mathrm{d}z}{\mathrm{d}u}\right)_{\text{IQEGC}}$ 由有限差分求解，即给定当前速度 u，根据IQEGC即式(11.73)求出对应的量纲为1的地心距 z_{IQEGC}，那么容易求出斜率 $\left(\frac{\mathrm{d}z}{\mathrm{d}u}\right)_{\text{IQEGC}}$。

给定一组高度和速度值，由IQEGC可计算出对应的侧倾角 σ_{IQEGC}。由于在初始下降段迭代得到的 σ_0 与到转折点对应的平衡滑翔侧倾角 σ_{IQEGC} 可能不同，为使控制变量连续，当轨迹进入再入走廊时，控制变量采用如下形式：

$$|\sigma| = \begin{cases} |\sigma_0|, & |\sigma_0| \geqslant |\sigma_{\text{IQEGC}}| \\ |\sigma_{\text{IQEGC}}|, & |\sigma_0| < |\sigma_{\text{IQEGC}}| \end{cases} \tag{11.77}$$

下面介绍初始下降段求解控制变量 $|\sigma_0|$ 的迭代流程。首先读入标准迎角曲线参数、再入接口数据和目标点数据，判断 σ_0 的符号，并给设计变量 $|\sigma_0|$ 赋初值（一般取 $|\sigma_0| = 0°$）。然后以再入接口为初值对三自由度运动方程积分，直到满足式(11.75)，即达到拟平衡滑翔状态。此时，在高度-速度平面判断轨迹是否进入再入走廊，若满足则保存设计变量 σ_0 和下降段轨迹

参数，否则修改设计变量，可以取$|\sigma_0|=|\sigma_0|+10°$进行迭代，并重复前面的过程。若迭代时设计变量超过其允许值还未满足各条件，则初始下降段迭代失败。若迎角曲线已合理设计，则对一定范围的再入接口，本文的算法可以成功设计初始下降段的控制变量。解决迭代失败问题可以通过修改标准迎角曲线或者减小$|\sigma_0|$的迭代步长，在此不详细讨论。图 11.22 为初始下降段的迭代流程图。采用上述迭代算法可得到高度-速度平面的初始下降段轨迹和再入走廊，如图 11.23 所示。

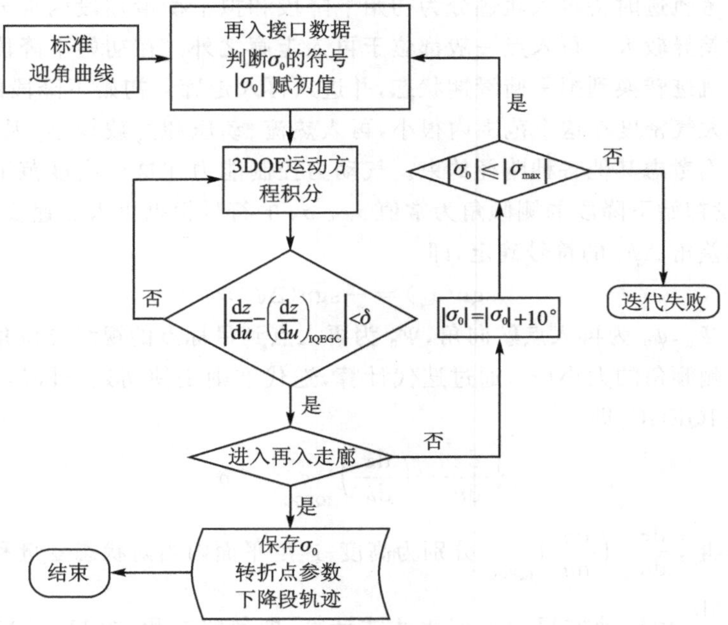

图 11.22 初始下降段侧倾角的迭代算法流程

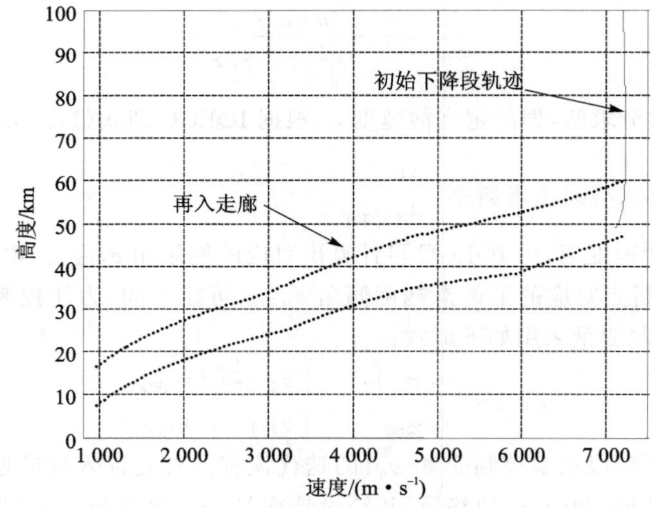

图 11.23 初始下降段轨迹和再入走廊

迭代得到的 σ_0 代入再入运动方程后积分，可得初始下降段三自由度轨迹。当进入再入走廊时，控制变量采用式(11.77)。初始下降段轨迹计算存储的数据包括积分得到的轨迹参数以及相应的控制变量 $\sigma(S_{togo})$ 和 $\alpha(S_{togo})$，并记转折点对应的纵向轨迹参数为 $(z_1,u_1,\gamma_1,\sigma_1)$。

对远距离高超声速滑翔式再入飞行器，拟平衡滑翔段占再入飞行的大部分时间，且哥氏加速度的影响不可忽略。为更有效地实现纵向轨迹的实时规划，这里利用改进的拟平衡滑翔条件，一方面将再入走廊约束转换为控制变量约束，另一方面将控制变量参数化，使多约束参考轨迹设计问题转化为一维空间的单参数搜索问题。从而，拟平衡滑翔段的轨迹设计转化为约束间接施加、控制变量参数化与迭代求解两个问题。

① 再入走廊约束的间接施加

根据 IQEGC 式(11.73)，已知 z,u,σ 中任意两个即可确定第三个参数。设对应的量纲为 1 变量表示的再入走廊为 $[z_{up}(u),u]$，$[z_{down}(u),u]$，再入走廊的求解方法可参考作者相关文献。给定速度 u 后，将 z_{up},z_{down} 代入 IQEGC 便可解算出侧倾角的边界值($|\sigma||\sigma|_{max\ min}$)，且有如下关系：

$$
\begin{aligned}
&|\sigma||\sigma|_{IQEGC}(z_{down}(u),u)_{max}\\
&|\sigma||\sigma|_{IQEGC}(z_{up}(u),u)_{EQ\ min}
\end{aligned}
\tag{11.78}
$$

即 $|\sigma|$ 的最大值和最小值分别由高度-速度平面再入走廊的下边界和上边界确定，从而路径约束可间接由条件 $|\sigma\|\sigma(u)||\sigma|_{max\ min}$ 对控制变量施加，并使拟平衡滑翔段的参考轨迹满足路径约束。

② 控制变量参数化与迭代求解

为实现在线轨迹规划，将控制变量 $|\sigma(u)|$ 的无穷维规划问题转化为单参数搜索问题，设计 $|\sigma(u)|$ 为如下分段线性函数：

$$
|\sigma(u)|=\begin{cases}\dfrac{\sigma_{mid}-|\sigma_1|}{u_{mid}-u_1}(u-u_1)+|\sigma_1|, & u_{mid}\leqslant u\leqslant u_1\\[2ex] \dfrac{\sigma_{mid}-|\sigma_2|}{u_{mid}-u_2}(u-u_2)+|\sigma_2|, & u_2\leqslant u\leqslant u_{mid}\end{cases}
\tag{11.79}
$$

且满足不等式约束 $|\sigma||\sigma(u)||\sigma|_{max\ min}$。其中，$(u_1,\sigma_1)$ 和 (u_2,σ_2) 分别为拟平衡滑翔段起点和终点的速度、侧倾角，(u_{mid},σ_{mid}) 为对应于 $\dfrac{3}{4}u_1$ 的速度和侧倾角，即取 $u_{mid}=\dfrac{3}{4}u_1$，σ_{mid} 为决定参考轨迹的控制变量参数，迭代时取 $\sigma_{mid}>0$。

参数 σ_{mid} 根据终端航程和速度要求确定，因此需要确定纵向平面的速度和航程关系。为描述瞬时纵向平面和目标平面之间的关系，定义角度 $\Delta\psi$，它表示当前点到目标点的视线角与速度航向角之差。在控制横向轨迹时，$\Delta\psi$ 被限制在小角度范围内。在瞬时纵向平面(无横向运动)，剩余航程 $s_{to\text{-}go}$ 满足方程

$$
\dot{s}_{to\text{-}go}=-\frac{u\cos\gamma}{z}
\tag{11.80}
$$

将纵向平面的航程投影到目标平面，可得目标平面的剩余航程：

$$
\dot{s}'_{to\text{-}go}=-\frac{u\cos\gamma}{z}\cos\Delta\psi
\tag{11.81}
$$

将速度方程式(11.68)与式(11.80)相除，并略去牵连加速度项，得

$$\frac{\mathrm{d}u}{\mathrm{d}s'_{\text{to-go}}}=\frac{-z}{u\cos\gamma\cos\Delta\psi}\left(-\bar{D}-\frac{\sin\gamma}{z^2}\right) \tag{11.82}$$

再将 $\cos\gamma\approx 1$，$\bar{D}=\bar{L}\left(\frac{C_D}{C_L}\right)$以及 IQEGC 代入式(11.81)，可得速度与航程的近似关系：

$$\frac{\mathrm{d}u}{\mathrm{d}s'_{\text{to-go}}}=\left(\frac{1}{z}-u^2-2\Omega uz\right)\frac{C_D/C_L}{u\cos\sigma\cos\Delta\psi} \tag{11.83}$$

其中，$z\approx 1$，$\Delta\psi$ 近似取为小角度常数，C_D，C_L 近似为迎角的函数，$\cos\sigma$ 项是影响末速的主要因素。设拟平衡滑翔段初始点和要求的终端剩余航程分别为 $s_{\text{to-go1}}$，$s_{\text{to-go2}}$，仿真计算表明，在区间$[s_{\text{to-go1}},s_{\text{to-go2}}]$内对式(11.83)积分得到的末速 u_2 随 σ_{mid} 单调变化。因此采用割线法可迭代出满足终端航程和速度要求的 σ_{mid}，迭代格式如下：

$$\sigma_{\text{mid}}^{i+1}=\sigma_{\text{mid}}^{i}-\frac{\sigma_{\text{mid}}^{i}-\sigma_{\text{mid}}^{i-1}}{u_2^i-u_2^{i-1}}(u_2^i-u_f) \tag{11.84}$$

由于$|\sigma_2|$是由 IQEGC 和 u_2，z_2 得到的，因此当 $u_2=u_f$ 时，终端高度条件同时满足。由描述纵向运动的方程式(11.65)、式(11.68)、式(11.69)和式(11.80)，并忽略牵连和哥氏加速度项，可得以剩余航程为独立变量的纵向量纲为 1 的运动方程，即

$$\frac{\mathrm{d}z}{\mathrm{d}s_{\text{to-go}}}=-z\tan\gamma \tag{11.85}$$

$$\frac{\mathrm{d}u}{\mathrm{d}s_{\text{to-go}}}=\frac{z\bar{D}}{u\cos\gamma}+\frac{\tan\gamma}{uz} \tag{11.86}$$

$$\frac{\mathrm{d}\gamma}{\mathrm{d}s_{\text{to-go}}}=-\frac{1}{u^2}\left[\frac{\bar{L}z\cos\sigma}{\cos\gamma}+\left(u^2-\frac{1}{z}\right)\right] \tag{11.87}$$

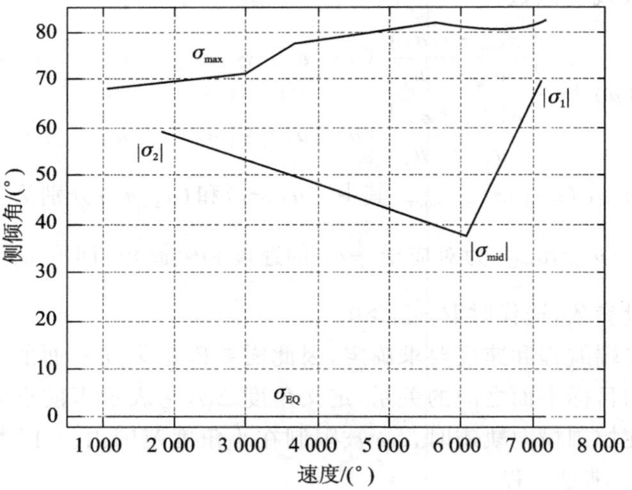

图 11.24　拟平衡滑翔段侧倾角的大小

将$|\sigma(u)|$代入纵向运动方程积分，可得到拟平衡滑翔段的纵向参考轨迹 $z^*(s_{\text{to-go}})$，$u^*(s_{\text{to-go}})$，$\gamma^*(s_{\text{to-go}})$，并存储下来，同时存储纵向参考轨迹的控制变量$|\sigma(u)|_{\text{ref}}(s_{\text{to-go}})$和 $\alpha_{\text{ref}}(s_{\text{to-go}})$。图 11.24 为一个仿真实例设计的控制变量及其边界曲线。图 11.25 为对应的纵向参考轨迹和再入走廊曲线。

c. 三自由度轨迹生成与跟踪控制

前面实现了纵向参考轨迹在纵向运动平面的规划，下面解决纵向参考轨迹的跟踪问题，即求解跟踪控制变量，同时确定侧倾角的符号，实现横向制导。

本节采用 LQR 跟踪控制器与线性时变的反馈控制律对纵向参考轨迹实施跟踪，跟踪控制律为

$$\delta \boldsymbol{U} = -\boldsymbol{K} S_{\text{to-go}} \delta \boldsymbol{x}_{\text{long}} \tag{11.88}$$

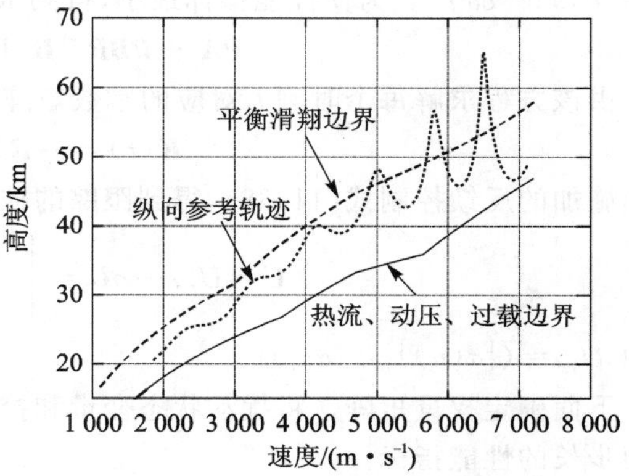

图 11.25　拟平衡滑翔段纵向参考轨迹

其中，$\delta \boldsymbol{x}_{\text{long}} = (z\ u\gamma)^{\mathrm{T}} - (z^*\ u^*\ \gamma^*)^{\mathrm{T}}$ 表示实际纵向轨迹与参考纵向轨迹的状态偏差，$\delta \boldsymbol{U} = (\delta|\sigma|\delta\alpha)^{\mathrm{T}}$ 为相对参考轨迹控制变量的修正量，$\boldsymbol{K}(S_{\text{to-go}})$ 为反馈增益，可在某一条轨迹跟踪计算时将其存储为剩余航程的函数，其他参考轨迹跟踪时可对已存储的反馈增益进行插值，因而无须每次都用 LQR 算法求解。Dukeman 证明了这种跟踪控制器性能较好，且计算一套反馈增益适用于不同的参考轨迹跟踪问题。

对纵向运动方程式(11.85)～式(11.87)在参考轨迹附近线性化，得到求解反馈增益的线性时变系统，即

$$\begin{bmatrix} \delta z' \\ \delta u' \\ \delta \gamma' \end{bmatrix} = A(S_{\text{to-go}}) \begin{bmatrix} \delta z \\ \delta u \\ \delta \gamma \end{bmatrix} + \boldsymbol{B}(S_{\text{to-go}}) \begin{bmatrix} \delta\ |\ \sigma\ | \\ \delta\alpha \end{bmatrix}$$

$$\boldsymbol{y} = \boldsymbol{C}(S_{\text{to-go}}) \begin{bmatrix} \delta z \\ \delta u \\ \delta \gamma \end{bmatrix} \tag{11.89}$$

其中

$$\boldsymbol{A} = \begin{bmatrix} -\tan\gamma & 0 & -\dfrac{z}{\cos^2\gamma} \\ \dfrac{1}{u\cos\gamma}\left(-z\bar{D}_z - \bar{D} + \dfrac{\sin\gamma}{z^2}\right) & \dfrac{z}{u^2\cos\gamma}\left(u\bar{D}_u - \bar{D} - \dfrac{\sin\gamma}{z^2}\right) & \dfrac{1}{u\cos^2\gamma}\left(\dfrac{1}{z} + z\bar{D}\sin\gamma\right) \\ \dfrac{1}{u^2\cos\gamma}\left[-(z\bar{L}_z + \bar{L})\cos\sigma - \dfrac{\cos\gamma}{z^2}\right] & \dfrac{z}{u^3\cos\gamma}\left[(2\bar{L} - u\bar{L}_u)\cos\sigma - \dfrac{2\cos\gamma}{z^2}\right] & -\dfrac{z\bar{L}\cos\sigma\sin\gamma}{u^2\cos^2\gamma} \end{bmatrix}$$

$$\boldsymbol{B} = \begin{bmatrix} 0 & 0 \\ 0 & z\bar{D}_\alpha/(u\cos\gamma) \\ z\bar{L}\sin\sigma/(u^2\cos\gamma) & -z\bar{L}_\alpha\cos\sigma/(u^2\cos\gamma) \end{bmatrix}$$

系数矩阵 $\boldsymbol{A}$，$\boldsymbol{B}$ 中的 $\bar{L}_z$，$\bar{L}_u$，$\bar{L}_\alpha$，$\bar{D}_z$，$\bar{D}_u$，$\bar{D}_\alpha$ 分别为量纲为 1 的升力、阻力加速度对 z，u，α 的导数，其值可根据气动力模型和指数大气模型求解。

标准的线性二次型性能指标为

$$J(t, t_f) = \int_t^{t_f} [\delta \boldsymbol{x}^{\mathrm{T}}(\tau) \boldsymbol{Q} \delta \boldsymbol{x}(\tau) + \delta \boldsymbol{u}^{\mathrm{T}}(\tau) \boldsymbol{R} \delta \boldsymbol{u}(\tau)]\, \mathrm{d}\tau \tag{11.90}$$

其中，$\boldsymbol{Q}$，$\boldsymbol{R}$ 为权重矩阵，$\boldsymbol{Q} \in \boldsymbol{R}^{3\times3}$，$\boldsymbol{R} \in \boldsymbol{R}^{2\times2}$，扰动状态变量 $\delta \boldsymbol{x} = \{\delta z\ \delta u\ \delta\gamma\}^{\mathrm{T}}$，控制变量调节量

$\delta \boldsymbol{u}=\{\delta|\sigma| \quad \delta\alpha\}^{\mathrm{T}}$。为使性能指标最小，得到 Riccati 方程：

$$\boldsymbol{PA}-\boldsymbol{PBR}^{-1}\boldsymbol{B}^{\mathrm{T}}\boldsymbol{P}+\boldsymbol{Q}+\boldsymbol{A}^{\mathrm{T}}\boldsymbol{P}=0 \tag{11.91}$$

由该方程求解每个时刻 t 对应的常数矩阵 $\boldsymbol{P}(t)$，得到反馈增益：

$$\boldsymbol{K}(t)=-\boldsymbol{R}^{-1}\boldsymbol{B}^{\mathrm{T}}(t)\boldsymbol{P}(t) \tag{11.92}$$

根据施加的反馈控制式(11.88)，得到跟踪的控制变量：

$$\boldsymbol{U}=\boldsymbol{U}_{\mathrm{ref}}+\delta\boldsymbol{U}=\begin{bmatrix}|\sigma(u)|_{\mathrm{ref}}+\delta|\sigma| \\ \alpha_{\mathrm{ref}}+\delta\alpha\end{bmatrix} \tag{11.93}$$

其中，$\boldsymbol{U}_{\mathrm{ref}}=(|\sigma(u)|_{\mathrm{ref}} \quad \alpha_{\mathrm{ref}})^{\mathrm{T}}$。

下面确定权重矩阵。将扰动状态变量和控制变量代入性能指标式(11.90)，可以得到一个时间步长的性能指标：

$$J=\int_{\tau}^{\tau+\Delta T}(Q_1\delta z^2+Q_2\delta u^2+Q_3\delta\gamma^2+R_1\delta\sigma^2+R_2\delta\alpha^2)\,\mathrm{d}\tau \tag{11.94}$$

其中，ΔT 是量纲为 1 的时间步长，Q_1，Q_2 和 Q_3 是矩阵 $\boldsymbol{Q}$ 的主对角线，R_1，R_2 是矩阵 $\boldsymbol{R}$ 的主对角线元素。考虑以跟踪高度变量为主，令 $Q_2=Q_3=0$，那么除 Q_1 外还需确定权重矩阵中的两个系数 R_1，R_2。根据 Bryson 原则，有以下关系：

$$Q_1\delta z_{\max}{}^2=R_1\delta\sigma_{\max}{}^2=R_2\delta\alpha_{\max}{}^2 \tag{11.95}$$

其中，下标 max 表示对应变量相对参考轨迹值允许的最大误差。注意：由于性能指标的归一化不影响结果，因此 Q_1，R_1，R_2 中的一个可以任意取值。为简化问题，令 $Q_1=1$，则 R_1，R_2 可表示为

$$R_1=\frac{\delta z_{\max}{}^2}{\delta\sigma_{\max}{}^2},\qquad R_2=\frac{\delta\sigma_{\max}{}^2}{\delta\alpha_{\max}{}^2}R_1 \tag{11.96}$$

那么由 Riccati 方程可以计算 $\boldsymbol{K}(t)$，将 $\boldsymbol{K}(t)$ 代入式(11.88)和式(11.93)可得到控制变量 $\delta|\sigma|$ 和 $\delta\alpha$。

在对纵向轨迹跟踪的同时，还须控制横向轨迹。这里采用侧倾反转逻辑，即通过改变侧倾角的符号来控制横向运动。有学者针对一般的再入飞行器，轨迹生成方法采用侧倾角单点反转或双点反转策略，将轨迹控制到目标区域。而对于滑翔再入的高超声速飞行器来说，航程较远，横向机动范围较大，单次或两次侧倾反转可能无法实现轨迹的精确控制。因此，我们提出以航向角误差走廊来控制侧倾反转，即航向角误差超出设定的值(误差走廊)就进行一次侧倾反转。

设再入飞行器当前位置相对目标点(θ_T,ϕ_T)的视线角为 ψ_{LOS}，其计算公式为

$$\tan\psi_{\mathrm{LOS}}=\frac{\sin(\theta_T-\theta)}{\cos\varphi\tan\varphi_T-\sin\varphi\cos(\theta_T-\theta)} \tag{11.97}$$

定义视线角误差 $\Delta\psi$ 为当前航向角与视线角之差，即 $\Delta\psi=\psi-\psi_{\mathrm{LOS}}$。航向角由误差走廊确定的侧倾反转逻辑如下：当航向角误差值位于误差走廊内时，侧倾角符号保持不变；当航向误差超出误差走廊下边界，即轨迹向北偏时，侧倾角符号为正；反之，侧倾角符号为负。反转逻辑的数学表达为

$$\operatorname{sgn}(\sigma^i(u))=\begin{cases}-1, & \Delta\psi\geqslant\Delta\psi_{\mathrm{threshold}}(u)\\ 1, & \Delta\psi\leqslant-\Delta\psi_{\mathrm{threshold}}(u)\\ \operatorname{sgn}(\sigma^{i-1}(u)), & -\Delta\psi_{\mathrm{threshold}}(u)<\Delta\psi<\Delta\psi_{\mathrm{threshold}}(u)\end{cases} \tag{11.98}$$

其中 sgn $(\sigma^i(u))$ 为前一时刻的侧倾角符号，$\Delta\psi_{\text{threshold}}(u)$ 为航向角误差的门限制，一般为速度的分段线性函数，即

$$\Delta\psi_{\text{threshold}}(u)=\begin{cases}\Delta\psi_1, & u>u_{\text{th1}}\\ \Delta\psi_2, & u_{\text{th2}}<u\leqslant u_{\text{th1}}\\ \Delta\psi_2+\dfrac{\Delta\psi_2-\Delta\psi_3}{u_{\text{th2}}-u_{\text{th3}}}(u-u_{\text{th2}}), & u\leqslant u_{\text{th2}}\end{cases} \tag{11.99}$$

其中，$\Delta\psi_1$，$\Delta\psi_2$，$\Delta\psi_3$ 均为表示误差走廊宽度的参数，u_{th1}，u_{th2}，u_{th3} 为对应分段点的速度。航向角误差走廊边界值的选取原则为既可使再入航迹满足终端位置约束，又不至于使侧倾反转过于频繁。

基于上述方法，可以实现高超声速滑翔再入飞行器轨迹在线生成与跟踪控制，控制高超声速飞行器运动轨迹以完成给定的飞行任务。

(2) 探月飞船数值预测-校正再入制导律

针对探月返回任务，给出了一种低升阻比跳跃式返回再入飞行器的数值预测-校正再入制导律。该制导律包括轨迹规划和在线闭环制导两部分。轨迹规划的结果用于闭环制导的初值猜测以提高预测-校正迭代速度。在轨迹规划和闭环制导律中，都是通过调节侧倾角大小来满足纵向航程要求，采用侧倾反转逻辑来设计侧倾角的符号。通过侧倾角参数化方法，即设置侧倾角为剩余航程的分段线性函数，将制导问题转换为单参数搜索问题，再采用计算量较小的割线法求解设计变量。对于闭环制导在每一个制导周期进行预测校正，当前状态作为初始状态，且预测-校正算法在每一个制导周期在线重复实施。轨迹预测的数值方法采用四阶龙格-库塔方法，该方法能够在下一代的在线处理器上使用并用于轨迹预测。同时全状态三自由度再入运动方程用于轨迹计算以获得高制导精度。

a. 问题描述

再入制导的目的是在各种扰动环境下使再入飞行器能够从再入接口准确到达预定的着陆场。典型的跳跃式再入轨迹如图 11.26 所示。对于飞船类再入飞行器，再入制导律一般是通过调节侧倾角实现调整轨迹满足终端约束，迎角一般采用配平迎角。侧倾角的大小和符号由制导律确定。本小节针对探月返回任务，提出一种低升阻比跳跃式返回再入飞行器的数值预测-校正再入制导律。

b. 制导律基本逻辑

返回飞船数值预测-校正再入制导律包含以下四个阶段(见图 11.26)：

阶段Ⅰ：初始下降段，从进入点到跳跃段初始高度；

阶段Ⅱ：跳跃段，从跳跃段初始高度到再次跳出大气层；

阶段Ⅲ：开普勒段，从跳出大气层到再入大气层；

阶段Ⅳ：二次再入段，也称末制导段，从二次再入点到开伞点。

在该数值预测-校正方法中，采用四阶龙格-库塔方法对运动方程积分用于在线轨迹预测。同时，在不同制导阶段，采用了不同的预测-校正模型，用于解决探月返回再入制导中的再入速度较高(约为 11 km/s)、航程变化范围较大(约 2 500～10 000 km)以及制导中的扰动可能导致轨迹逸出或急剧再入等问题。

再入制导阶段转换逻辑以及各阶段对应的基本算法如图 11.27 所示。初始再入段从再入接口高度开始，再入制导算法计算侧倾角模型参数(见图 11.28 和式(11.100))以使终端航程

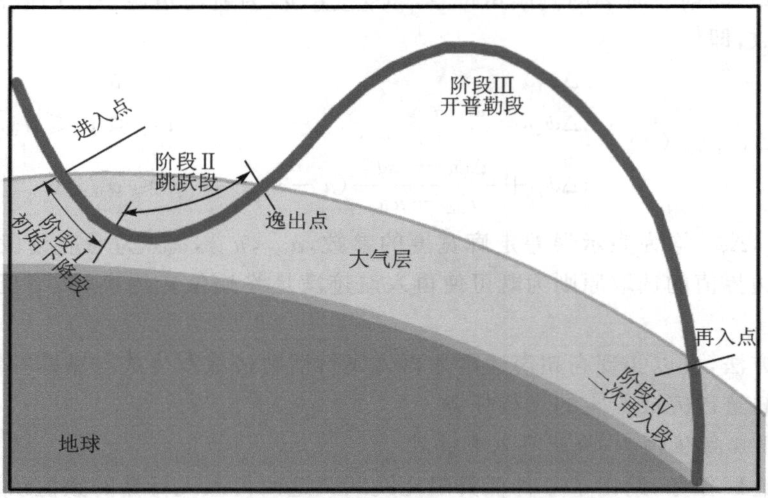

图 11.26　典型的跳跃再入轨迹

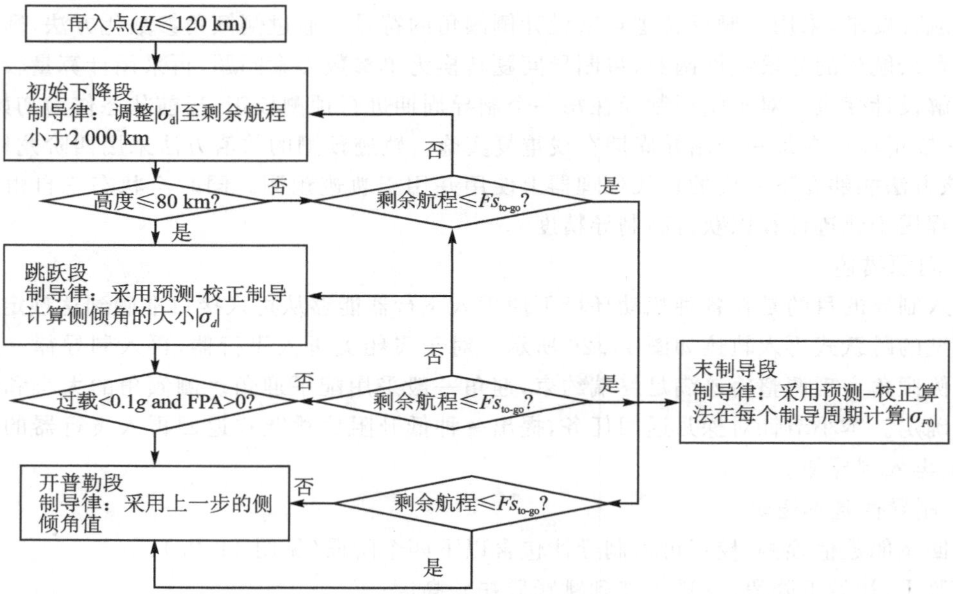

图 11.27　再入制导律转换逻辑(H 为高度,FPA 为弹道倾角,$Fs_{\text{to-go}}$ 为给定的末制导段航程)

误差小于 2 000 km,直到高度小于 80 km。初始再入段的算法一方面可以调整轨迹终点在一定精度范围内不至于使再入轨迹逸出,同时用不精确迭代制导参数可节省在线计算量。然后制导算法转入跳跃段,在跳跃段的每个制导周期,制导参数 σ_d 迭代求解,以满足终端位置约束。当过载大于 $0.1g$ 时,进入开普勒段,此时不再迭代制导,制导参数沿用上一步设计的参数,每一时刻的侧倾角大小由式(11.100)得到。当过载再次超过 $0.1g$ 或者再入剩余航程小于给定值时,制导逻辑转入末制导段,此时采用新的侧倾角模型(见图 11.28)以及新的纵向量纲为 1 的运动模型(见式(11.108))。末制导段的初始侧倾角 σ_{f0} 是末制导段的设计变量。上述制导转换逻辑适用于一般的跳跃再入情况,在图 11.27 中还描述了另外两个分支,这两种情况是针对半跳跃式再入和直接再入两种情况。如果在初始下降段期间判断出剩余航程就小于给定的末制导段航程，那么直接接入末制导段，这种情况为直接再入的情况。在跳跃段期间或开普勒段期间判断出剩余航程已经小于给定的末制导段航程，那么制导逻辑直接进入末制导段，这种情况为半跳跃式再入的情况。增加这两个分支，可使本节的制导逻辑适用于探月返回的各种航程要求。

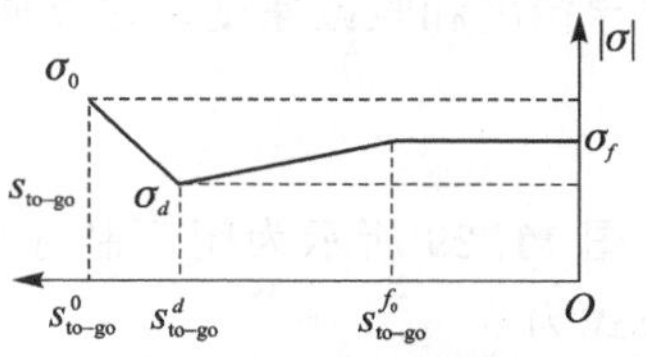

图 11.28　轨迹规划段侧倾角参数化模型

c. 轨迹规划算法

轨迹规划算法中，末制导段航程开始前，侧倾角大小建立为剩余航程的分段线性函数，末制导段航程 $s_{\text{to-go}}^{f_0}$ 的大小是根据总航程要求而定的。根据仿真经验，设定当总航程大于 5 000 km，末制导段航程为 2 000 km，当总航程小于 5 000 km 时，末制导段航程设定为 1 000 km。对于低升阻比再入飞行器，所给定的末制导段航程不会有太大变化。当当前剩余航程小于末制导段航程 $s_{\text{to-go}}^{f_0}$ 时，采用常值侧倾角模型。图 11.28 给出的轨迹预测中采用的侧倾角模型，相应的侧倾角计算公式如下：

$$\left.\begin{aligned}|\sigma| &= |\sigma_d| + (|\sigma_0| - |\sigma_d|)\frac{s_{\text{to-go}} - s_{\text{to-go}}^{d}}{s_{\text{to-go}}^{0} - s_{\text{to-go}}^{d}}, \quad s_{\text{to-go}}^{d} \leqslant s_{\text{to-go}} \leqslant s_{\text{to-go}}^{0} \\ |\sigma| &= |\sigma_f| + (|\sigma_d| - |\sigma_f|)\frac{s_{\text{to-go}} - s_{\text{to-go}}^{f_0}}{s_{\text{to-go}}^{d} - s_{\text{to-go}}^{f_0}}, \quad s_{\text{to-go}}^{f_0} \leqslant s_{\text{to-go}} \leqslant s_{\text{to-go}}^{d} \\ |\sigma| &= |\sigma_f|, \quad s_{\text{to-go}} < s_{\text{to-go}}^{f_0}\end{aligned}\right\} \tag{11.100}$$

其中

$$s_{\text{to-go}}^{d} = s_{\text{to-go}}^{f_0} + 3/4(s_{\text{to-go}}^{0} - s_{\text{to-go}}^{f_0}) \tag{11.101}$$

轨迹规划算法的目标是寻找侧倾角 $|\sigma_d|$ 以满足总航程的要求。返回飞船制导问题中采用的运动方程仍为无动力再入三自由度量纲为 1 的方程式(11.65)～式(11.70)，轨迹预测即对方程进行积分并利用侧倾角模型式(11.100)以及侧倾反转逻辑(后面给出)将求解制导变量 $|\sigma_d|$ 的问题就转换为求解非线性方程的根的问题：即从当前状态开始，求解满足开伞点剩余航程要求的 $|\sigma_d|$。待求解的非线性方程为

$$f(|\sigma_d|) = s_{\text{to-go}f}(|\sigma_d|) = 0 \tag{11.102}$$

轨迹预测中对运动方程积分在开伞点高度处结束。如果预测结束时航程不足，则 $s_{\text{to-go}}$ 为正值，如果此时航程超出了预定值，则 $S_{\text{to-go}}$ 为负值。这里采用计算量较小的割线法进行迭代计算 $|\sigma_d|$，迭代公式为

$$|\sigma_d|^{i+1} = |\sigma_d|^{i} - \left(\frac{|\sigma_d|^{i} - |\sigma_d|^{i-1}}{s_f^{\ i} - s_f^{\ i-1}}\right) s_f^{\ i} \tag{11.103}$$

式中，$s_f^{\ i}$ 表示 $|\sigma_d|^i$ 预测出的剩余航程。迭代成功后，可计算出一条可行的满足航程要求的跳跃轨迹。同时，上一步的 $|\sigma_d|^i$ 可以作为下一步迭代计算的初值。

d. 闭环制导律

为了应对各种不确定性和大范围的航程要求，在轨迹规划算法后，再入过程中采用闭环制导，在每个周期以当前状态作为初始状态进行预测。在开普勒段结束以前，闭环制导算法采用与轨迹规划相同的模型。在末制导段，闭环制导采用新的运动方程预测以及新的侧倾角模型以提

高制导精度和收敛速度。建立侧倾角为量纲为 1 的能量的函数，量纲为 1 的能量 e 定义为

$$e=\frac{1}{r}-\frac{V^2}{2} \tag{11.104}$$

图 11.29 所示为闭环制导律中末制导段的侧倾角模型。因此，末制导侧倾角大小 $|\sigma|$ 的计算公式为

$$|\sigma|=|\sigma_{f0}|+(|\sigma_f|-|\sigma_{f0}|)\frac{e-e_{f0}}{e_f-e_{f0}} \tag{11.105}$$

式中，e_{f0} 为当前的量纲为 1 的能量，e_f 为开伞点的能量参数。在大圆弧假设下，剩余航程 s 满足方程：

$$\dot{s}=-\frac{V\cos\gamma}{r} \tag{11.106}$$

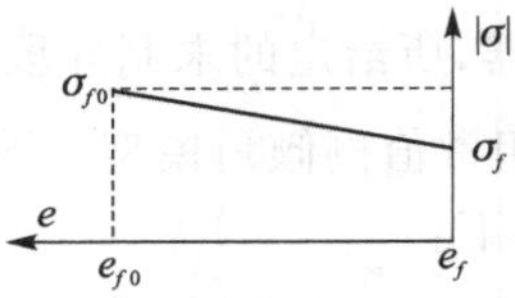

图 11.29　末制导段侧倾角模型

当忽略地球旋转项时，运动方程的纵向和横向项可以解耦，得到纵向量纲为 1 的运动方程：

$$\begin{aligned}\dot{z}&=u\sin\gamma\\ \dot{u}&=-\bar{D}-\frac{\sin\gamma}{z^2}\\ \dot{\gamma}&=\frac{1}{u}\left[\bar{L}\cos\sigma+\left(u^2-\frac{1}{z}\right)\frac{\cos\gamma}{z}\right]\end{aligned} \tag{11.107}$$

通过量纲为 1 的能量方程消去速度项，并以量纲为 1 的能量为独立变量，得到新的纵向量纲为 1 的运动方程：

$$\left.\begin{aligned}\frac{\mathrm{d}s}{\mathrm{d}e}&=-\frac{\cos\gamma}{r\bar{D}}\\ \frac{\mathrm{d}z}{\mathrm{d}e}&=\frac{\sin\gamma}{\bar{D}}\\ \frac{\mathrm{d}\gamma}{\mathrm{d}e}&=\frac{1}{\bar{D}u}\left[\bar{L}\cos\sigma+\left(u^2-\frac{1}{z}\right)\frac{\cos\gamma}{z}\right]\end{aligned}\right\} \tag{11.108}$$

其中，$u=\sqrt{2(1/z-e)}$。设置当前状态值为初始状态，给定侧倾角模型和运动方程(11.108)，从当前能量积分到开伞点能量值，可以计算出终端剩余航程 $s_f(e_f)$。于是末制导段预测校正制导问题可以描述如下：寻找初始侧倾角 $|\sigma_{f0}|$ 以满足终端航程要求。终端剩余航程是 $|\sigma_{f0}|$ 的函数。同样，采用割线法迭代计算 $|\sigma_{f0}|$ 如下：

$$|\sigma_{f0}|^{(i+1)}=|\sigma_{f0}|^{(i)}-\frac{s_f(|\sigma_{f0}|^{(i)})}{\partial s_f(|\sigma_{f0}|^{(i)})/\partial\sigma} \tag{11.109}$$

其中，偏微分项 $\dfrac{\partial s_f(|\sigma_{f0}|^{(i)})}{\partial\sigma}$ 采用有限差分法近似计算。

闭环制导律中采用了一些关键技术，以满足自适应和鲁棒性需求，主要包括：

① 提出了两层迭代初值策略。第一次初值猜测采用轨迹规划中得到的设计变量值。以第二宇宙速度再入，任意给定侧倾角值很可能使预测轨迹逸出大气层，从而造成设计变量随剩余航程的变化是非单调的，且这有可能使校正中采用的割线法迭代失败。初始下降段采用变步长方法调整航程，获得一个使剩余航程小于末制导段航程的第二个设计变量初始值，再基于第二个初值进行迭代，以保证迭代方法的有效性。

② 对配平气动参数进行建模，取代常规对气动数表插值方法获得气动系数，从而可大大减小轨迹预测计算量。气动模型中的系数采用最小二乘方法基于从气动数表数据拟合得到。

③ 不同制导段采用不同的精度指标以提高制导算法的效率，即在再入初段，认为预测轨迹小于 25 km 的剩余航程满足制导要求，而在再入末段采用更高的精度标准（如 5 km），从而提高制导算法的效率。

e. 横向制导逻辑

横向制导律采用侧倾反转逻辑，与一般的再入制导律横向制导方法类似。首先定义横程：

$$\chi = \sin^{-1}\left[\sin s_{\text{to-go}} \sin\left(\psi - \Psi_{\text{LOS}}\right)\right] \tag{11.110}$$

其中，Ψ_{Los} 为当前点沿大圆弧到开伞点的视线方位角，且

$$\Psi_{\text{Los}} = \arctan \frac{\sin\left(\theta_{fT} - \theta\right)}{\cos\varphi \tan\varphi_{\text{fT}} - \sin\varphi \cos\left(\theta_{\text{fT}} - \theta\right)} \tag{11.111}$$

其中，θ_{fT}，φ_{fT} 分别为开伞点的经度和纬度。侧倾反转逻辑用于确定侧倾角的符号同时应用于三自由度轨迹规划和闭环制导中，即当横程超过以速度为变量的边界函数时实施反转，该函数定义为

$$y = C_1 V + C_0 \tag{11.112}$$

其中，C_1 和 C_0 为常数。由于再入体的升力特性、尺寸以及质量决定了侧倾反转的快速性，同时 RCS 系统的能力限制了侧倾反转的总次数，因此 C_1 和 C_0 的取值需要在精度以及侧倾反转次数之间平衡。

综合上述制导律算法，包括轨迹规划算法、闭环制导算法和横向制导逻辑，可以实现低升阻比探月返回飞船的再入预测-校正制导。闭环制导算法在每个制导周期实施。预测-校正用于计算参数化侧倾角的大小以满足纵向航程要求，而侧倾反转逻辑用于侧倾角符号确定，从而实现精确控制返回飞船的轨迹到达预定落区。

f. 仿真算例

仿真采用如下主要假设和参数：

① 制导算法在一个三自由度仿真平台上进行验证，运动模型采用方程式（11.65）～式（11.70）。仿真中采用 4 阶龙格-库塔方法积分，积分步长为 0.5 s。制导周期为 2 s，即每 2 s 进行一次预测校正计算。

② 根据类阿波罗再入飞行器参数，假设再入接口处的再入高度为 400 000 ft，即 121.92 km。为简化问题，初始位置采用零经度和纬度，再入轨道与地球赤道平行。初始速度为 11 032 m/s，初始弹道倾角和航向角分别为－5.9°和 90°。

③ 终端精度要求为剩余航程≤5 km，终端高度为 10 km。

标称条件下的仿真结果如下：

标称条件下，设定五个航程要求：10 000 km、7 300 km、4 600 km、3 500 km、2 400 km。

其中 2 400 km 近似等于阿波罗返回任务的最短航程，而 10 000 km 代表着典型的跳跃再入航程。其他航程取这两个值的中间值，覆盖了探月返回的三种典型情况：直接再入、半跳跃式再入、跳跃式再入。

航程要求及仿真误差见表 11.2，仿真结果见图 11.30。

表 11.2　航程要求及仿真误差

项　目	1	2	3	4	5
要求航程/km	10 000	7 300	4 600	3 500	2 400
航程误差/km	−2.1	0.87	−1.78	−0.46	−2.1

由表 11.2 可知，在标称再入条件下，不同航程任务的仿真结果均满足精度要求，从而验证了图 11.27 所示制导逻辑可以应对探月返回的各种航程要求。仿真计算结果还表明，控制变量侧倾角在有效范围内，且再入过程中侧倾反转次数适中，在线计算时间小于制导周期2 s。

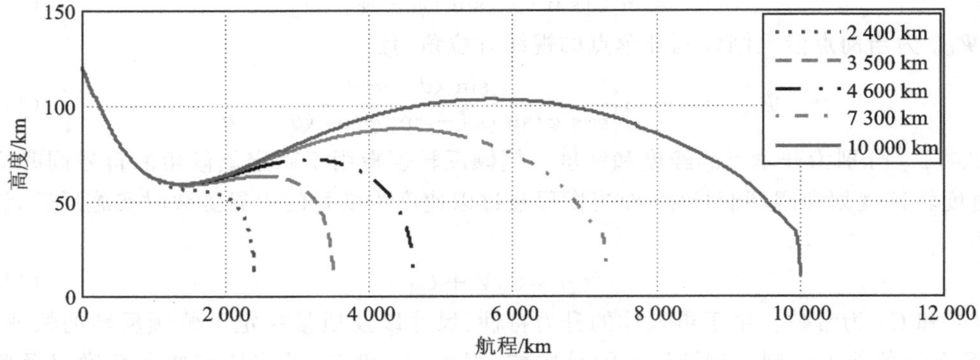

(a) 高度–航程曲线

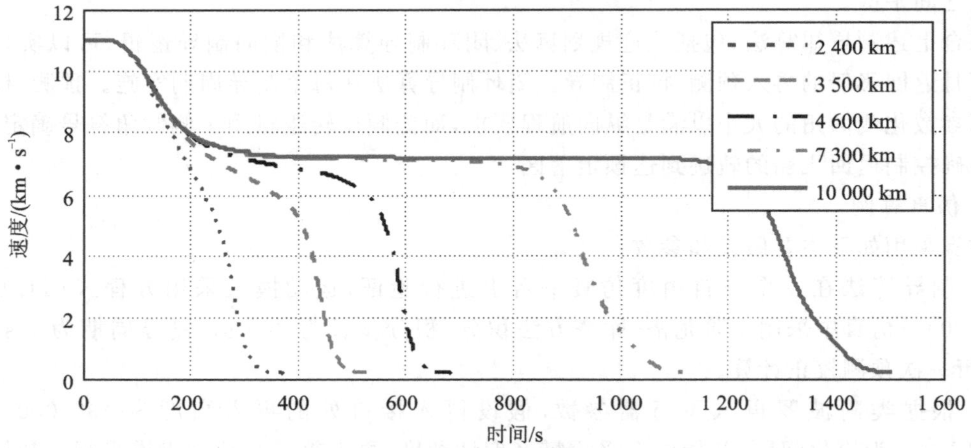

(b) 速度–时间曲线

图 11.30　标称条件下的仿真结果

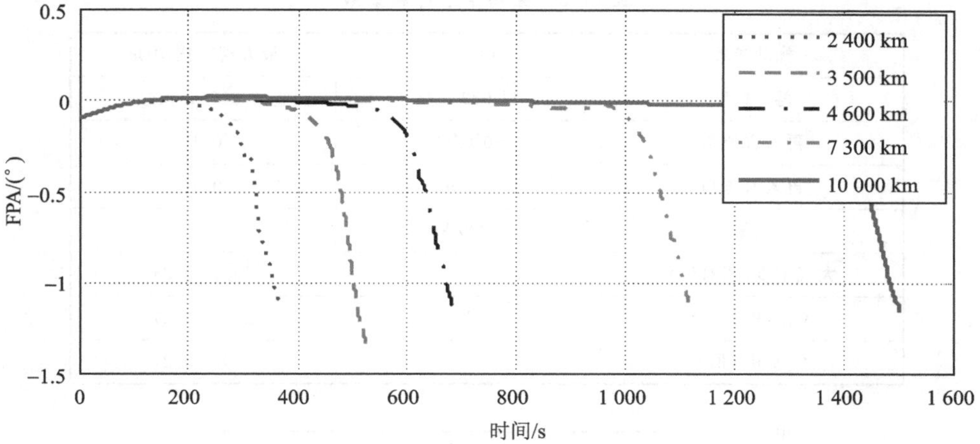

(c) 弹道倾角–时间曲线

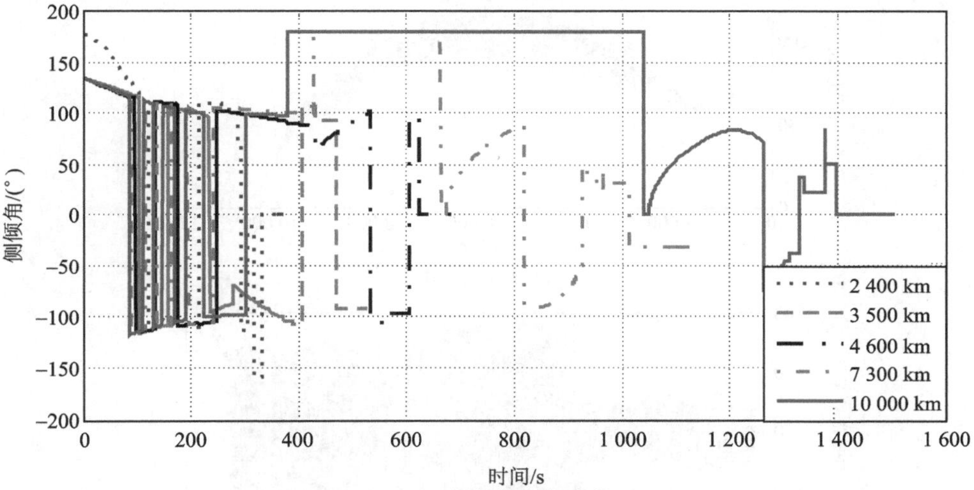

(d) 侧倾角–时间曲线

图 11.30　标称条件下的仿真结果(续)

扰动条件下的仿真结果如下：

为验证制导律在扰动条件下的性能，选取航程10 000 km进行了蒙特卡洛模拟。考虑的扰动参数包括再入点参数、气动参数、大气密度和飞行器质量参数，扰动参数取值见表 11.3。每个扰动参数符合高斯分布，表 11.3 给出了各扰动参数的均值 μ 和最大期望扰动 3σ。

蒙特卡洛仿真的典型结果曲线如图 11.31 所示。从过载曲线图 11.31(c)中看出，跳跃返回的过载出现了两次峰值，分别在初始再入段和末制导段，最大过载为 6 左右。落点散布见图 11.31(d)，其落点偏差满足所要求的精度。为了验证制导算法的快速性，图 11.32 还给出了算法的时间特性，图(a)记录了再入制导前三个阶段的各制导周期内制导算法所需的计算时间，图(b)为末制导段的制导算法计算耗时。这些时间特性参数是在计算机上 MATLAB 软件环境下对算法进行测试记录的，各制导周期内的计算耗时均不超过制导周期时长。

表 11.3 蒙特卡洛仿真参数

扰动参数	均值 μ	最大期望扰动 3σ
再入速度	11 032 m/s	300 m/s
再入方位角	90°(东)	0.1°
再入航迹角	−5.9°	0.1°
质量	3 200 kg	5%
大气密度(相对值)	1	20% (0.2)
C_D(相对值)	1	20% (0.2)
C_L(相对值)	1	20% (0.2)

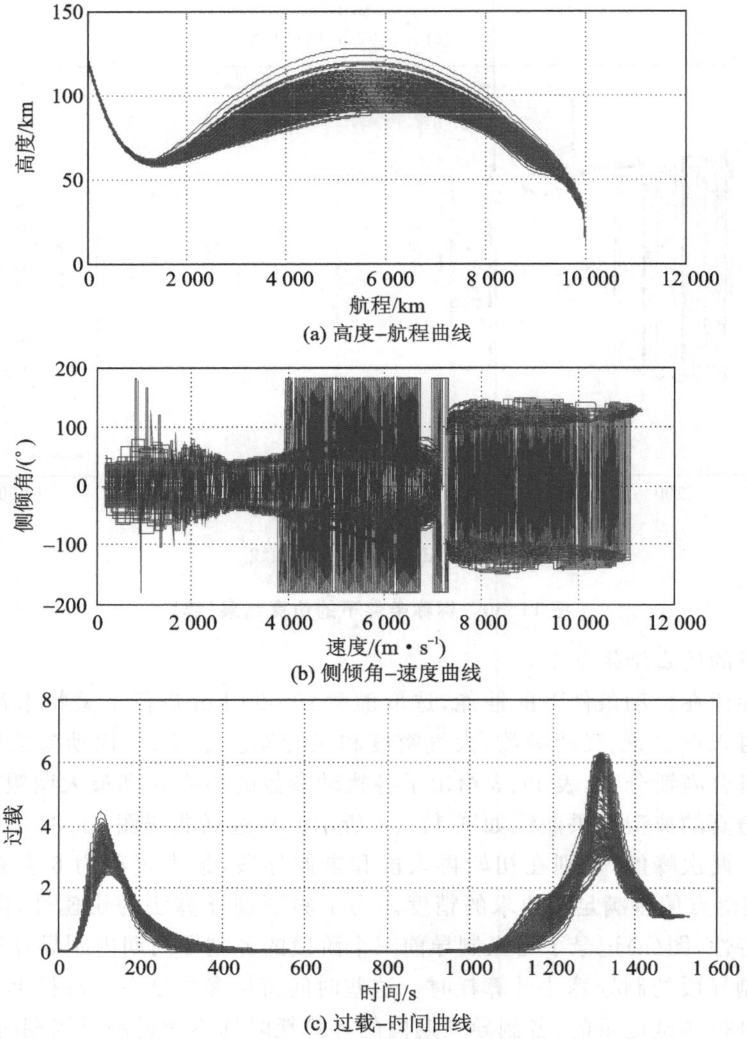

(a) 高度–航程曲线

(b) 侧倾角–速度曲线

(c) 过载–时间曲线

图 11.31 1 000 次蒙特卡洛打靶结果

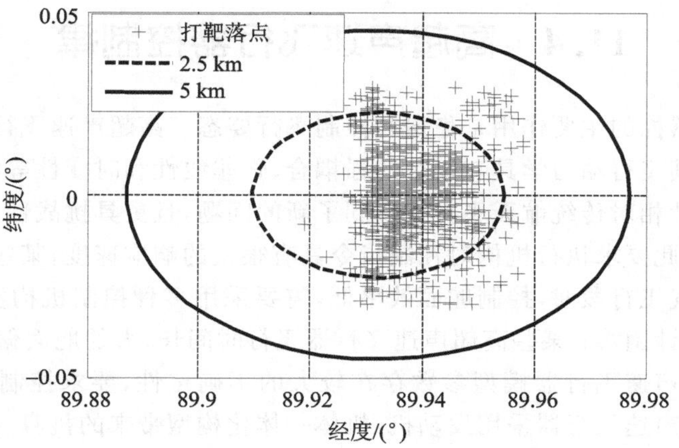

(d) 落点散布

图 11.31　1 000 次蒙特卡洛打靶结果(续)

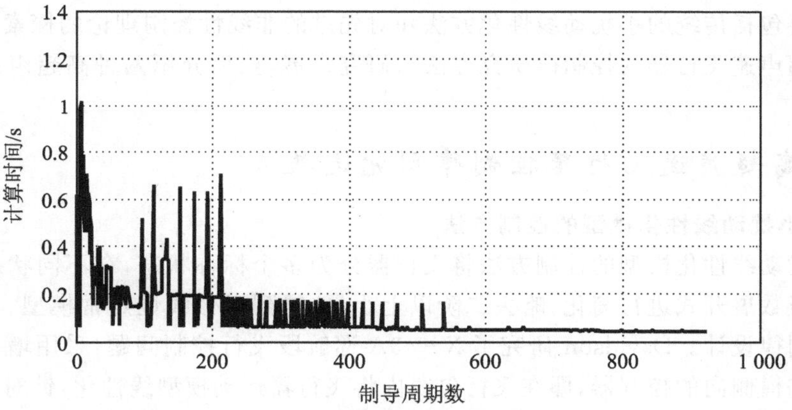

(a) 制导计算时间(制导阶段Ⅰ、Ⅱ、Ⅲ)

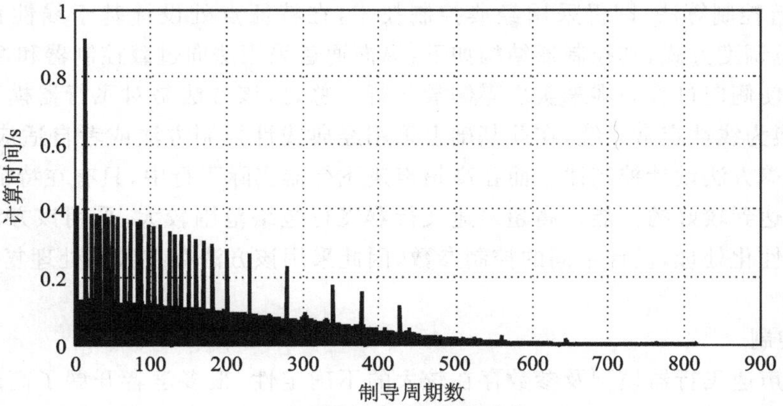

(b) 制导计算时间(制导阶段Ⅳ)

图 11.32　各制导周期中的制导计算时间

11.4 高超声速飞行器控制律

高超声速飞行器控的主要作用是稳定和控制飞行姿态。高超声速飞行器由于其飞行速度快，飞行环境复杂，其飞行动力学具有复杂的强耦合、强非线性和时变性等特点。因此，高超声速飞行器控制律设计相对传统航天飞行器遇到了新的问题，且更具挑战性。例如：高超声速飞行器飞行速度快，因此要求执行机构对控制指令具有很快的响应速度；某些类型的高超声速飞行器在经历稀薄大气飞行段时，控制舵面效率低，需要采用多种控制机构实施复合控制，控制模式复杂，控制律设计困难；某些高超声速飞行器飞行时间长，大的舵面偏转会引起不希望的气动加热问题；高超声速飞行器模型参数存在较大的不确定性，要求控制律具有一定的鲁棒性；还有吸气式高超声速飞行器采用发动机/机体一体化构型带来的机身、推进、气动与结构之间的强耦合问题等。

目前，国内外针对高超声速飞行器控制问题的研究，主要集中在两类高超声速飞行器：一是吸气式高超声速飞行器，二是无动力再入高超声速飞行器。针对高超声速飞行器的控制律设计方法主要包括传统的小扰动线性化方法和对先进的非线性控制理论的探索。本节首先介绍这两类高超声速飞行器的控制律研究方法与研究进展，然后介绍两种高超声速飞行器控制律设计方法。

11.4.1 高超声速飞行器控制律研究进展

1. 基于小扰动线性化模型的控制方法

基于小扰动线性化模型的控制方法将飞行器分为多个标称状态，在不同状态将模型通过多变量泰勒级数展开式进行简化，略去二阶以上小量，得到近似线性定常模型，再根据该线性模型进行控制律设计。Davidson 研究了 X－43A 巡航段飞行控制问题，采用增益预置法分别设计了纵向和横侧向的控制器，即在飞行包线内将飞行器运动模型线性化，针对特征点处的线性模型设计控制器，最后利用插值方法实现巡航段飞行姿态控制。Catherine 等总结了 X－43A 的飞行控制算法，即仍采用经典控制技术，在特征点处设计基于线性化模型的控制器，并采用增益调度方式，其控制器结构如下：纵向通道采用法向过载控制器和迎角控制器，侧向通道则通过使侧向过载为零来实现零侧滑飞行。总之，该方法是对飞行器模型小扰动线性化后，将其转换为线性定常系统，在此基础上采用经典线性控制方法或者自适应控制、鲁棒控制或智能控制等方法设计控制律。而在高超声速飞行器实际飞行中，只有在特征点附近，所设计的控制律能达到较好的性能。高超声速飞行器飞行包络范围较大，采用该方法需要对多个特征状态做线性化处理，设计不同的控制参数，因此采用该方法存在数据处理复杂和数据存储量大等问题。

2. 鲁棒控制

由于高超声速飞行器模型及参数存在较大的不确定性，很多学者开展了高超声速飞行器姿态控制系统的鲁棒设计方法研究。鲁棒控制在解决模型不确定性问题方面具有较好的效果。H_∞和 μ 控制是当前鲁棒控制方法中应用最广泛的两种方法，通常用 H_∞范数作为度量控制系统设计的目标函数，通过一系列设计使干扰对误差的影响最小化。μ 控制器结构简单直观，但是系统的阶数过高。NASA 兰利研究中心应用 H_∞和 μ 综合方法针对高超声速飞行器仿真模型 Winged – Cone 设计了控制律，以使飞行器稳定飞行且能精确跟踪高度和速度指令信号，同时保证迎角偏差小于给定精度。Christopher 等人对某高超声速飞行器的纵向通道设计了鲁棒控制器，并验证了其鲁棒性。Parker 等人建立了面向控制的对象模型，设计了轴对称的吸气式高超声速飞行器鲁棒自适应控制器。王鑫等针对实际飞行数据不足情况下的高超声速飞行器的横滚通道，采用李雅普诺夫方法设计了鲁棒姿态控制器。

3. 反馈线性化

由于高超声速飞行器自身气动特性复杂，控制器设计中的非线性问题较突出，很多学者利用反馈线性化方法，消除姿态控制系统的非线性特性，再对控制系统进行设计。反馈线性化方法是先用代数变换将非线性系统的动态特性全部或部分转化为线性的动态特性，然后依据线性系统的理论进行控制系统设计的方法。典型的反馈线性化方法包括动态逆方法和微分几何方法。但是该方法高度依赖于非线性模型的精确程度，且对未建模误差较为敏感，因此在应用反馈线性化方法时，常常加入鲁棒性设计，以补偿由模型不确定性带来的误差。Jennifer 等人采用动态逆方法设计了 X – 38 的再入姿态控制律，基于飞行包线内所选点对模型进行线性化，并设计了双环控制结构：内环基于动态逆方法设计，保证飞行器的性能；外环利用极点配置设计，保证整个飞行过程的稳定性。Johnson 等人以 X – 33 再入为背景设计了自适应动态逆控制系统，并引入了伪控制的思想。该方法入选 NASA 先进飞行控制系统备选方案，并在仿真测试中取得了较好的效果。曹健等人研究了高超声速飞行器纵向姿控系统反馈控制律，该控制器实现了飞行器迎角和俯仰角速率的快速稳定。

4. 变结构控制方法

变结构控制也是一种非线性控制方法，具有控制结构不固定、响应速度快、抗扰动、实现简单等特点。滑模控制是变结构控制的一种主要形式，滑模控制可以解决增益矩阵变成或接近奇异时的控制问题。Yu 设计了 X – 33 的自适应滑膜干扰观测器，并研究了 X – 33 再入飞行的滑膜控制方案。刘纪龙在纵向平面内建立了高超声速导弹的直接侧向力/气动力复合控制运动模型。运用滑模变结构控制方法，设计高超声速导弹的姿态控制律。对导弹的纵向通道采用迎角跟踪控制和过载跟踪控制和两种模式的自动驾驶仪。周凤岐等将高超声速飞行器的耦合项用非匹配不确定性的大系统形式表示，并在此基础上设计了滑模变结构控制器。韩钊基于 Terminal 滑模控制方法设计了吸气式高超声速飞行器 X – 43 再入姿态控制器，该控制器减小了高频噪声带来的影响。

5. 其他方法

应用于高超声速飞行器控制系统设计的其他方法还包括最优控制方法设计、智能控制策略（遗传算法、模糊控制）等。另外，还有轨迹线性化等方法。总之，几乎所有的先进控制方法都在高超声速飞行器的控制领域被研究和探索。由于高超声速飞行器的参数快速变化和模型未建模动态的影响，为了高性能高稳定的控制目标，经常采用不同控制方法相互融合来设计高超声速飞行器控制律。例如张红梅基于非线性动态逆策略，运用输入/输出线性化技术设计了通用高超声速飞行器（GHV）的自适应滑模鲁棒控制器，通过自适应调整增益有效地降低了抖振，提高了系统的鲁棒性能。

11.4.2 高超声速飞行器控制方法介绍

可用于高超声速飞行器控制律设计的方法较多，而且不同类型的飞行器具有不同的特点。

限于篇幅，这里介绍两种飞行控制律设计方法：一是工程上常用的小扰动线性化方法，并针对无动力再入高超声速飞行器特性，考虑了横侧向通道的耦合特性；二是一种在高超声速飞行器控制律研究中出现较多，且具有工程应用潜力的非线性控制方法，即反馈线性化方法。

1. 小扰动线性化方法

工程中应用最为广泛的姿态控制系统分析与设计方法是小扰动线性化理论与固化系数法，即在标称弹道附近对运动方程进行小扰动线性化，并取特征点参数固化系数，将时变非线性运动方程转换成控制系统设计所用的常系数线性方程，得到系统传递函数，再根据线性系统理论，对控制系统进行分析和设计。下面针对升力式再入飞行器特点，首先推导了面对称外形、大迎角再入条件下的小扰动线性化方程，然后根据小扰动线性化方法设计纵向通道和横侧向耦合通道的控制器。

(1) 用于控制系统设计的运动方程

在地面发射坐标系建立质心运动方程，略去哥氏惯性力和离心惯性力；在体坐标系下建立绕质心转动方程，并考虑升力式再入飞行器为面对称外形，得到用于控制系统设计的导弹运动方程组：

$$m\dot{v} = -X - mg\sin\gamma \tag{11.113}$$

$$mv\dot{\gamma} = Y\cos\phi_v - Z\sin\phi_v - mg\cos\gamma \tag{11.114}$$

$$mv\cos\gamma\dot{\chi} = -Y\sin\phi_v - Z\cos\chi \tag{11.115}$$

$$\dot{\omega}_x = \frac{1}{I_{xy}^2 - I_x I_y}\{I_{xy}(I_x + I_y - I_z)\omega_x - [I_{xy}^2 + I_y(I_y - I_z)]\omega_y\}\omega_z - \frac{M_x I_y + M_y I_{xy}}{I_{xy}^2 - I_x I_y} \tag{11.116}$$

$$\dot{\omega}_y = \frac{1}{I_{xy}^2 - I_x I_y}\{[I_{xy}^2 + I_x(I_x - I_z)]\omega_x - I_{xy}(I_x + I_y - I_z)\omega_y\}\omega_z - \frac{M_x I_{xy} + M_y I_x}{I_{xy}^2 - I_x I_y} \tag{11.117}$$

$$\dot{\omega}_z = \frac{1}{I_z}[(I_x - I_y)\omega_x\omega_y + I_{xy}(\omega_x^2 - \omega_y^2)] + \frac{M_z}{I_z} \tag{11.118}$$

$$\dot{\theta} = \omega_y\sin\phi + \omega_z\cos\phi \tag{11.119}$$

$$\dot{\psi} = (\omega_y\cos\phi - \omega_z\sin\phi)/\cos\theta \tag{11.120}$$

$$\dot{\phi} = \omega_x - \omega_y\tan\theta\cos\phi + \omega_z\tan\theta\sin\phi \tag{11.121}$$

$$\dot{x} = v\cos\gamma\cos\chi \tag{11.122}$$

$$\dot{y} = v\sin\gamma \tag{11.123}$$

$$\dot{z} = -v\cos\gamma\sin\chi \tag{11.124}$$

$$\sin\beta = \cos g\,[\cos\phi\sin(\psi - \chi) + \sin\phi\sin\theta\cos(\psi - \chi)] - \cos\theta\sin\phi\sin\gamma \tag{11.125}$$

$$\sin\alpha\cos\beta = \cos\phi\,[\cos\gamma\cos(\psi - \chi)\sin\theta - \cos\theta\sin\gamma] - \cos\gamma\sin\phi\sin(\psi - \chi) \tag{11.126}$$

$$\sin\phi_v\cos\beta = \cos\theta\cos\gamma\sin\phi + \sin\gamma\,[\cos(\psi - \chi)\sin\phi\sin\theta + \cos\phi\sin(\psi - \chi)] \tag{11.127}$$

方程中用到的欧拉角包括三个姿态角（俯仰角 θ、偏航角 ψ、滚转角 ϕ）、两个气流角（迎角

α、侧滑角 β)、三个弹道角(航迹倾角 γ、航迹偏角 χ、绕速度轴滚转角 ϕ_v)。

(2) 运动方程小扰动线性化

工程上常基于小扰动假设对运动方程进行线性化。以一般形式的非线性方程为例,设非线性系统方程为

$$f_i \dot{x}_i = F_i(x_1, \cdots, x_n, u_1, \cdots, u_m) \tag{11.128}$$

则根据小扰动理论可得到小扰动线化方程为

$$f_i \frac{\mathrm{d}\Delta x_i}{\mathrm{d}t} = \sum_{i=1}^{n} \left[\frac{\partial F_i}{\partial x_i} - \frac{\mathrm{d}x_i}{\mathrm{d}t} \left(\frac{\partial f_i}{\partial x_i} \right) \right] \Delta x_i + \sum_{i=1}^{n} \frac{\partial F_i}{\partial u_i} \Delta u_i \tag{11.129}$$

对大迎角再入的升力式再入飞行器,小扰动线性化假设条件为

$$\chi = 0, \quad \dot{\chi} = 0, \quad \beta = 0, \quad \dot{\beta} = 0 \tag{11.130}$$

将纵向运动方程线性化,并取侧向扰动变量为零,得到纵向小扰动线化方程组:

$$m \Delta \dot{v} = -X^v \Delta v - X^\alpha \Delta \alpha - mg \cos \gamma \Delta \gamma \tag{11.131}$$

$$mv \Delta \dot{\gamma} = (Y^v \cos \phi_v - Z^v \sin \phi_v) \Delta v + Y^\alpha \cos \phi_v \Delta \alpha + mg \sin \gamma \Delta \gamma + Y^{\delta_z} \cos \phi_v \Delta \delta_z \tag{11.132}$$

$$\Delta \dot{\omega}_z = \frac{1}{I_z} M_z^v \Delta v + \frac{1}{I_z} M_z^{\omega_z} \Delta \omega_z + \frac{1}{I_z} M_z^{\delta_z} \Delta \delta_z + \frac{1}{I_z} M_z^\alpha \Delta \alpha + \frac{1}{I_z} M_z^{\dot{\alpha}} \Delta \dot{\alpha} \tag{11.133}$$

$$\Delta \dot{\theta} = \cos \phi \Delta \omega_z \tag{11.134}$$

$$\Delta \dot{x} = \cos \gamma \Delta v - v \sin \gamma \Delta \gamma \tag{11.135}$$

$$\Delta \dot{y} = \sin \gamma \Delta v + v \cos \gamma \Delta \gamma \tag{11.136}$$

$$\Delta \alpha = \Delta \theta - \Delta \gamma \tag{11.137}$$

在设计控制系统时,略去描述位置的运动方程式(11.135)、式(11.136),并令 $M_z^{\dot{\alpha}} = 0$,$\Delta v = 0$,再将式(11.137)求导,即 $\Delta \dot{\theta}_v = \Delta \dot{\theta} - \Delta \dot{\alpha}$,将其代入式(11.133),再结合式(11.134)和式(11.137),得到简化后的用于纵向控制系统设计的短周期运动方程:

$$\begin{bmatrix} \Delta \dot{\theta} \\ \Delta \dot{\alpha} \\ \Delta \dot{\omega}_z \end{bmatrix} = \begin{bmatrix} 0 & 0 & -a_{13} \\ -a_{21} & -a_{22} & -a_{23} \\ 0 & -a_{32} & -a_{33} \end{bmatrix} \begin{bmatrix} \Delta \theta \\ \Delta \alpha \\ \Delta \omega_z \end{bmatrix} + \begin{bmatrix} 0 \\ a_{24} \\ a_{34} \end{bmatrix} \Delta \delta_z \tag{11.138}$$

其中

$$a_{13} = -\cos \phi, \quad a_{21} = \frac{mg \sin \gamma}{mv}, \quad a_{22} = \frac{(Y^\alpha \cos \phi_v - mg \sin \gamma)}{mv}, \quad a_{23} = -\cos \phi$$

$$a_{32} = -\frac{1}{I_z} M_z^\alpha, \quad a_{33} = -\frac{1}{I_z} M_z^{\omega_z}, \quad a_{34} = \frac{1}{I_z} M_z^{\delta_z}$$

将横侧向运动方程线性化,并将纵向扰动变量取为零,得到横侧向小扰动线化方程组为

$$mv \cos \gamma \Delta \dot{\chi} = (-Z^\beta \cos \phi_v) \Delta \beta + (-Y \cos \phi_v) \Delta \phi_v + (-Z^{\delta_y} \cos \phi_v) \Delta \delta_y \tag{11.139}$$

$$\begin{aligned} \Delta \dot{\omega}_x = {} & (I_{13} M_x^{\omega_x} + I_{14} M_y^{\omega_x}) \Delta \omega_x + (I_{13} M_x^{\omega_y} + I_{14} M_y^{\omega_y}) \Delta \omega_y + I_{13} M_x^{\delta_x} \Delta \delta_x + \\ & (I_{13} M_x^{\delta_y} + I_{14} M_y^{\delta_y}) \Delta \delta_y + (I_{13} M_x^\beta + I_{14} M_y^\beta) \Delta \beta + I_{14} M_y^{\dot{\beta}} \Delta \dot{\beta} \end{aligned} \tag{11.140}$$

$$\Delta\dot{\omega}_y=(I_{23}M_x^{\omega_x}+I_{24}M_y^{\omega_x})\Delta\omega_x+(I_{23}M_x^{\omega_y}+I_{24}M_y^{\omega_y})\Delta\omega_y+I_{23}M_x^{\delta_x}\Delta\delta_x+$$

$$(I_{23}M_x^{\delta_y}+I_{24}M_y^{\delta_y})\Delta\delta_y+(I_{23}M_x^{\beta}+I_{24}M_y^{\beta})\Delta\beta+I_{24}M_y^{\dot{\beta}}\Delta\dot{\beta} \tag{11.141}$$

$$\Delta\dot{\psi}=\cos\phi/\cos\theta\Delta\omega_y \tag{11.142}$$

$$\Delta\dot{\phi}=\Delta\omega_x-\tan\theta\cos\phi\Delta\omega_y \tag{11.143}$$

$$\Delta\dot{z}=-v\cos\gamma\Delta\chi \tag{11.144}$$

$$\Delta\beta=\cos\gamma(\Delta\psi-\Delta\chi)+\sin\alpha\Delta\phi \tag{11.145}$$

$$[\Delta\phi_v-\sin\gamma(\Delta\psi-\Delta\chi)]/\cos\alpha=\Delta\phi \tag{11.146}$$

类似地，在设计控制系统时略去描述位置运动的方程式(11.144)，考虑到升力式再入飞行器采用 BTT 转弯方式，简化横侧向方程时保留绕速度轴滚转角 $\Delta\phi_v$ 的方程，将方程式(11.146)求一次导数，并利用式(11.139)、式(11.142)、式(11.143)、式(11.145)可以消去 $\Delta\gamma$ 和 $\Delta\psi_v$，得到五阶横侧向小扰动线化方程：

$$\begin{bmatrix}\Delta\dot{\phi}_v\\ \Delta\dot{\psi}\\ \Delta\dot{\beta}\\ \Delta\dot{\omega}_x\\ \Delta\dot{\omega}_y\end{bmatrix}=\begin{bmatrix}b_{11}&0&b_{13}&b_{14}&b_{15}\\0&b_{22}&0&0&0\\b_{31}&0&b_{33}&b_{34}&b_{35}\\0&0&b_{43}&b_{44}&b_{45}\\0&0&b_{53}&b_{54}&b_{55}\end{bmatrix}\begin{bmatrix}\Delta\phi_v\\ \Delta\psi\\ \Delta\beta\\ \Delta\omega_x\\ \Delta\omega_y\end{bmatrix}+\begin{bmatrix}0&b_{17}\\0&0\\0&b_{37}\\b_{46}&b_{47}\\b_{56}&b_{57}\end{bmatrix}\begin{bmatrix}\delta_x\\ \delta_y\end{bmatrix} \tag{11.147}$$

其中

$$b_{11}=\frac{Y\cos\gamma_v\sin\theta_v}{mv\cos\theta_v},\quad b_{13}=\frac{Z^{\beta}\cos\gamma_v\sin\theta_v}{mv\cos\theta_v},\quad b_{14}=\cos\alpha$$

$$b_{15}=\sin\theta_v\cos\gamma/\cos\theta-\cos\alpha\tan\theta\cos\gamma,\quad b_{17}=\frac{Z^{\delta_y}\cos\gamma_v\sin\theta_v}{mv\cos\theta_v}$$

$$b_{22}=\cos\gamma/\cos\theta,\ b_{31}=\frac{Y\cos\gamma_v}{mv},\quad b_{33}=\frac{Z^{\beta}\cos\gamma_v}{mv},\quad b_{34}=\sin\alpha$$

$$b_{35}=\cos\theta_v\cos\gamma/\cos\theta-\sin\alpha\tan\theta\cos\gamma,\quad b_{37}=\frac{Z^{\delta_y}\cos\gamma_v}{mv}$$

$$b_{43}=I_{13}M_x^{\beta}+I_{14}M_y^{\beta}=\frac{1}{I_x}M_x^{\beta},\quad b_{44}=I_{13}M_x^{\omega_x}+I_{14}M_y^{\omega_x}=\frac{M_x^{\omega_x}}{I_x}$$

$$b_{45}=I_{13}M_x^{\omega_y}+I_{14}M_y^{\omega_y}=\frac{M_x^{\omega_y}}{I_x},\quad b_{46}=I_{13}=\frac{M_x^{\delta_x}}{I_x}$$

$$b_{47}=I_{13}M_x^{\delta_y}+I_{14}M_y^{\delta_y}=\frac{M_x^{\delta_y}}{I_x}$$

$$b_{53}=I_{23}M_x^{\beta}+I_{24}M_y^{\beta}=\frac{M_y^{\beta}}{I_y},\quad b_{54}=I_{23}M_x^{\omega_x}+I_{24}M_y^{\omega_x}=\frac{M_y^{\omega_x}}{I_y}$$

$$b_{55}=I_{23}M_x^{\omega_y}+I_{24}M_y^{\omega_y}=\frac{M_y^{\omega_y}}{I_y},\quad b_{56}=I_{23}M_x^{\delta_x},\quad b_{57}=I_{23}M_x^{\delta_y}+I_{24}M_y^{\delta_y}$$

以上式中各转动惯量的表达式为

$$I_{11}=\frac{I_{xy}(I_x+I_y-I_z)}{I_{xy}^2-I_xI_y},\quad I_{12}=-\frac{I_{xy}^2+I_y(I_y-I_z)}{I_{xy}^2-I_xI_y},\quad I_{13}=-\frac{I_y}{I_{xy}^2-I_xI_y}$$

$$I_{14}=-\frac{I_{xy}}{I_{xy}^2-I_xI_y},\quad I_{21}=\frac{I_{xy}^2+I_x(I_x-I_z)}{I_{xy}^2-I_xI_y},\quad I_{22}=-\frac{I_{xy}(I_x+I_y-I_z)}{I_{xy}^2-I_xI_y}$$

$$I_{23}=-\frac{I_{xy}}{I_{xy}^2-I_xI_y},\quad I_{24}=-\frac{I_x}{I_{xy}^2-I_xI_y}$$

(3) 纵横向控制律

a. 纵向控制器设计

纵向控制器设计的 Simulink 模型如图 11.33 所示，俯仰舵偏指令根据迎角误差和俯仰角速率来生成，其计算式如下：

$$\delta_z=k_\alpha(\alpha_r-\alpha)+k_{\omega_z}\omega_z \tag{11.148}$$

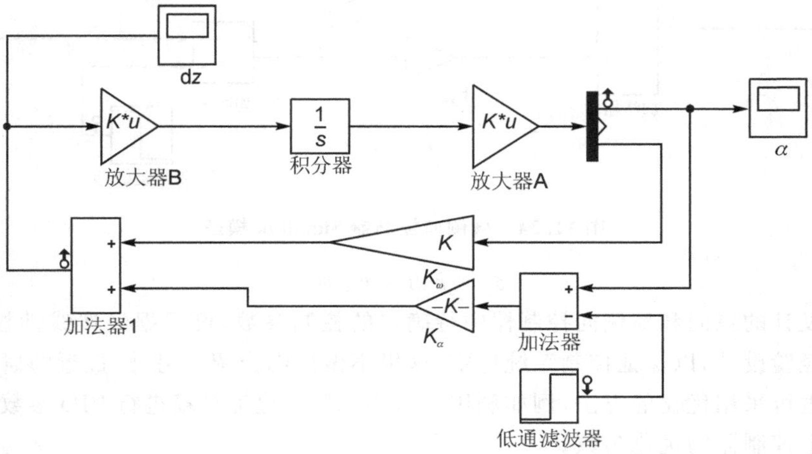

图 11.33 纵向控制器 Simulink 模型

控制指令中 α_r 是制导系统输出的指令迎角。另外，如果制导指令迎角有阶跃等突变，则在控制系统应用时，可以先让指令信号通过一个成型滤波器，通常为简单的低通滤波器来改善其特性。控制器中的 $k_\alpha(\alpha_r-\alpha)$ 项的作用是将静不稳定的飞行器通过反馈变为稳定的，并拉向指令迎角，而 $k_{\omega_z}\omega_z$ 项的功能是给俯仰通道引入人工阻尼，增加稳定性。图 11.33 所示的 Simulink 模型中，矩阵 $\boldsymbol{A}$ 为纵向线化方程关于状态的系数，即方程式(11.138)右边第一个系数矩阵，矩阵 $\boldsymbol{B}$ 为关于控制变量的矩阵，即方程式(11.138)右边第二个系数矩阵。

b. 横侧向控制器设计

设计的横侧向控制器的 Simulink 模型如图 11.34 所示，其中矩阵 $\boldsymbol{A}$、$\boldsymbol{B}$ 分别为横侧向线化方程中的状态变量系数矩阵和控制变量输入矩阵。横侧向通道的控制目的是实现 BTT 转弯，即跟踪指令侧倾角(绕速度轴滚转角)，同时保持尽量小的侧滑角。滚转通道指令是制导系统输出的指令侧倾角 φ_{vr}，横向通道的侧滑角指令值为 0。

滚转舵偏指令根据侧倾角误差和滚转角速率来生成，计算式如下：

$$\delta_x=k_{\phi_v}(\phi_v-\phi_{vr})+k_{\omega_x}\omega_x \tag{11.149}$$

第一项 $k_{\phi_v}(\phi_v-\phi_{vr})$ 是为了跟踪指令侧倾角(绕速度轴滚转角)，第二项 $k_{\omega_x}\omega_x$ 是引入的阻尼以增加稳定性。偏航舵指令根据侧滑角和偏航角速率生成，如下：

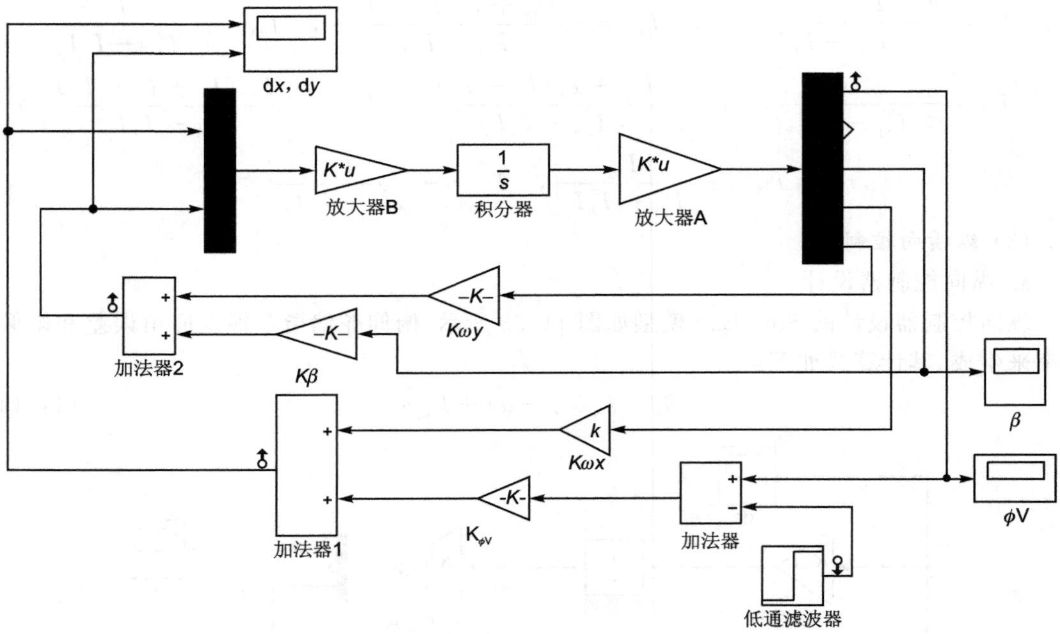

图 11.34　横侧向控制器 Simulink 模型

$$\delta_y = k_\beta \beta + k_{\omega_y} \omega_y \tag{11.150}$$

前面所设计的纵向和横侧向控制器中待确定的控制参数，可根据经典线性控制系统理论以及设计者经验设计，以保证控制系统稳定，这里不做详细介绍。另外，最近的研究成果表明，控制器参数也可采用优化的方法，例如利用 MATLAB 优化工具箱进行 PID 参数优化设计，以获得针对每个控制器的优化参数。

2. 反馈线性化方法

反馈线性化方法的基本思想是通过输出反馈或状态反馈，将非线性系统的动态特性全部或部分转换成线性的动态特性，然后进行控制系统设计。其本质是用期望动态去消除或取代系统中不期望的动态，这种消除是通过代数运算选择反馈函数来实现的。

微分几何法和动态逆方法是实现反馈线性化的两条有效途径。动态逆系统方法的基本思想如下：对于给定的力学系统，先将对象模型利用反馈化方法转化成原系统的"a 阶积分系统"，并作为控制部分串接在原系统前，再将原系统补偿为具有线性传递关系解耦的一种规范化系统——伪线性系统，最后利用线性系统理论进行设计。

(1) 输入-状态线性化

对单输入、单输出的非线性系统，设系统的动态方程为

$$\dot{\boldsymbol{x}} = \boldsymbol{f}(\boldsymbol{x}) + \boldsymbol{g}(\boldsymbol{x})u \tag{11.151}$$

反馈线性化就是要找到一种状态和输入的变换准则，从而使系统线性化。对于如下形式的系统：

$$\dot{\boldsymbol{x}} = \boldsymbol{f}(\boldsymbol{x}) + \boldsymbol{g}(\boldsymbol{x})\omega\left[u + \boldsymbol{\varphi}(\boldsymbol{x})\right] \tag{11.152}$$

其中，ω 是可逆的标量函数，$\boldsymbol{\varphi}$ 是任意函数，通过变量替换 $v = \omega\left[u + \boldsymbol{\varphi}(\boldsymbol{x})\right]$，可把系统式(11.152)转换成式(11.151)的形式。那么在进行控制系统设计时，可以先设计关于 v 的控

制律，再计算原控制变量 $u=\omega^{-1}(v)-\boldsymbol{\varphi}(\boldsymbol{x})$。

如果存在 $\boldsymbol{R}^n$ 中的一个区域 $\boldsymbol{\Omega}$，一个微分同胚 $\phi:\boldsymbol{\Omega}\rightarrow\boldsymbol{R}^n$，以及一个非线性反馈控制律：

$$u=\alpha(\boldsymbol{x})\beta(\dot{\boldsymbol{x}})v \tag{11.153}$$

使得新的状态变量 $\boldsymbol{z}=\phi(\boldsymbol{x})$ 以及新的输入 v 满足线性定常关系：

$$\boldsymbol{z}=\boldsymbol{A}\boldsymbol{z}+\boldsymbol{b}v \tag{11.154}$$

其中，$\boldsymbol{A},\boldsymbol{b}$ 经过等价变换得到如下形式：

$$\boldsymbol{A}=\begin{bmatrix}0 & 1 & 0 & \vdots & 0\\ 0 & 0 & 1 & \vdots & 0\\ \cdots & \cdots & \cdots & \cdots & \cdots\\ 0 & 0 & 0 & \vdots & 1\\ 0 & 0 & 0 & \vdots & 0\end{bmatrix},\quad \boldsymbol{b}=\begin{bmatrix}0\\0\\ \vdots\\0\\0\end{bmatrix} \tag{11.155}$$

则该系统(11.151)可以实现输入-状态线性化。

(2) 输入-输出线性化

对单输入单输出非线性系统(11.151)，定义输出为

$$y=h(\boldsymbol{x}) \tag{11.156}$$

输入-输出线性化就是要使输出 y 和等价输入 v 之间产生一个线性微分关系。其方法就是对输出 y 反复求导，直到出现输入 u，然后通过设计控制输入 u 来消除非线性项。

在相对阶有定义的情况下，首先通过反复微分得到

$$\dot{y}=\nabla h(\boldsymbol{f}+\boldsymbol{g}u)=L_f h(\boldsymbol{x})+L_g h(\boldsymbol{x})u \tag{11.157}$$

其中，$L_f h=\nabla h\boldsymbol{f}$ 是 h 关于 $\boldsymbol{f}$ 的 Lie 导数。类似地，$L_g h$ 是 h 关于 $\boldsymbol{g}$ 的 Lie 导数。

当 $L_f h\neq 0$ 时，可以取输入变换

$$u=\frac{1}{L_g h}(-L_f h+v) \tag{11.158}$$

从而得到输出 y 与等价输入 v 之间的线性关系。

当 $L_g h(\boldsymbol{x})=0$，对 $\dot{y}$ 继续微分

$$\ddot{y}=L_f^2 h(\boldsymbol{x})+L_g L_f h(\boldsymbol{x})u \tag{11.159}$$

如果 $L_g L_f h(\boldsymbol{x})=0$，则需要对 y 多次微分，直到

$$y^{(i)}=L_f^i h(\boldsymbol{x})+L_g L_f{}^{i-1} h(\boldsymbol{x})u \tag{11.160}$$

存在正整数 i，使得 $L_g L_f{}^{i-1} h(\boldsymbol{x})=0$。

再讨论相对阶没有定义的情况：相对阶没有定义是指在多次微分过程中当输入 u 出现时，其系数在点 $\boldsymbol{x}_0$ 等于零，在任意靠近 $\boldsymbol{x}_0$ 的某些点上不为零，此时非线性系统的相对阶在 $\boldsymbol{x}_0$ 点处没有意义。如果在某一点的相对阶无定义，那么一般不能直接实现输入-输出线性化。

值得注意的是，输入-状态线性化对应于完全线性化，而输入-输出线性化对应于部分线性化。

(3) 动态逆

被控对象的动态系统方程表示为

$$\begin{aligned}\dot{\boldsymbol{x}}&=\boldsymbol{f}(\boldsymbol{x})+\boldsymbol{g}(\boldsymbol{x})\boldsymbol{u}\\ \boldsymbol{y}&=\boldsymbol{H}(\boldsymbol{x})\end{aligned} \tag{11.161}$$

式中，$\boldsymbol{x},\boldsymbol{u},\boldsymbol{y}$ 分别为状态矢量、控制矢量和输出矢量，$\boldsymbol{f}$ 为非线性状态函数，$\boldsymbol{g}$ 为非线性控制函

数。假设 $\boldsymbol{g}(\boldsymbol{x})$对任意 $\boldsymbol{x}$ 可逆，可得如下控制律：

$$\boldsymbol{u}=\boldsymbol{g}^{-1}(x)[\dot{\boldsymbol{x}}-\boldsymbol{f}(\boldsymbol{x})] \tag{11.162}$$

为使系统达到指定目标状态速率 $\dot{x}_{\text{desired}}$，根据式(11.162)得到最终形式的动态逆控制律：

$$\boldsymbol{u}=\boldsymbol{g}^{-1}(x)[\dot{\boldsymbol{x}}_{\text{desired}}-\boldsymbol{f}(\boldsymbol{x})] \tag{11.163}$$

图 11.35 给出了动态逆过程。动态逆本质上是模型跟踪的特殊情况，和其他模型跟随控制器类似，动态逆控制器需要精确模型动态过程来达到高性能。因此，采用动态逆方法还需要加入鲁棒性设计，以抵消模型不确定性带来的性能偏差。

在基于动态逆的飞行器姿态控制系统设计中，动态逆控制器一般作为内环控制器，外环控制器可采用其他方法。

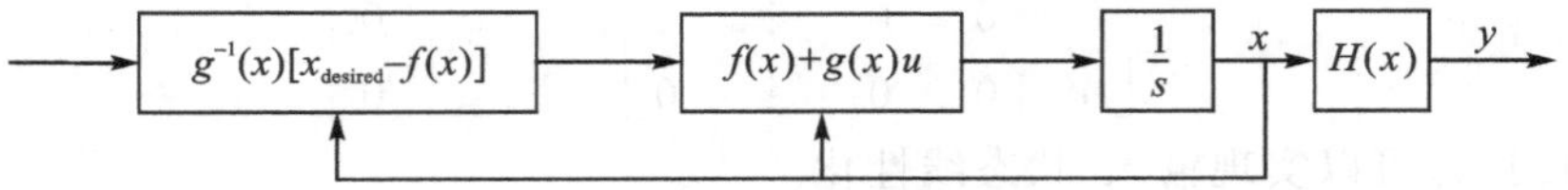

图 11.35　动态逆过程

11.5　小　结

高超声速飞行器特别是近几十年发展的新型高超声速飞行器，具有速度快、航程大和高机动等特点，是未来空天战场的必备武器，被认为是未来航空航天领域的战略制高点。高超声速飞行器兼具航空器和航天器特点，关键技术涉及飞行器研制的各个领域。本章简要梳理了美、俄等国高超声速飞行器的基本发展脉络，并讨论了高超声速飞行器的制导控制关键技术。

高超声速飞行器的运动规律描述与远程导弹类似，可采用必要的分飞行段描述形式。在此基础上，本章具体论述了飞行器轨迹优化和制导的一般方法，并就滑翔式和跳跃式这两种再入返回高超声速飞行器，分别设计了在线生成和预测校正两类制导律，同时介绍了高超声速飞行器控制方法研究进展，并给出小扰动线性化、反馈线性化这两种重要的控制律设计方法。

思考题

1. 试述钱学森弹道的特点，并讨论若利用高超声速滑翔再入飞行器进行精确打击任务应具备或突破哪些关键技术。

2. 列写高超声速飞行器三自由度质点运动模型，在平面大地假设下，该模型可以得到怎样的简化？

3. 对于高超声速飞行器轨迹优化问题，分析讨论伪谱优化方法和传统直接法各自的优缺点，为什么说伪谱法是一种全局方法？

4. 试述用于再入飞行器的轨迹在线生成-跟踪制导律和数值预测-校正制导律的设计原理，比较分析两者的适用环境和制导性能。

5. 列写面对称升力式再入飞行器的质心运动方程和绕质心转动方程组，并对该方程组进行小扰动线性化，推导侧向扰动为零条件下的纵向小扰动线性化模型。

参考阅读

- 宗群，田栢苓，董琦，等. 高超声速飞行器鲁棒自适应控制[M]. 北京：科学出版社，2018.

阅读指导

重点阅读第 2 章《高超声速飞行器控制方法概述》。在本章所讨论内容基础上，能够帮助读者更全面地了解高超声速飞行器典型的极点配置、增益调度、模型预测等线性控制方法，以及动态逆、滑动模态、轨迹线性化等非线性控制方法，把握高超声速飞行器制导与控制方法的发展现状和趋势。

参考文献

[1] 钱学森,宋健. 工程控制论[M]. 北京:科学出版社,1980.
[2] 刘兴堂,戴革林. 精确制导武器与精确制导控制技术[M]. 西安:西北工业大学出版社,2009.
[3] 李元凯,李滚,雍恩米,等. 飞行器制导与控制原理[M]. 北京:高等教育出版社,2017.
[4] 钱杏芳,林瑞熊,赵亚男. 导弹飞行力学[M]. 北京:北京理工大学出版社,2011.
[5] George M S. Missile Guidance and Control Systems[M]. New York: Springer, 2004.
[6] 杨军,杨晨,段朝阳,等. 现代导弹控制系统设计[M]. 北京:航空工业出版社,2005.
[7] 杨嘉墀. 航天器轨道动力学与控制[M]. 北京:中国宇航出版社,2001.
[8] 周军. 航天器控制原理[M]. 西安:西北工业大学出版社,2001.
[9] 谢永春,雷拥军,郭建新. 航天器动力学与控制[M]. 北京:北京理工大学出版社,2018.
[10] 敬忠良,袁建平. 航天器自主操作的测量与控制[M]. 北京:中国宇航出版社,2011.
[11] 李元凯. 空间非合作目标自主随动跟踪与控制研究[D]. 上海:上海交通大学,2011.
[12] 刘鲁华,孟云鹤,安雪滢. 航天器相对运动轨道动力学与控制[M]. 北京:中国宇航出版社,2013.
[13] 张冉,李惠峰. 再入飞行器制导律设计与评估技术[M]. 北京:中国宇航出版社,2017.
[14] 宗群,田栢苓,董琦,等. 高超声速飞行器鲁棒自适应控制[M]. 北京:科学出版社,2018.
[15] 贾沛然,陈克俊,何力. 远程火箭弹道学[M]. 北京:国防科技大学出版社,1987.
[16] 陈克俊,刘鲁华,孟云鹤. 远程火箭飞行动力学与制导[M]. 北京:国防工业出版社,2014.
[17] 李惠峰. 高超声速飞行器制导与控制技术[M]. 北京:中国宇航出版社,2012.
[18] 雍恩米. 高超声速滑翔式再入飞行器轨迹优化与制导方法研究[D]. 长沙:国防科学技术大学,2008.
[19] 唐国金,罗亚中,雍恩米. 航天器轨迹优化理论、方法及应用[M]. 北京:科学出版社,2011.
[20] 闫杰,于云峰,凡永华. 吸气式高超声速飞行器控制技术[M]. 西安:西北工业大学出版社,2015.